DEUTSCHE LANDESREFERATE
ZUM VI. INTERNATIONALEN KONGRESS
FÜR RECHTSVERGLEICHUNG IN HAMBURG 1962

MAX-PLANCK-INSTITUT
FÜR AUSLÄNDISCHES UND INTERNATIONALES PRIVATRECHT

Deutsche Landesreferate zum VI. Internationalen Kongreß für Rechtsvergleichung in Hamburg 1962

Herausgegeben
von
HANS DÖLLE

Sonderveröffentlichung von
RABELS ZEITSCHRIFT
für ausländisches und internationales Privatrecht

1 9 6 2

WALTER DE GRUYTER & CO.
BERLIN

J. C. B. MOHR (PAUL SIEBECK)
TÜBINGEN

Printed in Germany
Satz und Druck: Buchdruckerei Eugen Göbel, Tübingen
Einband: Großbuchbinderei Heinr. Koch, Tübingen

VORWORT

Der VI. Internationale Kongreß für Rechtsvergleichung ist der erste Kongreß der Akademie für Rechtsvergleichung auf deutschem Boden. Seiner Vorbereitung dienen die Beiträge dieses Bandes. Ich übergebe sie der Öffentlichkeit mit dem Wunsche, daß dem Kongreß ein voller Erfolg beschieden sein möge.

Dank schulde ich den Mitgliedern des Deutschen National-Komitees, die mir bei der wissenschaftlichen Vorbereitung des Kongresses mit ihrem Rat und ihrer tatkräftigen Hilfe zur Seite standen, nämlich den Herren:

Professor Dr. *Bernhard Aubin,* Saarbrücken
Professor Dr. *Günther Beitzke,* Bonn
Professor Dr. *Arwed Blomeyer,* Berlin
Professor Dr. *Helmut Coing,* Frankfurt
Professor Dr. *Erwin Deutsch,* Kiel
Professor Dr. *Konrad Duden,* Mannheim
Professor Dr. *Josef Esser,* Tübingen
Professor Dr. *Murad Ferid,* München
Professor Dr. *Hans G. Ficker,* Mainz
Professor Dr. *Erich Genzmer,* Hamburg
Professor Dr. *H. P. Ipsen,* Hamburg
Professor Dr. *Hans-Heinrich Jescheck,* Freiburg
Professor Dr. *Max Kaser,* Hamburg
Professor Dr. *Gerhard Kegel,* Köln
Professor Dr. *Ulrich Klug,* Köln
Professor Dr. *Richard Lange,* Köln
Professor Dr. *Hans Möller,* Hamburg
Professor Dr. *Klaus Mörsdorf,* München
Professor Dr. *Karl-H. Neumayer,* Lausanne
Professor Dr. *Leo Raape,* Hamburg
Richter am Gerichtshof der Europäischen Gemeinschaft
Professor Dr. *Otto Riese,* Luxemburg
Professor Dr. *Gerd Rinck,* Göttingen
Professor Dr. *Reimer Schmidt,* Hamburg
Professor Dr. *Otto Spies,* Bonn

Staatssekretär Dr. *Walter Strauss,* Bonn
Professor Dr. *Hermann Trimborn,* Bonn
Professor Dr. *Eugen Ulmer,* München
Professor Dr. *Konrad Zweigert,* Hamburg

Besonderer Dank gebührt Herrn Professor Dr. Deutsch, Kiel. Er hat, als Generalsekretär, unterstützt von seinem Assistenten, Herrn Dr. Diederichsen, die Hauptlast der wissenschaftlichen Vorbereitung des Kongresses getragen.

Freilich wären alle organisatorischen Bemühungen umsonst gewesen, hätten nicht wieder zahlreiche Referenten ihre Arbeitskraft in den Dienst des großen Unternehmens gestellt. Ihnen danke ich darum vor allen anderen.

Bei der Finanzierung der Druckkosten hat sich die Gesellschaft für Rechtsvergleichung mit einem namhaften Betrag beteiligt.

HANS DÖLLE
ord. em. Professor der Rechte
an der Universität Hamburg
Direktor des Max-Planck-Instituts
für ausländisches und internationales
Privatrecht, Hamburg

INHALTSVERZEICHNIS

ERSTER TEIL

Rechtsvergleichung und Rechtsvereinheitlichung

ZWEITER TEIL

Bürgerliches Recht

Landwirtschaftsrecht

DRITTER TEIL

Handelsrecht

Urheberrecht

Arbeitsrecht

Luftrecht

VIERTER TEIL

Staatsrecht

Strafrecht

Völkerrecht

Académie internationale de Droit Comparé

VI. Internationaler Kongreß für Rechtsvergleichung
vom 30. Juli bis 4. August 1962 in Hamburg

ÜBERSICHT ÜBER DIE KONGRESSTHEMEN

SECTION I (GÉNÉRALE)

A. Droits de l'Antiquité

1. La loi et la coutume, manifestations d'autorité et sources d'enseignement
   (deutsches Landesreferat von H. J. WOLFF)
2. Le concept de propriété
   (deutsches Landesreferat von MAX KASER)

B. Histoire du Droit

1. La loi et la coutume, manifestations d'autorité et sources d'enseignement
   (ohne deutsches Landesreferat)
2. Le concept de propriété
   (ohne deutsches Landesreferat)

C. Droit Canonique

1. La notion d'auctoritas canonique par rapport à la loi, à la coutume et à l'usage
   (deutsches Landesreferat von GEORG MAY)
2. La notion de propriété
   (ohne deutsches Landesreferat)

D. Ethnologie Juridique

1. L'utilisation des catégories juridiques dans les problèmes de rédaction des coutumes et de codification
   (deutsches Landesreferat von ERNST W. MÜLLER)
2. Les modalités du passage de la propriété communautaire à l'appropriation privée
   (deutsches Landesreferat von RÜDIGER SCHOTT)

E. Droit Oriental

1. Le concept de propriété en Orient et en Extrême-Orient
   (ohne deutsches Landesreferat)
2. Le système des nullités en Droit musulman
   (deutsches Landesreferat von OTTO SPIES)
3. La notion de légalité dans les systèmes juridiques orientaux
   (deutsches Landesreferat von ERNST KLINGMÜLLER)

F. Philosophie du Droit

1. Les problèmes de la codification à la lumière des expériences et situations actuelles
(deutsches Landesreferat von Ernst E. Hirsch)
2. La nature des principes généraux du Droit
(deutsches Landesreferat von Erik Wolf)

G. Etude et Enseignement du Droit Comparé et Unification

1. Inventaire critique des matières qui ont fait l'objet de réalisations ou de tentatives en vue de l'unification du Droit
(deutsches Landesreferat von Bernt Lemhöfer)
2. L'harmonisation du Droit d'établissement dans les différents groupes régionaux d'Etats
(deutsches Landesreferat von Joachim Baumann)

SECTION II

A. Droit Civil

1. Le problème du cumul de la responsabilité contractuelle et délictuelle
(deutsches Landesreferat von Rolf Dietz)
2. L'influence du Droit public sur la propriété privée immobilière
(ohne deutsches Landesreferat)

B. Droit International Privé

1. L'harmonisation des règles de conflits de lois et de juridiction dans les divers groupes régionaux d'Etats
(ohne deutsches Landesreferat)
2. Les conséquences en Droit international privé du développement du rôle de l'Etat
(ohne deutsches Landesreferat)

C. Procédure Civile

1. Le rôle du Juge dans la direction du procès civil
(ohne deutsches Landesreferat)
2. La coopération internationale en matière de procédure civile
(ohne deutsches Landesreferat)

D. Droit Rural

1. La fonction du droit agraire en tant que jus proprium dont le but est de concilier les intérêts qui se contrastent et qui, en réglementant juridiquement l'économie tend à surpasser les idéologies opposées
(deutsches Landesreferat von Alfred Pikalo)

SECTION III

A. Droit Commercial

1. Le contrôle de la constitution des sociétés anonymes
(deutsches Landesreferat von Rudolf Wiethölter)
2. La fusion des sociétés
(deutsches Landesreferat von Karl H. Neumayer)

B. Droit Intellectuel

1. La protection des arts appliqués à l'industrie
   (deutsches Landesreferat von Kurt Bussmann)

C. Droit du Travail

1. Les garanties juridiques du Droit au travail
   (deutsches Landesreferat von Erich Molitor)

D. Droit Aérien

1. Les rapports entre résponsabilité et assurance en droit aérien international
   (deutsches Landesreferat von Hans-Herbert Wimmer)

SECTION IV

A. Droit Public

1. Les tendances constitutionnelles des Etats ayant accédé récemment à l'indépendance
   (deutsches Landesreferat von Herbert Krüger)
2. Les règles d'organisation administrative des grandes agglomérations urbaines
   (deutsches Landesreferat von Hans Harder)
3. Le régime d'assemblée
   (ohne deutsches Landesreferat)

B. Droit Pénal

1. Droit pénal et procédure pénale en matière de circulation routière
   (deutsches Landesreferat von Günter Spendel)
2. Les limites entre la réglementation administrative et la répression pénale en matière de prostitution et de proxénétisme
   (deutsches Landesreferat von Thomas Würtenberger)

C. Droit International Public

1. L'autorité, en droit interne, des traités internationaux
   (deutsches Landesreferat von Eberhard Menzel)
2. L'individu devant les juridictions internationales (dans la pratique actuelle)
   (deutsches Landesreferat von Fritz Münch)

Erster Teil

ANTIKE RECHTE

KIRCHENRECHT

RECHTSETHNOLOGIE

ORIENTALISCHES RECHT

RECHTSPHILOSOPHIE

RECHTSVERGLEICHUNG UND RECHTSVEREINHEITLICHUNG

ANTIKE RECHTE

GEWOHNHEITSRECHT UND GESETZESRECHT IN DER GRIECHISCHEN RECHTSAUFFASSUNG

von Dr. HANS JULIUS WOLFF

Professor an der Universität Freiburg i. Br.

I

Bekanntlich beruhte das attische Recht der klassischen Epoche grundsätzlich auf den geschriebenen Gesetzen der Polis. Jede andere amtliche Quelle verbindlichen Rechts mußte, wenn es sie je gegeben hatte, versiegen, nachdem die drakontische Gesetzgebung jedem Athener das Recht zu einer Beamtenschelte (*εἰσαγγελία*) vor dem Areopag eröffnet [1] und SOLON jedem, der sich durch eine Einzelentscheidung eines Beamten benachteiligt fühlte, die Anrufung (*ἔφεσις*) des Volksgerichts möglich gemacht hatte [2]. Mit der Einführung dieser Rechtsmittel hatten die Gesetzgeber die Herrschaft des Gesetzes verfassungsmäßig gesichert. Denn die Eisangelie sollte die gesetzliche Amtsführung der Magistrate gewährleisten und mußte sich daher auf die Behauptung einer Verletzung des geschriebenen Rechts stützen [3]. Die Bindung der Dikasterien an die Gesetze garantierte der von jedem Dikasten vor Beginn der Verhandlung zu leistende Heliasteneid [4].

Unter diesen Umständen blieb insbesondere kein Raum für die Anhäufung eines Bestandes an rechtlichen Grundsätzen, die gleich dem prätorischen Recht Roms oder der älteren englischen Equity nur durch die amtliche

---

[1] Aristot. Ath. Pol. 4.4, dessen Bericht allerdings keinen vollen Glauben genießt; s. LIPSIUS, Das att. Recht und Rechtsverfahren, 1905, S. 178.

[2] Aristot. Ath. Pol. 9.2. Zum Wesen der Ephesis s. STEINWENTER, Die Streitbeendigung durch Urteil usw. nach griech. Recht, 1925, S. 71; weitere Lit. bei H. J. WOLFF, Beitr. z. Rechtsgesch. Altgriech., 1961, S. 80[207].

[3] Aristot. Ath. Pol. 4.4: *ἡ δὲ βουλὴ ἡ ἐξ 'Αρείου πάγου φύλαξ ἦν τῶν νόμων καὶ διετήρει τὰς ἀρχάς, ὅπως κατὰ τοὺς νόμους ἄρχωσιν. ἐξῆν δὲ τῷ ἀδικουμένῳ πρὸ[ς τὴν τῶν] 'Αρεοπαγιτῶν βουλὴν εἰσαγγέλειν, ἀποφαίνοντι παρ' ὃν ἀδικεῖται νόμον.* S. auch das in § 83 ff. der Mysterienrede des Andokides wiedergegebene Psephisma (§ 84), sowie das ebd. § 85 zit. nachsolonische Gesetz: *Ἀγράφῳ δὲ νόμῳ τὰς ἀρχὰς μὴ χρῆσθαι μηδὲ περὶ ἑνός.* Sonst vgl. noch Plat. Leg. 4 p. 715 d, Aristot. Ath. Pol. 7. 1.

[4] S. z. B. Demosth. 20.118: *ὀμωμοκότες κατὰ τοὺς νόμους δικάσει . . . καὶ περὶ ὧν ἂν νόμοι μὴ ὦσι, γνώμῃ τῇ δικαιοτάτῃ κρινεῖν.*

Autorität des Beamten gedeckt gewesen wären. Das der Hauptverhandlung vor dem Dikasterion vorgeschaltete Vorverfahren (ἀνάκρισις) vor dem Magistrat sank ungeachtet seiner unverkennbaren Ähnlichkeit, ja ursprünglich vielleicht praktischen Wesens- und Funktionsgleichheit, mit dem römischen Verfahren *in iure* [5] zu einer bloßen Prüfung der Formalien herab. Als die fortschreitende Demokratisierung – nach herrschender Meinung unter KLEISTHENES [6] – die gerichtliche Verhandlung zur regelmäßigen, keiner Ephesis einer der Parteien mehr bedürftigen Schlußphase aller Prozesse gemacht hatte [7], war die Entmachtung des Jurisdiktionsbeamten vollkommen. Eine Herrschaft über den Prozeß, die sich mit derjenigen des Prätors vergleichen ließe, und damit ein *ius edicendi,* stand dem attischen Gerichtsmagistrat nicht zu.

Mit diesen Feststellungen ist freilich das Problem der Rechtsquellen weder für das attische Recht noch gar für die nichtattischen Rechtsordnungen der altgriechischen und hellenistischen Welt erschöpft. Schon die Frage, woher denn das Gesetz selbst seine Autorität bezog und welche Kraft man seinen Weisungen beimaß, blieb unbeantwortet. Erst recht ergaben sich keinerlei Anhaltspunkte, von denen aus das Verhältnis nicht in formulierten Bestimmungen irgendwelcher Art niedergelegten Rechts zum gesetzlichen Recht beurteilt werden kann.

Daß es, um zunächst von dem zweiten Problem zu handeln, im griechischen Bereich ungeschriebene Rechtssätze gab, bedarf keines Beweises. Bereits in epischer Zeit, die noch keine geschriebenen Satzungen kannte, hatte man gewisse technische, d. h. über das dumpfeste Gleichgewichtsgefühl hinausgehende, Rechtsvorstellungen. Zumindest besaß man einen allgemeinen Begriff der δίκη als des mittels mehr oder weniger geordneter Methoden auf seine Zulässigkeit nachprüfbaren prozessualen Zugriffs bzw., ins Materielle gewendet, als des jemandem „Zukommenden“ [8]. Auch der historischen Zeit waren ungeschriebene konkrete Rechtsprinzipien keineswegs fremd (im Unterschied zu dem die allgemeine Sittenordnung oder das Naturgesetz bezeichnenden ἄγραφος νόμος der philosophischen Spekulation; in der heutigen, vorwiegend philologischen Literatur, wie auch schon von den Griechen selbst, werden die verschiedenen Normentypen nicht mit der vom juristischen Standpunkt aus erwünschten Klarheit auseinandergehal-

[5] WOLFF, aaO, S. 62 f.

[6] BONNER-SMITH, The Administr. of Just. from Homer to Arist. I, 1930, S. 196.

[7] Abgesehen wird hier von der Institution der öffentlichen Schiedsrichter, vor die im 4. Jahrh. Privatprozesse gebracht werden mußten, um zunächst ihre Erledigung durch Vergleich oder Schiedsurteil zu versuchen, und deren Entscheidungen ebenfalls im Wege der Ephesis an das Volksgericht außer Kraft gesetzt werden konnten. Die Einrichtung hat nichts mit dem hier in Rede stehenden Problem zu tun.

[8] Vgl. WOLFF, aaO, S. 249. S. auch E. WOLF, Griech. Rechtsdenken I, 1950, S. 107 f., 131.

ten). So wird von Sparta berichtet, daß seine Rechtsordnung im wesentlichen auf mündlicher Überlieferung beruhte [9]. Selbst dort, wo, wie im klassischen Athen, eine legalistische Grundeinstellung das praktische Rechtsleben und das juristische Denken beherrschte, erhob man nicht den Anspruch, über eine lückenlose Gesetzesordnung zu verfügen. Daher verpflichtete in Athen wie an anderen Orten [10] der Dikasteneid die Richter, beim Fehlen einer gesetzlichen Regelung nach Maßgabe ihrer „gerechtesten Erkenntnis" (δικαιοτάτη γνώμη) zu urteilen [11]. Nicht durch Gesetze geschaffen oder autoritativ definiert, sondern aus dem Leben heraus entstanden, und so gewissermaßen das Baumaterial für die auf konkrete Lagen abstellenden Gesetzesbestimmungen, waren endlich in den griechischen wie in allen natürlich gewachsenen Rechten Grundbegriffe wie κύριος, ἐπίτροπος, κληρονόμος, ἐγγύη, ὁμολογία, βλάβη und manche andere mitsamt den ihnen innewohnenden Rechtsvorstellungen.

Dem vorstehend nur in gröbsten Zügen skizzierten Befund zu entnehmen, daß in der griechischen Rechtsentwicklung auch das Gewohnheitsrecht seine Rolle gespielt habe, war ein naheliegender Schluß [12]. Auch vom eigenen Rechtsdenken der Griechen her schien er gerechtfertigt zu sein. Denn diese wußten wohl zu unterscheiden zwischen den geschriebenen νόμοι und den ungeschriebenen ἔθη oder πάτρια, und zwar auch dann, wenn sie mit den letzteren nicht nur die allgemeine Lebens- und Sittenordnung meinten, sondern Recht im eigentlichen Sinne, d. h. strafrechtlich oder durch private δίκαι geschützte Beziehungen der Menschen zur Gemeinschaft oder untereinander. So heißt es bei PLATON im 3. Buch der Gesetze, p. 680 a: οὐδὲ γὰρ γράμματα ἔστι πω τοῖς ἐν τούτῳ τῷ μέρει τῆς περιόδου γεγονόσιν, ἀλλ' ἔθεσι καὶ τοῖς λεγομένοις πατρίοις νόμοις ἑπόμενοι ζῶσιν. Ähnlich unterscheidet Aristoteles, Polit. 3.11.6 p. 1287 b: ἔτι κυριώτεροι καὶ περὶ κυριωτέρων τῶν κατὰ γράμματα νόμων οἱ κατὰ τὰ ἔθη εἰσίν, und auch Plutarch nennt nebeneinander ἔγγραφοι ἀνάνγκαι und ἀκίνητα ἔθη (Lyk. 13.3) [13].

Indessen ist trotz dieser und anderer das Herkommen betonender Äußerungen griechischer Schriftsteller Vorsicht geboten. Sie meinen die Vätersitte, die durch ihre Unvordenklichkeit geheiligt ist und aus ihr ihre Autorität bezieht. Darum sind die ἔθη unverbrüchlich – nicht von ungefähr nennt PLUTARCH sie ἀκίνητα – und darum kann ARISTOTELES sie für maßgeblicher als das gesatzte Recht erklären; eben darum können sie auch bald als allgemeine sittliche Normen, bald als die bindende Lebensordnung und bald als

---

[9] Plut. Lyk. 13.4: μία μὲν οὖν τῶν ῥητρῶν ἦν . . . μὴ χρῆσθαι νόμοις ἐγγράφοις; s. auch Aristot. Polit. 2. 7. 6 p. 1272 a. Vgl. dazu B. W. LEIST, Graeco-ital. Rechtsgesch. 1884, S. 545 ff., WEISS, Griech. Privatr. I, 1924, S. 26.

[10] Belege bei WEISS, aaO, S 76[142]. [11] S. ob. Anm. 4.

[12] LEIST, aaO, HIRZEL, Themis, Dike und Verwandtes, 1907, S. 359, VINOGRADOFF, Outlines of Historical Jurisprudence II, 1922, S. 75 ff., WEISS, aaO, S. 25 f., CALHOUN, Introd. to Greek Legal Science, 1944, S. 8 ff., 16.

[13] Weiteres bei WEISS, aaO, S. 25[33].

echte Sätze positiven Rechts in Erscheinung treten, ohne daß eine klare Scheidung dieser Begriffe versucht oder auch nur die Notwendigkeit solcher Trennung empfunden worden wäre. Genau wie bei ihrem römischen Gegenstück, den *mores maiorum* [14], ist also die ihnen zugrunde liegende Vorstellung weit entfernt von derjenigen des Gewohnheitsrechts in dem technischen Sinne eines ständigen, vom *consensus omnium* getragenen Gebrauchs [15], der von den Gerichten zu beachtendes neues Recht zu schaffen und altes außer Kraft zu setzen vermag. Gerade von dieser Begriffsbestimmung müssen wir aber ausgehen, wenn wir fragen, ob den Griechen das Gewohnheitsrecht nicht nur als Tatsache bekannt war – daran kann kein Zweifel bestehen –, sondern auch ihrem Rechtsbewußtsein als eine eigenständige Quelle bindenden Rechtes galt. Denn nur unter dieser Voraussetzung werden wir zu der weiteren Frage vorstoßen können, aus welchen Umständen sie die Geltung ihres Rechts überhaupt ableiten, und damit Zugang zu dem oben angedeuteten Problem ihrer Auffassung vom Zweck und der Tragweite des Gesetzes gewinnen.

Um das Ergebnis bzgl. der ersten dieser Fragen vorwegzunehmen: Unsere Antwort wird dahin gehen müssen, daß für das Rechtsdenken der Griechen Gewohnheitsrecht im eben beschriebenen Sinne keine anerkannte Rechtsquelle bildete, ja daß ihnen diese Möglichkeit noch nicht einmal als Problem aufgetaucht zu sein scheint. Diese These soll im folgenden aus der Art und Weise begründet werden, in welcher man in der täglichen Praxis dem ungeschriebenen Recht begegnete und seine Anwendung, soweit sie statthatte, rechtfertigte. Die Untersuchung soll für drei Rechtskreise durchgeführt werden, deren jeder für eine Epoche und einen Typ griechischer Rechtsordnungen als repräsentativ angesehen werden darf, nämlich für die epische Zeit, für die klassische attische Polis und für die hellenistische Monarchie der Ptolemäer in Ägypten.

II

Schon auf der frühesten uns erreichbaren Stufe ihrer kulturellen Entwicklung, die durch die homerischen Epen verkörpert wird, verfügten die Griechen, wie wir bereits beobachteten, über formale Methoden der Rechtsfindung. Somit waren die Ideen von Recht und Unrecht dem Bewußtsein des durchschnittlichen Mannes gewiß nicht mehr fremd – hätten doch auch die schon in der Ilias anzutreffenden Ansätze zu spekulativem Denken über die Bedeutung dieser Begriffe für das Zusammenleben der Menschen nicht ohne entsprechende Bemühungen und Erfahrungen in der Praxis des Alltags aufkeimen können [16]. Doch mangelte es offensichtlich noch an jeglichen formu-

---

[14] Dazu Kaser, Sav.Z., Rom. Abt. 59, 1939, S. 57 ff. S. auch Lauria, Jus², 1962, S. 76.

[15] Vgl. Enneccerus-Nipperdey, Allg. Teil des Bürg. Rechts¹⁴ I, 1, S. 158 f.

[16] Vgl. Calhoun, aaO, S. 8 ff., der sich die vorhandenen Rechtsbegriffe aber wohl als zu bewußt vorstellt; s. S. 10: „accumulated tradition of legal lore", S. 14:

lierten Normen, auf die sich eine nach materieller Gerechtigkeit strebende Rechtspflege hätte stützen können. An keiner der wenigen Stellen des Epos, an denen von einer Streiterledigung die Rede ist, verlautet etwas von einem Rückgriff auf klar im Bewußtsein stehende Grundsätze, nach denen Recht und Unrecht unterschieden werden können. Soweit ersichtlich, war man noch ganz auf irrationale Entscheidungsmethoden angewiesen; ein eindrucksvolles Beispiel bietet die Beschreibung des Streits zwischen Antilochos und Menelaos um den Siegespreis im Wagenrennen, Il. 23.536 ff.[17].

In diesem Zusammenhang ist nun von besonderem Interesse eine offensichtlich formelhafte Wendung, die tieferen Einblick in die Vorstellungen gewährt, die sich die Menschen jener Zeit von dem geistigen Vorgang der Rechtsfindung machten. Sie lautet: *(δια)κρίνειν θέμιστας* und bezeichnet bei Homer und Hesiod eine der Funktionen, die dem Amt des Herrschers innewohnen. In den Werken der beiden Dichter finden wir sie an drei Stellen, nämlich: Il. 16.387 f.:

οἳ βίῃ εἰν ἀγορῇ σκολιὰς κρίνωσι θέμιστας,
ἐκ δὲ δίκην ἐλάσωσιν θεῶν ὄπιν οὐκ ἀλέγοντες,[18]

Hes. Theog. 84–86:

οἱ δέ τε λαοὶ
πάντες ἐς αὐτὸν ὁρῶσι διακρίνοντα θέμιστας
ἰθείῃσι δίκῃσι,

und, sehr ähnlich wie die eben zitierte Iliasstelle, Hes. Erga 221:

σκολιῇς δὲ δίκῃς κρίνωσι θέμιστας.

Daß in diesen und verwandten Stellen vom Richteramt der Herrschenden die Rede ist, ist die einhellige und richtige Meinung aller Bearbeiter. Um so schwerer ist es freilich, ihren Sinn zu erfassen, und hier scheiden sich die Geister. Wir brauchen jedoch nicht in eine volle Erörterung aller mit ihnen verbundenen, großenteils religionsgeschichtlichen, Fragen einzutreten und dürfen uns für unsere Zwecke mit wenigen kurzen Bemerkungen begnügen.

Zunächst gilt es, ein Mißverständnis auszuräumen. Da die *θέμιστες* als das

---

„precedents ... being remembered and followed become rules that are expected normally to be observed and enforced; such a body of rules tends constantly to increase by suggesting and encouraging the explicit formulation of tacit use and habit." Das Epos läßt nichts von alledem erkennen, und der gleich zu besprechende Begriff der *θέμιστες* spricht dagegen. Vgl. auch Ehrenberg, Die Rechtsidee im frühen Griechentum, 1921, S. 116. Hirzel, aaO, S. 371, betont, daß der Begriff der *πάτρια* bei Homer noch nicht zu finden ist.

[17] Vgl. Wolff, aaO, S. 44 f., 87.

[18] Die Verse gelten als nachträglicher Einschub in Anlehnung an die gleich zu zitierende Stelle aus den Erga des Hesiod; s. Ehrenberg, aaO, S. 69 f., Weiss, aaO, S. 21[16], neuerdings Gigante, *Νόμος Βασιλεύς*, 1956, S. 19, mit weiterer Literatur in Anm. 1. Diese philologische Frage, in der mir kein Urteil zusteht, kann für unsere Zwecke auf sich beruhen bleiben.

grammatische Objekt eines (διαʼ)κρίνειν erscheinen, kann ihre heute übliche Deutung als „Urteilssprüche“ [19], „Gebote“ [20] oder auch als „Rechtsweisungen“ [21] ebensowenig befriedigen wie die einst von HIRZEL [22] vorgeschlagene als „Ratschläge“. Die θέμιστες sind offensichtlich nicht selbst richterliche Erkenntnisse, sondern dasjenige, worüber diese sich auslassen, was sie klären. Sie sind mithin etwas, das als schon vorhanden, aber mehreren Möglichkeiten Raum gebend und daher noch der eindeutigen Feststellung durch den abwägenden Richter bedürftig gedacht ist.

Keinesfalls sind das freilich vorbestimmte Normen, unter denen der Richter diejenigen auszusuchen hätte, die auf den ihm unterbreiteten Fall anzuwenden wären. Eine solche Interpretation, die übrigens auf Grund anderer Überlegungen bereits von früheren Autoren abgelehnt wurde [23], scheint ja schon der Umstand zu verbieten, daß das Wort stets ohne Artikel auftritt. In Wahrheit führt das Gesagte auf eine andere Hypothese, die beiden Bestandteilen der Wortverbindung κρίνειν θέμιστας in der Tat gerechter zu werden scheint als bisherige Versuche.

Zuvor müssen wir allerdings noch eine zweite irrige Voraussetzung aus dem Wege schaffen, die bis heute allen Auslegungen zugrunde gelegt worden ist. Sie alle nehmen den Dativ δίκῃσ(ιν) instrumental und übersetzen δίκη in den zur Erörterung stehenden Versen zumeist mit „Urteil“. Damit aber legen sie diesem Wort einen Sinn unter, den es seinem allgemeinen juristischen Gehalt nach nicht gehabt haben kann. Es ist immer in irgendeiner Weise auf einen Berechtigten bezogen und kann darum auch hier nicht den Akt des Richters, sondern nur das Vorgehen einer Partei, allenfalls das hinter diesem stehende Recht, bedeuten [24]; nur so bleibt ja auch die Parallelität zur βία gewahrt, die aus den zitierten Dichterstellen unzweifelhaft hervorgeht. Keine Gewalt braucht nun aber dem Wortsinn zu geschehen, wenn wir diesen Dativ nicht instrumental verstehen, sondern dasjenige bezeichnen lassen, dem die Entscheidung über die θέμιστες gilt. Grammatisch dürften hiergegen keine Bedenken bestehen; ja, wenn ich recht sehe, so wird diese Interpretation durch den sicher nicht als instrumental anzusehenden Dativ βίῃ in Il. 16, 387 sogar gefordert. Auf ihrer Grundlage glaube ich die folgende Deutung zur Debatte stellen zu können.

---

[19] EHRENBERG, aaO, S. 18, 98 (für Hesiod), WEISS, aaO, S. 21, BONNER-SMITH, aaO, S. 9 ff., CALHOUN, aaO, S. 9 f., JONES, The Law and Legal Theory of the Greeks, 1956, S. 30, MANNZMANN, Griech. Stiftungsurk., 1962, S. 94.

[20] Diese Wiedergabe zieht EHRENBERG für die weiter unten zu zitierenden Iliasstellen vor, s. aaO, S. 6 f. und passim (S. 7: „Offenbarungen des Willens des Königs, weil ursprünglich Wille des Gottes und des Königs identisch sind“).

[21] E. WOLF, aaO, S. 75, 95.

[22] AaO, S. 21 ff., 22[1], 35. Gegen ihn schon EHRENBERG, aaO, S. 6[1], E. WOLF, aaO, S. 74.

[23] EHRENBERG, aaO, S. 16, 51, E. WOLF, aaO, S. 75.

[24] Nähere Ausführung bleibt vorbehalten.

Eine einfache glatte Übersetzung der Redefigur ist unmöglich, weil der deutschen Sprache ein eindeutiges Äquivalent von *θέμιστες* fehlt. Indessen bietet sich ein Anhaltspunkt in den bereits zu Formeln erstarrten [25] Sprüchen: *ἡ θέμις ἐστίν, οὐ θέμις ἐστίν,* wohl am besten zu umschreiben durch „so gehört es sich (nicht)“ [26]. Für den Plural entspräche dem etwa die Bedeutung „rechtfertigende Umstände“, „Angemessenheit“, und so ergibt sich ein zwangloses Verständnis unserer Wendung: Objekt des *κρίνειν* ist die Angemessenheit erhobener *δίκαι;* demnach ließe sich *δίκησ(ιν) (δια)κρίνειν θέμιστας* ungefähr wie folgt wiedergeben: „prozessualem Vorgehen durch abwägende Wertung Rechtfertigung zuerkennen“. So gefaßt, bietet es keine Schwierigkeiten mehr, wenn *κρίνειν θέμιστας* auch einmal dem ungerechtfertigten und daher gewaltsamen Zugriff, der *βία*, zugute kommen kann; nur geht dann natürlich die Abwägung fehl, und die *θέμιστες* werden „krumm“ (*σκολιαί*). Nur eine andere Ausdrucksweise für dasselbe ist es, wenn man das Attribut „krumm“ der *δίκη* beilegt: „krummen Zugriffsakten sprechen sie abwägend Rechtfertigung zu“ will HESIOD in Erga 221 sagen. Und noch einen letzten, etwas anders gefaßten Ausspruch gibt es, in dem HESIOD wieder denselben Begriff verwendet [27]. Wenn er in Erga 9 den Zeus anfleht: *δίκῃ δ'ἴθυνε θέμιστας,* so darf man das m. E. paraphrasieren: „(gerechtem) Zugriff lasse gerade (d. h. richtige) Rechtfertigung zukommen“. Das Beiwort „gerecht“ ist bei *δίκη* zweifellos mitzuverstehen, denn der Dichter meint ja seinen eigenen Rechtsstreit mit seinem Bruder.

Woher bezog nun aber der Richter das Wissen um das, was angemessen war? Mit dieser Frage stellen wir die Beziehung der vorstehenden Erörterung zu unserem Thema her.

Für die Antwort sind grundlegend drei bekannte Iliasstellen:

2.205 f. *εἷς βασιλεύς, ᾧ ἔδωκε Κρόνου πάις ἀγκυλομήτεω*
σκῆπτρόν τ' ἠδὲ θέμιστας, ἵνα σφίσι βασιλεύῃ,

9.98 f. (Nestor an Agamemnon):
λαῶν ἐσσι ἄναξ καί τοι Ζεὺς ἐγγυάλιξε
σκῆπτρόν τ' ἠδὲ θέμιστας, ἵνα σφίσι βουλεύῃσθα,

1.237 ff. (vom Szepter): *νῦν αὖτέ μιν υἷες 'Αχαιῶν*
ἐν παλάμῃς φορέουσι δικασπόλοι, οἵ τε θέμιστας
πρὸς Διὸς εἰρύαται.

[25] EHRENBERG, aaO, S. 6, WEISS, aaO, S. 20.

[26] Ähnlich EHRENBERG, aaO, S. 9: „es ist angemessen“, „es ziemt sich“, „es ist üblich“, E. WOLF, aaO, S. 76: „so gilts“.

[27] Auch die von E. WOLF, aaO, S. 73[4,5], zitierten Iliasstellen lassen sich zwanglos mit ihm erklären, ebenso Od. 9.112. E. WOLF meint, aaO, S. 95, die Zyklopen hätten darum keine *θέμιστες* gehabt, weil sie keinen *βασιλεύς* hatten. Das hätte aber der Dichter sicher gesagt. Gemeint ist doch wohl einfach, daß ihnen von den Göttern nicht die Gabe verliehen sei, das Angemessene zu erkennen. Vgl. auch EHRENBERG, aaO, S. 14.

Die θέμιστες gehören also, neben dem Szepter, zu den Attributen, die dem König von Zeus verliehen sind, sie stammen aus dem Sakralbereich. Halten wir dazu, daß dem Begriff die Vorstellung einer dem Herrscher vom Gott kundgegebenen Sammlung fester Urteilsmaßstäbe nicht untergelegt werden darf, daß mithin die θέμιστες, wie schon EHRENBERG und E. WOLF, wenn auch von anderen Begriffsbestimmungen aus, betont haben [28], in jedem einzelnen Falle erfragt oder eingegeben werden mußten, so ergibt sich, daß hinter ihnen die Idee eines jeweils unmittelbar von der Gottheit dem richtenden König eingegebenen geheimnisvollen Wissens um das Richtige, also einer divinatorischen Rechtsfindung, stand [29]. Dazu paßt es durchaus, daß Amphinomos sich zur Ermordung Telemachs nur bereit finden will, wenn Zeus auf Befragen die Angemessenheit einer solchen Tat erkennen läßt, Od. 16.402 ff.:

ἀλλὰ πρῶτα θεῶν εἰρώμεθα βουλάς.
εἰ μέν κ' αἰνήσωσι Διὸς μεγάλοιο θέμιστες,
αὐτός τε κτενέω.

Zuzugeben ist, daß der Gedanke schon im Verblassen gewesen sein muß, als man die Möglichkeit von σκολιαὶ θέμιστες in Betracht zog, denn Zeus kann eigentlich nicht in die Irre gehen. Doch zeigt der oben zitierte Vers 9 der Erga, daß auch für HESIOD, trotz seines Mißtrauens in die „geschenkefressenden" Könige (Erga 263 f.), göttliche Einwirkung auf die Rechtsfindung noch eine lebendige Vorstellung war. Sie ist in der Tat auch sonst nachweisbar. So scheint es nicht undenkbar, daß divinatorische Rechtsfindung gemeint ist, wenn in der homerischen Schildszene (Il. 18.497 ff.) die Geronten einer nach dem anderen (ἀμοιβηδίς) mit dem Szepter in der Hand und ohne jegliche Beweisaufnahme ihren Wahrspruch über die Gerechtfertigtheit des Angriffs abgeben und dem, der zwischen den Parteien die δίκη „am geradesten" feststellt (508: ὃς μετὰ τοῖσι δίκην ἰθύντατα εἴποι), d. h. sie dem zubilligt, dem sie zukommt, als ἴστωρ der Preis zufällt [30]. Selbst das ὀμνύντα κρίνεν, das das gortynische Gesetz beim Fehlen anderer Beweise dem Richter aufgibt, wobei der Eid kein allgemeiner promissorischer Richtereid ist, sondern jeweils die Einzelentscheidung decken soll, dürfte noch ein später Nachklang derselben archaischen Idee sein [31].

---

[28] S. Zitate in Anm. 23.

[29] Obiges ist im großen und ganzen auch die Lehre EHRENBERGS und E. WOLFS. Nach EHRENBERG, aaO, S. 22, war der älteste Sinn des Wortes θέμις der von „Orakel".

[30] Zur Schildszene zuletzt meine Beiträge S. 6 ff., wo nahezu vollständige Bibliographie. Zur Bedeutung von δίκην εἰπεῖν und δικάζειν ebd. S. 32, 73.

[31] Große Inschrift I 12, 14, 24, 39, II 56, VI 55, IX 22, XI 30. Man interpretiert diese Stellen gemeinhin dahin, daß sie dem Richter gestatten, unter freier Beweiswürdigung nach Ermessen zu entscheiden; BÜCHELER-ZITELMANN, Das Recht von Gortyn, 1885, S. 68 f., KOHLER-ZIEBARTH, Das Stadtrecht von Gortyn, 1912, S. 82, LATTE, Heiliges Recht, 1920, S. 24. Das wird im praktischen Erfolg zutreffen, kann aber m. E. nicht der eigentliche Sinn des ὀμνύντα κρίνεν sein. Von freier Beweis-

Es ergibt sich, daß der Zeit des Epos und Hesiods der Gedanke, richterliche Entscheidungen aus menschlicher Übung abzuleiten – mag sie als Vätersitte oder im oben definierten technischen Sinn des Gewohnheitsrechts gefaßt sein –, noch ebenso fern lag wie der des Gesetzes. Man streitet darum, ob in der frühen aristokratischen Periode die *θέμιστες* schon gewissermaßen die Natur eines Sittenkodex der Adelsgesellschaft angenommen hatten [32]. Wir können diese Frage auf sich beruhen lassen. Denn sicher hatte sich die Idee, wenn sie in der Bildung begriffen war, noch nicht dahin verfestigt, daß ein solcher „Kodex" – gemeint sind ungeschriebene, aber bereits ins klare Bewußtsein der Menschen aufgenommene Normen – als Richtschnur für den entscheidenden Richter anerkannt war. Die Rechtsfindung galt noch völlig als eine von der Gottheit verliehene Kraft, im Einzelfall das Angemessene auf divinatorische Weise herauszufinden (*κρίνειν*). Spielte dabei die Erfahrung gewiß ihre Rolle, so war man dieser Tatsache doch noch nicht oder kaum gewahr geworden.

III

Der Glaube an die Wirksamkeit der im vorangehenden Abschnitt betrachteten Entscheidungsmethoden ging allmählich verloren, wenngleich er, wie das gortynische Beispiel lehrt, manchenorts lange nachgewirkt haben mag. Unter welchen Eindrücken und in welchen Etappen sich dieser geistige Wandel vollzog, ist eine Frage, der wir hier nicht nachzugehen haben. Es genügt für uns die Wiederholung der Feststellung, daß in der Zeit des klassischen Stadtstaats die Rechtssysteme der Poleis – von wenigen Ausnahmen, wie Sparta, abgesehen – weithin in geschriebenen Gesetzen niedergelegt waren, die ihren Ursprung zumeist der großen Kodifikationsbewegung des 7.–5. Jahrhunderts v. Chr. verdankten.

---

würdigung kann keine Rede sein, wo die Beweise gerade fehlen und jedenfalls muß erklärt werden, warum der Richter die *einzelne* Entscheidung beschwören muß. Ich vermag daher auch Ehrenberg nicht zu folgen, der, aaO, S. 100 f., diesen Eid als promissorisch ansieht. Ich halte ihn eher für eine Art Beschwörung der Gottheit zwecks Erleuchtung. Insofern unterscheidet sich dieser Eid des Richters allerdings auch von einem assertorischen Eid, als den ihn Latte, aaO, S. 41 f., charakterisieren will. Ehrenbergs Einwände hiergegen schlagen durch; s. auch Steinwenter, aaO, S. 47[1], der selbst (auf S. 48) „den Schwur des gortynischen Richters als einen fallweise zu leistenden Eid, die *κρίσις* bei sonstiger Strafe der Götter gerecht vorzunehmen, auffassen" will. Gernet, aaO, S. 64[5], bezweifelt mit Recht, ob die Kategorien des promissorischen und des assertorischen Eides dem Eid in seiner ältesten Form wirklich angepaßt sind: „Un serment est essentiellement un procédé d'engagement de la personne".

Aristot. Pol. 3. 9. 7 p. 1285 b sagt von den Königen der Urzeit: *τὰς δίκας ἔκρινον· τοῦτο δ' ἐποίουν οἱ μὲν οὐκ ὀμνύοντες, οἱ δ' ὀμνύοντες, ὁ δ' ὅρκος ἦν τοῦ σκήπτρου ἐπανάτασις.* Ich möchte meinen, das eidliche Entscheiden war das *κρίνειν θέμιστας;* so erklärt es sich auch, daß Szepter und *θέμιστες* zusammengehören.

[32] So Ehrenberg, aaO, S. 11 u. ö., zustimmend Kahrstedt, Dt. Lit.-Ztg. 1922, S. 165, dagegen E. Wolf, aaO, S. 82.

Zumindest wo, wie in Athen in demokratischer Zeit, die Gesetzesänderung besonderen Organen übertragen war und scharfer Kontrolle unterlag (Möglichkeit der *γραφὴ παρανόμων*, die einem Antragsteller, dessen Vorschlag für gesetzwidrig befunden wurde, schwere Strafe bringen konnte), kam die Anerkennung gewohnheitsrechtlich entstandenen neuen Rechtes *contra legem* selbstverständlich unter keinen Umständen in Frage. Damit ist indessen noch nicht von vornherein ausgeschlossen, daß man Regeln, die *neben* dem Gesetzesrecht befolgt wurden, ohne eine positive statutarische Grundlage zu haben, einfach darum als bindend betrachten mochte, weil sie durch lange Übung gesetzesgleiche Autorität gewonnen hatten. Der umgekehrte Gedanke, daß ein Gesetz durch lange Gewöhnung an Kraft gewinne, tritt in unjuristischer Verwendung in der Tat hier und da hervor [33]. In Wirklichkeit jedoch findet sich keine Spur einer solchen Denkweise. Die wahre Haltung der Athener enthüllt im Gegenteil eine Stelle in der 23. Rede (geg. Aristokrates) des DEMOSTHENES: In §§ 69 f. schildert der Redner gewisse Verfahrensgrundsätze, die im Mordprozeß vor dem Areopag Anwendung fanden und zum Teil auf Herkommen beruhten; demgemäß spricht er am Ende von § 70 von *γεγραμμένοι νόμοι* und *ἄγραφα νόμιμα*. Aber bezeichnenderweise beruft er sich für den Rechtscharakter der letzteren keineswegs auf die Tatsache der langen Übung, sondern schreibt auch sie einem, wenn auch mythischen, Gesetzgeber zu; § 70: *ὅτι οἱ ταῦτ' ἐξ ἀρχῆς τὰ νόμιμα διαθέντες, οἵτινές ποτ' ἦσαν, εἴθ' ἥρωες εἴτε θεοί* ... Charakteristisch ist auch § 81 der Rede, in dem es vom Areopag und anderen mit Tötungsdelikten befaßten Dikasterien heißt: *ἃ θεοὶ κατέδειξαν καὶ μετὰ ταῦτ' ἄνθρωποι χρῶνται πάντα τὸν χρόνον*: nicht der lange Gebrauch hat die Einrichtung sanktioniert, sondern die Menschen haben sich nur der gottgeschaffenen Institution von jeher bedient.

Selbst der attische Rhetor des 4. Jahrhunderts, der mit einem rationalen Rechtssystem umging und dem der Begriff des *ἄγραφος νόμος* und die Unterscheidung zwischen Gesetzen und bloßen *ἔθη* geläufig waren, stand also der

---

[33] Aristot. Polit. 2. 5. 14 p. 1269 a: *ὁ γὰρ νόμος ἰσχὺν οὐδεμίαν ἔχει πρὸς τὸ πείθεσθαι πλὴν παρὰ τὸ ἔθος, τοῦτο δ' οὐ γίνεται εἰ μὴ διὰ χρόνου πλῆθος, ὥστε τὸ ῥᾳδίως μεταβάλλειν ἐκ τῶν ὑπαρχόντων νόμων εἰς ἑτέρους νόμους καινοὺς ἀσθενῆ ποιεῖν ἐστι τὴν τοῦ νόμου δύναμιν.* Plut. Sol. 25.6. a. E. begründet Solons Wunsch nach längerer Abwesenheit nach Abschluß des Gesetzgebungswerkes: *ἤλπιζε γὰρ ἐν τῷ χρόνῳ τούτῳ καὶ τοῖς νόμοις αὐτοὺς* (scil. die Athener) *ἔσεσθαι συνήθεις*. Als ein wohl aus der Rhetorik stammendes (H. SCHMIDT, Journ. of Jur. Papyrol. 4, 1950, S. 176, SEIDL, Studi in on. di U. E. Paoli, 1955, S. 673) halbjuristisches Argument bringt in der Mitte des 3. Jahrh. n. Chr. sogar ein *praefectus Aegypti* den Gedanken vor; P. Sammelb. Gr. Urk. aus Aeg. V 7696, Z. 104 f.: *ἡ τῶν νόμω(ν) ἰσχὺς προειόντος τοῦ χρόνου μᾶλ[λ]ον αὔξεται* (zum geistesgeschichtlichen Hintergrund s. auch PRÉAUX, Rev. Intm. des Droits de l'Antiqu. 3em sér. 5, 1958, S. 386). Vgl. HIRZEL, aaO, S. 358[1], der aber S. 360 den in den zit. literarischen Stellen zum Ausdruck gebrachten Gedanken unzulässig mit dem Gewohnheitsrecht zusammenbringt.

Idee des Gewohnheitsrechts offensichtlich noch ebenso fremd gegenüber wie die Dichter der epischen Zeit. Auch er mußte noch auf mythische Urheber zurückgreifen, um die Existenz eingewurzelter, aber in keinem Gesetz verankerter Rechtsnormen zu begründen. Leider ist meines Wissens die zitierte Stelle der einzige positive Beleg für dieses Ergebnis. Es steht ihm aber nicht nur kein Gegenzeugnis entgegen, sondern wir sind in der Lage, die These, daß der klassischen Zeit der Gedanke an die Möglichkeit einer spontanen Rechtsbildung aus dem Volke heraus niemals auch nur aufgestiegen ist, noch von einer zweiten Seite her und unter einem spezielleren Gesichtspunkt wahrscheinlich zu machen. Es läßt sich zeigen, daß den Rednern in gleicher Weise jegliche Vorstellung von einer rechtsbildenden Kraft der Rechtsprechung fehlte.

In §§ 95 ff. derselben Rede 23 sucht DEMOSTHENES der Gefahr vorzubeugen, daß der Angeklagte sich auf eine Reihe von Entscheidungen berufen könnte, durch die Männer, die unter der gleichen Beschuldigung gestanden hätten, freigesprochen worden seien. Diese Freisprüche bedeuteten nichts, da die Richter Täuschungen erlegen seien; § 95: *ἔστι δ' οὐδὲν . . . τοῦτο σημεῖον τοῦ τοῦτον ἔννομ' εἰρηκέναι· πολλαὶ γὰρ προφάσεις εἰσὶ δι' ἃς πολλάκις ὑμεῖς ἐξηπάτησθε.* Diese Worte müssen im Lichte des Prozesses interpretiert werden, in welchem sie gesprochen wurden. Ihm lag eine *γραφὴ παραμόμων* zugrunde, und es ging um die Frage, ob ein vom Angeklagten beantragtes Psephisma mit den Gesetzen der Stadt im Einklang stand oder nicht. Die „Täuschung" der Richter, die der Redner den Angeklagten früherer ähnlicher Prozesse vorwirft, lag also nicht so sehr darin, daß sie die freisprechenden Urteile durch lügenhafte Vorspiegelung falscher Tatsachen erschwindelt hatten, wie darin, daß es ihnen gelungen war, die Gerichtsversammlung von der Vereinbarkeit ihrer Gesetzesvorlagen mit der allgemeinen Rechtsordnung der Stadt zu überzeugen. Folglich handelte es sich nicht um die Feststellung streitiger, sondern um die Beurteilung unzweifelhafter Tatbestände, deren Merkmale und rechtliche Folgen naturgemäß in keinem Gesetz festgelegt waren und darum von den Richtern nach Maßgabe ihrer *γνώμη δικαιοτάτη* gewertet werden mußten; so sagt es der Redner auch ausdrücklich in § 96. Da die jeweilige Wertung von der Interpretation der angeblich verletzten Gesetze abhing, mithin echte Rechtsfragen zu entscheiden waren, ist es nicht unvorstellbar, daß sich aus Präzedentien allmählich ein fester Stamm von Auslegungsgrundsätzen hätte bilden können. Dieser Gedanke aber kam DEMOSTHENES überhaupt nicht in den Sinn. Gewiß ließe sich einwenden, daß die Entstehung eines solchen Rechtsprechungsrechts dadurch erschwert oder gar unmöglich gemacht war, daß die Richter ohne Debatte abstimmten und ihre Urteile nicht begründeten. Aber auch unter diesem Gesichtspunkt bleibt es bezeichnend, daß DEMOSTHENES gar nicht an ihn denkt, sondern die Unverbindlichkeit früherer rechtlicher Beurteilungen für etwas Selbstverständliches nimmt. Mehr noch: wir werden sogleich sehen, daß gerade dieser Einwand von dem Redner möglicherweise sogar zurückgewiesen worden wäre.

Das Ergebnis unserer Analyse wird nämlich scheinbar in Frage gestellt durch einige Rhetorenäußerungen, in welchen dem gerichtlichen Urteil tatsächlich ein Gewicht beigemessen wird, das über die bloße Entscheidung des gerade anstehenden Falls hinausgeht. Zwei dieser Stellen sind besonders aufschlußreich. Im § 48 der Rede gegen Dionysodoros (Demosth. *or.* 56) redet der Sprecher das Gericht wie folgt an: *μὴ ἀγνοεῖτε, ὅτι νυνὶ δίκην δικάζοντες νομοθετεῖτε ὑπὲρ ὅλου τοῦ ἐμπορίου, καὶ παρεστᾶσι πολλοὶ τῶν κατὰ θάλατταν ἐργάζεσθαι προαιρουμένων ὑμᾶς θεωροῦντες, πῶς τὸ πρᾶγμα τουτὶ κρινεῖτε.* Ähnlich, ja fast noch entschiedener, formuliert der Rhetor Lykurgos, geg. Leokrates, § 9: *διὸ καὶ μάλιστ', ὦ ἄνδρες, δεῖ ὑμᾶς γενέσθαι μὴ μόνον τοῦ νῦν ἀδικήματος δικαστάς, ἀλλὰ καὶ νομοθέτας... ἀναγκαῖον τὴν ὑμετέραν κρίσιν καταλείπεσθαι παράδειγμα τοῖς ἐπιγιγνομένοις.* Die Möglichkeit einer präjudiziellen Bedeutung gerichtlicher Entscheidungen lag also nicht außerhalb des Vorstellungsbereichs der Redner.

Dennoch wäre es verkehrt, die beiden Zitate allzu sehr beim Wort zu nehmen. Betrachtet man sie in ihrem Zusammenhang, so ergibt sich eindeutig, daß in keinem von ihnen an eine im technischen Sinne präzedentienartige Wirkung der erwarteten Urteilssprüche gedacht ist; daran ändert auch die rhetorische Übertreibung nichts, die sich in der Verwendung der Ausdrücke *νομοθετεῖν, νομοθέτης* kundtut. Denn der Sprecher der Dionysodorosrede (ähnlich übrigens auch der Sprecher gegen Phormion, Demosth. 34.51) malt im Anschluß an die zitierten Worte nur aus, wie sich die Entscheidung des Gerichts, je nach ihrem Inhalt, günstig oder ungünstig auf die Bereitschaft der im Seedarlehensgeschäft tätigen Geldleute zur Eingehung von Risiken auswirken würde (§§ 48–50). Lykurgos wartet zwar mit einer Reihe von Präzedenzfällen auf (§§ 52 ff., 111 f.), aber nur um daran die Mahnung zu knüpfen, § 116, die Richter sollten sich ihrer Vorfahren würdig zeigen und einem Verräter keine größere Milde angedeihen lassen als diese; daher kann er sich in §§ 128 ff. sogar auf spartanische Beispiele berufen. Eine Bindung des Gerichts an die früheren Entscheidungen wird von ihm nicht in Betracht gezogen. Wenn beide Redner die Richter als „Gesetzgeber" ansprechen, so meinen sie damit nicht mehr, als daß ihre Prozesse wegen ihres angeblich sensationellen Charakters lange in der Erinnerung der Menschen haften bleiben und so auch die in ihnen gefällten Urteile auf die Zukunft einen gewissen richtungweisenden Einfluß ausüben würden (Lyk.: *παράδειγμα τοῖς ἐπιγιγνομένοις*) [34].

---

[34] Hirzel, aaO, S. 36, zitiert die Lykurgosstelle als Beleg für seine Meinung, daß „Richtersprüche ..., insofern sie Präzedenzfälle schufen, als der Keim zu Gesetzen" galten. Aber diese Ansicht beruht einzig und allein auf dem Wort *νομοθέτας*. Gernet, Droit et société dans la Grèce ancienne, 1955, S. 67[2], meint, daß die Anerkennung der testamentarischen Adoption, die im Gesetz nicht vorgesehen war, einer Serie richterlicher Entscheidungen zu verdanken sei; aber auch

Wir kommen zu dem Schluß, daß es nach der die klassische attische Polis beherrschenden Rechtsauffassung nur eine einzige wirkliche und autoritative Rechtsquelle gab: das Gesetz. Entsprangen bindende Rechtsnormen tatsächlich aus anderer Wurzel, so wurde für sie ein fiktiver mythischer Gesetzgeber angenommen. In keinem Fall wurde dem bloßen Brauch, sei es des täglichen Lebens, sei es der Gerichte, unmittelbar normenbildende Kraft zugebilligt. Wir werden nicht fehlgehen, wenn wir Athen, wahrscheinlich die Polis mit dem am gründlichsten durchgebildeten Rechtssystem, als beispielhaft auch für die anderen griechischen Stadtstaaten ansehen, von deren Rechtsanschauungen wir keine unmittelbare Kunde besitzen.

IV

Am schwersten ist unserem Problem paradoxerweise innerhalb desjenigen Rechtsgebiets beizukommen, für das uns das reichste Quellenmaterial zur Verfügung steht: das hellenistische Ägypten. Der Grund hierfür liegt in erster Linie in der Natur unserer ausschließlich in Papyrusurkunden bestehenden Quellen. Scheiden Vertragstexte schon darum für uns aus, weil sie keinen Anlaß zu Ausführungen über den Geltungsgrund irgendeines Rechtssatzes boten, so sind auch die zahlreichen Eingaben an Behörden und Gerichte unmittelbar unergiebig; in den seltenen Fällen, in denen in ihnen ausdrücklich auf eine Rechtsquelle Bezug genommen wird, hat diese stets Gesetzescharakter. Nicht anders steht es mit Entscheiden und Urteilen von Verwaltungsbehörden und Gerichten und mit den wenigen Verhandlungsprotokollen, die Einblick in Rechtsausführungen der Parteien oder ihrer Fürsprecher gewähren. Nirgends begegnet eine Berufung auf Gewohnheitsrecht.

Gleichwohl ist damit weder die Frage nach der faktischen Existenz des Gewohnheitsrechts im ptolemäischen Ägypten noch die nach der Haltung, die Regierung, Behörden und Gerichte ihm gegenüber einnahmen, beantwortet. Wenn ich recht sehe, dürfte es jedoch trotz Fehlens direkter Zeugnisse möglich sein, vom Gesamtcharakter der ptolemäischen Rechtsordnung aus immerhin zu einer Hypothese zu gelangen.

Daß die griechisch-makedonische Bevölkerung des Ptolemäerreiches – nur von ihr ist die Rede – tatsächlich weithin nach Gewohnheitsrecht lebte, versteht sich von selbst. Bis zu der kurz vor 270 v. Chr. [35] durch Ptolemaios II. Philadelphos erfolgten Einführung der Gerichtsordnung und des mit Bezug auf sie die materiellen und formellen Voraussetzungen der Rechtsverfol-

---

das würde für keine größere Kraft der Präzedenzentscheidung sprechen als ob. im Text angenommen. Allgemein s. Vinogradoff, aaO, S. 78 f. Ähnliches wie für die Lykurgosrede gilt übrigens auch für §§ 42–44 der Kallimachosrede des Isokrates (*or.* 18).

[35] Vgl. mein Justizwesen der Ptolemäer, 1962, S. 56 ff.

gung und Vollstreckung regelnden Justizdiagramma [36] konnte es sogar nichts anderes geben als Gewohnheitsrecht. Denn die Gesetze der Heimatstaaten der von überall her zusammengewürfelten Einwanderer konnten im Koloniallande nicht mehr gelten, und man war gezwungen, sich nach gewissen allgemeinen und allen gemeinsamen Rechtsvorstellungen neu einzurichten. Zu ihnen gehörten in erster Linie die Elemente der Vertragsgestaltung – die Syngraphe, der Gedanke der „Zweckverfügung" [37], die Homologie, die Vollstreckungs- und die Kyria-Klausel [38] –, die von den Urkundenschreibern aufgegriffen wurden und die Grundlage der sich entwickelnden reichen Kautelarpraxis bildeten. Auch zu Neubildungen kam es. So verlor – sicher ohne jeden gesetzgeberischen Eingriff – die Ehe die scharfen Konturen, die ihr der Zusammenhang mit der Familienorganisation des Stadtstaats gegeben hatte, und wurde zu einer individualistisch verstandenen rein faktischen Verbindung der Partner mit Erbrechtsfolgen für die. Kinder [39]; ähnlich paßte sich das Ehegüterrecht an.

Aber selbst in diesen Verhältnissen gelangte man nicht dazu, das Gewohnheitsrecht als eine eigenständige Kategorie zu erfassen und ihm einen Platz in der Rechtsquellenlehre zu geben. Aus einer diagrammatischen Bestimmung, die in einem Gerichtsurteil des späteren 3. Jahrhunderts v. Chr., P. Gur. 2 [40], zitiert wird, kennen wir die Hierarchie der Rechtsquellen, wie sie den Architekten der ptolemäischen Rechtsordnung vorschwebte: An erster Stelle standen die königlichen Verordnungen, an zweiter die *πολιτικοὶ νόμοι*, d. h. das Heimatrecht, auf das sich streitende Parteien gleicher Herkunft berufen mochten [41]; für den Fall, daß die Entscheidung weder dem einen noch dem anderen Normenkreis zu entnehmen war, wurden die Richter auf ihre eigene *δικαιοτάτη γνώμη* verwiesen. Gewiß waren sie damit befugt, den gewohnheitsrechtlichen Bildungen Beachtung zu schenken, etwa die faktische Verbindung von Mann und Frau zu gemeinschaftlicher Lebensführung als Ehe anzuerkennen. Wesentlich bleibt doch, daß dies ihrer „gerechten Erkenntnis" überlassen, aber nicht einfach darum zur Pflicht gemacht wurde, weil solche Verhältnisse sich nun einmal eingebürgert hatten.

Die alte griechische Rechtsauffassung, nach welcher das Gesetz die einzige wirkliche Rechtsquelle war, zu der allenfalls die „gerechte Erkenntnis" ergänzend hinzutreten konnte, beherrschte auch das Denken der ptolemäischen Rechtskundigen. Es ist daher nicht verwunderlich, daß sich in den

---

[36] Dazu vgl. Rev. Internat. des Droits de l'Antiqu. 3. Ser. 7, 1960, S. 205 ff.

[37] Vgl. Sav.Z., Rom. Abt. 74, 1957, S. 63 ff.

[38] Vgl. Hässler, Die Bedeutung der Kyria-Klausel in den Papyrusurkunden, 1960.

[39] Vgl. Tijdschr. voor Rechtsgeschied. 20, 1952, S. 164 ff.

[40] Greek Papyri from Gurob, edited by J. Gilbart Smyly, 1921.

[41] Vgl. Rev. Internat. zit. 213 f.

Papyri der Ptolemäerzeit keine Spur einer Anspielung auf das Gewohnheitsrecht findet [42].

V

Die Ergebnisse der vorstehenden Untersuchungen erlauben es uns, zum Abschluß noch einige Bemerkungen über die Funktion des Gesetzes nach griechischer Rechtsauffassung von einem Blickpunkt aus anzufügen, der, soweit ich sehe, in der bisherigen Diskussion nicht hinreichend zur Geltung gekommen ist. Gemeint ist das Maß an Autorität, das dem Gesetz innerhalb der praktischen Rechtshandhabung zugebilligt wurde. Die in alter und neuer Zeit viel erörterten Fragen der Entwicklung des Nomosbegriffs, des Gesetzes als allgemeinen Maßstab menschlichen Verhaltens, des Verhältnisses zwischen menschlichem Gesetz und Natur- und Sittengesetz, des Widerstreits zwischen gesetzlicher und billiger Gerechtigkeit werden hierbei beiseite bleiben. Sie alle stammen aus den Bereichen der dichterischen und philosophischen Spekulation und haben, soweit ersichtlich, die Entscheidungen der Gerichte weder in klassischer noch in hellenistischer Zeit beeinflußt. Unser Thema, das die Rolle von Gewohnheit und Gesetz als Quellen positiven Rechts betrifft, berühren sie nicht.

Wir haben gesehen, wie dem griechischen Rechtsbewußtsein die Vorstellung, daß der bloße Brauch als solcher bindendes Recht schaffen könne, zu allen Zeiten fremd geblieben ist. Was Recht war, bestimmte in allen Epochen eine über den einzelnen Menschen stehende Gewalt: In der archaischen, durch das Epos und noch durch Hesiod vertretenen Periode glaubte man es bei der Gottheit, die ihre Entscheidung in jedem einzelnen Fall durch Ordal oder durch Inspiration einer charismatischen Persönlichkeit kundgab. Im klassischen Stadtstaat war es die Polis selbst, die die Macht hatte, Normen, denen nicht ohnehin ein direkter göttlicher Ursprung zugeschrieben wurde, durch ihre dafür ausersehenen Organe zu setzen. Auch jetzt noch beruhte die Autorität dieser Normen letztlich auf der Idee ihrer Verbundenheit mit der Gottheit: *πᾶς ἐστι νόμος εὕρημα καὶ δῶρον θεῶν, δόγμα δ' ἀνθρώπων φρονίμων, . . . πόλεως δὲ συνθήκη κοινή,* sagt der Sprecher der ersten Rede gegen Aristogeiton (Demosth. 25.16) in einer ebenso charakteristischen wie juristisch anfechtbaren Formulierung [43]. In der hellenistischen Monarchie lag die Herrschaft über das Recht beim König, der allein befugt

---

[42] Taubenschlags Artikel: „Customary Law and Custom in the Papyri (Opera Minora II S. 91 ff.) ergibt nichts Gegenteiliges. Die von ihm zusammengestellten Belege besagen immer, daß etwas *üblich* sei, niemals tritt der Gedanke hervor, daß ein *Rechtssatz* durch lange Gewohnheit bindende Kraft erlangt habe.

[43] Zum Verständnis der Stelle s. Hirzel, *Ἄγραφος Νόμος* (Abh. Kgl. Sächs. Ak., Phil.-Hist. Kl. XX 1, 1900) 80 f. Anm. Allgemein zur Verknüpfung des Rechtes mit der Religion Weiss, aaO, S. 77 ff., Arangio-Ruiz, La règle de droit et la loi dans l'antiqu. class. in Rariora, 1946, S. 147 f.

war, bindende Bestimmungen zu erlassen. Soweit neben den königlichen Verordnungen auch andere Rechtsquellen zugelassen waren, wie in dem oben zitierten ptolemäischen Diagramma, waren sie durch den königlichen Willen gedeckt und insoweit mittelbar ebenfalls königliches Recht.

Aus alledem ergibt sich: Das Gesetz war ein *Befehl,* der befolgt werden mußte. In keiner Epoche der griechischen Rechtsgeschichte wurde es als bloße Richtschnur angesehen, von der abgewichen werden durfte, wenn besondere Interessen, wie die Rücksichtnahme auf eine höhere Gerechtigkeit, es geboten [44]. Das beweist eindeutig die Stellung der *δικαιοτάτη γνώμη* in der Rangordnung der Rechtsquellen, wie sie vom attischen Richtereid bis zum ptolemäischen Diagramma bezeugt ist. Die „gerechteste Erkenntnis" war überall nur ein subsidiäres Mittel der Rechtsfindung, auf das man zurückgreifen durfte, wenn gesetzliche Bestimmungen fehlten [45], niemals diente sie als Korrektiv des Gesetzesrechts.

Stattdessen ist eine andere Abgrenzung zu machen. Die bindende Kraft des Gesetzes beschränkte sich auf den Adressaten, an den es gerichtet war. Dies tritt mit besonderer Klarheit bei denjenigen Vorschriften hervor, in denen Tatbestände normiert waren, auf Grund deren ein gerichtliches Vorgehen irgendwelcher Art stattfinden konnte. Sie wiesen Gerichtsmagistrat und Gericht (in Ägypten das Gericht) an [46], wann eine *δίκη* oder Paragraphe zuzulassen bzw. ihr stattzugeben war. Den Einzelnen trafen sie nur mittelbar insofern, als ihm bei tatbestandswidrigem Verhalten gerichtliche Verfolgung oder Mißerfolg mit einer solchen drohte. Aber sie banden ihn nicht. Darum war es möglich, einer Syngraphe eine Klausel anzuhängen, die den Vertrag für maßgeblicher erklärte als selbst die Gesetze; Demosth. 35.39: *ἡ μὲν συγγραφὴ οὐδὲν κυριώτερον ἐᾷ εἶναι τῶν ἐγγεγραμμένων, οὐδὲ προσφέρειν οὔτε νόμον οὔτε ψήφισμα οὔτ' ἄλλ' οὐδ'ότιοῦν πρὸς τὴν συγγραφήν* [47].

---

[44] So Paoli, Studi sul processo attico, 1933, S. 40 ff., Gernet, aaO, S. 67. Überzeugend gegen beide Arangio-Ruiz, aaO, S. 242[1].

[45] Was mit *δικαιοτάτη γνώμη* wirklich gemeint ist, bedarf noch der Erforschung; es ist recht zweifelhaft, ob sie wirklich in erster Linie die Berücksichtigung von Billigkeitsgesichtspunkten zum Inhalt hat. In Demosth. 22. 96, einer der wenigen Stellen, die einigen Aufschluß geben, handelt es sich um die Feststellung der Tragweite gesetzlicher Bestimmungen gegenüber Anträgen auf Erlaß neuer Bestimmungen. Im zweiten Mimus des Herondas, Vers 85: *ὑμεῖς δ' ὡς ἀμαρτύρων εὔντων γνώμηι δικαίηι τὴν κρίσιν διαιτᾶτε,* ist die Rede vom Prinzip der freien Beweiswürdigung, Latte, aaO, S. 24[47]. Allgemein vgl. Ruschenbusch, Historia 6, 1957, S. 264 ff.

[46] S. auch Weiss, aaO, S. 30 ff., Paoli, aaO, S. 59 ff.

[47] Obiger Satz bildet einen Kommentar zu dem Schlußsatz der in die Rede eingelegten Urkunde (§ 13), welcher lautet: *κυριώτερον δὲ περὶ τούτων ἄλλο μηδὲν εἶναι τῆς συγγραφῆς*. Ähnliche Klauseln, und zwar unter ausdrücklicher Betonung, daß die Urkunde auch stärker als jedes Gesetz sein sollte, begegnen bekanntlich auch in mehreren inschriftlich erhaltenen Verträgen; Angaben bei Hässler, aaO, S. 11[3]. Zur Sache vgl. Paoli, aaO, S. 73 f.

DER RÖMISCHE EIGENTUMSBEGRIFF

von Dr. Dr. h. c. MAX KASER
Professor an der Universität Hamburg

Vom Eigentum soll hier gesprochen werden als bloßem Begriff, als juristischer Denkform. Die Ausfüllung dieser Form mit sozialem Gehalt und damit die Anpassung des Eigentums an die Wirklichkeit des Lebens bildet für jede Rechtsgemeinschaft ein Problem für sich. Auch in Rom [1] waren die Bindungen und Schranken, die den Eigentumsbegriff lebendig, ja erst lebensfähig machen, besondere und haben mit den geistigen und materiellen Kräften, die das Recht formen, stark gewechselt. Sie waren aber auf allen Stufen der Antike verschieden von denen des neuzeitlichen Pandektismus, obgleich dieser vermeinte, schon mit dem bloßen Begriff des römischen Eigentums sein ganzes Wesen wiederhergestellt zu haben [2]. Indem diese Beschränkungen des Eigentums stärker an die individuellen geschichtlichen Gegebenheiten der Völker und Zeiten gebunden sind, tritt in ihnen die überzeitliche Mission des römischen Rechts weniger deutlich hervor als in der Ausformung des begrifflichen Rahmens.

Vom abstrahierten Rechtsbegriff des Eigentums läßt sich in der Tat behaupten, daß seine Gestalt in den heutigen kontinental-europäischen Privat-

---

[1] Für die Literatur zum römischen Eigentum kann ich auf die Angaben in meinem Römischen Privatrecht (im folgenden = RP) 1, 1955, S. 104 ff.; S. 340 ff.; 2, 1959, S. 177 ff.; S. 189 ff. verweisen. Seither geben eine allgemeine Kennzeichnung des römischen Eigentums DE VISSCHER, SDHI 23, 1957, S. 26 ff.; ARCHI, BIDR 61, 1958, S. 61 ff.; RIDA[3] 6, 1959, S. 229 ff.; DEKKERS, Rapports généraux au Ve Congrès international de droit comparé 1, 1960, S. 11 ff.; FEENSTRA, Het eigendomsrecht van Euratom over bijzondere splijtstoffen, 1961, S. 24 ff., und besonders WIEACKER, Vom römischen Recht (2. Aufl. 1961), S. 187 ff. – Weitere Abkürzungen: BIDR = Bullettino dell' Istituto di diritto romano; EB = KASER, Eigentum und Besitz im älteren römischen Recht, 1943, 2. Aufl. 1956; FIRA = Fontes iuris Romani anteiustiniani (2. Aufl. 1940–43); RIDA = Revue internationale des droits de l'antiquité, 3. Serie; SDHI = Studia et documenta historiae et iuris; SZ = Zeitschrift der Savigny-Stiftung (rom. Abt.); TR = Tijdschrift voor Rechtsgeschiedenis.

[2] Von den ‚Entwicklungsstufen des römischen Eigentums' in diesem Sinne und von den Gegensätzen zu den neuzeitlichen Auffassungen handelt eindrucksvoll WIEACKER (o. Anm. 1).

rechtssystemen noch die römische ist. Sie geht, vermittelt durch die Pandektendoktrin des 19. Jh., auf die des justinianischen Rechts zurück, das insoweit in den wesentlichen, wenn auch nicht in allen Zügen dem klassischen Recht folgt. Dieser klassische Eigentumsbegriff bezeichnet die zwar beschränkbare, aber nicht von vornherein beschränkte Vollherrschaft einer Person über eine Sache, die sowohl vom Besitz wie auch von den beschränkten Sachenrechten klar abgegrenzt wird. Aber dieser scharf profilierte Begriff ist an das Niveau einer hochstehenden Rechtswissenschaft gebunden. Er kommt erst auf, als die römischen Juristen die Reife des Denkens in abstrakten Kategorien erlernt haben. Und er geht mit dem Zusammenbruch der Klassik verloren, um erst von der klassizistischen Doktrin der oströmischen Rechtsschulen neubelebt zu werden, der dann Justinians Gesetzgebung gefolgt ist. Diese Entwicklung ist hier in den großen Linien nachzuzeichnen.

I. Altrömisches Recht

1. Auf den frühen Stufen, etwa bis zur Mitte des 3. Jh. v. Chr., ist das Eigentum gekennzeichnet durch die Bindungen, denen der einzelne Mensch in seinen Verbänden, besonders in der *familia* und der *gens*, unterworfen ist. Man pflegt, nachdem sich einmal die Kleinfamilien unter der starken Führung des *paterfamilias* ausgeformt haben, die Sachgewalt als bloße Teilerscheinung in der umfassenden Hausgewalt aufzufassen, die dem Hausvater auch über die Personen seines Hausverbandes, Frau, Kinder, Hörige und Knechte, zukommt und die vielleicht mit dem Symbol der beherrschenden und schützenden Hand *(manus)* bezeichnet war [3]. Weiter fragt man sich, ob die Sachgewalt wirklich als ein Recht des Hausvaters beurteilt wurde oder vielmehr als ein Recht des ganzen Familienverbandes, dessen alleinige Ausübung freilich dem *paterfamilias* vorbehalten war [4]. Indessen bleibt ungewiß, ob nicht der Gedanke an die begriffliche Einheit der Hausgewalt bereits eine Abstraktion enthält, deren das frühe Rechtsdenken noch gar nicht fähig war; und ob gar die Unterscheidung zwischen Rechtsträgerschaft und bloßer Rechtsausübung der juristischen Vorstellungswelt dieser Zeit nicht zuviel zumutet. Kaum zu lösen ist beim Stand der Quellen auch das weitere Problem, ob das private Eigentum schon seit alters auch den Boden umfaßte, besonders das Ackerland, oder ob hier eine kollektive Bodenhoheit der *gens* voranging, die die Grundstücke den einzelnen Familienvätern zu beschränkter Nutzungsgewalt zuwies [5]. Freilich bleibt auch in diesem Fall

[3] Vgl. mein RP 1, S. 46; S. 50 ff.; EB S. 1 ff. m. Lit.

[4] S. die Lit. in RP 1, S. 54, Anm. 16; seither zur Frage noch Voci, Diritto ereditario romano 1, 1960, S. 32 ff.

[5] Vgl. RP 1, S. 105 ff. mit reicher Lit.

die Frage offen, inwieweit man solche begrenzte Gewalt begrifflich schon als etwas vom privaten Eigentum Verschiedenes erfaßt hätte [6].

Wie immer man sich zu diesen Fragen der Gebundenheit des Eigentums stellen mag, feststeht soviel, daß das römische Eigentum in der ganzen ‚vorwissenschaftlichen' Zeit, also bis tief ins 2. Jh. v. Chr. hinein, noch n i c h t oder erst in Ansätzen i n s t i t u t i o n a l i s i e r t war. Gewiß kennt man seit alters die rechtliche Zugehörigkeit von Sachen zu bestimmten Personen und schützt sie mittels *actio in rem*. Aber diese rechtliche Herrschaft ist noch der bloße Reflex dieses mit der Vindikation gewährten Schutzes, sie wird noch nicht als rechtlicher Typus erfaßt und anderen Herrschaftstypen gegenübergestellt.

2. Den deutlichsten Beweis bietet die bekannte Tatsache, daß das römische Eigentum lange Zeit k e i n e n N a m e n hat. *Dominium* und *proprietas* – schon diese Zweiheit der Namen für ein einzelnes Institut ist auffällig – festigen sich als technische Bezeichnungen frühestens im letzten Jh. v. Chr. [7]. Das alte Recht begnügt sich mit der farblosen Wendung *meum esse,* wie in der Formel der *vindicatio,* auf die sicher die der *in iure cessio*, vielleicht auch die der (ihr gegenüber offensichtlich älteren) *mancipatio* zurückgeht [8]. Das *meum esse* drückt nur die Zugehörigkeit aus, nicht aber Inhalt und Grenzen der Gewalt.

Anders steht es bei den Gewalten über die P e r s o n e n. Die drei Gewalten, nach denen Gaius die Rechtsstellung der *personae alieno iuri subiectae* aufgliedert, nämlich *potestas manus mancipium* (1, 49 u. ff.), gehen bereits in die altrömische Periode zurück, ohne daß hier auf Herkunft und Wandlungen dieser Gewalten einzugehen wäre. Bei ihnen erklärt sich die Notwendigkeit der Namengebung aus dem Bedürfnis zu differenzieren: Die Personen standen je nachdem, ob sie Hauskinder, die *uxor in manu,* Kinder *in mancipio* oder Sklaven waren, unter Gewalten von verschiedener Art [9]. Über die Sachgüter dagegen hat man die Herrschaft, privatrechtlich gesehen, als etwas Einheitliches empfunden. Soweit der Inhalt der Sachgewalt bei einzelnen Gegenständen beschränkt war, beruht dies auf mannigfachen Bin-

---

[6] Immerhin wird man das Ritual der für das private Eigentum charakteristischen Akte *vindicatio* und *mancipatio,* die ein Ergreifen mit der Hand erfordern, eher auf bewegliche Sachen als auf Grundstücke zugeschnitten finden.

[7] EB, S. 306 ff., weit. Lit. RP 1, S. 340, Anm. 2. Auch *mancipium* ist nicht eine besondere Art von Eigentum, sondern jede Gewalt (über Personen oder Sachen), die durch einen Manzipationsakt begründet wurde (Belege in RP 1, S. 50 f.; anders DE VISSCHER, SDHI 2, 1936, S. 275 ff.). Die Bezeichnung dieser Gewalt als *mancipium* ist aber erst eine jüngere Ableitung; die primäre Bedeutung dieses Ausdrucks betrifft den Manzipationsakt, vgl. EB, S. 180 ff., weitere Lit. (gegen DE VISSCHER, S. 277 ff.) in RP 1, S. 39, Anm. 18.

[8] Vgl. EB, S. 136 ff.; SZ 68, 1951, S. 174 ff.; RP 1, S. 39 f.

[9] So haben etwa nur Hauskinder und die Ehefrau eine Anwartschaft, mit Wegfall des Gewalthabers gewaltfrei zu werden, während die anderen Gewaltunterworfenen in die Gewalt seines Erben fallen.

dungen nach dem Sakralrecht oder der Sitte oder auf Eingriffsrechten anderer, die (wie beim Nachbarrecht) mit besonderen persönlichen Aktionen oder Interdikten durchsetzbar waren. Aber das hat mit dem *meum esse* der Vindikation, an dem sich die noch unentwickelte privatrechtliche Eigentumsvorstellung zunächst allein orientiert, nichts zu tun.

3. Auch die alten Wege- und Wasserrechte, die Vorläufer der Grunddienstbarkeiten, sind in dieser Zeit keine vom Eigentum verschiedenen Sachenrechte von eigener Art, sondern Erscheinungsformen des Eigentums: Auch der Wege- oder Wasserberechtigte kann sein Recht mit demselben *meum esse* am Wegstreifen oder an der Wasserleitung geltend machen wie jeder sonstige Sachberechtigte [10]. Dem steht nicht entgegen, daß diese Berechtigung mit einer gleichartigen des ‚anderen' Eigentümers, über dessen Grundstück der Weg oder die Wasserleitung führt, konkurrieren kann; das Eigentum ist dann funktionell geteilt [11]. Inwieweit ein solches geteiltes Eigentum auch anderen Sachenrechten vorangegangen ist, läßt sich nicht mehr sicher feststellen [12].

4. Aus der mangelnden Institutionalisierung erklärt es sich ferner, daß das altrömische Eigentum ein relatives Recht ist [13]. Freilich legen wir ihm, wenn wir es so nennen, fast schon zu viel Festigkeit aus unserer modernen durchgeformten Begriffswelt bei. In Wahrheit ergibt sich die Relativität des altrömischen Eigentums einfach daraus, daß es nichts anderes ist als der Reflex des alten Vindikationsschutzes. In der alten *legis actio sacramento in rem* treten bekanntlich beide Parteien mit der Behauptung auf: *meum esse aio* (Gai. 4, 16). Folgerichtig kann der Richter nur entscheiden, wer von den beiden Streitteilen der ‚besser' an der Sache Berechtigte ist; er kann nicht dahin urteilen, daß keiner von ihnen berechtigt sei. Daraus folgt, daß, wenn wir *eius esse* gleich Eigentum setzen, der gegenüber diesem konkreten Gegner Besserberechtigte der Eigentümer ist [14]. Doch bleibt offen, ob nicht ein

---

[10] Dies ist die wohl durchgedrungene Ansicht; vgl. RP 1, S. 125 f. mit reicher Lit.

[11] So vor allem KOSCHAKER, SZ 58, 1938, S. 258 ff.; KASER, Festschr. Koschaker 1, 1939, S. 446 ff.; anders jedoch GROSSO, zuletzt Studi Arangio-Ruiz 1, 1953, S. 35 ff.

[12] Der *ususfructus* ist vielleicht erst in einer Zeit aufgekommen, in der die begriffliche Abspaltung der beschränkten Sachenrechte vom alten Eigentum bereits vollzogen war. S. zur Frage KASER (o. Anm. 11), S. 458 ff.; RP 1, S. 127; S. 376, anders GROSSO, zuletzt Usufrutto (2. Aufl. 1958), S. 25 f. Doch dürfte man sich bei der mangelnden Institutionalisierung des altrömischen Eigentums durch Konstruktionsfragen von der Möglichkeit des Teileigentums als Vorläufer des Nießbrauchs nicht abschrecken lassen. – Zur Frage einer Entwicklung des Rechts am *pignus* aus einem funktionell beschränkten Pfandeigentum vgl. die Hinweise in RP 1, S. 126 f.; danach stünde das *pignus* im alten Recht der *fiducia* näher als später.

[13] Eingehend (nach JHERING, RABEL, MITTEIS) in EB, S. 6 ff.; SZ 68, 1951, S. 186 ff. (gegen BOZZA); IVRA 4, 1953, S. 339 f. (gegen VOCI), s. auch RP 1, S. 108; neuere Lit. in EB (2. Aufl.), S. 364 f. Vgl. ferner u. Anm. 15. Zustimmend zuletzt WIEACKER (o. Anm. 1), S. 208 ff.

[14] Es versteht sich von selbst, daß dies nicht Gleichsetzung des Rechts mit seiner

noch besser berechtigter Dritter existiert, der in einem zweiten Vindikationsprozeß dem Sieger des ersten die Sache abnehmen könnte.

Die Denkform dieses relativen Eigentums verschließt sich freilich dem, der glaubt, das altrömische Recht aus der am Pandektismus geschulten Sicht einer vollständig durchgebildeten Begriffswelt beurteilen zu dürfen [15]. Das altrömische Eigentum reicht über die Vorstellung, daß jemand eine Sache kraft Rechtens haben und beherrschen soll, nicht hinaus. Demgemäß geht auch der Vindikationsstreit nur darum, wer von zwei solchen Prätendenten die Sache haben soll, weil er besser berechtigt ist als der andere. Dieses bessere Recht ist nicht, wie später und heute, an bestimmte festumgrenzte Erwerbstatbestände gebunden, wenngleich bereits in der Praxis dieser frühen Zeit die späteren Regeln im Keim angelegt erscheinen mögen. Die alte Vindikation schließt auch solche Fälle des ‚besseren' Rechts zum Besitz ein, für die nach der Einengung des Eigentums auf seinen klassischen Bestand im letzten Jh. v. Chr. eine besondere prätorische Klage, die *actio Publiciana,* geschaffen werden mußte [16].

Die Unsicherheit in den Eigentumsverhältnissen, die von den Gegnern des ‚relativen' Eigentums befürchtet wird, ist in Wahrheit nicht größer als heutzutage. Solange die Zugehörigkeit der Sache zu einem bestimmten Träger unbestritten geblieben ist, besteht kein Problem. Ist die Sache aber einmal vindiziert und einem zugesprochen worden, hat man sie unbedenklich seinem Vermögen zugerechnet, bis ein Dritter sein noch besseres Recht wirklich durchgesetzt hat.

Das konnte man um so eher tun, als die Wahrscheinlichkeit, daß der Sieger im Vindikationsstreit die Sache endgültig behalten darf, recht groß war. Denn viele Erwerbstatbestände verschaffen eine Position, die gegen jedermann gesichert ist. Wer auf solche Weise erworben hat, ist von vornherein der b e s t e Berechtigte, gegen den jeder Gegner scheitern muß [17]. Das gilt von allen originären Erwerbstatbeständen: *occupatio* (außer an der *res derelicta,*

Beweisbarkeit bedeutet. Bewertet der Richter die Beweise unrichtig, so begeht er ebenso ein Fehlurteil wie nach heutigem Recht.

[15] Daran ist namentlich Talamanca, TR 26, 1958, S. 243 ff. gescheitert. Da die Vorstellungen, die er mir unterschiebt, um dagegen mit Leidenschaft zu polemisieren, von den meinen weit entfernt sind, kann ich mir eine Widerlegung ersparen.

[16] Dazu neuestens auch Wubbe, Res aliena pignori data, 1960, S. 16 ff.; RIDA 8, 1961, S. 417 ff. Vgl. noch heute § 1007 BGB, Art. 933 f. ZGB, §§ 372–74 ABGB; daß nicht alle modernen Gesetze eine derartige Regelung enthalten, beweist nichts dagegen.

[17] Das darf nicht etwa als das Nebeneinander zweier Systeme mißverstanden werden, eines absoluten und eines relativen. Nur soviel ist gemeint, daß auch im relativen System Fälle vorkommen und sogar recht häufig sind, in denen der Erwerber gegen jedermann geschützt ist. Um neue Irrtümer zu verhüten, will ich bei diesen Fällen nicht mehr von ‚absolutem' Eigentum sprechen, sondern von dem des ‚besten' Berechtigten.

die noch die Klassiker besonders behandeln)[18], Fruchterwerb[19], Verbindung, Vermischung, Verarbeitung, aber auch von der staatlichen Verleihung *(datio adsignatio)*, von der richterlichen *adiudicatio*[20], vielleicht auch vom (konstitutiv wirkenden) Urteil im Sakramentsprozeß *in rem*[21], aber jedenfalls von der Vorstufe der Ersitzung (dazu unten Z. 5). Wer immer seinen Erwerb auf einen dieser Tatbestände stützen kann, dringt gegen jedermann durch, nicht weil für diese statt des ‚relativen' ein ‚absolutes' System gegolten hätte, sondern weil es innerhalb des relativen Systems Erwerbsfälle gibt, die für eine noch bessere Berechtigung eines anderen keinen Raum offen lassen.

Zu praktischer Auswirkung kann mithin die ‚relative' Auffassung nur beim abgeleiteten Erwerb mittels *mancipatio, in iure cessio, traditio* und bei der Ergreifung einer *res derelicta* kommen. Wer sich auf einen dieser Vorgänge berufen kann, dringt im Rechtsstreit damit allein noch nicht durch, er ist dieserhalb noch kein Bestberechtigter gegenüber jedermann[22]. Vielmehr ist sein *meum esse aio* nur berechtigt, wenn er sich auf eine geschlossene Kette von gültigen Erwerbsvorgängen dieser Art bis zurück zu einem der vorhin genannten Bestberechtigten berufen kann. Demgemäß hat der Richter, wenn sich beide Teile auf abgeleiteten Erwerb berufen, zugunsten des Teils zu entscheiden, dem der Nachweis dieser Kette von Erwerbsvorgängen gelingt; ein Nachweis, der im Fall des Manzipationserwerbs durch das *laudare auctorem*, das *auctoritatem subsistere* und die drohende *actio auctoritatis* erleichtert wird[23]. Aber daß der Richter wirklich zwischen einem ‚besser' und einem ‚schlechter' berechtigten Prätendenten entscheiden muß, von denen keiner ‚absoluter' Eigentümer im klassi-

---

[18] RP 1, S. 359 mit Lit.

[19] Die Früchte dürften im alten Recht (im allgemeinen) dem Bewirtschafter der Muttersache zugefallen sein, ohne daß es auf sein Recht an dieser ankam; KASER, SZ 65, 1947, S. 254 ff.; RP 1, S. 360.

[20] An eine *adiudicatio* mit bloß deklaratorischer Wirkung, wie sie ARANGIO-RUIZ, BIDR 32, 1922, S. 6 ff. vorschwebt, vermag ich nicht zu glauben. Auch wo bei der *actio finium regundorum* der Richter die Grenzen so feststellt, wie sie vorher gewesen waren, hat die *adiudicatio* konstitutive Wirkung, sie verschafft den Eigentümern einen neuen, von ihrer bisherigen Berechtigung unabhängigen Erwerbsgrund ihres Eigentums. Die Quellen sind, wie ich glaube, damit vereinbar. Vgl. auch BROGGINI, Iudex arbiterve, 1957, S. 68 ff., dessen Auffassung mich aber gleichfalls nicht überzeugt hat.

[21] Vgl. KASER, Das altröm. ius, 1949, S. 102, S. 104 ff.; (m. Lit.); MARRONE, Ann. Sem. Giur. Palermo 24, 1955, S. 21 ff.; BROGGINI (o. Anm. 20), S. 97 ff.; anders WOLFF, Tulane Law Review 33, 1959, S. 531 ff., der die bindende Wirkung auf die bloße Geltung der Regel *bis de eadem re ne sit actio* einschränkt.

[22] Eine abweichende Hypothese für die *traditio* – ursprünglich sofortiger Erwerb einer unangreifbaren Stellung – in SZ 68, S. 150 ff. Daß dagegen einmal auch „schon der bloße Nachweis der vollzogenen Manzipation zum Prozeßsieg verhalf", wie MAYER-MALY, SZ 78, 1961, S. 256 erwägt, ist mir nicht wahrscheinlich.

[23] Näheres EB, S. 63 ff.; RP 1, S. 113 f., S. 116.

schen Sinn wäre, tritt überhaupt nur in den verhältnismäßig seltenen Fällen ein, in denen k e i n e Partei sich auf die erwähnte Kette gültiger Erwerbsvorgänge bis zurück zu einem originären Erwerber (oder was dem gleichsteht) berufen kann, entweder weil die Erwerbsvorgänge bei beiden Parteien oder ihren Vormännern mangelhaft sind oder weil die Ketten beiderseits auf keinen Bestberechtigten zurückführen. Indem der Richter gleichwohl das *meum esse* eines dieser Prätendenten bejahen muß, stellt er damit sein relatives Eigentum fest [24].

5. Wir haben gesehen: Nicht das Eigentum als klar erfaßtes Herrschaftsrecht bestimmt, wer im Vindikationsprozeß siegen muß, sondern umgekehrt bestimmt der Mechanismus des Vindikationsprozesses, daß Eigentümer in dem institutionell noch ungeformten Sinn dieser Stufe derjenige ist, dessen *meum esse* der Richter als besser und darum wahrer befinden muß als das des Gegners. Die Entscheidung dieser Frage hängt dabei von der Vergleichung der Erwerbsvorgänge ab, auf die sich die beiden Parteien berufen können.

Aus eben dieser Sicht muß schließlich auch die Vorstufe gedeutet werden, die der E r s i t z u n g vorangegangen ist [25]. Der XII-Tafelsatz *‚usus auctoritas fundi biennium, ceterarum rerum annus esto‘* [26] hat den Zweck, dem Besitzer durch Zeitablauf eine unangreifbare Stellung zu verschaffen, ihn also

[24] In der klassischen Zeit entsprechen dem die Fälle, in denen beide Teile zur *actio Publiciana* berechtigt sind, vgl. die kontroversen Entscheidungen Ner. D. 19, 1, 31, 2 und Ulp. D. 6, 2, 9, 4, dazu zuletzt KASER, SZ 78, 1961, S. 188 f. Für das alte Recht denke man etwa an den Fall: Der Eigentümer E hat an A manzipiert, dieser weiter an B. Beide Manzipationen sind, was die Erwerber nicht wissen, wegen Formmangels nichtig. B hat den Kaufpreis nicht bezahlt, A vindiziert deshalb die Sache von B. Im Prozeß beweist jede Partei, daß der Erwerbsakt der anderen nichtig war. Hier könnte der Richter den A als besser berechtigt befunden haben als den B, weil A vom letzten früheren Eigentümer E nur durch e i n e nichtige Veräußerung entfernt ist, B dagegen durch zwei.

[25] Die letzte Bearbeitung ist die gründliche und gedankenreiche Abh. von MAYER-MALY, SZ 77, 1960, S. 16 ff. (hier zitiert: I); 78, 1961, S. 221 ff. (hier zitiert: II; der III. Teil, der in SZ 79 erscheinen wird, liegt mir im Manuskript vor); ergänzend vgl. M.-M., Studi Betti 3 (im Druck), S. 453 ff. Meine eigene Auffassung steht in RP 1, S. 118 ff., vgl. auch EB, S. 86 ff.; SZ 68, S. 155 ff. Weitere Lit. bei M.-M. I, S. 16 f.; II, S. 221 Anm. 2.

[26] Diese Herstellung des Satzes und besonders das *esto* können trotz M.-M. II, S. 228 f., S. 234 als gesichert gelten. Ein bloß feststellendes *est* widerspräche dem strengen Gesetzesstil; alle römischen Gesetze mit Einschluß der glaubwürdig zitierten XII-Tafelfragmente haben ausnahmslos den Imperativ. Auf M.-M.s Hypothese, wonach die Jahresfrist schon älter sei als die XII T., die Zweijahresfrist für den *fundus* dagegen von diesen eingeführt sei (II, S. 233 ff., s. auch I, S. 34 ff.), gehe ich nicht ein; ebensowenig auf die Möglichkeit, die Aussage über die *ceterae res* könnte später hinzugefügt sein (II, S. 229, S. 233 f.). Daß die *aedes* neben dem *fundus* erst nachträglich genannt wurden, weil die leichtgebauten Häuser zur XII-T.-Zeit noch als beweglich galten (II, S. 223, S. 232 f.), ist glaubhaft; der Satz *superficies solo cedit* ist zwar vorklassisch, aber nicht ursprünglich.

für einen künftig möglichen Vindikationsprozeß zum Bestberechtigten im angeführten Sinn zu machen. Neben dieser Funktion des Satzes glaubt man neuerdings, noch zwei weitere Funktionen feststellen zu sollen, nämlich zweitens eine Art von Verschweigungswirkung, die den Rechtsverlust des bisherigen Eigentümers mit sich bringt, und drittens die einer Befristung der Gewährshaftung [27]. Aber nach dem bisher Gesagten dürfte bereits klar sein, daß die zweite Funktion neben der ersten keinen Platz hat. Solange sich das unentwickelte Eigentum darin erschöpft, dem Sachprätendenten im Vindikationsstreit die bessere Position zu geben, verbliebe neben der Verbesserung, die der Fristablauf dem Besitzer für die Vindikation verschafft, für eine sonstige Erwerbswirkung kein denkbarer Inhalt. Der Fristablauf gibt dem Besitzer freilich nicht nur eine Erleichterung der Beweisposition, sondern er verschafft ihm einen neuen Erwerbsgrund, den er künftig jedem Gegner erfolgreich entgegensetzen kann. Schon ein ziemlich früher Sprachgebrauch könnte dies *usucapio* genannt haben [28]. Der Gedanke, daß der bisherige Berechtigte sich seines Rechtes ‚verschwiegen' hat, indem er es nicht rechtzeitig ausgeübt hat, ist für diese an den Fristablauf geknüpfte Erwerbswirkung nur eines der rechtspolitischen Motive.

Aber auch gegen die dritte unter den vorhin genannten Wirkungen des Fristablaufs bestehen starke Bedenken. Eine ein- bis zweijährige Befristung der Gewährschaftspflicht [29], also der Auktoritätshaftung des Manzipanten [30], hätte praktisch unhaltbare Folgen gehabt. Man nehme an, A habe eine Fahrnis dem B manzipiert, nach 9 Monaten B an C; nach weiteren 9 Monaten vindiziert X von C. Dann ging es nicht an, daß A sich dem Gewährschaftsregreß des B gegenüber etwa auf Fristablauf hätte berufen und den B hätte schutzlos lassen dürfen; ein solches System wäre geradezu sinnwidrig gewesen. Erst einjähriger Besitz des B oder des C konnte (soweit nicht die Ausnahmesätze eingreifen) den A befreien.

Nicht auf die Gewährschaftshaftung kann sich also sinnvollerweise die Fristbestimmung bezogen haben, sondern nur auf die Erwerberposition des

---

[27] Mayer-Maly II, S. 222 ff.

[28] Verstanden als *capio* durch *usus*. Anders Mayer-Maly I, S. 22 ff., der an *capio* des *usus* denkt und auf die bisweilen vorkommende Form *ususcapio* hinweist. Aber eine ‚Ergreifung des Gebrauchs' gäbe, wenn man den Ausdruck an seinem Ursprung wörtlich übersetzt, kein sehr scharfes Bild. Außerdem fiele die Frist, die zwischen Ergreifung und Erwerb liegt, unter den Tisch. Eine fristlose *usucapio* aber ist unbezeugt und wenig glaubwürdig, es sei denn, man wollte der quellenlosen und darum m. E. waghalsigen Hypothese M.-M.s I, S. 40 ff. (s. auch Studi Betti 3, S. 489 ff.) über die *usuc. pro herede* als Ergreifung des *heredium* folgen. *Ususcapio* könnte ebenso Asyndeton sein wie vermutlich *usus auctoritas* (u. Anm. 31), dem es vielleicht nachgebildet ist. Aber auch ein falscher Archaismus wäre nicht völlig auszuschließen.

[29] Mayer-Maly II, S. 223, 251 f., 255.

[30] Für die ursprüngliche Beziehung des XII-T.-satzes ausschließlich auf die *mancipatio* s. schon SZ 68, S. 157 ff.; jetzt Mayer-Maly II, S. 244 f.

Besitzers; von hier aus muß darum auch der Sinn von *usus auctoritas* erschlossen werden. Gewiß ist *usus* die tatsächliche Gewalt und *auctoritas* die Gewährschaft. Daß dieser *usus* nicht befristet ist, hat noch niemand bezweifelt, und daß eine Befristung der *auctoritas* nicht angeht, haben wir soeben festgestellt. Aber *usus auctoritas* ist eben mehr als die bloße Summe von Besitz und Gewährschaft [31], und jedes der beiden Worte empfängt durch das danebenstehende andere seine besondere Beziehung. Die noch unbeholfenen Gesetzgeber mögen im Ringen um einen geeigneten Ausdruck die beiden Elemente zusammengestellt haben, die die Erwerberposition während des Fristablaufs kennzeichnen: Er muß Besitzer sein, und er genießt in dieser Zeit die *auctor*-Gewährschaft. Nach Fristablauf hat er zwar noch den *usus*, aber nicht mehr die *auctoritas*, weil er sie nicht mehr braucht. Es ist also die mangelnde Technik der Dezemvirn, die für den juristisch bereits etwas anspruchsvollen Tatbestand der „von *auctor*-Gewährschaft abhängigen Besitzerposition" keinen deutlicheren Ausdruck gefunden haben als *usus auctoritas* [32].

Wir sehen mithin: Die Funktion unseres XII-Tafelsatzes erschöpft sich darin, dem Besitzer mit Fristablauf eine verbesserte Rechtsposition zu geben, einen neuen Erwerbsgrund, den er jetzt, unabhängig von der Gewährschaft seiner Vormänner, jedem Vindikationsgegner entgegensetzen kann. Diese Unabhängigkeit vom Ergreifungsvorgang, die der Fristablauf verschafft, läßt man folgerichtig auch dem zugute kommen, der die Sache durch *mancipatio nummo uno* [33], *in iure cessio* oder *traditio* erworben hat [34]. Nach alldem war es daher völlig berechtigt, wenn die Späteren den Eigentumserwerb durch *usucapio* von der alten Regel hergeleitet haben [35].

Entschieden festzuhalten ist aber weiterhin daran, daß es auch bei den

---

[31] Ich halte die herkömmliche Auffassung als Asyndeton (dazu die Lit. bei Mayer-Maly, S. 252 Anm. 150, 151) immer noch für wahrscheinlicher als M.-M.s eigene Deutung (S. 253 f.): ‚Gewährschaft für den *usus*' (*usus* als Genetiv). Übrigens spricht M.-M. 245 selbst bereits von einer „frühen und klaren Ausprägung einer fachsprachlichen Sonderbedeutung".

[32] Die Wirkung des Fristablaufs, daß der Besitzer nun gegen jedermann geschützt ist, wird verschwiegen, weil sie den Gesetzgebern selbstverständlich erschien.

[33] Dies gilt auch für den *manus*-Erwerb durch *usus*, obschon Mayer-Maly II, S. 260 f. mit Recht darauf hinweist, daß die *coemptio* zur XII-Tafelzeit kein wirklicher Brautkauf mit effektivem Kaufpreis mehr war. Aber nach Jahresablauf ist der Ehemann gegenüber der *vindicatio patriae potestatis* von der Berufung auf den gültigen Koemptionsakt frei, weil ihm der Fristablauf einen weiteren Erwerbsgrund verschafft hat.

[34] Zur *traditio* s. oben Anm. 22. Die Vorstellung eines Eigentumserwerbs durch *traditio* ist aber überhaupt erst eine jüngere Abstraktion. Die alte Zeit sah als Eigentumserwerbsgrund die vollzogene *emptio venditio, donatio, dotis datio* usw. an. Vgl. meine Abh. in BIDR 64, 1961, S. 91 ff.

[35] Dies zu den – mir etwas gesucht erscheinenden – Zweifeln Mayer-Malys II, S. 231 f. u. pass.

anderen XII-Tafelsätzen aus diesem Sachbereich ausschließlich um die Erwerberposition im Hinblick auf den Vindikationsstreit geht. Wo uns ausdrücklich gesagt wird, daß *aeterna auctoritas* gelten solle, wie *adversus hostem* [36] und an den gestohlenen Sachen [37], versteht sich dies ohne weiteres als Ausnahme vom *usus-auctoritas-Satz:* Der Erwerber bleibt ewig von der *auctor*-Gewährschaft abhängig, die Position des ‚Bestberechtigten', die er sonst nach Fristablauf erreichen würde, wird ihm versagt. Aber auch dort, wo die späteren Quellen einfach vom Ausschluß der *usucapio* sprechen, war es keineswegs anders: so bei der von der Frau veräußerten *res mancipi* [38], ferner beim Grenzstreifen *(confinium)* [39] und beim Leichenverbrennungsplatz *(bustum)* und dem Vorhof der Begräbnisstätte *(forum)* [40]. Einen anderen Inhalt als den Ausschluß dieser Erwerber von den Vorteilen, die nach dem *usus-auctoritas*-Satz der Fristablauf mit sich bringt, können bei

---

[36] ‚Zum Nachteil des Ausländers', vgl. RP 1, S. 119 m. Lit. Im Ergebnis ähnlich Mayer-Maly II, S. 270 ff. Anders d'Ors, Anuar. Hist. Der. Esp. 29, 1959, S. 597 ff., 602 ff.: Ausschluß der Ersitzung der dem Ausländer gehörenden Sachen; aber s. schon EB, S. 94; und ist eine so weitgehende Begünstigung des Ausländers in dieser frühen Zeit glaubhaft?

[37] Die *lex Atinia* (um 200 v. Chr.) hat *‚Quod subruptum erit, eius rei aeterna auctoritas esto'*. Was der vorangegangene XII-Tafelsatz enthalten haben könnte, ist umstritten. Ich füge meiner Deutung in SZ 68, S. 168 ff.; RP, S. 119 f., der auch Mayer-Maly II, S. 270 (s. auch Studi Betti 3, S. 487 ff., vgl. S. 481 ff. gegen de Visscher, RIDA 5, 1958, S. 469 ff.) zuneigt, heute hinzu: Das alte Recht pflegt bei dem Erwerber einer fremden Sache die Kenntnis der Fremdheit unwiderleglich zu unterstellen; so beim *furtum conceptum* und *oblatum* (EB, S. 42), bei der *auctoritas*-Haftung (EB, S. 122 f., 128), bei der *actio de tigno iuncto* (RP 1, S. 121; 362) und bei der *vindicia falsa* (s. meine Abh. in IVRA 13, 1962). Also könnte auch jeder, der die gestohlene Sache vom Dieb selbst oder von einem Zwischenerwerber durch *mancipatio* erworben hat, nach altem Recht als *fur* gegolten haben, der sich nicht auf Ablauf der Jahresfrist berufen kann. Ihm haftete aber auch sein Vormann, an den er sich im Rückgriff ebenso halten konnte wie der *fur conceptus* im Fall des *furtum oblatum,* zeitlich unbegrenzt für Gewährschaft. Vielleicht hat also doch, wie schon Daube, Cambr. Law Journ. 6, 1937, S. 232 annahm, der XII-T.-satz auch *adversus furem* auf *aeterna auctoritas* gelautet. Die *lex Atinia* mußte jedoch davon abgehen, weil man zu ihrer Zeit längst erkannt hatte, daß nicht jeder Erwerber einer gestohlenen Sache von der Furtivität wußte und darum selbst *fur* war. Folgerichtig wurde die Norm auf das Objekt umgestellt, indem es der Usukapion entzogen wurde, solange es *subruptum,* also gestohlen und nicht zum Berechtigten zurückgekehrt war.

[38] Kaser, SZ 68, S. 168 ff.; RP 1, S. 120; auch hier liegt die Beziehung auf die Veräußerergewährschaft m. E. auf der Hand; anders Mayer-Mali II, S. 263 ff.

[39] Der Streifen ist gewiß nur zusammen mit dem angrenzenden Grundstück, mit diesem aber ohne weiteres als Manzipationsgegenstand denkbar; dies gegen Mayer-Maly I, S. 31 ff.; II, S. 256 f.

[40] Diese Grundflächen blieben ebenso wie das *confinium* des privaten Eigentums und Rechtsverkehrs teilhaftig, an ihnen sollte nur wegen des öffentlichen oder sakralen Interesses der Übergang in neue Hände dauernd kontrollierbar bleiben (dies zu Mayer-Maly I, S. 31 ff.; II, S. 257 f.).

der unentwickelten Eigentumsvorstellung der alten Zeit diese Ausnahmesätze nicht gehabt haben [41].

6. Neben diesem noch unentwickelten Eigentum bildet sich schon in der altrömischen Periode die *possessio* aus [42]. Ihre Wurzel liegt, wenn man die ungewisse Frage nach frühzeitlicher gentilizischer Bodenhoheit offenlassen will, sehr wahrscheinlich beim *ager publicus,* soweit er privaten Personen zur Beherrschung und Nutzung überlassen wurde. Diese Überlassung geschieht in unterschiedlichen Rechtsformen (als *agri occupatorii, vectigales, quaestorii* usw.), doch behält sich der Staat die Einziehungsbefugnis vor, auch nimmt er häufig, besonders bei schon erschlossenem und darum ertragfähigem Boden, ein Entgelt, regelmäßig einen Bodenzins [43].

Geschützt wird diese *possessio* durch *interdicta,* vor allem durch das altertümliche *interdictum uti possidetis* [44]. Es hatte zunächst vermutlich ein Administrativverfahren, bei dem der entscheidende Magistrat die berechtigte Partei in den Sachbesitz einwies und dem Gegner weitere Gewaltanwendung ‚untersagte'. Das zivilprozessuale Nachverfahren stammt erst aus der jüngeren Republik. Auch im Interdiktsstreit ging es um die Frage, wer von den beiden Prätendenten besser als der Gegner befugt erscheint, die Sache zu haben; diese Relativität besteht noch im klassischen Recht. Als besser ist der letzte Besitz anerkannt, der nicht *vi, clam* oder *precario* vom Gegner erlangt wurde. Auch darin liegt eine Abwägung der Rechtspositionen der beiden Parteien, doch ist sie hier roher und mechanischer gestaltet als bei der *vindicatio.*

Eigentum und Besitz stehen sich hiernach auf dieser Stufe noch nicht als ‚rechtliche' und ‚tatsächliche' Sachherrschaft gegenüber. Vielmehr ist beiden ein Rechtsschutz wesentlich, vermöge dessen der nach seiner Erwerbsposition besser Berufene dem schlechter Legitimierten die Sache abnehmen kann. In diesem Sinn kann man die *possessio* ebensogut als ein sich entwickelndes Recht verstehen wie das relative Eigentum [45]. Doch hat man dem *possessor* das *meum esse aio* versagt, weil man diese Aussage als unvereinbar ansah mit dem fortbestehenden öffentlichen Eigentum des Staates.

---

[41] Zu MAYER-MALY I, S. 40 ff. s. schon oben Anm. 28. Auch was er in III (s. o. Anm. 25) unter M an Material zur *usucapio pro herede* aus den Pontifikaldekreten beibringt, vermag die im Voranstehenden gebotene Deutung nicht zu erschüttern.

[42] Lit. in EB, S. 239 ff. und RP 1, S. 122 f.

[43] Zu alldem s. RP 1, S. 328 f., insb. KASER, SZ 62, 1942, S. 26 ff. mit weit. Lit. Das staatliche Eigentum, das dieser Sachgewalt des einzelnen gegenübersteht, ist aber kein privates (WIEACKER [o. Anm. 1] 193), sondern ein publizistisch-hoheitliches; s. RP 1, S. 261.

[44] EB, S. 243 ff.; RP 1, S. 123 f.

[45] Nur die im possessorischen Streit (relativ) bessere Besitzposition heißt technisch *iusta possessio.* Vgl. EB, S. 340 ff. (kritisch zu SELIGSOHN, Iusta possessio, Diss. Freib. 1927); weit. Lit. RP 1, S. 328 A. 12. – Zu *uti frui habere possidere* s. u. II 5.

II. Vorklassisches und klassisches Recht

1. Im 2. und 1. Jh. v. Chr. vollzieht sich die entscheidende Wendung zu dem absoluten Eigentumsbegriff, der in seiner Grundstruktur noch der unsrige ist [46]. Als Eigentümer gelten nur noch: erstens alle originären Erwerber (oder wer ihnen gleichsteht), also alle, die schon bisher als ‚Bestberechtigte' gegen jedermann durchdrangen, und zweitens solche derivative Erwerber, die durch Übereignung oder durch *occupatio* einer *res derelicta* erworben hatten, sofern sie ihren Erwerb durch eine geschlossene Kette gültiger Erwerbsvorgänge dieser Art auf einen originären Erwerber zurückführen können. Nicht mehr als Eigentümer anerkannt ist dagegen, wer keinen solchen gültigen Erwerbsgrund anführen kann, aber bisher gleichwohl mit seinem *meum esse aio* gegen einen noch schlechter legitimierten Eigentumsprätendenten durchdrang. Zum Schutz der Hauptgruppe solcher ‚besser' berechtigten Nichteigentümer hat man – wohl in der 1. Hälfte des 1. Jh. v. Chr. [47] – die *actio Publiciana* eingeführt.

Das Motiv für den Übergang zum absoluten Eigentumsbegriff wird in der Verfeinerung des rechtlichen Denkens, dem Streben nach Differenzierung zu suchen sein, wie es dem Aufstieg der römischen Jurisprudenz in dieser Zeit eigentümlich ist [48]. Noch die *lex agraria* von 111 v. Chr. (Bruns, Font.[7] I Nr. 11) vermag das Eigentum an den Grundstücken, die nach Z. 1 ff. *privati* sein sollen, nur durch Umschreibungen zu erfassen (Z. 8 ff.): Sie sollen veräußerlich sein *(emptio venditio esto)*, dem Zensus unterliegen, dem Berechtigten gehören *(quoius ... esse)* [49] und er soll daran den Besitz und Genuß haben *(uti frui habere possidere)*, den ihm kein Privater und kein Staatsorgan antasten darf [50]. Erst im Lauf des 1. Jh. v. Chr. setzen sich dann *dominium* und *proprietas* als technische Bezeichnungen für das private Eigentum durch (o. I 2).

Der Übergang zum absoluten Eigentum machte vor allem eine Veränderung in der Gestalt des Vindikationsverfahrens notwendig. Daß auch der Beklagte ein *meum esse aio* behauptet, ließ sich nicht mehr aufrechterhalten: Sollte die Klage nur durchdringen, wenn der Kläger im Sinn des jetzt eingeengten Begriffs Eigentümer war, dann konnte es darauf, ob etwa der Beklagte Eigentümer war, nicht mehr ankommen; die *rei vindicatio* war auch dann abzuweisen, wenn keiner der Streitteile Eigentümer war. Diese

---

[46] Dazu eingehend EB, S. 277 ff., s. auch RP 1, S. 341.

[47] Zur Datierungsfrage (67 v. Chr.?) s. EB, S. 299 Anm. 17.

[48] Diesen Gesichtspunkt möchte ich gegenüber den in EB, S. 306 f. genannten heute in den Vordergrund stellen.

[49] Vgl. auch die *lex Antonia de Termessibus* (Bruns Nr. 14) Z. 14 f.; dazu SZ 62, 1942, S. 63 u. 76.

[50] SZ 62, S. 13 f. Von alldem verschieden sind die öffentlichrechtlichen Lasten, die etwa den *ager privatus vectigalisque* vom *ager optimo iure privatus* scheiden; dazu ebenda S. 6 ff. und 25 f.

materiellrechtliche Veränderung war der entscheidende Grund, weshalb man an die Stelle der *legis actio sacramento in rem* mit ihrer beiderseitigen Eigentumsbehauptung das Sponsionsverfahren setzte, bei dem mit Hilfe der *sponsio praeiudicialis* nur noch darüber entschieden wurde, ob der Kläger Eigentümer war [51].

Mit dem Übergang zum absoluten Eigentum tritt ferner der Erwerbsvorgang, den die XII Tafeln mit ein- oder zweijährigem Besitz verbanden (o. I 5), unter dem Namen der *usucapio* in die Reihe der Eigentumserwerbsgründe ein [52]. Nach der alten Eigentumsvorstellung hat der Fristablauf die schwächere, weil noch von der Veräußerergewährschaft oder überhaupt vom Erwerbsakt abhängige Eigentümerposition durch eine stärkere, nämlich ohne weiteres gegen jedermann gesicherte ersetzt. Der neue Eigentumsbegriff dagegen zieht jetzt eine klare Grenze: Vor dem Fristablauf ist der Besitzer (wenn ihm nicht schon ein anderer Eigentumserwerbsgrund zugute kommt) noch nicht Eigentümer, erst mit dem Fristablauf erwirbt er das Eigentum. Die Ausnahmefälle der *aeterna auctoritas*, in denen die Abhängigkeit von der *auctor*-Gewährschaft immer bestehen blieb, bedeuten jetzt folgerichtig einen Ausschluß von der Ersitzung.

2. Zugleich mit der dogmatischen Klärung des absoluten Eigentums vollzieht die Jurisprudenz die Ausgliederung der beschränkten Sachenrechte aus dem anfänglich allumfassenden Eigentum [53]. Die Dienstbarkeiten *(servitutes, iura praediorum)* werden als Rechte von eigener Art dem Eigentum gegenübergestellt, ebenso der erst in der jüngeren Republik aufkommende *usus fructus*. Das Pfandrecht wird mit dem *interdictum Salvianum* und der *actio Serviana* [54] als dingliche Berechtigung kraft prätorischen Klagschutzes anerkannt. Die Erbzinsrechte am *ager vectigalis* und an der *superficies* werden dagegen mit *actio in rem* auch bis zum Ende der klassischen Periode bestenfalls nur von Fall zu Fall geschützt [55]. Als Eigentum wird nach alldem nur noch die Vollherrschaft verstanden, die durch die beschränkten Rechte eingeengt werden kann, sich mit ihrem Wegfall aber wieder zu ihrem umfassenden Inhalt erweitert.

3. Noch einschneidender wirkt die Abgrenzung des absoluten Eigentumsbegriffs vom Besitz [56]. Die *possessio* wird im Laufe der Entwicklung ein

---

[51] Näheres EB, S. 282 ff.; zu weit. Lit. S. 376. Es ist erstaunlich, daß immer noch an den Gründen für die Einführung der neuen Verfahrensart herumgerätselt wird, obschon doch die einschneidende materiellrechtliche Neuerung – einseitige Eigentumsbehauptung des Klägers an Stelle der bisherigen zweiseitigen – handgreiflich zutage liegt. Zutreffend jetzt FRANCIOSI, Il processo di libertà nel dir. rom. (1961), S. 59.

[52] RP 1, S. 353. Vgl. auch o. Anm. 35.

[53] EB, S. 302 ff.

[54] Zu ihnen zuletzt WUBBE, Res aliena pignori data, 1960, S. 72 ff.; 192 ff.; 220 ff., dazu KASER, SZ 78, 1961, S. 197 ff.; 218 f.

[55] Hinweise in RP 1, S. 381 ff.

[56] Zum Folgenden RP 1, S. 325 ff., s. auch EB, S. 313 ff.

vielschichtiger Begriff, der mannigfache Erscheinungen mit unterschiedlichen Wirkungen einschließt: einerseits die *possessio civilis* im Hinblick auf *usucapio* und *traditio,* andererseits die honorarrechtliche *possessio* mit Interdiktenschutz, schließlich als Gegenbegriffe zu diesen beiden die bloße Sachgewalt ohne Rechtswirkungen *(possessio naturalis* und *in possessione esse,* später untechnisch *detentatio, detentio).* Der ‚zivile' Besitz geht schon damit, daß er durch eine *causa possessionis* qualifiziert ist, über eine bloß tatsächliche Sachgewalt hinaus. Indem er aber nur eine unter mehreren Voraussetzungen für den Eigentumserwerb durch Ersitzung oder Tradition abgibt, ist er notwendig sehr viel schwächer als das Eigentum.

Der Interdiktenbesitz, vermutlich die geschichtliche Wurzel des *possessio*-Begriffs (o. I 6), wird vom öffentlichen Boden frühzeitig – wohl in Verbindung mit den fortschreitenden Eigentumsverleihungen aus dem *ager publicus* an Private – auf private Grundstücke ausgedehnt; später, vielleicht seit den Punischen Kriegen, mit der Einrichtung des *interdictum utrubi* auch auf bewegliche Sachen [57]. Als Mittel zur Verfolgung von Sachen im Privateigentum mögen die Interdikte zunächst zum Teil mit der Vindikation konkurriert haben. Sie waren ihr durch ein rascheres und schlagkräftigeres Verfahren überlegen, boten jedoch mit der Prüfung des fehlerfreien Besitzstandes im Verhältnis zum Gegner *(nec vi nec clam nec precario alter ab altero)* nur eine ganz grobe und oberflächliche Prüfung der Rechtslage [58]. Mit der Zeit werden dann aber die Interdikte auch als Hilfsverfahren zur Vorbereitung der Vindikation nutzbar gemacht [59]: Wer behauptet, daß der Gegner ihm gegenüber fehlerhaft besitze, der kann zunächst das Interdikt geltend machen, um sich den Besitz zurückzuholen. Gelingt ihm dies, so erlangt er damit, wenn nun der Gegner von ihm vindizieren will, die Rolle des Beklagten, die dadurch erheblich vorteilhafter ist, daß im System des absoluten Eigentums dem Vindikanten der volle Beweis seines Eigentums obliegt. An den Interdiktenbesitz ist hiernach die Beklagtenrolle im Vindikationsprozeß gebunden. Erst in spätklassischer Zeit wird die *rei vindicatio* auch gegen den bloßen Detentor zugelassen (Ulp. D. 6, 1, 9 i. f.).

4. Neben das Eigentum nach *ius civile,* das aus dem alten *meum esse ex iure Quiritium* hervorgeht, tritt in der späten Republik die prätorisch geschützte Sachgewalt, die mit *in bonis esse (habere)* umschrieben wird [60]. Diese technische Bezeichnung war offenbar auf die Fälle beschränkt, in denen der Erwerber auch dem quiritischen Eigentümer gegenüber geschützt wurde; das Mittel dazu war die *exceptio (replicatio) rei venditae et traditae*

---

[57] Vgl. EB, S. 279 ff.; RP 1, S. 124.

[58] Beim *uti possidetis* entscheidet der letzte fehlerfreie Besitz, beim *utrubi* – noch mechanischer – der längere fehlerfreie Besitz im letzten Jahr.

[59] Zu den Einzelheiten vgl. RP 1, S. 335 f. mit Lit., doch s. jetzt auch mein Kurzlehrbuch des Röm. Privatrechts (2. Aufl. 1962) § 21 I 2 b.

[60] Neuestens Kaser, SZ 78, 1961, S. 177 ff. zu Wubbe (o. Anm. 54) S. 11 ff. pass.

oder *doli*. Die Hauptfälle sind die, in denen eine *res mancipi* nur formlos tradiert (oder nach Dereliktion okkupiert) worden ist. Der Prätor verzichtet mithin für den Rechtsverkehr mit *res mancipi* auf die Form der *mancipatio* oder *in iure cessio*, die als Publizitätsmittel ihre praktische Bedeutung weithin eingebüßt haben. Neue Formen hat man statt ihrer nicht eingeführt, sondern sich mit der allgemein praktizierten, aber rechtlich nicht gebotenen Beurkundung begnügt. Das *in bonis habere* ist seinem Wesen nach ein prätorisches (,bonitarisches') Eigentum, doch findet sich seine Bezeichnung als *dominium* in unseren Quellen nur bei dem Schuljuristen Gaius (1, 54; 2, 40).

5. Mit u t i f r u i h a b e r e p o s s i d e r e [61] wird seit der späteren Republik eine Sachherrschaft hauptsächlich außerhalb der Juristenschriften bezeichnet: in mehreren Gesetzen, Senatuskonsulten, internationalen Schiedsverfahren, außerdem in den siebenbürgischen Kaufurkunden (2. Jh. n. Chr.). Der Ausdruck betrifft zumeist Grundstücke, zuweilen aber auch Fahrnis [62]. Obwohl die vier Worte im strengen Sprachgebrauch der Klassiker nur die wichtigsten Seiten der t a t s ä c h l i c h e n Gewalt bezeichnen, bedeuten sie zusammen in manchen Quellen doch soviel wie ein Eigentum.

Der viergliedrige Ausdruck ist weder der monumentalen Sprache der XII Tafeln noch dem knappen prägnanten Juristenstil angemessen. Er paßt aber gut in den eigentümlich wortreichen, um äußerste Vollständigkeit bemühten Stil der spätrepublikanischen Gesetze und mag von dort aus in die anderen Quellen übergegangen sein.

Als Aufzählung einzelner Seiten der Sachherrschaft gibt auch dieser Ausdruck eine juristisch noch nicht voll entwickelte Begriffsbildung wieder. Wie weit auf ihn hellenistische Vorbilder eingewirkt haben, wäre aus den Quellen, namentlich den ägyptischen Papyri, noch zu untersuchen. Das Element der Zuordnung *(meum, eius esse)*, auf das es für die Vindikation ankommt, ist in dem Ausdruck nicht enthalten.

Blickt man auf seine Anwendung, so beziehen ihn die Gesetze und die gesetzesgleichen Quellen zumeist auf den *ager publicus*, an dem er nicht mehr umfassen kann als den schon erwähnten qualifizierten und durch Interdikte geschützten Besitz (o. I 6). Aber auch bei den privaten Grundstücken hat uns die weitläufige Umschreibung in der *lex agraria* (o. II 1) gezeigt, daß mit dem Ausdruck nur einzelne der mehreren Rechtsvorteile bezeichnet werden, die in dem noch nicht voll institutionalisierten Eigentum enthalten sind. Für sich allein vermag der Ausdruck also das private Eigentum noch nicht auszuschöpfen, sondern gibt nur seine wichtigsten Ausübungsinhalte wieder, die sich erst zusammen mit den anderen Aussagen zur Kennzeichnung des Privateigentums ergänzen.

Den Juristenschriften ist der umständliche Ausdruck im allgemeinen

---

[61] EB, S. 321 f.; 341 ff.; RP 1, S. 342; 369; s. auch SZ 62, 1942, S. 22 ff. u. pass.

[62] Belege in EB, S. 321 Anm. 5.

fremd. Er klingt nur bei Gaius (2, 7) an, wenn dieser die Wendung *possessio vel usus fructus* für die Sachherrschaft an den *agri stipendiarii* und *tributarii* gebraucht [63]. Bei den Provinzialgrundstücken, die seit den Gracchen als Staatseigentum gelten, hat die strenge Juristenmeinung zur Bezeichnung der Sachgewalt des einzelnen die Eigentumstermini offenbar gemieden, obschon zum Schutz der Sachgewalt an diesen *agri* eine *actio in rem* sogar im Provinzialedikt proponiert gewesen sein dürfte [64]. Selbst der sonst minder strenge Schuljurist Gaius zieht hier die erwähnte unverbindliche Umschreibung vor.

Ulpian kommentiert in D. 45, 1, 38pr.–12 eine Stipulation, in der jemand das *licere* eines *habere, possidere, tenere, uti frui* verspricht. Er knüpft damit an ein Formular für die sog. *stipulatio habere licere* an, das neben *habere* auch die anderen Worte gebraucht. Ähnlich lautet die *stipulatio duplae* in den siebenbürgischen Kaufurkunden *si quis ... evicerit, quo minus ... uti frui habere possidereque liceat* [65]. Was hier als Folge der Eviktion umschrieben ist, kann aber nur sein, daß der Erwerber den tatsächlichen Besitz und Genuß der Sache verliert [66]. Nicht anders wird die Digestenstelle auszulegen sein [67].

Im ganzen ergibt sich, daß im strengen Sprachgebrauch der Gesetze und der Juristen der viergliedrige Ausdruck als Bezeichnung des römischen Privateigentums nicht angewandt worden ist. Diese Quellen verwenden ihn im römischen Bereich nur für die faktische Gewalt: für den Besitz am öffentlichen Boden oder für einen Teilinhalt innerhalb der Rechtsvorteile, die das private Eigentum gewährt. Außerdem benennt man damit das peregrinenrechtliche Eigentum sowie die eigentumsähnliche Gewalt an Provinzialgrundstücken. In minder strengen Anwendungen, vor allem in juristischen Laienkreisen, sind aber alle diese Anwendungen sicherlich als eine Art Eigentum aufgefaßt worden.

Es steht damit nicht anders als mit dem Wort *possidere, possessio* für sich allein, das im nichtjuristischen Sprachgebrauch wiederholt, aber ihm folgend zuweilen auch bei den Juristen einfach für ‚Eigentum‘, besonders

---

[63] Zur reichen Lit. vgl. SZ 62, S. 76 ff.; RP 1, S. 341 f.

[64] LENEL, Edictum perpetuum (3. Aufl. 1927), S. 188 ff. Zur Formel s. KASER, SZ 62, S. 79, Anm. 252.

[65] Vgl. BRUNS, Font. 1 (7. Aufl.) Nr. 130–133 = FIRA 3 Nr. 87–90. Die Urkunde aus Herkulaneum bei ARANGIO-RUIZ, Compravendita in dir. rom. (2. Aufl. 1954), S. 188 Anm. 5 hat nur *habere possidereque recte liceat*. Dagegen sprechen die Urkunden in FIRA 3 Nr. 132, 133, 136 nur von *si quis ... evicerit*, ohne die Eviktionswirkung mit *quo minus ...* näher zu beschreiben.

[66] Auch das *licere* ändert daran nichts. Es bedeutet nur soviel, daß mit der Eviktion die Gewaltausübung von Rechts wegen entzogen worden ist. Weiteres zu *licere* in EB, S. 14 f.

[67] Vgl. SZ 62, S. 23 Anm. 66.

‚Grundeigentum', verwendet wird [68], nicht anders als der Alltag noch heutzutage als ‚Grundbesitzer' oder ‚Fabrikbesitzer' den Eigentümer bezeichnet.

6. Wir sehen: Die Juristen haben mit der dogmatischen Durchbildung dessen, was sie *dominium* oder *proprietas* nennen, dem ursprünglichen, noch vagen und uferlosen Eigentumsbegriff einen festen Halt gegeben, ihm aber zugleich allzu enge Grenzen gezogen. Sie sind deshalb gezwungen, neben dem ‚quiritischen' Eigentum alsbald weitere Erscheinungen einer mit *actio in rem* geschützten Sachherrschaft anzuerkennen. Der Usukapionsanwärter erhält die *actio Publiciana.* Hat er außerdem die Sache *in bonis,* wird er mit *exceptio* oder *replicatio* sogar gegen den zivilen Eigentümer geschützt. Auch der Träger der Vollherrschaft am Provinzialboden erhält eine Art *rei vindicatio.* Die Juristen zeigen sich bemüht, den konstitutionell gebotenen Vorrang der quiritischen Ordnung zu wahren, und scheuen sich deshalb, in den anderen Fällen, abgesehen allenfalls vom ‚bonitarisch' Berechtigten, von Eigentum zu sprechen. In der Volksmeinung, der die feinen juristischen Differenzierungen fremd sind, werden dagegen auch alle die anderen angeführten Erscheinungen der Sachgewalt, vielleicht sogar die mannigfachen Besitzstände am *ager publicus,* als Eigentum aufgefaßt worden sein. Der juristische Eigentumsbegriff ist ein Kunstprodukt einer hochentwickelten Rechtsdogmatik, dessen Abgrenzung von der *possessio* unpopulär bleibt.

7. Auf die Anpassung des Eigentums an seine Funktion durch vielfältige Beschränkungen nach öffentlichem und privatem Recht (einerseits Zinsen, Lasten, bisweilen die Enteignung, andererseits Verfügungsverbote und vor allem die mannigfachen Beschränkungen des Nachbarrechts) ist hier auch für diese Periode nicht einzugehen [69]; ebensowenig auf die Mitberechtigung mehrerer in Gestalt des Miteigentums nach Bruchteilen [70].

Dagegen ist dem Begriff des Eigentums wesentlich, daß es nicht auf begrenzte Zeit verliehen werden kann; weder bis zu einem Endtermin noch unter auflösender Bedingung [71].

Eine weitere Anpassung des Begriffs an die Funktion, die sich von der starken Bindung an den Sachkörper loslöst, zeigt die *vindicatio pro parte:* Sind Sachen mehrerer Eigentümer (Getreide, Flüssigkeiten, geschmolzenes Metall) ohne ihre Absicht ununterscheidbar vermischt worden, so entsteht nicht Miteigentum. Das bisherige Eigentum bleibt bestehen; doch gibt man dem Nichtbesitzer gegen den Besitzer der ganzen Mischung eine Vindikation auf den ihm zukommenden Anteil [72]. Ähnlich gilt, daß ein Miteigentümer an

---

[68] Vgl. HEUMANN-SECKEL, Handlexikon (9. Aufl. 1926) 411 zu *possidere* unter e). Vgl. insbes. Macer D. 2, 8, 15 pr. § 1.

[69] Dazu RP 1, S. 343 ff.

[70] RP 1, S. 346 ff.

[71] RP 1, S. 344 Anm. 11 zu Diocl. fr. Vat. 283 (interpoliert in C. 8, 54, 2).

[72] Pomp.-Ulp. D. 6, 1, 3, 2 und 5pr., dazu zuletzt KASER, TR 29, 1961, S. 186 ff. Die Feststellung der Anteile kann auch erst dem Richter überlassen werden: *vin-*

Geldstücken, die dieser ohne Einverständnis der anderen Gemeinschafter als Darlehen hingegeben hat, die *condictio* gegen den Empfänger nicht auf Rückverschaffung des Miteigentumsanteils, sondern sogleich auf die seinem Anteil entsprechende Summe erhält [73]. Mit alldem erweist sich die römische Eigentumsvorstellung als elastischer als die moderne [74].

III. Nachklassisches Recht

Die wechselvollen Schicksale des römischen Eigentums in der nachklassischen Entwicklung sind jetzt vor allem durch die Forschungen von E. LEVY aufgeklärt worden [75].

1. Das Versinken des klassischen Rechts in den vulgaristischen Strömungen, die unter Konstantin d. Gr. sogar in die Kaisergesetze und damit in die offizielle Rechtsmeinung eindringen, läßt von dem hochkultivierten Eigentumsbegriff der Klassiker so gut wie nichts mehr übrig. Das Vulgarrecht, das in dieser Zeit die Alleinherrschaft gewinnt und sie im Westreich bis zum Ausgang der Antike behält, kehrt zu der ungeformten und uferlosen Eigentumsvorstellung des Frührechts zurück.

Die Grenzen des Eigentums werden gegenüber dem Besitz ebenso wie gegenüber den beschränkten Sachenrechten preisgegeben. Die terminologische Schranke zwischen *dominium* und *possessio* wird niedergerissen, man spricht einerseits von *possidere,* wo Eigentum gemeint ist (besonders *iure, inconcusse, firmiter,* auch *animo possidere),* andererseits von *dominium, proprietas* oder einfach *ius,* wo die Klassiker nur Besitz (als qualifizierte Sachherrschaft) angenommen hätten. Von *corpore possidere* ist die Rede, wo Besitz ohne Eigentum gemeint ist; doch kommt dies nicht demjenigen zu, der nur *alieno nomine* (als Angestellter, Sklave, Mieter usw.) die faktische Gewalt ausübt. Man sieht, zwischen der tatsächlichen Gewalt und dem Recht dazu wird zwar noch unterschieden, das zeigt auch die unterschiedliche Behandlung der Rechtsmittel zum Schutz dieser Gewalten [76], aber die begrifflichen Grenzen zwischen ihnen sind verwischt.

In ähnlicher Weise verschwindet der Gegensatz zwischen dem Eigentum und den anderen Sachenrechten, die nun nicht mehr als *iura in re aliena* verstanden werden. Neben den Dienstbarkeiten, die jetzt zurücktreten, und dem *usus fructus* entwickeln sich mannigfache familienrechtliche Nutzungsrechte, besonders das des *paterfamilias* an den *bona materna* und das des

---

dicatio incertae partis, vgl. Gai. 4, 54; D. 6, 1, 76, 1 (dazu BROGGINI, o. Anm. 20), S. 68.

[73] Pomp. D. 12, 6, 19, 2; Pap. D. 46, 3, 94, 1; Ulp. D. 12, 1, 13, 2; vgl. TR 29, S. 220 ff.

[74] Zum rätselhaften *agere adiecta causa* vgl. RP 2, S. 211 Anm. 13.

[75] West Roman Vulgar Law: The Law of Property (1951), zum Folgenden insbes. 19 ff. Vgl. auch, LEVY weithin folgend, mein RP 2, S. 177 ff.

[76] LEVY, S. 202 ff.; 243 ff.; mein RP 2, S. 184 ff.; 210 ff.

überlebenden Elternteils an der *dos* und der *donatio ante nuptias*. Diese Berechtigungen werden als ein verschiedentlich begrenztes ‚Eigentum auf Zeit' aufgefaßt und daher bald als *ususfructus* oder *possessio*, bald aber auch als *dominium* oder *proprietas* bezeichnet. Die gleiche unbestimmte Terminologie wird für die dinglichen Dauerpachtverhältnisse *(ius perpetuum, emphyteusis)* verwendet, die jetzt stark an Bedeutung gewinnen und ebenfalls in dem weiten, der Gewährung auf begrenzte Zeit zugänglichen Eigentumsbegriff aufgehen. Daneben zeigen sich Ansätze der im klassischen Privatrecht unbekannten Reallast und weiterer Typen dinglicher Berechtigungen.

Die Herkunft dieses vulgarrechtlichen Eigentumsbegriffs wird bei der schon erwähnten Sachgewalt am Provinzialboden zu suchen sein (o. II 6), die ja mit dem etwas undeutlichen Ausdruck *uti frui habere possidere* umschrieben worden ist, und weiter bei den Laienmeinungen, die Eigentum und Besitz nicht klar auseinanderhalten und *possessor* auch den Eigentümer nennen. Eine bewußte Herübernahme hellenistischer Denkformen ist für diese Periode wenig wahrscheinlich [77]. Näher liegt der Gedanke, daß mit dem Wegfall der juristischen Hochkultur, die den klassischen Eigentumsbegriff hervorgebracht und seine Merkmale geprägt hat, die geistigen Voraussetzungen für die Differenzierungen verschwunden sind, die zur Handhabung dieses Begriffs gehören. Die Folge davon ist ein Rückfall in primitive laienhafte Denkformen, die teilweise mit denen der vorwissenschaftlichen Stufe übereinstimmen [78].

2. Während im W e s t e n die eben beschriebenen Verfallserscheinungen die Gestalt bestimmen, in der das römische Eigentum an das Mittelalter weitergegeben wurde, bringt im O s t e n die von den Rechtsschulen ausgehende k l a s s i z i s t i s c h e Richtung eine bedeutsame Umkehr, die zur Erneuerung vieler klassischer Rechtsgedanken im Corpus iuris civilis Justinians geführt hat [79]. Die Wiedererweckung des Gedankenguts, das in den Resten der klassischen Rechtsliteratur erhalten geblieben ist, durch die didaktische Arbeit der Rechtslehrer seit dem 5. Jh. hat den Grund dazu gelegt, daß der Kaiser bei seiner umfassenden Kompilation auf die Denkformen des klassischen Rechts zurückgreifen konnte. Doch konnte er an der Weiterentwicklung der nachklassischen Jahrhunderte, namentlich an der von vulgaristischem Geist geprägten Gesetzgebung seit Konstantin, nicht vorbeigehen. Das Recht des Corpus iuris zeigt darum die Anzeichen des Kompromisses, obschon in unserer Materie das klassizistische Element stark überwiegt. Hierauf beruht es, wenn die am Corpus iuris orientierte nachrömische Welt den Eigentumsbegriff im wesentlichen so sieht, wie ihn die römische Jurisprudenz gestaltet hat.

---

77 Levy, S. 69; mein RP 2, S. 180, beide mit Lit.
78 Levy, S. 71 f.
79 Zum Folgenden Levy, S. 72 ff. pass.; mein RP 2, S. 189 u. pass.

Justinian stellt die scharfe Abgrenzung des Eigentums vom Besitz und von den beschränkten Sachenrechten wieder her. *Dominium* und *proprietas* bezeichnen wieder nur noch die an bestimmte Erwerbstatbestände gebundene rechtliche Vollherrschaft. In ihr sind auch die klassischen Sondertypen des *in bonis habere* und der eigentumsähnlichen Gewalt aufgegangen, die mit dem Wegfall ihrer Voraussetzungen bedeutungslos geworden waren. Bei der *possessio* wird zwar die Mehrdeutigkeit dieses Begriffs je nach seinen verschiedenen Funktionen nicht ganz überwunden, auch neigt die oströmische *animus*-Lehre dazu, den Besitz zu ‚vergeistigen' und ihm eine Annäherung an ein Recht zu gewähren [80]. Gleichwohl erscheint der Besitz vom Eigentum nach den von den Klassikern erarbeiteten Grenzlinien wieder scharf getrennt.

Auch die begrenzten Sachenrechte werden vom Eigentum wieder genau abgesetzt. Das Eigentum ist wieder auf die Vollgewalt beschränkt. Die familienrechtlichen Nutzungsrechte werden als qualifizierter *ususfructus* gedeutet [81]. Die Dauerpachtverhältnisse werden, seitdem ein Gesetz des Kaisers Zeno (476–484) den *contractus emphyteuticarius* von Veräußerung (Verkauf) und Verpachtung getrennt hat, als dingliches Recht von eigener Art erfaßt [82].

Mit der Erneuerung des klassischen Eigentumsbegriffs im Corpus iuris war die geschichtliche Leistung der Römer abgeschlossen. In dieser Gestalt haben die am römischen Geist geschulten späteren Ordnungen den begrifflichen Rahmen übernommen, ihn bisweilen weiter ausgestaltet oder abgewandelt, aber seine Wesenszüge im ganzen bewahrt. Wie sie diesen Rahmen ausgefüllt, welche Schranken und Pflichten sie also der Vollherrschaft des Eigentums beigelegt und wieviel sie sich auch dabei von den römischen Vorbildern angeeignet haben, all dies hängt von den besonderen geschichtlichen Bedingungen ebenso wie von den rechtspolitischen Bedürfnissen ab, die für jede dieser Rechtsordnungen bestimmend geworden sind. Die Fülle dieser Fragen bildet einen weiteren, umfassenden Problemkreis.

---

[80] RP 2, S. 181 ff. [81] S. beispielsweise RP 2, S 154 f.

[82] C. 4, 66, 1; Inst. 3, 24, 3. Vgl. Levy S. 77 ff.; mein RP 2, S. 225.

KIRCHENRECHT

DER BEGRIFF DER KANONISCHEN AUCTORITAS IM HINBLICK AUF GESETZ, GEWOHNHEIT UND SITTE

von Dr. GEORG MAY

Professor an der Universität Mainz

Einleitung

Die katholische Kirche versteht sich als die einzige wahre von Christus gestiftete Gemeinschaft der Menschen, die durch Taufe und Glaube Christus in einer Weise verbunden sind, daß sie sein *Leib* sind und er ihr *Haupt* ist. Zwei Grundstrukturen bestimmen das Wesen der Kirche. Einmal ist die Kirche entsprechend der Vereinigung von Göttlichem und Menschlichem in Jesus Christus eine Wirklichkeit *zugleich göttlicher und menschlicher Art*. Zum anderen hat Christus der Kirche eine Verfassung eingestiftet, deren Kennzeichen die Unterschiedenheit von *Haupt und Gliedern* ist.

Die Kirche wird in übernatürlicher Weise durch den Geist Christi *belebt* und *geleitet*. Kraft dieser belebenden und leitenden Wirksamkeit ist Christus das Haupt der Kirche und diese sein Leib. Als dem Haupt eignet Christus die einzige ursprüngliche, unabgeleitete *Autorität* in der Kirche. Er ist Grund und Ursache allen Lebens und jeder Ordnung in der Kirche.

Die unsichtbare gnadenhafte Belebung und Leitung der Kirche durch Christus schließt die Tätigkeit menschlicher Organe nicht aus, kommt vielmehr gerade in ihnen und durch sie zur Auswirkung. In der Regel übt Christus seine schaffende und erhaltende Wirksamkeit durch Menschen aus, die er als seine *Werkzeuge* in Pflicht nimmt und ermächtigt. Die von Christus bestellten und ausgerüsteten Amtsträger vollziehen den ihnen aufgetragenen Dienst am Werke Christi als die *Stellvertreter Christi*. Sie sind ausgestattet mit *seiner Gewalt* und damit im Besitz *seiner Autorität*. Die Apostel, die von Christus unmittelbar berufen wurden, sollten nach dem Willen Christi Mittelpunkt und herrschendes Prinzip hierarchischer Gemeinschaften in der Kirche sein. Die vielen Apostelgemeinschaften band Christus zur Einheit, indem er dem Apostelkollegium ein Haupt gab, das ihn ganz vertreten sollte als vicarius Christi in einem spezifischen Sinne, den *Petrus*. Als apostolische Kirche sollte die Stiftung Christi weiterleben. Deshalb gaben die Apostel ihre Gewalt weiter in einer nie unterbrochenen Sendungsreihe. Solche mit apostolischer Gewalt ausgestatteten Hoheitsträger sind in der Kirche der Gegenwart die *Bischöfe* und der *Papst*. Die Bischöfe regieren mit hoheitlicher Hirtengewalt ihre Diözesen, der Papst leitet als der Bischof der Bischöfe die gesamte Kirche.

Papst und Bischöfen kommt eine Autorität zu, die der Christi gleicht, dessen *Statthalter* und *Stellvertreter* sie sind. Das Wesen der *kirchlichen Autorität* [1] besteht in dem hoheitlichen Vorrang der kirchlichen Hierarchie vor allen anderen Gliedern der Kirche, in ihrer Befähigung, in verbindlichem Lehrwort Gottes Offenbarung vorzulegen und auszulegen, und in ihrer Befugnis, verpflichtende Anordnungen für die Erlangung des Heils zu treffen und deren Ausführung zu überwachen. Weil die Kirche bzw. ihre Amtsträger nach Christi Willen bei der Bewahrung und Auslegung der Offenbarung sowie bei der Ausspendung der Heilsgüter eine unersetzliche Funktion haben, ist die Autorität der Bischöfe und des Papstes *göttlichen Rechts*. Kirchliche Autorität ist nach Ursprung, Wesen und Übertragung in einem eigentlichen Sinne nicht von Volkes oder Staates Gnaden, sondern von Gottes Gnaden [2]. Ihr wird grundsätzlich wie den Anordnungen Christi selbst Gehorsam geschuldet.

Der kirchlichen Autorität unterstehen *alle Getauften,* die zum Vernunftgebrauch gelangt sind [3]. Die gültige Wassertaufe hat immer die Wirkung, den Getauften zum Rechtsunterworfenen der einen Kirche Christi zu machen [4]. Die durch die Taufe geschaffene Unterworfenheit unter die Autorität der Kirche ist unverlierbar und unaufgebbar wie die Taufe selbst. Abfall vom Glauben und Ausbrechen aus der kirchlichen Einheit sind für die Verpflichtung zum Gehorsam gegen die kirchliche Autorität bedeutungslos. Eine erhöhte Pflicht zum Gehorsam entsteht durch den Eintritt in den geistlichen Stand und durch die Eingliederung in eine Diözese. Zu dem von allen Gläubigen geschuldeten kirchlichen Gehorsam tritt der *kanonische Gehorsam* als eine Standespflicht der Kleriker [5]. So gibt es in der Kirche – abgesehen vom Papst [6] – keine Person, keinen Ort und keine Sache, die nicht der kirchlichen Autorität unterstünden [7].

So wesentlich die Gläubigen in der Kirche an die Hierarchie gewiesen sind, von ihr das übernatürliche Leben empfangen und durch sie zum Heil geführt werden, so unberechtigt ist es, die sog. Laien als bloß passive Kirchenglieder den allein aktiven hierarchischen Kirchengliedern entgegenzusetzen.

---

[1] Auctoritas ecclesiastica bedeutet im CIC regelmäßig den Träger der Kirchengewalt (potestas ecclesiastica), die kirchliche Obrigkeit. Vgl. die Fundstellen bei K. Mörsdorf, Die Rechtssprache des Codex Juris Canonici. Eine kritische Untersuchung: VdGG 74. Heft (Paderborn 1937) 98 ff.

[2] c. 109. [3] c. 12. [4] c. 87.

[5] cc. 108, 111–117, 127. Vgl. A. Hagen, Prinzipien des katholischen Kirchenrechts, Würzburg 1949, S. 72.

[6] cc. 218, 1556. [7] Hagen, S. 70.

Die in der Grundgliedschaft stehenden Gläubigen verleihen der Hierarchie erst ihre Daseinsberechtigung. Die Hierarchie ist von Christus verpflichtet, ihr Amt als einen – freilich verbindlichen – Dienst an den Gliedern der Kirche zu verstehen und auszuführen. Die Laien haben in der Kirche Aufgaben zu erfüllen, die sich in Grundrechte und Dienstrechte unterscheiden lassen [8]. Aus den Laien werden die Angehörigen des geistlichen Standes und damit der Hierarchie genommen. Die Laien haben in besonderer Weise zu vermitteln zwischen Welt und Kirche, zwischen dem Leib Christi und dem, was noch nicht Leib Christi ist, aber dazu bestimmt ist, Leib Christi zu werden. Sie erfüllen diese vermittelnde Aufgabe in den weltgestaltenden Werken, den weltgewinnenden Kämpfen und den weltverändernden Leiden [9].

Die der kirchlichen Autorität eigene Gewalt liegt ungeteilt in den Händen der Glieder der kirchlichen Hierarchie. Ihnen eignet gesetzgebende, vollziehende und richtende Gewalt. Es gibt in der Kirche keine Gewaltenteilung und Gewaltenbeschränkung, sondern nur eine *Gewalteneinheit* und Gewaltenunterscheidung. Die vornehmste Betätigung der kirchlichen Autorität ist die Rechtsetzung. Sie steht allein den Trägern hoheitlicher Hirtengewalt zu. Rechtsetzung durch Laien ist ausgeschlossen, wenn sie auch nicht völlig unbeteiligt daran sind. Die Rechtsetzung erfolgt entweder durch Erlaß von Gesetzen oder durch hoheitliche Anerkennung einer Gewohnheit. Tätigkeit und Anteil von Hierarchie und Volk bei der Bildung von Gesetzes- und Gewohnheitsrecht sind verschieden.

I. Gesetz, Gesetzgeber und Gesetzesempfänger

1. Gesetz

a) Wesenserfordernisse

Der kirchliche Gesetzgeber ist an bestimmte Grundsätze gebunden, ohne deren Beachtung sein gesetzgeberischer Wille nicht zum Ziele kommt. Des näheren sind innere und äußere Erfordernisse des wirksamen Zustandekommens eines Gesetzes zu beachten.

(1) Innere Erfordernisse

(a) Das Gesetz verlangt einen *obrigkeitlich gebietenden Willen,* der eine die Untergebenen verpflichtende, ihren Willen bindende Norm für ihr freies Handeln aufstellt. Das Gesetz ist hoheitlicher Befehl, etwas zu tun oder zu unterlassen. Zu solcher Befehlsgebung sind die Glieder der kirchlichen

[8] Vgl. L. Hofmann, Die Rechte der Laien in der Kirche: Trierer Theologische Zeitschrift 64, 1955, 341–362.

[9] J. Auer, Das „Leib-Modell" und der „Kirchenbegriff" der katholischen Kirche: Münchener Theologische Zeitschrift 12, 1961, S. 30. Für die Stellung der Laien vgl. auch C. Feckes, Das Mysterium der heiligen Kirche, Paderborn ²1935, S. 218 f.

Hierarchie mit voller oberhirtlicher Gewalt von Christus ermächtigt und beauftragt.

(b) Das Gesetz muß *der rechten Vernunft entsprechen*, d. h. in letzter Hinsicht das ewige Ziel der Gläubigen anstreben und ein geeignetes Mittel sein, dieses Ziel zu erreichen. Ein Gesetz ist nur dann vernünftig, wenn es *gerecht*, physisch und moralisch *möglich* (befolgbar) und *sittlich einwandfrei* (dem göttlichen Recht nicht widersprechend) ist. Die unbedingte Bindung des kirchlichen Gesetzgebers an die Normen des göttlichen natürlichen und positiven Rechts versieht in der Kirche nicht nur die Funktion einer Einschränkung der Gesetzgebungsfreiheit auf den durch die Verfassung abgesteckten Spielraum, sondern gewährleistet die für das Zustandekommen eines Gesetzes unerläßliche Übereinstimmung mit der Sittenordnung. Die Vorgegebenheit des göttlichen Rechtes beschränkt auch den Machtbereich des grundsätzlich unverantwortlichen Papstes in entscheidender Weise, so daß man in dieser Hinsicht von „einer sozusagen verfassungsmäßigen Gebundenheit und nur verwaltungsmäßigen Entscheidungsfreiheit“ desselben sprechen kann [10].

(c) Das Gesetz muß seinem Inhalt nach geeignet sein, *dem Gemeinwohl zu dienen*. Das kirchliche Gemeinwohl besteht in der Schaffung der Bedingungen und Bereitstellung der Mittel, die zur Verwirklichung der göttlichen Bestimmung der Kirche und zur Erreichung des übernatürlichen Lebens der Gnade der Gläubigen als Voraussetzung für die jenseitige Gottschau erforderlich sind [11].

(d) Das Gesetz muß sich an eine *gesetzesfähige Gemeinschaft* richten. Als solche haben nicht nur jene Gemeinschaften zu gelten, an deren Spitze ein mit Gesetzgebungsgewalt ausgestatteter Hoheitsträger steht, sondern alle Gemeinschaften und selbst Personengesamtheiten, sofern es im Interesse des Gemeinwohls liegt, ihre Verhältnisse kraft hoheitlicher Gewalt dauernd zu ordnen [12]. Damit hat die kirchliche Autorität die Möglichkeit, auch das Leben kleiner Personengruppen rechtlich zu normieren.

(e) Das Gesetz ergeht in der Regel auf unbestimmte Dauer. Es ist jedoch unbestritten, daß ein Gesetz auch auf bestimmte Zeit erlassen werden kann.

Die inneren Erfordernisse zum wirksamen Zustandekommen eines Gesetzes lassen erkennen, wie stark und unabdingbar die kirchliche Autorität an sittliche Maßstäbe gebunden ist. Werden diese bei der Gesetzgebung nicht beachtet, dann sind nicht nur die Rechtsunterworfenen berechtigt (und verpflichtet), dem Gesetz den Gehorsam zu verweigern, sondern es liegt überhaupt kein Gesetz vor, vielmehr nur der Schein eines solchen.

---

[10] H. Barion, Sacra Hierarchia. Die Führungsordnung der katholischen Kirche: Tymbos für Wilhelm Ahlmann, Berlin 1951, S. 36.

[11] Vgl. W. Bertrams, Das Privatrecht der Kirche: Gregorianum 25, 1944, S. 306.

[12] E. Eichmann-K. Mörsdorf, Lehrbuch des Kirchenrechts auf Grund des Codex Iuris Canonici I⁹, München-Wien-Paderborn 1959, S. 95 f.

(2) Äußere Erfordernisse

(a) Das Gesetz muß von dem *zuständigen Gesetzgeber* im Rahmen seiner Zuständigkeit erlassen sein. Die Zuständigkeit des kirchlichen Gesetzgebers ist – abgesehen von der des Papstes – regelmäßig räumlich, in manchen Fällen persönlich umschrieben und begrenzt.

(b) Das Gesetz bedarf der *Promulgation*. Diese besteht in der öffentlichen und authentischen Bekanntmachung der Anordnung an die Gesetzesunterworfenen [13].

b) Durchsetzung durch Zwang

Das kirchliche Gesetz wendet sich an den Willen der Gesetzesuntertanen und will möglichst nicht nur wegen des bestehenden Unterwerfungsverhältnisses, sondern auch aus Einsicht in seine Notwendigkeit und Berechtigung beobachtet werden. Zwar gehört nach kirchlicher Auffassung zum Wesen des Gesetzes nicht die Möglichkeit, ihm zwangsweise Geltung zu verschaffen [14]. Die Mehrzahl der kirchlichen Gesetze sind leges imperfectae [15]. Dennoch steht der kirchlichen Autorität *Zwangs- und Strafgewalt* zu [16]. Sie verfügt über geistliche und weltliche Strafmittel, um ihre Gesetze, falls erforderlich, durch Zwang durchzusetzen. Der Verstoß gegen die kirchliche Autorität bei einer strafbaren Handlung gilt als schulderschwerend [17]. Besondere Strafdrohungen schützen Stellung und Betätigung der kirchlichen Autorität [18].

c) Wegfall

Die Wesenserfordernisse des Gesetzes müssen nicht nur bei Erlaß, sondern auch während des Bestandes des Gesetzes gegeben sein. Wenn der *Zweck* des Gesetzes für die ganze Gemeinschaft entfällt, wenn es dem Gemeinwohl schädlich oder seine Beobachtung unsittlich wird, verliert es seine Verpflichtungskraft, ohne daß dazu eine Erklärung der kirchlichen Autorität erforderlich wäre. Durch diese eminente Versittlichung kommt eine gewisse Unsicherheit in die kirchliche Gesetzgebung hinein. Die Kirche nimmt diese um höherer Werte willen in Kauf. Selbstverständlich fallen Gesetze auch dann weg, wenn andere an ihre Stelle treten.

---

[13] cc. 8, 9.

[14] Vgl. H. Eppler, Quelle und Fassung katholischen Kirchenrechts, Zürich-Leipzig 1928, S. 85.

[15] Vgl. A. Szentirmai, Der Umfang der verpflichtenden Kraft des Gesetzes im kanonischen Recht: Archiv des öffentlichen Rechts 85, 1960, S. 341.

[16] c. 2214 § 1: nativum et proprium Ecclesiae ius.

[17] Vgl. cc. 2205 §§ 2, 3, 2229 § 3 n. 3.

[18] cc. 2331, 2332, 2333, 2334, 2335, 2336, 2337, 2338, 2339, 2340, 2341, 2342, 2343, 2344.

2. *Gesetzgeber*

Alle kirchlichen Gesetzgeber haben ihre Gewalt entweder unmittelbar oder mittelbar, in letzterem Falle regelmäßig vermittelt durch den Papst, *von Gott.* Die einen sind Gesetzgeber göttlichen, die anderen Gesetzgeber kirchlichen Rechts. Sowohl Einzelpersonen als auch Personenmehrheiten können Gesetze erlassen, sofern sie Träger voller hoheitlicher Hirtengewalt sind. Dies sind für die Gesamtkirche der Papst [19], für die Gebietskörperschaften die Ortsoberhirten [20] und für die Personalkörperschaften die höheren Oberen exemter priesterlicher Verbände [21]. Die genannten Gesetzgeber können sich zu gemeinsamer Gesetzgebung auf Konzilien vereinigen [22].

Eine Beteiligung des gläubigen *Volkes* an der Gesetzgebung ist insofern unzulässig, als dieses nicht imstande ist, Gesetzen ihre Verpflichtungskraft mitzuteilen. Die Ausfüllung von Gesetzeslücken durch Analogie [23] macht die Rechtsuntertanen nicht zu Gesetzgebern, erweist vielmehr ihre Unterordnung unter das Gesetz durch die Notwendigkeit, eine Norm aus dem Wortlaut bzw. dem Geist der geltenden Rechtsordnung zu finden, der sie Gehorsam schulden. Es ist jedoch nicht ausgeschlossen, daß Kirchengesetze auf Wunsch, Antrag oder Vorschlag von Gläubigen erlassen werden.

Die kirchlichen Gesetzgeber sind weder für sich persönlich noch für ihre Untertanen rechtlich an die von ihnen erlassenen Gesetze *gebunden.* Sie können nicht nur jederzeit die ihrer Hoheit unterstehenden Gesetze ganz oder teilweise durch andere ersetzen und Personen, Gemeinschaften, Personengesamtheiten, Orten und Sachen auf dem Wege der Privilegienerteilung eine bevorzugte Rechtsstellung einräumen [24], sondern sie auch in Ausübung ihrer Verwaltung durchbrechen. Dies geschieht durch die in der kirchlichen Rechtspraxis in hohem Ansehen stehende *Dispens* [25]. Die Dispens als die hoheitliche Befreiung von der verpflichtenden Kraft eines rein kirchlichen Rechtssatzes in einem besonderen Fall gestattet dem Gesetzgeber, dem Gesetz entgegenstehende relevante Umstände des Einzelfalles zu berücksichtigen und dadurch Härten auszugleichen, die das für die Allgemeinheit berechnete Gesetz in bestimmten Lagen mit sich bringen kann. Sie ist das typische Mittel eines auf dem Grundsatz der *Billigkeit* ruhenden Rechtsdenkens. Grundsätzlich ist von allen rein kirchlichen Gesetzen Befreiung möglich. Tatsächlich wird nur in wenigen Fällen die Befreiung nicht gewährt.

---

[19] cc. 218, 219. [20] cc. 335, 323 § 1, 294 § 1, 315.

[21] c. 501.

[22] cc. 228 § 1, 291. Vgl. *meinen* Beitrag: Das Verhältnis von Papst und Bischöfen auf dem Allgemeinen Konzil nach dem CIC: Trierer Theologische Zeitschrift 70, 1961, S. 212–232.

[23] c. 20. [24] Für das Privileg vgl. cc. 63–79.

[25] Zur Dispens vgl. cc. 80–86.

3. Gesetzesempfänger

a) Gehorsamspflicht

Jedes wahre Gesetz erzeugt in den Untertanen die *Gewissens*bindung, dem Gesetz entsprechend zu handeln. Der Gehorsam ist sittliche Pflicht, weil der kirchliche Gesetzgeber in Stellvertretung und Auftrag des Hauptes der Kirche, Christi, Gesetze gibt. Die Gewissensbindung kann schwer oder leicht sein, je nach der Wichtigkeit des Gebotenen und der Absicht des Gesetzgebers.

Das Gewissen ist die letzte Instanz, die über die Beobachtung oder Nichtbeobachtung eines Gesetzes entscheidet. Dem Einzelnen obliegt es, festzustellen, ob wirklich ein Gesetz mit allen von der kirchlichen Rechtslehre verlangten Wesensmerkmalen vorliegt. Kommt er nach gewissenhafter Prüfung zu der Überzeugung, daß ein Merkmal fehlt, oder besteht auch nur ein solide begründeter Zweifel, daß alle Merkmale eines Gesetzes vorhanden sind oder daß ein bestimmter Tatbestand unter das Gesetz fällt, so besteht grundsätzlich keine Verpflichtung, die Anordnung zu beobachten [26]. In diesem Sinne kann man sagen, daß die gesamte Gesetzgebung in der Kirche dem Urteil der Gläubigen unterstellt ist. Die Verpflichtung, ein unwirksames Gesetz zu beobachten, kann sich nur aus anderen Gründen, die nicht im Gesetz selbst liegen, herleiten. Niemals darf ein wegen Verletzung des göttlichen Rechts ungültiges Gesetz befolgt werden.

b) Aufnahme

Das Kirchengesetz ist, sofern alle Wesenserfordernisse vorliegen, mit der Promulgation geltendes Recht. Es bedarf keiner Annahme durch die Untertanen. Kirchengesetze bestehen nicht von Volkes Gnaden. Aber die *Aufnahme,* die ein Gesetz bei den Gläubigen findet, ist für seine Beobachtung und damit für seinen Bestand bedeutsam. Ein Gesetz, das nicht die Beachtung der Untertanen findet, verliert im Laufe der Zeit seine bindende Kraft; es wird durch gegenteilige Gewohnheit außer Kraft gesetzt. Den Bischöfen steht herkömmlicherweise gegenüber päpstlichen Gesetzen ein *Remonstrationsrecht* zu. Sie dürfen deren Befolgung bis zum Eintreffen einer Antwort auf ihr Vorbringen aussetzen [27]. Das Fehlen der *Divulgation,* der tatsächlichen Verbreitung der Existenz eines Gesetzes, kann ein Hindernis dafür sein, daß ein Gesetz beachtet wird. Solange die Gesetzesempfänger nicht in angemessener Weise von dem Gesetz unterrichtet worden sind, fehlt ihnen die zur Beobachtung erforderliche Kenntnis. Die Unkenntnis eines promul-

---

[26] Vgl. c. 15.

[27] J. HARING, Das bischöfliche Vorstellungsrecht gegenüber dem Apostolischen Stuhle: Archiv für katholisches Kirchenrecht 91 (1911) 111–114; DERSELBE, De iure remonstrationis Episcoporum contra leges et mandata Sedis Apostolicae: Misc. Vermeersch I, Rom 1935, 321–326.

gierten Gesetzes ist nur jenem Kreis von Gesetzesempfängern vorwerfbar, der von Amts wegen gehalten ist, sich die Kenntnis der neu ergehenden Gesetze zu verschaffen [28]. Um die Divulgation zu gewährleisten, ist für päpstliche Gesetze eine dreimonatige Wartefrist festgesetzt [29].

c) Aufhören der Gesetzesverpflichtung im Einzelfall

Die Verpflichtungskraft der kirchlichen Gesetze ist keine absolute; sie verpflichten nicht immer und unter allen Umständen. Die Gesetzesbindung ist eingeschränkt durch den Grundsatz der kanonischen Billigkeit [30]. Ein Gesetz verpflichtet im Einzelfall nicht, weil es entweder über die Macht des Gesetzgebers hinausgeht, unter diesen bestimmten Umständen die Beobachtung des Gesetzes zu verlangen, oder weil es nicht seine Absicht ist, im Fall außerordentlicher Schwierigkeit, schwerer Gefahr oder des Verlustes eines beträchtlichen Gutes auf seiner Verpflichtung zu bestehen [31]. Nötigung und Notstand, ja sogar ein schwerer Nachteil, der in keinem vernünftigen Verhältnis zu der Gesetzesverpflichtung steht, entschuldigen von der Pflicht, rein kirchliche Gesetze zu beobachten [32]. In der *Epikie* ist das christliche Gewissen aufgerufen, im konkreten Fall zu entscheiden, ob nicht der bessere Gehorsam gegen Christus, das lebendige Haupt der Kirche, die Nichtbeachtung des Gesetzes verlangt. Die Anwendung der Epikie berührt den Bestand des Gesetzes nicht; seine Verpflichtungskraft für die anderen Gesetzesuntertanen und für denselben Gesetzesuntertan in anderen Fällen bleibt unangetastet. Aber in dem bestimmten Fall gestattet sie dem Gläubigen, sich zu vergewissern, daß er bei Nichtbefolgung des Gesetzes frei von Schuld ist. Diese Entscheidung im Gewissen des einzelnen Gläubigen unterliegt der Beurteilung durch die Hüter des äußeren Bereiches. Als Maßstab dient ihnen die kanonische Billigkeit. Als billige Gründe, welche die Anwendung von Epikie rechtfertigen, sind vor allem drei anerkannt: konträrer Wegfall des Gesetzeszweckes, so daß die Befolgung des Gesetzes sittlich unerlaubt wäre oder schweren Schaden nach sich zöge, Normenkollision, so daß nicht alle Normen zugleich befolgt werden können, und physische oder moralische Unmöglichkeit der Gesetzesbeobachtung [33]. Die Existenz der Epikie beweist das Vorhandensein eines dynamischen und freiheitlichen Elementes neben dem institutionellen und autoritativen in der Kirche.

---

[28] c. 2202 § 1. [29] c. 9.

[30] Über diesen für das gesamte kanonische Recht grundlegenden Begriff vgl. etwa Lexikon für Theologie und Kirche I², 1957, Sp. 784 f. (mit Lit.).

[31] Vgl. Ch. Lefebvre, Le rôle de l'équité en droit canonique: EphIurCan 7, 1951, S. 147.

[32] c. 2205. [33] Vgl. Eichmann-Mörsdorf I, S. 114–116.

II. Gewohnheit und Gewohnheitsrecht

Die Gesetzgebung ist nicht die einzige Rechtsquelle in der Kirche. Ihr nebengeordnet, in gewisser Hinsicht – durch die Notwendigkeit der Zustimmung des Gesetzgebers zu der Übung einer christlichen Gemeinschaft und durch seine gesetzliche Regelung – untergeordnet, ist das Gewohnheitsrecht. Die ständige und einheitliche Übung einer Gemeinschaft in der Kirche erstarkt unter bestimmten Voraussetzungen zu rechtlicher Geltung. Während das Gesetz von der kirchlichen Autorität zum Volk hinabsteigt, steigt das Gewohnheitsrecht vom Volk zu der kirchlichen Autorität hinauf, freilich nicht in dem Sinn, als ob das Volk Recht setzte, sondern insofern die Gemeinschaft der Gläubigen durch ihr Verhalten den Inhalt der rechtlichen Regelung beisteuert, die durch den Gesetzgeber ihre verbindliche Kraft, ihre Eigenschaft als Recht, erhält. Nach dem Verhältnis zum Gesetz unterscheidet man die gesetzmäßige (das Gesetz anwendende), die außergesetzliche (das Gesetz ergänzende) und die gesetzwidrige (das Gesetz aufhebende) Gewohnheit.

1. Gewohnheit

a) Anteil des Volkes

Bei der Bildung von Gewohnheitsrecht wird das gläubige Volk *aktiv*. Von ihm geht der Anstoß zur Rechtsbildung aus. Seine Beteiligung ist zur Bildung von Gewohnheitsrecht unerläßlich. Eine kirchliche Gemeinschaft zeigt längere Zeit hindurch ein einheitliches Verhalten. Durch wiederholte, aus freiem Willen hervorgehende Handlungen in einer bestimmten Richtung wird in der Gemeinschaft eine Geneigtheit und eine Gewöhnung erzeugt, die als materielles Substrat für die Zustimmung des Gesetzgebers dient [34]. Die Gemeinschaft bestimmt Art und Maß, Richtung und Reichweite der Gewohnheit; sie legt ihren Inhalt fest und bindet insofern den Gesetzgeber. Durch die Teilnahme an der Bildung einer objektiven Rechtsnorm kommt den Untergebenen gewissermaßen eine öffentlichrechtliche Stellung zu [35].

Die Gläubigen zeigen durch die Bildung von Gewohnheiten einerseits an, was für die kirchliche Gemeinschaft möglich, nützlich oder notwendig ist. Sie geben andererseits durch langjährige Nichtbeachtung von Gesetzen zu verstehen, daß diese absurd, überflüssig, unnütz oder schädlich sind. Die Gläubigen leisten also bei der Einführung von Gewohnheiten und bei der Bildung von Gewohnheitsrecht eine wichtige Aufgabe für das kirchliche Gemeinwohl. Das Gesetz muß sich im Leben der Kirche bewähren, und diese Bewährung läßt sich an der Haltung erkennen, die das gläubige Volk zu

---

[34] J. TRUMMER, Die Gewohnheit als kirchliche Rechtsquelle. Ein Beitrag zur Erklärung des Codex Juris Canonici: Theologische Studien der Österreichischen Leogesellschaft 31, Wien 1932, S. 110.

[35] TRUMMER, S. 30.

ihm einnimmt. Indem es der kirchlichen Gesetzgebung folgt, sie ergänzt oder ihr widerstrebt, gibt es ein Urteil über Wert und Brauchbarkeit der Gesetzgebung ab. In der katholischen Kirche, die das ganze Erdenrund umspannt, bedarf die gemeinkirchliche Gesetzgebung des Korrektivs des Gewohnheitsrechtes. Dieses übt die unerläßliche Funktion der örtlichen und zeitlichen Anpassung aus [36].

Im allgemeinen darf die kirchliche Autorität dem gesunden *kirchlichen Sinn des Volkes* bei der Bildung von Gewohnheitsrecht vertrauen. Sie hat speziell dem Glaubenssinn der Kirchenglieder wiederholt, zuletzt bei der Definierung der Wahrheit von der leiblichen Aufnahme Mariens in den Himmel, Anerkennung gezollt. Indes sind Irrungen des Volkes nicht ausgeschlossen. Diese Möglichkeit macht die Überwachung der Wege, die das Volk geht, durch die kirchliche Autorität erforderlich. Die *Kontrolle* erfolgt durch die Aufstellung von Erfordernissen für den Übergang einer Gewohnheit in Gewohnheitsrecht, besonders durch die unabdingbare Notwendigkeit der Zustimmung des kirchlichen Gesetzgebers.

b) Voraussetzungen

(1) Passive Gesetzesfähigkeit

Nur eine *passiv gesetzesfähige Gemeinschaft* ist zur Bildung von Gewohnheitsrecht fähig [37]. Der Begriff der passiv gesetzesfähigen Gemeinschaft ist derselbe wie beim Erlaß von Gesetzen.

(2) Ununterbrochene Übung

Die gewohnheitsmäßige Übung muß wenigstens von dem *überwiegenden Teil der Gemeinschaft einheitlich und ständig* befolgt worden sein. Für die gesetzmäßige Gewohnheit ist eine bestimmte Frist nicht vorgeschrieben. Die außergesetzliche und die gesetzwidrige Gewohnheit erstarkt erst nach Anlauf einer *nicht unterbrochenen Frist von vierzig Jahren* zu Gewohnheitsrecht [38]. Die Frist wird unterbrochen durch gegenteilige Übung, der die Nichtübung gleichzusetzen ist, und durch Einspruch des kirchlichen Gesetzgebers. Damit hat es der Gesetzgeber in der Hand, die Entstehung von Gewohnheitsrecht zu verhindern. Sein Einspruch schafft zwar unter Umständen die Übung nicht aus der Welt, aber er verhütet, daß die bisherigen Übungsakte zu Gewohnheitsrecht führen könnten. Die einmal unterbrochene Frist muß ihren Lauf von neuem beginnen [39]. Kirchengesetze, welche die Bildung von Gewohnheitsrecht verbieten, können nur durch hundertjährige oder unvordenkliche Gewohnheiten aus den Angeln gehoben werden [40].

---

[36] Hagen, S. 36 f.
[37] c. 26.
[38] cc. 27 § 1, 28.
[39] cc. 27 § 1, 28 mit c. 35.
[40] c. 27 § 1.

(3) Vernünftigkeit

Wie jedes Gesetz muß auch das Gewohnheitsrecht *vernünftig* sein. Grundsätzlich können an die zur Bildung von Gewohnheitsrecht erforderliche Vernünftigkeit keine höheren Anforderungen gestellt werden als für den Erlaß von Gesetzen. Weshalb der Charakter eines Rechtsinstituts nicht durch Gewohnheit angetastet werden dürfe [41], ist nicht einzusehen. Vor allem ist eine Gewohnheit nicht deswegen unvernünftig, weil sie gegen ein kirchliches Gesetz gerichtet ist. Andernfalls könnte es eine widergesetzliche Gewohnheit nicht geben. Sowohl das Gesetz als auch die widergesetzliche Gewohnheit können vernünftig sein und dem Gemeinwohl dienen, wenn auch in verschiedener Hinsicht und mit Rücksicht auf verschiedene Zwecke [42]. Selbst die Verwerfung einer Gewohnheit durch den Gesetzgeber [43] kann nicht hindern, daß diese sich durchsetzt. Denn das verwerfende Gesetz kann unvernünftig und die Gewohnheit dann rechtskräftig werden [44].

(4) Verpflichtungswille

Eine außergesetzliche und eine gesetzwidrige Gewohnheit kommen nur unter der Bedingung zustande, daß die Gemeinschaft sich dadurch *verpflichten* will. Die Gemeinschaft muß die Absicht haben, durch ihre Übung Recht zu schaffen [45]. Das Vorliegen von bona oder mala fides bei der die Gewohnheit bildenden Gemeinschaft ist unerheblich. Noch weniger ist eine Rechtsüberzeugung verlangt [46].

2. *Gewohnheitsrecht*

Aus einer Gewohnheit wird Gewohnheitsrecht, wenn der Gesetzgeber seine *Zustimmung* gibt. Die Übung des Volkes ist die materielle, die Zustimmung des Gesetzgebers die formelle Wirkursache des Gewohnheitsrechts.

a) Notwendigkeit der Zustimmung des Gesetzgebers

Die Übung des Volkes allein ohne die Zustimmung eines mit Gesetzgebungsgewalt ausgestatteten kirchlichen Oberen kann auch bei längster Dauer kein Recht begründen. Denn die rechtsetzende Gewalt liegt in der Kirche einzig und allein bei der kirchlichen Hierarchie [47]. Erst durch die Zustimmung des zuständigen Gesetzgebers erhält die Gewohnheit die gleiche verpflichtende Kraft, die den Gesetzen eignet [48].

Die hoheitliche Gutheißung der gesetzmäßigen und der außergesetzlichen Gewohnheit wird im allgemeinen leicht zu erlangen sein. Der Gesetzgeber hat vielleicht absichtlich eine Lücke gelassen, weil er dem Gespür der Ge-

---

[41] So Eppler, S. 119, ähnlich Eichmann-Mörsdorf I, S. 136.
[42] Trummer, S. 144. [43] c. 27 § 2. [44] Trummer, S. 77.
[45] Eppler, S. 121 ff. [46] Trummer, S. 135 ff.
[47] cc. 109, 218. [48] c. 25.

meinschaft vertraute, sie durch eine Gewohnheit zu schließen. Mit der gesetzwidrigen Gewohnheit wird er sich weniger leicht abfinden. Aber nicht selten werden partikulare Gewohnheiten den örtlichen Verhältnissen besser gerecht als allgemeine Gesetze. Zudem kann die Gewohnheit in dem Empfinden der Gemeinschaft bereits so fest verwurzelt sein, daß sie nicht leicht abgeschafft werden kann und der aus der Aufhebung entstehende Schaden größer wäre als der Nachteil des Fortbestehens [49].

b) Form der Zustimmung

Die Zustimmung des Gesetzgebers zu der Gewohnheit kann durch *Verwaltungsakt* oder durch *Gesetz* erteilt werden.

Der *Spezialkonsens* wird nur für eine einzelne Gewohnheit, und zwar während oder nach der Übungshandlung, gegeben. Er kann entweder ausdrücklich (durch Worte oder schlüssige Handlung) oder stillschweigend erklärt werden. Letztere Weise der Zustimmung liegt vor, wenn der Gesetzgeber Kenntnis von der Übung hat und trotzdem von der Möglichkeit, Einspruch zu erheben, keinen Gebrauch macht. Der Verzicht auf die freistehende und gefahrlose Möglichkeit, durch Einspruch das Erstarken einer Gewohnheit zu Gewohnheitsrecht zu verhindern, ist wohl zu unterscheiden von dem Dissimulieren und Tolerieren, in dem eine Zustimmung nicht erblickt werden kann [50].

Wichtiger als der Spezialkonsens ist der *Legalkonsens*. Er besteht darin, daß der Gesetzgeber durch Gesetz seine Zustimmung zu den in Zukunft entstehenden Gewohnheiten gibt, welche die im Gesetz [51] verlangten Eigenschaften haben. Daß der Legalkonsens im CIC in einer so großen Reichweite erteilt wird, zeugt von dem Vertrauen der Kirchenführung in den Rechtssinn der Gläubigen. Die Hierarchie traut dem Volke zu, daß es in den Unwägbarkeiten der Verhältnisse und in der Unvorhersehbarkeit der Umstände aus seiner Verwurzelung in Glaube, Sitte und Recht der Kirche den Weg finden wird, der dem Zweck der Kirche entspricht. Die Sicherungen, welche die Kirche angebracht hat, bevor eine gewohnheitsmäßige Übung zu Recht erstarkt, sind nicht eng. Zum Teil sind sie selbstverständlich (weil vom göttlichen Recht gefordert), zum Teil unentbehrlich (weil zur Erkennbarkeit des Gewohnheitsrechtes notwendig). Nur eine Autorität wie die kirchliche, die ihrer Stellung sicher ist und der ängstliche Furcht um die Erhaltung ihrer Macht fernliegt, kann eine so freiheitliche Regelung ertragen.

c) Macht des Gewohnheitsrechtes

Der CIC steht der Gewohnheit *freundlich* gegenüber. Er erklärt sie zur besten Auslegerin der Gesetze [52]. In mehrfacher Hinsicht ist sie sogar *stärker*

---

[49] HAGEN, S. 36. [50] TRUMMER, S. 18 ff. [51] cc. 26–28.

[52] c. 29. Vgl. L. KONTOR, Die bischöfliche Jurisdiktion und das Gewohnheitsrecht: Archiv für katholisches Kirchenrecht 118, 1938, S. 489.

als das Gesetz. Der partikulare Gesetzgeber kann nicht rechtswirksam Gesetze gegen das allgemeine Recht erlassen, aber die partikulare Gewohnheit kann gegen das allgemeine Gesetz Geltung erlangen [53]. Das gegengesetzliche Gewohnheitsrecht kann verhindern, daß ein Gesetz für einen Teilbereich überhaupt in Kraft tritt; eine partikulare Gewohnheit wird nämlich durch ein allgemeines Gesetz nur dann aufgehoben, wenn das Gesetz die Aufhebung ausdrücklich anordnet [54]. Die gegengesetzliche Gewohnheit kann ein entgegenstehendes Gesetz trotz Geltung an der Durchführung hindern, so daß es gar nicht angewendet wird [55].

III. Sitte

1. Begriff

Unter *Sitte* ist in der Kirche das für die Glieder einer kirchlichen Gemeinschaft beachtliche Verhalten der Gemeinschaft im Hinblick auf die geistlichen Werte und sittlichen Forderungen der Kirche zu verstehen.

Im Unterschied von der zur Bildung von Gewohnheitsrecht unerläßlichen Gewohnheit fehlt bei der Sitte der Verpflichtungswille; sie wird nicht in der Absicht geübt, Recht zu schaffen. Dennoch wohnt der Sitte eine gewisse Bindungskraft inne, insofern sie gebietet, was sich schickt und was sich ziemt. Ihre Beobachtung trägt das Lob, ihre Mißachtung den Tadel der kirchlichen Gesellschaft ein.

Die Sitte ist angesichts der konservativen Grundhaltung der Kirche stark der Tradition, dem Überkommenen, dem Herkommen verhaftet. Was durch das Tun der Vergangenheit geheiligt ist, darf im allgemeinen in der Gegenwart Beachtung beanspruchen.

2. Stellung der kirchlichen Autorität

Die kirchliche Autorität sucht auf die Sitte durch ihre gesetzgeberische und verwaltende Tätigkeit Einfluß auszuüben. Durch die Seelsorge, besonders in der Form der Verkündigung, trachtet sie die Angleichung des sozialen Verhaltens an das Sittengesetz, die christliche Moral, zu erreichen. Rechtsübertragung und Rechtsausübung in der Kirche werden in weitem Ausmaß von der Rücksichtnahme auf die guten oder schlechten Sitten eines Gläubigen bestimmt. Gute Sitten sind Voraussetzung für die Aufnahme in den geistlichen Stand, die Verleihung eines kirchlichen Amtes und die Übertragung eines kirchlichen Dienstes [56]. Schlechte Sitten können die Ent-

[53] Trummer, S. 7. [54] c. 30. [55] Trummer, S. 152.

[56] cc. 968, 974 § 1 n. 2, 985, 987 n. 7; 331 § 1 n. 3, 367 § 1, 373 § 4 u. ö.; 1521, 167 § 1 n. 3, 766 n. 2, 1470 § 4. Vgl. dazu *meine* Untersuchung: Die kirchliche Ehre als Voraussetzung der Teilnahme an dem eucharistischen Mahle: Erfurter Theologische Studien Band 8, Leipzig 1960, S. 47 ff.

ziehung von Amt und Dienst zur Folge haben. Wer eine bestimmte untere Grenze sittlichen Verhaltens, die von der Sitte festgesetzt wird, überschreitet, wird als *öffentlicher Sünder* [57] oder *infamis infamia facti* [58] qualifiziert. An eine solche Kennzeichnung sind wichtige Rechtsminderungen geknüpft. Im Fall der *infamia facti* ist ein eigenes Verfahren vorgesehen, in dem sich die Verklammerung von Sitte und Recht in der Kirche deutlich zeigt. Der Christ, der einen sittenlosen oder verbrecherischen Lebenswandel führt, verliert regelmäßig Ansehen und Achtung der christlichen Gemeinde. Der Verlust des guten Rufes ist zunächst ein rein tatsächliches Widerfahrnis, dessen Eintritt wesentlich von dem sittlichen Stand einer Gemeinde abhängt. Erst wenn die kirchliche Autorität von dem Sachverhalt Kenntnis nimmt und ihn billigt, treten Rechtsfolgen ein. Der hoheitliche Spruch des Oberhirten, daß ein Christ zu Recht seinen guten Ruf eingebüßt hat, weil er in Wahrheit einen sittenlosen Lebenswandel geführt oder ein Vergehen begangen hat, zieht von selbst eintretende Rechtsbeschränkungen nach sich, die den übelbeleumundeten Christen zu einem Gläubigen minderen Rechtes machen [59]. Auch in diesem Fall läßt sich das Zusammenspiel von kirchlicher Autorität und gläubigem Volk beobachten. Wie bei der Gewohnheit, geht auch hier die Bewegung von unten nach oben. Die Meinung des Volkes löst einen – billigenden oder mißbilligenden – Spruch des Oberhirten aus; dieser zieht von selbst eintretende Rechtsfolgen nach sich.

3. Brauch, Observanz, Kurialstil

Eine örtlich begrenzte Sitte wird als *Brauch* bezeichnet [60]. Dem Brauch steht die *Observanz* nahe. Darunter ist ein auf Herkommen beruhendes einheitliches Handeln einer juristischen Person, einer Gemeinschaft oder einer irgendwie zusammengehörigen Personenmehrheit zu verstehen [61]. *Kurialstil* ist formal die von einer kirchlichen Behörde, besonders der römischen Kurie, eingeführte und geübte Weise des Schriftverkehrs und material die Art der Erledigung ihr zur Entscheidung angetragener Angelegenheiten.

Die Sitte und die ihr verwandten Erscheinungen stehen teils im vorrechtlichen Raum, teils regeln sie die Rechtsausübung. Immer handelt es sich um tatsächliche Übungen. Sie unterstehen wie alle Lebensäußerungen in der Kirche grundsätzlich der Aufsicht der kirchlichen Autorität. Vermöge des gleichen Geistes, von dem Oberhirten und Volk bewegt werden, können sich aber auf diesem Gebiet Gebundenheit und Freiheit in glücklicher Weise ergänzen.

---

[57] Ebenda, S. 106 ff. [58] Ebenda, S. 100 ff. [59] c. 2294 § 2.

[60] Zu usus vgl. cc. 33 § 1, 1279 § 2, 1295, 1833 n. 2, 1877; zu mos bzw. mores cc. 136 § 1, 1262 § 2, 1067 § 2, 1555 § 1.

[61] Vgl. Eichmann-Mörsdorf I, S. 135.

Schluß

Die hierarchische Verfassung der Kirche als einer Einheit von Haupt und Gliedern legt die Rechtsbildung in der Kirche in die Hand der Träger hoheitlicher Hirtengewalt. Es gibt kein anderes Recht in der Kirche als das durch die kirchliche Autorität gesetzte. Die der kirchlichen Autorität unterstellten Laien sind jedoch bei der Rechtsbildung nicht völlig passiv. Sie haben vor allem durch die großzügig eingeräumte Möglichkeit der Bildung von Gewohnheiten, die unter bestimmten Voraussetzungen die Zustimmung des Gesetzgebers erhalten und so zu Gewohnheitsrecht erstarken können, ein Mittel zur Verfügung, durch das sie unter Würdigung der örtlichen und zeitlichen Verhältnisse den Forderungen des christlichen Gewissens Ausdruck verschaffen und Aufnahme wie Bestand von Gesetzen entscheidend beeinflussen können. Zwischen kirchlicher Autorität und gläubigem Volk besteht so ein ständiger Austausch des Gebens und Nehmens. Die Autorität schützt das strömende Leben des Volkes vor dem Zerfließen, und das gläubige Volk bewahrt die Autorität vor der Erstarrung. Gesetz, Gewohnheitsrecht und Sitte sind in der Kirche niemals von apodiktischer Geltung. Sie finden ihre unübersteigbare Grenze am göttlichen Recht, das die kirchliche Autorität einerseits hütet und auslegt, an das sie andererseits ebenso wie das Volk unabdingbar gebunden ist. Gesetze, die der christlichen Vernunft und dem kirchlichen Gemeinwohl widersprechen, sind aus sich ohne weiteres nichtig. Innerhalb dieser Grenze steht Rechtsänderungen nur die konservative Grundhaltung der Kirche entgegen. Dem einzelnen Gläubigen geben Recht und Sittlichkeit die Mittel in die Hand, dem christlichen Gewissen in begründeten Fällen die Freiheit vom Recht zu wahren und die Anerkennung dieser Gewissensentscheidung durch die kirchliche Autorität kraft des Prinzips der kanonischen Billigkeit zu erlangen. So wird die kirchliche Autorität nicht Fessel und Hemmnis des Heilsstrebens der Glieder der Kirche, sondern in der Stellvertretung Christi Führerin und Weggeleit zu Gott.

RECHTSETHNOLOGIE

PROBLEMATIK DES GEBRAUCHS JURISTISCHER KATEGORIEN BEI DER AUFNAHME UND BEI DER KODIFIZIERUNG VON EINGEBORENENRECHT

von Dr. ERNST W. MÜLLER, Heidelberg

Das mir hier gestellte Thema besteht aus zwei Teilen. Die erste Frage ist forschungsmethodischer und forschungstechnischer Art, während der zweite Teil des Problems in den Bereich der Rechtspolitik gehört. Dementsprechend möchte ich mein Referat in zwei Kapitel teilen.

A. Terminologische Probleme der ethnologischen Rechtsforschung

Ein beliebtes Gedankenmodell der Ethnologen, an dem sich die Schwierigkeiten der Disziplin demonstrieren lassen, ist die Vorstellung, ein völkerkundlich gebildeter Marsbewohner käme zu Forschungen nach Europa, um uns und unsere Landsleute zu untersuchen. Besonders in der Religionsethnologie lassen sich an Hand dieses Modells Auffassungen entwickeln, die für Forschungsmethode und Resultat erhebliche Bedeutung haben. Beim Durchspielen des Modells wird z. B. die Frage gestellt, wer der geeignete Informant für jenen imaginären Ethnologen vom Mars wäre: der theologisch gebildete Geistliche, der gläubige, der lasche, oder der interessiert-skeptische Intellektuelle, oder der naive Gläubige, der aus Tradition an seiner Religion hängt, von deren Lehren er aber nur eine vage oder gar (nach Meinung der Theologen) irrige Meinung hat. Zu fragen ist auch, ob hier in Europa, im Lande einer Buchreligion, das geschriebene oder das lebende Dogma (d. h. die theologische Dogmenfortbildung) für den Forscher von Belang sein soll. Ist das ausgefeilte und umfassende Bild des religiös Gebildeten repräsentativ oder die knappen, vagen und naiven Vorstellungen des Laien oder ein irgendwie zu berechnender Mittelwert? Je nach der Entscheidung in dieser Vorfrage muß auch das Ergebnis anders ausfallen; ja die Ergebnisse von Forschern, die sich hier verschieden entscheiden, werden inkomparabel. Das Gedankenmodell „Marsethnologe“ enthält soviel Zündstoff, daß man sich wundert, daß es auf ethnologischen Kongressen noch so relativ friedlich zugeht.

Untersuchte der Marsethnologe statt der Religion unser Recht, so hätte er ungefähr dieselben Probleme vor sich. Die Vergleichbarkeit der dogmatischen Fundierung von Recht und Religion ist oft genug hervorgehoben worden; sie wirkt sich auch hier aus [1]. Die Auffassung, wie sich dieses methodische und technische Problem bestens lösen läßt, ist in der Rechtsethnologie meines Wissens noch nicht explizit behandelt worden. Sie ergibt sich natürlich in besonderer Weise, wenn der Mars-Mensch in ein Land mit kodifiziertem Recht kommt, aber ebenso in Gebieten des common law oder aber auch im Bereich der Rechtsethnologie sensu strictu. Neben dem kodifizierten Recht (dem entsprechen im Eingeborenen-Recht in gewisser Weise mündlich tradierte Regeln in Sprichwortform, die weitgehend vom Fall abstrahiert sind) gibt es das fortgebildete Richterrecht, grundlegende Rechtsprinzipien, die nicht aus dem positiven Recht zu begründen sind, sondern entweder naturrechtlich oder aus sozialen Kategorien anderer Art abgeleitet werden [2]. Dazu kommen die opinio juris des Richters und des Laien, beide unter sich erheblich verschieden.

Der erste und umfassendste aller Begriffe, deren Anwendung hier zu prüfen ist, der schwierigste und strittigste, ist der Begriff „Recht" selbst [3]. Ohne Zweifel hängt von der Definition dieses Begriffes die Möglichkeit einer rechtsethnologischen Disziplin als solcher ab. Wenden wir uns ihm daher in erster Linie zu.

Es ist unmöglich, auf die zahlreichen Versuche einzugehen, die bisher gemacht wurden, den Begriff Recht festzulegen. Radin hat in seinem Aufsatz (1937/38:1945), auf den wir noch zurückkommen, eine Definition von „Law" praktisch als Unbescheidenheit bezeichnet. Hier mögen nur zwei angeführt werden, die die Problematik zeigen. Geiger hat in seinen Vorstudien zu einer Rechtssoziologie einen in einem Gesellschaftsintegrat verbindlichen Brauch Sitte genannt, wobei sich die Verbindlichkeit (und damit der Charakter der Sitte) durch die Reaktion der Öffentlichkeit offenbart, aber nicht konstituiert. Welcher Art die Reaktion sein müsse, ist nur negativ zu erschließen. Immerhin nimmt Geiger Befremden und Sich-Wundern

---

[1] Rothacker hat in einer Arbeit (1954) einen besonders weit gewählten Begriff „Dogmatik" angewandt, der auch die theoretischen Voraussetzungen, die in jeder Wissenschaft existieren, einschließt. Da dieser Begriff die Besonderheiten juristischer und theologischer Wissenschaft nicht mehr erkennen läßt, ist er für unsere Arbeit nicht verwendbar. Für die Erkenntnis der Bedingungen, unter denen jede Wissenschaft arbeitet, kommt ihm im übrigen erhebliche Bedeutung zu.

[2] Über die erheblichen Unterschiede zwischen diesen verschiedenen Rechtsquellen in deutschen und anderen europäischen Rechten hat Esser (1956) aufmerksam gemacht.

[3] Auch hier liegt eine Parallele zur Religionsethnologie vor, in der viele fundamentale Begriffe aus der europäischen Welt, insb. dem Christentum, stammen. Die Verwendung dieser Termini wird in der Ethnologie vielfach und mit guten Gründen abgelehnt.

(1947:56, 61) nicht als ausreichend an, wohl aber Freigabe einer privaten Rache durch den Geschädigten. Ist die Reaktion der Öffentlichkeit durch die bestimmter, institutionalisierter Organe ersetzt, die eine übergeordnete Zentralmacht darstellen, dann wäre ein solches Ordnungsgefüge nicht Sitte, sondern Recht (1947: 88). Hier wiederum erhebt sich die Frage, welche Größe ein Integrat haben muß, damit seinen leitenden Instanzen der Charakter einer „Zentralmacht" zukommt. GEIGER erwähnt dieses Problem nicht, doch schließt er den Patriarchen ohne Angabe näherer Gründe aus der Reihe der rechtlichen Zentralinstanzen aus. Man ist geneigt, sie in der geringen numerischen Größe des beherrschten Verwandtschaftsverbandes zu sehen. Wenn auch GEIGER bei seiner rechtsprechenden Zentralmacht an den okzidentalen Staat denkt, so deckt doch seine Definition solche sozialen Gebilde, die wir in der Ethnologie als Träger rechtlicher Funktionen sehen. Den Mindestanforderungen von GEIGER entsprechen bei den Cheyenne der Rat der großen Häuptlinge und die Militärgesellschaften (LLEWELLYN und HOEBEL 1941), bei den Ifugao und den Kalinga die ‚Pangats' und die ‚Go-between' (BARTON 1919 und 1949), bei den Ekonda Nkumu, Dorfältester und Altenrat (MÜLLER 1957). Es handelt sich um kleine Integrate ungeschichteter Gesellschaften. Wir finden solche Rechtsinstitutionen in Gesellschaften, die unter den Begriff „tribes without ruler" fallen (MIDDLETON und TAIT 1958). Sicher würde GEIGER diese Ausweitung des Begriffes nicht akzeptiert haben, obwohl sie mit seiner Definition gegeben ist.

In Gegenüberstellung zu GEIGER möchte ich auf die Auffassung von LLEWELLYN und HOEBEL eingehen. Die beiden Autoren haben in ihrer gemeinsamen Arbeit über das Recht der Cheyenne und in einzelnen Arbeiten eine Auffassung vertreten, nach der Recht die Sozialordnung ist, die „Zähne hat", die in der Kampfsituation überwiegt, oder deren Überwiegen größere Chancen hat, eine Sozialordnung, die unter Approbation durch die Öffentlichkeit durchgesetzt werden kann. Für die genannten Autoren ist die Art des Apparates gleichgültig, ebenso der Umkreis der Wirkungsmacht, wenn innerhalb des gegebenen Rahmens mit den gegebenen Mitteln ein Ordnungssystem eine relativ große Wahrscheinlichkeit hat, sich durchzusetzen (LLEWELLYN 1939: 1366 f.). LLEWELLYN unterscheidet innerhalb des Oberbegriffes Law-stuff den Begriff „Law-ways", der die rechtlichen Verhaltensweisen umfaßt, während zum law-stuff auch solche Phänomene gehören, die nicht Verhaltensweisen sind, wie Rechtsinstitutionen, Rechtsregeln einschließlich aller embryonalen Formen. Aus dieser Fassung des Begriffes Recht ergibt sich mit Notwendigkeit, daß von verschiedenen Niveaustufen des Rechts gesprochen werden muß.

Vom Standpunkt des Rechtsethnologen erscheint ein solcher weitgefaßter Rechtsbegriff besonders zweckmäßig, vor allem, wenn die weiteren, von LLEWELLYN vorgeschlagenen Differenzierungen mit verwandt werden. Er gestattet es auch, von Rechtsordnungen innerhalb kleinster Integrate, der Kleinfamilie, ja im Familienkern zu sprechen. Dieser Rechtsbegriff geht mehr von funktionalen als formalen Gesichtspunkten aus, was für die Rechtsethnologie von erheblichen Vorteilen ist. Den Unterschied zwischen diesen beiden Möglichkeiten, Recht zu definieren, hat auch GEIGER (1947:84) gesehen, wenn er davon spricht, daß wir dieselbe archaische Bildung einmal als Sitte betrachten können und sich dagegen wendet, solche Formen in Sittenhaftes und Rechtliches zu zerlegen, da in ihnen Recht zugleich Gesittung und Sitte zugleich das ist, was in unserem Milieu dem Recht entspricht. Hier ist offensichtlich die funktionale Seite diejenige, die „dem Recht in unserem Milieu" entspricht, während GEIGER in formaler Beziehung „Sittenhaftes" zu sehen glaubt. Hierbei ist zu bedenken, daß oft bei Juristen die Meinung vorherrscht, daß Individuen bei Naturvölkern, der Sitte nur in „dumpfer Gewöhnung" oder abergläubischer Furcht folgen, also eine rechtliche Erzwingung nicht notwendig ist. So spricht z. B. SEAGLE (1941: 33) vom „automatic sway of custom". Haben wir einen Begriff von Recht gewonnen, der für die Rechtsethnologie verwertbar ist, wobei wir von LLEWELLYNS Gedankengängen ausgegangen sind, so erscheint es vielleicht zweckmäßig, einen Weg einzuschlagen, der der Fragestellung des Referates entgegengesetzt ist, und zu untersuchen, wie weit er auf europäisches Recht anwendbar ist. Dabei sei auf das ältere römische Recht zurückgegriffen, aus dem ein wesentlicher Teil unserer juristischen Begriffswelt stammt. Ohne Zweifel ist *ius* im römischen Sinne Recht im Sinne von LLEWELLYN. Ein entwickeltes System von Rechtsinstitutionen, *praetor, pontifex,* XII Tafeln, Komitien, in den actiones standardisierte „law-ways", Gesetzgebung usw., sind Charakteristik genug. Aber daneben gibt es den *mos maiorum,* eine Erscheinung, die im Zensorat eine Autoritätsinstanz hat, deren Machtmittel erhebliches Gewicht haben. Damit kommt der *mos* selbst nach GEIGERS Definition dem Rechtsbegriff nahe, was unserer Übersetzung mit „Sitte" widerspricht. Andererseits aber ist die Reaktion durch die Zensoren langsam, sie deklassiert den Betroffenen, ändert aber an der „juristischen" Situation, etwa der Machtverteilung innerhalb der familia, nichts. Rechte, „die Zähne haben" und im streitigen Verfahren durchzusetzen sind, liegen nicht vor. Das widerspricht unserem Begriff von Recht, wie wir ihn hier anwenden wollen. Dennoch beweisen dieses Beispiel und die Einschätzung des *mos* durch die Rechtshistorie (KASER 1950: 53), wie stark eine Institution, die nicht im vollen Sinne des Wortes rechtlich ist, für das rechtliche Ordnungssystem von Bedeutung sein kann.

Unabhängig von der Entscheidung, ob *mos* Recht sei oder nicht, werden wir die altrömische Familienordnung nicht ohne Berücksichtigung beider Ordnungssysteme würdigen können. Andererseits aber wird auch der Versuch, beides als ein ungeteiltes Ordnungssystem darzustellen, der Situation nicht gerecht: *ius* und *mos maiorum* sind in der römischen Rechtsmeinung verschiedene Ordnungen, die nebeneinander bestehen. Man hat *ius* als den Inbegriff der Herrschaftsrechte aufgefaßt, *mos* als deren Beschränkung. Wir könnten ihn als ein intrafamiliales Ordnungssystem bezeichnen, das von der übergeordneten politischen Institution sanktioniert ist. *Mos* dagegen nur als „Sitte" anzusehen, ist selbst bei einem eingeschränkten Rechtsbegriff im Sinne GEIGERS nicht möglich, da die Zensoren ohne Zweifel dem GEIGERschen Δ entsprechen und nicht ein uninstitutionalisiertes Ω sind. Die These, daß es Recht gebe im Rahmen jedes Gesellschaftsintegrates und daß die Ordnungssysteme innerhalb einer Drei-Personen-Gruppe (Vater, Mutter, Kind) Rechtscharakter haben (LLEWELLYN und HOEBEL 1941: 291 f.), gestattet es, den *mos* weitgehend als eine Regelung des intrafamilialen Rechts durch Instanzen der umfassenderen Gruppe aufzufassen. Wir bedürfen dann bei der rechtsethnologischen Untersuchung der Feststellung, zu welchem Bereich das Recht gehört, das wir untersuchen. In den Worten der genannten Autoren, Social control ist zu untersuchen nach den Fragen „control of whom, by whom, for what and within the order-figuration of what Entirety".

Wie aus dem Vorhergegangenen ersichtlich, vertritt der Referent die Auffassung, daß – im Sinne einer weiten Auslegung dieses Begriffes – in naturvolklichen Gruppen von Recht gesprochen werden kann. Mit anderen Worten, ich halte eine konventionelle Sprachregelung, die den Inhalt des Begriffes „Recht" so faßt, daß bestimmte Ordnungssysteme bei allen bekannten Naturvölkern von ihm eingeschlossen werden, für zweckmäßig. Es erhebt sich nun die zweite Frage, inwieweit spezielle Begriffe europäischen Rechts in der Beschreibung dieser Rechtssysteme angewendet werden können. Vor ihrer Lösung müssen wir uns zwei Vorfragen zuwenden:

1. Welches Ziel hat unsere rechtsethnologische Untersuchung?
2. Welchen Charakter haben die zur Diskussion stehenden Termini?

Rechtsethnologische Untersuchungen können verschiedene Zwecke verfolgen. Sie können einmal das Ordnungssystem einer Ethnie darlegen wollen, um (innerhalb eines kolonialen Machtverhältnisses) eine bestimmte Rechtsanwendung zu ermöglichen, ohne daß dabei gleich an eine Kodifizierung gedacht werden muß [4].

Andererseits kann eine rechtsethnologische Feldforschung auch Teil einer soziologischen Gesamtuntersuchung sein, deren primär zweckfreies Ziel eine Ermittlung des intraethnischen Beziehungssystems ist, wobei die Rechtsethnologie ein Unterabschnitt des Themas „Social Control" darstellt. Diese Auffassung von Rechtsethnologie überwiegt etwa bei ADAM (1958: 190). Es ist klar, daß das terminologische Gerüst weitgehend davon abhän-

[4] Ich möchte hier und im folgenden Kapitel den Begriff Kodifizierung weiter fassen, als dies gemeinhin üblich ist. Die Verwendung europäischer Begriffe steht sowohl bei einer topisch geordneten Präjudiziensammlung als auch bei einer Kodifizierung im kontinentaleuropäischen Sinne zur Diskussion.

gig ist, welches Ziel die Forschung hat. Die zweite Vorfrage geht nach dem Charakter der Termini, die in unserer Rechtssprache Gültigkeit haben und deren Verwendung jetzt zur Diskussion steht. Ich glaube, daß ein großer Teil des Mißverständnisses zwischen Ethnologen und Juristen in der Frage der Verwendung der juristischen Termini von dieser Frage abhängt. Die europäischen Rechtsbegriffe sind historisch geworden und haben einen ganz bestimmten dogmatisch festgelegten Inhalt. Es ließe sich zwar, etwa an Hand des Materials von Esser (1956), nachweisen, daß bei einer kontinuierlichen Veränderung des Rechts durch Richterrecht auch eine Verschiebung in der Bedeutung der Begriffe eintritt, doch läßt sich – zumindest im kontinentalen Recht – eine gewisse Beharrlichkeit in der dogmatischen Begriffsauslegung zeigen. Das Ergebnis ist ein Auseinanderklaffen zwischen sozialer Rechtswirklichkeit und dogmatischer Begriffsdefinition. In dieser Beziehung stimmen die europäischen Rechtsordnungen mit denen der Naturvölker weitgehend überein. Ein Großteil der Auseinandersetzung um das Eigentumsrecht, vor allem am Boden, welches sich in der belgischen Literatur über den Kongo findet und von mir referiert wurde (Müller 1958) läßt sich auf diese Weise erklären. Ebenso fand Pospisil (1958) bei den Kapanku in seiner Fallsammlung Abweichungen von den allgemeinen Rechtsregeln, deren Erklärung sich mindestens zum Teil hier findet. Ich möchte versuchen, diese Problematik an einem Beispiel zu erläutern. Der Begriff Eigentum scheint mir dabei besonders geeignet.

Im deutschen Recht gilt der § 903 BGB als eine mehr oder weniger glückliche Definition des Eigentumsbegriffes. Zwar sind die umfangreichen Einschränkungen bekannt, die vor allem im Immobilienrecht die Macht des Eigentümers einschränken. Das Problem ist damit aber noch in keiner Weise erschöpft. So findet sich eine weitere sehr wesentliche Einschränkung des Eigentums im Familienrecht in der Unterhaltspflicht, die sich durch das Gleichberechtigungsgesetz verändert hat. Ohne Zweifel sind diese Vorschriften eine erhebliche Verminderung der Verfügungsgewalt eines Eigentümers über sein Eigentum, die aber zu einer total geschiedenen Rechtssphäre gehört und daher oft nicht als solche erkannt wird. Durch das Gleichberechtigungsgesetz haben sich diese Bestimmungen verändert, so daß sich für manchen Eigentümer der Inhalt seines Rechtes ohne eine Änderung der sachenrechtlichen Bestimmungen gewandelt hat. Der Gesamtinhalt des Begriffes vor und nach Inkrafttreten dieses Gesetzes ist also verschieden. Soll nun der Begriff Eigentum bei der Beschreibung eines naturvolklichen Rechtes verwandt werden, so fragt sich, welcher Inhalt dieses Begriffes gemeint ist. Gilt hier – und damit komme ich auf Gesichtspunkte in meiner Einleitung wieder zurück – die positiv-rechtliche Auslegung des Begriffes an der sachlich entsprechenden Stelle, also bei unserem Beispiel § 903? Gelten die vielen Einschränkungen innerhalb und außerhalb des Sachenrechts? Gilt eine allgemeine opinio juris („Eigentum verpflichtet"), unterliegende

Rechtsprinzipien oder fortentwickeltes Richterrecht? Wir sehen, die Frage ist verwickelt, und die Verwendung des Begriffes macht das Ergebnis vieldeutig. Es wäre also zu überlegen, ob es nicht zweckmäßiger sei, auf den Begriff zu verzichten. Diese Meinung ist allerdings sehr oft vertreten worden, und vielfach gilt die Verwendung von juristischen Termini in der Ethnologie als Kunstfehler. Dieser extremen Vorstellung möchte ich im folgenden mit einigen Argumenten entgegentreten.

Hohfeld hat in seinen beiden Aufsätzen über „Fundamental Legal Conceptions" (erstmals erschienen 1913 und 1917 in Yale Law Journal, zitiert nach Hohfeld 1923) ein System von Begriffen entwickelt, das geeignet sein soll, die Rechtsbeziehungen zwischen Menschen durch ein System von acht Begriffen darzustellen, die in bestimmten Beziehungen zueinander stehen. Dieses System ist von Radin (1937/38) verfeinert worden und hat in dieser Form in die Rechtsethnologie Eingang gefunden.

Dies ist vor allem darauf zurückzuführen, daß Hoebel, der führende amerikanische Rechtsethnologe, als Schüler von Radin, die Hohfeldschen Gedanken übernommen hat (Hoebel 1954: VIII). In seinem Hauptwerk, in dem an fünf Beispielen (Eskimo, Ifugao, Präriestämme, Trobriander und Ashanti) verschiedene Formen naturvolklichen Rechts vorgeführt werden, hat aber Hoebel trotz Anwendung der elementaren Begriffe von Hohfeld den Terminus „Property" nicht vermeiden können. Er kommt in vier von den Beispielkapiteln vor und fehlt nur in der Abhandlung über die Trobriand-Insulaner, der vor allem eine Auseinandersetzung mit Malinowski enthält. Daneben finden wir eine längere Abhandlung über Eigentum und incorporeal property und deren Beschreibung in der Hohfeldschen Terminologie. Dabei wird der Begriff „incorporeal property", den Lowie in einer Abhandlung in die Rechtsethnologie einführte, anerkannt, weil man die damit gemeinten Rechte in den Hohfeldschen Begriffen (demand-right, privilege-right, power und immunity) darstellen kann. Was für eine Bedeutung hat dann aber der mehrdeutige Begriff „Eigentum", wenn er in Einzelrechte zu zerlegen ist, die alle im Hohfeldschen System enthalten sind? Und warum kann auch Hoebel nicht auf diesen Terminus verzichten? Offensichtlich ist, daß Autoren, die aus verschiedenen Rechtssphären stammen, den Begriff Eigentum in komparabler Weise verwenden, wenn auch zwischen den betreffenden nationalen Rechten erhebliche Unterschiede bestehen. Eine Ausnahm bieten nur die britischen Ethnologen, die im Bodenrecht den Begriff „tenure" vorziehen, ohne damit die genannten Schwierigkeiten umgehen zu können. Mir scheint, daß die Unumgehbarkeit des Begriffes „Eigentum" an folgenden Ursachen liegt:

In jeder Gesellschaftsordnung finden wir, daß bestimmte Sachen bestimmten Personen oder Personenvielheiten zugeordnet werden [5]. Von der ande-

---

[5] Der Begriff der Zuordnung, den Westermann (1953) eingeführt hat, scheint

ren Seite gesehen: jedes Individuum entwickelt Ansprüche auf bestimmte Sachen und Räume, die es „hat" und als ihm gehörig betrachtet. Eigentum in diesem Sinne ist die Erweiterung der Persönlichkeitssphäre, so wie es schon von HEGEL (Rechtsphilosophie § 41) aufgefaßt wurde und wie es auch in der obengenannten Diskussion um den Begriff der „incorporeal property" zum Ausdruck kommt (s. o. S. 61). In einem interessanten, leider bisher nur unzureichend publizierten Bericht über den Raumanspruch bei einem psychiatrischen Patienten hat KORN (1959) die Meinung vertreten, daß es sich hier wahrscheinlich um einen menschlichen Instinkt handle. Wegen der völligen Lernunfähigkeit des Patienten war es in diesem Falle ausgeschlossen, daß dessen Verhalten Folge eines Lernprozesses war.

Betrachten wir die Verwendung des Begriffes Eigentum in rezenten rechtsethnologischen Arbeiten, dann hat man den Eindruck, als ob hier ein Typusbegriff gemeint sei, der relativ unabhängig von der dogmatischen Bedeutung in der nationalen Rechtssphäre des Ethnologen ist. Leider haben alle Autoren, außer Hoebel sind noch viele andere zu nennen, etwa POSPISIL (1958), BARTON (1949), SCHOTT (1959) und ich selbst (MÜLLER 1958), darauf verzichtet, auf diesen Charakter des Begriffes einzugehen, wenn auch manches aus dem Kontext ersichtlich ist. Eines der wichtigsten Charakteristika des Typus Eigentum scheint mir der „animus domini" zu sein, der die subjektive Seite jenes Strebens nach Erweiterung der Persönlichkeitssphäre darstellt. Der „animus domini" kann auch dann von der Rechtsordnung als legitim anerkannt sein, wenn die eigentliche Rechtsmacht, die am besten in HOHFELDschen Termini anzugeben wäre, durch andere Ordnungen beschränkt ist. Ich habe dies in meiner Arbeit (1958: 23–33) für das Bodeneigentum der Bokóté dargelegt, allerdings ohne dabei auf HOHFELD eingegangen zu sein. In ähnlicher Weise hätte ich dies bei Rechten an anderen Sachen durchführen können, wo es zahlreiche Privilegrechte von Verwandten gibt, die den Rechten des „Eigentümers" entgegenstehen.

Der Typuscharakter des Begriffes „Eigentum", wie wir ihn hier gebrauchen, macht es fragwürdig, ihn als reale, historische Größe in seiner Entwicklung verfolgen zu wollen. Damit ergibt sich gegen das Programm „Frühgeschichte des Eigentums" (SCHOTT 1959, WILLEMS 1961) ein weiteres Bedenken methodischer Art. Bisher war schon, etwa in Diskussionen im Mainzer Seminar mit SCHOTT 1957, aber auch von WILLEMS (1961: 198), auf die Problematik des Versuches hingewiesen worden, die Eigentumsverhältnisse zeitgenössischer Stämme in die Vergangenheit zurückzuprojizieren.

Bei der Darstellung des Eigentumsbegriffes der untersuchten Bevölkerung ist es zweckmäßig, auf die Begriffe in der Eingeborenensprache selbst einzugehen. Ihre Etymologie kann oft interessante Hinweise geben, die allerdings nicht überbewertet werden dürfen, da in allen Sprachen mit

mir die beste Beschreibung dieses Tatbestandes – von der Seite der Gesellschaft her gesehen – zu geben.

erheblichen Bedeutungsverschiebungen im Laufe der Geschichte zu rechnen ist. Auch kann uns die Etymologie nicht der Mühe einer deskriptiven, den gegenwärtigen Sachverhalt treffenden Übersetzung entheben. Andererseits können etymologische Untersuchungen interessante Details erbringen, wie z. B. die überraschenden Parallelen in der Wurzelbedeutung der das Eigentum bezeichnenden Wörter in europäischen und Bantu-Sprachen, die auf den oben erwähnten Begriff von Eigentum als Erweiterung der Persönlichkeitssphäre hinweisen (MÜLLER 1958: 7 f.).

In der Klärung der Begriffe und der Bildung von Typen rechtlicher Ordnung scheint mir eine Zusammenarbeit zwischen europäischer Rechtswissenschaft und Rechtsethnologie von besonderem Nutzen zu sein. Es wäre dabei zu fragen, inwieweit eine Bildung von allgemeinen Begriffen auf dieser Grundlage den Vorstellungen entspricht, die ESSER (1956: 348 ff.) über die vergleichende Rechtswissenschaft vorgetragen hat. ESSER fordert als erste Voraussetzung einer sinnvollen Rechtsvergleichung die Gleichartigkeit der Ordnungsaufgaben in den zu vergleichenden Rechtskreisen. Sehr häufig wird eine solche Ähnlichkeit zwischen den Rechtssphären im Bereich der euroamerikanischen Industriegesellschaft und der Eingeborenenkulturen bestritten. In der Tat gibt es eine Vielzahl von europäischen Rechtsphänomenen, denen in vielen naturvolklichen Rechtsformen eine Parallele fehlt, da die entsprechende Aufgabe nicht gestellt ist oder andere Lösungen angemessener sind. Überall, wo der Ethnologe europäische Rechtsbegriffe verwendet, läuft er Gefahr, den Tatbestand vom Begriff her zu verfälschen. So dürfte z. B. die Unterscheidung zwischen öffentlichem und privatem Recht mit all ihren Folgerungen, ja auch der Begriff Strafrecht, in vielen Fällen fragwürdig sein (s. MÜLLER 1959: 319). Dagegen scheint mir, daß etwa die Ordnungsaufgabe, umfassende Rechte an Sachen zuzuordnen und die mit einer solchen Zuordnung entstehenden emotionalen Bindungen der Person an die Sache als Rechtswert zu garantieren, ubiquitär ist. Ich glaube, daß dies aus meinen oben gemachten Ausführungen zum Begriff Eigentum hervorgeht.

Darüber hinaus kann in vielen anderen Fällen der Vergleich mit den Ergebnissen der Rechtsethnologie zu einer Begriffserklärung führen, da er von allgemein-europäischen Prämissen wegführt. RADIN, dem wir eine hervorragende Interpretation des HOHFELDschen Systems verdanken, hat im gleichen Aufsatz den Begriff „juristische Person" als einen „Poltergeist" bezeichnet, den man möglichst aus der Jurisprudenz entfernen solle, da mit ihm Vorstellungen metaphysischer Art verbunden seien, die besser zu vermeiden wären. Allenfalls wäre der Begriff als Kurzformel für ein kompliziertes System von „powers" zu verwenden, das eine menschliche Person berechtigt, für eine Gruppe von Personen zu handeln. Dabei wäre dann an den ursprünglichen Sinn von Person = Maske zu denken (RADIN 1937: 1160). Hat GIERKE in seiner berühmten Rektoratsrede die These vertreten, menschliche Verbände seien Organismen eigener Realität, denen die Personsqualität mit vollem Recht zukomme (GIERKE 1902), so hat sich die moderne soziologische Theorie längst von solchen Auffassungen gelöst und sieht in sozialen Gebilden Beziehungssysteme, die durch das Handeln der Mitglieder manifest werden. Das Recht nichteuropäischer Gesellschaften, aber auch das altrömische, zeigt andererseits, daß ein menschliches Individuum nicht eo ipso Rechtssubjekt ist (Sklaven, Peregrinen). Damit bekommt der Begriff „juristische Person" eine andere Bedeutung: sowohl das menschliche Individuum als auch eine Personenvielheit bedarf der besonderen Anerkennung als Rechtssubjekt; auch die natürliche Person ist als Rechtssubjekt „juristische Person".

Fassen wird die Gedanken zum Problem Verwendung europäischer Rechtstermini in der Rechtsethnologie zusammen, so ist festzustellen, daß dabei bisher nicht genügend Vorsicht angewandt wurde. Die analytischen Begriffe von HOHFELD-RADIN reichen aus zur Darstellung der rechtlichen Situation, wie sie im Rechtsstreit geprüft wird. Sie sind dazu sogar hervorragend geeignet. Gerade wegen ihres analytischen Charakters versagen sie aber bei der Darstellung der Rechtsmeinung, besonders der „Rechtskonsumenten"; dafür müssen synthetische Begriffe verwendet werden, die als Typusbegriffe zu entwickeln sind. Ihre Formulierung steht noch am Anfang. Soll die Rechtskultur einer Bevölkerung dargestellt werden, so kann auf diese Begriffe nicht verzichtet werden. Ihre Präzisierung ist daher ein dringendes Erfordernis.

B. Europäische Termini bei der Kodifizierung von Eingeborenenrecht

In einigen der in der letzten Zeit selbständig gewordenen Gebiete hat man, z. T. unter Hilfe europäischer Sachverständiger, damit begonnen, das heimische Recht zu kodifizieren. Es ist eine wichtige Frage, wie weit hierbei europäische Begriffe zu verwenden sind.

Vor Beginn einer Diskussion über dieses Problem sind einige Bereiche auszuklammern, in denen die Situation eindeutig ist. Es versteht sich, daß solche Rechtsbegriffe, die aus dem Bereich des hochentwickelten europäischen Handels- und Wirtschaftsrecht stammen, zusammen mit dem Gegenstand, den sie meinen, übernommen werden müssen. Hier wirkt sich die von Esser festgestellte Tatsache voll aus, daß gleichartige Aufgaben auch dann zu gleichartigen rechtlichen Lösungen führen, wenn die Gesamtstruktur des Rechts verschieden ist. In Fortsetzung entsprechender Gesetzgebungen der Kolonialzeit ist eine solche Regelung bei internationaler Handelsverflechtung unumgänglich.

Eine viel größere Unabhängigkeit bietet sich in diesen Ländern in anderen Rechtsbereichen. So gestatten Erb-, Familien- und Personenrecht, Schuld-, Sachen- und Strafrecht, Gerichtsverfassung und Prozeß, aber auch Verfassungs- und Kommunalrecht, die Berücksichtigung der traditionalen Besonderheiten in mehr oder minder großem Umfange. Eine Vorentscheidung fällt in all diesen Gebieten schon mit der Auswahl der Sprache, in der die Kodifizierung vorgenommen werden soll. Die enge Verbindung zwischen Begriffsinhalt und sprachlichem Ausdruck bedingt, daß die Entscheidung für eine europäische Sprache praktisch schon eine Vorentscheidung für eine weitgehende begriffliche und inhaltliche Angleichung bedeutet. Das entspricht andererseits sicher meist den Intentionen derjenigen Politiker, die eine Kodifizierung in einer europäischen Sprache vorziehen. Eine solche Kodifizierung bleibt in vieler Beziehung ein fragwürdiges Unternehmen. Die Unkenntnis der Gerichtssprache bei den Litiganten und Beklagten ist ein großes Handikap, das sich kaum schnell beseitigen lassen wird, selbst wenn die Absicht dazu besteht. Daneben gibt es viele andere Probleme. Auf zwei aus dem Bereich des Eherechts sei hier hingewiesen. Von den europäischen Sprachen besitzt nur das Englische mit „consideration" einen Begriff, der geeignet ist, die finanziellen Transaktionen zu bezeichnen, die in Afrika und andernorts mit dem Abschluß einer Ehe verbunden sind[6]. Jeder andere europäische Begriff, sei es nun Brautpreis, -pfand oder sonst irgendeiner, bringt unangenehme Nebenbedeutungen mit. Im Kongo wurde die Bezeichnung „dot" eingeführt, obwohl die Richtung, in der Güter übertragen werden, umgekehrt läuft als bei der französischen dot. Dafür wurden die kleineren Leistungen der Gruppe der Frau an die des Mannes bizarrerweise contre-dot genannt. Der Mangel an einem geeigneten Verbum im Französischen und der lexikalisch verarmten lingua franca, dem Lingálá, führte zur Verwendung von „acheter" und seinem Äquivalent „somba", um die Ausführung dieser Transaktionen zu bezeichnen. Die Europäer schätzen die Eheschlußsitten der Bevölkerung entsprechend dem Wortsinn ein[7]. Bald setzte auch in vielen Gebieten eine Kommerzialisierung des Brautgeldes ein, wobei der Schluß von einem post hoc zu einem propter hoc naheliegt und wohl auch zum Teil berechtigt ist.

Wenn wir die Bedeutung der richterlichen Rechtsfortbildung berücksichtigen, müssen wir andererseits annehmen, daß die übernommenen Begriffe nach der Rezeption kontinuierlich ihren Inhalt verändern und sich der

---

[6] Allott verwendet dementsprechend im Lehrbetrieb an der School of Oriental and African Studies den Begriff „marriage consideration" für diese Institution. (Nach einem Gespräch 1960, in dem wir feststellten, daß diese Institution in erster Linie den Charakter eines Beweiszeichens hat.)

[7] Es ist bezeichnend, daß die Missionen demzufolge erst das Zahlen und Annehmen von Brautgeld als Menschenkauf ihren Gläubigen verboten haben. Später, nachdem sie den Charakter der Institution besser verstanden, machten sie die Leistung der entscheidenden Teile der marriage consideration zur Vorbedingung für die kirchliche Heirat.

gegebenen Situation anpassen. Nur wenn ein europäisch geschulter Richterstand versucht, unter Zerstörung der Tradition eine totale Assimilation zu bewerkstelligen, wird eine gewisse Konstanz der europäischen Konzeptionen möglich sein. Ich glaube, daß im ehemals belgischen Kongo, dem Gebiet, das ich aus persönlicher Anschauung kenne, die Rechtsfindung in staatlich nicht anerkannten Gerichten – beim Dorfrichter oder Klanältesten – eine erhebliche Bedeutung behalten wird (s. Müller 1957), was ebenfalls einer totalen Assimilation im Wege steht.

Zum Zwecke der Erhöhung der Rechtssicherheit wird eine Sammlung und Ordnung von Präjudizien, in einigen Rechtsbereichen auch eine strengere Kodifizierung (Prozeß, Gerichtsverfassung, Handels- und Verwaltungsrecht) von Nutzen sein, doch werden die hier und dort gebrauchten Begriffe ihren Inhalt nur durch die Rechtsprechung finden. Für die Entwicklung der Rechtskultur der „Entwicklungsländer" scheint mir die Rechtssprache ein weitaus wichtigeres Problem zu sein als die Frage, ob fremde Konzeptionen übernommen werden sollten oder nicht.

Literaturverzeichnis

Adam, Leonhard, Ethnologische Rechtsforschung. In: Lehrbuch der Völkerkunde, hrsg. v. Leonhard Adam und Hermann Trimborn. Stuttgart 1958. – Barton, R. F., Ifugao Law. University of California Publications in American Archaeology and Ethnology 1919. Vol. 19, S. 1–186. – Barton, R. F., The Kalingas: Their Institutions and Custom Law. Chicago 1949. – Esser, Josef, Grundsatz und Norm in der richterlichen Fortbildung des Privatrechts. Beiträge zur Rechtsquellen- und Interpretationslehre. Untersuchungen zur vergleichenden allgemeinen Rechtslehre und zur Methodik der Rechtsvergleichung Bd. 1, Tübingen 1956. – Geiger, Theodor, Vorstudien zu einer Soziologie des Rechts. (Acta Jutlandica 19, 2). Kopenhagen 1947. – Gierke, Otto v., Das Wesen der menschlichen Verbände. Berlin 1902. – Hegel, Georg Wilh. Friedrich, Grundlinien der Philosophie des Rechts. Berlin 1821. – Hobel, E. Adamson, The Law of Primitive Man. A Study in Comparative Legal Dynamics. Cambridge, Mass. 1954. – Hohfeld, Wesley, Newcomb, Fundamental Legal Conceptions as Applied in Judicial Reasoning and other Legal Essays. New Haven 1923. – Kaser, Max, Römische Rechtsgeschichte. Göttingen 1950. – Korn, Willy, Beitrag zur Frage des sog. angeborenen Raumanspruchs beim Menschen. Bericht über die 6. Tagung der Deutschen Gesellschaft für Anthropologie. Göttingen 1959, S. 292–295. – Llewellyn, Karl N., The Normative, the Legal, and the Law-Jobs: The Problem of Juristic Method. Yale Law Journal. 1940, Bd. 49: 1355–1400. – Llewellyn, Karl N. u. Hoebel, E. Adamson, The Ceyenne Way. Conflict and Case Law in Primitive Jurisprudence. Norman, Oklah 1941. – Middleton, John u. Tait, David (Ed.), Tribes without Rulers. London 1958. – Müller, Ernst Wilh., Le rôle social du nkumu chez les Ekonda, Problèmes d'Afrique Centrale, no. 38, S. 281–289. Brüssel 1957. – Müller, Ernst Wilh., Le droit de propriété chez les Móngo-Bokóté. Acad. Roy. des Sciences coloniales. Brüssel 1958. – Müller, Ernst Wilh., Bespr. von T. Olawale Elias, The Nature of African Customary Law. Manchester 1956. In: Archiv für Rechts- u. Sozialphilos. 1959, 45, S. 318 ff. – Pospisil, Leopold, Kapauku Papuans and their Law. Yale Univ. Publ. in Anthropology 54. New Haven

1958. – RADIN, MAX, A Restatement of Hohfeld. Harvard Law Review 1937/38. Bd. 51, S. 1141–1164. – ROTHACKER, ERICH, Die dogmatische Denkform in den Geisteswissenschaften und das Problem des Historismus. Akad. d. Wissenschaften u. d. Literatur. Abh. Geistes- u. Sozialwiss. Kl. 1954. Nr. 6. – SCHOTT, RÜDIGER, Probleme des Eigentums in rechtsethnologischer Sicht. Soziologie und moderne Gesellschaft. Verhandl. des 14. Deutschen Soziologentages 1959 in Berlin. 1959. S. 245 f. – SEAGLE, WILLIAM, The Quest for Law. New York 1941. – VIEHWEG, THEODOR, Zur Geisteswissenschaftlichkeit der Rechtsdisziplin. Studium Generale. 1958. Bd. 11, S. 334–340. – WESTERMANN, HARRY, Lehrbuch des Sachenrechts, 2. Aufl. Karlsruhe 1953. – WILLEMS, EMILIO, Neuere Beiträge zur Ethnologischen Rechtsforschung. Archiv f. Rechts- und Sozialphilos. 1961. Bd. 47, S. 193–201.

DIE ARTEN DES ÜBERGANGS VOM GEMEINEIGENTUM ZUM PRIVATBESITZ

von Dr. RÜDIGER SCHOTT, Freiburg i. Br.

Der erste Staat, die erste Verfassung und die besten Gesetze sind da, wo möglichst im ganzen Staate der alte Spruch in Erfüllung geht; dieser lautet aber, daß der Freunde Besitz in Wahrheit ein gemeinsamer ist.

Platon, Nomoi, 5. Buch.

I

Nach der antiken Vorstellung vom Goldenen Zeitalter besaßen die Menschen ursprünglich alles als Gemeineigentum. Diese, gleichsam in die Vergangenheit projizierte Utopie eines kommunistischen Idealzustandes lebte bekanntlich im naturrechtlichen Denken der Aufklärung wieder auf, beeinflußte die reformerischen und revolutionären Programme der Frühsozialisten und bestimmte grundlegend die Ziele der Marxisten. Der Fortschritt zu einer Gesellschaft ohne privates Eigentum, ohne Klassen und ohne Staat soll auf einer „höheren Ebene" die ursprünglich guten Verhältnisse, in denen die Menschen lebten, wieder verwirklichen.

Während die Marxisten die Entstehung des Privateigentums als den „Sündenfall" [1] der Menschheit aus der „Urgesellschaft", aus der Rousseauschen Idylle des „guten Wilden" verurteilten, sahen die Fortschrittsgläubigen der bürgerlichen Welt des vorigen Jahrhunderts im Privateigentum, von ihnen verstanden als eine möglichst unumschränkte Sachherrschaft des einzelnen, das Nonplusultra aller Eigentumsformen. Was lag näher, als bei den barbarischen Wilden der Urzeit das genaue Gegenteil des individuellen Eigentums zu vermuten?

Dieses Axiom von der Entwicklung des Gemeineigentums zum Privateigentum wurde scheinbar bestätigt durch Untersuchungen über das Eigentum bei primitiven Völkern, von denen man annahm, sie seien auf frühen Stufen der evolutionistisch gedachten Menschheitsgeschichte stehengeblieben. Bei solchen Rekonstruktionen der Urgeschichte des Eigentums machte

---

[1] So wörtlich bei FRIEDRICH ENGELS, Der Ursprung der Familie, des Privateigentums und des Staats, Stuttgart 1892, 4. Aufl., S. 92.

man den methodischen Fehler, das ethnographische Material nach einem vorgefaßten Schema so zu ordnen, daß es nichts anderes „beweisen" konnte, als was man bereits zu erkennen glaubte [2].

Bis heute wirken in weiten Kreisen die mit diesem Verfahren gewonnenen Theorien LEWIS H. MORGANS (1818–1881) nach, der in seinem berühmten Werke „Ancient Society" (1877) zur Entwicklungsgeschichte speziell des Bodeneigentums meinte: Die verschiedenen bei primitiven Völkern zu beobachtenden Formen des Eigentums „zeigen, daß das älteste Besitzrecht, nach welchem der Boden besessen wurde, vom Stamme gemeinschaftlich ausgeübt wurde; daß, nachdem der Boden bebaut zu werden begann, ein Teil der Stammesländereien unter die Sippen aufgeteilt wurde und daß darauf im Laufe der Zeit die Zuteilung an Individuen erfolgte. Diese Anteile reiften schließlich zum individuellen Sondereigentum heran. Unbewohntes und ödes Land blieb weiterhin das Gemeineigentum der Sippe, des Stammes und der Nation. Dies scheint im wesentlichen der Fortschritt im Umgang mit dem Eigentum am Boden gewesen zu sein. Persönliches Eigentum war im allgemeinen Gegenstand des individuellen Besitzrechtes." [3]

Der letzte Satz ist insofern bemerkenswert, als auch MORGAN *eine* Form des Privateigentums für die Urgeschichte der Menschheit annimmt: das Eigentum am persönlichen Besitz. Allerdings, meint er, sei auf der ältesten Stufe der Menschheitsgeschichte, in der Periode der „Wildheit" (savagery) dieses persönliche Eigentum ganz unbedeutend gewesen: die Anschauungen der Wilden „über seinen Wert, seine Erwünschtheit und Vererbbarkeit waren schwach entwickelt. Rohe Waffen, Stoffe, Geräte, Gewänder, Werkzeuge aus Feuerstein, sonstigen Steinen und Knochen und persönliche Schmuckstücke stellen die wichtigsten Gegenstände des Eigentums im Leben der Wilden dar. Ein leidenschaftliches Verlangen nach seinem Besitz hatte sich in ihrem Gemüte kaum gebildet, weil die Sache selbst kaum existierte."

Immerhin waren diese Anfänge des Privateigentums nach MORGAN bedeutungsvoll, denn: „Von rein persönlichen Gegenständen, die sich mit dem langsamen Fortschritt der Erfindungen vermehrten, nährte die große Leidenschaft ihre wachsenden Kräfte." [4] Vor allem die Übermittlung des Eigentums auf dem Erbwege hat nach MORGAN dazu geführt, daß der Besitz am kultivierten Boden und später vor allem der am Vieh zunächst in das Eigentum der Sippe, dann in das der einzelnen Familie und schließlich in das Eigentum der Individuen übergegangen sei [5].

Diese Konzeption einer Universalgeschichte des Eigentums nach bestimmten, von der Entwicklung der sachlichen Produktionsmittel abhängi-

---

[2] Vgl. R. SCHOTT, Der Entwicklungsgedanke in der modernen Ethnologie; in: Saeculum XII (1961), S. 72 ff.

[3] LEWIS H. MORGAN, Ancient Society, New York 1877, zitiert nach der zweiten indischen Ausgabe, Calcutta 1958, S. 551.

[4] Ebenda, S. 537.

[5] Ebenda, S. 540, 545, 547, 550 ff.

gen Gesetzen kam den Anschauungen der Marxisten sehr entgegen. ENGELS popularisierte die Theorien MORGANS in seinem Buche „Der Ursprung der Familie, des Privateigentums und des Staats", wo er unter anderem meinte: „Die Produktion aller früheren Gesellschaftsstufen war wesentlich eine gemeinsame, wie auch die Konsumtion unter direkter Verteilung der Produkte innerhalb größerer oder kleinerer kommunistischer Gemeinwesen vor sich ging. Diese Gemeinsamkeit der Produktion fand statt innerhalb der engsten Schranken; aber sie führte mit sich die Herrschaft des Produzenten über ihren Produktionsprozeß und ihr Produkt. Sie wissen, was aus dem Produkt wird: sie verzehren es, verläßt ihre Hände nicht; und so lange die Produktion auf dieser Grundlage betrieben wird, kann sie den Produzenten nicht über den Kopf wachsen, keine gespenstisch fremden Mächte ihnen gegenüber erzeugen, wie dies in der Zivilisation regelmäßig und unvermeidlich der Fall ist." [6]

Auf ENGELS' Ansichten über die Urgesellschaft berief sich LENIN in seiner Schrift „Staat und Revolution" (1917) ebenso wie STALIN in seiner fundamentalen Abhandlung über „Dialektischen und historischen Materialismus" (1938). Letzterer schrieb dort unter anderem: „In der Urgesellschaft war die Grundlage der Produktionsverhältnisse das gesellschaftliche Eigentum an den Produktionsmitteln. Dies entspricht im wesentlichen dem Charakter der Produktivkräfte in jener Periode. Die Steinwerkzeuge sowie Pfeil und Bogen ... schlossen die Möglichkeit aus, daß der Kampf mit den Naturkräften und wilden Tieren von einzelnen allein geführt werde ... Die gemeinsame Arbeit führt zum Gemeineigentum an den Produktionsmitteln ebenso wie an den erzeugten Produkten. Hier ist der Begriff des Privateigentums an den Produktionsmitteln noch unbekannt, wenn wir absehen von dem persönlichen Eigentum an einzelnen Produktionsinstrumenten, die zugleich Waffen zur Verteidigung gegen wilde Tiere sind. Hier gibt es keine Ausbeutung, keine Klassen." [7]

Es ist leicht zu sehen, daß diese Theorie einen Widerspruch enthält, denn die Steinwerkzeuge und Waffen, die angeblich durch die gemeinsame Arbeit und durch die Abwehr „wilder Tiere" zum „Gemeineigentum" werden, sind ja genau die gleichen „einzelnen Produktionsinstrumente", die „persönliches Eigentum" sein sollen. Desungeachtet werden STALINS Ansichten über die Urgesellschaft, allerdings ohne ihn zu nennen, auch in den neuesten offiziellen Lehrbüchern der sowjetischen Wissenschaft vorgetragen [8]. Neuerdings hat der sowjetische Ethnologe PERŠIC versucht, diesen Widerspruch dadurch aufzulösen, daß er das „Privateigentum" (častnaja sobstvennost')

---

[6] ENGELS, aaO, S. 183.

[7] JOSEF STALIN, Fragen des Leninismus, Moskau 1947, S. 670.

[8] Vgl. Političeskaja Ekonomija, Učebnik, hrsg. v. d. Akademie der Wissenschaften der UdSSR, Moskau 1958, 3. Aufl., S. 19 und Osnovy marksistskoj filosofii, Moskau 1958, S. 406.

aus dem „persönlichen Eigentum" (ličnaja sobstvennost') hervorgehen läßt, beide Eigentumsformen also begrifflich trennt, und den stufenweisen Übergang vom „Gemeineigentum" (kollektivnaja oder obščaja sobstvennost') zum Privateigentum seiner Periodisierung der Urgeschichte zugrunde legt[9].

II

Selbst wenn man den Begriff des „Privateigentums" auf das Eigentum an Waren beschränkt und ihm allein jene dämonische Kraft „gespenstisch fremder Mächte" zuschreibt, von denen ENGELS spricht, läßt sich die These eines uneingeschränkten „Urkommunismus" nicht aufrechterhalten. Das individuelle, persönliche Eigentum zumindest an wichtigen Arbeitsgeräten besteht auch nach marxistischer Auffassung bereits in der „Urgesellschaft" *neben* dem Gemeineigentum.

Die westlichen Forschungen der letzten 40 Jahre haben überdies gezeigt, daß mit der simplen Alternative „Gemeineigentum" – „Privateigentum" nicht viel anzufangen ist, wenn es darum geht, die Eigentumsverhältnisse „primitiver" Völker zu erfassen.

Bereits 1920 hat der amerikanische Ethnologe ROBERT H. LOWIE darauf hingewiesen, daß ein voll entwickelter Kommunismus, der alle persönlichen Rechte ausschlösse, wahrscheinlich bei keinem Volke der Erde vorkomme. Dagegen gibt es wohl überall Formen des Kollektiveigentums, also Rechte einer Gruppe innerhalb eines größeren Gemeinwesens. Man dürfe jedoch diese kollektiven Rechte nicht überbewerten, da gewöhnlich für verschiedene Objekte auch verschiedene Eigentumsvorstellungen maßgebend sind, mithin das Kollektiveigentum private und persönliche Rechte nicht prinzipiell ausschließe. LOWIE zeigte an zahlreichen Beispielen, daß „private" Rechte am Boden schon bei primitiven Jägern und Sammlern vorkommen, bei Bodenbauern sogar die Regel sind, allerdings häufig in der Form eines an die Familie oder Sippe erblich gebundenen Besitzrechtes. Das Eigentum an beweglichen Gütern ist bei primitiven Völkern für die überwiegende Mehrzahl der Gegenstände streng persönliches oder individuelles Eigentum – und zwar meist auf Grund eines Arbeitstitels[10].

Weitere Forschungen von KOPPERS[11], THURNWALD[12], WILH. SCHMIDT[13],

---

[9] A. I. PERŠIC, Razvitije form sobstvennosti v pervobytnogo obščestva [Die Entwicklung der Formen des Eigentums in der Urgesellschaft], in: Trudy instituta etnografii, N. S., t. LIV, Akad. d. Wiss. d. UdSSR, Moskau-Leningrad 1960, S. 151–172, besonders S. 159 f.

[10] ROBERT H. LOWIE, Primitive Society, New York 1920, S. 195–244.

[11] WILHELM KOPPERS, Die Anfänge des menschlichen Gemeinschaftslebens, Mönchengladbach 1921, S. 84–107.

[12] RICHARD THURNWALD, Werden, Wandel und Gestaltung des Rechts, in: Die menschliche Gesellschaft V, Berlin-Leipzig 1934, S. 35–43.

[13] WILHELM SCHMIDT, Das Eigentum auf den ältesten Stufen der Menschheit, 3 Bde., Münster i. W. 1937–1942.

Nippold[14], Schott[15] und neuerdings die von Hermann Trimborn geleiteten Untersuchungen zur „Frühgeschichte des Eigentums“[16] haben bestätigt, daß bei allen sogenannten Naturvölkern zahlreiche Formen des Privat- und Gemeineigentums *nebeneinander* vorkommen. Eine knappe Zusammenfassung der einschlägigen rechtsethnologischen Forschungsergebnisse hat Nippold in seinem Landesreferat über „Die Probleme des Privateigentums und des Gemeineigentums bei den Naturvölkern“ zum vorigen, 5. Internationalen Kongreß für Rechtsvergleichung in Brüssel (1958)[17] gegeben, auf den hier verwiesen sei.

Es erübrigt sich, hier im einzelnen auf die von Nippold auch auf Grund eigener umfangreicher Untersuchungen herausgestellten Aspekte einzugehen. Hervorgehoben sei lediglich die bei allen ungeschichteten Naturvölkern anzutreffende Rechtsauffassung, daß die individuell geleistete Arbeit zu einem von der Gemeinschaft anerkannten Anrecht auf den Arbeitsertrag verhilft, ein Grundsatz, dem auch bei kollektiver Arbeit entsprechend dem Anteil des Einzelnen stattgegeben wird. Dieses Prinzip des individuellen Anteilrechts macht sich z. B. bei der Verteilung der Jagdbeute[18], beim Eigentum an den selbstverfertigten Geräten und Werkzeugen sowie beim Recht an den Ernteerträgen auf dem individuell gerodeten und bebauten Grundstück geltend.

Andere originäre Eigentumstitel, wie die occupatio primi occupantis herrenloser Sachen, oder derivative wie die Eigentumsübertragung vor allem auf Grund des Tausches, erbrechtlich begründete Eigentumsübergänge usw. spielen demgegenüber eine untergeordnete Rolle, kommen aber auf allen Kulturstufen ebenfalls vor und gewinnen mit wachsendem Besitz immer mehr an Bedeutung. Schon bei den primitivsten Sammler- und Jägervölkern ist es üblich, daß jemand, der einen Fruchtbaum, einen Bienenstock, ein Vogelnest oder ähnliche Naturobjekte findet und sie nicht sogleich ausbeuten kann oder will, ein Eigentumszeichen an ihnen befestigt,

---

[14] Walter Nippold, Die Anfänge des Eigentums bei den Naturvölkern und die Entstehung des Privateigentums, s'Gravenhage 1954.

[15] Rüdiger Schott, Anfänge der Privat- und Planwirtschaft – Wirtschaftsordnung und Nahrungsverteilung bei Wildbeutervölkern, in: Kulturgeschichtliche Forschungen Bd. 6, Braunschweig o. J. (1955).

[16] Eine vorläufige Zusammenfassung der Ergebnisse dieser mehrjährigen, mit Unterstützung der Deutschen Forschungsgemeinschaft durchgeführten Arbeiten habe ich für einen bestimmten Teilaspekt in meinem Aufsatz: Religiöse und soziale Bindungen des Eigentums bei Naturvölkern, in: Paideuma VII (1960), S. 115–132, zu geben versucht. Dort findet sich auch eine Liste der bisher veröffentlichten Monographien zur „Frühgeschichte des Eigentums“. Eine Gesamtzusammenfassung der ca. 40 Beiträge wird z. Z. vorbereitet und voraussichtlich 1963 erscheinen.

[17] Herausgegeben von Murad Ferid in den Deutschen Landesreferaten . . ., bei Walter de Gruyter & Co., Berlin 1958.

[18] Vgl. Schott, Anfänge der Privat- und Planwirtschaft, S. 47 ff., 206 ff. et pass.

das ihm als dem Erstokkupanten den alleinigen Besitz und die ausschließliche Nutzung sichert[19]. Ebenso setzt der individuelle Tausch von Nahrungsmitteln und Gebrauchsgütern einen Eigentumsbegriff voraus. Am klarsten zeigt aber das Institut der Leihe von Gebrauchsgütern, wie es sich gleichfalls schon bei primitivsten Wildbeutervölkern findet, daß bei ihnen zwischen Besitz und Eigentum als der tatsächlichen und der rechtlichen Gewalt deutlich unterschieden wird. Bei manchen primitiven Sammler- und Jägervölkern hat derjenige, der einem anderen seinen Bogen oder seinen Jagdhund leiht, sogar ein dingliches Anrecht auf die mit Hilfe dieser „Kapitalgüter" erlegten Jagdbeute, während der die Beute zur Strecke bringende Schütze von ihm lediglich einen Anteil erhält[20]. Diesem Besitzmittlungsverhältnis kommt zwar in diesen arbeitsteilig wenig differenzierten Gesellschaften keine große wirtschaftliche Bedeutung zu, aber es läßt doch eine Rechtsauffassung erkennen, die im Keime bereits „kapitalistische" Eigentumsvorstellungen enthält.

Eine besondere Stellung in der Diskussion um das Eigentum bei Naturvölkern nahm seit jeher das Recht am Boden ein. Selbst in neuester Zeit ist immer wieder behauptet worden, der Boden sei „Gemeineigentum" der Lokalgruppe bei Sammlern und Jägern, bzw. des Dorfes oder der Sippe bei niederen Pflanzern[21]. Demgegenüber bin ich der Auffassung, die schon bei Wilhelm Schmidt anklingt[22], daß bei den meisten dieser Völker überhaupt nicht von einem „Eigentum" am Boden die Rede sein kann und zwar in zweifacher Hinsicht: Zum einen wird über das gegen andere Gruppen abgegrenzte Schweifgebiet einer Horde oder Lokalgruppe, wie es sich bei nahezu allen Jäger- und Sammlervölkern findet, bzw. bei einfachen Bodenbauern über die das Dorf umgebenden Ländereien gar keine Sachherrschaft in unserem Sinne ausgeübt, sondern eher ein „öffentlich-rechtliches" dominium terrae, dessen Träger ein politisch selbständiger Verband ist. Zum anderen besteht am Boden selbst bei diesen Völkern in der Regel weder ein individuelles noch ein kollektives Besitzinteresse. Er ist, wirtschaftlich gesehen, ein „freies Gut".

Das Besitzinteresse richtet sich vielmehr auf die *Erträge* des Bodens. Dementsprechend ist bei diesen Völkern auch nur die ungestörte *Nutzung* des Bodens rechtlich geschützt, nicht aber irgendein Recht am Boden selbst. Dieses kann sich bei den meisten Sammlern und Jägern schon wegen ihrer schweifenden Lebensweise nicht ausbilden, und auch bei den einfacheren

---

[19] Vgl. R. Schott, Die Rechtsgründe für den Eigentumserwerb an Nahrungsmitteln bei Wildbeutervölkern, in: Zeitschrift für vergl. Rechtswissenschaft 57 (1954), S. 111 ff.

[20] Ebenda, S. 130 ff.

[21] Vgl. Koppers, aaO, S. 94; Thurnwald, aaO, S. 36 ff.; Nippold, Die Anfänge des Eigentums, S. 43 ff.

[22] W. Schmidt, aaO, Bd. I, S. 288.

Pflanzern läßt der Wanderfeldbau, bei dem alle paar Jahre das gesamte Dorf seinen Wohnsitz wechselt, ein „Eigentum“ am Boden als solchem nicht entstehen. Wohl aber besitzt nach dem Prinzip des Anspruchs auf den Arbeitsertrag jeder ein individuelles Recht auf die Nutzung des Schweifgebietes bzw. des von ihm bebauten Bodens sowie auf die Erträge der von ihm gepflanzten Feldfrüchte und Fruchtbäume. Genaugenommen müßte man unterscheiden zwischen einem subjektiven Aneignungsrecht bei Sammlern und Jägern bzw. einem Anbaurecht bei Pflanzern, das sich grundsätzlich auf das gesamte Gebiet der Lokalgruppe erstreckt, ferner einem Nutzungsrecht an den okkupierten Naturobjekten (vgl. oben S. 73) bzw. am bebauten Grundstück und endlich dem individuellen Eigentum an den Erträgen der Jagd, des Sammelns und des Anbaus.

Wie konsequent tatsächlich zwischen diesen verschiedenen Rechten unterschieden wird, ließe sich am Beispiel zahlreicher afrikanischer Pflanzervölker zeigen. Bei den mutterrechtlichen Stämmen Nordrhodesiens z. B. können am Boden selbst keinerlei private Rechte begründet werden. Jedoch besitzt jeder Angehörige einer Dorfgemeinschaft das nahezu uneingeschränkte Recht, ein oder mehrere Landstücke in der Umgebung zu roden, die auf diese Weise durch Arbeit urbar gemachten Grundstücke ausschließlich zu nutzen und das Eigentum an den geernteten Früchten zu erwerben. Solange der Bebauer sein Grundstück effektiv nutzt, kann niemand ihm seinen Besitz streitig machen. Sein Nutzungsrecht erlischt dagegen unwiderruflich, sobald er die Nutzung für immer aufgibt. Das geschieht wegen des Wanderfeldbaus bei diesen Stämmen regelmäßig alle vier bis sechs Jahre. Auch wenn der Nutzungsberechtigte die Dorfgemeinschaft für immer verläßt, also etwa in ein anderes Dorf wegzieht, verliert er damit seine Rechte.

Wird das Grundstück gemeinsam bearbeitet, so einigt man sich von vornherein darüber, wie der Ernteertrag aufgeteilt werden soll. Von einem dieser Stämme wird berichtet, daß bisweilen die Helfer beim Anbau oder bei der Ernte entlohnt werden; sie begründen also mit ihrer Arbeit kein „Gemeineigentum“ am Boden. Auch der gelegentlich von diesem Stamm in gewissen dichtbesiedelten Gegenden berichtete „Kauf“ von Land stellt in Wirklichkeit eine Zahlung für die Arbeit dar, die auf ihm verrichtet wurde, und nicht eine Zahlung für das Land selbst.

Der Boden als solcher bildet keinen Gegenstand „sachenrechtlicher“ Transaktionen. Er bleibt in diesen Fällen als Rechtsobjekt ebenso außer acht wie bei den individuellen Nutzungsrechten an „Implantata“, d. h. an angepflanzten Fruchtbäumen und Stauden. Solange diese fortfahren zu tragen, gehören die Früchte dem Manne, der sie gepflanzt hat. Auch das Recht an der selbstgebauten Hütte erstreckt sich nicht auf den umliegenden Grund und Boden. Bei manchen dieser nordrhodesischen Stämme darf jeder innerhalb des gesamten Dorfgebietes Wild jagen und wildwachsende

Pflanzen und Holz sammeln – und zwar ohne besondere Erlaubnis oder ein Entgelt auch auf fremden Pflanzungen.

Diese Regel beweist besonders deutlich, daß das Anbaurecht ebenso wie die Jagd- und Sammelrechte als selbständige Rechte aufgefaßt werden, die unabhängig voneinander auf demselben Stück Land ausgeübt werden können. Sie begründen keinerlei Rechte am Boden selbst und setzen auch keinen individuellen Bodenbesitz voraus. Sie sind vielmehr Ausfluß eines Nutzungsrechtes, das allen in gleicher Weise im gesamten Gebiet der Gruppe zusteht[23].

III

Diese individuellen Nutzungsrechte am Boden wie auch das Eigentum an den Erträgen selbst sind freilich keine unumschränkten Rechte. Sie unterliegen vielmehr zahlreichen sozialen Bindungen, die ihrerseits vielfach religiös begründet werden. So bemerkt Maurice Leenhardt zu den Eigentumsauffassungen bei den Eingeborenen Australiens und Melanesiens: „Der Boden gehört denen, die mit ihm verschmolzen sind, Vorfahren und mythischen Wesen. Der Mensch, ihr Nachkomme, hat nur die Nutznießung dieses Bodens. Er kann diese Nutznießung ganz oder teilweise an andere abtreten, nicht aber den Boden selbst übereignen. Ein siegreicher Eroberer eignet sich niemals die Gesamtheit des Bodens an, den er erobert hat. Er beläßt dort stets den Nutznießer oder ein Familienmitglied desselben, dessen Anwesenheit die versöhnenden Bande mit den alten Göttern des Bodens aufrechterhält. Dieser Nutznießer bleibt ein konstantes Element über alle geschichtlichen Perioden des Landes hinweg. Er ist der Herr des Bodens.“ [24]

Genau die gleiche Auffassung des Bodenrechts besteht in vielen Teilen Afrikas. Bei den erwähnten mutterrechtlichen Stämmen Nordrhodesiens z. B. werden alle Schätze des Waldes und der Felder als Gaben der Ahnengeister angesehen, die das Land beherrschen und denen die Dorfvorsteher und Häuptlinge Opfer und Gebete darbringen müssen. Allein die Ahnengeister können dem Boden Fruchtbarkeit verleihen und damit auch den einzelnen Mitgliedern der Sippe oder der Dorfgemeinschaft das zum Leben Notwendige gewähren. Der einzelne kann daher seine Nutzungsrechte und sein Eigentum an den Erträgen nur als Glied eines Verwandtschafts- und Siedlungsverbandes ausüben.

Die Ahnen wachen darüber, daß niemand seine Rechte zum Schaden der Gemeinschaft mißbraucht. Gleichsam stellvertretend für sie oder als Mittler

---

[23] Vgl. R. Schott, Zur Geschichte des Bodenrechts bei mutterrechtlichen Stämmen in Nordrhodesien, in: Kulturhistorische Studien – Hermann Trimborn zum 60. Geburtstag, Braunschweig 1961, S. 138 ff.

[24] Maurice Leenhardt, Das Verhältnis zwischen Religion und Recht im Lichte einiger Eigentumsbegriffe bei den Primitiven, in: Religiöse Bindungen in frühen und orientalischen Rechten, hrsg. von Karl Bünger und Hermann Trimborn, Wiesbaden 1952, S. 9 f.

zwischen ihnen und den Lebenden achtet der Häuptling oder Dorfvorsteher darauf, daß es zu keinen Streitigkeiten über die individuellen Nutzungsrechte kommt und auch sonst nichts den Frieden der Dorfgemeinschaft stört, denn das würde den Zorn der Ahnen erregen. Vielfach verteilt auch der Häuptling oder der Dorfvorsteher die das Dorf umgebenden Ländereien an die einzelnen Nutzungsberechtigten. Aber weder der Dorfvorsteher noch auch das Dorf oder die Sippe insgesamt können als „Eigentümer" des Bodens betrachtet werden. Das Land gehört in erster Linie den Ahnengeistern, während ihre lebenden Nachkommen dieses Erbe gleichsam nur vorübergehend verwalten und nutzen. Wie stark diese religiöse Bindung an die Ahnen ist, geht auch bei den afrikanischen Bodenbauern Nordrhodesiens daraus hervor, daß die Eroberer eines Gebietes die Erstansässigen als „Eigentümer" des Landes betrachten und ihnen bestimmte rituelle und teilweise auch rechtliche Funktionen überlassen [25]. Diese Auffassung hegen auch zahlreiche andere Naturvölker [26].

Es leuchtet ein, daß nach dieser religiös begründeten Rechtsauffassung der Boden nicht wie bei uns einfach verkauft oder überhaupt wie eine „Sache" behandelt werden kann. Das Land, aus dem die Ahnen in mythischer Zeit auf wunderbare Weise hervorgegangen sind oder in welchem sie seit ihrem Tode ruhen, ist eine heilige Kraft, an der ursprünglich nur die Glieder der betreffenden Sippe teilhaben und die jedem Fremden gefährlich werden kann, der sich nicht den mystischen Zugang zum Boden durch entsprechende Riten der erstansässigen Sippe sichert. Nur in diesem Sinne kann von einem „Gemeineigentum" am Boden die Rede sein, aber dieser Ausdruck darf nicht so verstanden werden, als enthalte er irgendein Veräußerungsrecht. Das Verhältnis zum Boden selbst ist vorwiegend ein religiöses, aus dem die einzelnen Glieder der Gemeinschaft ihre individuellen Rechte ableiten.

Es kann nicht deutlich genug ausgesprochen werden, daß die individuellen Nutzungsrechte innerhalb der Sippen- oder Dorfgemeinschaft absolut gelten, also dem Besitzer einen Ausschließlichkeitsanspruch gegen jeden anderen verleihen. Auch der Dorfvorsteher hat bei den afrikanischen Bodenbauern nicht das Recht, irgendeinen Dorfbewohner seiner selbst gerodeten und bebauten Anbaugrundstücke zu enteignen. Ebensowenig kann er Rechte auf die Erntefrüchte oder andere Eigentumsobjekte geltend machen [27].

Anders verhält es sich in sozial geschichteten Gemeinwesen, in denen der Stammeshäuptling oder der König bzw. seine Beauftragten bestimmte Abgaben erheben können oder gar Vorrechte auf bestimmte Güter, vor allem

---

[25] Vgl. R. Schott, Zur Geschichte des Bodenrechts, S. 142 f., 153 ff.

[26] Vgl. R. Schott, Religiöse und soziale Bindungen des Eigentums, S. 119, 122, 124, 127.

[27] R. Schott, Zur Geschichte des Bodenrechts, S. 144.

Bodenschätze und Teile der Jagdbeute, wie Felle und Elfenbein, besitzen. In diesen hierarchisch gegliederten Staatsbildungen gehen die Rechte des Königs bisweilen so weit, daß er grundsätzlich als „Eigentümer" aller Güter schlechthin angesehen wird und er daher auch beliebig den Besitz seiner Untertanen konfiszieren kann [28]. Diese Auffassung hat aber, von extremen Fällen abgesehen, mehr theoretische als praktische Bedeutung, ähnlich wie etwa das Obereigentum der britischen Krone [29].

Wesentlicher werden die individuellen Nutzungs- und Eigentumsrechte durch Rücksichten auf das Wohl der eigenen Familie und Verwandtschaft eingeschränkt. Es gibt Bodenrechtsformen in Afrika und anderwärts, bei denen tatsächlich die Familie insgesamt als Besitzerin der gerodeten und bebauten Grundstücke oder der gepflanzten Fruchtbäume auftritt, vor allem da, wo keine Realteilung im Erbwege stattfindet. Die einzelnen Familienmitglieder haben dann lediglich ein Nutznießungsrecht am Familienbesitz, über den nur nach gemeinsamem Beschluß verfügt werden kann. In anderen Fällen aber handelt es sich lediglich um familien- und erbrechtliche Ansprüche, die die dinglichen Rechte des Besitzers oder Verwalters nur mittelbar berühren, etwa wenn der Ehemann verpflichtet ist, für den Unterhalt seiner Frau oder seiner Frauen zu sorgen und daher für jede von ihnen ein eigenes Grundstück roden muß, dessen Erträge dann nicht mehr in erster Linie ihm, sondern den betreffenden Frauen gehören. Im Scheidungs- oder Todesfalle leben aber seine Rechte an der Nutzung des Grundstückes wieder auf.

Bei allen Völkern bestehen außerdem mehr oder weniger weit gespannte Abgabeverpflichtungen von den Ernteerträgen gegenüber näheren oder weiteren Verwandten und Verschwägerten. Schließlich muß auch auf die erbrechtlichen Bindungen des Eigentums hingewiesen werden, die sich häufig aus den erwähnten Glaubensanschauungen herleiten, nach denen der einzelne nur Treuhänder und Nutznießer eines Gutes ist, das von Generation zu Generation innerhalb einer Familie oder Verwandtschaftsgruppe weitergereicht werden soll. Dieser Gedanke ist selbst in unserem vom kommerziellen Verkehrsdenken beherrschten Recht noch nicht ganz erloschen, wie das Recht der Nacherbfolge zeigt.

IV

Die Alternative „Privateigentum" – „Gemeineigentum" verfehlt also bereits im gedanklichen Ansatz wesentliche Aspekte des Besitzrechtes in traditionalen Gesellschaften. Daher ist es auch wenig sinnvoll, nach den „Übergängen" von einer Eigentumsform in die andere zu fragen. Was sich

[28] Vgl. z. B. GERD KOCH, Das Eigentum bei den Tussi, in: Zeitschr. f. Ethnologie 83 (1958), S. 198 ff.; DERS., Das Eigentum auf den Gesellschaftsinseln, in: Zeitschr. f. vergl. Rechtswiss. 61 (1959), S. 58 ff.

[29] Vgl. F. H. LAWSON, Introduction to the Law of Property, Oxford 1958, S. 62.

dagegen unter dem Einfluß *moderner* Verhältnisse in Afrika und in anderen sogenannten „Entwicklungsländern" beobachten läßt, ist die Lockerung und stellenweise auch Auflösung der gemeinschaftlichen Bindungen. Es ist dies ein sehr komplexer Vorgang des kulturellen und sozialen Wandels, welcher hier nicht in allen Einzelheiten beschrieben werden kann. Im wesentlichen führt er zu dem Ergebnis, daß die bereits in der traditionalen Gesellschaft bestehenden individuellen Nutzungsrechte aus den kollektiven Bindungen herausgelöst und in mehr oder weniger großem Umfange verkehrsfähig werden. Dieser Prozeß hängt eng mit der Einführung der Geldwirtschaft und dem Anbau für den Export zusammen. Wieweit dieser Vorgang auch die Rechte am Boden selbst berührt, also auch diesen nicht nur zu einer individuell besessenen, sondern vor allem zu einer als Ware behandelten „Sache" werden läßt, hängt von verschiedenen Faktoren ab. Wie die Beispiele mehrerer afrikanischer Stämme im folgenden zeigen werden, verstärkten sich bei ihnen die kollektiven Bindungen des Bodenrechts in neuerer Zeit, obwohl gleichzeitig das individuelle Nutzungsrecht und das Eigentum an den Erträgen mehr dem Interesse des einzelnen anheimgestellt wurde.

Beim Stamme der Pondo im Südosten der Südafrikanischen Union war der Landbau früher ausschließlich Aufgabe der Frauen. Jede Frau besaß das ausschließliche und dauernde Recht, jedes beliebige Stück Land zu bebauen und zu nutzen, das sie einmal für diesen Zweck bearbeitet hatte. Dieses Nutzungsrecht erlosch auch dann nicht, wenn sie das Land brachliegen ließ, gleichgültig für wie lange. Sie konnte ihr Recht vererben; es erlosch erst, wenn alle erbberechtigten Verwandten das Gebiet verlassen hatten. Das Land wurde nicht zugeteilt, sondern jede Frau konnte im Gebiet ihres Häuptlings Anbau treiben, wo sie wollte, vorausgesetzt natürlich, daß sie nicht die Bodenrechte anderer verletzte. Jede Frau konnte auch soviel Land in Benutzung nehmen, wie sie wollte. Dabei ist allerdings zu berücksichtigen, daß der Getreideanbau in voreuropäischer Zeit mit sehr primitiven Werkzeugen betrieben wurde und gegenüber der von den Männern geübten Viehzucht eine sehr untergeordnete Rolle spielte. Im übrigen gab es Land im Überfluß.

Das änderte sich mit der Annexion des Pondolandes, das insgesamt zum Eigentum der britischen Krone erklärt wurde. Heute besitzt die Verwaltung das ausschließliche Recht, Anbauflächen zu verleihen. Diese sind unveräußerlich und fallen beim Wegzug oder beim Tode des Berechtigten an die Krone zurück. Eine Witwe behält jedoch das Recht, bis zu ihrem Tode die Felder zu bebauen, die sie bereits als Ehefrau besaß. Ungenutztes Land kann beschlagnahmt werden, was bei der heutzutage herrschenden Bodenknappheit häufig vorkommt. In gewissem Sinne wurden also die kollektiven Bindungen und Einschränkungen des Bodenrechts in moderner Zeit bei den Pondo verstärkt.

Aus dem alten Recht der Pondo wurde die Regelung beibehalten, daß nach Ablauf der jährlichen Anbauperiode die Felder insofern als Gemeindeland angesehen werden, als jedermann sein Vieh dort weiden lassen kann. Ebenso können die Frauen nach der Ernte auch auf fremden Grundstücken wildwachsende Früchte sammeln. Das zeigt, wie das Beispiel aus Nordrhodesien, daß der dem Bebauer dauernd verliehene Rechtstitel sich lediglich auf die Nutzung durch Anbau bezog, nicht dagegen auf andere Nutzungsweisen [30].

Wie bei den Pondo unterlag auch bei den Sotho in Basutoland das Weiderecht keinen Einschränkungen, d. h. alles nicht anderweitig genutzte Land stand als Weideland jedermann zur Verfügung. Dieses Recht gilt auch heute noch in vollem Umfang, und ein Gerichtsbeschluß des obersten Stammeshäuptlings der Sotho erklärte den Versuch eines Dorfvorstehers, die Weiderechte gegen benachbarte Dörfer abzugrenzen, nachdrücklich für illegal. Die Ausübung der Weiderechte wird vom Häuptling kontrolliert und jeweils nach der Ernte für die Anbauflächen freigegeben.

Der Häuptling verteilt bei den Sotho auch die Anbauflächen an die einzelnen Nutzungsberechtigten, und zwar in der Regel an die verheirateten Männer in ihrer Eigenschaft als Haushaltungsvorstände. Nicht jeder Mann kann bei den Sotho einen Anspruch auf Landnutzung geltend machen. Voraussetzung ist, daß er dem Sotho-Stamme angehört. Ausnahmsweise erhalten jedoch auch Fremde, die in den Stamm aufgenommen wurden, sowie unverheiratete Frauen Land. Verheiratete Frauen erhalten bestimmte Parzellen zur Nutzung aus dem Anteil ihrer Männer.

Vermutlich unter der Zwangslage der heutzutage herrschenden Bodenknappheit ist der Häuptling nicht verpflichtet, jedem Berechtigten ein Stück Land zum Anbau zu geben. Nicht genutztes Land kann jährlich neu verteilt werden. Die Verteilung muß öffentlich vorgenommen werden. Einmal zugeteilte Landstücke fallen unter bestimmten Bedingungen an die Verteilungsgewalt des Häuptlings zurück: wenn der Besitzer stirbt oder wegzieht, wenn er sein Land zwei Jahre hintereinander nicht bebaut, wenn er mehr Land besitzt, als der Größe seiner Familie entspricht und schließlich, wenn das Land zu öffentlichen Zwecken benötigt wird, etwa zur Anlage von Straßen, Hospitälern usw.

Die Nutzungsrechte am Boden können anderen leihweise überlassen werden; niemand aber hat das Recht, seinen Anteil entgeltlich oder unentgeltlich zu veräußern. Ein Erbrecht am bebauten Boden gibt es nicht; er fällt an die Verteilungsgewalt des Häuptlings zurück. Erst neuerdings bilden sich bei den Sotho Ansätze zu einem Erbrecht heraus. Die privaten Anbaurechte wurden bei den Sotho auch dadurch eingeschränkt, daß es heutzutage niemandem ohne Erlaubnis des Häuptlings gestattet ist, Bäume

[30] Monica Hunter, Reaction to Conquest – Effects of Contact with Europeans on the Pondo of South Africa, London 1961, 2. Aufl., S. 112–115.

anzupflanzen, während früher die Anpflanzung dem Häuptling lediglich mitgeteilt werden mußte [31].

Auch bei den Tswana im Bechuanaland-Protektorat treten die Tendenzen zur Kontrolle der Bodenrechte durch das Stammeskollektiv stärker hervor als die der Privatisierung. Wie bei den Sotho liegt das Recht über alles Land und seine Nutzungen nach wie vor beim Stammeshäuptling, der es durch die Dorf- und Gehöftvorsteher ausüben läßt. Das Land ist jedoch in keiner Weise „Eigentum" des Häuptlings, über das er nach Gutdünken verfügen könnte. Alle Stammesmitglieder haben bei den Tswana einen Anspruch auf soviel Land, wie sie benötigen, und die Stammesautoritäten sind gehalten, diese Ansprüche unentgeltlich zu befriedigen.

Bei der Neuanlage eines Dorfes verteilt auch bei den Tswana der Stammeshäuptling die Grundstücke für Wohnungen und Anbaufelder. Da im allgemeinen bei den Tswana keine Bodenknappheit besteht, kann jeder soviel Land in Besitz nehmen, wie er selbst bebauen kann und will. Einmal zugeteiltes Land kann – im Gegensatz zu den Sotho – ohne die Einwilligung des Besitzers nicht wieder verteilt werden, auch wenn er es lange Zeit hindurch brachliegen läßt. Erst seit kurzem kann der Häuptling bei einigen Stämmen der Tswana ungenutztes Land dem Besitzer wegnehmen, für bestimmte öffentliche Zwecke auch bebautes Land, aber nur gegen Entschädigung mit einem anderen Grundstück.

Ein bebautes oder zur Bebauung vorgesehenes Grundstück kann der Besitzer anderen leihweise oder für immer überlassen, niemals aber gegen Entgelt verpachten oder veräußern. Es kommt allenfalls vor, daß der Beliehene den Nutzungsberechtigten für die auf die Rodung des Grundstückes aufgewendete Arbeitsleistung entschädigt. „Das Recht auf Ackerland ist lediglich eines der Nutznießung (usufruct) zum Zwecke der Kultivierung und nicht ein absolutes privates Eigentum." Auch bei den Tswana können andere Nutzungsrechte, wie Weide- oder Jagdrechte, von anderen auf demselben Grundstück ausgeübt werden, vorausgesetzt, daß damit nicht die Anbaurechte des jeweiligen Besitzers verletzt werden [32]. Der Boden ist in jedem Falle unveräußerlich; noch in jüngster Zeit haben die Gerichtshöfe einiger Tswana-Stämme den Verkauf von Ackerland sowie von Vieh, Korn und Feuerholz an Fremde für ungültig erklärt oder bestraft [33].

Ebenso hat WATSON in einer Studie über die Mambwe in Nordrhodesien darauf hingewiesen, daß die Grundzüge ihres Bodenrechtes sich kaum ver-

---

[31] Vgl. PATRICK DUNCAN, Sotho Law and Customs, Cape Town 1960, S. 86–95.

[32] Vgl. ISAAC SCHAPERA, Native Land Tenure in the Bechuanaland Protectorate, Lovedale 1943, S. 46 f. et passim; DERS., A Handbook on Tswana Law and Custom, London 1955, 2. Aufl., S. 195–207.

[33] Vgl. I. SCHAPERA, The Development of Customary Law in the Bechuanaland Protectorate, in: The Future of Costumary Law in Africa, Symposium Amsterdam 1955, Leiden 1956, S. 108 f.

ändert haben, obwohl dieser Stamm sehr stark von den Auswirkungen der Wanderarbeit in den Industriezentren betroffen wird. Das Land bedeutet auch für den, der für längere Zeit in die Städte der Südafrikanischen Union oder Nordrhodesiens abwandert, die einzige Sicherheit, die er bei Krankheit oder im Alter besitzt. WATSON bemerkt dazu: „Obwohl die Mambwe jetzt gewohnt sind, in Bergwerken und Fabriken zu arbeiten, hängen sie für den größeren Teil ihres Lebensunterhaltes vom Lande ab, und der Stammeszusammenhalt der Mambwe hängt mit den traditionellen Rechten auf die Nutzung des Landes mit bestimmten Methoden des Subsistenzanbaus zusammen." [34]

Die Stammesmitgliedschaft garantiert jedem Mambwe das Recht auf Landnutzung, „denn Landrechte sind ein unveräußerlicher Teil der Stellung eines Afrikaners als Mitglied eines Stammes" [35]. Auch bei den Mambwe verteilt der Häuptling das Land zur Nutzung an seine Untergebenen [36]. Er ist daher nach wie vor Symbol und Träger der Stammesautorität und der kollektiven Sicherheit, die der Landbesitz verleiht [37].

Die Vorstellung eines frei verfügbaren Privateigentums in unserem Sinne ist mit dem in den europäischen Städten erworbenen Gelde und den Gütern der modernen Zivilisation bei den Mambwe eingedrungen und führt zu Spannungen zwischen den traditionellen Erbansprüchen der Brüder eines Mannes und den neuerdings stärker hervortretenden Ansprüchen der Söhne. Der Boden aber ist davon bisher unberührt geblieben; er kann weder gekauft noch verkauft werden, obwohl sich bereits eine gewisse Bodenknappheit bemerkbar macht [38].

„Einige der jüngeren Leute diskutieren bereits über die Notwendigkeit, Land durch Kauf zu erwerben, damit sie es in größerem Ausmaße mit fortgeschritteneren Methoden nach Art der Europäer bewirtschaften können. Aber die Mambwe erkennen, daß wenn Land gekauft und verkauft werden könnte, die Mehrheit sehr im Nachteil sein würde im Vergleich zu den Wenigen, die das genügende Kapital besitzen." [39] Entscheidend für das Fortbestehen der traditionellen Bodennutzungsrechte und des damit zusammenhängenden Systems von verwandtschaftlichen und stammesmäßigen Rechten und Pflichten ist die Tatsache, daß der Boden bislang einzig und allein zum Lebensunterhalt bewirtschaftet wurde. Bisher konnten keine Feldfrüchte zum Verkauf angebaut werden, da unter den besonderen klimatischen und ökologischen Verhältnissen des Mambwelandes keine derartigen Anbaupflanzen gedeihen [40].

Anders verhält es sich in denjenigen Teilen Afrikas, in denen der Anbau

---

[34] WILLIAM WATSON, Tribal Cohesion in a Money Economy – A Study of the Mambwe People of Northern Rhodesia, Manchester 1958, S. XXI.

[35] Ebenda, S. 7.

[36] Ebenda, S. 175.

[37] Ebenda, S. 196.

[38] Ebenda, S. 157 f.

[39] Ebenda, S. 224.

[40] Ebenda, S. 221–225.

von Exportfrüchten große Fortschritte gemacht hat. Bei den Nyakyusa in Südwest-Tanganjika beispielsweise revolutionierte der Reisanbau die gesamte Landwirtschaft. Auch hier herrschte früher das traditionelle Landverteilungssystem mit der Vergabe von dauernden Nutzungsrechten an die Dorfbewohner[41]. Land gab es im Überfluß und jeder konnte so viel bebauen, wie er brauchte. Bei den primitiven Methoden war die Anbaufläche relativ klein und große Landstrecken blieben infolgedessen ungenutzt.

Als das Geld eingeführt wurde und der intensive Reisanbau, der als einzige Anbauart zu Geld und einem höheren Lebensstandard verhilft, änderte sich die Sachlage von Grund auf. Es setzte in den letzten zwei Jahrzehnten ein Sturm auf die unbebauten Grundstücke ein, so daß zu Anfang der fünfziger Jahre bereits ausgesprochene Bodenknappheit herrschte[42]. Einige vorausschauende Leute brachten sich rechtzeitig in den Besitz großer Ländereien und erwarben mit dem Reisanbau Reichtümer[43].

Ganz allgemein wandelte sich das Erbrecht ähnlich wie bei den Mambwe, indem nun die Söhne gegenüber den Brüdern des Verstorbenen bevorrechtigt wurden. Damit setzte eine gewisse Individualisierung des Bodennutzungsrechtes ein, das früher überhaupt nicht Gegenstand des Erbrechts war[44]. Zugleich begann die Gemeinschaft der Brüder, die früher eng zusammenlebte, sich aufzulösen und auch die Spannung zwischen den landbesitzenden Vätern und ihren Söhnen nahm zu.

Niemand ist heute mehr berechtigt, ein freiwerdendes Stück Land in Benutzung zu nehmen, wie es früher üblich war. „Wenn Land frei wird, muß es sogleich dem Dorf anheimfallen, d. h. an den gemeinsamen Bodenvorrat, aus dem der Dorfvorsteher als Autorität Zuteilungen vornimmt.“[45] Auch hier läuft also die stärkere Ausprägung privater Besitzansprüche mit der kollektiver Rechte einher. Die Autorität des Dorfhäuptlings ist mit seiner Aufgabe als Landverteiler gewachsen. Bemerkenswert ist in diesem Zusammenhang, daß auch bei den Nyakyusa der Boden selbst bisher nicht als Verkehrsobjekt behandelt, also nicht gekauft und verkauft wird[46].

Gewaltsam wurde das Privateigentum am Boden im ehemals belgischen Kongo und in den ehemals französischen Kolonien Afrikas eingeführt. Die Kolonialverwaltungen gingen dabei von der europäischen Rechtsvorstellung aus, wonach alles Land, das nicht einen Eigentümer hat, dem Staat gehöre. Diese Auffassung ist im Grunde nicht weniger fiktiv als die afrikanische Vorstellung, nach welcher der Boden selbst überhaupt kein Eigentumsobjekt darstellt, sondern allenfalls den Ahnen gehört, die der Häuptling oder ein „Erdherr“ mit kultischen Funktionen gleichsam vertritt.

Die Einführung des Privateigentums durch einen Akt der Kolonialmächte

---

[41] Vgl. P. H. GULLIVER, Land Tenure and Social Change among the Nyakyusa, Kampala (Uganda) 1958, S. 8 ff.

[42] Ebenda, S. 12 ff. [43] Ebenda, S. 17. [44] Ebenda, S. 20 f.

[45] Ebenda, S. 23. [46] Ebenda, S. 41 ff.

berücksichtigte zwar bis zu einem gewissen Grade die „droits coutumiers" der afrikanischen Eingeborenen, ließ aber zugleich der Willkür freien Lauf, wenn es im einzelnen darum ging, zu bestimmen, welche Landstücke „herrenlos" und damit veräußerliches Staatseigentum der Kolonialmächte sein sollten. Auf diese Weise wurden viele Stämme ihrer Landreserven beraubt, die bei der extensiven Anbauweise, wie sie in weiten Teilen Afrikas unter den extremen klimatischen Bedingungen allein möglich ist, unabdingbar notwendig waren.

Zwar konnten einzelne privilegierte Afrikaner durch ein besonderes Verfahren der „Immatrikulation" Privateigentum am Boden erwerben, aber da dies nur für eine verschwindende Minderheit in Frage kam, verfügten die Kolonialmächte, bzw. die von ihnen konzessionierten europäischen Gesellschaften praktisch uneingeschränkt über große Teile des von ihnen okkupierten Koloniallandes. Der Übergang zum Privateigentum wurde also in diesen Gebieten von außen aufgezwungen und entsprang nicht einer inneren Entwicklung afrikanischer Rechtsgewohnheiten[47].

Am weitesten scheint die Entwicklung in den westafrikanischen Gebieten auf eine Individualisierung des Bodenrechts im Sinne der europäischen Rechtsauffassung fortgeschritten zu sein. Es hängt dies sicher damit zusammen, daß die Afrikaner in diesen Gebieten seit Jahrhunderten am europäischen Handel beteiligt sind und seit einigen Jahrzehnten mit großem Erfolg Exportfrüchte, vor allem Kokospalmen und Kakao, anbauen.

So meint z. B. F. A. Ajayi über das Bodenrecht in Nigeria: Wo die Entwicklung nicht künstlich aufgehalten worden sei, habe „der unwiderstehlicke Druck sozialer und ökonomischer Kräfte zu vielen weitreichenden Wandlungen geführt. Indem die Einzelfamilie im Unterschied zur herkömmlichen erweiterten Familie aufkam und indem man vielen modernen wirtschaftlichen Bedürfnissen durch die freie Verfügung über Grund und Boden Rechnung trug, haben sich die früheren Vorstellungen von der absoluten Unveräußerlichkeit des Bodens gewandelt. Über Grund und Boden wird heute in vielen großen Städten verfügt, sei es in der Form der Verpachtung oder Verpfändung, sei es auch geradezu durch Verkauf. Der Begriff des individuellen Eigentums taucht sowohl in städtischen wie in ländlichen Gegenden auf, und obgleich die herkömmlichen Ideen von Familien- und Gemeineigentum noch immer den größten Teil des Feldes behaupten, kann man voraussehen, daß es nur eine Frage der Zeit – wenn auch vielleicht noch einer langen Zeit – ist, bis sie eher die Ausnahmen als die Regel sein werden." [48]

---

[47] Vgl. A. Sohier, Le Droit Coutumier au Congo Belge, in: The Future of Customary Law in Africa, Leiden 1956, S. 5, 8 f. und André P. Robert, Attitude du Législateur Français en face du Droit Coutumier d'Afrique Noire, ebd., S. 179 ff.

[48] F. A. Ajayi, The Future of Customary Law in Nigeria, in: The Future of Customary Law, Leiden 1956, S. 60.

Ebenso meint COKER in einer eingehenden Studie über das „Familieneigentum bei den Yoruba" in Südwest-Nigeria: „Eine der offenkundigsten ... Neuerungen ist der Verkauf von Grund und Boden. Der strenge, orthodoxe Rechtsbrauch der Eingeborenen erkennt den Verkauf von Grund und Boden nicht an, wie die Literatur in reichem Maße bezeugt. Beinahe überall erzwingen jedoch die modernen Verkehrssitten eine Lockerung des alten Systems, und Landverkäufe sind jetzt ein Teil der normalen Vorkommnisse des alltäglichen wirtschaftlichen und rechtlichen Handelns. Es ist jedoch unrichtig zu sagen, das Verkaufen von Land habe begonnen, als das englische Recht eingeführt wurde, da diese Form des Umgangs mit dem Boden als eine notwendige Reaktion der Gesellschaft auf die gegenwärtigen Verhältnisse erfolgte." [49] Im übrigen mißt COKER der traditionellen Form des „Familieneigentums" bei den Yoruba nach wie vor große Bedeutung zu. So haben in vielen Fällen alle Mitglieder der Verwandtschaftsgruppe immer noch ein gerichtlich anerkanntes Einspruchsrecht, wenn Land verkauft werden soll [50].

Eine besondere Rolle spielt bei den Yoruba heute die hypothekarische Verpfändung von Landbesitz auf unbestimmte Zeit, wodurch praktisch die entgeltliche Veräußerung erreicht wird, ohne die nach Yoruba-Recht unzulässige Form des Verkaufes einzuschlagen. Eine erhebliche Rechtsunsicherheit bleibt allerdings bestehen, da der Verpfänder oder seine Nachkommen das Land jederzeit wieder zurückfordern können [51]. Ähnliches wird aus den Kakao-Anbaugebieten von Ghana berichtet, wo allerdings angeblich der Verkauf von Land bzw. von Nutzungsrechten an ihm schon in voreuropäischer Zeit zulässig war [52]. Außerdem werden dort häufig Arbeitsverträge zwischen dem Besitzer einer Kakao-Plantage und einem zugewanderten „Pächter" abgeschlossen, die eine dauernde Beteiligung am Ertrag der Pflanzung als Gegenleistung für deren Anlage zum Inhalt haben, faktisch aber, vor allem nach der Realteilung des Bodens, auf eigene Besitzrechte des Pächters hinauslaufen [53]. Rechtlich bleibt aber das Land unter der Kontrolle des Häuptlings bzw. der Gemeinschaft, die er vertritt. HILL betont ausdrücklich, daß das Nutzungsrecht an den Kakaobäumen und nicht das Eigentum am Boden verpfändet oder verpachtet werde [54].

Immerhin macht sich anscheinend gerade in Ghana eine starke Lockerung der stammes- und familienrechtlichen Bindungen bemerkbar. Es handelt sich aber auch hier nicht einfach darum, daß als Folge dieses Prozesses

---

[49] G. B. A. COKER, Family Property among the Yorubas, London 1958, S. 30 f.

[50] Ebenda, S. 85 ff. [51] Ebenda, S. 56 f., 84 ff.

[52] Vgl. ANTONY ALLOTT, Essays in African Law, London 1960, S. 246 ff., 256 f., 277, 282; T. O. ELIAS, Ghana and Sierra Leone – The Development of their Laws and Constitutions, in: The British Commonwealth, the Development of its Laws and Constitutions, Bd. 10, London 1962, S. 165.

[53] POLLY HILL, The Gold Coast Cocoa Farmer, London 1956, S. 12 ff., 48 ff.

[54] Ebenda, S. 48, 50.

das „Gemeineigentum" in „Privateigentum" überginge. ALLOTT bemerkt dazu: „Die gewöhnliche Behauptung, daß in Afrika alles Eigentum gemeinschaftlich und nicht individuell besessen werde, ist ein gewaltiger Irrtum, was das Recht der Akan-Stämme (in Ghana, RS) angeht. Es ist wahr, daß der Schemel[55] (auch eine juristische Person, indem der amtierende Häuptling die Interessen seines Stammes repräsentiert) letztlich den Titel auf das Land in vielen Akan-Staaten besitzt; es ist auch wahr, daß selbsterworbenes Eigentum beim Tode seines Erwerbers, wenn er kein Testament hinterläßt, seiner Familie anheimfällt und der Nachfolger oder Inhaber des Eigentums, welcher von der Familie bestimmt wird, danach nur ein begrenztes Nutzungsrecht am Eigentum genießt. Nichtdestoweniger können Individuen Rechte am Boden und anderem Eigentum durch Besitznahme, Kauf, Geschenk oder anderswie erwerben, dessen Genuß gegenüber der Familie oder dem Schemel ausschließlich ist."[56]

V

Es erübrigt sich, abschließend darauf hinzuweisen, daß die heutigen Rechtsverhältnisse besonders in Westafrika, aber auch in anderen Gebieten sehr verwickelt sind und eine nach Kolonialeinflüssen, Stämmen und Kulturgruppen gesonderte Darstellung erfordern, die im Rahmen dieses Referates nicht gegeben werden kann.

Fassen wir kurz unsere Ausführungen zusammen, so ist vorab festzustellen, daß die utopische Vorstellung eines allgemeinen Kommunismus in der „Urgesellschaft" oder bei den „Wilden" selbst nach marxistischer Auffassung nicht aufrechtzuerhalten ist und in der Wirklichkeit keine Stütze findet. So weit wir wissen, hat es seit jeher und bei allen Völkern kollektive und individuelle Rechte an Gütern nebeneinander gegeben. Die Frage nach dem Übergang des Gemeineigentums zum Privatbesitz geht von der überholten Antithese „Individuum" – „Kollektiv" aus und verfehlt bereits im Ansatz das eigentliche Problem jeder Eigentumsordnung: wie die kollektiven und die individuellen Rechtsinteressen gegeneinander abzuwägen sind.

Es zeigt sich, daß das Ergebnis dieses Ausgleichs bei den sogenannten „primitiven" Völkern in hohem Grade von den besonderen kulturgeschichtlichen Voraussetzungen abhängt. Durchgängig verhilft die geleistete Arbeit zum individuellen Titel auf den Arbeitsertrag. Dagegen wird der Boden in vielen Fällen überhaupt nicht als eine „Sache" angesehen, an der Eigentum erworben werden könnte, sondern als eine religiöse Potenz, als „Besitz" der Ahnengeister.

---

[55] Der „Schemel" (stool) ist bei den Akanstämmen in Ghana das Symbol der Häuptlingsmacht, ähnlich wie in Europa der Thron oder die Krone (Anm. RS).

[56] A. N. ALLOTT, aaO, S. 228; vgl. T. O. ELIAS, aaO, S. 145 ff.

Die individuellen Nutzungsrechte am Boden kann jeder als Mitglied eines Gemeinwesens frei ausüben, solange er dabei nicht die Rechte anderer verletzt. Da Land in voreuropäischer Zeit meist im Überfluß vorhanden war, richtete sich das Besitzinteresse nicht auf dieses selbst, sondern auf die Nutzungen und Erträge. Der einzelne hat an ihnen Teil „nicht auf Grund irgendwelcher kommerzieller Transaktionen, sondern auf Grund seiner Stellung entweder als ein Mitglied einer Verwandtschaftsgruppe oder als Untertan einer politischen Autorität“ [57].

Die Rechte des einzelnen an den Nutzungen und Erträgen des Bodens stehen in einem Netzwerk kollektiver, verwandtschaftlicher und familiärer Bindungen, die sich unter modernen Verhältnissen teilweise lockerten, in vielen Fällen aber auch verstärkten. Demzufolge geht, wie die Beispiele des sozialen und rechtlichen Wandels bei afrikanischen Völkerschaften zeigen, vielfach die intensivere Kontrolle des Gemeinwesens über die Bodenrechte einher mit einem ausgeprägteren Interesse des einzelnen an der Bewirtschaftung des Bodens zu eigenen Zwecken.

Erst dort, wo die traditionale Subsistenzwirtschaft durch den Anbau von Exportfrüchten abgelöst wird, setzt eine Bodenknappheit ein, die schließlich in manchen Fällen dazu führt, den Boden selbst als eine verkehrsfähige „Sache“ anzusehen. Es ist wichtig, abschließend noch einmal hervorzuheben, daß es sich bei diesem Prozeß nicht einfach darum handelt, daß Gemeineigentum in Privatbesitz übergeht. Dazu meint die Londoner Anthropologin Mair: „. . . die Geschichte des Wandels in den afrikanischen Bodenrechtssystemen ist genaugenommen eine Geschichte der Manipulierung von traditionellen Rechtsregeln mit dem Ziel, von neuen vorteilhaften Gegebenheiten zu profitieren, und früher oder später diejenigen Regeln zu verwerfen, die hierbei als allzu hinderlich empfunden werden.“ [58]

---

[57] Lucy P. Mair, Modern Developments in Africa Land Tenure, in: Studies in Applied Anthropology, London 1957, S. 47.

[58] Lucy P. Mair, The Contribution of Social Anthropology to the Study of Changes in African Land Rights, in: Studies in Applied Anthropology, London 1957, S. 55; vgl. auch Br. Malinowski, Die Dynamik des Kulturwandels, Wien-Stuttgart 1951, S. 245–264.

ORIENTALISCHES RECHT

DAS SYSTEM DER NICHTIGKEIT IM ISLAMISCHEN RECHT[1]

von Dr. OTTO SPIES
Professor an der Universität Bonn

Das islamische Gesetz ist bekanntlich eine religiöse Pflichtenlehre, in der alle Handlungen des Menschen nach religiös-ethischer Wertung in fünf Kategorien *(al-aḥkām al-ḫamsa)* eingeteilt werden: verpflichtend *(wāǧib* oder *farḍ)*, empfehlenswert *(mandūb)*, indifferent *(mubāḥ)*, verwerflich *(makrūh)* und verboten *(ḥarām)*.

Unabhängig von dieser religiösen Wertbeurteilung einer Handlung ist die Frage, ob eine Rechtshandlung in Übereinstimmung mit den Vorschriften des *šarīʿa*-Rechts ausgeführt wird. Daher haben die islamischen Juristen Rechtsnormen herausgebildet, um den Grad der Rechtmäßigkeit eines Rechtsgeschäftes zu bezeichnen. Nach den in den Rechtsbüchern festgestellten Rechtsnormen ist ein Rechtsgeschäft: rechtsgültig *(ṣaḥīḥ)*, fehlerhaft *(fāsid)*, schwebend unwirksam *(mutawaqqif)* und nichtig *(bāṭil)*.

Um zu wissen, wann ein Rechtsgeschäft nichtig *(bāṭil)* ist, muß man zunächst danach fragen, welche Voraussetzungen zu einem Rechtsgeschäft gehören, das nach dem islamischen Gesetz voll rechtsgültig *(ṣaḥīḥ)* ist. Nach den islamischen Juristen ist ein Rechtsgeschäft nur dann rechtsgültig und rechtswirksam, wenn sowohl seine Essentialien *(arkān)* als auch seine erforderlichen Voraussetzungen *(šarāʾiṭ)* vorhanden und erfüllt sind.

Während die *arkān* bei den einzelnen Rechtsgeschäften gleich sind, sind die *šarāʾiṭ* in den einzelnen Fällen verschieden und werden bei der Darstellung in den arabischen Rechtsbüchern immer angeführt. Zu den Essentia-

[1] Die mir vom VI. Internationalen Kongreß für Rechtsvergleichung gestellte Aufgabe lautet, das „System" der Nichtigkeit darzustellen – ein gewagtes Unternehmen, da man die Entwicklung der Begriffe der Nichtigkeit bei den frühen islamischen Juristen hätte zunächst rechtshistorisch untersuchen müssen, um dann die Lehren nach Ausbildung der Rechtsschulen festzustellen. Methodisch richtig hat ein anderes Problem J. SCHACHT in seinem Aufsatz, Sur la transmission de la doctrine dans les écoles juridiques de l'Islam, in: Annales de l'Institut d'Etudes Orient., Vol. X, 1952, S. 399–419 behandelt. Da aber mir als Aufgabe eine solche rechtshistorische Behandlung nicht gestellt war, mußte ich hier ein „System" aus den späteren Werken, welche die vollentwickelte und systematisierte Lehre der Hanafiten enthalten, wie KĀSĀNĪ, SARAḪSĪ usw. erarbeiten und darstellen.

lien gehört z. B. bei Kauf, Bürgschaft, Vergleich, Delegation usw. die Willenserklärung der beiden vertragschließenden Parteien *(al-ʿāqidāni)*, d. h. Angebot und Annahme *(iǧāb wa qabūl)*.

Was die *šarā'iṭ*, also die Nicht-Essentialien, betrifft, so zitiere ich KĀSĀNĪ V, 135 mit seinen eigenen Worten: „Nachdem wir die Abschnitte der Kaufgeschäfte kennengelernt haben, wollen wir die Voraussetzungen dafür darstellen. Sie sind verschiedenartig. Einige von ihnen sind Voraussetzung für das Zustandekommen des *Vertragsschlusses (inʿiqād)*, andere sind Voraussetzungen für die *Wirksamkeit* des Vertrages, d. h. daß ohne diese Wirksamkeit die Rechtswirkung eines Rechtsgeschäfts nicht feststeht, auch wenn das Verfügungsgeschäft ohne diese Voraussetzung abgeschlossen wurde; wieder andere sind Voraussetzungen für die *Rechtsgültigkeit (ṣiḥḥa)*, d. h. daß das, was ohne diese Voraussetzung ist, keine Rechtsgültigkeit hat, auch wenn das Rechtsgeschäft ohne diese Voraussetzung abgeschlossen und rechtwirksam wird; und schließlich sind einige Voraussetzung für die *Rechtsverbindlichkeit (luzūm)*, das ist das, was das Kaufgeschäft ohne diese Voraussetzung (für die andere Partei) verbindlich macht, auch wenn es ohne diese Voraussetzung abgeschlossen und rechtswirksam wird." Im folgenden behandelt KĀSĀNĪ diese Voraussetzungen im einzelnen.

Um einige Beispiele zu nennen, so gehören zu den *šarā'iṭ*, die sich sowohl auf die vertragschließenden Personen wie auch die Vertragsobjekte beziehen, z. B. bei Kauf, Bürgschaft, Vergleich usw., Volljährigkeit *(bulūġ)*, der Vollbesitz der Geisteskräfte, der status libertatis, das Bekanntsein des Schuldners und Gläubigers. Die Ausführungen KĀSĀNĪs VI, 16, 6 lauten in Übersetzung: „Voraussetzung ist, daß er volljährig ist. Aber das ist eine Voraussetzung für die Wirksamkeit, nicht für den Abschluß des Vertrages; daher kommt die Überweisung *(ḥawāla* = delegatio) durch einen im Vollbesitz seiner Verstandeskräfte befindlichen Minderjährigen als schwebend unwirksam zustande, die Wirksamkeit des Vertrages ist aber von der Genehmigung *(iǧāza)* seines gesetzlichen Vertreters abhängig ... sie kann von einem Minderjährigen abgeschlossen werden wie ein Kaufvertrag und dergleichen." Dasselbe gilt vom Vollbesitz der Verstandeskräfte, vgl. KĀSĀNĪ VI, 16, 6, „denn der Vollbesitz der Verstandeskräfte gehört zu den Voraussetzungen für die Fähigkeit zur Vornahme aller Verfügungsgeschäfte".

Innerhalb dieses Rahmens variieren die *šarā'iṭ* natürlich von Fall zu Fall. Wenn eine solcher Essentialien oder Voraussetzungen fehlt, ist das Rechtsgeschäft nichtig, anfechtbar oder evtl. schwebend unwirksam.

Die Ausdrücke *bāṭil* und *fāsid* sind nicht immer streng geschieden. Innerhalb der einzelnen Rechtsschulen wurden diese Begriffe oft mehr in diesem oder jenem Sinne gebraucht. So unterscheidet Šāfiʿī nicht zwischen *bāṭil* und *fāsid*. Darüber sagt KĀSĀNĪ V, 299 folgendes:

„Was den fehlerhaften Kauf betrifft, so ist es jeder Kauf, bei dem eine der Voraussetzungen der Rechtsgültigkeit nicht vorhanden ist; wir haben die

Voraussetzungen der Gültigkeit schon an der betreffenden Stelle besprochen (nämlich V, 133). Die Erörterung über die Rechtswirkung des Kaufes findet an drei Stellen statt: 1. bei der Erörterung der Grundlage der Rechtswirkungen, 2. bei der Erörterung seiner Eigenschaft und 3. bei der Erörterung seiner Voraussetzungen. Die Grundlage der Rechtswirkung ist, daß das Eigentum überhaupt feststeht nach unserer Meinung. Šāfiʿī lehrt: Der fehlerhafte Kauf hat keine Rechtswirkung. Beim Kauf gibt es nach seiner Lehre zwei Möglichkeiten, rechtsgültig *(ǧā'iz = ṣaḥīḥ)* und nichtig *(bāṭil)*, aber keine dritte. Fehlerhaft und nichtig sind bei ihm gleich; nach unserer Meinung dagegen gibt es noch eine dritte Möglichkeit neben rechtsgültig und nichtig."

Bei den Hanafiten aber ist *bāṭil* „nichtig", im Sinne von *nullum*, engl. *void*, *fāsid* ist fehlerhaft, zugleich nähert es sich dem deutschen Begriff „anfechtbar", engl. *„voidable"* [2]. Die Begriffe sind allgemein kontraktlicher Natur [3], finden sich auch bei den kultischen Handlungen *(ʿibādāt)*. Im folgenden sind nur die vermögensrechtlichen Geschäfte *(muʿāmalāt)* behandelt.

I. Die Nichtigkeit

Im rechtstechnischen Sinne bedeutet *buṭlān* „Nichtigkeit" (Substantiv zu *bāṭil)* das Fehlen der Rechtmäßigkeit *(ṣiḥḥa)* eines Rechtsgeschäftes [4], wie z. B. bei Kauf, Miete, Eheschließung; demzufolge fehlt seine rechtliche Wirkung: es wird von der *šarīʿa* nicht anerkannt und als nichtexistent behandelt. Da das nichtige Geschäft ipso iure unwirksam ist, bedarf es keiner Nichtigkeitserklärung *(fasḫ)*. Der Richter braucht also nicht den Akt zu annullieren, sondern nur seine Nichtigkeit festzustellen. Die Nichtigkeit wird weder durch Zeitablauf *(taqādum)* noch durch Genehmigung *(iǧāza)* geheilt. Ein ziger Ausweg bleibt die Neuvornahme *(taǧdīd)* des Geschäftes in rechtsgültiger Form.

Demnach sind bei einem Rechtsgeschäft sowohl der tatsächliche Abschluß als auch die rechtliche Anerkennung durch die *šarīʿa* Voraussetzungen der Wirksamkeit. Dabei ist zu beachten, daß die Nichtigkeit auf einen Teil eines im übrigen einheitlichen Rechtsgeschäftes beschränkt sein kann. Wenn durch ein und denselben Vertrag verkehrsfähiges Gut *(māl)* und unveräußerliches Vermögen *(waqf)* verkauft werden, so ist das Geschäft hinsichtlich des veräußerungsfähigen Gutes rechtsgültig, bezüglich des unveräußerlichen dagegen nichtig.

---

[2] Daher ist es unkorrekt, wenn CHAFIK CHEHATA, L'acte translatif de propriété en droit musulman, in: Revue Al-Qanoun wal Iqtisad, XXI, 1951, S. 462 *fāsid* mit *„nul"* erklärt statt richtigem *„imparfait* ou *vicié"*.

[3] Es ist also unrichtig, wenn VESEY-FITZGERALD, Muhammadan Law, London 1931, S. 45, lehrt, daß sie vom Kaufrecht auf das Eherecht übertragen sind, vgl. schon SCHACHT, Islam 20, 1932, S. 262.

[4] Vgl. ǦURǦĀNĪ, TAʿRĪFĀT: *al-bāṭil allaḏī lā yakūn ṣaḥīḥ^{an} bi-aṣlihi.*

Die Ursachen der Nichtigkeit: Alle möglichen Fälle und Formen der Nichtigkeit beruhen auf ein und derselben Ursache: dem Verstoß gegen eine der Essentialien *(arkān)*, die das *šarīʿa*-Recht fordert, oder gegen eine der notwendigen Voraussetzungen, seien es Voraussetzungen für das Zustandekommen des Vertrages *(šarā'iṭ al-inʿiqād)* oder für das Wirksamwerden des Vertrages *(šarā'iṭ an-nufūḏ)*. Dazu gehören sowohl die schon besprochenen persönlichen Voraussetzungen, als auch sachliche Voraussetzungen, wie die Verkehrsfähigkeit des Vertragsobjektes und beim Kauf die Angabe des Preises. Nichtig ist daher der Verkauf von unveräußerlichem Vermögen *(waqf)* oder der *res communes* wie Flüsse, Weiden, Luft oder einer nichtexistierenden oder untergegangenen Sache. Durch den Untergang der verkauften Sache *vor* der Besitzergreifung wird, wenn sie durch die Tat des Verkäufers untergeht, der Kaufvertrag nichtig (KĀSĀNĪ V, 238, 20 ff.) [5]. Eine nach den gesetzlichen Vorschriften der Blutsverwandtschaft, Milchverwandtschaft, der angeheirateten Verwandtschaft verbotene Ehe ist nichtig; dergleichen die Ehe mit der Ehefrau eines anderen sowie die Heirat mit einer fünften Ehefrau [6]. Derartige Fälle können auf keine Weise legalisiert werden. Wegen der übrigen Nichtigkeitsgründe, die vielfach von Vertrag zu Vertrag wechseln, sei auf die ausführliche Kasuistik in den Rechtsbüchern verwiesen.

Von der *Wirkung* der Nichtigkeit, daß ein Vertrag ex tunc unwirksam ist, gibt es einige Fälle in der Weise, daß die Nichtigkeit nur eine Unwirksamkeit des Rechtsgeschäftes ex nunc zur Folge hat.

a) Wenn auch der nichtigen Ehe die primären Rechte auf Geschlechtsgenuß *(istimtāʿ)*, Unterhalt *(nafaqa)* und Erbfolge *(tawāruṯ)* vorenthalten bleiben, so treten doch – sofern die Partner gleichwohl miteinander Geschlechtsverkehr gehabt haben – folgende sekundäre Rechtswirkungen ein:

aa) die Frau kann die Brautgabe *(mahr)* verlangen,

bb) die Abstammung *(nasab)* eines später zur Welt kommenden Knaben von dem Manne ist erwiesen,

cc) die Frau muß bis zur Wiederverheiratung die Wartezeit *(ʿidda)* einhalten.

b) Als Ausnahmeregelung werden nach hanafitischem Recht die Fälle der Haftung *(ḍamān)* des Käufers für den Untergang *(halāk)* der auf Grund des nichtigen Geschäftes erlangten Sache behandelt. Nach hanafitischer Lehre bleibt der dem Geschäft zugrunde liegende Austauschgedanke von der Nichtigkeit unberührt. Die Absicht der Parteien, untereinander synallagma-

---

[5] Vgl. O. SPIES, Die Lehre von der Haftung für Gefahr im islamischen Recht, Zt. f. vergl. Rechtswiss. 58, 1955, S. 79–95, Übersetzung S. 85–87.

[6] Vgl. dazu ANDERSON, Invalid and void marriages in Hanafi Law, in: Bul. School Oriental and African Studies 13 (1950), S. 357–366, und J. LAPANNE-JOINVILLE, La théorie des nullités de mariage en droit muselman malékite, in: Rev. Lég. Jur. (Alger), 1951, 92–102.

tische Beziehungen zu begründen, würde indessen vereitelt werden, wenn der Käufer, der den bezahlten Preis zurückverlangen kann, den Verlust der erhaltenen Sache nicht zu verantworten hätte. Daher lassen die Hanafiten hier den Käufer zugunsten des Verkäufers haften, und zwar bei vertretbaren *(miṯlīyāt)* Sachen auf Rückgewähr einer gleichartigen *(miṯl)*, bei unvertretbaren *(qīmīyāt)* auf Erstattung des Wertes *(qīma)*.

Andere Rechtsgelehrte lassen die Haftung des Käufers nur bei Untergang des Vertragsobjektes infolge Fahrlässigkeit *(tafrīṭ, taqṣīr fi'l-ḥifẓ)*[7] oder Übertretung *(taʿaddī)* eintreten. In diesem Fall stellen sie den Käufer ausdrücklich dem Depositar *(wadīʿ)* gleich und die Kaufsache dem Depositum *(wadīʿa)*[8].

c) Nichtig können auch die in einem nichtigen Vertrag enthaltenen Bestandteile und Klauseln über die Preisbestimmung, Bedingungen oder Ausnahmen bei der Schenkung sein. Andererseits können Klauseln zur Nichtigkeit des Vertrags führen, wie der folgende Fall Kāsānī VI, 117 zeigt: „Wenn jemand zu zwei Männern sagte: mein Haus soll dem von euch beiden gehören, der länger lebt, dann ist diese Schenkung nichtig, weil er nicht weiß, welcher von beiden länger leben wird. Denn dies bedeutet, daß die Übereignung mit einem Risiko verknüpft wird, deshalb ist das nichtig."

Einschränkungen bei Verträgen können manchmal nichtig, manchmal rechtsgültig sein, wobei sie nicht immer den Vertrag von ihrer Rechtsgültigkeit oder Nichtigkeit abhängig machen. Kāsānī VI, 117 stellt folgenden Lehrsatz auf: „Wenn jemand eine Sklavin schenkt und bei der Schenkung ausschließt, was in ihrem Leib ist, oder ein Tier schenkt und ausschließt, was in seinem Leib ist, dann ist die Schenkung rechtsgültig hinsichtlich Mutter und Kind zusammen, aber die Einschränkung ist nichtig *(bāṭil)*." Das Ganze gehört dem Beschenkten. Die ganze Erörterung über die Verträge, in denen die Einschränkung der Schwangerschaft vorliegt, geht dahin, daß sie (die Verträge) aus *drei* Arten bestehen: eine Vertragsart davon ist nichtig und nichtig ist zugleich die Einschränkung, die zweite Vertragsart ist rechtsgültig, aber die Einschränkung ist nichtig, die dritte Vertragsart ist rechtsgültig und die Einschränkung ist auch rechtsgültig.

Die *erste* Art liegt vor bei Kauf, Miete, Loskaufvertrag des Sklaven, Pfand; denn die Einschränkung auf das, was im Leib ist, ist wie eine fehlerhafte Bedingung. Derartige Verträge sind durch fehlerhafte Bedingungen nichtig.

Die *zweite* Art liegt vor bei Schenkung, Almosen, Ehe, Selbstloskauf der Frau gegen Entgelt *(ḫulʿ)*, Vergleich über vorsätzlich vergossenes Blut; denn

---

[7] *Tafrīṭ* ist eine Vernachlässigung der Pflichten und mangelnde Sorgfalt, *taʿaddī* eine Überschreitung der Befugnisse und Verletzung der Vertragsbestimmungen; im ersten Fall tut der Schuldner weniger, als er tun müßte, im zweiten Fall tut er mehr, als er darf, vgl. O. Spies, Die Lehre von der Haftung, S. 81.

[8] Vgl. O. Spies, Das Depositum nach islamischem Recht, Zt. f. vergl. Rechtswiss., Bd. 45, 1930, S. 241–300.

diese Verträge sind nicht durch fehlerhafte Bedingungen nichtig, vielmehr ist der Vertrag rechtsgültig, aber die Einschränkung ist nichtig. Mutter und Kind werden zusammen Gegenstand des Vertrages, weil die fehlerhafte Bedingung, nämlich die Einschränkung dabei, wenn sie nicht rechtsgültig ist, mit dem Nichtexistierenden verbunden wird; daher ist der Vertrag so, als ob keine Einschränkung gemacht worden wäre. Ebenso verhält es sich bei der Freilassung, daß z. B. jemand eine Sklavin freigelassen und ausgenommen hat, was in ihrem Leib ist; die Freilassung ist rechtsgültig, aber die Einschränkung ist nicht rechtsgültig, es sei denn, er läßt Mutter und Kind *(nasciturus)* zusammen frei.

Die *dritte* Art liegt vor beim Testament in der Art, daß jemand einem Mann eine Sklavin vermacht und ausgenommen hat, was in ihrem Leib ist; denn als er die Sklavin zum Gegenstand des Testamentes machte und das, was in ihrem Leibe ist, ausnahm, hatte er das, was in ihrem Leibe war, als Erbschaft für seine Erben gelassen und die Erbschaft hätte das betroffen, was in ihrem Leib ist.“

Ebenso verhält es sich bei der Befristung *(taʿǧīl)* der Bürgschaft. Wenn die Befristung vom Kommen des Regens und Wehen des Windes abhängig gemacht wird, ist diese Zeitbestimmung nichtig, der Bürgschaftsvertrag bleibt aber rechtsgültig (vgl. Gentz, Bürgschaft, S. 96).

Die auf einem nichtigen Vertrage beruhenden Rechtshandlungen, wie Anerkenntnis und Erlaß der Preisforderung aus einem nichtigen Kauf sind auch nichtig. Von großer praktischer Bedeutung ist die gegenseitige Besitzergreifung *(taqābuḍ)* bei der Durchführung *(tanfīḏ)* eines nichtigen Kaufes. Demgemäß müssen die Vertragsparteien das auf diese Weise Erlangte einander zurückgeben.

II. Die Fehlerhaftigkeit

Im rechtstechnischen Sinne bezeichnet *fasād* (Substantiv zu *fāsid)* die Unvollkommenheit eines Rechtsgeschäfts, weil eine der Voraussetzungen der Essentialien nicht berücksichtigt wurde oder fehlerhaft ist. Die Fehlerhaftigkeit liegt rechtlich auf der Skala zwischen der Nichtigkeit *(buṭlān)* und der Rechtmäßigkeit *(ṣiḥḥa)*. Im Gegensatz zu einem nichtigen Rechtsgeschäft gilt der fehlerhafte Vertrag als abgeschlossen, er kommt also zustande *(munʿaqid)*; er wird jedoch von der Rechtsordnung nicht voll anerkannt und ist daher unvollkommen. Gurǧānī definiert: Der fehlerhafte Vertrag ist der, welcher durch sein Wesen gültig ist, aber nicht durch seine Nebenumstände *(aṣ-ṣaḥīḥ bi-aṣlihi lā bi-waṣfihi)*, also sein *aṣl* entspricht dem Gesetz, aber nicht sein *waṣf* [9]. Weder das nichtige noch das fehlerhafte Rechtsgeschäft werden durch Genehmigung *(iǧāza)* der am Abschluß Beteiligten rechtmäßig.

---

[9] Vgl. Bergsträsser-Schacht, Grundzüge, S. 30.

Es ist allerdings möglich, das fehlerhafte Rechtsgeschäft durch vertragliches Fortbedingen oder Berichtigen seines widerrechtlichen Teiles nachträglich in einen rechtmäßigen Vertrag umzuwandeln.

Während die Nichtigkeit alle Verfügungen erfassen kann – die vertraglichen (*ʿaqdīya*) wie die nichtvertraglichen (*ġair ʿaqdīya*), die mündlich erklärten (*bil-qaul*) wie die durch Handeln (*bil-fiʿl:* KĀSĀNĪ V, 133) zustandegekommenen, ist die Reichweite der Fehlerhaftigkeit kleiner. Denn nicht alle Verfügungen müssen fehlerhaft sein. Viele sind entweder nur rechtmäßig *oder* nichtig.

Fehlerhaft können sein:

a) Vermögensrechtliche Verträge (*ʿuqūd mālīya*), welche beiderseitige Verpflichtungen begründen, dazu gehören u. a. der Verkauf (*baiʿ*), die Miete (*iǧāra*), das Darlehen (*qarḍ*), die Verpfändung (*rahn*), die Delegation (*ḥawāla*), Bürgschaft (*kafāla*).
b) Die Schenkung (*hiba*). Da durch die Schenkung Eigentum übertragen wird, muß sie folglich auch zu den vermögensrechtlichen Geschäften gezählt werden.

Alle übrigen Geschäfte können nicht fehlerhaft sein, sondern nur rechtmäßig oder nichtig. Dazu zählen:

1. allein durch Handeln zustandegekommene Verfügungen,
2. mündliche Verfügungen, die keinen Vertrag, sondern eine einseitige Willensäußerung darstellen, so die Ehescheidung (*ṭalāq*), die Freilassung eines Sklaven (*iʿtāq*), die religiöse Stiftung (*waqf*), der Schulderlaß (*ibrāʾ*) und das Anerkenntnis (*iqrār*),
3. nicht-vermögensrechtliche Verträge, wie Eheschließung (*nikāḥ*), Auftrag (*wakāla*) und Vormundschaft (*wiṣāya*),
4. vermögensrechtliche Verträge, die keine beiderseitigen, sondern nur einseitige Verpflichtungen begründen, durch die kein Eigentum übertragen wird, z. B. das Depositum (*wadīʿa*) und die Leihe (*iʿāra*).

Die Ursachen der Fehlerhaftigkeit

Alle Fälle der Fehlerhaftigkeit lassen sich zurückführen auf den Verstoß des Rechtsgeschäftes gegen eine der gesetzlich bestimmten Voraussetzungen, also der *šarāʾiṭ*, nicht der *arkān*. Diese Verstöße können allgemeine und besondere Gründe für die Fehlerhaftigkeit haben. Unter den verschiedenen Formen der Fehlerhaftigkeit gibt es eine allgemeine Gruppe, die bei allen dieses Mangels fähigen Verträgen möglich ist, und eine besondere, die nur einen Teil von ihnen ergreifen kann. Bezüglich der *besonderen* Gründe wird auf die Rechtsbücher verwiesen, worin sie unter den Bedingungen der Rechtmäßigkeit (*šarāʾiṭ aṣ-ṣiḥḥa*) aufgeführt sind. So ist z. B. ein Werklieferungsvertrag mit Terminbestimmung nach einigen ungültig, nach anderen nicht. KĀSĀNĪ IV, 186 führt eine Reihe von Beispielen und Begründungen an, weshalb diese Klausel *(šarṭ)* entweder rechtsgültig oder fehlerhaft *(fāsid)* ist. Vgl. E. Pritsch und O. Spies, Der islamische Werklieferungsvertrag, Zt. f. vergl. Rechtswiss., Bd. 56, 1953, S. 56 und besonders S. 68–70.

Bei den *allgemeinen* Ursachen der Fehlerhaftigkeit unterscheidet man im einzelnen verschiedene Gründe, von denen die wichtigsten genannt seien:

1. Kenntnis *(ʿilm)* über den Vertrag selbst und den Vertragsgegenstand sind unbedingt erforderlich. Falls sie nicht vorliegt, sprechen die arabischen Juristen von „Unkenntnis" *(ǧahl* oder *ǧahāla);* aber diese muß eine erhebliche, schwere *(ǧahāla fāḥiša)* sein.

Die hanafitische Lehre unterscheidet:

a) Die Ungewißheit über das Vertragsobjekt *(ǧahāla fī'l-maʿqūd alaihī),* das vorhanden sein muß; sie bewirkt die Nichtigkeit des Vertrages. Hierher gehört der Verkauf der Frucht im Mutterleib; denn es ist möglich, daß es sich um eine bloße Leibesschwellung handelt oder daß eine Totgeburt stattfindet.

b) die Ungewißheit über Eigenschaften und Masse *(ǧahāla fī auṣāf au maqādīr)* oder ähnliche Nicht-Essentialien. Sie führt zur Fehlerhaftigkeit des Geschäftes. Die Kenntnis der Quantität der Kaufsache ist Voraussetzung der Rechtmäßigkeit des Vertrages, wie Kāsānī V, 208, 3 feststellt: „Deshalb lehren wir: Die Kenntnis hiervon ist nicht deshalb Voraussetzung, weil die Kaufsache eine Speziessache ist, sondern um den Vertrag vor einer Unkenntnis zu bewahren, die zum Rechtsstreit führt... So beginnen beide Parteien zu streiten. Daher ist die Unkenntnis *(ǧahāla)* eine solche, die zum Streit führt."

Die Unbestimmtheit ist insbesondere deshalb rechtserheblich, weil sie die Gefahr eines Streites *(nizāʿ, munāzaʿa)* heraufbeschwören kann, also einen Rechtsstreit, den der Richter wegen der Gleichwertigkeit der Beweise beider Parteien nicht entscheiden kann. Hierher gehört der Verkauf eines nicht näher konkretisierten Schafes aus einer Herde. Das gleiche gilt, wenn mehrere Personen eine Gesellschaft *(širka)* gründen, ohne zu bestimmen, wie der Gewinn *(ribḥ)* unter ihnen verteilt werden soll. Bezüglich des Lieferungsgegenstandes sagt Kāsānī V, 208, 16: „Wenn der Lieferungsgegenstand zu den Sachen gehört, die das (nämlich ihre Quantität und Qualität durch die Beschreibung zu erfassen) nicht ermöglichen, und nach der Beschreibung ein erheblicher [Wert-]Unterschied bleibt, so ist der Liefervertrag darüber nicht gültig; denn wenn er die Erfassung seiner Quantität und Qualität nicht ermöglicht, so ist die Tatsache, daß Quantität und Qualität unbekannt sind *(maǧhūl),* eine erhebliche Unkenntnis *(ǧahāla fāḥiša),* die zum Streite führt, und das bedeutet, daß sie den Vertrag fehlerhaft macht."

Die Unbestimmtheit verhindert nicht als solche die Zulässigkeit des Vertrages, sondern die Tatsache, daß eine Unbestimmtheit zu Streitigkeiten führt, läßt eine solche Bedingung beim Kauf nichtig sein, während sie z. B.

bei der Bürgschaft, solange es sich um im Volk gebräuchliche Klauseln handelt, erlaubt ist, weil bei der Übernahme des Bürgschaftsvertrages nachsichtig verfahren wird (vgl. GENTZ, Bürgschaft, S. 96).

2. Eine Form der Unbestimmtheit ist auch der Irrtum *(ġalaṭ)*, der meist in kasuistischer Weise in den Rechtswerken erörtert wird. Beim Irrtum unterscheidet man: *al-ġalaṭ bi'ḏ-ḏāt*, d. h. über die Identität des Objekts und *al-ġalaṭ bi'l-waṣf*, d. h. über die Qualität der Sache und *al-ġalaṭ bi'l-ḥukm*, d. h. über die Rechtswirkungen. Für Einzelheiten sei hier auf SANTILLANA, *Istitutioni*, Vol. II, 44–46 verwiesen.

3. Zwang *(ikrāh)* oder Gewalt *(ǧabr)*. Der Vertrag muß eine freie Willenserklärung darstellen. Über die Behandlung eines durch Zwang zustande gekommenen Vertrages sind die hanafitischen Gelehrten geteilter Meinung. Abū Ḥanīfa nimmt ein fehlerhaftes Rechtsgeschäft an, ZUFAR [10] ein schwebend unwirksames, das nach Beendigung der Zwangslage von dem zum Abschluß gezwungenen Vertragsteil genehmigt und damit rechtmäßig und wirksam werden kann. KĀSĀNĪ VI, 16, 11: „Zu den Voraussetzungen bei der Delegation gehört die freie Zustimmung des Deleganten, so daß die Überweisung, wenn er zu ihr gezwungen wird, nicht rechtmäßig ist; denn die Überweisung ist eine Befreiung, die eine Übereignung bedeutet; daher wird sie durch Zwang *(ikrāh)* fehlerhaft wie andere Übereignungsgeschäfte."

Die Wirkungen der Fehlerhaftigkeit

Die Fehlerhaftigkeit verhindert das Zustandekommen *(in'iqād)* des Rechtsgeschäftes nicht. Der fehlerhafte Vertrag führt also die mit ihm beabsichtigten Rechtsfolgen herbei; denn andernfalls handelt es sich um ein nichtiges Rechtsgeschäft. Vertragspartner und Richter haben die Möglichkeit, den Vertrag aufzuheben. Durch die Aufhebung *(fasḫ)* geht seine verpflichtende Wirkung verloren. Dadurch wird der Vertrag nichtig [11]. Nach ŠAIBĀNĪ kann nur derjenige Geschäftspartner den Vertrag aufheben, zu dessen Lasten die rechtswidrige – und damit die Fehlerhaftigkeit verursachende – Vertragsbedingung vereinbart worden ist. Zur Ausübung des Aufhebungsrechtes bestimmt ABŪ ḤANĪFA, daß im Falle der Aufhebung durch einen Vertragsteil der andere Partner zugegen sein muß.

---

[10] Bedeutender Rechtsgelehrter und Freund ABŪ ḤANĪFA's, gestorben 158/775 in Basra.

[11] Damit erinnert die Aufhebung an die deutschrechtliche Anfechtung nach den §§ 119 ff. BGB. Bei einem genaueren Vergleich unterscheidet sich die Anfechtung jedoch in ihren Voraussetzungen und Folgen erheblich von dem islamischen Rechtsinstitut. Angefochten werden können keine Verträge, sondern nur einseitige Willenserklärungen, und das in keinem Falle durch das Gericht, weiterhin nur bei Vorliegen von Irrtum, Täuschung und Drohung. Außerdem vernichtet die Anfechtung die Willenserklärung mit rückwirkender Kraft.

Das Aufhebungsrecht (fasḫ) entfällt, worüber KĀSĀNĪ V, 300–302 ausführlich handelt:

1. wenn das gelieferte Vertragsobjekt nicht mehr vorhanden ist oder einen Wertzuwachs *(ziyāda)* erfahren hat oder seine äußere Form sich so entscheidend geändert hat, daß es eine andere Bezeichnung erhalten hat. Darunter fallen Untergang und Verbrauch der im Besitz des Käufers befindlichen Kaufsache, die Umgestaltung des gekauften Hauses, die Bepflanzung des erworbenen Landes mit Bäumen, das Mahlen des gekauften Weizens und das Verbacken des erstandenen Mehles.
2. wenn die Aufhebung zur Verletzung von Rechten Dritter führen würde, die an dem Vertragsgegenstand bestehen. Erwirbt jemand auf Grund eines fehlerhaften Kaufes einen Gegenstand und veräußert er ihn mittels eines rechtmäßigen Kaufvertrages weiter, so ist die Aufhebung des fehlerhaften Geschäftes ausgeschlossen [12].

III. Die schwebende Unwirksamkeit

Neben der Fehlerhaftigkeit gibt es das Schweben von Rechtswirkungen *(wuqūf,* Adjektiv *mauqūf)* oder die schwebende Unwirksamkeit *(tawaqquf,* Adjektiv *mutawaqqif)* von Rechtsgeschäften. Sie steht rechtlich zwischen Nichtigkeit und Rechtswirksamkeit, während sie nach ŠĀFIʿĪ das Gegenteil der Wirksamkeit *(nafāḏ)* ist. Die schwebende Unwirksamkeit läßt den Vertrag nicht in Kraft treten, versagt ihm also die rechtliche Geltung. Trotz des rechtmäßigen *(ṣaḥīḥ)* Abschlusses bleiben die Wirkungen des Vertrages in der Schwebe, und zwar bis zur Genehmigung *(iǧāza)* oder Ablehnung *(rafḍ)* durch denjenigen, in dessen Rechtskreis das Geschäft eingreift. Die Wirkung hängt also von einer Bedingung ab.

Die hanafitischen Rechtsgelehrten unterscheiden eine große Anzahl von Arten schwebend unwirksamer Verträge, die meist in kasuistischen Beispielen dargeboten werden. Aus diesen Fällen mögen folgende Typen herausgestellt werden:

1. der durch Anwendung von Zwang *(ikrāh)* zustandegekommene Vertrag wird, wie bereits erwähnt, von ZUFAR in die Kateogrie des schwebend unwirksamen eingeordnet. Der Vertragspartner, gegen den Gewalt angewandt wurde, kann das Geschäft mit seiner Genehmigung wirksam werden lassen.
2. der Vertrag des unterscheidungsfähigen Minderjährigen *(ṣaġīr mumayyiz)* [13]. Das Geschäft wird durch die Genehmigung des gesetzlichen Ver-

---

[12] Denn die Aufhebung begründet die Pflicht zur Rückgewähr des Erlangten. Die Rückübertragung des Kaufobjektes an den Erstverkäufer würde jedoch eine Verletzung des Eigentums des Zweitkäufers bedeuten.

[13] Die Rechtsgeschäfte des Kindes *(ṭifl),* das noch kein Unterscheidungsvermögen hat, sind dagegen absolut nichtig.

treters geheilt. Gesetzlicher Vertreter ist ein nahestehender Verwandter *(walī)*, meistens der Vater, bei einem Waisen *(yatīm)* der bestellte Vormund *(waṣī)*. Als Beispiel sei KĀSĀNĪ V, 135, 9–11 genannt: „Was die Volljährigkeit *(bulūġ)* betrifft, so ist sie nach unserer Lehre keine Bedingung für das Zustandekommen des Kaufvertrages, so daß, wenn ein unterscheidungsfähiger Minderjähriger *(ṣabī ʿāqil)* seine Sache verkaufen würde, der Vertrag nach unserer Lehre schwebend unwirksam *(mauqūf)* abgeschlossen ist, abhängig von der Genehmigung *(iǧāza)* seines Vormundes und von seiner eigenen Genehmigung nach Erreichen der Volljährigkeit. Aber nach SCHĀFIʿĪ ist sie Bedingung, so daß die Verfügungen des Minderjährigen nach seiner Lehre überhaupt nicht abgeschlossen sind."

3. der Vertrag des entmündigten Verschwenders *(safīh maḥǧūr alaihī)*. Mit der vom Richter ausgesprochenen Entmündigung wird der safīh einem unterscheidungsfähigen Minderjährigen gleichgestellt und erhält einen Vormund. Nur durch ihn kann der Verschwender ein wirksames Rechtsgeschäft abschließen. Die Genehmigung der Verträge des Verschwenders ist in das Ermessen des Vormundes gestellt.
4. der Vertrag des Überschuldeten *(madīn bi-dain mustaġriq)*. Sobald feststeht, daß die Schulden den Wert seines Vermögens erheblich übersteigen, untersagt ihm der Richter auf Antrag der Gläubiger jegliche weitere Verfügung über sein Vermögen. Die Maßnahme dient dem Gläubigerschutz. Die dem Verbot zuwider mit Dritten abgeschlossenen Geschäfte bedürfen zu ihrer Gültigkeit der Genehmigung der Gläubiger [14].
5. die Verfügung des Todkranken *(marīḍ maraḍ al-maut)*. Er darf nur über ein Drittel seines Nachlasses *(tarika)* verfügen. Soweit er über mehr verfügt, hängt die Wirksamkeit des Geschäftes von der Genehmigung der Erben ab.
6. die Verfügung des Apostaten *(murtadd)*. Bei Abfall vom Islam *(irtidād)* bleibt das Eigentum schwebend; es erlischt erst, wenn der Apostat stirbt oder das Gebiet des Islams verläßt. Seine Rechtsgeschäfte werden in dem Zeitpunkt wirksam, da er zum Islam zurückkehrt. Eine andere Möglichkeit der Heilung besteht nicht.
7. der Vertrag des vollmachtlosen Vertreters *(fuḍūlī)* [15]. Dem *fuḍūlī* fehlt entweder die gesetzliche Vertretungsmacht des *walī* oder die durch Rich-

[14] Nach geltendem deutschem Recht (§§ 136, 135 BGB) hat der Verstoß gegen ein derartiges richterliches Veräußerungsverbot nicht die schwebende, sondern die – meines Wissens dem islamischen Recht unbekannte – relative Unwirksamkeit zur Folge.

[15] *fuḍūlī* läßt sich auch mit „Geschäftsführer ohne Auftrag" übersetzen. Dann liegt die Betonung weniger auf fehlender Legitimation gegenüber dem Geschäftspartner, als auf dem mangelhaften Verhältnis zu demjenigen, in dessen Rechtskreis eingegriffen wird. Das islamische Recht trennt begrifflich nicht klar zwischen Auftrag (Innenverhältnis) und Vertretung (Außenverhältnis).

terspruch begründete des *waṣī* oder die rechtsgeschäftliche Vollmacht des *wakīl*[16].

Kāsānī V, 148, Z. 26: „Denn der Verkauf des *fuḍūlī* ist nicht wirksam, weil das Eigentum und die Vollmacht fehlen; aber der Vertrag kommt schwebend unwirksam zustande, abhängig von der Genehmigung des Eigentümers ... Wenn er die Genehmigung erteilt, so ist der Vertrag wirksam, wenn nicht, so ist er nichtig. Aber nach Šāfiʿī sind die Verfügungsgeschäfte des *fuḍūlī* nichtig."

8. Die Rechtsgeschäfte des Sklaven, der nicht *maʾḏūn* ist. Die Heirat des Sklaven bleibt solange schwebend, bis der Herr seine Zustimmung *(iḏn)* gibt.

Aus der Vielzahl der möglichen Sachverhalte seien herausgegriffen: der Verkauf fremden Eigentums, Veräußerung und Verpfändung des Gesellschaftsvermögens lediglich durch einen der Gesellschafter, die Verheiratung der volljährigen Tochter gegen ihren Willen. Diese Rechtsgeschäfte werden erst wirksam, wenn der Dritteigentümer, die Mitgesellschafter und die Tochter darin einwilligen.

Übersicht

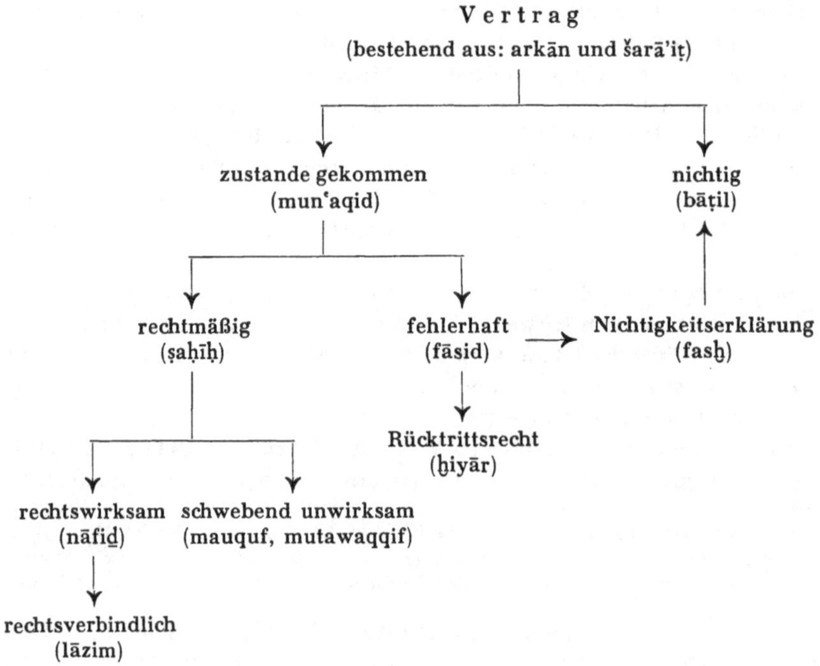

[16] Dem Voraufgehenden entsprechend wird *wakīl* je nach dem Zusammenhang entweder mit „Beauftragter" oder mit „Stellvertreter" wiedergegeben.

Benutzte Literatur

1. Arabische Werke

Ḥalabī, *Multaqa'l-abhur*, Istanbul 1311. – Ibn Nuǧaim, *al-Baḥr ar-rā'iq šarḥ Kanz ad-daqā'iq*, Kairo 1311. – Kāsānī, *Badā'i' aṣ-ṣanā'i'*, Kairo 1328. – Qudūrī, *Muḫtaṣar*, ed. et trad. Bousquet et Berger (Institut des Hautes Études de Tunis, Vol. III), o. J. – Samarqandī, *Tuḥfat al-fuqahā'*, Vol. 1–3, Damaskus 1958/59. – Šaibānī, *Kitab al-Aṣl*, ed. Šahāta, Kairo 1954. – Sarahsī, *al-Mabṣūṭ*, Kairo 1324 bis 1331. – Zarqā', *al-Madḫal al-fiqhī al-'āmm*, Damaskus 1956.

2. Europäische Darstellungen

Bergsträsser-Schacht, Grundzüge des islamischen Rechts, Berlin 1935. – J. Gentz, Die Bürgschaft im islam. Recht nach al-Kāsānī, Zt. f. vergl. Rechtswiss. 62 (1960), S. 85–180. – W. Juynboll, Handbuch des islamischen Gesetzes, Leiden 1910. – L. Milliot, Introduction à l'étude du Droit Musulman, Paris 1953. – D. Santillana, Istituzioni di Diretto Musulmano Malichita, Vol. II, Rom 1938.

L. W. C. van den Berg, De contractu do ut des, Leiden 1869 und Over het contract al-Bai', in: Bijdragen tot de Taal-, land-en volkenkunde van Ned.-Indie, 3. Volgr., 1869, bes. 3. Hoofstuk, § 1 Over de bâtil bai'-contracten (S. 66 ff.) und § 2 Over de fâsid bai'-contracten (S. 75 ff.).

DER LEGALITÄTSGEDANKE IM ISLAMISCHEN RECHT

von Dr. ERNST KLINGMÜLLER
Professor an der Universität Köln

Jede Definition des Legalitätsbegriffes wird entscheidend von der Natur des Rechtskreises bestimmt, für den und in dem sie entwickelt wird. Da sich das islamische Recht in seiner Struktur und in seiner Anwendung stark von den europäischen Rechten unterscheidet, muß auch eine Untersuchung über den Legalitätsgedanken im islamischen Recht von anderen Voraussetzungen ausgehen. Zwar wird heute schar'i* [1] mit legal – mitunter auch mit legitim – übersetzt. Aber selbst in der neueren arabischen Sprache hat das arabische Wort einen anderen Inhalt, weil mit ihm auch andere Assoziationen verbunden werden als bei uns, und um wieviel mehr gilt das für eine Zeit, die uns im gesamten Denken noch sehr viel ferner steht. Man wird auch vergeblich nach einer klaren Definition der Legalität herkömmlicher Prägung in den islamischen Rechtsbüchern suchen. So ergibt sich also zunächst die Aufgabe, an sich bekannte Umstände der islamischen Geschichte unter diesem Aspekt wertend darzustellen. Ob es überhaupt möglich ist, einen solchen Begriff, der ja als Begriff doch wohl erst in der Neuzeit entwickelt, wenngleich als Faktum schon lange anerkannt worden ist [2], völlig konform auf andere Rechtskreise und anderes Rechtsdenken zu übertragen, bleibt letztlich problematisch. Nur mit diesem Vorbehalt sind die nachfolgenden Ausführungen als ein Versuch zu werten,

---

* Die Umschrift lehnt sich an die im „Handbuch der Orientalistik" (herausgegeben von B. SPULER) gebrauchte an. Die Grundbegriffe der islamischen Glaubenslehre sind nicht näher erläutert, sondern als bekannt vorausgesetzt. Um den wissenschaftlichen Apparat nicht allzusehr zu belasten und ihn mit der knappen Darstellung für ein Referat konform zu halten, sind im allgemeinen nur Werke in europäischen Sprachen bzw. Übersetzungen zitiert, an der ersten Stelle jeweils vollständig.

[1] Schari'a wird schon in diesem Sinn, wenn auch noch nicht als voller juristischer Terminus technicus im Koran gebraucht; so in den Offenbarungen der letzten mekkanischen Periode, Koran (zitiert nach der offiziellen ägyptischen Staatsausgabe, Kairo-Bulaq 1918/19 [1337 H]) 45, 18 u. 42, 13; zum Begriff Schari'a vgl. im übrigen „Enzyklopädie des Islam", Bd. IV, S. 344 ff.

[2] So schon THUKYDIDES über die Herrschaft des Perikles in Pelep. Krieg II, 65.

der sich darauf beschränken muß, den Bereich einmal abzugrenzen und die Problematik wenigstens an einzelnen Beispielen aufzuzeigen.

I

In der Untersuchung, die von KLUG dem V. Internationalen Kongreß für Rechtsvergleichung in Brüssel, 1958[3] über den Legalitätsbegriff vorgelegt worden ist, hat er u. a. aufgezeigt, daß für eine genaue Erfassung des Begriffes zunächst eine Klärung des Gesetzesbegriffes notwendig ist. Von dieser Erkenntnis ausgehend, kann man im Hinblick auf den hier in Frage stehenden Bereich zunächst allgemein feststellen, daß ohne Gesetz eine begriffliche Erfassung der Legalität nicht denkbar ist. Das Problem kompliziert sich in dem Umfang, wie sich die Erfassung des Gesetzes erschwert. Nun haben wir im Bereich des Islam überhaupt kein Gesetz in modernem, technischem Sinn. Es gibt auch kein festgefügtes, religiöses „Gesetz", sondern wir können eher von einem Dogmengebäude mit normativen Bereichen sprechen, in denen die Beziehungen des Gläubigen zu Allah, aber auch zu seiner Gemeinde und seinen Glaubensbrüdern geregelt werden, wobei die Umsetzung der legitimierenden Grundwertordnung – etwa in Gestalt des geoffenbarten Gesetzes – in die konkretisierende Rechtssatzung nicht im Wege der rationalen Gesetzgebung, sondern der (rechts- und religiös-)dogmatischen Lehr- und Fallentwicklung erfolgt[4]. Dies bedeutet im Sinne unseres Themas, daß das Spannungsverhältnis „Legalität und Legitimität", mit dem sich der moderne Legitimitätsbegriff zwangsläufig auseinandersetzen muß, im islamischen Bereich ganz anders akzentuiert, ja weitgehend überhaupt aufgehoben ist, denn ein geoffenbartes „Gesetz" steht eigentlich außerhalb der menschlichen Begriffe von Legalität und Legitimität. Insoweit scheidet also im Grunde der normative Bereich aus dem geistigen Einzugsgebiet des Legalitätsbegriffes aus, der erst an den Nahtstellen von transzendentalem und profanem Gesetz in Frage steht.

Die Schwierigkeit der Erfassung und Wertung dieses „offiziellen"[5] islamischen Rechtes liegt in der eigentümlichen Mischung von Glaubens- und Rechtssätzen begründet. Das göttliche koranische Gesetz ist mit der – menschlichen – Ratio nicht voll zu erfassen (ta'abbudi); der Mensch hat die Offenbarungen mit seinen Widersprüchen und unbegreiflichen Bestimmungen als unnachspürbare Weisheit hinzunehmen. Das darin verkündete Gesetz hat den durch keine menschlichen Prinzipien gebundenen Willen Allahs zur Grundlage, es hat sich seinen Anhängern als hoch über mensch-

---

[3] Bd. Deutsche Landesreferate, S. 47 ff.

[4] Vgl. dazu J. WINCKELMANN, Die verfassungsrechtliche Unterscheidung von Legitimität und Legalität, in: Zeitschr. f. d. ges. Staatswissenschaft, Bd. 112, S. 164 ff. [173].

[5] Offiziell – im Gegensatz zu dem in der Praxis weitgehend noch herrschenden Gewohnheits- und Billigkeitsrecht; 'urf, 'ada, Sijasa.

liche Weisheit erhaben vorgestellt[6]. Hier gelten also auch nicht (etwa im Sinne von RADBRUCH) Vorschriften kraft ihrer eigenen Sinnhaftigkeit[7]; man hat mitunter sogar den Eindruck, daß es von den muslimischen Gelehrten keineswegs als ein Mangel empfunden wurde, wenn diese eigene Sinnhaftigkeit nicht immer und bis in die letzte Konsequenz erkennbar war bzw. geworden ist. Das göttliche Gesetz ist rational nicht voll faßbar. Es ist daher „mit dem Guten und dem Schlechten zu nehmen" und als Gesetz nicht zu bewerten oder zu prüfen – weder hinsichtlich der Übereinstimmung mit sonstigen ethischen oder rechtlichen Anschauungen noch hinsichtlich seines Ursprungs oder Daseins. Das Gesetz zu befolgen ist eine staatsbürgerliche Pflicht und zugleich ein Gebot des Glaubens; seine Verletzung nicht nur weltliches Vergehen, sondern auch Sünde[8]. Dieses Gesetz steht außerhalb jeder Wertordnung, es ist selbst der letzte Urgrund einer Wertung, der seinen Sinn und seine Rechtfertigung in sich selbst trägt[9]. Dieses göttliche Gesetz ist ein ewiges Gesetz, das den Menschen einstmals verkündet wurde, und das in Gestalt des „ewigen Korans" auch nicht nachprüfbar ist; selbst der „technische" Vorgang der Verkündung bzw. ihrer Niederschrift oder besser ihrer Überlieferung ist nur sehr begrenzt einer Nachprüfung unterworfen[10]. So hat also dieser Urgrund axiomatischen Charakter. Man kann an ihn als (erstes) Axiom glauben oder nicht[11]. Nur für den Gläubigen ergeben sich daraus dann die weiteren Verpflichtungen, und hier liegt auch der geistige und systematische Ansatzpunkt für die weitgehende Gesetzesautonomie der religiösen Minderheiten, die nur durch die religiöse und staatliche Raison eingeschränkt ist; so wie für das dualistische Weltbild der Rechtsordnung (in Dar al-Islam – den Bereich des islamischen Gesetzes – und Dar al-Harb – das feindliche Ausland, das dem Islam noch zu unterwerfen ist –).

Es liegt im Wesen eines solchen Gesetzes göttlichen Ursprungs, daß es Anspruch auf Vollkommenheit erhebt[12]; dies gilt sowohl hinsichtlich des geographischen Geltungsbereiches in militanter Form (Dschihad – Glau-

---

[6] E. I., aaO, S. 346; s. a. G. BERGSTRÄSSER, in: Der Islam, Bd. XIV, S. 76 ff.

[7] Vgl. BERGSTRÄSSER-SCHACHT, Grundzüge des islamischen Rechts, S. 125.

[8] D. SANTILLANA, Istituzioni di Diritto Musulmano Malichita, Bd. I, S. 6.

[9] Vgl. dazu auch MAX WEBER in: Aufs. zur Soziologie und Sozialpolitik, S. 402: „Was ich kraft wissenschaftlicher Arbeit weiß, ist Material, das ich lediglich verwende, um die Möglichkeit der Durchführbarkeit eines Ideals und die wahrscheinlichen Folgen seiner Durchführung abzuwägen, aus welchem aber der Wert jenes Ideals nie und nimmer deduziert werden kann."

[10] Jede Autorität stammt von Gott.

[11] Man könnte auch fast im Sinne KELSENS „Reiner Rechtslehre" sagen, daß die Geltung des „Islamischen Gesetzes" auf das Jüngste Gericht oder mit den Ausdrücken der späteren Philosophie auf die Glückseligkeit – Sa'ada – als die einzige, letzte Norm der Geltung zurückgeführt werden kann; nur daß die Grundlage hier nicht hypothetisch ist, sondern im Glauben liegt.

[12] Koran 6, 38: „nichts haben wir in der Schrift ausgelassen."

benskrieg) als auch hinsichtlich des temporären und materiellen Bereiches in apodiktischer Form. Ein Problem aber war nicht zu umgehen, vor das sich alle Erlösungs- und Verkündungsreligionen gestellt sahen: die Frage nach der Bewertung der Taten und der – vor allem weiter wirksamen – Institutionen aus der Zeit der Unwissenheit (Dschahilija). Der Koran gilt nicht rückwirkend, aber in ihm ist alles für alle Zeiten künftig geregelt[13]. Spätere, d. h. nach der Verkündung ergangene Regelungen und Maßnahmen können demgegenüber nur subsidiären Charakter haben und müssen zum Nachweis ihrer Legalität ihren Ursprung, ihre Ableitung vom göttlichen Gesetz erweisen. Damit ist eine klare Hierarchie auch im Rechtssystem vorgezeichnet.

II

Mit dieser Berufung auf das göttliche Gesetz sind gleichsam schon im Vorfeld der Diskussion eine Reihe von Fragen und Probleme obsolet geworden, die im Rahmen des herkömmlichen europäischen Legalitätsbegriffes eine erhebliche Rolle spielen. Weder die Frage nach dem Verhalten des Gesetzgebers, noch das Problem des richtigen Gesetzes, noch das der Konformität zwischen Gesetz und Recht bzw. Moral kann insoweit überhaupt erhoben werden. Die Gebote und Verbote des Korans, wie sie, nunmehr verkündet, an sich seit Ewigkeit bestehen[14], gelten axiomatisch kraft des Glaubens. In dieser einfachen, aber auch grandiosen Geschlossenheit der rechtlich-moralischen Konzeption liegt die subjektive Stärke, aber ebenso auch die dogmatische Schwäche des heteronomen[15] Rechtes, das sich mit den herkömmlichen Wertmaßstäben der Legalität nicht erschließen läßt[16]. Im übrigen ergeben sich andere Schwierigkeiten, wie insbesondere bei Fragen einer Gesetzesänderung[17], Anpassung an oder Regelung von neuen Gegebenheiten, denn die koranischen Vorschriften sind nicht allgemein und abstrakt genug, um auf alle Fälle des Lebens anwendbar zu sein,

---

[13] Koran 6, 38; 6, 59; 11, 6; 27, 75; 34, 3.

[14] Auf die Frage vom erschaffenen oder unerschaffenen Koran (s. dazu R. HARTMANN, Religion des Islam, S. 40 u. I. GOLDZIHER, Vorlesungen über den Islam, S. 110 ff.) ist im Rahmen dieser Darstellung nicht näher einzugehen, denn der transzendentale Ursprung des Korans als Gesetzesquelle ist in beiden Fällen gegeben.

[15] So mit Recht BERGSTRÄSSER-SCHACHT, aaO, S. 123.

[16] Zu dem reinen Jurisdiktionsstaat, in dem sich richterliches Recht, Gerechtigkeit und Vernunft unmittelbar offenbaren, ohne durch vorher bestimmte generelle Normierung vermittelt zu sein, tritt hier noch die Mischform des „wissenschaftlichen" Gesetzgebers, der mit seiner theoretischen Fallsammlung und seiner Lehrmeinung der Rechtsprechung die normativen Hinweise gibt; vgl. dazu C. SCHMITT, Legalität und Legitimität, S. 9, u. J. WINCKELMANN, Legitimität und Legalität in Max Webers Herrschaftssoziologien, insbes. S. 39 ff. sowie ferner BERGSTRÄSSER-SCHACHT, aaO, S. 130.

[17] S. a. MAHMASSANI, Falsafat al-Tashri fi al-Islam, S. 111 ff.

andererseits aber auch nicht zahlreich und konkret genug, um ein allen Anforderungen genügendes Rechtssystem zu verkörpern oder wenigstens eine umfassende Struktur für ein neues Recht zu liefern.

Bei dieser Unausgewogenheit der materiellen Rechtsvorschriften im Koran bleibt ein weites Feld zwischen den religiösen Geboten und Verboten und den oft ganz konkreten materiellen Einzelvorschriften, wie z. B. im Erbrecht, das auszufüllen war und wo nun Raum blieb, gleichsam zur Orientierung, die Frage der Legalität, wenn auch nicht expressiv verbis, sondern eher im Sinne der glaubensmäßigen Gesetzestreue für die in jenem Zwischenbereich liegenden gesetzlichen Maßnahmen, aber jeweils doch nur unter dem singulären Aspekt des Einzelfalles zu stellen und zu diskutieren.

III

Im Grunde hatte MOHAMMED keineswegs die Absicht, seiner Gemeinde ein volles „normatives System" zu liefern, an dem sich auch das profane Leben hätte orientieren sollen [18]. Die nicht allzu vielen Bestimmungen zur Regelung weltlicher Angelegenheiten finden sich zerstreut, vor allem in den späteren Suren. In der Regel sind sie durch Einzelentscheidungen über Einzelfälle hervorgerufen und nicht immer aufeinander abgestimmt, ja zum Teil widersprüchlich oder sogar einander aufhebend [19]. Dabei hatte sich MOHAMMED weniger als ein weltlicher Gesetzgeber gesehen, sondern sich vielmehr in der Funktion eines jener Schiedsrichter (Hakam) gefühlt, an die man sich in Arabien in vorislamischer Zeit zur Schlichtung bzw. Entscheidung persönlicher Streitigkeiten wandte [20]. Rechtliche Grundlage eines solchen Schiedsrichters war die persönliche Ansicht des Richters, die natürlich von allgemein herrschenden Anschauungen und Gebräuchen mitbestimmt war, aber weitgehend doch von dem persönlichen Gefühl des Richters für Gerechtigkeit und Billigkeit getragen wurde. Bei Mohammed erfuhr nun die Einzelentscheidung kraft seiner prophetischen Funktion eine autoritative verbindliche Ausprägung. Mit Recht weist übrigens TYAN [21] darauf hin, daß Qada' im Koran in der Regel von der Richtertätigkeit Gottes beim Jüngsten Gericht gebraucht wird, während in den Fällen, wo von normaler Rechtsprechung die Rede ist, meist eine Form der Wurzel hkm benutzt wird. „Denen, die freiwillig ein Schiedsamt übernommen haben, gebietet Gott, gerecht zu entscheiden" [22], heißt es ausdrücklich im

---

[18] TYAN, Histoire de l'Organisation Judiciaire en Pays d'Islam, S. 68.

[19] Vgl. etwa Koran 2, 106; 16, 101; sowie ferner GOLDZIHER, Die Richtungen der islamischen Koranauslegung, S. 24.

[20] Näheres dazu bei TYAN, aaO, S. 64.

[21] AaO, S. 64 f.

[22] Koran 5, 42; wobei für Gerechtigkeit nicht ein Wort mit der Wurzel 'dl, sondern qist steht.

Koran, ohne daß der Begriff der Gerechtigkeit näher präzisiert wird[23]. Hier verkörpert der Schiedsrichter keine höhere Macht der Gerechtigkeit, und ebensowenig ist ein solcher Richter mit einem mit öffentlicher Gewalt ausgestatteten Qadi der späteren Zeit zu vergleichen. Hinter dem Einzelspruch, der auf Billigkeit und allenfalls Gewohnheitsrecht beruht, steht kein festes Gesetz. Die Entscheidung mag als gerecht oder ungerecht empfunden worden sein, aber Denkfiguren, die einen zur Entscheidung gestellten Fall zunächst auf allgemeine Normen abstrahieren und sie dann evtl. einer vergleichenden Wertung auch im Sinne der Fragestellung unseres Themas unterziehen, hat es zu jener Zeit zweifellos nicht gegeben. So steht also zunächst nur ein bescheidener Teil von Vorschriften aus dem Koran für die Jurisdiktion in der Zeit nach der Dschahilija unmittelbar zur Verfügung. Zur Ausfüllung der Lücken bot sich natürlich auch das bestehende Gewohnheitsrecht an, während die Rechtstechnik in Gestalt des Fiqh sich erst allmählich, angeregt durch die Auseinandersetzung mit fremden Rechts- und Glaubensanschauungen entwickelte.

Erste Ansätze eines differenzierenden Rechtsbewußtseins finden sich allenfalls bei der Erörterung des Problems, ob und in welchem Umfang das vorislamische Recht von der islamischen Gesellschaft übernommen werden konnte; m. a. W., ob dieses Recht mit der islamischen Lehre zu vereinbaren und zu vereinen sei. In einzelnen Fällen wissen wir, daß der Prophet gegen bestimmte Gebräuche und Anschauungen ausdrücklich sogar in Form der Offenbarung Stellung genommen hat. Andererseits sind viele Praktiken auch einfach übernommen worden[24]. Wieweit sich eine solche „Rezeption" im einzelnen vollzog, läßt sich heute schwerlich noch nachweisen. Tradition (Sunna) und Konsensus (Idschmaʿ) haben das Ihre dazu beigetragen, derartigen rezipierten Formen und Rechtsmaximen einen legalen Mantel umzuhängen.

Auf alle Fälle aber wurden die gefundenen oder entwickelten Rechtsmaximen mit ihrem rechtlich-ethischen Gehalt am Koran gemessen, zumindest der innere Normengehalt zu ihm in Beziehung gesetzt. In dieser prüfenden und vergleichenden Wertung liegen nun auch Ansätze, die man mit einem religiösen Legalitätsdenken bezeichnen kann. Eine Vorschrift, ein Rechtssatz oder auch eine darauf beruhende Entscheidung oder Handlung war dann legal = scharʿi, wenn sie mit dem Koran in Einklang stand, ja nach Möglichkeit sich sogar aus einer speziellen Vorschrift ableiten ließ. Dabei ist einzuräumen, daß hier die Grenzen zwischen Legalität und Legi-

---

[23] Für die spätere Tätigkeit eines gerechten Richters s. als typisches Beispiel den wohl idealisierten Brief von Omar Ibn al-Chattab an Abu Musa al-Aschʿari; übersetzt bei Tyan, aaO, S. 23, woselbst weitere Literatur.

[24] Dazu immer noch Goldziher, Mohammedanische Studien, Bd. I u. Wellhausen, Reste arabischen Heidentums.

timität im modernen Sinn vielfach nicht zu ziehen sind [25]. Die Sanktionierung [26] aller jener Vorschriften und Rechtshandlungen, die lebensnotwendige Bereiche betreffen, aber im Koran nicht enthalten und daher erst zu entwickeln bzw. zu begründen waren, vollzog sich in der Folgezeit nach einem festen juristischen Wertungssystem, das parallel zum moralischen Wertungssystem entstand [27]. Seine entscheidenden Markierungspunkte erhält dieses System durch die großen Rechtsschulen, insbesondere durch SCHAFIʿI, der die historische Rangfolge bei der Wertung der Hadithe vor allem bei den Isnaden einführte. Indessen gab es bei dieser Methode, die auf Koran und Tradition aufbaute, strukturell weder eine Neu- noch eine Fortentwicklung des in sich geschlossenen Rechtssystems, und es bedeutete daher eine gute Lösung, anstelle der Gesetzgebung als Mittel zur Einführung neuer Vorschriften oder Maßnahmen, die weder aus dem Koran noch aus der Tradition (Sunna) zu rechtfertigen waren, dem Konsensus, Idschmaʿ, eine legalisierende Kraft beizulegen.

IV

Bis in die moderne Zeit hinein hat sich die muslimische Welt gegen den Gedanken eines – profanen – Gesetzgebers gewehrt, ebenso wie gegen eine Kodifikation ihres Rechtes [28]. Materiell gesehen vollzog sich im Islam die Rechtsschöpfung nicht positiv, sondern nur normativ, den Irrtum abwehrend, aber nicht selbständig produktiv. Die Möglichkeit, auf Grund eigenen Forschens eigene präjudizielle Entscheidungen oder Lehrmeinungen, auf Billigkeit und Gutdünken gegründet, zu vertreten, wurde sehr bald eingeschränkt, und die schon vorliegenden daraus gewonnenen Ergebnisse erhielten, ebenso wie viele durch Analogie (Qijas) erzielte, doch erst ihre volle Anerkennung mit dem Konsensus, der, das Vorhandene wertend – ablehnend oder rezipierend –, damit auch legalisierend im Einzelfall wirkte, dessen präjudizielle Ausstrahlung allerdings bei dem stark entwickelten kasuistischen Denken gering war.

Die Idee eines repräsentativen Rates als Gesetzgeber oder Kontrollorgan hat sich weder allgemein noch etwa für besondere Anlässe (wie z. B. die

[25] So gesehen wird geradezu die Auseinandersetzung zwischen Gewohnheitsrecht, ʿada, und „dem kanonischen Recht", Schariʿa, mit den besseren Argumenten für oder gegen die Legalität (in obigem Sinn) der einzelnen fraglichen Bestimmungen geführt.

[26] Hier als Oberbegriff für Legalität und Legitimität gebraucht.

[27] BERGSTRÄSSER-SCHACHT, aaO, S. 130.

[28] Wie es der der Orthodoxie übrigens verdächtige IBN AL-MUQAFFA einstmals vorgeschlagen hatte. – Dazu J. SCHACHT, Origins of Muhammadan Jurisprudence, S. 95; auch IBN CHALDUN rechnet zu den Aufgaben „des großen Imamats" zwar Rechtsprechung und Erstellung von Rechtsgutachten (Fetwa), aber nicht die Gesetzgebung, Bd. I, S. 449, zitiert nach der englischen Übersetzung der „Muqadimma" von F. ROSENTHAL.

Chalifen-Wahl) durchgesetzt[29]. So vollzog sich die Legalisierung und die Ausstattung der dogmatisch entwickelten Maximen mit Gesetzeskraft weitgehend über den Konsensus „aller billig und gerecht denkenden Muslime", wobei der zeitliche und örtliche Bereich ganz verschieden abgegrenzt worden ist[30]. Mit Hilfe dieser so entwickelten Gesetzestechnik konnten also auch Rechtsanschauungen aus ʿada und ʿurf „eingeschmolzen", rezipiert werden, jedoch war es nicht möglich, sie als gleichsam autonome Rechtsquelle zu übernehmen, ihnen fehlte der „Geltungsgrund"[31]. Die Anerkennung einer solchen Rechtsquelle außerhalb der klassischen vier Säulen (Usul) wurde vielmehr als Schirk erklärt[32]. Aber auch Änderungen oder Ergänzungen des bestehenden Rechtes begegneten leicht dem Einwand der Unstatthaftigkeit. Nicht vom normativen Bereich, sondern vom praktischen Einzelfall her hat man sich dann weitgehend mit sogenannten Rechtskniffen (Hijal) zu helfen versucht, die an sich verbotenen Geschäften den Rechtsschein der Legalität vermitteln sollten. Hier zeigt sich ein stärker formalistisches Legalitätsbewußtsein, das seine letzte Wurzel aber wiederum in der Furcht vor Strafe im Jenseits hatte[33]. Nachdem die Möglichkeit selbständiger Entscheidungen (Idschtihad) im Sinne einer Rechtsfortbildung (mit der Sanktionierung durch den Idschmaʿ) sehr bald eingeschränkt wurde, blieben den Nachfolgern nur noch die Mittel der Erklärung und Auslegung einschließlich der Analogie[34], ohne daß eine zentrale Autorität die dogmatische Entwicklung hätte steuern können. Die muslimische Welt kennt ebensowenig eine gesetzgebende Institution wie eine Einrichtung, deren Aufgabe es wäre, die politische und damit auch evtl. die „gesetzgebende" Macht der Gemeinde zu kontrollieren oder ihre Tätigkeit zu werten. Auch ein Klerus oder die Institution eines Konzils bzw. einer Synode als letzte wertende Instanz sind nicht existent geworden. Damit fehlt aber ein technisches Mittel, um einen Konsensus herbeizuführen und festzustellen; er blieb eine technische Fiktion, deren „Realisierung" von den jeweiligen Umständen abhing. Zu einer institutionellen Ausprägung dieser Idee ist es nicht gekommen.

---

[29] Vgl. etwa MAWARDI AL-AHKAM AL-SULTANIJA, ed. ENGER, Constitutiones Politicae, S. 17 u. KRAMERS, L'Islam et la Démocratie, in: Orientalia Neerlandica, S. 223 ff. [229].

[30] S. dazu GOLDZIHER, Vorlesungen, S. 52 f.

[31] Wie etwa Art. 2 EGBGB; zum selbständigen Geltungsgrund s. ENECCERUS-NIPPERDEY, Allgemeiner Teil des bürgerlichen Rechts, Bd. I, § 38, III.

[32] In der Rechtspraxis sah es allerdings erheblich anders aus, weil sich doch ein großer Teil des Rechtsverkehrs außerhalb des strengen Schariʿa-Rechts vollzog. Man denke nur an Institutionen wie die Mazalim-„Gerichte" oder die Schurta (Polizei) bzw. Hisba (Marktpolizei).

[33] S. dazu vor allem KITAB AL-HIJAL VON AL-CHASSAF sowie KITAB AL-MACHARIDSCH FIL HIJAL VON ASCH-SCHAIBANI, herausgeg. und eingeleitet von J. SCHACHT.

[34] BERGSTRÄSSER-SCHACHT, aaO, S. 131.

V

Die Frage nach dem Ursprung des Gesetzes spielt weder in der Philosophie noch im Fiqh eine besondere Rolle; und selbst ein so „moderner Denker“ wie IBN CHALDUN erkennt das göttliche Recht, das göttliche Gesetz, als Urgrund einfach an. Ebensowenig erörtert Mawardi etwa die gesetzlichen Grundlagen für das Chalifat/Imamat. Er beginnt seine staatsrechtlichen Untersuchungen mit den Methoden der Investitur des Imams, welches Amt er als göttliche Institution als gegeben hinnimmt [35]. Es gibt nur einen Leiter der Gemeinde, den Chalifen bzw. Imam, der seine Autorität – im Sinne von Legitimität – von Gott, d. h. von Gottes Willen, ableitet.

Mit der Institutionalisierung dieser Ämter, deren Entwicklung unter den ʿAbbassiden mit der bewußten Verschmelzung [36] von Religion und Regierung [37] einen ersten Abschluß erreichte, erwächst zugleich das Problem der Legalität seiner Besetzung. Die Frage, *wer* kann *wie* Chalif werden, hatte nicht nur politische, sondern ebenso religiös-dogmatische und damit auch rechtliche Bedeutung. Man denke etwa an die Charidschiten [38], bei denen die moralische Qualifikation und nicht mehr die genealogische Abstammung für eine Besetzung des Chalifenamtes entscheidend war [39]. Der Unterschied war vor allem auch für die Frage der Absetzbarkeit eines Chalifen von erheblicher Bedeutung, weil ein Chalif, dessen Legalität nur oder wenigstens in erster Linie auf seiner Abstammung beruhte, sehr viel schwieriger anzugreifen war als ein Chalif, der durch seine moralischen Qualitäten für das Amt – mindest zunächst – legitimiert schien. – In der Schiʿa erfährt dann der Legalitätsgedanke eine gleichsam mystische Ausprägung, indem die Begründung für die Legalität der Investitur in den Bereich des Glaubens, nämlich des Glaubens an die Auserwähltheit des Imams, verlegt wurde.

---

[35] MAWARDI, aaO, Kap. 1; auch die von seinen Richtern oder Beratern zu erstattenden Rechtsgutachten dienen in erster Linie der Entscheidung praktischer Fälle, nicht aber der Beurteilung vergangener Geschehnisse oder ergangener Urteile.

[36] GOLDZIHER, Vorlesungen, S. 46.

[37] Das Qadi-Amt, ursprünglich Ausfluß der weltlichen Herrschergewalt, wie es besonders deutlich bei den arabischen Gouverneuren in Erscheinung trat, wird von „der Politik gelöst“ und zu einem ausschließlich religiösen, wissenschaftlichen Amt umgeformt. Es blieb aber durch die Ernennung der Spitzenfunktionäre weiterhin eng mit dem Chalifat verbunden. Den vor allem in der frühabbassidischen Zeit überragenden Persönlichkeiten an der Spitze ist es zu danken, daß das Qadi-Amt eine Zeitlang Ansehen und Einfluß behalten konnte. Für die spätere Entwicklung s. als Beispiel A. SCHIMMEL, Chalif und Qadi im spätmittelalterlichen Ägypten, ‚W. I.‘, Bd. 24, S. 1 ff.

[38] S. dazu GOLDZIHER, Vorlesungen, S. 191.

[39] So dann weitgehend die späteren Autoren; vgl. z. B. IBN CHALDUN, aaO, Bd. I, S. 397.

VI

Nun ist das Chalifat [40] kein Priesteramt, der Stellvertreter des Propheten ist auch kein Rabbi – Autokrat mit absoluter Gewalt; denn, und insoweit ist der Islam urdemokratisch, jeder Mensch kann nur einem einzigen Herrn dienen, und das ist Allah [41]. Das Chalifat ist lediglich ein offizielles Amt, das von der Schariʿa vorgesehen ist. Daher muß es auch stets besetzt sein [42]. Jeder Muslim hat dafür zu sorgen, evtl. durch Selbsteintritt [43]. Der Chalif andererseits muß darauf aufpassen, daß die Gemeinde keinen Schaden nimmt, und daß den Gläubigen und Bürgern nicht etwa durch Nichtbeachtung der geoffenbarten Vorschriften für das Diesseits und / oder für das Jenseits ein Nachteil entsteht.

Die langen und heftigen doktrinären Auseinandersetzungen über die Besetzung des Chalifats/Imamats haben, zumindest im sunnitischen Islam, nicht zur Entwicklung einer allgemeinen Staatslehre anregen können, und auch in der Schiʿa kann doch wohl trotz mancher Imamatstheorien schwerlich von einer eigentlichen rechtlichen Staatslehre gesprochen werden, die lediglich unter philosophischen Gesichtspunkten, gelegentlich bei Mawardi und Ibn Chaldun anklingt. So wie im Grunde die Gemeinde ohne eine organische Gliederung und ohne einen festen hierarchischen Aufbau geblieben ist, so fehlt auch die Entwicklung einer staatlichen Konzeption in der Schariʿa-Lehre, und die späteren Auseinandersetzungen mit der griechischen, insbesondere aristotelischen Philosophie, führen in andere Richtung. Im Grunde bleibt die Gemeinde – Umma – ein passiver Sammelbegriff, der nicht zum institutionellen Begriff [44] weiterentwickelt worden ist. Die Gemeinde hat keinen Willen, sie ist nur da, existent. Das ist im Grunde genommen alles. Es gibt keinen rationalen Urgrund für sie.

---

[40] Vgl. Santillana, aaO, S. 23 sowie W. Bartold, Chalif und Sultan, deutsch in: Der Islam, Bd. VI, S. 350 ff., R. Tschudi, Das Chalifat, Sir Th. W. Arnold, The Caliphat, C. A. Nallino, Ges. Werke, Bd. III Califfato, und Appunti sulla natura del ‚Califfato' in genere e sul presunto ‚Califfato ottomano', E. Pritsch, Die islamische Staatsidee, in: Zeitschr. f. vergl. Rechtswissenschaften, Bd. 53, S. 33 ff. sowie P. Wittik, Islam und Chalifat, in: Arch. f. Sozialwissenschaften, Bd. 53, S. 370 ff.

[41] Koran 3, 64; 49, 10.

[42] Nachdem das Chalifat durch den Beschluß der Türkischen Großen Nationalversammlung vom 3. 3. 1924 endgültig abgeschafft worden war, gab es noch Versuche, es durch die Beschränkung seiner Aufgaben auf rein religiöse Angelegenheiten als Institution zu erhalten; als Beispiel dafür s. Abd al-Raziq „al-Islam wa usul al-hukm", übers. in ‚R. E. I.', 1933, S. 353 ff. u. 1934, S. 162 ff. sowie Jäschke. Das Osmanische Scheinkalifat von 1922, in: W. I. N. S., Vol. I Nr. 3, S. 195 ff.; u. Nallino, aaO, La Fine del cosidetto Califfato Ottomano.

[43] Fard al-Kifaya.

[44] Ein von Gott unabhängiger, autonomer, kollektiver Gesetzgeber ist ihnen eben nicht vorstellbar; vgl. Kramers, aaO, S. 227; Bergsträsser-Schacht, aaO, S. 237.

Auch in ihrer weltlichen Ausprägung als Staat wird die Umma nicht viel anders eingeschätzt. Der Staat als solcher wird in seiner Existenz von den Muslimen hingenommen. Von einigen wenigen Ausnahmen abgesehen [45], fragen die Juristen kaum danach, ob und warum sich ein Staat entwickelt. Sie sind viel mehr damit beschäftigt, die Lehren der Schariʿa auf den Staat anzuwenden und damit seine Existenz in ihrem religiösen Sinn zu rechtfertigen. Im Rahmen einer solchen Staatsphilosophie, nicht Staatsrechtslehre, hat dann die politische und religiöse Rolle des Staatschefs, des Imam/Chalifen, eine besondere Beachtung erfahren; denn hier war nun ein konkreter Ansatzpunkt im Diesseits, von dem aus Autorität und Gewalt rechtmäßig abgeleitet werden und an dem sich insoweit auch das staatsrechtliche Legalitätsdenken orientieren konnte. War der Imam rechtmäßig im Amt, war damit das Problem der Legalität für die weiteren Staats- und Verwaltungsakte relativ einfach über die Rechtmäßigkeit der Delegation nachzuprüfen [46]. Soweit dem Imam keine übernatürlichen Kräfte beigemessen werden – wie später in der Schiʿa, die ihn in den Rang eines mit göttlicher Kraft und Einsicht ausgestatteten prophetischen Gesetzgebers erhob –, bleibt er der Schariʿa unterworfen und damit eines eigenen Gesetzgebungsrechtes beraubt. Allerdings gilt dies in erster Linie für die klaren Gesetzesvorschriften (Nass); soweit das Gesetz schweigt oder in der Schariʿa keine endgültigen Regelungen enthalten sind, hat er zunächst – vor allem in Ermessensfragen – eine zum Teil recht weitgehende Entscheidungsfreiheit [47]. Sie ist nur dadurch begrenzt, daß er nicht gegen andere gesetzliche Bestimmungen dabei verstoßen darf (etwa einen Mord befehlen usw.). Aber der Autoritätsgedanke setzt sich mehr und mehr durch, und zwar zu Lasten einer rechtlichen Würdigung seiner Ermessensentscheidung. Insoweit ist er nur seinem Gewissen unterworfen.

Nun fordert die Praxis zwar laufend von dem islamischen Staatschef Entscheidungen, die weitgehend auch legislativen Charakter und teilweise – vor allem außerhalb des Schariʿa-Rechtes – präjudiziell, rechtsgestaltend gewirkt haben. Aber nach der Theorie gelten sie nicht als generelle Rechtsverordnungen [48], sondern als Einzelakte. Bei den vom Chalifen oder in seinem Auftrag vorgenommenen Amtshandlungen und Entscheidungen erübrigt sich die Frage nach ihrer Legalität [49], soweit sie sich aus der Funk-

---

[45] Wie insbes. Ibn Chaldun in seiner „Muqaddima“; anders als bei Rousseaus „Contrat Social“ erscheint bei Mawardi der Vertrag zwischen Gemeinde und Imam/Chalif nicht konstitutiv begründend, sondern mehr erklärend, rechtfertigend, als notwendiger Akt.

[46] Hier setzt daher Mawardi mit seiner Staatsrechtslehre und seinen Untersuchungen über die Investitur des Imam/Chalifen sowie die Delegation seiner Autorität an.

[47] Vgl. Santillana, aaO, S. 24.

[48] S. dazu Kramers, aaO, S. 225 f.

[49] Allerdings wurden einmal sämtliche Urteile eines Qadis aufgehoben, weil er nicht legal, sondern durch Bestechung in sein Amt gekommen sei. Merz, Renais-

tion bzw. Machtvollkommenheit seines Amtes ergibt. Als Institution beruht das Imamat auf der göttlichen Schari'a, ist also nicht rein rational begründet und daher auch als Institution nicht voll rechtlich zu erfassen. Wenn die späteren Philosophen eine vertragliche Bindung darüber zwischen der Umma, die an sich das Imamat vergibt, und dem Imam, der es dann verwaltet und dafür einen besonderen Idschma^c, der vielleicht konkludent in der Bai^ca zum Ausdruck kommt, fordern, so ist dies doch auf die Einsetzung des einzelnen Imams, aber nicht auf die Institution als solche abgestellt.

VII

Aus der Weiterführung des Gedankens, daß die Besetzung dieses Amtes Staatspflicht ist, der sich im Falle der Not keiner entziehen kann, wird letztlich eine Billigung der erfolgreichen Usurpation des Chalifats durch den Mächtigen gefolgert, wie sie sich in den später gebrauchten Hadithen über die Entwicklung des Chalifats vom prophetischen über das recht geleitete bis hin zum Königtum und zur Tyrannis widerspiegelt [50]. Der Legalitätsgedanke wird retrospektiv, pragmatisch abgewandelt [51], aber nur soweit es die Anforderungen an den Chalifen betrifft; dagegen bleiben seine Rechte, insbesondere auf Gehorsam seiner Untertanen, unverändert bestehen. Der Berechtigung des Anspruches des ethisch vollkommenen Sklaven auf dem Chalifenthron entspricht nun die Legalisierung des Staatsstreiches ([Imarat]al-Istila') durch einen Tyrannen, der die Macht hat, das oberste Amt des Chalifen erfolgreich auszuüben, wenn ihm nur die nachträgliche Legalisierung gelingt [52]. So wird die Autorität zum notwendigen Komplement einer Rangordnung, die von der Vernunft weniger als von der göttlichen Offenbarung gefordert wird [53]. Mit dieser Billigung der normativen Kraft des Faktischen verbinden sich gewisse traditionelle, reaktionäre Anschauungen, die zwar nicht aus Gründen der Legitimität, sondern eher aus

---

sance des Islam, S. 212; aber solche Fälle waren doch wohl relativ selten und können nicht als Zeugnis eines rechtsstaatlichen Bewußtseins gewertet werden.

[50] Vgl. Goldziher, Mohammedanische Studien, Bd. II, S. 31/32, Santillana, aaO, S. 27.

[51] Ausgehend von dem Koran-Spruch 4, 59 „Gehorche denen von Euch, die Autorität haben“, soll ein Muslim sich von den evtl. gottlosen Taten seines Chalifen zwar distanzieren, aber deswegen nicht gegen ihn revoltieren; so schon die Traditionarier Buchari u. Muslim, ähnlich auch Ibn Chaldun mit seiner Ansicht, daß eine politische Entscheidung ohne Berücksichtigung der Schari^ca zwar tadelnswert, aber nicht unbedingt unwirksam sei. – AaO, Bd. I, S. 387, vgl. auch Mahmassani, aaO, S. 127.

[52] Vgl. dazu Ibn Chaldun, aaO, S. 93/94, Mawardi, aaO, S. 4 sowie Ghazali, Iqtisad, S. 107 f. – Religion ohne Macht, Dschihad und Geld ist ebenso schlecht wie Macht, Geld und Krieg ohne Religion (so Ibn Taimija in: Kitab al-Sijasa al-Schar'ija fi Islah al-Ra'i wal-Ra'ija, S. 177).

[53] S. dazu insbes. E. Rosenthal, Political Thought in Medieval Islam, S. 54 ff.

Furcht vor ständigen Unruhen einem traditionellen Chalifat das Wort reden [54].

Der unter den späteren Abbassiden einsetzende Auseinanderfall der Ämter des Imam/Chalifen und des weltlichen Herrschers (Sultan) warf dann die Frage sowohl nach der Rangordnung als auch nach der Rechtmäßigkeit – der Legalität des weltlichen Herrschers – auf. Hatte man einerseits erörtert, ob 2 Imame nebeneinander, wenn auch weit entfernt, amtieren könnten, so tauchte andererseits mit dem Problem der Rangfolge in anderer Fassung auch die Frage der Delegation und damit der Legalität des – abgeleiteten – Herrschaftsbereiches wieder auf. Hier macht nun letztlich wohl doch in Anknüpfung an die griechische Philosophie IBN CHALDUN den Unterschied zwischen Herrschaft, basierend auf der Vernunft, und der höheren Autorität, basierend auf der Offenbarung. Während die erste zur Beseitigung gegenseitiger Ungerechtigkeiten, Streit und Anarchie ist, sorgt die zweite für positive Geltung der Gesetze und Gerechtigkeit. Aber erst das göttlich geoffenbarte Gesetz befähigt den Herrscher, die religiösen Angelegenheiten zu verwalten und den Bürgern innerhalb eines gut und richtig geleiteten Staates die Erfüllung ihrer religiösen Pflichten zu ermöglichen, ja sie dazu anzuhalten, und sie damit instand zu setzen, sich für das Jenseits vorzubereiten [55]. Während der Staat jedoch mehr als Gemeinde begriffen wird, erhält das übergeordnete Gut einen religiösen transzendentalen Inhalt, indem es auf den Gott der Verkündung in der Form des Gesetzes – Schariʿa – bezogen wird. So transponieren die muslimischen Staatsphilosophen das metaphysische Konzept ihrer griechischen Lehrer, vor allem Aristoteles' mit seiner nikomachischen Ethik ins Religiöse. Die anzustrebende islamische Glückseligkeit (Saʿada) ist etwas anderes als die griechische Eudaimonia. Die letztere ist erreichbar durch die Kenntnis existierender Dinge, die erstere durch eine ethische Vollkommenheit und das Wohlgefallen Allahs. Damit kommt es zu der Frage, inwieweit neben dem göttlich geoffenbarten Gesetz nun weitere „Gesetze" oder Maßnahmen im Interesse der Gemeinde notwendig und gerechtfertigt sind. Zugleich findet in dieser Gegenüberstellung der alte Gegensatz zwischen Glaube und Vernunft eine neue juristische Ausprägung mit der Antithese göttliches und menschliches Gesetz, das nun unter dem Gesichtspunkt der Zweckmäßigkeit für die Führung zur Glückseligkeit gewertet wird, und bei dem auch die Frage nach der Legalität, sofern sie gestellt wurde, eine andere Antwort erfahren mußte.

Die Verbindung wird nun in der Weise hergestellt, daß die gute Ordnung der Religion nur möglich ist bei einer guten Ordnung der Welt, die wiederum abhängig ist von einer guten Leitung. Religion = Din ist die Basis,

---

[54] Wie insbes. GHAZALI, s. dazu E. ROSENTHAL, aaO, S. 40

[55] Vgl. a. E. ROSENTHAL, aaO, S. 29.

Sultan = Macht das Regulativ [56]. So gesehen ist der Chalif zwar Inhaber des Imamats, aber er wird mehr und mehr zur Emanation des Prinzips; für die praktisch rechtlichen Entscheidungen, die oft in Form von Responsen fallen, sind weitgehend die Ulama zuständig, deren Kenntnis des Fiqh sich der Chalif für seine Entscheidungen zunutze machen soll [57]. Die Regierungsfunktion liegt beim „weltlichen" Sultan, dem Gehorsam geschuldet werden muß, weil und soweit seine Macht durch die Delegation seiner Autorität vom Chalifen legalisiert ist.

Die Weiterführung des abbassidischen Scheinchalifats [58] nach dem Sturz der Abbassiden durch die Mongolen (1258) und später noch einmal die Verpflanzung des Chalifats durch die Osmanen (1517) nach Konstantinopel zeigen eindrücklich, welcher Wert auch in diesen unruhigen Zeiten letztlich auf eine Legalisierung der Herrschaft gelegt wurde, wozu gleichsam der „Besitz des legalen Chalifen" genügte. Es waren dabei weniger die Theologen als vielmehr die Fürsten, die sich ohne eine Legitimierung ihrer Ämter durch einen Chalifen nicht sicher genug fühlten und die daher für das Vorhandensein eines Chalifen sorgen mußten [59].

Mit der Einmündung des Chalifats in das Osmanische Sultanat ist ein gewisser Abschluß der Entwicklung des Legalitätsgedankens auch geistesgeschichtlich erreicht. Erst mit der Übernahme bzw. Einführung europäischer Gesetze und Gesetzgebung wird das ganze Problem, nun unter dem Aspekt der Säkularisierung, neu gestellt.

VIII

Aus dem kurzen Überblick läßt sich zur Frage der Legalität im islamischen Recht zunächst nur folgendes feststellen:

1. Der Lehre des Islam ist ein Begriff der Legalität, wie er von den europäischen Rechten in den verschiedenen Fassungen entwickelt worden ist, fremd.
2. Das heteronome islamische Recht gründet sich einmal auf den göttlichen Koran und die Sunna, die beide einer rechtstechnischen Wertung nicht unterzogen werden können. –
   Zum anderen beruht das islamische Recht weitgehend auf dem Konsensus, der strukturgemäß eine Frage nach der Legalität schwerlich auf-

[56] Zur diesbezüglichen Auffassung GHAZALIS vgl. insbes. E. ROSENTHAL, aaO, S. 39.

[57] So schon BUCHARI nach E. ROSENTHAL, aaO, S. 55.

[58] S. dazu R. HARTMANN, Zur Vorgeschichte des abbassidischen Scheinchalifats von Kairo – SANTILLANA, aaO, S. 29. Hinzuweisen wäre in diesem Zusammenhang auch auf die hier nicht mehr zu behandelnden Auseinandersetzungen über die Rechtmäßigkeit des türkischen Chalifats, die bis in die arabische Revolution von 1916 hineinreichen.

[59] R. HARTMANN, aaO, S. 8.

kommen läßt. Die Lehrmeinungen sind nicht bis zu einem kodifizierten Recht verdichtet, sondern man begnügt sich mit der Anerkennung von mehreren Lehrmeinungen nebeneinander und erhebt sogar die Variation zum Prinzip.

Insoweit fehlt also überhaupt ein Ansatzpunkt für einen Gedanken der Legalität, bezogen auf die Norm, das Gesetz.

3. Ansatzpunkte zu einem gewissen Legalitätsbewußtsein, bezogen auf den einzelnen Akt, finden sich einmal in der Entwicklung der Lehre von den Rechtskniffen, zum anderen als Legalitätsdenken in den Theorien über das Imamat/Chalifat sowohl hinsichtlich seiner Investitur als auch hinsichtlich der Delegation seiner Autorität. Diese gedanklichen Ansätze haben aber im Rahmen einer Staatsrechtslehre oder Staatsphilosophie nicht zur Entwicklung eines Rechtsbegriffes der Legalität geführt.

RECHTSPHILOSOPHIE

PROBLEME DER KODIFIKATION IM LICHTE DER HEUTIGEN ERFAHRUNGEN UND BEDINGUNGEN

von Dr. ERNST E. HIRSCH

Professor an der Freien Universität Berlin

I

1. Kodifizieren bedeutet die nach wissenschaftlichen Gesichtspunkten erfolgende[1], d. h. „systematische" Aufstellung und (oder) Zusammenstellung von Rechtsnormen für einen nach räumlichen, gegenständlichen und persönlichen Merkmalen abgegrenzten (oder abgrenzbaren) Teilbereich des Soziallebens mit dem Zweck, das Ergebnis dieser Tätigkeit, d. i. die Kodifikation, als künftig allein und einheitlich maßgebende rechtliche Regelung an die Stelle der bisher in Anwendung befindlichen, aber nach Art, Inhalt und Geltungsbereich verschiedenen ungeschriebenen oder geschriebenen Regeln von Brauch, Gewohnheit, Sitte und (oder) Recht treten zu lassen. Bald handelt es sich lediglich um die Umformung bereits angewandter Normen in der Weise, daß Rechtsgewohnheiten, Gerichtsgebrauch und Gewohnheitsrecht nach bestimmten sachlichen Gesichtspunkten geordnet, durch Ergänzung fühlbar gewordener Lücken vervollständigt, in abstrakte Sätze gefaßt und aufgezeichnet werden. In derartigen Fällen bezweckt die Kodifikation eine leichtere Übersichtlichkeit, bessere Handhabung, festere Rechtsgewißheit und stärkere Rechtssicherheit[2]. Bald handelt es sich um die Schaffung neuer, durch einen einheitlichen Sinnzusammenhang miteinander zu einem in sich geschlossenen Ganzen zusammengefaßter Rechtsnormen mit dem Zweck, in einem als Einheit empfundenen, postulierten oder prätendierten staatlichen, wirtschaftlichen oder sozialen Lebensbereich die diese Einheit hemmende oder gefährdende Rechtszersplitterung zu beseitigen[3]. Allerdings ent-

---

[1] LIVER, S. 199: „Es ist die Wissenschaft, welcher der Gesetzgeber die Kodifikation verdankt; ihre Lehre erhebt er zum unabänderlichen Gesetz und schickt den Lehrer in die Wüste."

[2] Siehe hierzu auch GAGNÉR, S. 109, 110.

[3] Gerade die Rechtsvereinheitlichung bildet in der deutschen Rechtsentwicklung ein wesentliches Moment jeder Kodifikationsbewegung. Dies trat nicht nur im

halten auch derartige Kodifikationen nur in den seltensten Fällen ausschließlich neu gesetzte Normen, sondern in der Regel als Hauptmasse ebenfalls überkommenes Rechtsgut, das bisher schon in diesem oder jenem räumlichen Teilgebiet („partikulär") oder Sachgebiet („speziell") in der Form von Gesetzesrecht, Gewohnheitsrecht oder Gerichtsgebrauch in Anwendung stand. Sind doch in heutiger Zeit Kodifikationen ohne vorbereitende Spezial- oder Partikulargesetze kaum denkbar[4].

2. Die Ursachen, welche den Drang zur Kodifizierung auslösen, sind im Sozialleben und seinen politischen, geistigen, wirtschaftlichen, sozialen Wandlungen zu suchen; denn jede Kodifikation ist letzten Endes als geeignetes Mittel zu dem Zweck gedacht und gewollt, einerseits einen rechtlichen Schlußstrich unter eine als vergangen betrachtete historische Periode zu ziehen, andererseits die rechtlichen Grundlagen für ein neues Kapitel der Rechtsgeschichte zu legen. Jede Kodifikation ist auf die rechtliche Regelung *zukünftiger* Verhaltensweisen und Sachverhalte gemünzt und trägt die Tendenz der Dauerwirkung in sich. Gesetze, die nur für einen vorübergehenden Zustand gedacht sind oder allein der rechtlichen Abwicklung von Rechtsverhältnissen und Tatbeständen dienen, welche der Vergangenheit angehören, scheiden somit aus unserer Betrachtung aus, obwohl sie sich an Umfang, wissenschaftlicher Durchdringung und systematischer Ordnung durchaus mit Kodifikationen im hier gemeinten Sinn messen können[5].

3. Bei dieser Betrachtungsweise wird klar, daß die Tätigkeit des Kodifizierens und das Ergebnis dieser Tätigkeit, die Kodifikation, nicht auf den Staat und staatliche Gesetzbücher beschränkt sind. Vielmehr können auch zwischenstaatliche und supranationale Regelungen, die sich auf einen wichtigen und breiten Bereich des Soziallebens beziehen und der

---

Laufe des neunzehnten Jahrhunderts bei den bekannten Kodifikationen des Handels-, Wechsel- und Schiffahrtsrechts, des Strafrechts und des Bürgerlichen Rechts zutage, sondern spielt auch heute nach der Zerreißung des Deutschen Reiches infolge des zweiten Weltkrieges und nach der Bildung der Bundesrepublik Deutschland mit ihrem föderalistischen Aufbau eine erhebliche Rolle, da die während der nationalsozialistischen Herrschaft erreichte Rechtseinheit zum Teil wieder beseitigt worden ist, die Nachteile der Rechtszersplitterung sich mehr oder weniger stark bemerkbar machen und erneut zu einer, wenigstens die Länder der Bundesrepublik umfassenden, einheitlichen Kodifikation gewisser Rechtsgebiete drängen. (Vgl. hierzu außer den Abschn. II und III dieser Abhandlung vor allem das Referat von Wilhelm Weber.) Nicht selten bestehen auch auf einem Gebiet Vorschriften aus den verschiedensten Epochen für die verschiedensten Spezialfälle nebeneinander, so daß eine Rechtsvereinheitlichung besonders dringlich erscheint. (Vgl. Jahrreiss, S. 40 ff.)

[4] Dies wird mit Recht von Wieacker auf S. 35 und Baring auf S. 245 hervorgehoben.

[5] Dies gilt z. B. für das sog. Lastenausgleichsgesetz vom 14. 8. 1952, das Bundesentschädigungsgesetz vom 29. 6. 1956 und die diese Gesetzgebungswerke ergänzenden Sondergesetze und Rechtsverordnungen.

Rechtsvereinheitlichung dienen, als Kodifikation bezeichnet werden[6]. Auch die in immer stärkerem Maße festzustellende Tatsache, daß allgemeine Normenverträge und allgemeine Geschäftsbedingungen nicht nur große Teile des dispositiven Gesetzesrechts faktisch außer Anwendung bringen, sondern auch an dessen Stelle zu einer, wie der Bundesgerichtshof es treffend formuliert hat[7], „fertig bereit liegenden Rechtsordnung" dadurch werden, daß sie in weitestem Maße Rechtsgewohnheiten und Gerichtsgebrauch ebenso berücksichtigen, wie die diesen zugrunde liegenden soziologischen Tatsachen, rechtfertigt ihre Qualifizierung als Kodifikationen, soweit sie im übrigen den obigen Voraussetzungen entsprechen. In diese Gruppe nichtstaatlicher Kodifikationen gehören z. B. die Allgemeinen Deutschen See-Versicherungsbedingungen von 1919, die Allgemeinen Deutschen Spediteurbedingungen[7a] u. a. m.

4. Auf der anderen Seite gehören nicht hierher bloße Kompilationen, die ohne wissenschaftliche Systematisierung und ohne Anspruch auf Vollständigkeit Bräuche oder Normen lediglich zusammenstellen, wie es z. B. bei den „Rechtsspiegeln" des deutschen Mittelalters der Fall war und heute bei den französischen Code du Travail[8] oder bei den Zusammenstellungen von Handelsbräuchen oder bei einer Sammlung von Entscheidungen oder Leitsätzen von Gerichten oder Schiedsgerichten für ein bestimmtes Sachgebiet beobachtet werden kann. Auch die Mehrzahl der allgemeinen Geschäfts- und Lieferungsbedingungen gehört in diese Kategorie.

5. Keine Kodifikationen sind ferner – trotz ihrer Ordnung nach Sachgebieten – die zum Zwecke der Rechtsbereinigung veranstalteten Sichtungen und Sammlungen[9]. Es handelt sich hierbei um eine Bestandsaufnahme der geltenden Gesetze in der Weise, daß von den in den amtlichen Verkündigungsblättern seit deren erstem Erscheinen veröffentlichten Rechtsvorschriften diejenigen von der Aufnahme in die neue Sammlung ausgeschlossen werden, die aufgehoben, durch Ablauf ihrer zeitlichen oder sachlichen Geltungsdauer obsolet geworden, tatsächlich vollzogen oder durch neue Regelungen ersetzt worden sind oder von einer nicht mehr geltenden Vorschrift abhängen oder zu ihrer Anwendung einen überholten Tatbestand oder ein überholtes Rechtsverhältnis vorausset-

---

[6] Z. B. die Genfer Abkommen zum Wechsel- und Scheckrecht.

[7] Vgl. BGHZ 1, 83 ff.; 2, 1 ff.; 3, 200 ff.; 9, 1 ff.

[7a] Vgl. hierzu auch FIKENTSCHER, BB 1961, 297 ff.; SCHMIDT-TOPHOFF, MDR 1961, 185 ff.

[8] So SCHREGLE in HUECK-NIPPERDEY, Lehrbuch des Arbeitsrechts, 6. Auflage, (1959) Band I, S. 924.

[9] Hierzu STRAUSS, DöV 1957, 545; 1961, 9; Gesetz über die Sammlung des Bundesrechts vom 10. 7. 1958; entsprechende Gesetze für die Sichtung und Sammlung des Landesrechts sind z. B. in Bayern, Hessen und Nordrhein-Westfalen erlassen worden.

zen. Es wird somit weder neues Recht gesetzt noch geltendes Recht umgeformt, sondern lediglich registriert, was von dem im Laufe einer langen Zeit in Geltung gesetzten und deshalb nicht mehr übersehbaren Wust von Vorschriften noch als in Geltung befindlich erachtet werden kann[10].

6. Schließlich sind keine Kodifikationen solche Gesetze, die ein in Geltung befindliches früheres Gesetzgebungswerk lediglich den veränderten Verhältnissen anzupassen suchen und hierbei neuere Ergebnisse der wissenschaftlichen Forschung berücksichtigen, praeter aut contra legem entstandenen Gerichtsgebrauch konsolidieren, spürbar gewordene Lücken ausfüllen und deshalb als „Reformgesetze" bezeichnet werden[11]. In diese Kategorie gehören z. B. das sogenannte Gleichberechtigungsgesetz[12] und das Familienrechtsänderungsgesetz[13], welche die durch die Veränderung der politischen und sozialen Verhältnisse erforderlich gewordenen Reformen der familienrechtlichen Vorschriften des BGB entsprechend der verbindlichen Werteordnung des Grundgesetzes enthalten; das an die Stelle der entsprechenden besatzungsrechtlichen Vorschriften getretene Gesetz gegen Wettbewerbsbeschränkungen[14]; ferner die Ministerial- oder Regierungsentwürfe zum Strafrecht, Aktienrecht, Persönlichkeits- und Ehrenschutzrecht[15], Urheberrecht[16] und dergleichen.

II

Will man den gegenwärtigen Stand des Kodifikationsproblems in der Bundesrepublik Deutschland verstehen, so bedarf es zunächst eines kurzen geschichtlichen Rückblicks über die letzten hundert Jahre in doppelter Hinsicht: Einmal unter dem normativen Gesichtswinkel der für einen Bundesstaat besonders wichtigen Abgrenzung der Gesetzgebungskompetenzen zwischen Bund und Ländern; zum anderen unter dem soziologischen Gesichtswinkel der Wandlungen der politischen, wirtschaftlichen und sozialen Grundlagen.

---

[10] Diese Rechtsbereinigung und Sammlung ist – cum grano salis – dem Corpus Juris Justinians vergleichbar, das ebenfalls, wie WIEACKER auf S. 34 mit Recht hervorhebt, nicht als Kodifikation in dem hier gemeinten Sinn qualifiziert werden kann.

[11] Ebenso MAYER-MALY, JZ 1961, 553.

[12] Vom 18. 6. 1957 BGBl. 1957 I 609.

[13] Vom 11. 8. 1961 BGBl. 1961 I 1221.

[14] Vom 27. 7. 1957 BGBl. 1957 I 1081.

[15] NEUMANN-DUESBERG spricht allerdings auch in diesem Zusammenhang von einer „Kodifikation", JZ 1961, 252.

[16] Bei den Gesetzentwürfen über die Neuregelung des Urheberrechts könnte man allerdings von einer Kodifikation deshalb sprechen, weil zwei bisher selbständige Gesetze über die Materie miteinander vereinigt, das gerade auf diesem Gebiet erheblich angewachsene Richterrecht konsolidiert und bisher überhaupt noch nicht geregelte Fragen berücksichtigt werden sollen.

1. In der Zeit des Deutschen Bundes, d. h. bis zum Jahre 1866, war eine für alle „verbündeten Regierungen" einheitliche Kodifikation nur in der Weise erreichbar, daß die von der „Bundesversammlung" den einzelnen Staaten zur Einführung „empfohlenen" Gesetzentwürfe unverändert als Landesgesetz übernommen, d. h. von dem einzelstaatlichen Gesetzgeber gebilligt und verabschiedet, verkündet und dadurch in allen so verfahrenden Staaten „allgemeines" Gesetz wurden. Dies war der Fall bei der Allgemeinen Deutschen Wechselordnung, die als einziges „Reichsgesetz" von der Paulskirchenversammlung 1848 verabschiedet worden war, und bei dem Allgemeinen Deutschen Handelsgesetzbuch von 1861. Es handelte sich hierbei um echte Kodifikationen des Wechselrechts und Landhandelsrechts für einen sehr weiten Geltungsbereich (für alle deutschen Staaten einschließlich Österreichs) und des Seehandelsrechts (für alle deutschen Staaten ausschließlich Österreichs). Diese Gesetze wurden nach der Gründung des Norddeutschen Bundes (1866) Bundesgesetze, nach der Gründung des Deutschen Reiches (1871) Reichsgesetze; das für die Rechtseinheit auf dem Gebiet des Handels- und Wechselrechts verantwortliche und 1869 gegründete Bundesoberhandelsgericht wurde 1871 zum Reichsoberhandelsgericht und 1879 nach dem Inkrafttreten der sogenannten „Reichsjustizgesetze" von 1877 – einer Kodifikation des Gerichtsverfassungsrechts, Zivilprozeßrechts, Konkursrechts und Strafprozeßrechts für das Gesamtgebiet des Deutschen Reiches – zum Reichsgericht. Das materielle Strafrecht war im Strafgesetzbuch für den Norddeutschen Bund kodifiziert und in den ihn bildenden Bundesländern einschließlich Hessens am 1. Januar 1871, in den zum Deutschen Reich gehörenden anderen Bundesländern als Strafgesetzbuch für das Deutsche Reich ein Jahr später in Kraft getreten. Neben der Gewerbeordnung von 1869 stellten vor allem die Sozialversicherungsgesetze Bismarcks eine bahnbrechende Kodifikation des Schutzes der Arbeiter und Angestellten dar. Einer Kodifikation des gesamten Privatrechts für das Gebiet des Deutschen Reiches stand dagegen die Zuständigkeitsbestimmung von Art. 4 Ziff. 13 der Reichsverfassung von 1871 entgegen, wonach das Reich lediglich die Gesetzgebungskompetenz für das Obligationenrecht, Handels- und Wechselrecht besaß. Erst durch die berühmte „lex Lasker" vom 20. 12. 1873 wurde die Gesetzgebungszuständigkeit des Reiches auf das gesamte bürgerliche Recht ausgedehnt, so daß nach einer mehr als 25jährigen Vorbereitungszeit das Bürgerliche Gesetzbuch am 1. Januar 1900 als Gesamtkodifikation des bürgerlichen Rechts für das Deutsche Reich in Kraft treten konnte. Hiermit war die Kodifikation auf den großen Rechtsgebieten abgeschlossen. Einige kleinere Gesetzgebungswerke wie z. B. die Gesetze über das Urheberrecht an Werken der Literatur und Tonkunst (1901) und der Bildenden Künste und der Photographie (1907), über das Verlagsrecht (1901) und den Versicherungsvertrag

(1908) rundeten lediglich das Bild ab. Allerdings waren im Einführungsgesetz zum BGB einige Materien des Privatrechts ausdrücklich dem Landesgesetzgeber vorbehalten worden. Aus den Art. 3, 55, 218 EGBGB wurde in Rechtsprechung und Lehre das sogenannte „Kodifikationsprinzip“ abgeleitet, d. h. „eine Sperre für den Landesgesetzgeber, außerhalb der Vorbehalte des EGBGB privatrechtliche Normen zu setzen; dabei sei es gleichgültig, ob das Reichs- oder Bundesrecht eine privatrechtliche Materie bereits erschöpfend geregelt habe oder ob Lücken beständen; die Ausfüllung etwaiger Lücken des Privatrechts sei daher nur durch Bundesgesetz oder rechtsschöpferische richterliche Auslegung aus den Grundsätzen, Generalklauseln und dem Geist des BGB möglich“ [17].

Während die Weimarer Verfassung vom 11. 8. 1919 den bisherigen Herrschaftsbereich der Reichsgesetzgebung nirgends verkleinert, wohl aber ihn um wesentliche Gebiete vergrößert hatte [18], wurde 1945 nach dem militärischen und politischen Zusammenbruch des Deutschen Reiches und der durch die Siegermächte verfügten Bildung von vier Besatzungszonen und in diesen wieder von einzelnen Ländern die Gefahr einer Desintegration des einheitlichen kodifizierten Rechts auf vielen Gebieten sichtbar. Diese Gefahr verwirklichte sich insofern, als die Besatzungszonen der Amerikaner, Engländer und Franzosen sich staats- und verfassungsrechtlich zur Bundesrepublik Deutschland konstituierten, während die unter sowjetischer Besatzung stehenden Gebiete des Deutschen Reichs eine eigene Verwaltung aufbauten und von der Besatzungsmacht staatsrechtlich zur „Deutschen Demokratischen Republik“ gestempelt wurden. Die völlige Verschiedenheit der politischen, wirtschaftlichen und sozialen Verhältnisse in beiden Teilen Deutschlands hat auch im Verlauf des vergangenen Jahrzehnts rechtlich zu einer tiefen Zersplitterung geführt, die sich selbst auf denjenigen Rechtsgebieten auswirkt, auf denen noch dieselben Gesetzbücher formell in Kraft stehen.

Auf der anderen Seite wurde durch das für die Bundesrepublik Deutschland maßgebende sogenannte Bonner Grundgesetz vom 23. 5. 1949 das Verhältnis der Gesetzgebungskompetenzen zwischen Bund und Ländern in einer Weise neu geregelt, welche die sogenannte konkurrierende Gesetzgebungszuständigkeit des Bundes gegenüber den entsprechenden Bestimmungen der Weimarer Verfassung zuungunsten des Bundes einengt. Einmal kann der Bund von der konkurrierenden Gesetzgebungskompetenz nur unter gewissen Bedingungen Gebrauch machen [19];

---

[17] So unter Angabe des einschlägigen Schrifttums BVerfGE 7, 342 (348).

[18] So Anschütz, „Die Verfassung des Deutschen Reichs“, 14. Auflage (1933), Anmerkung 3 zu Art. 7, insbesondere unter Hinweis auf die Ziffern 7, 8, 9, 12, 13 und 16 dieser Verfassungsbestimmung.

[19] Nach Art. 72 Abs. 2 GG hat der Bund in diesem Bereiche das Gesetzgebungsrecht, soweit ein Bedürfnis nach bundesgesetzlicher Regelung besteht, weil eine

zum anderen sind wichtige Materien[20], die – wie z. B. Presse- und Filmrecht, Naturschutz und Landschaftspflege – einheitlich geregelt waren, nur noch der sogenannten Rahmengesetzgebung des Bundes zugänglich mit der Folge, daß der Bund diese Angelegenheit nicht restlos kodifizieren darf, sondern der Landesgesetzgebung jedenfalls den zur Berücksichtigung der besonderen Verhältnisse und Bedürfnisse der Länder erforderlichen Spielraum lassen muß. Infolge dieser Regelung wurde alles bisherige einheitlich geregelte Reichsrecht, das nicht mehr in die konkurrierende Zuständigkeit des Bundes fiel, Landesrecht, so daß eine bereits eingetretene Rechtszersplitterung nur rückgängig gemacht, eine künftige nur verhütet werden kann, soweit der Bund von seiner Zuständigkeit zur Rahmengesetzgebung Gebrauch macht. Dies ist z. B. durch das Beamtenrechtsrahmengesetz vom 1. 7. 1957 geschehen, nachdem die einheitliche Kodifikation des ursprünglich sehr zersplittert gewesenen Beamtenrechts im Deutschen Beamtengesetz vom 26. 1. 1937 wieder Landesrecht geworden war und die Länder z. T. stark voneinander abweichende Landesbeamtengesetze verabschiedet hatten[21]. Zum anderen wurde aber nach Art. 125 GG alles Recht, das Gegenstand der konkurrierenden Gesetzgebung des Bundes betrifft, zu Bundesrecht, so daß für die Zukunft eine Sperrwirkung gegenüber künftigem Landesrecht eintritt, „soweit und solange der Bund von seinem Gesetzgebungsrecht Gebrauch macht". Aus dieser einschränkenden Formulierung in Art. 72 Abs. 1 GG wurde von einzelnen Autoren der Schluß gezogen[22], eine Kodifikation im eigentlichen Sinne des Wortes sei dem Bund auf den Gebieten der konkurrierenden Gesetzgebung entzogen, weil dann für die Länder nichts übrig bleibe. Dieser Ansicht hat sich das Bundesverfassungsgericht nicht angeschlossen, sondern die Sperrwirkung des sogenannten „Kodifikationsprinzips" für eine gesetzgeberische Zuständigkeit der Länder davon abhängig gemacht, ob eine Materie bundesrechtlich „erschöpfend" geregelt sei[23]. Wann dies der Fall sei, könne nur einer Gesamtwürdigung

---

Angelegenheit durch die Gesetzgebung einzelner Länder nicht wirksam geregelt werden kann oder die Regelung einer Angelegenheit durch ein Landesgesetz die Interessen anderer Länder oder der Gesamtheit beeinträchtigen könnte oder die Wahrung der Rechts- oder Wirtschaftseinheit, insbesondere die Wahrung der Einheitlichkeit der Lebensverhältnisse über das Gebiet eines Landes hinaus sie erfordert.

[20] Hierher gehören nach Art. 75 GG die Rechtsverhältnisse der im öffentlichen Dienste der Länder, Gemeinden und anderer Körperschaften des öffentlichen Rechts stehenden Personen; die allgemeinen Rechtsverhältnisse der Presse und des Films; das Jagdwesen, der Naturschutz und die Landschaftspflege; die Bodenverteilung, die Raumordnung und der Wasserhaushalt; das Melde- und Ausweiswesen.

[21] Dagegen fehlen noch Rahmengesetze z. B. zum Naturschutz, Pressewesen und zu den Gemeindeordnungen.

[22] Zitate bei BÖTTICHER, RdA 1958, 361.

[23] BVerfGE 7, 342 (347, 354).

des betreffenden Normenkomplexes entnommen werden[24]. Eine derartige Würdigung ist aber ohne Berücksichtigung der soziologischen Grundlagen des Rechts und deren Wandlungen unmöglich, weil eine Gesetzesbestimmung, die ihrem Wortlaut nach ein bestimmtes Rechtsgebiet „erschöpfend" regeln soll, durch Änderung der Verhältnisse einen Bedeutungswandel erfahren kann, somit als „Norm mit wechselndem Inhalt" auszulegen ist, die zu ihrem inhaltlichen Bestandteil die sich wandelnde Wirklichkeit hat. Das Kodifikationsprinzip ist hinsichtlich des Umfanges einer Sperrwirkung für den Landesgesetzgeber somit davon abhängig, was *jeweils* unter demjenigen Ausdruck rechtlich verstanden wird, der seinerzeit für die Bezeichnung der vom Gesetzgeber erlassenen bundeseinheitlichen Regelung gewählt worden ist[25].

2. Betrachtet man den gegenwärtigen Stand des Kodifikationsproblems nunmehr unter dem soziologischen Gesichtswinkel der Wandlungen, welche die politischen, wirtschaftlichen und sozialen Grundlagen des Rechts im Laufe der letzten hundert Jahre erfahren haben, so bedarf es keiner längeren Ausführungen darüber, daß – ganz zu schweigen von der sowjetischen Besatzungszone – auch in der Bundesrepublik Deutschland trotz der unbestreitbaren „Verbürgerlichung" der Arbeitermassen die vom sogenannten „Besitz- und Bildungsbürgertum" repräsentierte „bürgerliche Gesellschaft" des neunzehnten Jahrhunderts nicht mehr besteht. Wer nicht soweit gehen will, wird jedenfalls einräumen müssen, daß sowohl die Wertmaßstäbe, die bei den oben aufgeführten großen Kodifikationen vor dem ersten Weltkrieg angelegt wurden, als auch die Gesichtspunkte, unter denen man die Kodifikationsbedürftigkeit dieser oder jener Rechtsmaterie und den räumlichen und gegenständlichen Bereich beurteilte, den heutigen Verhältnissen und Bedürfnissen großenteils nicht mehr angemessen sind. Auf dieser Erkenntnis beruhen die zahlreichen seit dem Ende des ersten Weltkrieges und vor allem nach der Konstituierung der Bundesrepublik Deutschland durchgeführten oder noch in Vorbereitung befindlichen umfassenden und tiefgreifenden Reformen der großen deutschen Kodifikationen[26], gleichzeitig aber auch die Bestrebungen nach einer Kodifizierung solcher Materien, die bisher gegenständlich nur zum Teil und räumlich nur partikulär geregelt worden sind. Auf den ersten Blick erscheinen diese Bestrebungen um so erstaunlicher, als durch die politischen und sozialen Erschütterungen infolge totalitärer Herrschaft, Krieg, Niederlage und Besatzungsstatut der Glaube an die positive Regelbarkeit des Soziallebens mit Hilfe des Rechtes unter dem Gesichtspunkt der Gerechtigkeitsidee weitgehend geschwunden ist[27] und man nicht mit Unrecht von einer „Krisis" der Kodifika-

---

[24] BVerfGE 1, 283 (296).

[25] BVerfGE 7, 342 (351) unter Hinweis auf E 2, 401.

[26] Vgl. die Beispiele oben unter I Nr. 6 S. 118. [27] So auch WERNER, S. 21, 22.

tionsidee gesprochen hat[28]. Aber es wäre wohl einseitig, in der „Wiederkehr" naturrechtlicher Vorstellungen und Postulate nach dem Zusammenbruch lediglich eine Ablehnung des Positivismus schlechthin zu sehen, auch wenn die Beiworte „positiv" und „positivistisch" im juristischen Sprachgebrauch unserer Tage meistens im Sinne einer entschieden abzulehnenden Geisteshaltung verwandt werden[29]. Mir scheinen gerade die Art und Weise und die Formen, in denen sich der Naturrechtsgedanke nach 1945 konkretisiert hat, besonders symptomatisch dafür zu sein, daß das übliche „positivistische" Denken, wonach das Recht, um verbindlich zu sein, von einem obersten Gesetzgeber gesetzt sein müsse, nach wie vor für das Rechtsdenken der deutschen Juristen bestimmend ist. Was ist denn Art. 1 Abs. 3 GG, wonach die – naturrechtliches Gedankengut bildenden – Grundrechte Gesetzgebung, vollziehende Gewalt und Rechtsprechung als unmittelbar geltendes Recht binden, anderes als eine Positivierung nicht des Naturrechts schlechthin, sondern einzelner seiner Postulate? Was ist die Berufung des Bundesgerichtshofes auf eine jeder staatlichen Gesetzgebung „vorgegebene Ordnung" anderes als die Verankerung eines Urteils in einer über dem staatlichen Recht positiv geltenden, von einem höheren Wesen gesetzten („vorgegebenen"), also „positiven" – allerdings überstaatlichen – Rechtsordnung?[30] Diese Feststellung reicht, so scheint mir, zur Erklärung dafür aus, daß die erwähnte „Krisis" des Kodifikationsgedankens keineswegs so tief gegangen ist, daß darunter die Bestrebungen auf Vereinheitlichung des Rechts durch Kodifikation noch nicht oder wiederum nicht mehr bundesrechtlich geregelter Materien ihre Stärke eingebüßt hätten[31], Bestrebungen, die vor allem auf eine infolge des föderativen Aufbaues der Bundesrepublik Deutschland auf manchen Gebieten sich immer stärker und für das Sozialleben störender bemerkbar machende Rechtszersplitterung zurückzuführen sind.

III

Die seit dem Inkrafttreten des Grundgesetzes auf dem Gebiet der Kodifikation eingetretene Rechtslage ist folgende:

1. Keiner Kodifikation auf Bundesebene, sondern ausschließlich einer solchen auf Landesebene zugänglich sind die Materien der inneren Verwaltung, des Polizeirechts, des Gemeinderechts, des Schul-, Hochschul-

---

[28] Wieacker, Titel und S. 47.

[29] Vgl. als symptomatisch die Ausführungen von Arndt unter dem Titel „Rückkehr zu Weimar?" in NJW 1961, 2007 und seine Zitate aus Ausführungen von Bachof, Jahrreiss und Herbert Krüger.

[30] Über den Naturrechtsgedanken in der Rechtsprechung des Bundesgerichtshofes, vgl. den gleichnamigen Aufsatz von Weinkauff in NJW 1960, 1689 ff.; kritisch Evers in JZ 1961, 241 ff.

[31] Jahrreiss, S. 48 spricht von einem „Zwang zur Gesetzgebung".

und sonstigen sogenannten „Kultus"-Rechts und – jedenfalls zum Teil – des Forst-, Fischerei- und Landwirtschaftsrechts einschließlich des Höferechts. Einige Länder haben von dieser ihrer ausschließlichen Zuständigkeit Gebrauch gemacht und einzelne Gebiete wie z. B. das Polizeirecht, Schulrecht, Hochschulrecht, Landwirtschaftsrecht, Presserecht, teilweise zu kodifizieren versucht[32]. Die hierdurch hervorgerufene Rechtszersplitterung hat zum Zusammenschluß der Länder in der Form von ständigen Ministerkonferenzen, z. B. „Ständige Konferenz der Kultusminister", geführt, um trotz der ausschließlichen Gesetzgebungszuständigkeit der einzelnen Länder doch eine Einheitlichkeit oder jedenfalls Harmonisierung der Ländergesetze zu erreichen.

2. An Kodifikationen auf Bundesebene (die vor allem der Rechtsvereinheitlichung dienen) sind zu nennen: Das Bundesbaugesetz[33], das die materielle Raumordnung, Bodenerschließung und Enteignung einheitlich und zusammenhängend regelt und zu den „großen" Kodifikationen gezählt wird[34]. Das Gesetz wurde, nachdem die Gesetzgebungskompetenz des Bundes für diese Materie durch ein Gutachten des Bundesverfassungsgerichts anerkannt worden war[35], vor allem im Interesse einer geordneten Bodenwirtschaft in der Bundesrepublik erlassen, die nach dem Kriege durch die Flüchtlinge einen erheblichen Bevölkerungszuwachs zu verzeichnen hatte. Umfang und Bedeutung der erreichten Rechtsvereinheitlichung lassen sich allein schon daraus entnehmen, daß nicht weniger als 67 frühere Einzelgesetze und Verordnungen ausdrücklich außer Kraft gesetzt worden sind[36]. In dem Sozialhilfegesetz[37] wurde das bisher verstreut geregelte Fürsorgerecht zusammengefaßt. Das Gesetz über das Apothekenwesen[38] brachte auf diesem sehr zersplitterten Gebiet die Rechtseinheit und setzte nicht weniger als 48 frühere Einzelgesetze und Verordnungen ausdrücklich außer Kraft.

3. Auf zwei großen Sachgebieten wird zur Zeit die Frage einer Kodifikation eingehend erörtert:

a) Die außerordentliche Vermehrung der staatlichen Aufgaben in den letzten Jahrzehnten, bedingt einerseits durch Zwangs-, Kriegs- und Übergangswirtschaft, andererseits durch die sogenannte „sozialstaatliche" Entwicklung haben Umfang und Bedeutung des *Verwaltungsrechts* so stark anschwellen lassen, daß das Bedürfnis nach einer Kodifizierung jedenfalls seiner allgemeinen Prinzipien fühlbar geworden ist. Dies vor allem auch deshalb, weil neben den zahlreichen Einzelgesetzen, die der

---

[32] Vgl. auch die Übersicht bei WERNER, S. 7 bis 17.
[33] Vom 23. 6. 1960 BGBl. 1960 I 341; vgl. hierzu WANDERSLEB in DöV 1959, 244.
[34] So ZINNKAHN in DöV 1960, 617. [35] BVerfGE 3, 407 ff.
[36] Vgl. im einzelnen ZINNKAHN in DöV 1960, 617 und DITTUS in DVBl. 1960, 537 ff.
[37] Vom 30. 6. 1961 BGBl. 1961 I 815.
[38] Vom 20. 8. 1960 BGBl. 1960 I 697.

Bund auf Grund der ihm zustehenden ausschließlichen oder konkurrierenden Gesetzgebungskompetenz auf dem Gebiet des Verwaltungsrechts erlassen hat, auch die Materien der sogenannten Rahmengesetzgebung großenteils zum Verwaltungsrecht gehören und der Bund auch hier bereits einzelne Gesetze erlassen hat[39]. Deshalb wird die Frage gestellt, ob nicht die Zeit gekommen sei, das in so zahlreichen Einzelgesetzen und Verordnungen zerstreute und deshalb unübersichtlich gewordene und nur schwer handhabbare Verwaltungsrecht jedenfalls insoweit in einer einheitlichen Kodifikation zusammenzufassen, als sich bereits heutzutage eine nach bestimmten Kriterien abgrenzbare Masse allgemeiner Vorschriften des materiellen Verwaltungsrechts[40] oder jedenfalls des Verwaltungsverfahrensrechts[41] herausschälen lasse. Während das letztere in der Verwaltungsgerichtsordnung vom 21. Januar 1960 kodifiziert werden konnte, sprach sich der 43. Deutsche Juristentag 1960 in München, der sich mit dem Thema beschäftigte, mit 46 gegen 36 Stimmen gegen eine Kodifikation des materiellen Verwaltungsrechtes aus[42].

b) Besonders stark ist der Drang nach einer umfassenden Kodifikation auf dem Gebiet des *Arbeitsrechts.* Dieses stellte vor der Jahrhundertwende noch kein eigenes Rechtsgebiet dar, sondern wurde teils zum Privatrecht, teils zum Öffentlichen Recht gezählt. Die privatrechtlichen Vorschriften des BGB über den Dienstvertrag und die ergänzenden Bestimmungen des HGB für die kaufmännischen Angestellten und Lehrlinge und der Gewerbeordnung für die gewerblichen Arbeiter, Angestellten und Lehrlinge waren trotz der beschwörenden Mahnungen Otto von Gierkes, der gegen die individualistische und rein schuldrechtliche Einstellung der von der Pandektenwissenschaft des neunzehnten Jahrhunderts geprägten Verfasser des Entwurfes eines BGB vergeblich eine soziale Betrachtungsweise gefordert hatte[43], bereits bei Inkrafttreten des BGB nicht mehr zeit-, d. h. sachgemäß. Ein wirklicher Wandel trat aber erst nach dem ersten Weltkrieg im Zuge der Revolution von 1918 ein. Während die Reichsverfassung von 1871 das „Arbeitsrecht" als besondere Materie

---

[39] Z. B. das Rahmengesetz zur Vereinheitlichung des Beamtenrechts vom 1. 7. 1957, in der Neufassung von 1961 BGBl. 1961 I 1834; auch das Deutsche Richtergesetz vom 8. 9. 1961 BGBl. 1961 I 1665 hat, jedenfalls teilweise, die Aufgabe eines Rahmengesetzes für die Richter im Landesdienst, d. h. für die Hauptmasse der Richter.

[40] So Kniesch und Külz.

[41] So z. B. Bettermann, S. 144; Spanner, S. 29 ff.; Peters, S. 1699, 1700; Rietdorf, S. 614; einschränkend aber Boisserée, DöV 1961, 526.

[42] Vgl. Külz, S. 103.

[43] Insbesondere in der Schrift: „Der Entwurf eines Bürgerlichen Gesetzbuches und das Deutsche Recht", 2. Auflage 1889; ferner auch im 3. Band seines Deutschen Privatrechts (1917) S. 599; vgl. auch Menger, „Das Bürgerliche Recht und die besitzlosen Klassen" (1890).

überhaupt nicht erwähnen konnte, weil es damals weder die Materie noch dementsprechend einen besonderen Terminus dafür gab, wurde in dem Zuständigkeitskatalog der Weimarer Verfassung von 1919 in Art. 7 unter Ziff. 9 ausdrücklich bestimmt, daß das Reich die Gesetzgebung auch über das „Arbeitsrecht" besitze. Nach Art. 157 stand die Arbeitskraft unter dem besonderen Schutz des Reiches. „Das Reich schafft ein einheitliches Arbeitsrecht", d. h. dessen Kodifikation in einem einheitlichen großen Gesetz[44]. Diese Verheißung wurde nicht verwirklicht, vielmehr ergingen nach und nach eine große Anzahl von Einzelgesetzen, die – rechtswissenschaftlich betrachtet – nicht mehr eindeutig einem der beiden klassischen Gebiete des Privatrechts und des Öffentlichen Rechts eingeordnet werden konnten. Es bildete sich eine eigene Sonderrechtsdisziplin „Arbeitsrecht", was vor allem in der Schaffung besonderer Lehrstühle für dieses Sachgebiet an den Universitäten und auch in der Errichtung eines besonderen Reichsarbeitsgerichts zum Ausdruck kam. Diese Entwicklung setzte sich unter nationalsozialistischer Herrschaft fort. Auch im Bonner Grundgesetz wurde das Arbeitsrecht einschließlich der Betriebsverfassung, des Arbeitsschutzes und der Arbeitsvermittlung als besondere Materie der konkurrierenden Gesetzgebung in Art. 74 Ziff. 12 aufgeführt, so daß das Bundesverfassungsgericht in seiner schon wiederholt zitierten Entscheidung[45] folgenden Leitsatz formulieren konnte: „Das Arbeitsrecht ... hat sich als Ganzes – einschließlich seiner Privatrechtsnormen – im Laufe der letzten Jahrzehnte zu einem selbständigen und eigenständigen Rechtsgebiet entwickelt, das neben dem Bürgerlichen Recht steht." Wohl im Zusammenhang mit dieser Entscheidung stellte im Jahre 1958 die Fraktion der FDP im Bundestag den Antrag, die Bundesregierung aufzufordern, den Entwurf eines Arbeitsgesetzbuches vorzulegen[46]. Dieser Antrag wurde im Ausschuß für Arbeit beraten[47] und schließlich am 2. 12. 1959 vom Bundestag einstimmig in der Formulierung angenommen, daß die Bundesregierung beauftragt wurde, „mit der Einleitung der Vorarbeiten zu einem Entwurf eines Deutschen Arbeitsgesetzbuches zu beginnen" [48]. Wie einem am 18. 1. 1962 vor dem Bundestagsausschuß für Arbeit erstatteten Zwischenbericht des Bundesarbeitsministeriums zu entnehmen ist[49], sind die vorbereitenden Arbeiten in Gang gekommen. Man beschäftigt sich zunächst mit der Planung und Absteckung des Rahmens der Kodifizierung und mit der Erarbeitung eines

[44] So ANSCHÜTZ, aaO, Anmerkung 2 zu Art. 157.

[45] BVerfGE 7, 342.

[46] Bundestagsdrucksache Nr. 563, 3. Wahlperiode; hierzu kritisch BÖTTICHER, RdA 1958, 361.

[47] Einzelheiten siehe in RdA 1959, 333; 1960, 19/20.

[48] Bundestagsdrucksache Nr. 1401, 3. Wahlperiode; Stenographische Berichte des Bundestags, 3. Wahlperiode, 91. Sitzung S. 5009 C; Bericht in RdA 1960, 19.

[49] Vgl. die Aufsätze von SCHELP in RdA 1962, 89 ff.; BB 1962, 229 ff.

zweckentsprechenden Systems, da die in Lehrbüchern, Rechtsprechungskarteien u. dgl. vorliegenden Muster nicht einheitlich sind. Ein größeres Gremium nicht weisungsgebundener Sachverständiger (Wissenschaftler, Richter, Ministerialbeamte, Gewerkschaftler, Arbeitgeber) soll demnächst zusammentreten. Kleinere Sonderausschüsse sollen in Thesenform einzelne Grundfragen (z. B. Umfang und Systematik, Begriffsinhalte, Vereinheitlichung) behandeln. Außerdem ist bereits eine große Anzahl von Forschungsaufträgen über wichtige Themen vergeben worden. Für einzelne Teilgebiete (z. B. Urlaub, Ausbildung, Kündigung u. a. m.) bemüht man sich bereits um den Entwurf von Regelungen.

IV

Kodifikationen sind nicht nur eine gesetzgeberische, sondern vor allem, wie bereits im ersten Satz dieses Referates betont worden ist, eine wissenschaftliche Leistung. Das Verfahren zur Erstellung eines solchen Werkes, vor allem die Vorarbeit, muß sich daher anders gestalten als bei gewöhnlichen Gesetzen, wenn auch die Verabschiedung des Gesetzes sich nicht von dem Üblichen unterscheidet. Hierbei ergeben sich nicht unbedeutende Probleme:

1. Die Vorbereitung einer Kodifikation erfolgt nach deutscher Tradition in der Regel durch eine besondere Kommission, deren Mitglieder den Kreisen der sogenannten „federführenden" Ministerialbürokratie, der Rechtslehrer und der Praktiker entnommen werden. Schon für das ADHGB trat die sogenannte „Nürnberger Konferenz" zusammen und tagte von 1857 bis 1861. Die Vorbereitungen für das BGB nahmen 22 Jahre, von 1873 bis 1895, in Anspruch, wobei zwei Kommissionen nacheinander tätig waren. Schon damals wurden die fertigen Entwürfe zur öffentlichen Diskussion gestellt, wie dies auch heute bei den großen Reformen des Strafgesetzbuches, des Aktiengesetzes und des Urheberrechts geschehen ist. Auf diese Weise können alle, die sachlich interessiert sind oder als Wissenschaftler etwas beizusteuern haben, ihren Beitrag leisten. Dieses Verfahren ist bei der Schaffung von Spezialgesetzen nicht üblich; hier erhalten in aller Regel nur die interessierten Verbände Gelegenheit zur Stellungnahme, während Äußerungen unabhängiger Sachverständiger, Stellungnahmen und Aufforderungen dazu selten sind.

2. Die eigentümlichen Schwierigkeiten einer Kodifikation liegen aber beim Gesetzgeber, d. h. beim Parlament. Dieses ist eine Versammlung von Nichtexperten, von denen die meisten sich über eine Kodifikation kein Urteil erlauben können[51]. Allenfalls sind die Ausschüsse dazu in der Lage, aber auch nur in beschränktem Umfang. Dies ist ein Nachteil zunächst für die Kodifikation selbst: Da sie allgemeine Anerkennung finden und als gerechter Ausgleich empfunden werden soll, schadet es ihr,

[51] WERNER, S. 6/7.

wenn sie im Parlament im wesentlichen nur mit der Stimmenmasse der „Mitläufer“ gebilligt wird[52]. Andererseits kann sich daraus eine gewisse Zurückhaltung der Parlamentarier gegenüber den Kodifikationen entwickeln. Derartige Probleme treten allerdings auch allgemein bei der Gesetzgebung immer mehr hervor. Die meisten größeren Gesetzentwürfe werden heute von den Ministerien ausgearbeitet und vom Parlament mit mehr oder weniger zahlreichen Änderungen angenommen[53]. Wenn die Abgeordneten Änderungswünsche haben, bitten sie manchmal die Regierungsvertreter um Hilfe bei der Formulierung. Dies ist leider nicht immer der Fall. Deshalb hat SCHEUNER[54] vorgeschlagen, Versuche zur Besserung der „Qualität des Gesetzgebers“ zu unternehmen, z. B. durch eine Vorprüfung aller Gesetzentwürfe in wissenschaftlicher Hinsicht durch einen Gesetzesrat.

Eine derartige Vorprüfung ist bei Kodifikationen, die eine Kommission unter Beteiligung von Wissenschaftlern ausarbeitet, nicht erforderlich, weil hier die Forderung SCHEUNERS schon erfüllt ist. Aber dafür tritt das Problem bei der Behandlung im Parlament erst recht in Erscheinung: Entweder greifen die Abgeordneten sich nur ganz unwesentliche Punkte zur Debatte heraus und akzeptieren das Ganze pauschal – was der günstigste Fall ist – oder aber bestimmte Abgeordnete, vor allem Interessenvertreter, versuchen, sachliche Änderungen durchzusetzen, die dann das ganze System durcheinanderbringen. In dieser Hinsicht gibt es mannigfache Erfahrungen. Bei der Schaffung des BGB wurden nur einzelne Punkte aufgegriffen, so vor allem der Wildschaden, ein im ganzen unwichtiger Punkt[55]. An vielen neueren Gesetzen, z. B. am GWB[56], wurde recht viel geändert. Dann besteht die Gefahr der Zerstörung des Systems[57].

Eine solche Gefahr ist bei der Schaffung des Arbeitsgesetzbuchs nicht auszuschließen, weil beide Sozialpartner über Vertreter im Bundestag verfügen und nicht selten Kompromisse ausgehandelt werden müssen. Kompromisse bei der Gesetzgebung sind oft bewußte „dilatorische Formelkompromisse“ oder in sich widersprüchlich, so daß sie den Wert einer Kodifikation erheblich beeinträchtigen können. Im allgemeinen

---

[52] WERNER, S. 6.

[53] STERNBERGER, DOLF, in „Politische Vierteljahresschrift“ 1960, S. 22 ff. mit Zahlenangaben, aber auch PARTSCH, VVdtStL 16, 74 (102).

[54] AaO, S. 608–610.

[55] Stenographische Berichte des Reichstags, 9. Legislaturperiode, IV. Session, S. 3060–3064 (Bd. 4).

[56] Das zeigt der Vergleich des RegE (WuW 1952, 432) mit dem Gesetz.

[57] Als warnendes Beispiel sei auf die entsprechenden Vorgänge bei der Behandlung des Entwurfs eines HGB im türkischen Parlament verwiesen; vgl. hierzu HIRSCH, „Das neue Türkische Handelsgesetzbuch“ in ZHR 119 (1956) S. 157 ff. passim; HIRSCH, „Das Türkische Aktienrecht“, Frankfurt/Berlin 1958 passim.

Verwaltungsrecht sind es weniger diese Gefahren; hier ist eher zu befürchten, daß im Parlament überhaupt geschwiegen wird.

Für den Erfolg der Kodifikationsbestrebungen ist also wesentlich, daß es gelingt, hier günstige politische und psychologische Voraussetzungen zu schaffen. Gesetzgebung, also auch Kodifikation, ist Politik und somit die Kunst des Möglichen, wie WERNER mit Recht bemerkt[58].

V

Will man die Probleme der Kodifikation im Licht der vorstehend skizzierten Bedingungen und Erfahrungen in der Bundesrepublik Deutschland während des letzten Dezenniums erkennen, so muß man die sachlichen Voraussetzungen für eine Kodifikation – nämlich eine genügend vorbereitete wissenschaftliche Grundlage und die verfassungsmäßig gegebene Kompetenzfrage – von den Argumenten, die für oder gegen die Zweckmäßigkeit oder Durchführungsmöglichkeit einer Kodifikation vorgetragen werden, voneinander trennen. In den meisten Äußerungen zur Kodifikation der beiden Hauptgebiete – eines allgemeinen Teiles des Verwaltungsrechts und eines Arbeitsgesetzbuches – wird diese Trennung nicht gemacht. Dies ist verständlich; denn wer die Zweckmäßigkeit leugnet, ist geneigt, das Vorhandensein der erforderlichen Voraussetzungen zu bezweifeln, während derjenige, der sich zugunsten einer Kodifikation ausspricht, die Voraussetzungen für gegeben ansieht oder jedenfalls die Schaffung der erforderlichen Voraussetzungen verlangt. Unter diesem Vorbehalt wird im folgenden eine Gegenüberstellung der treibenden und hemmenden Kräfte in der Kodifikationsfrage versucht.

1. Abgesehen von dem schon wiederholt erwähnten Drang nach Wiedererlangung, Herstellung und Erhaltung der infolge der historischen Entwicklung als besonders stark bindende Klammer erlebten Rechtseinheit[59] ist ein Hauptargument zugunsten der Kodifikation die mit einer solchen zusammenhängende Vereinfachung[60], denn Rechtszersplitterung bedeutet zugleich Komplizierung des Rechts[61]. Demgegenüber werden in der Kodifikation Rechtsklarheit und Rechtssicherheit angestrebt[62].

Auf dem Gebiet des allgemeinen Verwaltungsrechts äußert sich die Kompliziertheit zum Beispiel darin, daß fast für jeden Verwaltungszweig andere Verfahrensvorschriften gelten, daß der Behördenaufbau jeweils

---

58 AaO, S. 5.

59 Vgl. HUECK/GALPIN/HERSCHEL, „Die Rechtseinheit im deutschen Arbeitsrecht", Köln 1951, Tagungsbericht und Referate.

60 WERNER S. 11, 24; SCHELP, S. 129 und im Bundestags-Ausschuß für Arbeit am 8. 4. 1959, lt. Bericht in RdA 1959, 335.

61 Vgl. JAHRREISS, S. 40/41.

62 WERNER, S. 14 (Bericht über Bundesrats-Diskussion).

verschieden ist und daß die materiellen Voraussetzungen für Erlaß, Widerruf und Rücknahme von Verwaltungsakten über die sachliche Notwendigkeit hinaus unterschiedlich gestaltet sind.

Auf dem Gebiet des Arbeitsrechts bestehen ebenfalls verschiedenartige Regelungen in den älteren Kodifikationen, zum Beispiel hinsichtlich der Kündigung aus wichtigem Grund[63], deren Berechtigung mittlerweile sehr zweifelhaft geworden ist.

In beiden Materien gibt es außerdem umfangreiches Gewohnheitsrecht und an Generalklauseln angelehntes Richterrecht, das sich „im Fluß" befindet; es bietet zwar die Möglichkeit ständiger Weiterentwicklung, bringt aber auch eine beträchtliche Rechtsunsicherheit mit sich. Deshalb befürwortet SCHELP[64] eine Kodifikation des Arbeitsrechts, um der bekannten – auf § 242 BGB gestützten – „Treu-und-Glauben-Jurisprudenz" auf dem Gebiet des Arbeitsrechts ein Ende zu machen. WERNER hebt für das Verwaltungsrecht[65] hervor, daß eine Kodifikation der Vereinfachung, der Entlastung der Spezialgesetze und der Entlastung der Gerichte dienen könne.

Vorteilhaft wäre aber vor allen Dingen – was schon THIBAUT seinerzeit 1814 in seiner berühmten Schrift „Über die Notwendigkeit eines allgemeinen bürgerlichen Rechts für Deutschland" anführte – daß man zur Feststellung des Rechts nicht mehr umfangreiche Studien – in Spezialgesetzen und Entscheidungssammlungen – unternehmen muß, sondern daß man sich auf *eine* Rechtsquelle, bzw. die Kommentare dazu, weitgehend verlassen kann.

2. Als Triebkräfte zugunsten einer Kodifikation sind daneben auch gewisse „Prestige"-Momente zu berücksichtigen, die in mehrfacher Richtung in Erscheinung treten:

a) Das *sachliche* Prestige einer bestimmten Rechtsdisziplin: Eine Kodifikation auf *einem* Rechtsgebiet strahlt in andere Rechtsgebiete aus und schafft so eine gewisse „Überlegenheit". Deshalb fordert zum Beispiel KÜLZ[66] die Kodifikation des allgemeinen Verwaltungsrechts mit der Begründung, das Verwaltungsrecht werde vom BGB überwuchert, während das Verwaltungsrecht doch „eigene Kraft und Würde" habe, die zur Geltung gebracht werden müsse[67]; BARING bemerkt[68], man wolle offenbar die Minderwertigkeit des Verwaltungsrechts durch eine Kodifikation ablegen und „auf die Höhe des Zivilrechts" gelangen. SCHELP meint[69], wenn man kein Arbeitsgesetzbuch schaffe, könnten immer wieder Zweifel an der Selbständigkeit der Disziplin des Arbeitsrechts auftauchen. Bemerkenswert ist, daß diese Äußerungen von Praktikern stammen, nicht

---

[63] § 626 BGB, §§ 70 bis 72 HGB, §§ 123 bis 124a GewO mit jeweils verschiedenen Voraussetzungen.

[64] AaO, S. 129.
[65] AaO, S. 24.
[66] AaO, S. 105.
[67] Ähnlich KNIESCH, aaO.
[68] AaO, S. 241 Fußnote 1.
[69] AaO, S. 129.

von Rechtslehrern, die ihr Gebiet mehr durch wissenschaftliche Arbeiten als durch die Gesetzgebung gefördert sehen wollen.

b) Das *persönliche* Prestige der Rechtsschöpfer:

Eine Kodifikation ist eine wissenschaftliche und kulturelle Leistung. Sie reizt einen ehrgeizigen und fähigen Beamten, d. h. Juristen, im Ministerium mehr als die Ausführung von Gesetzen und die Schaffung von Detailverordnungen. Eine Kodifikation stärkt das Ansehen der Juristen in der Verwaltung[70]. Es ist daher erklärlich, daß sich die Beamten der Ministerien gern zu den Vorbereitungsarbeiten entschließen[71].

c) Das *Gruppen-* oder *Klassenprestige:*

Bestimmten sozialen Gruppen liegen naturgemäß besondere Rechtsgebiete am Herzen. Die bürgerliche Gesellschaft der Kaiserzeit war stolz auf das Bürgerliche Gesetzbuch, während für die Arbeitnehmer das Arbeitsrecht zentrale Bedeutung gewonnen hat. So hat der Deutsche Gewerkschaftsbund sich im Jahre 1949 in seinen Grundsätzen für die Schaffung eines Arbeitsgesetzbuches eingesetzt[72]. Vor allem dieses Prestigemoment veranlaßte die kommunistische Regierung in Mitteldeutschland, im vergangenen Jahr ein Gesetzbuch der Arbeit für die sogenannte „DDR" herauszugeben[73]. Dieses nicht sehr umfangreiche Gesetzbuch (156 Paragraphen) will nach der Präambel ein Zeichen des Sieges der „Arbeiterklasse" in der „DDR" und ein Kampfmittel gegen Westdeutschland sein[74].

d) Das *nationale* Prestige:

Kodifikationen sind nicht nur Gesetze für den eigenen Bereich, sie strahlen über die Ländergrenzen hinaus und können, wenn sie gut sind, anderen Ländern als Vorbild dienen. Gleichzeitig können sie den Ruhm derer ausmachen, die als Staatsmänner die Kodifikationen als eigenes Werk in Anspruch nehmen. Sowohl Friedrich der Große wie Napoleon – dieser besonders – haben Wert auf große Kodifikationen gelegt, Napoleon sah hierin seinen Ruhm. Auch Hitler, Mussolini und Stalin trugen sich mit derartigen Gedanken[75]. Heute geht es nicht um den Ruhm der Herrscher, wohl aber um das deutsche Ansehen. SCHELP benutzt die zu erwartende Ausstrahlung in Europa als Argument für eine Kodifikation

70 So ausführlich WERNER, S. 27/28.

71 Dies geht aus dem Bericht über eine Sitzung des BT-Ausschusses für Arbeit vom 8. 4. 1959 in RdA 1959, 335 hervor: Nachdem die Regierung sich zuvor ausweichend zum dem FDP-Antrag zur Schaffung eines Arbeitsgesetzbuches – 3. Wahlperiode Drucks. 563 – geäußert hatte, äußerte sich SCHELP vom Ministerium zustimmend und skizzierte einen Entwurf.

72 Nach HERSCHEL, Betr. 1959, 1440.

73 GBl. der DDR 1961, T. 1, S. 27 ff.

74 Vgl. hierzu BÖHM in RdA 1961, 103 ff.; SCHELP in RdA 1962, 89 ff. (93).

75 Vgl. HERSCHEL, aaO.

des Arbeitsrechts[76]. Im Verwaltungsrecht ist diese Tendenz geringer[77], aber sie spielt eine Rolle. Zum Teil kann man das auf einer niedrigeren Ebene beobachten: Die Bundesländer überbieten sich gegenseitig in Verwaltungsreformen rechtlicher Art[78], offenbar nicht ohne Prestigegedanken.

3. Eines der schwersten Hemmnisse einer Kodifikation, jedenfalls auf dem Gebiet des allgemeinen Verwaltungsrechts, ist die bereits oben ausführlich erörterte Frage der Gesetzgebungskompetenz, da es sich hierbei vor allem um eine Macht- und Prestigefrage der Länder handelt. Eine lediglich auf die unmittelbare Bundesverwaltung zugeschnittene Kodifizierung des allgemeinen Verwaltungsrechts ist zwar theoretisch denkbar, hätte aber nicht den erwünschten Erfolg einer Vereinheitlichung und Vereinfachung. Erforderlich wäre die Einbeziehung der Länder[79]. Die Länder müßten sich also einigen[80], u. U. einen gemeinsam ausgearbeiteten Modellentwurf als allgemeines Gesetz erlassen. Abgesehen von diesen Schwierigkeiten der Regelung der Zuständigkeitsfrage liegt die Hauptschwierigkeit in der richtigen Abgrenzung und der systematischen Durcharbeitung der zu kodifizierenden Materie. In dieser Hinsicht handelt es sich heute um folgendes:

a) Die Abgrenzung der Materie ist schwierig, weil jede neue Kodifikation mit den bereits vorhandenen Kodifikationen sich überschneidet. Insbesondere ist auf dem Gebiet des Arbeitsrechts ein großer Teil von Rechtsvorschriften bereits in selbständigen Kodifikationen, wie z. B. in den Sozialversicherungsgesetzen, enthalten oder in andere Gesetze eingefügt, wie z. B. die Vorschriften über den Arbeitsvertrag in BGB, HGB, GewO, SeemannsO und dergl.; die Bestimmungen über die Lohnpfändung in die ZPO[81]. Behält man diese Art der Verteilung der Vorschriften mit der Begründung bei, sie habe sich bewährt, so wird das neue Gesetz ein Torso, aber keine Kodifikation. Vereinigt man aber alle diese Vorschriften in *einem* Gesetzbuch, so werden die anderen Gesetzbücher durchlöchert, was wegen der dem deutschen Gesetzgebungsstil eigentümlichen Verweisungstechnik zu Schwierigkeiten auf anderen Gebieten führen kann. Es bedarf also besonderer Aufmerksamkeit, um die Kodifikation des Arbeitsrechts wenigstens technisch einwandfrei zu gestalten.

---

[76] AaO, S. 130.

[77] Vgl. Baring, aaO, S. 242: „Es fehlt der nationale Schwung."

[78] Ablesbar aus der Darstellung von Werner, S. 7 ff.; Spanner, S. 34.

[79] Darauf weisen bes. Spanner, S. 48 ff., Scheuner, S. 608 und Bettermann, S. 154 hin; vgl. auch Boisserée in DöV 1961, S. 526 ff.

[80] Das hält Kniesch, S 1698, für möglich und wünschenswert, vor allem auch für erreichbar.

[81] Herschel, S. 1443, ähnlich Baring, S. 243; wegen der RVO, RAO für das Verwaltungsrecht vgl. Spanner, S. 21.

b) Die wesentliche Frage, ob nämlich eine Materie wissenschaftlich genügend durchgebildet und bearbeitet ist, um eine Kodifikation zu wagen, ist der Kernpunkt, der schon den Streit THIBAUT-SAVIGNY bestimmte.

In diesem Streit spielt auch die Behauptung eine Rolle, daß „Formkraft und Treffsicherheit der Sprache“ geschwunden seien[82] und daß der – positivistische – Glaube, die Gerechtigkeit in Worte einfangen zu können, weithin fehle[83]. In der Massenflut der vielen heutigen Gesetze zeige sich zwar ein erheblicher Perfektionismus[84], der aber das Fehlen einer kurzen und dennoch klaren Rechtssprache eher unterstreiche. Schon aus diesem Grunde wird vor Kodifikationen gewarnt[85]. Auch die ausreichende wissenschaftliche Durchbildung wird in Zweifel gezogen: So herrscht z. B. Einigkeit darüber, daß wichtige Grundbegriffe des *Arbeitsrechts* noch vielfach ungeklärt sind, wie etwa die Begriffe „Betrieb“, „Arbeitsverhältnis“, „Angestellter“ usw.[86]. Hinsichtlich des Verwaltungsrechts sind weit mehr grundsätzliche Erwägungen angestellt worden, vor allem von WERNER in seinem Gutachten für den Juristentag 1960[87]. Man warnt hier vor allem vor der Gefahr, mangels gründlicher wissenschaftlicher Klärung zu einer lückenhaften oder von leeren Worten klingenden Kodifikation zu kommen[88], die dann gleichzeitig zu einer vorzeitigen Erstarrung der Materie statt zu weiterer wissenschaftlicher Bearbeitung führen werde[89]. Hier gibt es aber, wie Werner darlegt, nicht nur ein „entweder-oder“, sondern auch die Möglichkeit einer zurückhaltenden Kodifikation mit dem „Mut zur Lücke“[90]. PARTSCH[91] bemerkt in diesem Zusammenhang, das Verwaltungsrecht befinde sich heute auf der Entwicklungsstufe wie das Zivilrecht zur Zeit SAVIGNYS.

4. Mit dem zuletzt erörterten Punkt hängen sehr eng die Widerstände zusammen, die dem „Prestigebedürfnis“ der Beamten und Herrscher entgegenwirken: Während nämlich die Praktiker in der Mehrzahl Kodifikationen befürworten, halten in der Regel die Rechtslehrer Kodifikationen mangels genügender wissenschaftlicher Durchbildung für verfrüht[92]. WERNER[93] führt dies auf die schon bei SAVIGNY durchklingende Befürchtung zurück, das Gewohnheitsrecht, die Domäne der Rechtslehrer,

---

[82] So BARING, JR 1960, 241.

[83] WERNER, S. 21 ff.; HERSCHEL, S. 1443; PETERS, NJW 1960, 1698 (99).

[84] SCHEUNER in DöV 1960, 601 (602) mit Kritik.

[85] Vor allem HERSCHEL und PETERS (aaO, Fußn. 3).

[86] HERSCHEL, Betr. 1959, 1440 (1444); Bundestag, Bericht des Ausschusses Arb., RdA 1960, 19 (20); SCHELP, RdA 1960, 127 (130).

[87] S. 18 bis S. 38.

[88] BARING, JR 1960, 241 (244/45), WERNER, S. 25.

[89] PETERS, NJW 1960, 1698 (1699).

[90] S. 22 und 24.

[91] VVdtStL 17, 236 (Diskussionsbeitrag).

[92] Diese Beobachtung machen auch SPANNER, S. 32, und KNIESCH, S. 1697. Die

werde durch ein „unwissenschaftliches" Gesetz abgelöst. SAVIGNYS Besorgnis[94], es werde nach Schaffung eines BGB nur noch schlechte, fabrikmäßige Literatur geben, bewahrheitete sich zwar nach der Schaffung des BGB nicht, die Gefahr ist m. E. aber heute durchaus vorhanden, da der „Professoren"-Kommentar weithin vom „Praktiker"-Kommentar abgelöst ist und Kurzkommentare im Telegrammstil um sich greifen.

Als spezifisch deutsches Problem kommt hinzu, daß heute jede Gesetzesänderung oder Neu-Kodifikation Deutschland nicht eint, sondern die Spaltung vertieft[95]. Außerdem kann eine Kodifikation nur von Dauer sein, wenn sie einen gerechten sozialen Ausgleich bringt, nicht dagegen, wenn sie *eine* Gruppe einseitig fördert[96].

5. Die vorstehenden Argumente zeigen deutlich, daß der Wert einer Kodifikation entscheidend von ihrer Qualität und von der Art ihrer Durchführung abhängt. Eine gute Kodifikation kann in allen Punkten förderlich sein, während eine schlechte für Wissenschaft und Praxis ein Abwärtsgleiten bedeuten kann[97]. Mehr als in einem Spezialgesetz liegen in einer Kodifikation die Chance des Gelingens und die Gefahr des Mißlingens dicht beieinander. Aus diesem Grunde ist es wichtig, wie die Kodifikation inhaltlich gestaltet ist, vor allem, ob sie striktes oder billiges Recht bevorzugt, ob sie Raum läßt für Auslegungen oder nicht, wie sie Spezialvorschriften mit Generalklauseln verbindet und welche Entwicklungsmöglichkeiten sie offenläßt. Dieser Punkt ist unabhängig von der allgemeinen Qualität der Formulierungen und der Sprachkunst. Er hängt aber eng mit der Frage zusammen, inwieweit eine Kodifikation ins einzelne gehen und inwieweit sie sich auf die Ausarbeitung allgemeiner, abstrakter Grundregeln beschränken soll[98]. Die Frage der Kodifikation ist also nicht nur eine des „entweder-oder", des „ja oder nein", sondern wesentlich eine Frage des „wie"[99].

---

tatsächliche Gruppierung ist z. B. in der Frage der Kodifizierung des Verwaltungsrechts folgende:

Dafür: KÜLZ (DöV 61, 103) – Senatspräsident; KNIESCH (NJW 1960, 1696) – Bundesrichter.

Dagegen: PETERS, S. 1698; SCHEUNER, aaO; SPANNER, S. 50; FORSTHOFF, Lehrbuch, § 9; BETTERMANN, S. 237; PARTSCH; nach SCHEUNER, VVdtStL 17, 237 auch IPSEN, alles Professoren. (Verschiedene der Autoren dagegen befürworten allerdings eine Teilkodifikation des Verfahrensrechts.)

[93] S. 22/23.

[94] Vgl. hierüber GAGNÉR, S. 19.

[95] Hierauf weist nur BARING hin, S. 242.

[96] So mit Recht SCHEUNER, S. 602; auch WIEACKER, S. 48; MAYER-MALY (JZ 1961, 553, [554]) berichtet, daß die geplante österreichische Arbeitsrechts-Kodifikation nur den Arbeitnehmerstandpunkt enthalte, und kritisiert dies.

[97] HERSCHEL, S. 1444.

[98] Vgl. SCHEUNER, S. 609.

[99] WERNER, S. 22, 24.

Literaturübersicht

Alphabetisches Verzeichnis des nur mit dem Namen des Verfassers in den Anmerkungen zitierten Schrifttums

BARING, „Bloß kein Gesetz!“ in JR 1960, 241. BETTERMANN, KARL AUGUST, Das Verwaltungsverfahren (Referat), in VVdtStL Heft 17, S. 118 ff. GAGNÉR, STEN, Studien zur Ideengeschichte der Gesetzgebung, Uppsala 1960. HERSCHEL, WILHELM, „Gesetzbuch der Arbeit – heute?“ in Betr. 1959, 1440. JAHRREISS, HERMANN, Größe und Not der Gesetzgebung, Bremen 1952. KNIESCH, JOACHIM, „Soll man den allgemeinen Teil des Verwaltungsrechts kodifizieren?“ in NJW 1960, 1696. KÜLZ, HELMUT, „Doch ein Gesetz!“ in DöV 1961, 103. LIVER, PETER, „Kodifikation und Rechtswissenschaft“ in ZschwR n. F. 80 (1960) S. 193 ff. PETERS, HANS, „Der allgemeine Teil des Verwaltungsrechts als Kodifikationsproblem“ in NJW 1960, 1698. RIETDORF, FRITZ, „Über die Zweckmäßigkeit der Kodifizierung von Teilgebieten des allgemeinen Verwaltungsrechts in einem Verwaltungsverfahrensgesetz“ in DöV 1960, 614. SCHELP, GÜNTHER, „Es muß der Anfang gemacht werden – Betrachtungen zur Schaffung eines Gesetzbuchs der Arbeit“ in RdA 1960, 127. SCHEUNER, ULRICH, „Die Aufgabe der Gesetzgebung in unserer Zeit“ in DöV 1960, 601. SPANNER, HANS, „Empfiehlt es sich, den allgemeinen Teil des Verwaltungsrechts zu kodifizieren?“ Gutachten für den 43. Deutschen Juristentag, Tübingen 1960. WEBER, MAX, Wirtschaft und Gesellschaft, Bd. 2, 2. Aufl., Tübingen 1925. WEBER, WILHELM, „Der gegenwärtige Stand der Rechtsvereinheitlichung in Deutschland“ in Beiträge zur Rechtsforschung, Deutsche Landesreferate zum III. Internationalen Kongreß für Rechtsvergleichung in London 1950, Bd. I (Berlin-Tübingen 1950), 263 ff. WERNER, FRITZ, „Empfiehlt es sich, den allgemeinen Teil des Verwaltungsrechts zu kodifizieren?“ Gutachten für den 43. Deutschen Juristentag, Tübingen 1960. WIEACKER, FRANZ, „Aufstieg, Blüte und Krisis der Kodifikationsidee“, in der Festschrift für Gustav Boehmer, Bonn 1954, S. 34 ff.

DIE NATUR DER ALLGEMEINEN RECHTSGRUNDSÄTZE

von D. Dr. ERIK WOLF

Professor an der Universität Freiburg i. Br.

Das Thema wurde als Frage der Rechtsphilosophie gestellt. Es mußten daher sowohl seine unausgesprochenen gedanklichen Voraussetzungen bedacht, als auch die verwendeten Begriffe auf ihre Herkunft und ihre Bedeutungsgrenzen hin befragt, endlich seine Gesamtaussage nicht als undiskutable „Gegebenheit" hingenommen, sondern auf ihre Notwendigkeit sachlich geprüft werden.

Rechtsphilosophie darf nichts – und sei es ein scheinbar Selbstverständliches – von der Jurisprudenz Ausgesagtes nachträglich legitimieren wollen. Ein bloß rhetorisch ausschmückendes und ideologisch verherrlichendes Bestätigen dessen, was der Jurist alltäglich unbefragt gelten und unbesprochen sein lassen muß, widerspricht der kritischen Orientierungsaufgabe des Rechtsphilosophen.

Deshalb wird im folgenden Text davon ausgegangen, daß emphatische Bejahung einer vagen Idee allgemeiner Rechtsgrundsätze ihre Wahrheit ebensowenig garantiert, wie snobistische Verneinung ihrer praktischen Wirksamkeit die Frage nach ihrer verpflichtenden Existenz zum Verstummen bringen kann. Aber es wird auch nicht vorgegeben: die heutige Rechtstheorie habe so etwas wie unerschütterliche, zureichende und jedermann überzeugende Kenntnis vom Wesen der allgemeinen Rechtsgrundsätze.

Das bedeutet weder Resignation vor der gestellten Aufgabe noch Skepsis gegenüber ihrem Sinn, wohl aber kritisches Abstandhalten: ein sokratisches In-der-Frage-Bleiben, dem apodiktisches Behaupten von Ideologien die Besinnung nicht abnehmen darf.

Nur unbedingter Ernst der philosophischen Haltung – auch auf das Risiko hin, keine Antwort geben zu können – kann die gegenwärtig empfundene *Frag*würdigkeit allgemeiner Rechtsgrundsätze (indem sie diese als Frag*würdigkeit* deutet) zur Einsicht in ihre Notwendigkeit verwandeln.

I. Thematische Orientierung

Obwohl die Begriffe „Natur", „Recht", „Grundsatz", „allgemein" theoretisch ebensowenig eindeutig sind, wie ihre Verbindung zu dem thematischen Satz, werden sie gebraucht, als verstünden sie sich von selbst.

Als *Fachausdruck* bezeichnet „Allgemeine Rechtsgrundsätze" (im folgenden „ARG") heute im Völkerrecht Entscheidungsnormen, die nicht in Staatsverträgen oder zwischenstaatlichem Gewohnheitsrecht enthalten sind, aber doch den internationalen Verkehr binden; ihre Anerkennung setzt der Ständige Internationale Gerichtshof voraus. Auch die Rechtslehre und Rechtspraxis *inner*staatlichen Rechts kennt ARG sowie das Internationale Privatrecht (Prinzipien des Kollisionsrechts!), freilich in engerem Sinn.

Rechtsphilosophisch besteht weithin Einigkeit darüber, daß und welche Sätze „ARG" sind: etwa die platonische Formel „Jeder tue das Seine", der ulpianische Spruch „neminem laedere", das aristotelische Prinzip der austeilenden und ausgleichenden Gerechtigkeit, die altrömische Weisung des Handelns nach „bona fides" und der byzantinische Maßstab der „aequitas". Auf ihnen baute sowohl die scholastische Doktrin der „prima principia" (THOMAS), als auch die reformatorische Lehre des „weltlichen Naturrechts" (J. HECKEL) auf. Säkularisiert zu den „officia hominis et civis" (PUFENDORF), subjektiviert in den Programmsätzen der „Droits de l'homme et du citoyen", variiert und modifiziert in späteren Grundrechtskatalogen, wirkt dieser Konsensus noch im ungeschriebenen Kodex moderner Verkehrsregeln nach.

Freilich bereitete schon die allgemeinverständliche Fassung dieser ARG unlösbare Schwierigkeiten, nicht minder ihre gleichmäßige Auslegung in den verschiedenen Rechtskreisen; auch machten Voraussetzungen abendländischer Kultur ihre Anwendung unter überseeischen Verhältnissen nichtkolonialer Art problematisch.

Einig über ihre Funktion: das positive Recht zu begründen und zu begrenzen, stritt man über ihren Begriff; um so heftiger, je „existentieller" er verpflichtet.

So ist es zwar möglich, zu sagen: *wo* ARG anerkannt sind und *wie* sie funktionieren, auch daß man ihrer bedarf und tatsächlich immer wieder auf sie sich beruft; problematisch jedoch bleibt jeder Versuch einer Antwort auf die Frage nach der „Natur" von ARG.

II. Definitorische Vorerwägungen

Das Thema: englisch („The Nature of General Principles of Law") weiter, französisch („La Nature des Principes généraux du Droit) enger formuliert, ließe sich deutsch mit denselben lateinischen Lehnwörtern nicht so gut wiedergeben. Darin zeigt sich seine Herkunft aus lateinischem Denken. Griechisch würden „natura“ mit „*φύσις*“, „principia“ mit „*ἀξιώματα*“, „lex“ mit „*νόμος*“ übersetzt werden müssen; Wörter, deren Sinn philosophisch tiefer und deren Bedeutung vielseitiger, aber auch unbestimmter ist. So bliebe offen, ob „generalis“ „*κοινόν*“, „*καθολικόν*“ oder „*ἐν πᾶσι*“ meint; alle drei Bedeutungen klingen an.

1. „Recht“

Das Wort kann hier nur „objektives“ Recht meinen, weil „lex“ (law, loi) im Unterschied zu „ius“ (right, droit) *nie* „subjektives“ Recht (Anspruch, Befugnis oder Begünstigung) bezeichnet. In diesem Sinn umfaßt „Recht“: Normen (Satzungen) und Institutionen (Verhältnisse), aber auch Entscheidungen (Urteile, Verfügungen, Maßnahmen) eines geltenden Rechts; sowohl positiver als auch überpositiver Art.

ARG beziehen sich auf positives Recht, insofern sie Bestandteil einer historisch-soziologisch gegebenen Rechtsordnung sind; auf überpositives, insofern sie Bestandteil einer sozial-ethisch anerkannten Sittenordnung sind. Dabei erscheinen sie entweder als „positivierte“ *Sätze* überpositiver Art, deren „Natur“ *nicht* durch das positive Recht bestimmt ist; oder als aus dem positiven Rechtsstoff „abstrahierte“ überpositive Leitsätze („Allgemeinbegriffe“), die aus der „Natur“ eines positiven Rechts abgeleitet sind.

„Recht“ bedeutet endlich hier sowohl (autoritativ oder autonom) *gesetztes,* als auch (vertraglich) *vereinbartes* objektives Recht. Der Begriff umfaßt geschichtlich gewachsenes *und* rational geplantes, empirisch (psychologisch-soziologisch-politisch) erklärbares *und* ideell (philosophisch- theologisch-juristisch) verstehbares Recht. Die ARG „gelten“ für seiendes wie für gesolltes, vergangenes wie zukünftiges Recht.

2. „Grundsätze“

Substantiell kann „Grundsatz“ (principium) sowohl Richtsatz (directivum) als auch Voraussetzung (axioma) meinen – und das im theoretischen wie im praktischen Verständnis.

ARG sind *kulturelle Normen,* denen gemäß die Rechtsidee konkrete Gestalt eines „iustum“ annimmt; aber auch *logische Formen,* denen gemäß Rechtsbegriffe gedacht sein müssen, um richtig (rectum) gedacht zu sein. Sie sind *sittliche Gebote,* die das Rechtsgewissen anleiten, aber auch *Regeln der Lebensklugheit,* die „gesunder Menschenverstand“ (sensus communis) im Recht anwendet.

Funktionell begründen und begrenzen ARG überpositives wie positives Recht von *innen,* insofern sie mit ihm und durch es wirken; sie begründen und begrenzen es von *außen,* insofern sie ihm gegenüberstehen und entgegenstehen. Sie begründen und begrenzen das überpositive wie das positive Recht je immer *zuvor;* sind also (insofern) ohne es denkbar. Sie begründen und begrenzen das überpositive wie das positive Recht aber auch je immer *nachträglich;* sind also (insofern) *nicht* ohne es denkbar.

ARG sind demzufolge *dialektisch:* naturrechtlich *und* geschichtlich, positivierend *und* positiviert, unmittelbar *und* mittelbar zugleich.

3. *„allgemeine"*

Gemeint sind: für das Recht – „Einheit" seiner Ordnung vorausgesetzt – zu *jeder* Zeit und an *jedem* Ort geltende Prinzipien. Ausgeschlossen sind damit örtlich und zeitlich variabel funktionierende Sonderregeln für *spezifische* Sachlagen und *einmalige* Situationen.

Gemeint sind: für das Recht – „Einheit" seines Begriffs vorausgesetzt – in *allen* Teilen und für *jeden* Fall geltende Prinzipien. Ausgeschlossen sind damit sachlich variabel funktionierende rechtstechnische Zweckregeln für spezifische Sachdienlichkeiten und *singuläre* Ziele.

Gemeint sind: für das Recht – „Einheit" seiner Idee vorausgesetzt – in *jedem* Sinn und auf *jede* Weise geltende Grundwerte. Ausgeschlossen sind damit final variabel funktionierende Kampfregeln für spezifische *Sachmaßnahmen* und *einzigartige* Pläne.

4. *„Natur"*

Die Frage nach der „Natur" von ARG setzt ein Gemeinverständnis des „Natur"-Begriffes voraus; offenbar in dem Sinn, wie Aristoteles davon spricht: „das zugrunde Liegende" als bestimmter Grund (Ursache) eines jeglichen Seienden.

Darin zeigt sich die *Vieldeutigkeit* der Frage:

Orientiert man sie am mathematisch-physikalischen Naturbegriff der modernen Realwissenschaften, so steht dem der empirisch-historische Naturbegriff der Sozialwissenschaften entgegen. Orientiert man sie am ontologisch-poetischen Naturbegriff der Seinsgegebenheit, so steht dem der logisch-rationalistische Naturbegriff der Vernunftnotwendigkeit entgegen. Orientiert man sie am metaphysisch-idealistischen Naturbegriff der „geistigen Natur des Menschen" (Idealität), so steht dem der theologisch-dogmatische Naturbegriff der „kreatürlichen Geschaffenheit" (Geschöpflichkeit) alles Menschlichen entgegen. Orientiert man sie am biologischen Naturbegriff der Vitalität, so steht dem der soziologische Naturbegriff der Kollektivität entgegen. Daraus folgt:

Jede der Möglichkeiten, „Natur" zu denken, bedingt jeweils besondere Direktiven und je eigene Gestaltung eines Systems von ARG.

III. Axiologische Vorbestimmtheiten

Ohne Anerkennung gewisser Vorgegebenheiten kann die Frage nach der „Natur“ der ARG (im definitorisch gemeinten Sinn) nicht diskutiert werden; diese lassen sich auf *vier Axiome* zurückführen.

1. Es „gibt“ Allgemeine Rechtsgrundsätze

Diese Aussage ergibt sich aus der aristotelischen Einsicht: nur *Seiendes* kann auf seine Natur hin befragt werden und muß es, weil die „Natur“ das „ihm zugrunde Liegende“ ist.

Nichtannahme dieses Satzes hätte zur Folge, daß – wenn überhaupt „Recht“ ist – dieses entweder nur *spezielle* Prinzipien habe oder *ohne* jedes Prinzip sei. *Im ersten Fall* bedeutete das: jeder Teil der Rechtsordnung ist vom andern unabhängig; einen gemeinsamen Grund und ein gemeinsames Ziel der Zusammenordnung von Gesetz und Gewohnheit, öffentlichem und privatem, materiellem und formellem Recht gibt es nicht – auch keine sachliche Einheit der regionalen Rechtsordnung und keine ihr entsprechenden überregionalen sachlichen Aufgaben. *Im zweiten Fall* bedeutete das: jeder Satz jeder Rechtsordnung gründet in konkret-zufälligen Machtlagen; ein Kriterium, wonach etwas, das sich für Recht ausgibt, auf sein wirkliches Recht-Sein hin geprüft werden könnte, gibt es nicht – auch keine verpflichtende Grundordnung des Soziallebens und keine ihr entsprechenden Maßstäbe zur Beurteilung willkürlich gesetzter Rechtszwecke.

Freilich sagt diese *erste Voraussetzung* unseres Themas *nichts* darüber, wie die ARG beschaffen sind; es bleibt *offen,* was sie begründet und rechtfertigt; es bleibt ungewiß, inwieweit und worauf sie wirken.

Die Diskussion von Fragen, wie: Sind die ARG material-werthaft oder formal-logisch zu bestimmen? Sind sie in der empirischen Erfahrungswelt oder im rationalen Apriori zu suchen? Sind sie von ideologischen oder von soziologischen Gegebenheiten begrenzt? Ist ihre Formulierung von mundialen oder kontinentalen, nationalen oder kommunalen, historischen oder gegenwärtigen Verhältnissen abhängig? Sind ARG formale Spielregeln oder sachhaltige Gebote? – ist damit zwar eröffnet, aber nicht vorentschieden.

2. Die Allgemeinen Rechtsgrundsätze haben eine „Natur“

Diese Aussage ergibt sich aus der aristotelischen Einsicht: nur *Grundsätzliches* kann „allgemein“ sein oder dafür gelten.

Nichtannahme dieses Satzes hätte zur Folge, daß – wenn überhaupt „Grundsätze“ sind – diese zwar einen Entstehungsgrund (causa), jedoch keinen Erkenntnisgrund (ratio), auch keinen Verpflichtungsgrund (officium) hätten.

Freilich sagt diese *zweite Voraussetzung* unseres Themas *nichts* darüber, wie die „Natur“ der ARG beschaffen ist; es bleibt *offen,* was sie selbst begründet und rechtfertigt, inwiefern und woher sie wirken.

Die Diskussion von Fragen, wie: ist die „Natur“ der ARG von der göttlichen, kosmischen oder menschlichen Natur abgeleitet? Ist sie kausal oder final bedingt? Wirkt sie emotional oder rational? Ist sie anthropologisch oder biologisch, theoretisch oder praktisch zu bestimmen? – ist damit zwar eröffnet, aber nicht vorentschieden.

3. Die Natur der Allgemeinen Rechtsgrundsätze ist wissenschaftlich „erkennbar“

Diese Aussage ergibt sich aus der aristotelischen Einsicht: nur *wissenschaftliche* Erkenntnis (*ἐπιστήμη*) vermittelt den Einblick in „das zugrunde Liegende“.

Nichtannahme dieses Satzes hätte zur Folge, daß – wenn überhaupt eine „Natur“ der ARG ist – diese im Bereich des Irrationalen zu suchen wäre: nur vom emotionalen Erlebnis her, in poetischer Schau oder mittels utopischer Konstruktion zu gewinnen. Das bedeutete: ARG sind vor- oder transwissenschaftlich, nicht demonstrabel und unverifizierbar; es ist kein Kriterium vorhanden, wonach ARG von Gefühlsregungen und Willkürakten im Recht unterschieden werden könnten (Rechtsempfinden ginge der Rechtsgewißheit, Rechtsbefehl der Rechtserkenntnis voraus). Es gäbe dann keine objektive Einheit der Rechtsordnung im ganzen wie in jedem ihrer Sätze oder Institutionen; kein ihr entsprechender international verpflichtender Begriff von Recht ließe sich bilden.

Diese *dritte Voraussetzung* unseres Themas sagt freilich *nichts* darüber, wie wissenschaftliche Erkenntnis methodisch vollziehbar und theoretisch beschaffen ist; es bleibt *offen,* was sie begründet und rechtfertigt, für wen und wofür sie gilt.

Die Diskussion von Fragen, wie: Ist die Erkennbarkeit der „Natur“ der ARG eine apriorische oder eine aposteriorische? Geschieht sie deduktiv oder induktiv, erklärend oder verstehend, systematisch oder interpretativ? Ist sie rational-demonstrativ oder nur instinktiv-intuitiv möglich? Ist sie unbedingt oder bedingt? Ist sie absolut oder relativ? Ist sie nur wissenschaftlicher Arbeit oder auch der Rechtstechnik zugänglich? Kommt es dabei auf „Parallelwertung in der Laiensphäre“ (MEZGER) an? – ist damit zwar eröffnet, aber nicht vorentschieden.

4. Erkenntnis der Natur der Allgemeinen Rechtsgrundsätze ist „philosophisch“ allein möglich, nicht einzelwissenschaftlich

Diese Aussage ergibt sich aus der aristotelischen Einsicht; alles wissenschaftlich Erkennbare muß *philosophisch* auf seine Natur hin befragt werden.

Nichtannahme dieses Satzes hätte zur Folge, daß – wenn es überhaupt Erkenntnis dieser „Natur“ gibt – sie entweder juristisch oder mittels einer Hilfswissenschaft gefunden werden müßte. Das bedeutete: ARG blieben beschränkt auf die rechtsvergleichende Feststellung zufällig gleicher Vorschriften in den Rechtsordnungen oder auf gewisse soziopsychologisch konstatierbare, unkritische Gruppenanschauungen; es ist kein Kriterium vorhanden, wonach philosophische Prinzipien von juristischen Hypothesen unterschieden werden könnten. Es gäbe dann keine systematische Einheit der Rechtsordnung im ganzen wie in jedem ihrer Teile und keine ihr entsprechende internationale Lehre.

Diese *vierte Voraussetzung* unseres Themas sagt freilich *nichts* darüber, wie Philosophie gedacht werden muß, ob sie „wissenschaftlich“ möglich ist und welche so genannt werden darf. Es bleibt offen, was sie begründet und rechtfertigt, warum und wofür sie Maß gibt.

Die *Diskussion* von Fragen, wie: ist „philosophisch“ nur eine Erkenntnis vom Sein oder auch vom Gesolltsein der ARG möglich? Kann nur die „reine“ Philosophie oder auch die philosophische Theologie ihr den Grund legen? Liegt die Frage im Bereich der Allgemeinen Philosophie, Sozialphilosophie oder Rechtsphilosophie in specie? – ist damit zwar eröffnet, aber nicht vorentschieden.

IV. Methodische Möglichkeiten

Gibt es philosophische Erkenntnis von der „Natur“ der ARG, so kann sie entweder in so vielen Möglichkeiten (φιλοσοφίαι) gedacht werden, als es philosophische Denkweisen gibt – *oder* nur auf die *eine* Weise, die ihrem „Wesen“ entspricht.

1. Im *ersten Fall* gibt es so viele „Natur“-Bestimmungen der ARG, als es philosophische Lehrmethoden gibt, die den Sinn von „Rechtsgrundsätzen“ aufweisen.

Auszugehen ist demnach *nicht* vom Methodenbestand der Rechts*wissenschaft,* denn rechtsdogmatische, rechtshistorische und rechtssoziologische Methode vermag zwar (nicht nur besondere, sondern auch allgemeine) ARG zu entwickeln, jedoch die Frage nach deren „Natur“ (dem ihnen „zugrunde Liegenden“) nicht zu beantworten.

Auszugehen ist vom Methodenbestand der Rechts*philosophie.* Ihre Frageweise folgt den *vier Grundfragen der Philosophie;* es „gibt“ demgemäß eine ontologische, eine logische, eine ethische und eine metaphysische Methode, der Natur der ARG nachzufragen. Als Erfragtes ergeben sich daraus Bestimmungen der natürlich-geschichtlichen, vernünftigen, sittlichen und religiösen Natur der ARG.

2. Im *zweiten Fall* gibt es nur *eine* „Natur“-Bestimmung der ARG, weil es nur *eine* philosophische Methode gibt, die den Sinn von Rechtsgrundsätzen aufweist.

Auszugehen ist dann von dem *einen* Befragten, dem die vier Grundfrageweisen gleichermaßen gelten: *dem Sein.* Demgemäß wäre die philosophische Frage nach der Natur der ARG die Frage nach dem Recht-Sein: Was und wie ist es? Was und wie soll es sein? Warum ist es? Als Erfragtes ergeben sich daraus Bestimmungen des wirklichen Existierens im Recht.

V. Genetische Verwirklichungen

Gibt es methodische Möglichkeiten philosophischer Erkenntnis der Natur der ARG, so gibt es auch Verwirklichungen dieser Möglichkeiten in der Geschichte des Denkens: *„Modelle"*, dieser Natur gemäß.

Ontologische, logische, ethische und metaphysische Bemühungen solcher Art wechseln in der Geschichte des Rechtsdenkens miteinander ab.

1. Modelle natürlich-geschichtlich bedingter ARG (Naturrecht)

Aus der Erfahrung natürlich (*φύσει*) wie geschichtlich (*νόμῳ*) „gegebener" Rechtsverhältnisse haben die *Griechen* ARG begründet; zuerst die *Vorsokratiker* in der Sachnatur der Polis, dann die *Sophisten* in der Individual- oder Sozialnatur des Menschen, endlich die *Historiker* in Bedingtheiten der „jeweiligen Lage".

Die *Hellenistik* fand sie sowohl in der vitalen Struktur des Menschen („erstes Naturrecht" [*τὰ πρῶτα κατὰ φύσιν*]) als in seiner geistig-sittlichen („zweites Naturrecht" [*τὰ δεύτερα κατὰ νόμον*]). Dem folgten die *lateinischen* Rechtsdenker, besonders CICERO und die *Patristiker.* Die *Scholastik* hat diese Lehre bis zu THOMAS VON AQUINO ausgebaut und über die spanischen Rechtsdenker des siglo de oro dem humanistischen Naturrecht (GROTIUS) überliefert. Von HOBBES über PUFENDORF zu LOCKE und ROUSSEAU radikal enttheologisiert, lebte sie in der *Historischen Schule* als „geschichtliche Natur", später in der *Soziologischen Schule* als „soziale Natur" und im *Positivismus* („empirische Natur") fort. Heute wird die ontologische Natur der ARG vom Existentialismus mit sehr verschiedener Begründung weiter entwickelt.

2. Modelle logisch-rational bedingter ARG (Vernunftrecht)

Aus der Entdeckung vernünftig (*νόῳ*) „gedachter" Rechtsinhalte haben gleichfalls zuerst die *Griechen* ARG bejaht: SOKRATES in der Intellektualität des Einzelbewußtseins, ARISTOTELES in der Sozialität des Gemeingeistes. Die Rhetorik versuchte, in Regeln praktischer Lebensklugheit die ARG zu erfassen. Die *Stoiker* dagegen sahen in der Weltordnung (*κόσμος*) das Gesetz des Weltgeistes (*νόμος* des *νοῦς*) und dementsprechend in der Menschheitsvernunft (Gattungsvernunft) die „Natur" der ARG.

Seither galten sie für denknotwendig und begrifflich demonstrierbar; entweder *mathematisch* (so der „mos arithmeticus sive geometricus" im 17. Jh.) oder *rationalistisch* (so bei LOCKE und CHRISTIAN WOLFF) oder erkenntnistheoretisch (so bei STAMMLER) oder logistisch (so bei KELSEN und seinen Schülern [BOBBIO]).

3. Modelle moralisch-werthaft bedingter ARG (Kulturrecht)

Aus der Anerkennung sittlich „aufgegebener" Rechtspostulate haben ebenfalls zuerst die *Griechen* ARG bejaht: XENOPHON gründete sie auf die „Ortung" (ἦθος) von Familie, Sippe und Heeresverband, ISOKRATES auf die ungeschriebene „Ordnung" (ἔθος) des Gesamtgriechentums, EURIPIDES auf die Mitmenschlichkeit (φιλανθρωπία).

Diese „philanthropische" Begründung tradierten auf das Lateinertum zuerst POLYBIOS, später SENECA; ihnen folgten die christlichen Denker AMBROSIUS und AUGUSTIN, die aus der Liebesordnung des Neuen Testaments ARG ableiteten. Diese *antik-christliche* Begründung der ARG setzte sich über den *Humanismus* (ERASMUS, MORUS) und die *Reformation* (OLDENDORP, ALTHUSIUS) zu den *Moralisten Englands und Frankreichs* im 17./18. Jh. fort. Der Idealismus KANTS formalisierte diese Tradition zur Haltungsethik bloßer Rechtspflichterfüllung. FICHTE subjektivierte sie zur Gesinnungsethik des Rechtsbürgers, die von HEGEL als „Moralität" der „höheren" Sittlichkeit objektiv-ideeller Art (Staatsethik) untergeordnet wurde. Die Gegenwart – dem substantiellen Grund dieser Tradition mißtrauend – sucht die werthafte Begründung der ARG entweder (konkret) *„gewissensethisch"* (SPRANGER, COING) oder *„situationsethisch"* (JASPERS) zu leisten.

4. Modelle metaphysisch-theologisch bedingter ARG (Gottesrecht)

Aus der Verehrung göttlich (θείῳ) „gestifteter" Ordnung haben gleichfalls zuerst die Griechen ARG bejaht. HOMER, HESIOD, HERAKLIT, EMPEDOKLES und PARMENIDES verkündeten das Walten der Rechtsgottheiten Themis und Dike in ihrem Kampf wider die dämonische Macht der Hybris und Adikia; entsprechend zeigten SOLON, AISCHYLOS und SOPHOKLES die „Wohlordnung" (εὐνομία) als Prinzip der Polis in ihrer Selbstbehauptung wider die Anarchie (ἀνομία) auf. SOKRATES folgte der rechtweisenden Stimme seines Daimonion. PLATON transzendierte durch Ineinssetzung des Gerechten (τὸ δίκαιον) mit dem Göttlichen die herkömmlichen ARG des ungeschriebenen Brauchs" (ἄγραφος νόμος) zur Idee der besten Verfassung und der ihr gemäßen Gesetze. Diese Rechtsmetaphysik formte PLOTIN theosophisch um, und die *Stoiker* entwickelten aus der Lehre vom Weltnomos das politische Ideal des Weltstaates.

Im *klassischen römischen Rechtsdenken* lebte noch die mythologische „Natur" der ARG (als „fas" im Unterschied zum „ius") fort. Die *christliche*

Rechtsphilosophie des Abendlandes (AUGUSTIN, ISIDOR, THOMAS ebenso wie LUTHER, CALVIN, ZWINGLI) verwurzelte die ARG im „ius divinum" und begrenzt sie noch heute nach diesem Grundmaß.

Wo die Rechtsmetaphysik, wie bei LEIBNIZ und SCHELLING, die rechtstheologische Substanz noch in Verbindung zur kirchlichen Dogmatik entwickelt hat; aber auch, wo sie keine „Philosophie der Offenbarung" mehr zuließ (wie auf der Linie von DESCARTES über HUME zu KANT und HEGEL), wurde die „Natur" der ARG im Gedanken einer „Teilhabe am Absoluten" gefaßt, wie es noch jetzt (FECHNER, WEISCHEDEL) geschieht.

5. Schon dieser skizzenhafte Aufriß seiner Genesis zeigt den *viergliedrigen Aufbau* der philosophischen Frage nach der Natur der ARG als anfängliches und bleibendes *Motiv* – zugleich aber auch die Unmöglichkeit, hinter ihn zurück, von ihm weg oder über ihn hinaus das ihnen „zugrunde Liegende" zu denken.

Dieser *„abendländische Grundcharakter"* unseres Problems macht jede rechtsphilosophische Bemühung um eine *mundial* verbindliche Aussage über die „Natur der ARG" verlegen; sie traut ihrer Zuständigkeit nicht ganz. Dementsprechend wird sie von Denkern mit asiatischer oder afrikanischer Tradition skeptisch beurteilt.

Gegenwärtige Versuche, diese Schwierigkeit zu überwinden mittels rechtsvergleichender Kultur- und Geschichtsbetrachtung (JASPERS, TOYNBEE) oder ontologischer Erneuerung der Lehre von der „Natur der Sache" (WELZEL, MAIHOFER, [„natura del fatto" – BARATTA]) oder durch Verbindung des statisch-„naturrechtlichen" Moments mit dem dynamisch-geschichtlichen (ARTHUR KAUFMANN), haben deshalb nicht viel Aussicht, sich durchzusetzen. Jede „regionale" („konkrete") „Metaphysik" ist ein Widerspruch in sich selbst – der durch Gebrauch des terminus „ontologisch" noch nicht beseitigt ist.

Viele wenden sich deshalb von der metaphysischen Frage ab – damit aber auch von dem uns gestellten Thema des „zugrunde Liegenden" – und streben *entweder* einer formallogischen („neopositivistischen") „Allgemeinen Rechtslehre" (jurisprudence) zu (ENGISCH, KLUG) *oder* einer konkreten, politischen oder weltanschaulichen Ideologie (einem „Ismus") *oder* sie resignieren auf den pragmatischen Positivismus einer empirischen Rechtslehre (soziologischer, psychologischer oder kulturhistorisch-anthropologischer Art).

VI. Diagnostische Bestandsaufnahme

Gibt es eine *Geschichte der methodischen Möglichkeiten*, die Natur der ARG philosophisch zu erkennen, so gibt es auch einen *Bestand gegenwärtiger Fragen* nach dieser „Natur", deren Erfragtes – obwohl jeweils anders erfragt – doch ein und dasselbige bleibt.

Solche Fragen greifen wir *exemplarisch* auf – *ohne* systematische Vorformung; weder im ontologischen, noch im logischen, ethischen oder metaphysischen Sinn.

Dabei wird jede Frage mit ihrer Gegenfrage kombiniert, um die *dialektische Spannung* innerhalb des Problems „Natur der ARG" hervortreten zu lassen.

1. Sind ARG sozialer Natur oder individueller?

Im *ersten Fall* folgen sie aus der Sozialität des Menschen, seinem „Typus" (Coing) und dienen dem Schutz der Gruppen, Gemeinschaften, korporativen Institutionen. Sie werden sozialphilosophisch oder soziologisch gedacht und politisch (in irgendeinem Sinn) „sozialistisch" ausgeformt.

Im *zweiten Fall* folgen sie aus der Individualität des Menschen, seiner Eigenart (Kant) und dienen dem Schutz des Einzelnen (Henkel) gegen soziale Versachlichung. Sie werden individualpsychologisch oder individualethisch gedacht und politisch (in irgendeinem Sinn) „liberalistisch" ausgeformt.

2. Sind ARG zeitlicher Natur oder zeitloser?

Im *ersten Fall* sind sie: *Entweder* historisch gewachsen, relativ gültig nach Maßgabe der (klassischen, humanistischen, nationalen, kirchlichen) Tradition und dienen dem Schutz der bestehenden („gewachsenen") Institutionen politisch-kultureller Art. Sie werden geschichtsphilosophisch, universal- oder sozialhistorisch gedacht und politisch (in irgendeinem Sinn) „konservativ" ausgeformt; – *oder* sie sind aktuell entstanden, relativ gültig nach Maßgabe des Zufalls (Thukydides, Machiavelli) und dienen dem Schutz einer Machtlage: der Herrschaftsbehauptung eines Tyrannen, einer Partei, eines Klüngels, einer Klasse oder Rasse. Sie werden „strategisch", aus der ratio status (Carl Schmitt), gedacht und politisch (in irgendeinem Sinn) „totalitär" ausgeformt.

Im *zweiten Fall* sind sie: *Entweder* religiös gefordert, absolut gültig nach Maßgabe der Offenbarung und dienen dem Schutz der (kirchlichen, gemeindlichen oder individuellen) religiösen Existenz. Sie werden rechtstheologisch gedacht und politisch (in irgendeinem Sinn) „klerikal" ausgeformt. – *Oder* sie sind metaphysisch gefordert, absolut gültig nach Maßgabe der Idee und dienen dem Schutz der (kulturellen, bündischen oder individuellen) geistigen Existenz. Sie werden idealistisch-philosophisch gedacht und politisch (in irgendeinem Sinn) „ideologisch" ausgeformt.

3. Sind ARG gleichrangiger Natur oder geht einer den andern vor?

Im *ersten Fall* sind sie egalitär, nebengeordnet (Radbruch) und dienen dem Schutz antinomisch-dialektisch verbundener Grundwerte (Gerechtigkeit, Sicherheit, Zweckmäßigkeit). Sie werden kulturphilosophisch gedacht und politisch (in irgendeinem Sinn) „demokratisch" ausgeformt.

Im *zweiten Fall* sind sie hierarchisch, über- und untergeordnet (BINDER) und dienen dem Schutz der Gerechtigkeit als oberstem Rechtswert (SAUER). Sie werden kulturphilosophisch gedacht und politisch (in irgendeinem Sinn) „aristokratisch" („selektiv") ausgeformt.

4. Sind ARG substantieller Natur oder funktioneller?

Im *ersten Fall* sind sie für materiell unterscheidbare Gebiete der Rechtsordnung (öffentliches, privates, soziales Recht) wirksam und dienen dem *Was*-Sein des Rechts: seiner sachlichen, personalen, sozialen Erhaltung. Sie werden theoretisch gedacht und politisch (in irgendeinem Sinn) „potentiell" ausgeformt.

Im *zweiten Fall* sind sie für funktionell unterscheidbare Aufgabenbereiche der Rechtsordnung (Legislative, Verwaltung, Justiz) wirksam und dienen dem *Wie*-Sein des Rechts: seiner sachlichen, personalen, sozialen Gestaltung. Sie werden praktisch gedacht und politisch (in irgendeinem Sinn) „aktuell" ausgeformt.

5. Sind ARG direktiver Natur oder axiomatischer?

Im *ersten Fall* sind sie Leitgedanken: weisend oder regelnd im Sinn von ethischen Werten oder Pflichten und dienen kulturellen Rechtsidealen. Sie werden moralphilosophisch gedacht und politisch (in irgendeinem Sinn) „legitimierend" ausgeformt.

Im *zweiten Fall* sind sie Grundgedanken: statuierend und limitierend im Sinn von empirischen Tatsachen (facta) oder logischen Bedingungen (causae) und dienen der „Verwissenschaftlichung des Rechts". Sie werden entweder „szientistisch" oder „logizistisch" gedacht. Je nachdem sind sie politisch (in irgendeinem Sinn) „fortschrittlich" oder „neutralistisch" ausgeformt.

6. Sind ARG objektiver Natur oder subjektiver?

Im *ersten Fall* sind sie unveränderlich, institutionell, zu „objektivem" Recht positivierbar im Sinn sozialer Strukturen (HAURIOU) und eines „Natur der Sache"-Rechts (STRATENWERTH). Sie dienen dem Schutz der Sachlichkeit im Recht, werden ontologisch gedacht und politisch (in irgendeinem Sinn) „aktivistisch" ausgeformt.

Im *zweiten Fall* sind sie unveräußerlich, konstitutionell, zu „subjektiven" Rechten positivierbar im Sinn sozialer Garantien und eines „Katalogs der Grundrechte". Sie dienen dem Schutz der Menschlichkeit im Recht, werden ethisch gedacht und politisch (in irgendeinem Sinn) „individualistisch" ausgeformt.

7. Sind ARG wertfreier Natur oder werthafter?

Im *ersten Fall* sind sie Erkenntnisse: den Verstand verpflichtend, und dienen dem Schutz wissenschaftlicher Lehrtradition oder Denkübereinstimmung. Sie werden begrifflich-neutral gedacht und unpolitisch ausgeformt.

Im *zweiten Fall* sind sie Bekenntnisse: das Gewissen verpflichtend, und dienen dem Schutz religiös-kultureller Rechtsüberlieferung oder Denkeinheit. Sie werden ideell-wertend gedacht und überpolitisch ausgeformt.

8. Sind ARG absoluter Natur oder relativer?

Im *ersten Fall* gründen sie *entweder* in sich selbst (absolutierend) *oder* in einem sie Gründenden und dadurch absolutiert; sie dienen dem Schutz des „höchsten Gutes" (Individual- oder Gemeinschafts-Wertes). Sie werden metaphysisch gedacht und politisch (in irgendeinem Sinn) „monokratisch" ausgeformt.

Im *zweiten Fall* gründen sie *entweder* in der Vielfältigkeit rechtlicher Grundsysteme (VILLEY) oder in der Vielzahl philosophischer Gedankensysteme (VERDROSS). Sie dienen dann dem Schutz jeweils maßgebender Weltanschauungsideale. Sie werden weltanschaulich gedacht und politisch (in irgendeinem Sinn) „pluralistisch" ausgeformt.

9. Sind ARG vorgegebener Natur oder aufgegebener?

Im *ersten Fall* sind sie undiskutabel, aber verifizierbar, unabweisbare „données à l'avance" (GÉNY), abstrakte Begriffe eines apriorisch fordernden Intellekts und dienen der formalen Uniformität des Rechts. Sie werden „statisch" gedacht und politisch (in irgendeinem Sinn) „restaurativ" ausgeformt.

Im *zweiten Fall* sind sie diskutabel, aber unverifizierbar, ablehnbare konkrete Positionen eines aposteriorisch fordernden Willens und dienen der materialen Pluralität des Rechts. Sie werden „dynamisch" gedacht und politisch (in irgendeinem Sinn) „revolutionär" ausgeformt.

Wir brechen ab. Die thetische Dialektik des Themas ließe sich fragend noch weiter entfalten. Immer deutlicher würden die *Überschneidungen, Äquivokationen und Interdependenzen.* Daraus folgt: *jeder* Versuch kontradiktorischer, identifizierender, isolierender oder neutralisierender Auflösung und Harmonisierung der Grunddialektik der „Natur der ARG" müßte mißlingen. Ihre existentielle Spannung ist unaufhebbar, ihre Paradoxie unbestreitbar. Es gibt nur ein „offenes" In-der-Frage-Bleiben, kein „Systematisieren" der ARG; *mehr* als eine *„Orientierung"* im Existenzraum der Frage nach ihrer „Natur" ist nicht erlaubt.

„Orientierung" meint jedoch weder neutrale und formale (wenn auch praktisch verwertbare) Übersicht der Denkmöglichkeiten der Natur der

ARG, noch exemplarische Überschau ihrer bisherigen Verwirklichung, sondern ein Sichzurechtfinden, das die Gegensätze in der Begründung von ARG als notwendige Auseinandersetzung versteht, als Entfaltung ihres dialektischen Grundsinnes entdeckt und so ihre Divergenz als „Einheit in der Unterschiedenheit“ aufzeigt.

Insofern gilt es: *in* dem „offenen“ Widerspruch, der ausgesprochenen Verlegenheit unserer Thematik, die „geheime“ Übereinstimmung, die nicht aussprechbare Gewißheit *mit* zu denken; sie deutet sich im existentiellen Vollzug der paradoxen „Natur“ der ARG an.

VII. Prognostische Erwartungen

Die Mehrdeutigkeit der Aufgabe erkennen, die Relativität ihres Verständnisses zugestehen, ihre Dialektik bejahen und ihre Paradoxie existentiell durchstehen – heißt also *nicht:* die Natur der ARG nihilisieren oder negieren.

Freilich: mit Ansprüchen auf „wissenschaftliche Exaktheit“ oder auf „Vernunftevidenz“ wird hier nichts erreicht. Weder „exakter“ Empirismus und Szientismus, noch „evidenter“ Idealismus und Logizismus werden der aufgedeckten Grundproblematik der „Natur“ der ARG gerecht.

Keine begriffliche Bestimmung dieser Natur aus dem „Wesen“ von Recht kann zu ihrem existentiellen Vollzug verhelfen. Kein logisches Denkmodell möglicher, kein ontologisches Daseinsmodell wirklicher, kein ethisches Pflichtmodell gesollter, kein metaphysisches Idealmodell geschauter „Natur“ der ARG – auch keine ihrer unzählbar variablen Kombinationen – vermag diese Existenz vorweg zu erklären noch nachträglich zu rechtfertigen.

Wie geschieht es dann, daß ARG eingehalten werden, an ihnen festgehalten und nach ihrer Natur gefragt wird – obwohl sie gegenwendig, mehrdeutig, variabel, unverifizierbar sind?

Weil wir dialektisch existieren – auch im Recht. Das ist, wie Kierkegaard lehrt, eine Dialektik, wodurch es „nicht sophistisch relativ gemacht wird, sondern wodurch das Absolute kraft des Dialektischen als das Absolute kenntlich wird“. Zum – dialektischen – Sein im Recht ist der Mensch gerufen und aufgerufen, wie er ins paradoxe Dasein gerufen und zu ihm aufgerufen ist. *Diese religiöse Realität ist das den ARG wahrhaft „zugrunde Liegende“.* Ihre *wahre* „Natur“ zu erforschen vermag deshalb erst die *Rechtstheologie.*

Diese lehrt: es gibt Verständigung unter den Menschen nur, weil Gott sich dem Menschen verständlich gemacht, zu ihm gesprochen (sich offenbart) und (im Alten und Neuen Bund) mit ihm sich „verständigt“ hat. Das Rechtsein ist dem Menschen im Zuspruch Gottes eröffnet. Was den ARG „zugrundeliegt“, ist das *Wort Gottes:* die göttliche Weisung“.

In ihr sind die sozialtheologischen Fundamentalien der ARG: *Personalität* und *Solidarität* aufgezeigt.

Personalität hat der unter dem Anruf Gottes stehende und vor ihm sich verantwortende Mensch; sie ist das *Ur*recht *vor* allen Grundrechten und Menschenrechten, die sie begründet und begrenzt.

Solidarität ist die Verfaßtheit der Personen in der Gleichheit vor Gott: die Nächstenschaft. Ihr Recht: das Recht *des Nächsten,* gilt *vor* jedem Selbstbehaupten von menschlichem Recht aus Natur, Vernunft oder geschichtlicher Tradition; *vor* jedem Rechtsanspruch aus Individualität oder Sozialität; *vor* jeder aus Sympathie entsprungenen Symbiose oder Assoziation; *vor* jedem zweckbedingten Zuteilen und Verteilen gemäß sozialer Gleichheit oder Ungleichheit.

Was allen ARG „zugrunde liegt", ihre „Natur", zeigen die biblischen Weisungen: *„Der Nächste ist im Recht zu lassen"*, sowohl in seiner mit jedem übereinstimmenden Gleichheit als auch in seiner von Jedem unterschiedenen ihm widersprechenden Andersheit; *„Der Nächste muß im Recht bleiben"*, darf nicht entpersonalisiert (versachlicht) werden; *„Dem Nächsten ist sein Recht zu geben"*, es darf nicht Recht (willkürlich) von ihm genommen werden; *Der Nächste muß zu seinem Recht kommen"*, er muß darin jedem der Nächste sein dürfen und bleiben können, auch gegenüber Funktionären in sozialer Machtposition.

RECHTSVERGLEICHUNG UND RECHTSVEREINHEITLICHUNG

KRITISCHE ÜBERSICHT DER GEGENSTÄNDE, FÜR DIE BISHER EINE INTERNATIONALE RECHTSVEREINHEITLICHUNG ERREICHT ODER VERSUCHT WORDEN IST

von Dr. BERNT LEMHÖFER, Mainz

Im folgenden soll der Versuch unternommen werden, auf Grund einer Übersicht über die bisherige internationale Rechtsvereinheitlichung die Eignung der verschiedenen Rechtsgebiete zur internationalen Vereinheitlichung kritisch zu würdigen. Zwei Eingrenzungen des Themas sind notwendig:

Eine Rechtsvereinheitlichung zwischen Gebieten, die bis dahin verschiedenes Recht besaßen, kommt sowohl innerhalb eines Staates, innerhalb einer politisch enger zusammengeschlossenen Gruppe von Staaten wie auch im eigentlich internationalen Rahmen vor. Zwischen diesen Arten bestehen grundlegende Unterschiede: In den beiden ersten Fällen stehen die Gebiete, deren Rechte vereinheitlicht werden sollen, bereits in einem politischen Zusammenhang, so daß ein den einzelnen Gebieten übergeordnetes politisches Gesamtinteresse an der Herstellung einheitlicher Lebens- und Wirtschaftsverhältnisse die Vereinheitlichung fordert. Von diesen Fällen soll hier nicht die Rede sein.

Die Vereinheitlichung kann sich grundsätzlich auf verschiedenen Wegen vollziehen: Durch freiwillige Angleichung seitens der einzelnen Staaten, durch ein Netz möglichst gleichlautender zweiseitiger Verträge oder durch mehrseitige Abkommen. International ist wirklich einheitliches Recht bisher im wesentlichen nur durch mehrseitige Abkommen zustandegekommen; nur diese sollen daher hier behandelt werden.

A. Übersicht über die bisherige Vereinheitlichung

Die Übersicht ist abgestuft nach dem Grade der jeweils erreichten Rechtseinheit

1. *Vollkommene Gesetzeseinheit* auf einem Rechtsgebiet bestünde darin, daß einheitliche materielle Rechtssätze an die Stelle der bisherigen verschiedenen Gesetzestexte der beteiligten Staaten träten.

Dieser Zustand ist annähernd erreicht auf dem Gebiete des Wechsel- und

Scheckrechts durch die Genfer mehrseitigen Abkommen über das einheitliche Wechselgesetz von 1930 und über das einheitliche Scheckgesetz von 1931. Die beteiligten Staaten haben vertragsgemäß ihre bisherigen Wechsel- und Scheckgesetze im wesentlichen aufgehoben und an deren Stelle die internationalen Einheitsgesetze eingeführt, die das Wechsel- und Scheckrecht fast vollständig regeln. Freilich können die Vertragsstaaten beider Abkommen sich für zahlreiche Einzelfragen Abweichungen von den Einheitsgesetzen vorbehalten und haben dies auch meistens in großem Umfang getan. Die Vorbehalte betreffen aber überwiegend mehr technische Einzelheiten, so daß trotzdem eine grundsätzliche Gesetzeseinheit besteht.

Andere Beispiele oder praktische Versuche einer solchen unbeschränkten Vereinheitlichung eines Rechtsgebiets im internationalen Rahmen gibt es bisher nicht. Es sind lediglich im Arbeits- und Sozialrecht verschiedene Einzelfragen unbeschränkt vereinheitlicht worden, und zwar durch einen Teil der über hundert Abkommen der internationalen Arbeitsorganisation. Einige dieser Abkommen enthalten selbst einheitliche Vorschriften zugunsten der Arbeitnehmer. Die Mehrzahl dagegen verpflichtet nur die Mitgliedsstaaten zu einer Gesetzgebung nach bestimmten Grundsätzen, wieder zugunsten der Arbeitnehmer, und einige schließlich nur zur Gleichstellung ausländischer mit einheimischen Arbeitnehmern.

II. Eine bereits *beschränkte Vereinheitlichung* bildet die Schaffung einheitlicher materieller Gesetzestexte, die nur für international gelagerte Sachverhalte gelten. Unter diese Kategorie fällt der größere Teil der heute bestehenden oder in Vorbereitung befindlichen Vereinheitlichungsabkommen.

1. So ist im *Verkehrsrecht* für die Mehrzahl der verschiedenen Verkehrsarten das Verhältnis zwischen dem Transportunternehmer und dem oder den Kunden einheitlich geregelt, soweit es sich um internationale Transporte, d. h. um solche zwischen verschiedenen Staaten, handelt.

a) Einheitlich geregelt sind der internationale Eisenbahngütertransport durch das Berner Abkommen (CIM) von 1890, zuletzt revidiert 1952 und 1961 (noch nicht in Kraft), und der internationale Personentransport mit der Eisenbahn durch das parallele Berner Abkommen (CIV) von 1924; ferner der internationale Lufttransport von Gütern und Personen durch das Warschauer Abkommen von 1929, revidiert 1955 (noch nicht in Kraft), und neuestens der internationale Gütertransport auf der Straße durch das Genfer Abkommen (CMR) von 1956. Diese Abkommen enthalten ziemlich vollständige einheitliche Regelungen des Rechtsverhältnisses zwischen dem Beförderungsunternehmer einerseits und dem Absender oder Reisenden sowie gegebenenfalls dem Empfänger andererseits; nur wenige Einzelfragen sind einem bestimmten Landesrecht überlassen oder ganz offen geblieben. Den wichtigsten Inhalt der Abkommen bilden eingehende Regelungen der Haftung des Transportunternehmers, die einerseits für die verschiedenen Leistungsstörungen (Verlust oder Beschädigung von Gütern, Tötung oder Verletzung von Reisenden, Verspätung) zwingend festgelegt, andererseits summenmäßig begrenzt wird.

b) Nur teilweise vereinheitlicht ist das Recht des Gütertransports zur See durch das Brüsseler „Abkommen über Konnossemente" von 1924. Dieses Abkommen regelt nicht alle Fragen des Seefrachtrechts, jedoch wiederum die besonders wichtige Haftung des Transportunternehmers (Verfrachters), ferner Inhalt und Bedeutung des Konnossements. Allerdings gilt es nur für den Stückgutfrachtvertrag grundsätzlich zwingend, während für den Raumfrachtvertrag seine Geltung eingeschränkt ist. Außerdem ist den Mitgliedstaaten die Möglichkeit vorbehalten, dem Abkommen nicht in seinem Wortlaut Gesetzeskraft zu verleihen, sondern nur seinen Inhalt in die nationalen Gesetze einzuarbeiten; ein Vorbehalt, von dem z. B. Deutschland Gebrauch gemacht hat und der die Einheitlichkeit seinerseits beeinträchtigt.

c) Ohne ein Vereinheitlichungsabkommen sind demnach noch der Güter- und Personentransport mit Binnenschiffen sowie der Personentransport auf der Straße und zur See. Zu diesen Materien bestehen Abkommensentwürfe, die sich aber alle noch in verschiedenen Stadien der Vorbereitung befinden; ob sie abgeschlossen und in Kraft treten werden, ist bisher nicht abzusehen. Ferner bestehen Pläne für Abkommen über benachbarte Vertragsarten, so über die gemischte Beförderung und über den Speditionsvertrag.

d) Als eine besondere Art der Beförderung ist ferner die Postbeförderung zu nennen. Das Verhältnis zwischen Post und Benutzer – auf dessen nach Ländern verschiedene Betrachtung als privat- oder öffentlichrechtlich es in diesem Zusammenhang nicht wesentlich ankommt – ist für internationale Beförderungen einheitlich geregelt durch Teil II des Weltpostvertrages, für andere internationale Sendungen durch das Wertbrief-, Postpaket-, Nachnahme- und Postzeitungsabkommen des Weltpostvereins. Diese Abkommen regeln zwar zunächst die internationale Zusammenarbeit der Postverwaltungen, ferner aber das gesamte, im Verhältnis zwischen Post und Benutzer geltende Beförderungsrecht einschließlich der Höhe der Gebühren und – für Einschreiben und Nachnahmesendungen, Wertsendungen und Pakete – der Haftung der Post gegenüber dem Benutzer.

Einige Gebiete des Verkehrsrechts im weiteren Sinne sind noch behandelt im Postanweisungs- und Postscheckabkommen, Postschecküberweisungs-, Postauftrags- und neuerdings Postsparkassenabkommen des Weltpostvereins. Auch diese Abkommen regeln neben der internationalen Zusammenarbeit der Postverwaltungen hinsichtlich der betreffenden Dienste jeweils auch das Verhältnis zwischen Post und Benutzer einschließlich der Haftung einheitlich, jedoch erheblich unvollständiger, als dies bei den Postbeförderungsabkommen der Fall ist; es wird hier in größerem Umfang auf die Landesrechte Bezug genommen.

2. Außerhalb des Beförderungsvertrages sind im Verkehrsrecht bisher nur Einzelfragen oder engere Ausschnitte eines Rechtsgebietes einheitlich geregelt, und zwar wiederum nur für international gelagerte Sachverhalte.

a) Einheitliche Bestimmungen über besondere schuldrechtliche Rechtsbeziehungen enthalten im Seerecht die Brüsseler Abkommen von 1910 über Schiffszusammenstoß und über Hilfeleistung und Bergung von Schiffen in Seenot. Das erste Abkommen regelt die Schadenersatzpflicht aus einem Zusammenstoß dem Grunde nach (Haftung stets, aber auch nur bei bewiesenem Verschulden „eines Schiffs"; Schadensteilung bei Mitverschulden; Verjährung), das zweite den Grund und die etwaige richterliche Festsetzung der Höhe der für die Hilfe geschuldeten Vergütung; ferner legen die Abkommen als Grundsatz die Beistandspflicht des Schiffskapitäns gegenüber allen Personen in Lebensgefahr auf See fest. Beide Abkommen sind nur anwendbar bei verschiedener Staatsangehörigkeit der beteiligten Schiffe und/oder Personen (im einzelnen kompliziert und zum Teil streitig).

Drei geplante entsprechende, jedoch ausführlichere Abkommen für Luftfahrzeuge haben bisher keine Geltung erlangen können: Ein Abkommen über Hilfeleistung und Bergung von oder durch Luftfahrzeuge zur See wurde 1938 in Brüssel von 16 Staaten gezeichnet, aber nicht ratifiziert, während ein beabsichtigtes Abkommen über Bergung und Hilfeleistung zu Lande 1939 bereits im Stadium des Vorentwurfs steckenblieb. Für den Zusammenstoß in der Luft ist erst 1961 innerhalb der ICAO ein Vorentwurf beschlossen worden.

b) Die heute allgemein verbreitete summenmäßige Begrenzung der Haftung, die den Halter eines Verkehrsmittels trifft, ist im See- und Luftrecht Gegenstand von Vereinheitlichungsabkommen geworden, an denen Deutschland allerdings bisher nicht beteiligt ist; es sind dies das Brüsseler Abkommen über die beschränkte Reederhaftung von 1926, ein Römer Abkommen von 1933 über Schädigung Dritter auf dem Erdboden durch Luftfahrzeuge, das praktisch kaum Bedeutung erlangt hat, und ein neues Römer Abkommen von 1952 über den gleichen Gegenstand. Ein neues Abkommen über die beschränkte Reederhaftung ist 1957 in Brüssel abgeschlossen und bereits von zahlreichen Staaten unterzeichnet worden, aber bisher nicht in Kraft getreten.

Das erste Abkommen beschränkt die Haftung des Reeders für zahlreiche außervertragliche und vertragliche Verpflichtungen aus dem Betrieb und der Benutzung des Schiffes auf eine näher zu berechnende Höchstsumme. Daß der Reeder überhaupt haftet, bestimmt das Abkommen nicht selbst, sondern setzt es voraus. Demgegenüber legen die beiden luftrechtlichen Abkommen sowohl die grundsätzliche Haftung des Halters für Schäden auf dem Erdboden wie auch die summenmäßige Begrenzung dieser Haftung fest; ferner enthalten sie Bestimmungen über die Versicherungspflicht des Halters. Darüber hinaus sieht das neue Abkommen für Sonderfälle ein direktes Klagerecht des Geschädigten gegen den Versicherer vor, ferner die Vollstreckbarkeit des im Schadensstaat ergangenen Urteils in den anderen Vertragsstaaten.

Das Reederhaftungsabkommen dürfte anzuwenden sein, wenn der Anspruchsberechtigte einem anderen Vertragsstaat angehört als das Schiff (unklar), die beiden luftrechtlichen Abkommen dagegen dann, wenn Registerstaat des Flugzeugs und Schadensstaat zwei verschiedene Vertragsstaaten sind.

c) Dingliche Rechte an Verkehrsmitteln behandeln das Brüsseler Abkommen von 1926 über Vorzugsrechte und Hypotheken an Seeschiffen – an dem Deutschland bisher nicht beteiligt ist – und das Genfer Abkommen von 1948 über Rechte an Luftfahrzeugen. Ein Abkommen über Rechte an Binnenschiffen (Genf 1930) ist von mehreren kontinentaleuropäischen Staaten gezeichnet, aber nicht ratifiziert worden.

Die beiden in Kraft getretenen Abkommen bestimmen kollisionsrechtlich, daß bestimmte eingetragene dingliche Rechte, insbesondere Hypotheken und die „mortgages" des angloamerikanischen Rechts, in allen Vertragsstaaten hinsichtlich ihres Bestehens und ihrer Wirkungen nach dem Heimatrecht des Schiffs oder Flugzeugs beurteilt werden. Materiellrechtliche Vorschriften bestehen für die dinglichen Vorzugsrechte bestimmter Gläubiger, und zwar regelt das seerechtliche Abkommen die den Hypotheken vorgehenden Schiffsgläubigerrechte materiell nach Entstehung, Wirkung und Rang, während das luftrechtliche Abkommen für Entstehung und Wirkung dieser Rechte auf das Heimatrecht des Flugzeuges verweist und nur den Rang der etwa bestehenden Rechte selbst materiell regelt. Das Binnenschiffsabkommen schließlich entsprach teilweise dem für Seeschiffe, war aber weit ausführlicher.

Die materiellen Vorschriften über dingliche Vorzugsrechte kommen – verallgemeinernd gesagt – in jedem Vertragsstaat zur Anwendung auf Seeschiffe oder Flugzeuge aus anderen Vertragsstaaten sowie auf dort entstandene bevorrechtigte Ansprüche (für Seeschiffe unklar).

d) Eine Spezialfrage des Verfahrensrechts regeln zwei Abkommen (Rom 1933 und Brüssel 1952) über die Arrestbeschlagnahme von Flugzeugen und Seeschiffen. Das erste Abkommen schließt die nach Landesrecht etwa zulässige Arrestbeschlagnahme von Flugzeugen aus anderen Vertragsstaaten weitgehend aus; das zweite – an dem Deutschland bisher nicht beteiligt ist – regelt selbst abschließend die Zulässigkeit der Arrestbeschlagnahme, soweit Schiffe oder Gläubiger aus anderen Vertragstaaten betroffen sind.

e) Das teils dem Völkerrecht, teils dem nationalen öffentlichen Recht angehörige Problem der Immunität von Staatsschiffen behandelt ein in Brüssel 1926 unterzeichnetes Abkommen nebst Zusatzprotokoll von 1934. Das Abkommen schließt für staatliche Handelsschiffe die Berufung auf die Staatsimmunität aus, wenn vor einem ausländischen Gericht oder von einem Ausländer vor einem inländischen Gericht privatrechtliche Ansprüche mit Bezug auf das Schiff geltend gemacht werden; die zweite Alternative gilt eingeschränkt auch für Hoheitsschiffe.

3. Auf anderen Rechtsgebieten ist materielles Einheitsrecht selten.

Im *Personenrecht* ist 1950 in Lake Success ein Abkommen der Vereinten Nationen über die Todeserklärung Verschollener zustandegekommen, das jedoch nur für Kriegs- und ähnliche Verschollenheit sowie nur vorübergehend gilt und kaum Mitgliedsstaaten gefunden hat. Es enthält einheitliches materielles und Verfahrensrecht; die Todeserklärungen wirken in allen Vertragsstaaten. Daneben bleiben aber Todeserklärungen nach nationalem Recht möglich und bilden praktisch weiterhin die Regel.

4. Im *gewerblichen Rechtsschutz und Urheberrecht* bestehen – abgesehen von verschiedenen interamerikanischen Abkommen mit meist geringer Bedeutung – drei große Übereinkommen.

a) Für das Gebiet des gewerblichen Rechtsschutzes stellt die Pariser Verbandsübereinkunft zum Schutze des gewerblichen Eigentums von 1883, zuletzt revidiert 1934 in London und 1958 in Lissabon, in erster Linie nur überall die Staatsangehörigen und Einwohner anderer Verbandsstaaten den eigenen gleich – eine in weiterem Sinne fremdenrechtliche Bestimmung. Daneben enthält die Übereinkunft heute aber auch einheitliche materielle Vorschriften über einige Einzelfragen des Erwerbs und der Wirkung von Patenten, Gebrauchsmustern, Mustern und Modellen, Marken und Firmennamen, und zwar fast nur Vorschriften *zugunsten* des Berechtigten.

Fünf Zusatzabkommen, die freilich alle nur wenig einheitliches Recht enthalten, zeigen die gleiche Tendenz.

b) Im Urheberrecht haben große Bedeutung erlangt die Berner Übereinkunft zum Schutze von Werken der Literatur und Kunst von 1886, zuletzt revidiert in Rom 1928 und – bisher ohne Beteiligung Deutschlands – in Brüssel 1948, sowie das Genfer Welturheberrechtsabkommen von 1952. Die Grundvorschriften beider Abkommen sind wiederum fremdenrechtlicher Natur: Anwendung des vollen Inlandsrechts auf Angehörige anderer Vertragsstaaten oder auf dort veröffentlichte Werke. Daneben regelt die Berner Übereinkunft in ihrer heutigen Fassung die Rechte des Urhebers fast vollständig, während das Welturheberrechtsabkommen nur wenige Ansätze dazu zeigt. Die einheitlichen Normen gelten – allgemein gesagt – jeweils nur zugunsten von Urhebern oder Werken aus anderen Vertragsstaaten.

5. Im *Zivilprozeßrecht* bestehen über das Schiedsgerichtswesen ein Genfer Protokoll von 1923, ein Genfer Abkommen von 1927 und seit 1958 ein New Yorker Abkommen, das die beiden ersteren ersetzen soll. Die Abkommen legen die grundsätzliche Wirksamkeit von Schiedsabreden zwischen Personen verschiedener Gerichtsbarkeit sowie von ausländischen Schiedssprüchen

fest; die Gründe, aus denen die Vollstreckbarerklärung der Schiedssprüche versagt werden darf, sind abschließend aufgezählt.

6. Unter den Rechtsgebieten schließlich, auf denen es bisher nur zu Versuchen einer Vereinheitlichung gekommen ist, ragt als wichtigstes *das Kaufrecht* hervor. Die hierzu bisher ausgearbeiteten Entwürfe von 1935, 1939/51 und 1956 enthalten eine vollständige einheitliche Regelung des Warenkaufrechts, die freilich nur gelten soll, wenn die Parteien ihre Niederlassungen in verschiedenen Staaten haben und außerdem beim Vertragsschluß oder bei der Lieferung verschiedene Staatsgebiete berührt werden (im einzelnen unterschiedlich).

Ergänzend zu diesen Abkommensentwürfen laufen Vorarbeiten zur Vereinheitlichung allgemeiner Bestimmungen, so über den Vertragsschluß durch Briefwechsel, durch Bevollmächtigte und durch Kommissionäre.

III. Einen wiederum geringeren Grad der Rechtseinheit bewirkt die bloße *Vereinheitlichung der Kollisionsnormen.*

1. Im *Wechsel- und Scheckrecht* ist gleichzeitig mit dem materiellen Recht durch besondere Abkommen auch das gesamte Kollisionsrecht der Vertragsstaaten vereinheitlicht worden, wenn auch ebenfalls mit einigen Vorbehalten. Zwischen den Vertragsstaaten – die alle auch den materiellrechtlichen Abkommen angehören – ist diese Vereinheitlichung bedeutsam für die wenigen Lücken der materiellen Einheitsgesetze und für die Verschiedenheiten, die auf Grund der Vorbehalte bestehen; im übrigen wirkt sie sich auch bei Berührung zu Nichtvertragsstaaten aus.

2. Die Vereinheitlichung des Kollisionsrechts hinsichtlich *dinglicher Rechte* an Schiffen und Luftfahrzeugen ist bereits oben bei den betreffenden Abkommen erwähnt worden (S. 7).

3. Das internationale Verfahrens- und Privatrecht hinsichtlich der *Vormundschaft* über Minderjährige und der *Entmündigung* Volljähriger behandeln zwei Haager Abkommen von 1902 und 1905. Sie regeln die internationale Zuständigkeit (Heimatstaat, hilfsweise Aufenthaltsstaat), das IPR hinsichtlich Voraussetzungen und Rechtsfolgen behördlicher Maßnahmen sowie deren Wirksamkeit in allen anderen Vertragsstaaten.

4. Im *Eherecht* bestimmen zwei Haager Abkommen von 1902 und eines von 1905 einheitlich das auf die *Eheschließung, Ehescheidung* und auf die persönlichen und vermögensrechtlichen *Wirkungen der Ehe* anzuwendende Recht; das Ehescheidungsabkommen – dem Deutschland nicht mehr angehört – sieht außerdem die Anerkennung der Scheidungsurteile in allen Vertragsstaaten vor. Die Abkommen knüpfen ganz überwiegend an die Staatsangehörigkeit der Beteiligten an, mit einigen Vorbehalten und Einschränkungen zugunsten des jeweiligen Ortsrechts.

5. Das auf die *Unterhaltspflicht* gegenüber Kindern anzuwendende Recht bestimmt ein Haager Abkommen von 1956 (grundsätzlich Recht des ge-

wöhnlichen Aufenthalts des Kindes!), ergänzt durch ein weiteres Haager Abkommen von 1958 über die Anerkennung und Vollstreckung entsprechender Unterhaltsentscheidungen.

6. Vier noch nicht gültige Haager Abkommen von 1951 und 1956 regeln lückenhaft und mit starken Einschränkungen den Konflikt zwischen Wohnsitz- und Staatsangehörigkeitsprinzip im IPR sowie das auf juristische Personen, auf den Warenkauf und auf die Eigentumsübertragung beim Kauf anwendbare Recht.

7. Die zum Teil umfangreiche Vereinheitlichung des Kollisionsrechts innerhalb Lateinamerikas soll im vorliegenden Landesreferat nur erwähnt werden.

IV. Der *räumliche Geltungsbereich* der in Kraft befindlichen Vereinheitlichungsabkommen bildet einen Maßstab, an dem man ihren Erfolg messen kann. Hier lassen sich drei Gruppen unterscheiden.

1. Einige Abkommen haben sich über mehrere wichtige Rechtskreise ausgebreitet. Unter diesen ist zu vollständigem Weltrecht der Weltpostvertrag geworden, dem heute so gut wie alle Staaten der Welt angehören. Danach folgt das Warschauer Lufttransportabkommen, das zwar nicht alle Staaten, aber doch nahezu alle für den Luftverkehr wichtigen umfaßt.

Dem Postpaket- und dem Wertbriefabkommen gehören die meisten Staaten der Welt an, jedoch ohne die USA, einige Commonwealth-Staaten und einige andere. Die übrigen Postabkommen – bis auf das noch neue Postsparkassenabkommen – umfassen zwar zahlenmäßig rund die Hälfte aller Staaten der Welt und mehr, doch fehlen vor allem der ganze anglo-amerikanische Rechtskreis sowie die Sowjetunion.

Ferner gilt in der Mehrzahl aller Staaten, insbesondere in den meisten wichtigeren mit Ausnahme der Sowjetunion, die Pariser Verbandsübereinkunft über gewerblichen Rechtsschutz – allerdings ohne ihre Zusatzabkommen, die alle eine weit geringere Ausbreitung erlangt haben –. Zahlenmäßig folgt die Berner Urheberrechtsübereinkunft mit etwa der Hälfte aller Staaten, jedoch mit einigen Ausnahmen beschränkt auf Europa (ohne Sowjetunion) und das Commonwealth, sowie das Welturheberrechtsabkommen. Diesem gehören außer einem Teil Europas und des Commonwealth insbesondere die USA und halb Lateinamerika an; dafür fehlen fast alle Staaten des Ostblocks. Die Mitgliederzahl liegt bisher noch etwas unter der der Berner Übereinkunft, doch dürfte die Ratifikations- und Beitrittsbewegung seit 1952 noch nicht ganz abgeschlossen sein.

Wiederum den größten Teil Europas und des Commonwealth, Brasilien, Japan und einige andere Staaten umfassen die beiden Abkommen von 1910 über Schiffszusammenstoß und über Bergung und Hilfeleistung in Seenot; dem letzteren gehören auch die USA an. Ähnlich, einschließlich der USA, gilt das Konnossementsabkommen von 1924. Endlich gelten auch das Genfer Schiedsgerichtsprotokoll und -abkommen von 1923 und 1927 in den meisten Staaten Europas und des Commonwealth sowie in wenigen anderen, jedoch ohne die USA.

Die Abkommen der internationalen Arbeitsorganisation besitzen Mitgliederstaaten in allen Erdteilen. Ihre Zahl schwankt zwischen ganz wenigen und der Mehrzahl aller Staaten der Welt.

Abzuwarten bleibt schließlich die Entwicklung hinsichtlich der neuen Abkommen über Schäden durch Luftfahrzeuge (1952), über dingliche Rechte an Luftfahrzeugen (1948), über die Arrestbeschlagnahme von Seeschiffen (1952) und über Schiedsgerichtsbarkeit (1958). Diese Abkommen sind bereits von jeweils einer größeren Anzahl Staaten aus aller Welt unterzeichnet, aber erst von einigen ratifiziert worden.

2. Die meisten übrigen Abkommen haben im wesentlichen nur in Europa – zum Teil mit früheren Kolonien – Geltung erlangt; manchmal treten wenige außereuropäische Staaten hinzu, darunter vor allem Brasilien und Japan.

Als einzige von diesen Abkommen gelten die beiden Berner Eisenbahnabkommen auch für Großbritannien, ferner für sämtliche Staaten des kontinentaleuropäischen Eisenbahnnetzes außer der Sowjetunion.

Es folgen die materiell- und kollisionsrechtlichen Wechsel- und Scheckabkommen, die im größten Teil Kontinentaleuropas sowie in Brasilien und Japan gelten; die Wechselabkommen gelten als einzige der hier behandelten Gruppe auch in der Sowjetunion.

Das Schiffshypothekenabkommen (1926) umfaßt den größeren Teil, die Abkommen über beschränkte Reederhaftung (1924) und über Immunität der Staatsschiffe (1927) sowie über die Arrestbeschlagnahme von Luftfahrzeugen (1933) umfassen etwa die Hälfte der Staaten Kontinentaleuropas, außerdem Brasilien und wenige andere; Deutschland ist nur an den beiden letztgenannten beteiligt. Die Haager Abkommen von 1902 und 1905 über internationales Vormundschafts-, Entmündigungs- und Eherecht gelten nur in einigen (7 bis 13) kontinentaleuropäischen Staaten; seit 1914 sind mehrere Kündigungen vorgekommen.

Noch abzuwarten bleibt die Entwicklung hinsichtlich des Genfer Abkommens über den Straßengüterverkehr von 1956 sowie des Haager Unterhaltsabkommens von 1956 und 1958. Diese Abkommen gelten erst seit kurzem zwischen wenigen kontinentaleuropäischen Staaten. Mit zumindest einigen weiteren Ratifikationen solcher Staaten dürfte zu rechnen sein.

3. Als praktisch gescheitert kann man schließlich das erste Abkommen über Schäden durch Luftfahrzeuge von 1933 ansehen, das zwar seit 1938 in Kraft ist, aber nur zwischen fünf weit voneinander entfernten Staaten, so daß Fälle seiner Anwendbarkeit seltene Ausnahmen sein werden. Nur wenig höher läßt sich der Erfolg des Verschollenheitsabkommens von 1950 bewerten, das heute zwischen sieben überall verstreut liegenden Staaten gilt.

B. Eignung zur Vereinheitlichung

Die internationale Rechtsvereinheitlichung kommt durch den Willen der nationalen Gesetzgeber zustande. Diese werden zu ihr nicht ohne weiteres bereit sein, da sie ihre Bewegungsfreiheit einschränkt, und da sie eine Umstellung der am Rechtsverkehr Beteiligten erfordert. Um die Eignung eines Rechtsgebietes zur internationalen Vereinheitlichung zu bestimmen, muß man daher die Gründe suchen, die aus der Sicht der nationalen Gesetzgeber jeweils *für* sie sprechen.

I. Hier denkt man zuerst an einen *rechtstechnischen* Gesichtspunkt: den Gewinn an Rechtssicherheit, den die Vereinheitlichung erreicht. Die Rechtssicherheit wird bei international gelagerten Fällen durch zwei Besonderheiten herabgesetzt: Erstens ist für alle Beteiligten, einschließlich des etwa mit der Sache befaßten Gerichts, die Rechtslage schwieriger zu beurteilen, weil zu den sachrechtlichen Problemen das der Rechtswahl hinzutritt, und weil sie oft ausländisches Recht berücksichtigen müssen. Zum zweiten bleibt es auch bei Eindeutigkeit der Rechtslage in jedem Staat möglich, daß die Gerichte zweier Staaten denselben Fall auf Grund ihres verschiedenen Kollisionsrechts verschiedenem materiellen Recht zu unterstellen und demgemäß unterschiedlich zu entscheiden haben (fehlender Entscheidungseinklang). Diese beiden Schwierigkeiten kann eine Vereinheitlichung des materiellen Rechts beseitigen, da sie zwischen den Vertragsstaaten das Kollisionsrecht gegenstandslos macht und jedem Beteiligten die Berücksichtigung ausländischen Rechts erspart. Wird nur das Kollisionsrecht vereinheitlicht, so stellt dies immerhin grundsätzlich den Entscheidungseinklang her und vereinfacht das Problem der Rechtswahl.

Einen solchen Gewinn an Rechtssicherheit erzielt in größerem oder geringerem Umfange die Vereinheitlichung jedes Rechtsgebiets. Am stärksten aber tritt dieser Gesichtspunkt im Wechsel- und Scheckrecht hervor. Hier bestanden vor der Vereinheitlichung innerhalb Kontinentaleuropas erhebliche Unterschiede des materiellen Rechts. Die Rechtswahl, von der daher die Rechtslage bei internationalem Umlauf des Papiers oft entscheidend abhing, war vielfach zweifelhaft, international unterschiedlich und konnte obendrein für jede Wechselerklärung anders ausfallen. Das rechtspolitische Interesse jedes heutigen Vertragsstaates an der Beseitigung dieser Rechtsunsicherheit war stark genug, um ihn zum Abschluß bzw. zum Beitritt zu den Abkommen zu veranlassen.

Der Wunsch nach höherer Rechtssicherheit durch bessere Überschaubarkeit der Rechtslage im internationalen Verkehr kommt auch in der sehr vollständigen Vereinheitlichung des Transportvertragsrechts für Eisenbahn, Luft und Straße deutlich zum Ausdruck. Ebenso deutlich ist vor allem die Beseitigung des Rechtswahlproblems als ein Zweck der einheitlichen Regeln über Schiffszusammenstoß und über Bergung und Hilfeleistung zu erkennen, soweit es sich um Ereignisse auf hoher See handelt; denn hier wurden von der Anknüpfung an das Flaggenrecht eines oder beider beteiligten Schiffe bis zur lex fori alle Möglichkeiten vertreten. Ferner bezwecken die fünf Haager Abkommen über internationales Vormundschafts-, Entmündigungs- und Eherecht ersichtlich eine Vereinfachung des Rechtswahlproblems, um insbesondere den internationalen Entscheidungseinklang zu erreichen.

In fast allen Fällen reicht aber der Gesichtspunkt der erhöhten Rechtssicherheit nicht aus, um zu erklären, warum gerade die vorhin aufgeführten Rechtsgebiete oder Einzelprobleme Gegenstand einer erfolgreichen Vereinheitlichung geworden sind, andere dagegen nicht. Insbesondere finden wir Vereinheitlichungen auch dort, wo die Rechtsunsicherheit bei internationalen Fällen ohnehin nicht besonders groß ist. So ist und war z. B. im gewerblichen Rechtsschutz und Urheberrecht, aber auch in den Fragen der Haftung für Schäden durch Flugzeuge, der Arrestbeschlagnahme sowie der Immunität von Staatsschiffen, die Rechtswahl kaum fraglich und die etwa erforderliche Berücksichtigung ausländischen Rechts nicht schwieriger als auf vielen anderen Rechtsgebieten. Zudem zeigen viele nationale Gesetzgeber schon in ihrer innerstaatlichen Gesetzgebung, daß sie der Klarheit und Übersichtlichkeit des Rechts gegenüber sachlichen Gesichtspunkten nur selten eine entscheidende Bedeutung bemessen.

II. Die Untersuchung der bisher vereinheitlichten Rechtsgebiete und Einzelprobleme zeigt in der Tat, daß dort fast immer außer dem rechtstechnischen Gewinn an Rechtssicherheit der folgende *rechtspolitische* Gesichtspunkt für die Vereinheitlichung spricht: Der Geltungsbereich der materiellen Gesetze jedes Staates wird begrenzt durch eigenes und fremdes Kollisionsrecht, je nachdem, welche Gerichte einen Fall zu entscheiden haben. Der rechts- oder wirtschaftspolitische Zweck eines Gesetzes fordert aber manchmal dessen Anwendung auf Sachverhalte, die nach eigenem und/oder fremdem Kollisionsrecht fremdem materiellem Recht unterliegen. In diesem Fall können mehrere Staaten, die auf einem Rechtsgebiet gleiche oder ähnliche Zwecke verfolgen – wenn auch vielleicht bisher mit durchaus verschiedenen Mitteln –, einheitliche Bestimmungen zur Erreichung des gemeinsamen Ziels vereinbaren. Dadurch sichert sich jeder Staat die Anwendung der Bestimmungen auf Sachverhalte, die sein rechts- oder wirtschaftspolitisches Interesse berühren, aber nicht oder nicht mit Sicherheit seinem materiellen Recht unterstehen. Diesem Zweck der Abkommen entspricht folgerichtig die Beschränkung ihres Anwendungsbereichs auf solche Sachverhalte.

So ist das rechts- und wirtschaftspolitische Interesse vieler Staaten am Inhalt von Beförderungsverträgen, vor allem über Güterbeförderung, so stark, daß sie hierüber zwingende Vorschriften erlassen haben, insbesondere über die Haftung des Transportunternehmers. Die Vorschriften begünstigen teils den Kunden (Verbot der Freizeichnung), teils den Unternehmer (Begrenzung der Haftung); ferner greifen sie in den Wettbewerb der Unternehmer und der Verkehrsmittel untereinander ein, indem sie weitgehende Konditionengleichheit schaffen.

Aus diesen Tendenzen der Vorschriften läßt sich schließen, auf welche Beförderungen sich das rechts- und wirtschaftspolitische Interesse jedes Staates im wesentlichen bezieht: Am stärksten auf Beförderungen innerhalb seines Gebiets, aber auch auf Transporte von oder nach seinem Gebiet, schwächer auf solche im Durchgang. Zwar interessiert der Schutz des Kunden und des Unternehmers in erster Linie den Staat, in dessen Volkswirtschaft die Betreffenden eingegliedert sind, also wohl den Staat der Niederlassung oder des gewöhnlichen Aufenthalts. Dieser wird aber in aller Regel auch beim Transport berührt werden, da inländische Kunden (Versender und Empfänger) sowie Unternehmer nicht allzu oft an Transporten beteiligt sein werden, die sich ausschließlich im Ausland abspielen. Für solche Ausnahmefälle kann der Staat leicht in Kauf nehmen, daß der Schutz seiner Vorschriften versagt. Umgekehrt sind an Transporten innerhalb, von und nach dem Gebiet eines Staates in aller Regel eine oder mehrere Parteien aus diesem Staat beteiligt. – Ferner interessiert auch der Wettbewerb im Verkehr den Staat hauptsächlich insoweit, als die Beförderungsleistungen ganz oder zum Teil auf seinem Gebiet anfallen.

Nach IPR unterstehen aber die Beförderungsverträge vor allem bei grenzüberschreitenden Transporten keineswegs immer dem Recht des Staates, dessen Gebiet jeweils berührt wird. Knüpft das IPR an den Bestimmungsort an, so kommt das Recht des Versandortes nicht zum Zuge, und umgekehrt; die Anknüpfung an den Abschlußort des Vertrages oder an die Niederlassung des Transportunternehmers könnte sogar das Recht aller berührten Staaten ausschalten, erst recht die tatsächliche Parteivereinbarung, soweit zugelassen.

Wenn die Überlegungen bis hierher richtig sind, so mußten die Mitgliedstaaten der Beförderungsabkommen deren Anwendungsbereich zumindest auf die grenzüberschreitenden Transporte zwischen ihren Gebieten erstrekken. Das ist in der Tat geschehen (vgl. CIM, CIV, Warschauer Abkommen, CMR: Art. 1).

Für die Eisenbahn- und Postabkommen tritt freilich der weitere Gesichtspunkt hinzu, daß die Abkommen auch eine Grundlage für die internationale Zusammenarbeit der Eisenbahnen und Postverwaltungen selbst bilden. Im Postrecht dürfte dieser Gesichtspunkt sogar stärker ins Gewicht fallen als der vorhin entwickelte.

Im Arbeits- und Sozialrecht ist es wieder ein wirtschaftspolitisches Interesse, das die Staaten dazu drängt, Verbesserungen im Sinne der Arbeitnehmer nur zusammen mit anderen Staaten einzuführen; sie würden anderenfalls ihre Wirtschaft im internationalen Wettbewerb benachteiligen.

Die verkehrsrechtlichen Abkommen außerhalb des Transportvertragsrechts behandeln bezeichnenderweise sämtlich Fragen der Haftung oder benachbarte Probleme, die schon wegen der meistens in Betracht kommenden hohen Beträge erhebliche rechts- und wirtschaftspolitische Bedeutung besitzen und daher meistens durch zwingende Vorschriften geregelt sind. Das Staatsinteresse an der Regelung liegt wieder bei den Staaten, deren Wirtschaft die jeweils Begünstigten angehören, also bei dem jeweiligen Niederlassungs- oder Aufenthaltsstaat; der Niederlassungsstaat des Reeders oder Flugzeughalters wird freilich im allgemeinen zugleich der Heimatstaat des Schiffes oder Flugzeugs sein. Die Möglichkeit, daß die materiellrechtlichen Vorschriften dieser Staaten auf einen ihr Interesse berührenden Haftungsfall nicht zur Anwendung kommen, besteht vor allem bei Anknüpfung an das Heimatrecht eines anderen Beteiligten oder an das Ortsrecht. So muß der Heimatstaat eines Schiffes oder Flugzeugs damit rechnen, daß dieses entgegen seiner gesetzgeberischen Zielsetzung im Ausland einer strengeren oder doch anders ausgestalteten Haftung oder einer leichteren Beschlagnahme unterliegt als im Inland; dies erschwert insbesondere die Kalkulation und damit die Versicherung des Haftpflichtrisikos.

Im gewerblichen Rechtsschutz besteht ein wirtschaftspolitisches Interesse jedes stärker industrialisierten Staates, innerhalb seiner Wirtschaft die Forschungs- und Entwicklungsarbeit zu fördern, indem er für den Schutz ihrer Ergebnisse zunächst im Inland, aber auch für einen Mindestschutz im Ausland sorgt. Ebenso wird er bestrebt sein, seine Unternehmer auch im Wettbewerb auf Auslandsmärkten gegen die Nachahmung ihrer Erzeugnisse, Marken usw. zu schützen. Ähnliches gilt im Urheberrecht. – Allerdings tritt in diesen Fällen ein besonderer Grund für die Vereinheitlichung hinzu: Der Wunsch nach „materieller Gegenseitigkeit" beim Abbau des bestehenden Fremdenrechts.

Das Interesse des Staates an der Wirksamkeit von Schiedsabreden und Schiedssprüchen hinsichtlich internationaler Rechtsbeziehungen ihrer Gewerbetreibenden erklärt sich daraus, daß für diese anderenfalls schon die Notwendigkeit, einen ordentlichen Prozeß im Ausland zu führen, oft praktisch eine erhebliche Benachteiligung bedeuten würde.

Im Eherecht ging besonders zu der Zeit, als die Haager Abkommen zustandekamen, ein starkes rechtspolitisches Interesse der meisten Staaten dahin, ihre Angehörigen überall nach ihrem Recht behandelt zu wissen. Abgeschwächt galt das wohl auch für das Vormundschafts- und Entmündigungsrecht.

Im Unterhaltsrecht besteht ein sozialpolitisches und fiskalisches Interesse jedes Staates an den Unterhaltsansprüchen der Kinder in einem Gebiet, insbesondere der unehelichen; nach IPR kommt aber oft das Heimat- oder Wohnsitzrecht des Anspruchsgegners oder selbst die lex fori zur Anwendung.

Auf allen diesen Gebieten kommt im Inhalt der Vereinheitlichungsabkommen und besonders in der Abgrenzung ihres Anwendungsbereichs das maßgebende rechtspolitische Interesse der beteiligten Staaten deutlich zum Ausdruck; das rechtstechnische Interesse an höherer Rechtssicherheit scheint überraschenderweise eine kleinere Rolle zu spielen. Die einzige Ausnahme unter den erfolgreichen Vereinheitlichungen bilden die Wechsel- und Scheckabkommen, die wohl im wesentlichen nur um der höheren Klarheit und Sicherheit im internationalen Rechtsverkehr willen zustandegekommen sind.

III. Geeignet zur Vereinheitlichung im internationalen Rahmen scheinen demnach am ehesten solche Rechtsgebiete zu sein, auf denen das dargelegte *rechtspolitische* Ziel dafür spricht: Es müssen einerseits die bestehenden materiellen Gesetze in vielen Staaten starken rechts- oder wirtschaftspolitischen Interessen entsprechen, deshalb insbesondere zwingend sein; andererseits aber darf der kollisionsrechtlich bestimmte Anwendungsbereich der betreffenden Gesetze einen erheblichen Teil der Sachverhalte auf die sich das Staatsinteresse erstreckt, gar nicht oder nicht mit genügender Sicherheit umfassen.

Das dürfte auf einige der noch nicht vereinheitlichten Teilgebiete im Verkehrsrecht zutreffen; insbesondere sei auf das Binnenschiffahrtsrecht – trotz früherer Mißerfolge – sowie auf die Haftung des Kraftfahrzeughalters und die dinglichen Rechte am Kraftfahrzeug bei Auslandsfahrten hingewiesen. Ferner ist an das Recht der Handelsvertreter zu denken. Beim Kauf wird vielleicht bald der Abzahlungskauf in Betracht kommen, falls der private Warenbezug aus dem Ausland, insbesondere von ausländischen Versandhäusern, größeren Umfang annehmen sollte. Beim internationalen Handelskauf, der bereits große internationale Bedeutung besitzt, dürfte ein gewisses rechtspolitisches Interesse der Staaten an der Sachmängelhaftung einschließlich Rüge- und Verjährungsfristen bestehen.

Die seit langem vorbereitete Vereinheitlichung des gesamten Kaufrechts kann dagegen kein rechtspolitisches Interesse der dargelegten Art für sich in Anspruch nehmen. Das geht schon daraus hervor, daß das Einheitsrecht – ebenso wie der größte Teil der nationalen Vorschriften – nicht zwingend sein soll. Zwar zeigt das Beispiel des Wechsel- und Scheckrechts, daß auch eine nur rechtstechnisch begründete internationale Vereinheitlichung möglich sein kann; größere Chancen muß man aber nach der bisherigen Erfahrung den rechtspolitisch begründeten Vereinheitlichungen einräumen.

DIE HARMONISIERUNG DES NIEDERLASSUNGSRECHTS IN VERSCHIEDENEN STAATENGRUPPEN

von Dr. JOACHIM BAUMANN, Köln

I. Wesen und Voraussetzungen

1. Rechtsharmonisierung und Rechtsvereinheitlichung

Was heißt Harmonisierung? Handelt es sich um ein modernes politisches Schlagwort oder um einen Begriff, der einen spezifisch rechtlichen Vorgang bezeichnet? Wie unterscheidet sich die Harmonisierung etwa von dem seit langem geläufigen Begriff der Rechtsvereinheitlichung? Hat er neben diesem Begriff eine eigene juristische Existenzberechtigung?

Dem Wortsinn nach bezeichnet Rechtsvereinheitlichung die Errichtung einer einheitlichen Rechtsordnung anstelle mehrerer verschiedener Rechte. Harmonisierung bedeutet dagegen die Abstimmung mehrerer Rechtsordnungen aufeinander. Sie ist nicht auf Identität, sondern auf die Beseitigung von Disharmonien gerichtet. Harmonisierung ist in diesem Sinne ein Weniger gegenüber der Rechtsvereinheitlichung, möglicherweise eine Vorstufe zu dieser.

Unter einem anderen, nicht minder wichtigen Aspekt aber liegen Rechtsvereinheitlichung und Harmonisierung auf zwei verschiedenen Ebenen. Dem Gedanken der Rechtsvereinheitlichung liegt mehr ein Streben nach Einheitlichkeit im normativen Bereich zugrunde, das nicht zuletzt auf der Überzeugung beruht, daß eine Einheit des Rechts auf wissenschaftliche Weise herbeigeführt werden könne. Die Forderung nach Harmonisierung dagegen geht mehr auf das Bestreben zurück, eine wirtschaftliche Einheitlichkeit zwischen mehreren Staaten herbeizuführen; sie erwächst aus wirtschaftspolitischen Bedürfnissen. Wer Harmonisierung fordert, dem geht es nicht in erster Linie um die Angleichung der Normen als solcher, sondern vor allem darum, daß diese Normen, mögen sie in ihrem systematischen Zusammenhang einander angepaßt sein oder nicht, zu faktisch annähernd gleichen Wettbewerbs- und Niederlassungsbedingungen führen.

In diesem Sinn läßt sich die Rechtsvereinheitlichung als ein rechtstechnisches Mittel zur wirtschaftspolitischen Harmonisierung auffassen. Letztere aber erscheint auch ohne generelle Rechtsvereinheitlichung denkbar. Sie kann sich schon daraus ergeben, daß bestimmte Vorschriften, die sich in besonderem Maße harmoniestörend auswirken, beseitigt werden. Weiter ist durchaus denkbar, daß rechtssystematisch unterschiedliche Regelungen in ihrer faktischen wirtschaftlichen Auswirkung einander gleich sind.

Im Begriff der Harmonisierung laufen demnach zwei verschiedene Komponenten zusammen. Rechtstechnisch gesehen, ist die Harmonisierung eine Form der Angleichung von Rechtsinstitutionen, die nicht bis zur völligen Vereinheitlichung vordringt. Andererseits kommt es aus rechts- und wirtschaftspolitischer Sicht darauf nicht an, weil es von hier aus nicht um die Einheit des Systems, sondern um die Gleichheit der faktischen Position geht[1].

2. *Der Begriff des Niederlassungsrechts*

Der Begriff des Niederlassungsrechts ist nicht dogmatisch im Sinne der Kennzeichnung eines sachlich einheitlichen, in einem systematisch-normativen Zusammenhang stehenden Rechtsgebiets zu verstehen. Sein Inhalt und Umfang muß vielmehr pragmatisch bestimmt werden, wenn nicht die Grenzziehung willkürlich ausfallen soll. Es handelt sich im weitesten Sinne um alle Vorschriften, die für einen Ausländer von Interesse sind, wenn er sich zum Zwecke der Berufsausübung in einem Lande niederlassen will. Die Sicht des Ausländers, bezogen auf eine Tätigkeit im Inland, ist es also, die einer Vielzahl sachlich heterogener Vorschriften etwas Gemeinsames verleiht. Für eine allgemeine Betrachtung aus dieser Interessenlage ist es belanglos, ob es sich um Vorschriften des Privatrechts oder solche des öffentlichen Rechts handelt. Weiter kann es auch nicht darauf ankommen, ob die Vorschriften ausdrücklich auf den Ausländer bezogen sind oder ob sie für In- und Ausländer gleichermaßen oder ob sie schließlich nur für Inländer unter gleichzeitiger Diskriminierung der Ausländer gelten. Demgemäß gehören alle öffentlichrechtlichen Vorschriften dazu, die sich auf die Gründung einer Niederlassung durch einen Ausländer und die Gewährleistung ihres Fortbestandes beziehen. Dabei ist unter Niederlassung die Begründung

---

[1] Der Begriff der Harmonisierung ist durch Art. 99 des Vertrages über die Europäische Wirtschaftsgemeinschaft (EWGV) erstmalig in das internationale Vertragsrecht eingeführt, jedoch nicht näher definiert worden. Wenn dort von Harmonisierung und nicht wie in Art. 100 von Rechtsangleichung die Rede ist, so dürfte das auf der Einsicht beruhen, daß im Steuerrecht der EWG-Staaten zunächst einmal die schärfsten Disharmonien beseitigt werden müssen, um zu einer Vergleichbarkeit der verschiedenen Steuersysteme zu gelangen (in diesem Sinne auch Fischer-Menshausen bei Groeben/Boeckh, Kommentar zum EWG-Vertrag, Baden-Baden/Bonn/Frankfurt M. 1958, Art. 99, Anm. 1). Sprung bei Wohlfarth-Everling-Glaesner-Sprung, Die Europäische Wirtschaftsgemeinschaft, Kommentar zum Vertrag, Berlin/Frankfurt M. 1960, Art. 99, Anm. 3, wird der Terminologie des EWG-Vertrages daher nicht gerecht, wenn er Rechtsangleichung und Harmonisierung gleich setzt.

eines ständigen Aufenthalts und gewerblichen Mittelpunkts im Aufnahmeland zu verstehen [2].

Das Niederlassungsrecht darf nicht, wie das vor allem in manchen Versuchen einer dogmatischen Grenzziehung geschieht [3], auf den Begriff eines auf Niederlassungen bezogenen Fremdenrechts eingeengt werden. Eine solche Einengung mag naheliegen, wenn man von den bestehenden zwischenstaatlichen Niederlassungsverträgen ausgeht. In ihnen geht es in der Tat allein um das Verbot der Ausländerdiskriminierung oder positiv ausgedrückt das Gebot der Inländergleichbehandlung. Das gilt für die bilateralen Verträge gleichermaßen [4] wie etwa für das Europäische Niederlassungsabkommen [5]. Der Begriff weitet sich auch nicht, wenn man vom subjektiven Niederlassungsrecht, dem Recht auf Niederlassung, ausgeht und das objektive Niederlassungsrecht danach bestimmt. Auch in dieser Definition steht nur die fremdenrechtliche Seite zur Diskussion, abgesehen von dem in diesem Zusammenhang nicht interessierenden Grundrecht der innerstaatlichen Freizügigkeit [6].

Der EWGV verwendet den Begriff des Niederlassungsrechts gleichfalls pragmatisch. Die Art. 52 ff. des Vertrages verstehen darunter – insoweit mit der hier vorgeschlagenen Definition übereinstimmend – nicht nur die ausdrücklich auf den Ausländer bezogenen, also fremdenrechtlichen Vorschriften, sondern darüber hinaus das allgemeine Berufszulassungs- und Berufsausübungsrecht aus der Sicht des Ausländers [7]. Einen begrenzteren Charakter hat der Begriff des Niederlassungsrechts des EWGV jedoch insofern, als er allein den öffentlichrechtlichen Bereich erfaßt und überdies den in einer allgemeinen Betrachtung niederlassungsrechtlicher Fragen jedenfalls zum Teil bedeutsamen Dienstleistungsverkehr ausdrücklich ausnimmt, um ihn insgesamt einer besonderen Regelung zu unterwerfen.

Wenn unter Niederlassungsrecht hier die Gesamtheit der Rechtsvorschriften verstanden wird, die die Niederlassung einer ausländischen juristischen oder natürlichen Person im Inland und deren Fortbestand regeln, so sind somit in den aufgezeigten Grenzen namentlich Vorschriften des Ausländer-

---

[2] EVERLING im EWG-Kommentar, Art. 52, Anm. 5.

[3] So FLECK, Das Niederlassungsrecht, Grundzüge seiner Systematik dargestellt am deutschen Recht, Köln 1956, S. 9; dazu kritisch MEYER-MARSILIUS, NJW 1960, S. 756 f.

[4] Vgl. z. B. Art. IV des deutsch-französischen Niederlassungs- und Schiffahrtsvertrages v. 27. 10. 1956, BGBl. 1957 II S. 1661 oder Art. VI des deutsch-amerikanischen Freundschafts-, Handels- und Schiffahrtsvertrages v. 29. 10. 1954, BGBl. 1956 II S. 487.

[5] Vom 13. 12. 1955, BGBl. 1959 II S. 997, besonders Art. 10.

[6] So der schweizerische Begriff; dazu RÜEGG, Niederlassungsfreiheit und Beschränkung der Freizügigkeit, Zürich 1948, S. 3 ff.; S. 44 ff.

[7] Das ergibt sich aus Art. 52 und Art. 57 EWGV. Der von EHRING bei GROEBEN/BOECKH Anm. 1 zu Art. 52, allein aus dieser Vorschrift abgeleitete Begriff erscheint zu eng.

sonderrechts, des allgemeinen Gewerbe- und Wirtschaftsordnungsrechts, des Handels- und Gesellschaftsrechts und schließlich des Steuerrechts in Betracht zu ziehen.

3. Voraussetzungen der Harmonisierung

Da das Niederlassungsrecht in so viele in sich selbständige und heterogene Rechtsgebiete hineinreicht und andererseits stark interessenbezogen ist, leuchten die besonderen Schwierigkeiten seiner Harmonisierung ein. Betrachtet man etwa die Rechtsangleichung auf den Gebieten des Wechsel- und Scheckrechts sowie des Seehandelsrechts, so wird der Unterschied besonders deutlich. Den Angleichungsbestrebungen auf diesen Gebieten liegt der fast alle politischen Gegensätze überbrückende Wunsch der Staaten und Völker, miteinander Handel zu treiben, zugrunde. Eine Rechtsvereinheitlichung in diesen Bereichen interessenindifferenter Ordnungsnormen bringt jedem der beteiligten Staaten Nutzen, ohne zugleich nennenswerte Opfer zu verlangen. Im Gegensatz dazu greift eine Harmonisierung des Niederlassungsrechts unter Umständen tief in die Interessen der beteiligten Volkswirtschaften ein. Die Tatsache, daß sich seine Vorschriften aus den verschiedensten Gebieten rekrutieren, führt dazu, daß seine Harmonisierung eine tiefgreifende Umgestaltung weiter Teile des Wirtschaftsrechts erfordert. Dabei gilt es nicht nur nationalstaatliches Denken zu überwinden; möglicherweise werden auch Eingriffe in überkommenes, geschichtlich gewordenes Recht notwendig. Gerade dort, wo verschiedene Rechtskreise zusammentreffen, entwickeln sich Beharrungstendenzen aus dem Recht selbst, die einer Rechtsangleichung kaum überwindbare Schwierigkeiten bereiten können.

Unter solchen Umständen ist eine Harmonisierung auf dem Gebiete des Niederlassungsrechts nicht denkbar, ohne daß eine Reihe von außerrechtlichen Vorbedingungen erfüllt sind. Erforderlich sind:

a) Eine wirtschaftspolitische Grundentscheidung über die Schaffung gleicher Wettbewerbsbedingungen zwischen den in Betracht kommenden Staaten;
b) Homogenität der Wirtschaftsordnungen dieser Staaten;
c) Ein Mindestmaß an Liberalität dieser Wirtschaftsordnungen;
d) Ein Mindestmaß an Wirtschaftskraft der beteiligten Volkswirtschaften.

Zu a): Die Harmonisierung des Niederlassungsrechts hat zum Ziele den Abbau bestehender Beschränkungen sowie die Schaffung möglichst gleicher Start- und Betätigungsbedingungen für eine gewerbliche Betätigung natürlicher und juristischer Personen. Sie stellt sich somit dar als eine Maßnahme zur Liberalisierung des zwischenstaatlichen Wirtschaftsverkehrs. Eine solche Maßnahme ist jedoch nicht isoliert denkbar, sondern nur als Teil einer wirtschaftspolitischen Gesamtplanung, eines allgemeinen Entschlusses zur Liberalisierung und zur Herbeiführung gleicher Wettbewerbsbedingungen.

Zu b): Die Harmonisierung ist nur zwischen homogenen Wirtschaftsordnungen möglich. Zwischen einer Zentralverwaltungswirtschaft und einer liberalen Marktwirtschaft kann eine Harmonisierung und damit eine Liberalisierung des Niederlassungsrechts sich nur zugunsten der Wirtschaftsinstitutionen der Zentralverwaltungswirtschaft auswirken. Diese könnten sich in den innerhalb der Marktwirtschaft dargebotenen Rechtsformen mehr oder weniger ungebunden bewegen. Umgekehrt ist aber für eine freie Niederlassung und Betätigung der Handelsgesellschaften und natürlichen Personen aus dem Bereich der Marktwirtschaft innerhalb einer Zentralverwaltungswirtschaft schon institutionell kein Raum; denn die in diesem Bereich gegebenen Rechtsformen unterliegen ihrem Wesen nach mittelbar oder unmittelbar staatlicher Einflußnahme und Lenkung. Aber auch wenn neben der Staatswirtschaft die Privatwirtschaft noch ein gewisses Betätigungsfeld behalten hat, kann eine Harmonisierung des Niederlassungsrechts im Sinne der Anpassung der Wettbewerbsbedingungen nicht stattfinden, da die dargebotene Freiheit zur Wahl einer Rechtsform des Privatrechts angesichts der monopolistischen Stellung der Staatswirtschaft nur theoretischen Wert besitzt [8].

Zu c): Eng mit der eben behandelten Voraussetzung hängt diejenige eines Minimums an Liberalität der Wirtschaftsordnung zusammen. Dort, wo für die selbständige gewerbliche Betätigung des einzelnen kein Raum ist, wo es an innerstaatlicher Freizügigkeit und Gewerbefreiheit fehlt, gibt es auch kein Niederlassungsrecht. Die Harmonisierung des Niederlassungsrechts steht infolgedessen sowohl zwischen extrem verschiedenen Wirtschaftsordnungen, als auch zwischen Zentralverwaltungswirtschaften untereinander nicht zur Diskussion.

Zu d): Sind Homogenität und Liberalität der Wirtschaftsordnungen gegeben, so gehört es weiter zu den wirtschaftlichen Grundbedingungen für eine Harmonisierung des Niederlassungsrechts, daß die in der Staatengruppe verbundenen Volkswirtschaften in der Lage sind, die mit der Harmonisierung verbundene Liberalisierung und in deren Folge die Veränderung der Wettbewerbslage auf sich zu nehmen. Insbesondere sind der unbegrenzten Übernahme von Liberalisierungsverpflichtungen auf dem Gebiet des Niederlassungsrechts durch die jeweilige Devisenlage der beteiligten Länder Grenzen gesetzt. Dabei können in bilateralen Niederlassungsverträgen solche Verpflichtungen noch verhältnismäßig unbedenklich übernommen werden. Im Rahmen eines multilateralen Vertrages bedarf es dagegen einer mög-

---

[8] Auf die hemmende Wirkung der staatlichen Monopolwirtschaft für eine im übrigen rechtlich garantierte Niederlassungsfreiheit weist JUNCKERSDORFF, MDR 1961, S. 11 (13) ausdrücklich hin.

lichst genauen Prognose der beteiligten Länder hinsichtlich einer gegebenenfalls zusätzlichen Devisenbelastung.

4. Die Ausgangssituation für eine Harmonisierung

Insgesamt kann vor der Überleitung in die Problematik der Durchführung einer Harmonisierung folgende Ausgangssituation festgehalten werden: Die Harmonisierung des Niederlassungsrechts als der Summe aller Normen über die Begründung und den Fortbestand eines beruflichen bzw. gewerblichen Tätigkeitskreises oder Unternehmens zeitigt nachhaltige Wirkungen auf die betroffenen Rechtsordnungen vor allem dann, wenn mehrere Staaten die Verpflichtung zur Harmonisierung ohne generelle Vorbehalte[9] übernehmen. Voraussetzung für ein wirksames Harmonisierungsprogramm und dessen Durchsetzung innerhalb einer bestimmten Staatengruppe sind gewisse politische und wirtschaftliche Gemeinsamkeiten, starke gemeinsame politische und wirtschaftliche Interessen und daraus folgend der Wille zum mehr oder weniger modifizierten Zusammenschluß. Daher ist es nicht erstaunlich, daß die Europäische Wirtschaftsgemeinschaft der bisher einzige völkerrechtliche Zusammenschluß ist, der echte Ansätze zu eier Harmonisierung des Niederlassungsrechts erkennen läßt.

II. Durchführung der Harmonisierung

Die Harmonisierung als rechts- und wirtschaftspolitische Aufgabe verlangt den Abbau von Regelungen, die den Ausländer im Verhältnis zum Inländer diskriminieren. Damit allein kann jedoch eine Anpassung der Niederlassungsbedingungen nicht erreicht werden. Der Abbau einzelner Niederlassungsbeschränkungen muß vielmehr mit der Beseitigung der allgemeinen Differenzierungen in der Ausgestaltung der Rechtsordnungen verbunden werden. Insofern lassen sich innerhalb des Harmonisierungsbegriffs der Abbau von Niederlassungsbeschränkungen und die Grundlagenharmonisierung unterscheiden.

1. Diskriminierungsabbau

a) Diskriminierende Rechtsvorschriften

Geht man vom Interesse der einzelnen, eine möglichst freie gewerbliche Betätigung in der ganzen Gemeinschaft anstrebenden natürlichen oder juristischen Person aus, so drängt sich als erste harmonisierungsbedürftige

---

[9] Ein besonders instruktives Beispiel eines solchen Vorbehalts enthält Art. 10 des Europäischen Niederlassungsabkommens vom 13. 12. 1955, BGBl. 1959 II S. 997 ff.: „... wenn nicht wichtige Gründe wirtschaftlicher oder sozialer Art der Erteilung der Erlaubnis entgegenstehen".

Normengruppe das Ausländersonderrecht mit diskriminierendem Charakter auf. Wie weit gespannt der Rahmen des diskriminierenden Ausländersonderrechts sein kann, zeigt Abschnitt III des vom Rat der Europäischen Wirtschaftsgemeinschaft am 25. 10. 1961 verabschiedeten Allgemeinen Programms zur Aufhebung der Beschränkungen der Niederlassungsfreiheit[10].

Dieser Katalog der in Betracht kommenden möglichen Beschränkungen reicht – um nur einige Beispiele zu nennen – vom Verbot der selbständigen Ausländertätigkeit, ihrer Genehmigungsbedürftigkeit, besonderen Niederlassungsbedingungen für Ausländer bis zum Ausschluß vom Kapitalmarkt, vom öffentlichen Auftragsvergabewesen, von staatlichen Zuschüssen und Konzessionen. Mag auch die Aufzählung des EWG-Programms nicht erschöpfend sein[11], so kann doch davon ausgegangen werden, daß es den größten und wichtigsten Teil aller denkbaren Beschränkungen einer selbständigen gewerblichen Tätigkeit enthält.

Diskriminierender Natur sind zunächst – abgesehen von Ordnungsvorschriften etwa statistischer Art – grundsätzlich alle Regelungen, die ausdrücklich auf Ausländer Bezug nehmen. Daneben müssen weiter auch die Vorschriften in die Betrachtung einbezogen werden, die ausdrücklich auf die eigenen Staatsangehörigen beschränkt sind. Hier ist an manche Grundrechte, aber auch an viele andere Vorschriften zu denken. So können z. B. der Grundstückserwerb, der Zugang zum öffentlichen Ausschreibungswesen, bestimmte Steuervergünstigungen oder Staatszuschüsse Inländern vorbehalten sein.

In besonderen Fällen sind auch versteckte Diskriminierungen denkbar. So läßt sich gerade in wirtschaftlich und industriell wenig entwickelten Ländern ein diskriminierendes Ausländerrecht dadurch schaffen, daß ausschließlich von Ausländern betriebene Wirtschaftszweige einer zwar äußerlich allgemeinen, in seiner Wirkung aber besonderen Gesetzgebung unterworfen werden, – etwa mit dem Ziele, diese Wirtschaftszweige zu verstaatlichen oder zumindest zu nationalisieren. Im Einzelfall wird allerdings der Nachweis der diskriminierenden Natur solchen Rechts auf Schwierigkeiten stoßen.

b) Diskriminierende Verwaltungspraxis

Der Diskriminierungsabbau bleibt unvollkommen, solange nur diskriminierende Rechtsvorschriften aufgehoben werden und nicht zugleich auch eine entsprechende Verwaltungspraxis verhindert wird. Es kann nicht erwartet werden, daß alle Verwaltungsbehörden von Anbeginn im Sinne der neuen, gemeinsamen Zielsetzung verfahren werden.

---

[10] Amtsblatt der Europäischen Gemeinschaften v. 15. 1. 1962, S. 32 ff.

[11] Everling, BB 1961, S. 1258. Zu den in den Mitgliedsstaaten der EWG bestehenden Beschränkungen vgl. die Übersicht bei Everling im Kommentar, Vorbem. 4 vor Art. 52.

An einer Gewähr für die Einhaltung eines allgemeinen Diskriminierungsverbots fehlt es vollends dort, wo die Gesetzgebung eines Landes sich im wesentlichen darauf beschränkt, die Verwaltung zu einer mehr oder weniger ungebundenen Handhabung der Gewerbezulassung und Gewerbeaufsicht zu ermächtigen.

Fälle der letzteren Art finden sich vor allem in der neueren Industrialisierungs- und Investitionsgesetzgebung einiger Entwicklungsländer. Danach können die zuständigen Behörden im Rahmen der Entwicklungspolitik des Landes im wesentlichen frei über die Zulassung neuer Unternehmen entscheiden. Wird in solchen Ländern eine Harmonisierung des Niederlassungsrechts erforderlich – Fälle dieser Art wären z. B. im Rahmen der EWG-Assoziierung denkbar –, so müßte zunächst ein in Einzeltatbestände gegliedertes Gewerberecht geschaffen werden.

Die Gefahr einer diskriminierenden Verwaltungspraxis besteht aber auch im Rahmen der an rechtsstaatlichen Grundsätzen orientierten Gewerberechtssysteme, weil der Verwaltung in Anwendung von Ermessens- oder unbestimmten Rechtsbegriffen ein erheblicher Differenzierungsspielraum verbleibt. Solche Begriffe finden sich gerade im Gewerberecht besonders häufig. Man denke etwa an „öffentliches Interesse“, „Bedürfnis“, „Zuverlässigkeit“, „Sachkenntnis“, „Nachweis der Befähigung“.

Zunächst mag es scheinen, daß ein gut ausgebautes Verwaltungsstreitverfahren die Gefahr einer diskriminierenden Ermessenshandhabung ausschalten kann. Es dürfte jedoch keineswegs genügen, den Betroffenen im Einzelfall auf eine Prozeßführung im Ausland zu verweisen und ihm überdies noch den stets schwierigen Nachweis des Mißbrauchs aufzubürden [12]. Die beklagte Behörde hat in diesen Fällen eine so ungleich stärkere Stellung gegenüber dem Kläger, daß dieser in der Praxis oft rechtlos gestellt sein wird. Daraus folgt, daß ein allgemeines Diskriminierungsverbot, verbunden mit dem Gebot zur Inländergleichbehandlung, aus sich heraus nicht geeignet ist, eine diskriminierende Verwaltungspraxis zu verhindern. Vielmehr muß eine weitere rechtliche Durchgliederung, eine Aufspaltung der Tatbestände mit dem Ziel der Einengung des Verwaltungsermessens und seiner wenigstens teilweisen Ausschaltung in Erwägung gezogen werden. Andererseits kann das alleinige Heilmittel gegen die Ausländerdiskriminierung keinesfalls in einem Gesetzesperfektionismus gesehen werden, der der Verwaltung jede gesunde und notwendige eigene Gestaltungsmöglichkeit nimmt. Sind der Einengung des Ermessensspielraums der Verwaltung aus diesem Grunde enge Grenzen gesetzt, so könnte erwogen werden, der verbleibenden Gefahr einer diskriminierenden Praxis durch die Errichtung neuer zusätzlicher Kontrollinstanzen zu begegnen. Diese Behörden müßten zentraler

[12] Damit soll keineswegs die Unerläßlichkeit einer möglichst umfassenden Justiziabilität aller Akte geleugnet werden; dazu OPHÜLS, Grundzüge europäischer Wirtschaftsverfassung, in ZHR 1961, S. 136 ff. (163).

Natur sein, da ihre wesentliche Aufgabe darin zu bestehen hätte, die Einhaltung einheitlicher Grundsätze für die ganze Gemeinschaft, zumindest aber für das jeweilige Mitgliedsland zu gewährleisten. Die damit geforderte Durchgriffsmöglichkeit gegenüber den im Einzelfall entscheidenden Verwaltungsstellen kann allerdings Probleme staats- und kommunalverfassungsrechtlicher Art aufwerfen, wenn die geltende Zuständigkeitsordnung die gewerberechtlichen Aufgaben etwa den Gemeinden, Kreisen, Départements, Provinzen oder anderen Gebietskörperschaften oder auch sonstigen Selbstverwaltungsträgern wie etwa den Industrie- und Handelskammern oder Handwerkskammern zuweist [13].

Maßnahmen zur Verhinderung diskriminierender Verwaltungspraktiken führen demnach folgerichtig entweder zur Vermehrung und Komplizierung des Rechts oder zur Schaffung neuer Behörden.

2. *Die „innere“ Liberalisierung*

Das einzige Mittel, diese Tendenzen zum Gesetzes- bzw. Verwaltungsdirigismus in angemessenen Grenzen zu halten, liegt darin, daß die Mitgliedstaaten der Staatengruppe sich entschließen, auf alle entbehrlichen Kontroll- und Interventionsmöglichkeiten im gewerblichen Bereich zu verzichten, d. h. zu einer möglichst weitreichenden Liberalisierung des Gewerberechts zu schreiten. Hier gilt es also festzustellen, daß im Rahmen einer Harmonisierung des Niederlassungsrechts bei einer äußeren Liberalisierung, d. h. der Beseitigung der zwischen den Staaten bestehenden Niederlassungsbeschränkungen nicht stehengeblieben werden kann. Daß überdies eine „innere“ Liberalisierung nicht nur einen zweckmäßigen Ausweg aus einem Dilemma darstellt, sondern wesensnotwendig mit einer Harmonisierung des Niederlassungsrechts verbunden ist, wurde im Grundsätzlichen schon im Rahmen der Voraussetzungen der Harmonisierung mit der Forderung nach einem Minimum an Liberalität der Wirtschaftsordnungen ausgesprochen. Bei diesem Minimum handelt es sich indes nur um eine Grundbedingung für eine Harmonisierung. Daß für eine wirksame Harmonisierung mehr gefordert werden muß, wird am besten am Beispiel des Befähigungsnachweises, etwa im Handwerk deutlich. Die Notwendigkeit, diesen Nachweis im Inland zu erbringen, bedeutet für den Ausländer praktisch einen Ausschluß von diesem Berufszweig. Der EWGV hat, um diese unerwünschte Folge zu vermeiden, in Art. 57 Richtlinien des Rates über die gegenseitige Anerkennung der Diplome, Prüfungszeugnisse und sonstigen Befähigungsnachweise in Aussicht gestellt. Was aber soll gesche-

---

[13] Für die Durchführung des EWG-Programms zur Aufhebung der Niederlassungsbeschränkungen ist besonders bemerkenswert, daß die ihm nach Art. 54 Abs. 2 EWGV noch folgenden Richtlinien zwar für jedes Mitglied verbindlich sind, jedoch „den innerstaatlichen Stellen die Wahl der Form und der Mittel (Art. 189, Abs. 3 EWGV) überlassen.

hen, wenn ein Land in einem bestimmten Falle einen Befähigungsnachweis verlangt, ein anderes dagegen nicht [14]? Eine Abhilfe ist nur dadurch möglich, daß die handwerklichen Berufszulassungsgrundsätze aufeinander abgestimmt werden [15].

Der Schritt von der äußeren zur inneren Liberalisierung ist daher unvermeidbar. Der EWGV hat allerdings eine Stellungnahme hierzu unterlassen. Der in Art. 52 vorgesehene Beschränkungsabbau bezieht sich nur auf das Ausländersonderrecht [16], und Art. 57 nimmt eine betonte Sonderstellung ein. Er öffnet jedoch dennoch die Tür zur inneren Liberalisierung, indem er die Notwendigkeit der Koordinierung [17] der Rechts- und Verwaltungsvorschriften über die Aufnahme und Ausübung selbständiger Tätigkeiten anerkennt. Damit wird zwar nicht die innere Liberalisierung gefordert. Der Sinn der Vorschrift kann aber nur dahin gehen, unerwünschte Wanderbewegungen von den Ländern mit relativ ungünstigem zu dem Land mit dem relativ günstigsten Niederlassungsklima zu verhindern [18]. Aus einer formalen Sicht würde es sicherlich genügen, wenn irgendeine der in den Mitgliedstaaten vorhandenen Regelungen zur Richtlinie für diese Koordinierung genommen wird. Wenn jedoch die Koordinierung der allgemeinen Zielsetzung, die Niederlassung in der Gemeinschaft zu fördern, dienen soll, dann verbietet sie sich jedenfalls in dem Sinne, daß alle Mitgliedsstaaten ihre Zulassungs- und Ausübungsbestimmungen auf das Niveau der restriktivsten anheben. Die Koordinierung darf vielmehr nur zu einer Erleichterung der Niederlassungsvoraussetzungen führen [19]. „Daraus ergibt sich", so folgert Ever-

---

[14] Vgl. dazu Fröhler, Handwerksrecht der EWG-Staaten, München 1960; danach wird in Frankreich zwar ein Befähigungsnachweis, aber keine Meisterprüfung für die selbständige Ausübung eines Handwerks verlangt (S. 19, 21). In den Niederlanden sind Fach- und Handelskenntnisse sowie Kreditwürdigkeit nachzuweisen (S. 51 ff., 72). Die luxemburgische Regelung entspricht etwa der deutschen (S. 62, 71). Das italienische Recht verlangt keinen Befähigungsnachweis (S. 27 ff., 74). In Belgien wird der Nachweis allgemeiner, fachberuflicher und kaufmännischer Kenntnisse verlangt (S. 37).

[15] Besonders überzeugend ist die von Gaudet, ZHR 1961, S. 66 ff. (71) gebrachte Gegenüberstellung des Verhältnisses der Ausländerbeschränkungen zu den Inländerbeschränkungen in Frankreich und Deutschland. Danach brauchen in Frankreich Inländer für die Aufnahme einer gewerblichen Tätigkeit nur wenigen Anforderungen zu genügen, während Ausländer einem besonderen Genehmigungsverfahren unterliegen. In Deutschland sei das Verhältnis umgekehrt.

[16] Everling bei Wohlfarth-Everling-Glaesner-Sprung, Art. 57, Anm. 3.

[17] Koordinierung in der Terminologie des EWGV ist als Grundlagenharmonisierung im Sinne dieser Ausführungen zu verstehen.

[18] Everling, aaO.

[19] Es wäre wünschenswert, wenn auch die Rechtsprechung eine Handhabe bekäme, an dieser Koordinierung mitzuwirken. Gerade am Urteil des Bundesverfassungsgerichts v. 17. 7. 1961 zur Verfassungsmäßigkeit der Handwerksordnung (NJW 1961, S. 2011) wird dieser Mangel sichtbar. Das Gericht konnte die HO nur am innerstaatlichen Recht messen und hat es hierbei allerdings an einer

LING, „daß sie nicht zu zusätzlichen Beschränkungen in einem Mitgliedsstaat führen darf“ [20]. Wenn aber diese Folge vermieden werden soll, muß die liberalste Regelung als Richtpunkt für eine Koordinierung genommen werden.

Die somit auch in der EWG in Erscheinung tretende Tendenz zur inneren Liberalisierung ist wesensnotwendig mit jeder Harmonisierung des Niederlassungsrechts verbunden. Einerseits werden nämlich Wettbewerbsverzerrungen die Folge sein, wenn die inneren Gewerberechtssysteme nicht aufeinander abgestimmt werden; zum anderen kann im Rahmen von Maßnahmen, die den zwischenstaatlichen Wirtschaftsverkehr fördern sollen, nicht der Einführung neuer innerstaatlicher Beschränkungen im Gewerberecht das Wort geredet werden [21].

3. Grundlagenharmonisierung

Wie ausgeführt, muß jeder Diskriminierungsabbau – wenn eine wirkliche Harmonie des Niederlassungsrechts erreicht werden soll – in eine generelle Harmonisierung der Rechtsordnungen einmünden. Sieht man die Harmonisierung im Rahmen eines Gesamtplanes zur Schaffung gleicher oder wenigstens ähnlicher Wettbewerbsbedingungen, so ist sie nicht mehr der unmittelbaren Interessenverwirklichung der ausländischen natürlichen und juristischen Personen im Hinblick auf ihre Niederlassung im Inland untergeordnet, sondern dient einem Interessenausgleich zwischen den Volkswirtschaften der beteiligten Staaten. So gesehen, kann eine Harmonie der Niederlassungsbedingungen innerhalb mehrerer Staaten ebenso durch ein besonders günstiges wie durch ein besonders ungünstiges Niederlassungsklima gestört werden [22]. Der grundlegende Unterschied der beiden Fälle besteht allerdings darin, daß ein ungünstiges Niederlassungsklima stets, ein besonders günstiges nur unter gewissen Umständen Harmonisierungsmaßnahmen verlangt.

überzeugenden Begründung für die Abweichung von seiner übrigen Rechtsprechung zu Art. 12 GG fehlen lassen.

[20] EVERLING, aaO Anm. 4. Derjenige, dem diese Folgerung angesichts der zurückhaltenden Formulierung in den Art. 52 und 57 als zu weitreichend erscheint, wird sich letztlich auf die Wirtschaftsverfassung der Gemeinschaft zurückziehen müssen, die nach OPHÜLS, ZHR 1961, S. 136 ff. (148) durch einen gemäßigten Liberalismus gekennzeichnet ist und damit auch keine Handhabe dafür bietet, die restriktivste Regelung zur Leitlinie einer Koordinierung zu nehmen. GAUDET, ZHR 1961, S. 66 (81) hält eine Einführung neuer Beschränkungen „zur Wahrung des Gemeinwohls“ für möglich. Dem ist entgegenzuhalten, daß es keine Beschränkung gibt, für deren Begründung nicht das Gemeinwohl herangezogen wird.

[21] Mit Recht rügt daher JUNCKERSDORFF, MDR 1961, S. 13, die Einführung neuer Berufszulassungsbestimmungen in einem EWG-Land ohne Abstimmung mit den übrigen Mitgliedern. Art. 53 kann hier allerdings zur Begründung nicht herangezogen werden.

[22] Vgl. dazu auch die vorstehenden Ausführungen zur *ratio* von Art. 57 EWGV.

a) Niederlassungsförderungsrecht

Diese besonderen Umstände, die zu Harmonisierungsmaßnahmen gegenüber einem günstigen Niederlassungsklima zwingen, lassen sich schwerlich allgemein kennzeichnen; sie hängen von den Interessen der jeweiligen Staatengruppe ebenso ab wie von der Art und Wirkung der Begünstigungsmaßnahmen im einzelnen. Eine Gefahr für die Ziele der Staatengemeinschaft kann sich erst dann ergeben, wenn über eine liberale, ausländerindifferente Grundhaltung hinaus besondere Förderungsbestimmungen bestehen. Solche Bestimmungen können in vielen Einzelgesetzen verstreut oder in einem besonderen Gesetz zur Förderung der Industrialisierung bzw. der Investitionstätigkeit enthalten sein. Nicht alle Förderungsmaßnahmen stören jedoch ein einheitliches Niederlassungsrecht schon deshalb, weil sie einseitig sind. Nimmt man als Maßstab für die Harmonisierungsbedürftigkeit das Verhältnis der Wettbewerbsbedingungen in den Mitgliedsstaaten zueinander, so können einseitige Maßnahmen dann den Zielen der Gemeinschaft gemäß sein, wenn sie – wie meistens – Ausdruck einer wirtschaftlichen Zwangslage sind, die gerade die Wirtschaft dieses Staates von der Lage in den anderen Mitgliedsstaaten unterscheidet. Hier kann sich eine Sondergesetzgebung sogar als Harmonisierungsmaßnahme darstellen, indem sie die Wirtschaft dieses Landes erst wettbewerbsfähig macht. Als Beispiel sei auf den Mezzogiornoplan zur Förderung der süditalienischen Notstandsgebiete im Verhältnis zum EWGV verwiesen. Es ist bisher nicht erkennbar und auch nicht zu erwarten, daß von diesem umfassenden einseitigen Förderungssystem störende Wirkungen auf ein harmonisiertes Niederlassungsklima in der Europäischen Wirtschaftsgemeinschaft ausgehen werden. Die Notwendigkeit einer Harmonisierung ergibt sich aber vor allem, wenn mehrere Mitglieder einer Staatengemeinschaft Förderungsprogramme aufstellen und ihre Programmziele im wesentlichen die gleichen sind. So müssen z. B. mehrere Entwicklungsländer, die sich wirtschaftlich zusammenschließen und alle gleichermaßen an der Beteiligung von Kapital aus Drittländern interessiert sind, ihre Maßnahmen zur Heranziehung von Auslandskapital aufeinander abstimmen. In diesem Sinne ist z. B. die zentralafrikanische Zollunion vorgegangen [23]; sie hat ein gemeinsames Förderungssystem ausgearbeitet, das in Form eines Landesgesetzes in das Recht jedes Mitgliedsstaates eingeführt werden muß [24].

---

[23] Union Douanière Equatoriale (UDE), bestehend aus den Republiken Kongo (Brazzaville), Tschad, Zentralafrikanische Republik, Gabun.

[24] Diese Angleichung stieß darum auf keine grundsätzlichen Schwierigkeiten, weil in allen vier Republiken bereits das französische Investitionsförderungssystem galt.

b) Steuer-, Gesellschafts- und Wettbewerbsrecht

So wenig Allgemeines sich zur Harmonisierung des Förderungsrechts aussagen läßt, so uneingeschränkt kann die Harmonisierungsbedürftigkeit aller der Bestimmungen festgestellt werden, die im übrigen für das Niederlassungsklima bedeutsam sind. Die Unterschiede auf den Gebieten des Steuerrechts, des Wettbewerbsrechts und des Gesellschaftsrechts sind für die Standortwahl einer Niederlassung in der Praxis von entscheidender Bedeutung.

Bei diesen Rechtsgebieten ist von vornherein ersichtlich, daß man mit einer Angleichung einzelner Bestimmungen nicht auskommt. Sie haben nämlich keine spezifisch niederlassungsrechtliche Seite; vielmehr sind es gerade die grundsätzlichen Ausgestaltungen, die sich auf die Fragen der Niederlassung auswirken.

So ist im Wettbewerbsrecht vom niederlassungsrechtlichen Aspekt her die grundsätzliche Einstellung zur wirtschaftlichen Machtkonzentration entscheidend. Es kommt auf die maßgebenden Wertungen der Rechtsordnungen an: Kartellfreundlichkeit – Kartellfeindlichkeit, Verbotsprinzip oder Mißbrauchsprinzip, Preisbindungsverbot oder freie Preisgestaltung.

Das gleiche gilt für das Gesellschaftsrecht, wo die Schwerpunkte für die Harmonisierung des Niederlassungsrechts in Art und Grundstruktur der Gesellschaftsformen, im Verhältnis der Gesellschaftsorgane zueinander, im Gründungsverfahren und in den Vorschriften über die Rechnungslegung liegen dürften. Im Gegensatz zum Wettbewerbsrecht hat die Identität der Interessenlagen im Recht der meisten Staaten hier bereits zu Gesellschaftsformen geführt, die zwar gewisse Strukturunterschiede aufweisen – man denke etwa an den mehr personengesellschaftsrechtlichen und den mehr kapitalgesellschaftsrechtlichen Typ der GmbH – die aber in ihrer wirtschaftlichen Auswirkung doch verhältnismäßig ähnlich sind. Insoweit kann man hier bereits von einem hohen Grad von Harmonisierung sprechen. Ob bei dieser Sachlage eine Rechtsvereinheitlichung im Sinne der Begründung eines Sonderrechts der europäischen Gesellschaft geboten ist, kann hier im einzelnen nicht untersucht werden [25]. Immerhin ist zu betonen, daß eine solche Konstruktion in der Dominion Company des kanadischen Rechts ein Vorbild haben würde, das sich offenbar gut bewährt.

Im Steuerrecht sind niederlassungsrechtlich vor allem bedeutsam die Grundentscheidung über die steuerliche Investitionsbegünstigung, über die Behandlung wirtschaftlicher Konzentration (Holdingprivileg), über das Abschreibungssystem, über das Verhältnis von direkten und indirekten Steuern.

---

[25] Vgl. hierzu u. a.: LIETZMANN, AG 1961, S. 125 ff., 253 ff.; BÄRMANN, Einheitliche Gesellschaftsform für die Europäische Wirtschaftsgemeinschaft AcP Bd. 160 (1961) S. 97 ff.; GARCIN, Pour une société anonyme à vocation Européenne „il diritto dell'economia" 1961 pagg. 1000/1017.

Diese Beispiele mögen zeigen, wie stark eine Harmonisierung in nationale Rechtsstrukturen und -traditionen eingreifen muß, wenn der Wirtschaft eine einheitliche Rechtsbasis zur Verfügung gestellt werden soll. Letztlich wird eine solche Harmonisierung zwischen dem Recht mehrerer Staaten immer davon abhängen, daß entsprechende politische Kräfte hinter ihr stehen.

Zweiter Teil

BÜRGERLICHES RECHT

LANDWIRTSCHAFTSRECHT

BÜRGERLICHES RECHT

DAS PROBLEM DER KONKURRENZ VON SCHADENSERSATZ-ANSPRÜCHEN BEI VERTRAGSVERLETZUNG UND DELIKT

von Dr. ROLF DIETZ
Professor an der Universität München

I

1. Die Frage, ob dann, wenn durch *eine* Handlung oder *ein* Unterlassen sowohl eine *Vertragspflicht* verletzt wie eine *unerlaubte Handlung* begangen wird, ein Schadensersatzanspruch sowohl unter dem Gesichtspunkt der Verletzung des Vertrages wie aus dem eines Deliktes gegeben ist, ist immer wieder Gegenstand rechtsdogmatischer Überlegungen im Grundsätzlichen wie vor allem in den Einzelheiten [1]. Das gilt insbesondere, wenn die Voraussetzungen oder die Rechtsfolgen einer Vertragsverletzung und eines Deliktes voneinander abweichen. Dann ist das Problem auch praktisch von eminenter Bedeutung.

Die Frage als solche ist *allen* Rechtsordnungen bekannt, aber es ergibt sich aus der verschiedenen Systematik zum Teil eine unterschiedliche Lösung.

Das Problem wird dadurch aufgeworfen, daß ein *konkreter* Vorfall den *abstrakten* Tatbeständen mehrerer Gesetze entspricht, nämlich den Bestimmungen über die Vertragsverletzung und denen über das Deliktsrecht [2]. Dann muß unterschieden werden, ob *beide* Gesetze zur Anwendung kom-

---

[1] Allerdings fehlt seit beinahe 30 Jahren eine eingehende Monographie, nachdem bis 1934 mehrere Untersuchungen darüber vorgelegt worden sind: EDUARD PRYM, Die Konkurrenz des Anspruchs aus dem Vertrage mit dem Anspruch aus unerlaubter Handlung, 1906; FRIEDRICH LENT, Die Gesetzeskonkurrenz im bürgerlichen Recht und Zivilprozeß, 1912; RUDOLF SCHMIDT, Die Gesetzeskonkurrenz im bürgerlichen Recht, 1915; ROLF DIETZ, Anspruchskonkurrenz bei Vertragsverletzung und Delikt, 1934.

[2] Interessant ist das Problem der Anwendbarkeit mehrerer Gesetze auf *einen* Tatbestand nur, wenn diese dem gleichen Rechtsbereich angehören, dem Zivilrecht, dem Strafrecht, dem Steuerrecht, nicht wenn es sich um Bestimmungen aus verschiedenen Bereichen handelt, etwa aus dem Zivilrecht und dem Strafrecht. Es interessiert für unseren Bericht nicht, daß und ob eine unerlaubte Handlung i. S. des Zivilrechts oder eine Vertragsverletzung gleichzeitig eine *strafbare* Handlung ist.

men, oder ob das eine gegenüber dem anderen – ganz oder zum Teil, etwa in der einen oder anderen Hinsicht – zurückzutreten hat, ob aus *jedem* Gesetz die Rechtsfolge, hier der Anspruch auf Schadensersatz gewährt wird, oder ob *ein* einheitlicher Anspruch besteht, dessen Inhalt aus beiden Gesetzen bestimmt wird.

2. Nur die Kollision von *Vertragsrecht* und *Deliktsrecht,* d. h. von Vertragsverletzung und unerlaubter Handlung ist Gegenstand dieses Berichtes[3]. Dabei soll vom Deliktsrecht nur der Bereich herangezogen werden, bei dem es sich um eine unerlaubte Handlung im eigentlichen Sinn handelt, also um eine *schuldhafte* widerrechtliche Handlung. Die *Gefährdungshaftung,* die sich nach deutschem Recht weitgehend nach Deliktsrecht bestimmt[4], soll außerhalb der Betrachtung bleiben. Das kann hier um so mehr geschehen, als dort, wo die Besonderheit der Gefährdungshaftung, nämlich Haftung ohne Verschulden, Platz greift, keine Vertragsverletzung vorliegt, die grundsätzlich Verschulden verlangt[5].

3. Der Fall, daß durch eine und dieselbe Handlung sowohl ein Vertrag verletzt wie ein Delikt begangen wird, kann in *zwei* grundsätzlich verschiedenen *Formen* auftreten. Es kann so sein, daß die Vertragsverletzung und die unerlaubte Handlung verschiedenen Personen gegenüber begangen wird – der Hinterleger X stellt bei dem Verwahrer Y ein dem Z gehörendes Tier ein. Der Verwahrer Y verletzt es fahrlässig. Hier liegt gegenüber dem Hinterleger nach deutschem Recht nur eine Vertragsverletzung vor, während das Delikt (Eigentumsverletzung) gegenüber dem Z begangen wird. Den Eigentümer geht es nichts an, welche Ansprüche der Hinterleger aus dem Verwahrungsvertrage hat, gleichgültig, ob die Unterstellung mit seiner Kenntnis erfolgt. Umgekehrt berührt der Anspruch des Z nicht den des X aus der Verletzung des Verwahrungsvertrages. Demgegenüber steht die Gestaltung, daß X Eigentümer des Tieres ist; d. h. Vertragsverletzung und unerlaubte Handlung werden der *gleichen* Person gegenüber begangen. Nur in letzterem Fall spielt das Problem, ob und wie Vertragsverletzung mit unerlaubter Handlung konkurriert, eine Rolle.

---

[3] Es bleibt außerhalb der Untersuchung die Konkurrenz anderer Gesetze, etwa desjenigen, das sich mit dem Anfechtungsrecht, und desjenigen, das sich mit dem Gewährleistungsrecht befaßt, ebenso die Konkurrenz familienrechtlicher und deliktischer Ansprüche, von Schadensersatzansprüchen aus unerlaubter Handlung und aus dem Verhältnis Eigentümer/Besitzer (§ 989 ff. BGB; vgl. zu letzterem DIETZ, aaO, S. 161).

[4] Einige wichtige Fälle der Gefährdungshaftung sind im BGB ohne Unterscheidung unter dem Titel über unerlaubte Handlungen eingereiht (§§ 833, 834 Haftung des Tierhalters und Tierhüters, früher auch § 835 Wildschaden).

[5] Die Besonderheit, daß bei Gattungsschuld der Schuldner sein Unvermögen ohne Rücksicht auf Verschulden (§ 279 BGB) solange zu vertreten hat, als die Leistung aus der Gattung möglich ist, kann außer Betracht bleiben.

4. Wesentlich für die Erfassung der Erscheinung einer Konkurrenz von Vertragsverletzung und Delikt im deutschen Recht ist die besondere Systematik unseres *Deliktsrechts.*

Es kennt nicht, wie viele Rechtsordnungen, z. B. das französische (Art. 1382 cc) oder das österreichische (§ 1295 ABGB) eine Generalklausel, wonach jede schuldhafte widerrechtliche Schadenszufügung eine unerlaubte Handlung ist und schadensersatzpflichtig macht. Vielmehr formt es einzelne Tatbestände bzw. Tatbestandsgruppen aus, die als unerlaubte Handlungen erscheinen.

a) In erster Linie ist es die (schuldhafte und widerrechtliche) Verletzung der *Rechtsgüter* des Lebens, der Gesundheit, des Körpers und der Freiheit sowie des *Eigentums* oder eines *sonstigen Rechtes.* Dabei ist man sich völlig einig, daß unter sonstigem Recht nur ein Recht verstanden wird, das gleich dem Eigentum *absolut* ist, d. h. *jedem* gegenüber wirkt und von *jedem* geachtet werden muß, d. h. ohne daß es einer besonderen Rechtsbeziehung zwischen dem Inhaber des Rechtes und dem Angreifer bedarf (§ 823 Abs. I BGB) [6].

b) Die zweite Gruppe von unerlaubten Handlungen bildet die schuldhafte *Verletzung* eines *Schutzgesetzes.* Schutzgesetze sind Normen, deren ausgesprochener Zweck es ist, das Recht oder Interesse in seinem Zustand zu *erhalten* und Verletzungen zu *verhindern* [7]. Dabei muß das Gesetz das Recht bzw. das Interesse eines *Einzelnen* schützen wollen, es genügt nicht etwa, daß nur das Interesse der Allgemeinheit [8] geschützt werden soll.

c) Einen dritten Komplex bildet die *vorsätzliche Schadenszufügung gegen die guten Sitten* (§ 826 BGB).

d) Gegenüber diesen drei großen Gruppen treten die anderen Deliktstatbestände des BGB (§ 824 Kreditgefährdung; § 825 Erschleichung des außerehelichen Beischlafs; § 839 Amtsdelikt) zurück. Sie werfen kein Problem auf, das sich von dem bei einer Kollision eines Deliktes der erstgenannten Gruppen mit einer Vertragsverletzung unterscheidet.

e) Auch außerhalb des BGB ist der Aufbau der in Sondergesetzen geregelten Delikten kein anderer als im BGB selbst. Es werden keine *allgemeinen* Generalklauseln, sondern besondere Tatbestände aufgestellt.

---

[6] Einhellige Ansicht in Lehre und Rechtsprechung, was nicht ausschließt, daß zum Teil Meinungsverschiedenheiten darüber bestehen, *welche* Rechte unter diese Kategorie fallen.

[7] ENNECCERUS-LEHMANN, Lehrbuch des Schuldrechts, 15. Aufl., § 235 IV; ESSER, Lehrbuch des Schuldrechts, 2. Aufl., § 202; RGZ 138, 219 (231); BGHZ 12, 146 (148); 21, 148 (151); 22, 293 (297).

[8] ENNECCERUS-LEHMANN, aaO, § 235 I; LARENZ, Bes. Schuldrecht, § 66 II, ständige Rechtsprechung des RG und des BGH, vgl. neuestens BGHZ 19, 126; 28, 360.

II

1. Es liegt auf der Hand, daß die Konkurrenz von Ansprüchen aus Vertragsverletzung und Delikt in einer Rechtsordnung wie der deutschen, die beim Aufbau der Deliktstatbestände vom Enumerationsprinzip ausgeht, unter ganz anderen Aspekten erscheint als in einer Rechtsordnung, bei der das Deliktsrecht von einer allgemeinen Generalklausel ausgeht. Es versteht sich, daß damit notwendig in sehr vielen Fällen einer Vertragsverletzung der gesetzliche Tatbestand einer unerlaubten Handlung *nicht* erfüllt ist.

Von diesem Ausgangspunkt ist die Frage, ob neben den Bestimmungen über die Rechtsfolgen einer Vertragsverletzung auch das Deliktsrecht auf den gleichen konkreten Tatbestand angewandt werden kann, zu untersuchen. Dabei kommen zwei Gesichtspunkte in Betracht. Es ist zu fragen, ob zwischen den Tatbeständen der Vertragsverletzung und des Delikts, also zwischen den Gesetzen, d. h. ihren abstrakten, *begrifflich* umschriebenen Tatbeständen ein Verhältnis besteht, das auf den Vorrang des einen Gesetzes schließen läßt *(Spezialität),* oder ob aus dem *Geltungswillen* des einen (des vortretenden) oder des anderen (des zurücktretenden) Gesetzes ein *Rangverhältnis* zwischen den Normen über die Vertragsverletzung und das Delikt abzuleiten ist *(Subsidiarität)* .

Wenn überhaupt ein Rangverhältnis besteht, kann nur ein Vorrang des Vertragsrechts in Betracht kommen. Denn beim Vertrag liegt ein *besonderes* Rechtsverhältnis zwischen den beiden Vertragspartnern vor[9], während beim Deliktsrecht es sich um den Verstoß gegen *allgemeine* Pflichten handelt, die jedermann gegen jedermann hat. Es ist nicht gut vorstellbar, daß die allgemeinen Pflichten die besonderen Pflichten verdrängen[10].

Ausgangspunkt der Überlegungen muß die schon erwähnte Feststellung sein, daß es sich bei den unerlaubten Handlungen um den Verstoß gegen *allgemeine* Pflichten handelt, die sich für jedermann gegenüber jedermann ohne weiteres ergeben, d. h. ohne daß zwischen ihnen ein besonderes rechtliches Band zu bestehen braucht[11]. Die Pflicht, fremdes

---

[9] Wenn hier vom Vertrag ausgegangen wird, so gilt gleiches für *Geschäftsführung ohne Auftrag.* Aus ihr entsteht ein dem Vertragsverhältnis völlig gleiches, nämlich ein besonderes und relatives Rechtsverhältnis zwischen Geschäftsherrn und Geschäftsführer, das sich von einem Vertragsverhältnis *nur* durch die Art seiner *Entstehung,* aber nicht durch die Art der Pflichten unterscheidet.

[10] Es ist meines Wissens noch niemals die These vertreten worden, daß das Deliktsrecht Vertragsrecht verdränge – wohl die gegenteilige.

[11] Bei der unerlaubten Handlung *entsteht* eine Rechtsbeziehung durch die Rechtsverletzung bzw. schon durch die Gefährdung (vorbeugende actio negatoria). Dieser prinzipielle Grundsatz wird nicht dadurch berührt, daß Rechtsprechung und Rechtslehre in sehr weitem Umfang Verträge zugunsten Dritter annehmen, vor allem in dem Sinn, daß dem Dritten zwar kein Leistungsanspruch,

Leben, fremde Gesundheit, fremdes Eigentum nicht zu verletzen, versteht ohne weiteres sich *für jedermann gegenüber jedermann.* Bei der Vertragspflicht dagegen handelt es sich um eine Pflicht aus einem *besonderen* rechtlichen Verhältnis, das *nur* zwischen den Vertragsparteien besteht.

2. a) Es sei zunächst unter dem Aspekt der *Spezialität* das Verhältnis der Gesetze über Vertragsverletzung und Delikt betrachtet. Dabei ist hier der Begriff der Spezialität in einem *begrifflich-logischen* Sinn verstanden. Spezialität, so wie sie hier gemeint ist [12], verlangt eine Deckung der gesetzlichen Tatbestände, die sich aus deren *begrifflichen* Umschreibung ergibt. Sie liegt vor, wenn die (begriffliche) Umschreibung des Tatbestandes des einen Gesetzes (lex a) sich von der des anderen Gesetzes (lex b) *nur* dadurch unterscheidet, daß dieses zu den Begriffsmerkmalen des Tatbestandes der lex b ein weiteres unterscheidendes Merkmal hinzufügt (lex b = Tatbestandsmerkmale $x + y$; lex a = Tatbestandsmerkmale $x + y + z$). Es sei auf das einleuchtende Beispiel aus dem Strafrecht, Verhältnis von Einbruchsdiebstahl zum einfachen Diebstahl verwiesen.

Notwendig ist in jedem Fall, der die lex a erfüllt, auch die lex b erfüllt. Ein Einbruchsdiebstahl erfüllt notwendig auch den Tatbestand des einfachen Diebstahls. Das Verhältnis der begrifflich umschriebenen Tatbestände der lex a und der lex b ist das von Artbegriff zum Gattungsbegriff.

Bei Spezialität ist die Rechtsfolge *stets* aus der *lex specialis* zu nehmen (lex specialis derogat legi generali). Wollte man anders entscheiden und *auch* die Rechtsfolge der lex generalis eintreten lassen, so käme die in der lex specialis liegende qualifizierte Rechtsfolge, die der Gesetzgeber an den qualifizierten Tatbestand knüpfen wollte, nicht zum Zuge. Das schließt nicht aus, daß die lex specialis, sei es zusätzlich, sei es wahlweise, auch die Rechtsfolge der lex generalis gelten lassen will. Aber ob das so ist, kann lediglich aus der lex specialis, *ihrem* Rechtsbefehl entnommen werden, mag dieser auch nicht ausdrücklich ausgesprochen, sondern nur aus ihrem Sinn abzuleiten sein. Niemals kann das aus der lex generalis abgelesen werden; denn diese erfaßt die unter die lex specialis fallenden Tatbestände nicht als Sondererscheinungen [13].

Die Annahme einer Spezialität zwischen Vertragsverletzung und unerlaubter Handlung würde voraussetzen, daß erstere unter den Tat-

---

aber doch ein Schutzanspruch zusteht (vgl. zu letzterem LARENZ, Allg. Schuldrecht, 5. Aufl., § 11 III).

[12] Vgl. hierzu DIETZ, Anspruchskonkurrenz, S. 72 ff., häufig wird Spezialität einfach i. S. eines engeren Gesetzes im landläufigen Sinne ohne Rücksicht auf den Aufbau der gesetzlichen Tatbestände verstanden.

[13] Vgl. zu dem Problem neuestens LARENZ, Methodenlehre der Rechtswissenschaft, S. 175, auch ENNECCERUS-NIPPERDEY, Lehrbuch des Allg. Teils, 15. Bearbeitung, § 60, Note 14.

bestand der unerlaubten Handlung fiele. Das könnte für §§ 823 I, 823 II, 826 BGB in Betracht gezogen werden.

b) Für eine Subsumtion der Vertragsverletzung unter § 823 I BGB wäre Voraussetzung, daß sie die Verletzung eines sonstigen Rechtes i. S. dieser Bestimmung, also eines absoluten Rechtes wäre. Daß das Forderungsrecht aber *kein absolutes* Recht ist, entspricht der durchaus herrschenden Lehre [14] und Rechtsprechung [15]. Das versteht sich schon daraus, daß es sich um ein *relatives* Recht zwischen Gläubiger und Schuldner handelt [16]. Hat *nur* der Schuldner eine Pflicht, so kann auch nur er sie verletzen und er kann sie ausschließlich demgegenüber verletzen, dem gegenüber sie besteht. Für Dritte besteht keine Pflicht und sie können daher auch keine verletzen [17].

Ein Teil der Lehre nimmt allerdings an, die Forderung könne auch von einem Dritten verletzt werden und solchenfalls sei die Vertragsverletzung unerlaubte Handlung i. S. des § 823 I. Dabei stimmen diese Autoren darin überein, daß die Verletzung durch den Schuldner kein Delikt ist. Meist [18] wird eine unerlaubte Handlung i. S. des § 823 I dar-

[14] ENNECCERUS-LEHMANN, aaO, § 234 I 1 d; BLOMEYER, Allg. Schuldrecht, 2. Aufl., S. 15/16; ESSER, aaO, § 25, 7; § 202, 1 b unten; HECK, Grundriß d. Schuldrechts, § 150; BURCHARDT-DE BOOR, Bürgerliches Recht, § 94 II 1 a; WINDSCHEID-KIPP, Lehrbuch des Pandektenrechts, Bd. II, S. 948; DERNBURG, Das Bürgerliche Recht, § 64 S. 113; STAUDINGER-ENGELMANN, Komm. zum BGB, 8. Aufl., § 823 Anm. II A 2 e; HAAGER in RGRK zum BGB, 11. Aufl., § 823 Anm. 20; SOERGEL-LINDEMAIER, Komm. zum BGB, 8. Aufl., § 823 Anm. 6; PALANDT-GRAMM, Komm. zum BGB, 21. Aufl., § 823 Anm. 62; BRÜGGEMANN in Achilles-Greiff, Komm. zum BGB, 20. Aufl., § 823 Anm. 1 c; ALLFELD, KritVierteljSchr. 43, S. 63; JUNG, Delikt und Schadensverursachung, S. 25; OTTO CHRISTIAN FISCHER, Die Verletzung des Gläubigerrechts als unerlaubte Handlung nach dem Bürgerlichen Gesetzbuch; BRÜCKNER, Gruch 50, S. 783, vgl. auch die Motive II S. 726, 747 III, S. 392; a. A. KOHLER, Lehrbuch des bürgerlichen Rechts II, S. 525; v. LISZT, Deliktsobligationen im System des bürgerlichen Rechts, S. 21, 98; KUHLENBECK, Von den Pandekten zum BGB II, S. 357; COSACK, Lehrbuch des bürgerlichen Rechts, § 229 II 1, § 231 I 4.

[15] Vgl. RGZ 57, 353 (355); 59, 237, 326 (327); 95, 284; 111, 302; JW 1935, 3300; BGHZ 12, 308 (317/318).

[16] § 241 BGB: „Kraft des Schuldverhältnisses ist der Gläubiger berechtigt, vom Schuldner eine Leistung zu verlangen."

[17] Vgl. in diesem Zusammenhang die §§ 844, 845 BGB. Danach hat im Falle einer Tötung ein Dritter, der dadurch einen gesetzlichen Unterhalt gegen den Getöteten verliert, einen Anspruch gegen den Töter. Ähnliches bestimmt § 845, wenn der Getötete einem Dritten kraft Gesetzes zu Dienstleistungen verpflichtet war und dieser Anspruch nun untergegangen ist. Es handelt sich hier um ausgesprochene Ausnahmebestimmungen, daß hier ein Anspruchsberechtigter einen deliktischen Schadensersatzanspruch hat. Würde jeder Anspruch unter § 823 I BGB fallen, so würde es sich nicht um eine Sonderbestimmung handeln, sondern es müßte notwendigerweise immer so sein, daß derjenige, der durch eine widerrechtliche Handlung den Untergang eines Anspruchs herbeiführt, dem Anspruchsberechtigten zu Schadensersatz verpflichtet ist.

[18] OERTMANN, Komm. zum Recht der Schuldverhältnisse, 5. Aufl., § 823

über hinaus nur dann angenommen, wenn der Eingriff die Forderung als solche betrifft, der Dritte das Forderungsrecht *unmittelbar* verletzt. Man hat dabei die Fälle im Auge, in denen der Dritte über das Forderungsrecht verfügen kann (§§ 407, 793, 805, 851, 2366, 2367 BGB).

Die herrschende Ansicht verdient aber Zustimmung. Es bedeutet keinen wesentlichen Unterschied, ob der Handelnde, etwa der frühere Gläubiger, über die Forderung verfügt (§ 407 BGB) oder ob er den Leistungsgegenstand des Schuldverhältnisses, etwa das gekaufte Auto zerstört. In beiden Fällen verliert der Gläubiger seine Forderung. In beiden Fällen verletzt aber der Dritte nicht eine ihn treffende Pflicht gegenüber dem Gläubiger, sondern beschädigt dessen Vermögen[19]. Das Vermögen ist aber kein Recht i. S. des § 823 Abs. I BGB. Es bedarf jedoch hier keiner eingehenden Auseinandersetzung mit der von der herrschenden Ansicht abweichenden Meinung. Denn darin besteht Übereinstimmung, daß die Verletzung der Vertragspflicht *durch den Schuldner nicht* unter § 823 I BGB fällt. Damit scheidet für die uns interessierende Gestaltung jedenfalls ein Spezialitätsverhältnis aus.

c) Auch zwischen dem Tatbestand des § 823 Abs. II BGB und einer Vertragsverletzung liegt nicht das Verhältnis der *Spezialität* vor. Es würde voraussetzen, daß die Bestimmungen über die Schadensersatzpflicht bei Vertragsverletzung *Schutzgesetze* sind. Nur dann könnte die Vertragsverletzung ein – qualifizierter – Verstoß gegen ein Schutzgesetz sein. Sicher haben sie – ebenso wie die deliktischen Schadensersatzvorschriften – für den Gläubiger bzw. den Inhaber des Rechts auch eine Schutzfunktion. Der Gefahr, den Schaden ersetzen zu müssen, kommt zweifellos auch eine Präventivwirkung vor. Aber diese Wirkung hat jede Norm, die an die Verletzung von Rechtspflichten Nachteile knüpft. Das genügt nicht, um ein Schutzgesetz annehmen zu können. Schutzgesetze i. S. des § 823 II sind nur Normen, deren ausgesprochener Zweck es ist, ein Recht oder das Interesse an einem Zustand zu *sichern* und seine Verletzung zu *verhindern*[20]. Der Schutz muß ihr Zweck sein[21]. Schadensersatzbestimmungen aber regeln nur die *Folgen* einer Verletzung der Pflicht, haben jedoch nicht den Zweck, die Verletzung selbst zu verhin-

---

Anm. 3 d β; Siber, Schuldrecht, § 76; Crome, System des deutschen bürgerlichen Rechts, § 325 II 4 b; v. Gierke, Deutsches Privatrecht III S. 892; Planck-Flad, Komm. zum BGB, 4. Aufl., § 843 II 1 f ε; Hellwig, Lehrbuch des deutschen Zivilprozeßrechtes I, S. 199; Anspruch und Klagrecht, S. 42; Raape IherJb. 74, S. 159 ff. (246); Ebbecke, Recht 1912, S. 334; Dümchen, IherJb. 54, S. 384; Groh, Reichsgerichtspraxis III, S. 119 ff. — neuestens vor allem Larenz, Allg. Schuldrecht, § 2 II; Bes. Schuldrecht, § 66 I a; v. Caemmerer, Festschrift für Rabel I, S. 355.

19 Vgl. Dietz, aaO, S. 77 ff.

20 Vgl. oben Anm. 7.

21 Vgl. etwa RGZ 119, 435 (437); 128, 298 (300); 138, 165 (168); BGH NJW 1960, S. 335.

dern[22]. Auch hier ist zu berücksichtigen, daß die Pflicht zur Erfüllung der vertraglich übernommenen Leistung nur eine relative Pflicht gegenüber dem Gläubiger ist. Der § 823 II BGB geht aber genau wie § 823 I von *allgemeinen* Pflichten aus, die ohne Rücksicht auf ein besonderes obligatorisches Band zwischen Verletzer und Verletztem bestehen.

d) Schließlich entfällt die Möglichkeit, die Vertragsverletzung als einen *Sonderfall* einer *Schadenszufügung gegen die guten Sitten* i. S. des § 826 BGB aufzufassen. Das versteht sich schon daraus, daß § 826 ein sittenwidriges und vorsätzliches Handeln verlangt, vertragliche Schadensersatzansprüche aber grundsätzlich auch aus fahrlässigem Handeln entspringen. Man kann nicht den Tatbestand der Vertragsverletzung in zwei selbständige Teile aufspalten, in eine vorsätzliche und eine fahrlässige Verletzung. Darüber hinaus bedeutet auch nicht jede vorsätzliche Vertragsverletzung einen Verstoß gegen die guten Sitten.

e) Damit *scheidet* die Möglichkeit einer *Spezialität* zwischen Vertragsverletzung und Delikt nach deutschem Recht *aus*.

3. a) Während die Frage, ob zwischen zwei Gesetzen Spezialität in dem hier gemeinten Sinne vorliegt, meist leicht zu beantworten ist, macht die nach einer *Subsidiarität* häufig erhebliche Schwierigkeiten, wenn, wie hier, eine ausdrückliche Bestimmung fehlt[23].

Darüber, wann aus dem *Sinn* von Gesetzen, *ihrem Geltungswillen* eine Subsidiarität abzuleiten ist, besteht alles andere als Klarheit. Ganz abgesehen davon, daß zum mindesten für das Zivilrecht eigentlich nur in den in Anm. 1 genannten Werken darüber allgemeine Untersuchungen angestellt worden sind.

b) Man wird annehmen können, daß Subsidiarität voraussetzt, daß zwei Gesetze – vorausgesetzt, daß ihre Rechtsfolgen im wesentlichen dem gleichen Interesse dienen, sie also den Tatbestand unter demselben oder einem ähnlichen Beurteilungsgesichtspunkt betrachten – sich tatbestandsmäßig so decken, daß der Geltungsbereich des einen Gesetzes ganz oder doch weitgehend in den des anderen fällt. Zieht dann das Gesetz, das ganz oder zum größten Teil in seinem Geltungsbereich von dem anderen überdeckt wird, die geringere Rechtsfolge nach sich, so geht es vor. Das versteht sich daraus, daß sonst dieses Gesetz gar nicht oder doch kaum zum Zuge käme. Das gleiche wird man annehmen müssen, wenn die Rechtsfolge des Gesetzes mit dem engeren Geltungsbereich in den meisten Fällen geringer und nur in seltenen Fällen weiter geht, als die des Gesetzes mit dem größeren Geltungsbereich[24].

---

[22] Zu Unrecht hat das RAG einmal, ARS 25, 119, § 618 BGB als Schutzgesetz i. S. des § 823 II angesehen; vgl. dazu die Anm. von HUECK, aaO.

[23] Als Beispiel einer ausdrücklichen Subsidiaritätsvorschrift sei auf § 992 BGB verwiesen, der – mit Einschränkungen – den Vorschriften über das Eigentümer-Besitzerverhältnis den Vorrang vor den Bestimmungen des Deliktsrechts zuspricht.

[24] Vgl. DIETZ, aaO, S. 50 ff.

SCHMIDT[25] will eine Subsidiarität zwischen zwei Gesetzen, deren Geltungsbereiche sich schneiden, zugunsten des Gesetzes mit der geringeren Rechtsfolge annehmen, wenn „vom Standpunkt vernünftiger Überlegung die Interessen völlig gleich zu werten sind, gleichgültig, ob der Fall nur dem Gesetz mit der geringeren Rechtsfolge unterfällt oder auch dem anderen“ [26]. In welchem Ausmaß sich die Gesetze decken, spielt nach ihm keine Rolle.

c) Im Verhältnis zwischen Vertragsverletzung und Delikt fehlt es, wenn man von der ersteren Abgrenzung ausgeht, schon an der ersten Voraussetzung. Von einer völligen oder auch nur weitgehenden *Deckung der Tatbestände* kann *keine Rede* sein. Die weitaus meisten Fälle einer Vertragsverletzung erfüllen nicht gleichzeitig den Tatbestand einer unerlaubten Handlung. Das versteht sich bei dem Aufbau unseres Deliktsrechts mit seinem Enumerationsprinzip von vornherein. Darüber hinaus sind auch die Rechtsfolgen, die an die Verletzung der Vertragspflicht geknüpft sind – von Einzelheiten zunächst abgesehen –, durchaus nicht geringer [27]. Es ist bezeichnend, daß auch SCHMIDT von seinem Standpunkt aus dazu kommt, eine Subsidiarität des Deliktsrechts gegenüber dem Vertragsrecht nicht in Betracht zu ziehen[28] – wenigstens aufs ganze gesehen –.

d) Aber über die sich aus dem Verhältnis der Geltungsbereiche und Rechtsfolgen ergebende „stillschweigende“ Subsidiarität hinaus kann eine solche auch in Frage kommen, wenn das eine Gesetz den von ihm erfaßten Tatbestand im Hinblick auf die von ihm gegebene Rechtsfolge (hier des Schadensersatzes) *erschöpfend* regeln will, so daß daneben ein anderes Gesetz nicht zum Zuge kommen soll.

Eine solche erschöpfende Regelung des einer Vertragsverletzung zugrunde liegenden Tatbestandes durch das Vertragsrecht liegt aber nicht vor. Seine Vorschriften haben es mit dem *Leistenmüssen* des Schuldners und dem *Forderndürfen* des Gläubigers zu tun. Sie befassen sich nur mit den Rechtsfolgen aus der Verletzung *dieser* Pflicht bzw. *dieses* Rechts. Alle anderen Beziehungen, die daneben in Betracht kommen oder kommen können, werden nicht erfaßt. Im Gegensatz dazu hat es das Deliktsrecht mit dem Angriff auf die Person selbst oder ein absolutes Recht, einen Verstoß gegen ein Schutzgesetz oder die guten Sitten zu tun. Diese Besonderheiten werden vom Vertragsrecht nicht berücksichtigt und daher auch nicht – gleichzeitig – einer Regelung zugeführt.

Darüber hinaus spricht von vornherein alles dagegen, daß das Deliktsrecht dem Vertragsrecht gegenüber grundsätzlich subsidiär sei. Der Bedeutung des Deliktsrechts, das eine Reaktion auf die Verletzung einer

---

[25] AaO, S. 84.
[26] Vgl. hierzu DIETZ, aaO, S. 57 ff.
[27] Vgl. hierzu unten IV, 3.
[28] Vgl. S. 178 ff.

ohne weiteres für jedermann gegebenen Pflicht darstellt, widerspräche eine solche Annahme, daß es nur zum Zuge kommen wolle, wenn keine anderen Bestimmungen in Betracht zu ziehen sind. Die allgemeinen Gebote und Verbote entfallen nicht deshalb, weil einem bestimmten Rechtsgenossen gegenüber einen bestimmten anderen eine parallele Pflicht trifft[29]. Die besondere Pflicht tritt *neben* die allgemeine.

III

1. Es ist daher durchaus herrschende Ansicht[30], daß ein konkreter Tatbestand, der sowohl als Vertragsverletzung erscheint, wie als unerlaubte Handlung anzusehen ist, nach *beiden Bestimmungskomplexen zu beurteilen* ist.

Es entspringt aus dieser *einheitlichen* Handlung *je* ein Anspruch. Es entstehen *zwei Ansprüche,* die nebeneinandertreten und nur dadurch miteinander in Beziehung stehen, daß sie, soweit sie sich decken, auf das gleiche gehen. Sie konkurrieren miteinander, *Anspruchskonkurrenz.* Auch das entspricht der durchaus herrschenden Ansicht. Demgegenüber wurde schon früher[31] und wird auch heute[32] die Ansicht vertreten, daß nur *ein Anspruch* entsteht, der eine *doppelte Wurzel* hat, sowohl aus Vertragsverletzung wie aus Delikt begründet werden kann (sog. Begründungskonkurrenz).

Ausgangspunkt der herrschenden Lehre ist, daß die Vertragspflicht *neben* die allgemeine Pflicht, etwa das Eigentum nicht zu verletzen, tritt, daß, da beide Pflichten nebeneinander bestehen und beide verletzt werden, aus beiden Verletzungen je ein Anspruch entsteht. Demgegenüber geht die andere Ansicht von einer *doppelt begründeten* Pflicht aus. Wenn LARENZ[33] meint, die allgemeine Rechtspflicht zum Schutze fremder

---

[29] So die durchaus herrschende Lehre, anders jedoch ENDEMANN, Lehrbuch des bürgerlichen Rechts, 8./9. Aufl. § 84, 5, Note 22 S. 419; DERNBURG, Das bürgerliche Recht, 4. Aufl., Bd. II, S. 382 IV 2, allerdings unter Widerspruch des Herausgebers RAAPE, Note 15 zu dieser Stelle; vgl. auch v. TUHR, Allg. Teil I, § 16, 4 c, II, 2 § 88.

[30] Vgl. statt anderer ENNECCERUS-NIPPERDEY, aaO, § 228 III 1; ENNECCERUS-LEHMANN, aaO, § 232; LEOHNHARD, Bes. Schuldrecht, S. 628; HAAGER in RGRK vor § 823 Anm. 23; PLANCK-FLAD, aaO, § 823 Anm. 5 b; OERTMANN, aaO, vor § 823 Anm. 5 a; PALANDT-GRAMM, aaO, vor § 823 Anm. 2; ERMANN-DREES, Komm. zum BGB, § 823 Anm. 3 c; SCHMIDT, aaO, S. 183; LENT, aaO, S. 275; DIETZ, aaO, S. 125; RGZ 85, 185; *88, 317, 433* (grundlegend); 116, 214; BGHZ 9, 302; 17, 214 (217); 24, 188 (191); 32, 194 (203), 297 (302).

[31] v. TUHR, aaO, II 2 § 88 S. 464; SIBER, aaO, S. 78; HELLWIG, Lehrbuch des Deutschen Zivilprozeßrechts, S. 266; System des deutschen Zivilprozeßrechtes S. 323 ff.; DJZ 1906, Sp. 1290; Anspruch und Klagrecht, S. 98; RUMPF, Teilnahme an unerlaubter Handlung, S. 72; OTTO CHRISTIAN FISCHER, aaO, S. 106.

[32] LARENZ, Bes. Schuldrecht, § 69 VI; ESSER, aaO § 201, 3 g; STAUDINGER-WEBER, 11. Aufl., Anm. 50, Einl. zu § 241 BGB; NIKISCH, AcP 154, S. 282.

[33] AaO.

Rechtsgüter wäre durch den Vertrag nur verstärkt, möglicherweise *konkretisiert,* so ist das nicht überzeugend. Der Vertragsschuldner übernimmt eine *zusätzliche* Pflicht, nämlich die Sorge für das fremde Rechtsgut, etwa der Verwahrer die für die Sache des Hinterlegers. Diese Sorgepflicht (custodia) gehört aber nur dem Vertragsrecht an, nicht auch dem Deliktsrecht. Diese Sorgfaltspflicht schließt allerdings die Pflicht in sich, die fremde Sache nicht zu verletzen. Daneben steht die allgemeine Deliktspflicht, die jedoch anders als die Vertragspflicht nicht auch die Pflicht umfaßt, für das fremde Recht, etwa des Eigentümers zu sorgen[34]. Diese allgemeine Pflicht kann daher durch die spezielle insoweit gar nicht konkretisiert werden.

Zweifellos entstehen zwei Ansprüche, wenn etwa das zur Verwahrung gegebene Tier einem anderen gehört als dem Hinterleger, und der Verwahrer es beschädigt, ein solcher des Hinterlegers und einer des Eigentümers. Das ist aber nicht anders, wenn Hinterleger und Eigentümer identisch sind. Auch dann sind *zwei Rechte* verletzt, das Eigentum und das Forderungsrecht. Der Anspruch aus § 325 BGB hat eine andere Rechtsgrundlage als der aus § 823 I BGB. Es handelt sich, auf das verletzte Recht bezogen, um zwei verschiedene Tatbestände. Für die Identität eines Anspruchs ist nicht nur Gleichheit des konkreten Vorgangs[35], nicht nur Identität von Gläubiger und Schuldner notwendig, sondern auch Einheitlichkeit des Entstehungsgrundes. Daran mangelt es hier[36].

Die herrschende Lehre, daß zwei Ansprüche nebeneinander bestehen, ist wohl begründet.

2. Ist jeder Anspruch aus einem besonderen Gesetz begründet, so wird er auch nach seiner Entstehung, seinem Inhalt und seinem Ausmaß von diesem Gesetz bestimmt. Aber er ist vom Schicksal des anderen Anspruches insofern abhängig, als und soweit beide auf das gleiche gehen und mit der Erfüllung des einen auch der andere erlischt – wenigstens soweit sie sich decken (s. unten IV 3).

Daß zwischen Vertragsverletzung und Delikt Anspruchskonkurrenz besteht, bedeutet nicht, daß immer dann, wenn bei Abwicklung eines Vertragsverhältnisses ein Rechtsgut oder ein Recht i. S. von § 823 Abs. I

---

[34] Vgl. über die Abgrenzung und den Unterschied zwischen vertraglich und deliktisch relevanter Handlungspflicht DIETZ, aaO, S. 280 ff.; s. auch RGZ 97, 12; 102, 82.

[35] Auf die Identität des *konkreten* Tatbestandes stellt HELLWIG zur Begründung seiner Ansicht, daß nur *ein* Anspruch besteht, ab.

[36] Dagegen ist LARENZ durchaus zuzustimmen, daß nur eine unerlaubte Handlung und ein Anspruch vorliegt, wenn dieser aus § 823 I und § 823 II, vielleicht auch aus § 826 begründet ist. Das versteht sich daraus, daß hier es sich um die Verletzung einer allgemeinen Pflicht handelt, die nur entsprechend dem System unseres Deliktsrechts unter verschiedenen Erscheinungsformen aufgeführt wird.

BGB[37] verletzt wird, auch beide Ansprüche entstehen. Denn die Voraussetzungen dafür sind im Vertragsrecht und im Deliktsrecht unterschiedlich. Auch das Ausmaß des Anspruchs ist zum Teil unterschiedlich.

Es ergeben sich folgende Verschiedenheiten:

IV

1. Hinsichtlich der *Entstehung des Anspruchs* besteht eine entscheidende Differenz vor allem hinsichtlich der Haftung für *dritte Personen.*

Im Vertragsrecht hat der Schuldner ein Verschulden seiner Erfüllungsgehilfen zu vertreten wie eigenes Verschulden (§ 278 BGB). Deliktsrechtlich haftet man nur für eigenes Verschulden, muß allerdings für einen Schaden eintreten, den ein Verrichtungsgehilfe durch eine objektiv unerlaubte Handlung anrichtet, vorausgesetzt, daß den Geschäftsherrn ein Verschulden in der Auswahl oder Überwachung trifft.

a) Hat A die bei ihm hinterlegte Sache (z. B. ein Tier) des Hinterlegers B nicht selbst beschädigt, sondern sein Angestellter C, so muß er für den Schaden eintreten, wie wenn er es selbst getan hätte, falls B sich auf die Verletzung des Vertrages beruft. Voraussetzung ist, daß sich A des C bei der *Erfüllung* der sich für ihn ergebenden Pflichten bedient hat *(Erfüllungsgehilfe)* und daß *C schuldhaft* gehandelt hat. Es kommt nur auf das Verschulden des C an. Ob dem A ein Vorwurf zu machen ist, ob er voraussehen konnte, daß C einen solchen Schaden verursachen würde, ob es ein Fehler war, daß er gerade C mit der Fürsorge betraut hat, ob es ihm nach den gesamten Umständen möglich war, die schädigende Handlung zu verhindern, ist gleichgültig. Andererseits haftet A nicht, wenn C zu einer Tätigkeit bestellt war, die nichts mit der Erfüllung der Vertragspflicht gegenüber dem B zu tun hatte[38]. Die Haftung tritt auch ein, wenn C nicht in einem Abhängigkeitsverhältnis zu A steht, kein Angestellter ist, sondern etwa ein befreundeter Gutsnachbar, bei dem A das Tier untergestellt hat. Die rechtliche Beziehung des Erfüllungsgehilfen zum Schuldner ist gleichgültig[39].

b) Soweit es sich dagegen um die *Haftung aus unerlaubter Handlung* durch Verletzung des Eigentums handelt, kommt eine Haftung des A

---

[37] Im folgenden wird um der Übersichtlichkeit willen nur von den Tatbeständen des § 823 I BGB ausgegangen. Sie sind die wichtigsten. Darüber hinaus ergeben sich bei der Konkurrenz zwischen einem Vertragsanspruch und einem Deliktsanspruch aus § 823 II (Verletzung eines Schutzgesetzes) oder aus § 826 (vorsätzliche sittenwidrige Schadenszufügung) keine Besonderheiten gegenüber dem Ausgangstatbestand.

[38] Der Frachtführer haftet vertraglich ausnahmsweise für alle seine Leute schlechthin (§ 431 HGB), auch wenn er im Einzelfall sie nicht zur Erfüllung seiner Verbindlichkeit gegenüber dem Absender verwendet, ebenso die Eisenbahn (§ 456 HGB).

[39] RGZ 98, 327 (328); 127, 133 (135); 160, 310 (316); BGHZ 13, 111 (113).

nur für *eigenes* Verschulden in Betracht. Es gibt hier allerdings auch eine Haftung für widerrechtliches *Handeln* des Dritten. Dazu ist erforderlich, daß dieser andere von einem ihm gegenüber sich in der Stellung des Geschäftsherrn Befindlichen zu einer Verrichtung bestellt worden ist und innerhalb des Bereichs seiner Verrichtungsaufgaben ein absolutes Recht, in unserem Beispiel das Eigentum, verletzt. Es ist lediglich erforderlich, daß der Dritte, hier also C, den objektiven Tatbestand einer widerrechtlichen Eigentumsverletzung erfüllt. Ob *ihn* ein Verschulden trifft, ist gleichgültig. Andererseits muß den, der ihn zu der Verrichtung bestellt hat *(den Geschäftsherrn)*, hier den A ein *Verschulden* treffen, und zwar hinsichtlich der Auswahl des Verrichtungsgehilfen oder seiner Überwachung, soweit eine solche in Betracht kommt. Allerdings wird *vermutet,* daß der Geschäftsherr in dieser Hinsicht fahrlässig gehandelt hat, wenn der Verrichtungsgehilfe einen Schaden dadurch verursacht, daß er objektiv den Tatbestand eines Delikts erfüllt. Der Geschäftsherr muß sich *exkulpieren.* Es kommt also in dem Beispiel nicht auf das Verschulden des C, sondern allein auf das des A an, ob dieser bei der Auswahl und Überwachung des C fahrlässig gehandelt hat. Das ist ein wesentlicher Unterschied zum Vertragsrecht.

Dazu kommt, daß der *Kreis der Personen,* für die nach Vertrags- oder nach Deliktsrecht eingestanden werden muß, teils enger teils weiter ist. Im Vertragsverhältnis muß die Aufgabe des Dritten sich auf die Erfüllung des Schuldners beziehen, aber er braucht nicht in einem Abhängigkeitsverhältnis zu stehen. Im Deliktsrecht genügt, daß der Dritte im Rahmen seiner Verrichtungsaufgaben tätig war, andererseits muß er dem Geschäftsherrn gegenüber *weisungsgebunden sein.* Der Gutsherr, bei dem das Tier eingestellt ist, ist das nicht. Für den von ihm verursachten Schaden braucht A deliktisch nicht einzustehen.

2. Ein anderer wesentlicher Unterschied ist die verschiedene Gestaltung der *Beweislast.*

Soweit der Gläubiger sich auf *Vertragsverletzung* beruft, braucht er ein Verschulden des Schuldners nicht nachzuweisen, sondern nur darzutun, daß die versprochene Leistung nicht oder nicht so erbracht ist, wie sie geschuldet ist (Unmöglichkeit[40], Verzögerung, positive Vertragsverletzung). Der Schuldner muß sich *entlasten,* d. h. nachweisen, daß die Nichterbringung der Leistung oder ihre nicht ordnungsmäßige Erbringung auf Umständen beruht, die er nicht zu vertreten hat, daß also weder ihn noch einen Erfüllungsgehilfen ein Verschulden trifft[41].

[40] Auf die Art der Beweisführung, daß die Leistung unmöglich geworden ist (§§ 282, 285 BGB), ist in diesem Zusammenhang nicht einzugehen.

[41] Auf die Besonderheit, daß bei einer nur der *Gattung* nach bestimmten Leistung der Schuldner ohne Rücksicht auf *Verschulden* die Nichtleistung so lange zu vertreten hat, als sie aus der Gattung möglich ist (§ 279 BGB), ist nicht einzugehen.

Für den *deliktischen Anspruch* ist dagegen grundsätzlich der Geschädigte in vollem Umfang beweispflichtig. Er hat nicht nur nachzuweisen, daß eines der Rechtsgüter des § 823 I BGB verletzt ist, sondern auch, daß den Schädiger ein Verschulden trifft.

Soweit es sich jedoch um die Handlung eines Verrichtungsgehilfen handelt, ist schon dargetan, daß sich der Geschäftsherr exkulpieren muß (vgl. oben 1 b).

Dagegn braucht, wenigstens im Rahmen des § 823 I BGB, der Geschädigte *nicht* die *Rechtswidrigkeit* darzutun. Die Widerrechtlichkeit der Verletzung eines der im § 823 I BGB aufgeführten Rechtsgüter wird vom Gesetz indiziert. Daß sie ausdrücklich erwähnt ist, soll nur sagen, daß ein Schadensersatzanspruch entfällt, wenn der Eingriff infolge eines Rechtfertigungsgrundes berechtigt ist (z. B. Einwilligung in die Operation). Ein solcher Rechtfertigungsgrund ist vom Schädiger nachzuweisen.

Der Unterschied in der Beweislastverteilung wird nicht dadurch aufgehoben, daß in der Praxis der sogenannte *prima facie-Beweis* eine große Rolle spielt. Die Gerichte begnügen bei typischem Geschehensablauf sich damit, daß die Tatsachen nachgewiesen werden, aus denen sich allgemeiner Erfahrung nach die Erfüllung der gesetzlichen Tatbestandsmerkmale ableiten läßt. Der prima facie-Beweis erleichtert die Beweisführung, aber seine Zulassung bedeutet keine Umkehr der Beweislast.

3. Wichtig ist auch der Unterschied im *Umfang des Schadensersatzanspruchs.*

a) Bei *Vertragsverletzung* geht der Anspruch auf Ersatz des *positiven Interesses.* Der Gläubiger kann verlangen, so gestellt zu werden, als ob die Leistung erbracht wäre (Schadensersatz wegen Nichterfüllung). Der *deliktische* Schadensersatzanspruch geht auf Leistung des *negativen Interesses.* Der Verletzte kann nur fordern, so gestellt zu werden, als ob das schädigende Ereignis nicht eingetreten wäre[42]. Meist wird das Erfüllungsinteresse größer sein. Eine Bestimmung, daß das negative Interesse nicht über die Grenze des positiven Interesses hinaus zu ersetzen ist (vgl. § 122 Abs. 1 BGB) besteht hier nicht, aber es ergibt sich meistens ein gleiches Resultat daraus, daß der Geschädigte auch *nur* so gestellt werden muß, als ob das schädigende Ereignis nicht eingetreten wäre[43].

b) Unterschiedlich ist auch die Ersatzpflicht für *immateriellen Schaden.* Soweit dieser realiter beseitigt werden kann (etwa Widerruf einer falschen Behauptung), besteht nach Vertragsrecht wie nach Deliktsrecht ein Anspruch auf Naturalrestitution. Dagegen gibt es *nur* nach Delikts-

---

[42] RGZ 66, 335; 103, 154 (159); 132, 76 (80); BGH NJW 1954 S. 145; 1960, 237 (238); vgl. auch Palandt-Gramm, § 463 Anm. 4 a.

[43] Die von mir aaO, S. 135, vertretene gegenteilige Ansicht, daß das negative Interesse hier *immer* auch über das positive Interesse hinaus zu ersetzen ist, kann nicht aufrechterhalten werden.

recht, und zwar bei Verletzung des Körpers, der Gesundheit, der Freiheit (und bei einem Verbrechen oder Vergehen gegenüber einer Frau wider die Sittlichkeit oder bei Erschleichung des außerehelichen Beischlafes) einen Anspruch auf *Entschädigung* in Geld für immateriellen Schaden, das sogenannte Schmerzensgeld (§ 847 BGB), – nach der Rechtsprechung des BGH auch bei Verletzung des allgemeinen Persönlichkeitsrechts. Aus Vertrag kann wegen eines immateriellen Schadens niemals (Geld)-Ersatz verlangt werden[44].

Dieser Unterschied ist allerdings für die wichtigsten Fälle, bei denen innerhalb eines Vertragsverhältnisses eine Körperverletzung oder Gesundheitsschädigung in Betracht kommt, nämlich bei Arbeitsverträgen, nicht bedeutend. Denn sowohl der Schadensersatz aus Vertrag wie aus Delikt, und zwar einschließlich des Schmerzensgeldes[45] entfällt bei Arbeitnehmern, die der sozialen Unfallversicherung unterliegen, d. h. praktisch bei allen. Soweit nicht ein ganz besonders schwerer Fall vorliegt, nämlich eine strafgerichtlich festgesetzte vorsätzliche Herbeiführung des Unfalls durch den Unternehmer selbst (§§ 898, 899 RVO), gilt dieser Schaden durch die Leistung der Unfallversicherung als abgedeckt.

c) Wichtige Unterschiede ergeben sich bei *Tötung* und *Körperverletzung,* die gleichzeitig Vertragsverletzung und Delikt sind.

Der *deliktische* Anspruch umfaßt bei Tötung den Ersatz der Beerdigungskosten (§ 844 I BGB). War der Getötete einem Dritten kraft Gesetzes *unterhaltspflichtig* oder konnte er es werden und verliert der Dritte diesen Unterhaltsanspruch, so muß der Verletzte nach *Deliktsrecht* dem Dritten für die voraussichtliche Lebensdauer des Getöteten Unterhalt gewähren (§ 844 II BGB). Bei Tötung, Körperverletzung, Gesundheitsbeschädigung, Freiheitsberaubung hat der Schädiger, wenn der Verletzte einem Dritten kraft Gesetzes zur *Leistung von Diensten* verpflichtet war, diesen für den Entfall der Dienstleistung durch eine Rente zu entschädigen (§ 845 BGB).

Dem *Vertragsrecht* sind diese *Ansprüche Dritter unbekannt* – mit einer Ausnahme: Verletzt innerhalb eines Dienstvertragsverhältnisses der Dienstherr seine Verpflichtung, die Räume, Vorrichtungen und Gerätschaften so einzurichten und zu unterhalten, bzw. die Dienstleistungen, die unter seiner Anordnung vorzunehmen sind, so zu regeln, daß der Verpflichtete möglichst gegen Gefahr für Leib und Leben geschützt ist,

---

[44] Für unsere Betrachtung ist es nicht wesentlich, daß es sich beim Schmerzensgeld nicht um einen Schadensersatz im eigentlichen Sinne, sondern um eine billige Entschädigung handelt. Es hat die Funktion eines Schadensausgleichs.

[45] Kreft in RGRK zum BGB, 11. Aufl., § 847 Anm. 2; Palandt-Gramm, § 847 Anm. 1; Brackmann, Handbuch der Sozialversicherung II, S. 612; BGHZ 3, 298; BAG NJW 1956 S. 1771; AP Nr. 10 zu §§ 898, 899 RVO; a. A. grundsätzlich Rietschel, JZ 1955, S. 35.

und verliert infolgedessen der Dienstverpflichtete sein Leben oder nimmt er an Körper oder Gesundheit Schaden, so bestimmt sich der Anspruch aus Vertrag nach den gleichen deliktischen Regeln. Aber auch hier gilt, daß sowohl der vertragliche, wie der deliktische Schadensersatzanspruch auch dritter Personen entfällt, soweit der Verletzte unfallversichert war (§§ 898, 899 RVO).

d) Umstritten ist, ob auch die §§ 842, 843 BGB eine *Besonderheit des deliktischen Anspruchs* darstellen, oder ob es sich um *allgemeine Grundsätze des Schadensersatzrechtes* handelt, die daher auch bei Ansprüchen aus Vertrag zum Zuge kommen. Nach § 842 umfaßt die Ersatzpflicht wegen Verletzung einer *Person* auch den Ersatz für Nachteile, die für deren *Erwerb* oder ihr *Fortkommen* entstanden sind. Nach § 843 ist bei Verletzung des Körpers oder der Gesundheit auch der durch Aufhebung oder Minderung der *Erwerbsfähigkeit* oder durch *Vermehrung der Bedürfnisse* entstandene Schaden auszugleichen, und zwar durch Gewährung einer Geldrente. Die Stellung der Vorschriften im Gesetz (25. Titel: unerlaubte Handlungen) spricht für eine Sonderregelung des deliktischen Anspruchs und die Protokolle [46] betonen diese Besonderheit der Ansprüche aus unerlaubter Handlung. Trotzdem spricht *alles* dafür, daß es sich um *allgemeine* Grundsätze des Schadensersatzrechtes handelt. Die Nachteile für den Erwerb oder das Fortkommen, die Aufhebung oder Minderung der Erwerbsfähigkeit, die Vermehrung der Bedürfnisse sind ein Schaden. Soll der Schadensersatz den Geschädigten so stellen, als ob das Ereignis nicht eingetreten wäre, dann müssen auch diese Schäden ihm abgenommen oder doch ausgeglichen werden. Das muß auch gelten, wenn dieser Schaden durch eine Vertragsverletzung herbeigeführt wird. Und daß der durch Wegfall oder Minderung der Erwerbsfähigkeit oder durch die Vermehrung der Bedürfnisse entstandene Schaden durch Leistung einer Geldrente ausgeglichen werden muß, versteht sich aus der Art des Schadens [47]. Doch gilt auch hier für die wichtigsten Fälle, nämlich für die Arbeitsverhältnisse, daß diese Ansprüche durch die Leistung der Unfallversicherung grundsätzlich abgegolten sind.

4. a) Das theoretisch *umstrittenste Problem* in der Lehre von der Kon-

---

[46] Protokolle Bd. II, S. 638.

[47] Der gegenteilige in meiner Anspruchskonkurrenz vertretene Standpunkt, S. 135 kann nicht aufrechterhalten werden. Wie hier: LARENZ, Bes. Schuldrecht, § 69 I; ESSER, aaO, § 209, 2; HECK, Schuldrecht, § 147, 2; v. TUHR, Allg. Teil II 2, § 38; DERS., DJZ 1906, Sp. 426; KREFT in RGRK § 842 Anm. 2, § 843 Anm. 1; PALANDT-GRAMM, § 843 Anm. 1; EBBECKE, IherJb. 71, S. 346 ff.; s. auch RGZ 159, 268 (271) wenigstens für den Werkvertrag in *Analogie* zu § 618 III BGB.

Nur für den Deliktsanspruch halten die §§ 842 und 843 für maßgeblich: ENNECCERUS-LEHMANN, aaO, § 248 III; STAUDINGER-ENGELMANN, 8. Aufl., § 842 Anm. 1; OERTMANN, aaO, § 842 Anm. 5; wohl auch PLANCK-GREIFF, 4. Aufl., § 842 Anm. 2; SOERGEL-LINDEMAIER, 8. Aufl., § 843 Anm. 11.

kurrenz zwischen Vertragsverletzung und Delikt ist gegeben, wenn nach *Vertrag* nur für ein *geringeres Maß von Schuld* gehaftet wird, als üblich; sei es, daß der Schuldner nur für *grobe Fahrlässigkeit* einzutreten hat (§ 300, der Schuldner während des Gläubigerverzugs; §§ 521, 523, 524, der Schenker; § 599, der Verleiher; § 680, der Nothelfer) oder nur die Sorgfalt zu prästieren hat, die er in *eigenen Angelegenheiten* anzuwenden pflegt (§ 690, der unentgeltliche Verwahrer; § 708, der Gesellschafter). Ist er dann auch im Rahmen des *Deliktsrechtes* nur verhaftet, wenn sein Verschulden den Grad von Fahrlässigkeit überschreitet, für den er nach Vertragsrecht nicht haftet, oder bleibt es dabei, daß deliktsrechtlich für jedes Maß von Schuld, also auch für leichte Fahrlässigkeit gehaftet wird?

Früher hatten sich zahlreiche Autoren[48] dafür ausgesprochen, daß auch in solchem Fall die deliktische Haftung sich allein nach den dafür maßgeblichen Regeln richtet, d. h. also, daß bei einer Rechtsverletzung i. S. des § 823 I BGB, die im Rahmen eines Vertrages, bei dem nur für grobe Fahrlässigkeit gehaftet wird, leicht fahrlässig erfolgt, deliktische Haftung gegeben ist.

Aber die *heute* durchaus herrschende Ansicht[49] und die Rechtsprechung[50] entscheiden anders. Sie verneinen einen deliktischen Anspruch, wenn nur leichte Fahrlässigkeit vorliegt und nach dem Vertrag nur für grobe Fahrlässigkeit gehaftet wird, bzw. nur für die Sorgfalt wie in eigenen Angelegenheiten.

Es werden dafür vor allem *zwei Argumente* vorgetragen:

Zum Teil wird angenommen, daß ein Handeln, das solchenfalls den im Vertrag mit einem Verdikt belegten Grad der Schuld nicht erreicht, *nicht*

---

[48] PRYM, aaO, S. 40 ff.; LENT, aaO, S. 290 ff.; DIETZ, aaO, S. 237 ff.; ENNECCERUS, Schuldrecht noch in der 15.–17. Aufl., S. 639, Note 12 (später aufgegeben); CROME, System des Deutschen Bürgerlichen Rechts, § 325, 5; DJZ 1904, S. 14; DERNBURG, Das Bürgerliche Recht II, § 64 II 3; LANGHEINEKEN, Anspruch und Einrede nach dem deutschen bürgerlichen Gesetzbuch, S. 139; v. GIERKE, Deutsches Privatrecht III, S. 903; grundsätzlich OERTMANN, § 823 Anm. 5 a; GOLDE, in Bernhöft-Binder, Beiträge zur Auslegung des BGB, S. 404; TRÄGER, Das Problem der Unterlassungsdelikte, S. 114; GOLDMANN-LILIENTHAL, Das Bürgerliche Gesetzbuch, § 231 I 3, 5.

[49] ENNECCERUS-LEHMANN, § 232; LARENZ, Bes. Schuldrecht, § 69 VI, ESSER, aaO, § 201 3 g; STAUDINGER-RIEDEL, 11. Aufl., § 600 Anm. 1; LEONHARD, Bes. Schuldrecht, S. 628; HAAGER in RGRK vor § 823 Anm. 7; PALANDT-GRAMM vor § 823 Anm. 3 e; ERMANN-DREES vor § 823 Anm. 3 cc; HECK, Schuldrecht, S. 147, S. 447; v. LISZT, aaO, S. 13; KUHLENBECK, aaO, § 823 Anm. 8 c; KRÜCKMANN, IherJb. 52, S. 428; v. BLUME, Recht 1904, Sp. 481 ff.; PLANCK-FLAD, § 823 Anm. 5 b β (gegen Vorauflage) – auch R. SCHMIDT, allerdings nur bei einer Kollision des Vertragsrechts mit § 823 I, aaO, S. 205.

[50] S. RGZ 66, 363; 67, 182; 70, 314; 88, 317; 107, 41; BGHZ 14, 274, 281; NJW 1954, S 145.

widerrechtlich ist[51]. Aber diese Begründung kann nicht überzeugen[52]. Widerrechtlichkeit und Schuld sind auch hier zu unterscheiden. Die Verletzung fremden Eigentums bleibt widerrechtlich, auch wenn man dafür mangels (ausreichender) Schuld nicht haftet[53].

Es wird auch nicht der *Fahrlässigkeitsbegriff* für diese Fälle anders bestimmt als sonst[54], sondern nur die Haftung für ein geringes Maß im Rahmen des Vertrags erlassen.

Überwiegend wird die Auswirkung der Beschränkung der Haftung auf das Deliktsrecht, soweit man nicht überhaupt bereits eine Begründung nicht mehr für erforderlich hält, auf die Überlegung gestützt, daß sonst die Bestimmungen über die geringere Haftung *wirkungslos* seien[55] [56]. Aber diese Befürchtung ist unbegründet[57]. Auch bei den in Betracht kommenden Vertragsverhältnissen *decken* sich die *vertraglichen Pflichten nicht* mehr als bei anderen Verträgen mit den *allgemeinen deliktsrechtlich* relevanten Pflichten. In den wenigsten Fällen einer Verletzung der Vertragspflicht, etwa der des Schuldners während des Annahmeverzugs des Gläubigers, des Schenkers, des Verleihers, des Nothelfers, wird auch hier ein Rechtsgut oder Recht i. S. des § 823 I BGB in Mitleidenschaft gezogen. Noch weniger gilt das für die Pflichten eines Gesellschafters einem Mitgesellschafter gegenüber. In all diesen Fällen kommt notwendig die Haftungsbeschränkung in vollem Umfange zum Zuge. Der Schuldner, der den von ihm zu leistenden Gegenstand während des Annahmeverzugs des Gläubigers leicht fahrlässig beschädigt, begeht keine Eigentumsverletzung.

Aber selbst dort, wo die Beschädigung eines absoluten Rechtes in Frage steht, und sogar dort, wo das nach den Vertragstypen häufig in Betracht kommt, wie beim *unentgeltlichen Verwahrer* (§ 690 BGB) liegt sehr oft nicht gleichzeitig ein Delikt vor. Es wird übersehen, daß diese Deckung des deliktischen und vertragsrechtlichen Tatbestandes im allgemeinen nur bei *positivem Handeln* gegeben ist. Wo die Beschädigung oder Zer-

---

[51] Vgl. ENNECCERUS-LEHMANN, aaO; HAAGER in RGRK vor § 823 Anm. 27; wohl auch ESSER, aaO; PLANCK-FLAD, aaO.

[52] Vgl. DIETZ, aaO, S. 241 ff.; LEONHARD, Bes. Schuldrecht, S. 628.

[53] Auch innerhalb eines Schuldverhältnisses, bei dem nur für grobe Fahrlässigkeit gehaftet wird, verletzt der Schuldner bei leichter Fahrlässigkeit seine vertragliche Pflicht, nur muß er den daraus entstehenden Schaden nicht ersetzen.

[54] ESSER, aaO; vgl. auch KRÜCKMANN, aaO; CROME, DJZ 1904, Sp. 19.

[55] Vgl. etwa LARENZ, aaO; LEONHARD, S. 628; HECK, Schuldrecht, § 147, S. 447; RGRK, aaO.

[56] SCHMIDT, aaO, S. 49, 57, 151, kommt, wenn auch mit anderer Begründung, zum selben Ergebnis wie die herrschende Lehre. Er meint, daß es keine Erschwerung gegenüber einem sonstigen Fall der Vertragsverletzung bedeute, wenn gleichzeitig ein Rechtsgut i. S. des § 823 I BGB verletzt ist. Anders entscheidet er, wenn gleichzeitig § 823 II oder § 826 BGB verletzt ist.

[57] S. DIETZ, aaO, S. 237, 280.

störung durch Unterlassen einer Handlung erfolgt, wird meist nur eine Haftung aus Vertrag in Betracht kommen. Hier muß unterschieden werden, ob die Handlungspflicht *nur* auf Vertrag beruht, oder ob es sich – ausnahmsweise – auch um eine allgemeine Handlungspflicht i. S. des Deliktsrechts handelt. Vertragswidriges Unterlassen ist noch kein rechtswidriges Unterlassen i. S. des Rechts der unerlaubten Handlungen. Zwar wird allgemein im Anschluß an die Entscheidung RGZ 88, 433, die These vertreten, daß durch Vertrag eine Handlungspflicht i. S. des § 823 I BGB begründet werden könne mit der Folge, daß ein dieser Pflicht widersprechendes Unterlassen zum Schadensersatz verpflichtet. Aber demgegenüber ist darauf hinzuweisen, daß die Unterlassung einer *nur* vertraglich begründeten Pflicht zum Handeln nicht die Verletzung einer allgemeinen Handlungspflicht i. S. des Deliktsrechts in sich schließt. Wer die übernommene Fürsorgepflicht – die custodia – verletzt, macht sich nur vertraglich schadensersatzpflichtig, nicht aber deliktisch. Aus dem Deliktsrecht ist wohl eine allgemeine Pflicht abzuleiten, fremdes Eigentum nicht zu verletzen, aber nur in Ausnahmefällen auch eine Pflicht zum Handeln[58], eine Sorgepflicht für die *Erhaltung* des Rechtes oder Rechtsgutes, nämlich wenn eine Gefahr für die Sache begründet oder übernommen worden ist[59].

Aber mag auch gegen diese Begründungen wesentliches eingewandt werden können, die herrschende Lehre hat sich völlig durchgesetzt, und es ist allgemeiner Gerichtsgebrauch, wohl allerdings noch kein Gewohnheitsrecht entstanden[60].

b) Eine besondere Beschränkung der vertraglichen Haftung kennt das deutsche *Frachtrecht.* Ist dem Frachtführer nicht angegeben, daß es sich bei dem Frachtgut um Kostbarkeiten, Kunstgegenstände, Geld oder Wertpapiere handelt, so haftet er vertraglich bei Verlust oder Beschädigung nicht (§ 429 II HGB). Außerdem ist er dadurch bevorzugt (§ 430 HGB), daß er bei leichter Fahrlässigkeit vertraglich nur zum Ersatz des gemeinen Wertes verhaftet ist. Auch hier dehnt die neuere Literatur diese vertraglichen Haftungsbeschränkungen auf den deliktischen Anspruch aus[61].

---

[58] Vgl. RGZ 97, 12; 102, 82.

[59] DIETZ, aaO, S. 280.

[60] Es bleibt zu erwägen, ob nicht für manche Fälle beschränkter Vertragshaftung sich die herrschende Lehre besser mit der Überlegung begründen läßt, daß hier vielleicht eine gesetzliche Verteilung der Gefahr vorliegt dahin, daß der Gläubiger die Gefahr zu tragen hat, daß ihm durch leichtes Verschulden des Schuldners ein Schaden entsteht, ein Gedanke, den STOLL (vgl. unten IV 6), wenn auch unter anderem Gesichtspunkt zur Debatte stellt; ähnlich bereits v. BLUME, Recht 1904, S. 481.

[61] SCHLEGELBERGER-GESSLER, Komm. zum HGB, 3. Aufl., § 429 Anm. 32; RATZ in RGRK zum HGB, 2. Aufl., § 429 Anm. 3, 24; BAUMBACH-DUDEN, Komm. zum HGB, 14. Aufl., § 430, Anm. 1 A; J. v. GIERKE, Handels- und Schiffahrtsrecht, § 69 Anm. III 2 d – anders die ältere Literatur, vgl. DÜRINGER-HACHENBURG-BING,

Ein ähnliches Problem tritt im Eisenbahnfrachtrecht auf, wonach die vertragliche Haftung nach Art der Gefahren und nach der Höhe beschränkt ist (§ 454 HGB, §§ 81 ff. EVO). Auch hier nimmt die Literatur [62] an, daß diese Beschränkungen auch für die deliktische Haftung gelten. Demgegenüber will die Rechtsprechung die Beschränkung der Haftung sowohl nach § 430 HGB wie nach § 454 HGB, §§ 81 ff. EVO nur auf den vertraglichen Anspruch beziehen [63]. Meines Erachtens ist auch in diesen Fällen zu entscheiden wie bei allen Vertragstypen, die eine Haftung für geringere Schuldarten nicht vorsehen. Das Deliktsrecht bestimmt sich nur nach seinen Regeln [64].

5. a) Ganz anders als bei den Fällen einer *gesetzlichen* Beschränkung der Vertragshaftung ist die Rechtslage, wenn die Haftung für Fahrlässigkeit (leichte oder grobe, § 276 II BGB) durch *Vertrag* im voraus erlassen worden ist. Ein solcher Erlaßvertrag kann sich auch auf die Haftung aus Delikt beziehen. Es ist eine Frage der Auslegung, ob er diese umfassen soll. In aller Regel wird die Interpretation des Parteiwillens ergeben, daß sich der Erlaß auf beide Ansprüche bezieht [65].

b) Weitgehend wurde mit einem solchen – stillschweigenden – Haftungserlaß [66] bei Gefälligkeitsfahrten (wenn jemand einen anderen aus Gefälligkeit unentgeltlich im Wagen mitnimmt), bei der Beteiligung an Sportveranstaltungen operiert, um eine Haftung des Fahrers, des Sportveranstalters, des Sportlers für leicht fahrlässig verursachten Schaden auszuschalten. Dabei ging man davon aus, daß bei einer Gefälligkeitsfahrt nur Haftung aus leichtem Verschulden ausgeschlossen sei, und auch das nur je nach den Umständen. Soweit das aber der Fall war, wurde hier auch angenommen, daß der Ausschluß im allgemeinen sich auf den vertraglichen und auf den deliktischen Anspruch beziehe.

6. Neuestens hat Stoll [67] die Ansicht im einzelnen entwickelt, daß hier eine Haftung des Verletzers entfalle, weil der Verletzte, d. h. der Mit-

---

Komm. zum HGB, 3. Aufl., § 423 Anm. 3, 34; Staub, Komm. zum HGB 14. Aufl., § 429 Anm. 3, S. 430 Anm. 1; Mosse-Heymann, Handelsgesetzbuch, 17. Aufl., § 429 Anm. 2, § 430 Anm. 1.

[62] Schlegelberger-Gessler, aaO, § 454 Anm. 81; Ratz in RGRK, § 454 Anm. 3; a. A. Baumbach-Duden, § 454 Anm. 1 c.

[63] OGHZ 4, 263 (267); BGHZ 24, 188; 32, 194 (203), 297 (302).

[64] Vgl. Dietz, aaO, S. 254.

[65] Esser, aaO, § 201, 3 g; Enneccerus-Lehmann, aaO, § 231 II; Kreft, RGRK vor § 823 Anm. 29; Palandt-Danckelmann vor § 823 Anm. 3 d; RGZ 81, 316; 117, 102 (104); 88, 433 (436); RG Recht 1917 Nr. 1372; RG HRR 1929 Nr. 799.

[66] RGZ 65, 313; 67, 431; 128, 229 (231); vgl. auch Larenz, Bes. Schuldrecht, § 71 IV; Palandt-Danckelmann vor § 823 Anm. 3 und die dogmatischen Bedenken gegen die Rechtsprechung des Reichsgerichts von Enneccerus-Lehmann, § 231 II.

[67] Stoll, Das Handeln auf eigene Gefahr. Eine rechtsvergleichende Untersuchung; vgl. RGZ 130, 162; 141, 264.

fahrer, der an einer Sportveranstaltung als Mitkämpfer oder Zuschauer Teilnehmende, derjenige, der unbefugt ein fremdes Grundstück betritt, auf *eigene Gefahr* handele. Er könne keinen Anspruch gegen den Schädiger geltend machen, wenn sich diese Gefahr erfülle. Welche Gefahr übernommen worden ist, könne immer nur aus der besonderen Situation des einzelnen Falles entschieden werden. Grundsätzlich werde aber nur die einer leicht fahrlässigen Schädigung übernommen. Mit Recht betont STOLL, daß die Konsequenz – Wegfall des Schadensersatzanspruchs – durch Handeln auf eigene Gefahr in gleicher Weise für einen in Frage stehenden Anspruch aus Vertrag wie aus Delikt zu ziehen ist[68].

7. Eine besondere Gestaltung des uns interessierenden Problems ergibt sich, wenn ein Arbeitnehmer mit *gefahrgeneigter Arbeit* beschäftigt wird und er leicht fahrlässig dem Arbeitgeber einen Schaden zufügt. Hier will es unbillig erscheinen, daß der Arbeitnehmer, der dauernd mit einer Tätigkeit betraut ist, bei der auch leichtes Versehen großen Schaden verursachen kann, dem Arbeitgeber, der ihn ja mit dieser Aufgabe betraut hat, Schadensersatz leisten soll. Das RAG[69] und ihm folgend das BAG in ständiger Rechtsprechung[70] und der BGH[71] [72] haben unter überwiegender Zustimmung der Wissenschaft[73] den Arbeitgeber für verpflichtet erklärt, den Arbeitnehmer, wenn diesen nur leichtes Verschulden trifft, von der Ersatzpflicht *ganz oder teilweise freizustellen.* Das folgt aus der Fürsorgepflicht des Arbeitgebers. Ob und wieweit eine solche Freistellungspflicht besteht, ist aus den Umständen des Einzelfalles abzuleiten, aus der Art der Arbeit, dem Ausmaß der Gefahrgeneigtheit, ob bei der Festsetzung des Arbeitsentgelts diese Besonderheit berücksichtigt ist.

Es ist selbstverständlich, daß dann, wenn und soweit der Arbeitgeber aus der ihn treffenden Fürsorge zu einer solchen Freistellung verpflichtet

---

[68] Die Rechtsprechung hatte, nachdem sie von der Annahme eines stillschweigenden Haftungserlasses abgekommen war, zunächst seit RGZ 141, 262; 145, 326; BGHZ 2, 159 in solchen Fällen auch ein Handeln auf eigene Gefahr mit der Folge eines Wegfalls der Haftung angenommen. Neuestens hat der BGHZ 34, 354 diese Rechtsprechung wieder aufgegeben und will die Fälle unter die Kategorie eines mitwirkenden Verschuldens des Verletzten i. S. des § 254 BGB bringen, was grundsätzlich nicht zu einer vollen Haftungsbefreiung führt.

[69] Vgl. ARS 41, 55; 43, 108; 46, 136.

[70] BAG AP Nr. 8, Nr. 14, Nr. 16, Nr. 19 zu § 611 BGB Haftung des Arbeitnehmers.

[71] BGHZ 16, 111.

[72] Vgl. auch die Entscheidungen zur Frage der Haftung eines Arbeitnehmers gegenüber dem Arbeitskameraden, in denen auch die hier in Betracht kommenden Probleme behandelt werden, mag auch von einer Anspruchskonkurrenz keine Rede sein, s. BAG Großer Senat AP Nr. 4 zu §§ 898, 899 RVO und BGH AP Nr. 19 zu §§ 898, 899 RVO.

[73] HUECK bei Hueck-Nipperdey, aaO I S. 213; NIKISCH, Lehrbuch des Arbeitsrechts Bd. I, 3. Aufl., S. 301; GALPERIN, Arbeitsrechts-Blattei, Haftung des Arbeitnehmers; GUMPERT, BB 1955, S. 480.

ist, diese Pflicht auch sich auf einen mit dem vertraglichen Anspruch konkurrierenden deliktischen Anspruch erstreckt[74]. Denn hier handelt es sich nicht darum, daß und ob ein deliktsrechtlicher Tatbestand erfüllt und daraus die Rechtsfolge abzuleiten ist, sondern daß der Verletzte verpflichtet ist, dem Verletzer den Schaden abzunehmen.

8. Weitgehend besteht Übereinstimmung hinsichtlich der *Verjährung*, nämlich daß für jeden Anspruch die für ihn maßgeblichen Vorschriften anzuwenden sind[75]. Nur für die Fälle der §§ 558 und 606 BGB meinte das Reichsgericht[76] unter teilweiser Zustimmung der Lehre[77], daß die kurze Verjährungsfrist des Vertragsrechts auch für den deliktischen Anspruch gilt. Wenn das Gesetz bei Beschädigung der zurückgegebenen Mietsache (§ 558) bzw. der Leihsache (§ 606) den Schadensersatz in 6 Monaten verjähren läßt, so beziehe sich das auf *alle* Ansprüche aus Beschädigung, gleichgültig unter welchem Gesichtspunkt sie erhoben werden. Aber aus dem Gesetz ist das sicher nicht zu entnehmen, und vor allem nicht, daß hier auch im Vertragsrecht der deliktische Anspruch behandelt wird. Auch hier wird aber darüber hinaus vor allem argumentiert, daß bei anderer Entscheidung die Regelung bedeutungslos wäre. Es gilt insoweit gleiches wie gegenüber der Begründung der Ausdehnung der vertraglichen Haftungsminderung auf das Deliktsrecht.

9. Die *Fälligkeit* jedes Anspruchs richtet sich allein nach den für ihn maßgeblichen Vorschriften, d. h. der deliktische Anspruch ist ohne Rücksicht darauf, wann der vertragliche fällig ist, sofort fällig[78].

10. *Pfandrechte* decken nur den Anspruch, für den sie bestellt sind. Das ist regelmäßig *allein der vertragliche* Anspruch. Das gilt auch, wenn es sich um eine Globalsicherung, etwa für alle aus einer Geschäftsbeziehung resultierenden Forderungen handelt, wie häufig bei Sicherungshypotheken. Selbstverständlich *kann* die Sicherung auch für beide Ansprüche gegeben werden. Aber das muß deutlich zum Ausdruck kommen; die Vermutung spricht dagegen. Wird allerdings die Sicherung erst gegeben, *nachdem* der Schaden entstanden ist, zur Sicherung des Anspruchs auf Schadensersatz, so spricht alles dafür, daß beide Ansprüche gesichert werden sollen.

Was für das Pfandrecht gesagt ist, gilt entsprechend für die *Bürgschaft*.

---

[74] BAG AP Nr. 16 zu § 611 BGB Haftung des Arbeitnehmers.

[75] RGZ 66, 86; 74, 434; 77, 317; 85, 184; 118, 141; BGHZ 9, 300 (304) und die einhellige Literatur.

[76] Vgl. RGZ 62, 330; 66, 363; 75, 116; offen gelassen in BGHZ 9, 300 (304).

[77] Enneccerus-Lehmann, aaO, § 130 Anm. 2; Oertmann, aaO, § 558 Anm. 1 a; Haager in RGRK vor § 823 Anm. 27; jetzt auch Staudinger-Kiefersauer, § 558 Anm. 2; Kiefersauer, Grundstücksmiete, S. 558 – a. A. Dietz, aaO, S. 149; Planck-Greiff, § 558 Anm. 1; Mittelstein-Stern, Die Miete, S. 278; Lent, aaO, S. 289; Schmidt, aaO, S. 84.

[78] Grundsätzlich auch Schmidt, aaO, S. 184; zum Teil a. A. Prym aaO, S. 91.

Die *gesetzlichen Pfandrechte* beziehen sich nur auf den vertraglichen Anspruch, nicht auf einen damit konkurrierenden deliktischen Anspruch.

11. Aus der Selbständigkeit beider Ansprüche folgt konsequenterweise, daß man nur den *einen abtreten* und den *anderen* in der Hand *behalten* kann[79]. Allerdings wird eine solche Trennung praktisch kaum vorkommen. Dem Zessionar ist in aller Regel nur wenig gedient, wenn er nur einen Anspruch erhält und der Zedent den konkurrierenden behält. Er läuft Gefahr, daß der andere getilgt wird und er damit seinen Anspruch verliert (vgl. unten V).

12. Die Selbständigkeit der Schadensersatzansprüche aus Vertragsverletzung und Delikt tritt auch hervor bei der *Bestimmung* der maßgeblichen *Rechtsordnung,* wenn mehrere Rechtsordnungen für die Beurteilung des Falles in Betracht zu ziehen sind.

Nach *deutschem internationalen Privatrecht* ist für *Vertragsansprüche* in erster Linie die Rechtsordnung maßgeblich, die sich aus dem *Parteiwillen* ergibt, in zweiter Linie die, für die der sog. *hypothetische Parteiwille* spricht, d. h. die Rechtsordnung, die sich aus einer objektiven Interessenabwägung ergibt[80].

Für den *deliktischen Anspruch* ist die lex loci delicti comissi maßgeblich, wie Art. 12 EGBGB deutlich erkennen läßt. Nach der gleichen Bestimmung ist allerdings gegen einen Deutschen aus einem im Ausland begangenen Delikt keine weitere Rechtsfolge ableitbar, als sie sich auch nach deutschem Recht ergeben würde. D. h. es besteht ein deliktischer Anspruch nur, wenn er nach deutschem und nach ausländischem Recht begründet ist[81].

Es ist also durchaus möglich, daß für die *beiden Ansprüche zwei verschiedene* Rechtsordnungen die Rechtsfolgen zur Verfügung stellen.

13. Eine weitere Folge der Selbständigkeit der beiden Ansprüche ist, daß sie *nicht notwendig zusammen rechtshängig* gemacht werden müssen[82][83]. Das widerspricht nicht der herrschenden Substantiierungstheorie, wonach

---

[79] Dagegen insbesondere LARENZ, Bes. Schuldrecht, § 69 VI, Note 1 auf S. 401 (4. Auflage).

[80] M. WOLFF, Internationales Privatrecht, 3. Aufl., S. 136; RAAPE, Internationales Privatrecht, 5. Aufl., S. 451 ff.; KEGEL, Internationales Privatrecht, S. 206 ff. und die ständige Rechtsprechung. Eine ältere Rechtsprechung ließ in 3. Linie den Erfüllungsort maßgeblich sein; er ist aber bereits bei der Prüfung des hypothetischen Parteiwillens zu berücksichtigen (vgl. BEITZKE JZ 1955, S. 586).

[81] Ist das Delikt von einem Deutschen gegenüber einem Deutschen im Ausland begangen, so ist nach der VO vom 7. 12. 1942 (RGBl. I S. 706) der Anspruch ausschließlich nach deutschem Recht zu bestimmen.

[82] Ebenso LENT, ZZP 1952, S. 333 ff.

[83] Für die hier interessierende Frage ist es ohne Belang, ob prozessual auch dann, wenn die beiden Ansprüche geltend gemacht werden, nur ein einziger Streitgegenstand gegeben ist, vgl. ROSENBERG, Lehrbuch des Deutschen Zivilprozeßrechts, 9. Auflage, § 88 II 3 a α.

es für die Frage, welcher Rechtsanspruch rechtshängig geworden ist, darauf ankommt, welche Tatsachen zur Begründung des Anspruchs vorgetragen sind. Es kann sich der Kläger darauf beschränken, nur die Tatsachen vorzutragen, aus denen sich die Eigentumsverletzung ergibt, ohne den Vertrag zu erwähnen. Dann ist nur der deliktische Anspruch rechtshängig gemacht. Wenn der Verletzte im forum delicti commissi die Klage erhebt, *kann* er überhaupt nur den deliktischen Schadensersatzanspruch geltend machen, wenn der Beklagte sich nicht durch Prorogation diesem Gerichtsstand auch für den vertraglichen Anspruch unterwirft. Ebenso kann andererseits auch der vertragliche Anspruch allein geltend gemacht werden. Wird allerdings dabei der durch die Zerstörung der Sache eingetretene Substanzverlust verlangt, so wird grundsätzlich die Tatsache, daß der Kläger Eigentümer ist, vorgetragen und damit in aller Regel der aus der Eigentumsverletzung resultierende Anspruch rechtshängig gemacht.

Notwendige Konsequenz ist, daß das Urteil auch Rechtskraft nur hinsichtlich des Anspruches schafft, der rechtshängig geworden ist[84].

V.

1. Stehen so die Ansprüche nebeneinander, so wirkt doch die *Erfüllung* des einen auf den Bestand des anderen ein. Dieser geht gleichfalls unter, soweit er sich mit dem erfüllten Anspruch deckt. Denn durch die Erfüllung des Anspruchs, d. h. den Ausgleich des Schadens *entfällt* auch für den anderen Anspruch der *Tatbestand,* auf dem er beruht. Ist durch die Erfüllung des einen Anspruchs der Schaden ausgeglichen, so gehen damit notwendigerweise alle Ansprüche, deren Voraussetzung ein (fortbestehender) Schaden ist, unter.

2. Eine Besonderheit ergibt sich nach deutschem Recht bei Erfüllung durch *Aufrechnung.* Nach § 393 BGB ist die Aufrechnung gegenüber dem Anspruch aus einer *vorsätzlich begangenen unerlaubten Handlung* unzulässig. Dagegen gilt dieses Verbot nicht gegenüber einem Anspruch aus *vorsätzlicher Vertragsverletzung.* Die Konsequenz der Auffassung, daß dann, wenn durch ein und dieselbe Handlung sowohl ein Vertrag verletzt, wie ein Delikt begangen ist, ein vertraglicher und ein deliktischer Anspruch entsteht, ist, daß der Schuldner gegen den vertraglichen Anspruch aufrechnen und ihn damit tilgen kann. Nach den eben angestellten Überlegungen wird dadurch der Schaden behoben, und es müßte auch der deliktische Anspruch untergegangen sein. Aber der Gläubiger des deliktischen Anspruchs braucht sich die Tilgung seiner Forderung durch dieses Leistungssurrogat nicht gefallen zu lassen. Er kann die Leistung selbst, d. h. Schadensersatz in Geld verlangen. Andererseits darf das nicht dazu führen, daß der Gläubiger nun einerseits seiner Schuld ledig ist, die der

---

[84] LENT, aaO.

Gegner durch Aufrechnung getilgt hat, und außerdem einen Anspruch auf Schadensersatz hat. Die Aufrechnung bleibt zwar bei Bestand, aber der Verletzte ist um den Untergang seiner Schuld auf Kosten seines Gläubigers ungerechtfertigt bereichert. D. h. er muß ihm den Betrag der alten Schuld, jetzt aber unter dem Gesichtspunkt der Kondiktion bezahlen. Anders die herrschende Ansicht, die annimmt, daß wenn die vorsätzliche Vertragsverletzung gleichzeitig eine vorsätzliche unerlaubte Handlung in sich schließt, die Aufrechnung unzulässig ist, und sogar dann, wenn der Anspruch aus Delikt gar nicht mehr erhoben werden kann, etwa weil er verjährt ist[85].

3. Wird der Anspruch *erlassen,* so ist es eine Frage der Auslegung, ob beide Ansprüche wegfallen oder ob sich der Erlaß nur auf den einen Anspruch bezieht. Meist wird die Auslegung dazu führen, daß beide Ansprüche erlassen sind.

VI.

Es ergibt sich also für das deutsche Recht, daß, wenn ein und dieselbe Handlung oder Unterlassung eine Vertragsverletzung und ein Delikt gegenüber ein und derselben Person bedeutet, aus beiden Pflichtverletzungen je ein Anspruch auf Schadensersatz erwächst. Die Voraussetzungen für die Entstehung des Anspruchs aus Vertragsverletzung und Delikt sind unterschiedlich. Jeder richtet sich grundsätzlich allein nach den für ihn maßgeblichen Bestimmungen. Nach der herrschenden Lehre wirkt sich jedoch eine Haftungsminderung des Vertragsrechts auch auf den deliktischen Anspruch aus, und in bestimmten Fällen gilt auch die kürzere Verjährungsfrist des Vertragsrechts für den Deliktsanspruch. Wird der eine Anspruch erfüllt, so erlischt auch der andere, soweit er sich mit dem erfüllten Anspruch deckt, da ein für ihn wesentliches Tatbestandsmerkmal, nämlich der Schaden, weggefallen ist.

---

[85] Vgl. ENNECCERUS-LEHMANN, aaO, § 73 Anm. II 2; LARENZ, Allg. Schuldrecht, § 27 III b 1 Note 1 S. 307 (5. Aufl.); ESSER, aaO, § 73, 7 a; PALANDT-DANCKELMANN, § 393 Anm. 1; LÖSCHER in RGRK § 393 Anm. 2; SOERGEL-SCHMIDT, 9. Auflage, § 393 Anm. 2.

LANDWIRTSCHAFTSRECHT

DIE FUNKTION DES LANDWIRTSCHAFTSRECHTS ALS SONDERRECHT MIT DEM ZIEL DES AUSGLEICHS WIDERSTREITENDER INTERESSEN UND DEM BESTREBEN ZUR ÜBERWINDUNG GEGENSÄTZLICHER IDEOLOGIEN DURCH DIE RECHTLICHE ORDNUNG DER WIRTSCHAFT

von Dr. ALFRED PIKALO
Notar in Düren

A. Bedeutung des Themas

Schon die Fassung des Themas deutet mit der daselbst hervorgehobenen Zielsetzung des Landwirtschaftsrechts die wichtigsten Merkmale dieses Rechts an, die ihm das Gepräge eines Sonderrechts mit eigenständiger Funktion verleihen. Da sich die wichtigsten und einschneidendsten Funktionswirkungen gerade auf dem Gebiet des landwirtschaftlichen Bodenrechts zeigen, geht es in dieser Arbeit an erster Stelle um die Darstellung der hierbei in Erscheinung tretenden Probleme.

Diese Probleme zeigen sich mit unterschiedlicher Schwerpunktsverteilung fast überall mit steigender Gewichtigkeit und vielfach evolutionärer, oft revolutionärer Dynamik. Im einzelnen weisen die Probleme bei aller Mannigfaltigkeit doch gemeinsame Grundzüge auf. Bemerkenswert sind die Lösungsversuche wegen ihrer teils verwandten, teils grundverschiedenen Ausrichtung. Dieses Phänomen folgt einerseits aus den Gemeinsamkeiten und Verschiedenheiten der wirtschaftlichen, sozialen und politischen Verhältnisse innerhalb der einzelnen Ländergruppen, die im wesentlichen ideologisch gleich ausgerichtet sind, andererseits – und hier besonders kraß – aus den entgegengesetzten Leitvorstellungen der Ländergruppen mit unterschiedlicher ideologischer Ausrichtung. Diese lassen sich unter dem Gesichtspunkt vorliegender Arbeit als Länder mit westlicher Lebensauffassung, Länder mit kommunistischer Lenkung und Entwicklungsländer herausstellen. Hinzu kommt der schnelle Fluß der Entwicklung, dem sich kein Teil unserer Welt zu entziehen vermag und der vor allem auf die Gestaltung des landwirtschaftlichen Bodenrechts stets neuen Einfluß nimmt.

B. Das Landwirtschaftsrecht als Sonderrecht (ius proprium)

I. Begriff des Landwirtschaftsrechts

Das Landwirtschaftsrecht moderner Prägung erfaßt zwei Hauptgebiete [1], nämlich:

1. die Ordnung und Sicherung der land- und forstwirtschaftlichen Produktionsgrundlagen, insbesondere die Ordnung und Sicherung der land- und forstwirtschaftlichen Betriebe und Ländereien sowie
2. die Erzeugung und Absatzregelung unter Einschluß der Saatgutswirtschaft.

Unter dem Gesichtspunkt dieser Arbeit kommt dem erstgenannten Hauptgebiet des Landwirtschaftsrechts die maßgebliche Bedeutung zu.

II. Der sonderrechtliche Gehalt des Landwirtschaftsrechts

1. Grundsätzlich wird als „Sonderrecht" das „von der allgemeinen Regel abweichende Recht für besondere Klassen von Personen, Sachen oder Verhältnissen" verstanden [2].

Die überkommene deutsche Rechtswissenschaft hat sich überwiegend noch nicht zur Erkenntnis durchzuringen vermocht, das Landwirtschaftsrecht in diesem Sinne als Sonderrecht anzuerkennen, da es insoweit sich noch nicht hinreichend vom allgemeinen Recht abhebe [3].

2. Als Spezialrecht, auch Sonderrecht im engeren Sinne, werden von der deutschen Rechtswissenschaft die für gewisse Lebens- und Berufskreise geltenden Inbegriffe von sonderrechtlichen Bestimmungen verstanden, wie sie früher im Recht des hohen Adels, insbesondere im Lehensrecht, sodann später im Handels- und Gewerberecht und in neuerer Zeit vor allem im Arbeitsrecht und Landwirtschaftsrecht ihren Ausdruck finden [4].

Zur Begründung der Auffassung, daß es sich in diesen Fällen nicht um selbständige Rechtsgebiete der vorstehend unter 1. genannten Art handele, führt man an, daß diese Rechtsmaterien die Grundformen der bürgerlich-rechtlichen Rechtsinstitute bestehen ließen, ferner auch, daß es sich hierbei um eine zeitbedingte Notgesetzgebung handeln solle [5].

3. Ich halte indes dafür, daß im landwirtschaftsrechtlichen Bereich zumindest die letzte Entwicklung über diese Auffassung hinweggegangen

---

[1] Fritz Baur, Freiheit und Bindung im geltenden deutschen Landwirtschaftsrecht, studium generale 1958, 507.

[2] Enneccerus-Nipperdey, Lehrbuch des Allg. Teils des bürgerl. Rechts, 14. Aufl., Bd. I 1, § 48 II, S. 184.

[3] Enneccerus-Nipperdey, aaO, § 1 1 II 3, S. 2.

[4] Enneccerus-Nipperdey, aaO, § 48 II 4 und § 23 II 1, S. 71, wo das Landwirtschaftsrecht als eine „aus praktischen Gründen zusammengefaßte Disziplin" bezeichnet wird.

[5] Enneccerus-Nipperdey, aaO, § 1 II 3, S. 3.

ist. Aus dem Notrecht der Kriegs- und Kriegsfolgezeit, die dem Landwirtschaftsrecht eine besondere Ausprägung gegeben haben, ist mehr oder weniger ein Recht mit Dauerfunktion geworden. Auf weitgehenden Gebieten zeigt sich die Abhebung dieses Sonderrechts von den allgemeinen Rechtsbegriffen in zunehmendem Maße, so vor allem in der dem Landwirtschaftsrecht eigenen Verquickung von bürgerlichrechtlichen mit öffentlichrechtlichen Bestandteilen. Neben diesen Merkmalen des Landwirtschaftsrechts als Sonderrecht der zu 1. genannten Art mögen gewiß weite Gebiete des Landwirtschaftsrechts die Sonderrechtsmerkmale der zu 2. genannten Art aufweisen. Soweit dem Landwirtschaftsrecht aber seine besondere Zweckausrichtung im Sinne des gestellten Themas eigentümlich ist, erscheint es richtig, es nicht nur aus praktischen Gründen als eine sonderrechtliche Disziplin neuerer Art anzuerkennen [6].

C. Die Zweckausrichtung des Landwirtschaftsrechts

I. Generelle Zweckausrichtung

1. Harmonisierung der widerstreitenden Interessen

Von dem im Landwirtschaftsrecht zur Austragung kommenden widerstreitenden Interessengruppen – hier individuelle, dort öffentliche Interessen – werden auch in der westlichen Welt gelegentlich die einen mit dem ressentimentgeladenen Schlagwort der „kapitalistischen“ Interessen [7] gekennzeichnet; ihnen werden die öffentlichen Interessen, die Allgemeinbelange, als vorrangig gegenübergestellt. So sehr die Betonung der sogenannten kapitalistischen Interessen mit dem Ziel der Herabwertung privatrechtlicher Belange bezüglich des Bodeneigentums und ihrer Zurückdrängung und Bekämpfung der kommunistischen Ideologie sprechen mag, für den Bereich der Länder der westlichen Welt, die grundsätzlich am Privateigentum auch am bäuerlichen Boden regelmäßig mit Grundrechtsgarantien festhalten, gibt die an sich gerechtfertigte Gegenüberstellung von individuellen (Sonder-)Interessen und öffentlichen Belangen jedenfalls dann leicht ein schiefes Bild, wenn den letzteren vorbehaltlos der Vorrang zuerkannt wird. Entscheidend für ein gut funktionierendes Recht ist das Maß der Sorgfalt, mit dem bei Rechtsetzung und -anwendung an die sorgfältige Abwägung und Abgrenzung der wechselseitigen

---

[6] KAUFMANN, Das neue ländl. Bodenrecht der Schweiz 1946, S. 64; PIKALO, Land- und forstwirtschaftliches Grundstücksverkehrs- und Erbrecht im westlichen Europa, 1961, S. 452 ff.; so vor allem neuerdings auch BOLLA, Florenz, Einführung zu den Berichten der Generalversammlung des Istituto di Diritto Agrario vom 4.–8. April 1960 in Florenz (vgl. RdL 1962, 67).

[7] KAUFMANN, aaO, S. 69.

Interessenlagen herangegangen wird [8]. So können namentlich in den Ländern der nichtkommunistischen Welt die privaten Interessen [9], also die des Verpächters, der weichenden Erben, der nicht bäuerlichen Landerwerber und Eigentümer nicht immer schon wegen ihrer privaten Natur zugunsten der öffentlichen Belange, die den Schutz landwirtschaftlicher Betriebseinheiten und ihrer Bewirtschafter erstreben, zurückgestellt werden, ohne damit das gesamte Gefüge der politischen, sozialen, wirtschaftlichen und rechtlichen Ordnung zu gefährden. Richtig gesehen liegt eine angemessene Mitberücksichtigung dieser privaten Interessen wenigstens in einem unabdingbaren Mindestmaß gleichzeitig auch im lebensnotwendigen öffentlichen Interesse selbst. Ein abgeschwächter Rest dieses Grundsatzes wird sogar in den Ländern mit kommunistischer Lenkung notwendigerweise anerkannt. Sogar dort kommt man trotz des Strebens nach Vereinigung aller politischen und wirtschaftlichen Macht [10] in der Hand des Staates und der von ihm kontrollierten Genossenschaften – landwirtschaftliche Produktionsgenossenschaften bzw. Kolchosen –, wie es vor allem bei der Ordnung der landwirtschaftlichen Bodenverhältnisse seinen Ausdruck findet, nicht umhin, einem unabdingbaren Kern von persönlichem Eigenbesitz und von Eigenbewirtschaftung Rechnung zu tragen [11]. Diese restlichen „Privatbetriebe" innerhalb der Kollektivwirtschaften der kommunistischen Länder unter Einschluß Rußlands haben sich zu landwirtschaftlichen Produktionsstätten entwickelt, deren verhältnismäßig gute Wirtschaftsergebnisse gegenüber den unvergleichlich größeren, mächtigeren und besser ausgerüsteten Kollektivwirtschaften in die Augen fallen [12].

2. *Überbrückung der entgegengesetzten Ideologien*

Die Ideologien, die das Landwirtschaftsrecht zu überbrücken hat, sind tiefgreifenderer Natur als bloße Anschauungen auf irgendeiner politischen, philosophischen oder sonstigen doktrinären Grundlage. Die Ideologie in dem hier gebrauchten Sinn umfaßt über den doktrinären Gehalt hinaus auch den ethischen, moralischen und sittlichen Bereich; man hat sie treffend als „soziales Gewissen" gekennzeichnet. Dieser Umstand und

---

[8] Vgl. Kaufmann, aaO, S. 70, insbesondere: Der totale Staat opfert in sturer und einseitiger Konsequenz die (individuellen als) zweitrangigen Interessen vollständig.

[9] Vgl. Pikalo, aaO, S. 454 ff.; Kaufmann, aaO, S. 69.

[10] Das Eigentumsrecht ist „de facto öffentliches Recht" geworden in dem Sinne, daß es „aufgehört hat, ein subjektives Recht" zu sein; vgl. Linde, Bodenordnung der modernen Gesellschaft (Schriftenreihe für ländl. Sozialfragen, Heft 34), S. 25.

[11] Vgl. Linde, aaO. Hinweise bei Sachs, Der Bauer und sein Eigentum. Berichte über Landwirtschaft 39, 1961, S. 9.

[12] Im übrigen wird in der UdSSR die Überführung der Kolchosen in Staatsgüter (Sowchosen) mit beachtlichem Erfolg gefördert.

der weltanschauliche Gehalt der Ideologie, die namentlich im Gegensatz zwischen den Anschauungen der kommunistischen und westlichen Welt ihren Ausdruck findet, geben den Ideologien ihre weltweite Bedeutung, ihre dynamische Kraft, ihre umfassenden und oft totalitären Funktionswirkungen. Diese zeigen sich vor allem im Bereich des Landwirtschaftsrechts und machen dessen Dynamik verständlich, da gerade die Verhältnisse, die dieses Recht zu gestalten und zu ordnen hat, so einschneidender Art sind und sich an ihnen die Geister so elementar scheiden. Wenn sich auch die einzelnen Landwirtschaftsrechte keineswegs der Strahlungskraft der Ideologien zu entziehen vermögen, so kann gleichwohl das Recht seine Aufgaben nur erfüllen, wenn es die entgegengesetzten Anschauungen von höherer Warte zu ordnen und zu überbrücken versteht. Und hierfür ist gerade das Landwirtschaftsrecht naturgemäß besonders berufen, da seine Aufgabe in der Ordnung von Dingen liegt, deren wirtschaftlicher Gehalt keine Experimente ungestraft duldet und richtungweisend und bestimmend ist. Diesem gleichsam naturgegebenen Erfordernis sollten sich die Ideen und Ideologien beugen, sie haben sich den Gesetzmäßigkeiten der Wirtschaft unterzuordnen, um dergestalt überhaupt eine geordnete Wirtschaftsführung mit guten Ergebnissen zu ermöglichen. Diese natürlichen Ordnungsziele des Landwirtschaftsrechts werden in seiner speziellen Zweckausrichtung offenbar.

II. Spezielle Zweckausrichtung

Aus vorgenannten Gründen ist die besondere Zweckausrichtung des Landwirtschaftsrechts vorwiegend wirtschaftlicher Art. Diese Zweckausrichtung zeigt sich übereinstimmend:

1. Im Hinblick auf den landwirtschaftlichen Betrieb [13]

Wie ehedem das Handelsrecht berufen war, den Begriff des kaufmännischen Unternehmens zu entwickeln und ihm eine feste Grundlage zu geben, so ist es das Verdienst des modernen Landwirtschaftsrechts, den landwirtschaftlichen Betrieb, dessen wirtschaftliche, soziale und soziologische Funktionen immer deutlicher erkannt wurden, auch als juristische Einheit zu erfassen und zu gestalten [14]. Hierzu gehörte insbesondere, den Betrieb auch als gleichsam organische, lebende und funktionsfähige Einheit zu erfassen. Aufgabe des Landwirtschaftsrechts ist es, die Bodenverhältnisse, die Agrarstruktur unter besonderer Berücksichtigung der Schaffung und Erhaltung gesunder, leistungsfähiger Betriebe zu

[13] Kroeschell in: Bodenordnung in der modernen Gesellschaft, S. 54, 58.

[14] Baur, Der ldw. Betrieb als juristische Einheit nach deutschem Recht (Akten des 1. Intern. Agrarkongresses in Florenz); Structure juridique et transmission de l'exploitation agricole (Rapports au 59e congrès national des notaires de France [Deauville 1961]).

ordnen. Unter diesem Gesichtspunkt richtet das Landwirtschaftsrecht sein Augenmerk auf die Größenverhältnisse und den Zuschnitt der einzelnen Betriebe und auf die Besetzung der Betriebe mit geeigneten Bewirtschaftern. In den Ländern der westlichen Welt kommt insbesondere dem Familienbetrieb [15] und der grundsätzlich angestrebten Verbindung von Bodeneigentum und Bodenbewirtschafter Bedeutung zu.

2. *Im Hinblick auf den Bauernstand* [16]

Die dem Landwirtschaftsrecht obliegende Ordnung der Bodenverhältnisse umfaßt regelmäßig auch Grundsätze über die Besetzung der landwirtschaftlichen Betriebe mit geeigneten Bewirtschaftern. Dies liegt im Interesse sowohl der Betriebe und ihrer Leistungsfähigkeit als auch ihrer Bewirtschafter. Soweit Landwirtschaftsrechte auf dem Boden solcher Ideologien stehen, die ein weitgehend freies Privateigentum am Boden zulassen, wie die Länder der westlichen Welt und weitgehend auch die Entwicklungsländer, ist der Bauernstand der Gegenstand der bevorzugten Sorge des Landwirtschaftsrechts, und zwar vor allem wegen seiner typischen soziologischen, sozialen und politischen Bedeutung. Diese These ist auch gegenüber dem Phänomen vertretbar, daß der prozentuale Anteil des Bauernstands – überhaupt der in der Landwirtschaft tätigen Erwerbspersonen – im Zuge eines unaufhaltsamen Entwicklungsprozesses bis auf weiteres laufend zurückgeht, wie es in den Industrieländern besonders deutlich in Erscheinung tritt. Nicht alle Länder verfügen über ein solch überkommenes und typisches Bauerntum wie beispielsweise Frankreich, Deutschland, Österreich, die Schweiz, die Beneluxstaaten und die skandinavischen Länder. Das Leitbild dieses Bauernstandes ist in den südeuropäischen Ländern [17] vielfach durch eine starke Abhängigkeit der landwirtschaftlichen Bevölkerung, insbesondere des Landarbeitertums vom Großgrundbesitz verdunkelt, ohne indes seine Strahlungskraft einzubüßen. In England haftet dem Begriff des peasant noch etwas Geringschätziges an [18]. In dem weniger traditionsgebundenen, mehr wirtschaftlich ausgerichteten Farmertyp der USA und Kanadas tritt die Bindung von Farmer zum Boden weniger stark in Erscheinung. In den Staaten Mittel- und Südamerikas und vieler Entwicklungsländer wirft die Abhängigkeit der Bodenbewirtschafter vom Großgrundbesitz vordringlich zu regelnde Probleme auf. In zahlreichen Entwicklungsländern sind

---

[15] ZINN, Bodenordnung in der modernen Gesellschaft, S. 12; STREDING, Stärkung des bäuerlichen Familienbetriebs durch Fortentwicklung der überbetrieblichen Zusammenarbeit, Ber. über Ldw. 39, 1961, S. 635 ff.; PIKALO, aaO, S. 447 ff.

[16] PIKALO, aaO, S. 445 ff.

[17] WILBRAND und RUTHENBERG, Ber. über Ldw. 39, 1961, S. 27 ff.

[18] Vgl. RÖPKE, Die Gesellschaftskrisis der Gegenwart, 5. Aufl., Zürich 1948, Eugen Rentsch Verlag, S. 327, 386; PIKALO, aaO, S. 19.

es in erster Linie wirtschaftliche Maßnahmen, die neben der erforderlichen Aufklärung und Ausbildung die Existenzgrundlage der landwirtschaftlichen Bevölkerung sichern können[19]. In den Ländern der kommunistischen Welt obliegt es der in der Landwirtschaft tätigen Bevölkerung, die grundsätzlich des freien individuellen Bodeneigentums entbehrt, die gestellten Planziele zu erfüllen. Für ihre persönlichen Belange wird weitgehend auf Grundlage des den landwirtschaftlichen Genossenschaften bzw. Kolchosen eigenen Systems gesorgt, was regelmäßig nicht die Zuerkennung eines beschränkten Teils persönlichen Eigentums an einer kleinen Landfläche entbehrlich zu machen vermag.

3. Im Hinblick auf die allgemeinen wirtschaftlichen und sonstigen Interessen

Der landwirtschaftliche Betrieb und die in der Landwirtschaft tätige Bevölkerung stehen nicht isoliert im Raum und in der völkischen Gemeinschaft; bei der landwirtschaftlichen Bevölkerung ist dies um so weniger der Fall, je geringer ihr Anteil an der Gesamtbevölkerung ist und je mehr Probleme auf sonstigen Gebieten, insbesondere der allgemeinen Volkswirtschaft, der Industrie[20], des Bergbaus, des Wohnungsbaus, des Verkehrs und der Landesverteidigung mit den rein landwirtschaftlichen Problemen in Konkurrenz treten. Auch muß ein Mindestmaß individueller Interessen bei der Lenkung des landwirtschaftlichen Bodenverkehrs vor allem dort Rechnung getragen werden, wo die Lenkung umfassend und streng ausgerichtet ist. Vor allem obliegt den Landwirtschaftsrechten die Sorge um

a) die Ernährungssicherung

Ihr kommt in Kriegs- und Notzeiten die erste Bedeutung zu, also in Zeiten, in denen sich die modernen Landwirtschaftsrechte im kontinentalen Europa besonders entwickelt haben. Sie dürfte aber auch in der jetzigen Zeit der zwischenstaatlichen Abkommen von EWG und EFTA mit ihren weitgehenden gesamtwirtschaftlichen Ausrichtungen nicht ganz außer acht zu lassen sein, damit bei etwaigen plötzlichen Veränderungen der Verhältnisse keine ernsten Gefahren aufkommen können.

b) Angemessene Bodenverteilung

Dieser weite Begriff umfaßt nicht nur das, was – namentlich in der Bundesrepublik Deutschland – in erster Linie unter der Zielsetzung der Sicherung und Verbesserung der Agrarstruktur verstanden wird und

---

[19] Vgl. Kuhnen, Agrarreform und wirtschaftl. Entwicklung, in: Bodenordnung in der modernen Gesellschaft, S. 73: Erfordernis der organischen Integrierung der Agrarreform in dem allgemeinen Entwicklungsplan.

[20] Kahler, Das Agrarproblem in den Industrieländern, Göttingen 1958, Verlag Vandenhoeck und Ruprecht; Wurzbacher, Das Dorf im Spannungsfeld industrieller Entwicklung, Stuttgart 1954, Ferd. Enke-Verlag.

nicht nur das, was typischerweise mit dem Begriff der Bodenreform verbunden wird und namentlich für die südeuropäischen, südamerikanischen und viele unterentwickelte Länder so vordringlich ist, sondern er beinhaltet auch die Abstimmung der Bodenverteilung zwischen Land- und Forstwirtschaft und den übrigen Bodennutzungsarten im außerlandwirtschaftlichen Bereich. Diese Abstimmung erfolgt vor allem in dicht besiedelten Gebieten im Zuge einer umfassenden Raumordnung.

D. Die Funktion des Landwirtschaftsrechts in der Praxis

Die wesentlichsten und wichtigsten typischen Funktionswirkungen des Landwirtschaftsrechts zeigen sich in dreifacher Hinsicht:

I. Rechtliche Ordnung der Wirtschaft

Als von einer natürlichen Sachordnung her ausgerichtetes und geformtes Recht obliegt dem Landwirtschaftsrecht die rechtliche Ordnung der Wirtschaft. Bei aller Gemeinsamkeit der Ordnungsgrundsätze in dem oben zu C I. gekennzeichneten Rahmen und dem Primat [21] der wirtschaftlichen Gegebenheiten bewirkt die Beeinflussung des Landwirtschaftsrechts namentlich von der sozialen [22] und politischen Seite her – Landwirtschaftsrecht ist schlagwortartig gekennzeichnet der zum Gesetz erhobene Wille der Agrarpolitik –, daß sich die Ausrichtung des Rechts nicht den unterschiedlichen Ideologien und ihrem Spannungsverhältnis zu entziehen vermag. So wird das Landwirtschaftsrecht unterschiedlich geformt:

1. In den Ländern mit westlicher Lebensauffassung

Hier kann sich das Spannungsverhältnis zwischen individueller Freiheit und Sozialgebundenheit des Eigentums, des Erbrechts und der rechtsgeschäftlichen Gestaltungsmöglichkeiten am weitgehendsten auf natürliche Weise im freien Spiel der Kräfte ausbalancieren und ausgleichen. Aufgabe der Agrarrechte ist es hier, lenkend einzugreifen, um Mißstände zu beseitigen oder zu verhindern. Das Agrarrecht, namentlich das Bodenreformrecht dient mit dazu, daß der elementare Strom naturgesetzlicher, sozialer und wirtschaftlicher Entwicklungen eingedämmt und in geordnete Bahmen gelenkt wird, damit er nicht die Ordnungsdämme des Rechts- und Wirtschaftslebens zerstört. Zivilrecht und öffentliches Recht gehen zu diesem Zwecke eine für das Landwirtschaftsrecht typische Verbindung ein.

---

[21] Vgl. KROESCHELL, aaO, S. 54.

[22] Die soziale Seite des Landwirtschaftsrechts tritt namentlich im Landpachtrecht und Siedlungsrecht hervor.

2. *In den Ländern mit kommunistischer Lenkung*

Typisch für die Agrarrechte dieser Länder ist, daß sie grundsätzlich kein Bodeneigentum individualistischer Prägung kennen. Wo dieser Grundsatz noch nicht erfolgreich durchgeführt ist, ist das Agrarrecht gemäß der marxistisch-ideologischen Grundkonzeption in unterschiedlichen Zwischenstufen mehr oder weniger stark auf dieses Ziel ausgerichtet. Deshalb gibt es in diesen Ländern nach durchgeführtem Abschluß der Perioden radikaler Bodenreformen kaum mehr Bodenlenkungsprobleme eigentumsrechtlicher Art. Der Staat, der die wirtschaftliche und politische Macht vereinigt, kann leicht die Betriebsgrößen organisatorisch nach den von ihm erkannten optimalen Strukturen ausrichten. Grundsätzlich werden Betriebe von erheblichen Größenordnungen als die Idealform angestrebt. Der Anreiz zur Leistungssteigerung wird insbesondere durch Prämiensysteme gefördert, von denen man erhofft, daß ihre stimulierenden Wirkungen auf die Dauer die vom Privatbetrieb ausgehenden Anreize zur Leistungssteigerung ersetzen sollen.

Bei alledem ist nicht zu verkennen, daß manche Staaten kommunistischer Prägung gewisse Abweichungen vom sowjetischen System ernst meinen[23]; es sei hier nicht nur auf die Volksrepublik China[24], auf Albanien, Polen, Südslawien, sondern auch auf das kommunistische Staatsgebilde im östlichen Deutschland hingewiesen. Hier findet sich merkwürdigerweise eine Neuauflage des nazistischen Erbhofeigentums in Gestalt des sogenannten „Arbeitereigentums" der Neusiedler an dem ihnen durch die Bodenreform von 1945/46 zugeteilten Land. Der Neubauer, der zwar Landeigentümer wird, kann dieses weder veräußern, noch verpachten, noch hypothekarisch belasten; die Neubauernwirtschaft geht vielmehr ungeteilt auf einen vom Erblasser zu bestimmenden Erben über, der jedoch der Bestätigung des Rats des Kreises bedarf. Der Hof, das „Arbeitseigentum", erschöpft in Wirklichkeit seine Funktion darin, daß sich der Neubauer die Produkte seiner eigenen Arbeit aneignen darf[25].

3. *In den Entwicklungsländern*[26]

In den meisten dieser Länder wird die Formung des Landwirtschaftsrechts besonders stark von wirtschaftlichen Momenten beeinflußt, denen gegenüber die Kontraste der Ideologien der westlichen und östlichen Welt weniger als eigene Konzeption vertreten werden. Dafür tritt das erwachende Nationalbewußtsein dieser Völker oft stärker bestimmend

---

[23] KROESCHELL, aaO, S. 58. [24] SACHSS, aaO, S. 9 und Fußnote 5.

[25] KROESCHELL, aaO, S. 57.

[26] Vgl. hierzu HOFMANN, Die Landreform in den Entwicklungsländern, Ber. über Ldw. 39, 1961, S. 533 ff.; SCHILLER, Probleme der Agrarstruktur und Agrarreform in den asiatischen Ländern, Ber. über Ldw. 39, 1961, S. 365 ff., und neuerdings umfassend HABERKORN, RdL 1962, 29 ff.

in den Vordergrund. Die Probleme der Agrarreform geben dem Landwirtschaftsrecht das Gepräge.

II. Lenkungsrecht

1. Allgemeine Grundsätze

Das Landwirtschaftsrecht als eigene Rechtsdisziplin wird wesentlich durch seinen lenkungsrechtlichen Gehalt charakterisiert[27]. Das Recht lenkt den Übergang von landwirtschaftlichem Bodeneigentum und -nutzung in die gewünschten Bahnen; es übt seinen Einfluß auf die Formung der Betriebseinheiten und ihre Besetzung mit Bewirtschaftern aus.

Die lenkungsrechtlichen Vorschriften gehören vielfach dem öffentlichen Recht, oft auch dem Zivilrecht an. Sie sind teils zwingender, teils nachgiebiger Natur. Man unterscheidet Lenkungsmittel mit positiver Funktion, die dazu dienen, das Bodeneigentum in die gewünschten Bahnen zu lenken, wie es beispielsweise beim Vorkaufsrecht und bei der Flurbereinigung geschieht, und Lenkungsmittel mit negativer Funktion, deren Einfluß sich darin erschöpft, einen unerwünschten Eigentums- und Besitzwechsel – namentlich in Vollziehung eines Rechtsgeschäfts – zu verhindern; dies beispielsweise dort, wo die Wirksamkeit eines Rechtsgeschäfts von der Erteilung einer Genehmigung oder Zustimmung abhängig gemacht wird oder wo angeordnet wird, daß ein Rechtsgeschäft – beispielsweise ein Pachtvertrag – seine Wirksamkeit verlieren soll, falls er beanstandet wird.

Auf den typischen Einzelgebieten, die das landwirtschaftliche Bodenrecht herausgebildet hat, findet die Bodenlenkung jeweils ihren eigenen Ausdruck.

2. Die Lenkung auf dem Gebiete

a) der Bodenreform

Unter Bodenreform wird regelmäßig die „Umverteilung des Eigentums am Boden oder Besserstellung der Pächter unter Beibehaltung des Rechtsinstituts der Pacht“ [28] verstanden. Sie wird dort notwendig, wo es kein „ausgeglichenes Spiel von Groß- und Kleinbetrieben“ gibt, insbesondere wo die soziale Lage der Bewirtschafter fremder Böden – als Pächter, Halbpächter oder Landarbeiter – zu unerträglichen sozialen Spannungen geführt hat. Auch kann Entmachtung der Eigentümer größeren Grundbesitzes ein Hauptanliegen der Bodenreform sein.

Gesetzestechnische Mittel zur Durchführung der Bodenreform sind:

1. Landübereignung mit und – ausnahmsweise – ohne Entschädigung

---

[27] PIKALO, aaO, S. 471 ff.

[28] HOFMANN, Ber. über Ldw. 39, 1961, S. 533.

im Zuge freiwilligen Verkaufs, Ausübung eines Vorkaufs- oder Ankaufsrechts, Enteignung, Gewinnung von Neuland.

2. Überlassung von Land zur Nutzung im Zuge von Neuverpachtungen und der Gestaltung der Rechtsverhältnisse bestehender Pachtverträge.

b) des Erbrechts

aa) Hier ist namentlich an die im Bereich mit germanischer, insbesondere deutschstämmiger Bevölkerung herausgebildeten Anerbenrechte zu denken, mögen sie sich als unmittelbares oder mittelbares, als zwingendes oder nicht zwingendes Anerbenrecht darstellen. Das Anerbenrecht sichert je nach seiner Ausgestaltung mit mehr oder weniger gutem Erfolg die Erhaltung der Eigentumseinheit des bäuerlichen Hofs (meist mittlerer Größe) im Erbwege in der Hand (meist blutsverwandter) Anerben unter gleichzeitiger Verhütung einer untragbaren Verschuldung durch überhöhte Abfindungen. Anerbengesetze finden sich in Norwegen, in der Bundesrepublik Deutschland, in Österreich und in Südtirol.

bb) Als eine lockere Art des Anerbenrechts kann das in der Schweiz, in der Bundesrepublik Deutschland und in Frankreich [29] geltende, von der Türkei rezipierte Zuweisungsrecht gelten.

cc) In der praktischen Zielsetzung sind den Anerbenrechten gewisse Teilbarkeitsbeschränkungen der im Siedlungsverfahren geschaffenen Wirtschaftseinheiten, namentlich in den Ländern Italien, Spanien und in der Bundesrepublik Deutschland verwandt [30].

dd) Die Rechtsfigur des Arbeitsvertrags mit gestundeter Lohnzahlung (contrat de travail à salaire différé), die im schweizerischen Recht (Art. 633 ZGB) vorgezeichnet und im französischen Recht besonders entwickelt ist (décret-loi v. 9. Juli 1939), erleichtert dem Abkömmling des verstorbenen Eigentümers den geschlossenen Erwerb des elterlichen Betriebs.

c) des Grundstücksverkehrsrechts

Dieses hat nach eingebürgerter Auffassung und Handhabung die Lenkung des rechtsgeschäftlichen Bodenverkehrs unter Einschluß des Eigentumsübergangs land- und forstwirtschaftlichen Bodens – bisweilen auch im Wege der Zwangsversteigerung – zum Gegenstand. Vielfach umfaßt es auch die Kontrolle der Aufnahme dinglicher Belastungen, so bei Nießbrauchbestellungen, Bestellungen von Hypotheken, Grund- und Rentenschulden und Reallasten.

Diese Lenkung ist besonders stark im deutschsprachigen Raum ausgebaut, so zersplittert die Lenkungsgesetze im einzelnen sein mögen; der tragende Gesichtspunkt der Lenkung läßt sich zusammenfassend auf

---

[29] Interessant sind die Bestrebungen in Frankreich, das Zuweisungsrecht auch auf Pachtbetriebe zu erstrecken.

[30] Vgl. PIKALO, aaO, S. 507 unter bb).

Grundlage der Gesichtspunkte charakterisieren, wie ihn das neue deutsche Grundstücksverkehrsgesetz vom Jahre 1961 in § 9 herausgebildet hat. Hiernach darf die Genehmigung zu einer rechtsgeschäftlichen Grundstücksübereignung nur versagt oder durch Auflagen oder Bedingungen eingeschränkt werden, wenn Tatsachen vorliegen, aus denen sich ergibt, daß

1. die Veräußerung des Grundstücks eine ungesunde Verteilung des Grund und Bodens bedeuten oder
2. durch die Veräußerung das Grundstück oder eine Mehrheit von Grundstücken, die räumlich oder wirtschaftlich zusammenhängen und dem Veräußerer gehören, unwirtschaftlich verkleinert oder aufgeteilt würde oder
3. der Gegenwert in einem groben Mißverhältnis zum Wert des Grundstücks steht.

Diese Zielsetzung des Grundstücksverkehrsrechts findet sich mehr oder weniger ausgeprägt auch in Österreich, den Niederlanden, den nordischen Ländern Dänemark, Schweden, Norwegen, und in der Schweiz.

Das Grundstücksverkehrsrecht Frankreichs beschränkt sich hauptsächlich auf die Gestaltung des Vorkaufsrechts zugunsten des Pächters und neuerdings auf Maßnahmen zur Verhütung von Besitzanhäufungen.

Bisweilen dienen Vorkaufsrechte der Bindung landwirtschaftlichen Besitzes an die Familie, so insbesondere in der Schweiz.

d) des Pachtrechts [31]

Neben dem Schutz landwirtschaftlicher Betriebe dient das Pachtrecht vorzugsweise auch der sozialen Sicherung der Pächter. Es stellt zunächst die Typen der einzelnen Pachtarten heraus, so die Pacht zu festem Pachtzins und die Halbpacht, wie sie in mannigfachen Formen hauptsächlich in Italien, Spanien und Teilen Frankreichs vorkommt. Vorschriften über die Form des Pachtvertrags dienen der Sicherheit des Rechtsverkehrs und den Zielen der Bodenlenkung. Grundsätzlich wird Schriftlichkeit verlangt; manchmal wird eine Verpflichtung zum Gebrauch gewisser Vertragsformulare vorgeschrieben.

Manche Vorschriften verhindern eine ungesunde Verteilung der Bodennutzung, andere Vorschriften regeln weitgehend als ius cogens die Dauer der Pacht; hierbei wird meist eine gewisse Mindestdauer vorgeschrieben. Hiermit verwandt ist das differenzierte Recht der Pachtverlängerung, des Pachtschutzes.

Wichtig sind sodann die Vorschriften, die im Interesse des Pächters

---

[31] ABENSOUR und MORAL LOPEZ, Rivista di Diritto agrario 37, 1958, S. 1 ff., 194 ff.; POLAK und DE HAAN, Rechtsvergleichende Unternehmung über die Beziehungen zwischen Verpächter und Pächter in den EWG-Ländern, Reihe Ldw. Nr. 6, Europäische Wirtschaftsgemeinschaft Brüssel 1961; PIKALO, Agri forum 1961, Nr. 5 (S. 17 ff., S. 8 ff. des Ergänzungshefts der Ausgabe in franz. Sprache).

und der Wirtschaftsführung die Höhe des Pachtzinses regeln. Andere Vorschriften erleichtern den Zugang des Pächters zum Eigentum, so vor allem die vorkaufsrechtlichen Vorschriften, wie sie für das französische, das niederländische und spanische Recht charakteristisch sind.

Andere Bestimmungen stellen die Rechtslage beim Tod einer Vertragspartei klar. Im Falle des Todes des Pächters kann bisweilen die Pacht gekündigt werden. Meist ist aber das Kündigungsrecht beschränkt, oder es wird nur für die Fälle grundsätzlich zugelassen, in denen nahe Angehörige des Pächters die Bewirtschaftung übernehmen wollen.

Ein besonderes Problem ist das der Übertragbarkeit der Pachtrechte. Hier gibt das Gesetz bisweilen das Recht der Unterverpachtung zugunsten naher Angehöriger des Pächters. Regelmäßig bedarf es aber zur Unterverpachtung der Zustimmung des Verpächters.

e) der Siedlung [32]

Das Siedlungsrecht dient gemäß seiner sozialen Zweckausrichtung namentlich in den Ländern der westlichen Welt der Ansässigmachung tüchtiger Landwirte und ihrer Familien auf Eigentümer- oder Pachtbetrieben. Wegen der mit Durchführung der Siedlungsverfahren gebrachten finanziellen Opfer der öffentlichen Hand bestehen regelmäßig Heimfallrechte zugunsten der Siedlungsträger bei Nichtbewährung der Ansiedler. Das Siedlungsrecht ist weitgehend mit dem Bodenreformrecht und Pachtrecht gekoppelt.

f) der Flurbereinigung [33]

Das Flurbereinigungsrecht erstrebt die Schaffung leistungsfähiger landwirtschaftlicher Betriebseinheiten durch Behebung der wirtschaftsschädlichen – insbesondere eigentumsmäßigen – Bodenzersplitterung und die damit verbundenen Maßnahmen der Aussiedlung und Betriebsaufstokkung. Hand in Hand damit gehen umfassende Maßnahmen der Bodenverbesserung und dergleichen mehr.

III. Berührung des Landwirtschaftsrechts mit anderen Lebensbereichen

Hier zeigen sich vielfache Berührungspunkte, so

1. mit dem Forstrecht

Wo der Wald als Bestandteil eines bäuerlichen Betriebs mit landwirtschaftlichen Nutzflächen verbunden ist, müssen die agrarstrukturellen Ordnungen den forstlichen Betriebsteil mitberücksichtigen. Das Ent-

---

[32] Vgl. Gamperl, Die Flurbereinigung im westl. Europa, Bayer. Ldw.-Verlag 1955, und Pikalo, aaO, S. 555 ff.

[33] Tanner, Güterzusammenlegung und Agrarstruktur in Europa, Neue Zürcher Zeitung, Nr. 2209 vom 16. Juli 1959, Blatt 5.

sprechende gilt für das umgekehrte Verhältnis dort, wo dem Forstbetrieb kleinere landwirtschaftliche Nutzflächen zugeordnet sind. Im übrigen enthält auch das die reinen Waldgebiete ordnende Forstrecht als eine von der natürlichen Sachordnung her ausgerichtete Disziplin Grundsätze, die denen des Landwirtschaftsrechts entsprechen.

2. mit dem allgemeinen Recht

Das moderne Agrarrecht, das sich aus dem allgemeinen Recht, insbesondere dem Zivilrecht entwickelt hat, wird in der westlichen Welt noch überwiegend von diesem her bestimmt. Es ist zur Verhinderung einer schädlichen Rechtszersplitterung dafür Sorge zu tragen, daß der sonderrechtliche Gehalt des Landwirtschaftsrechts nicht überspannt wird, also nicht weiter ausgebaut wird, als dies unbedingt im Interesse der Ordnung der Wirtschaft notwendig ist.

3. mit der Agrarpolitik

Von ihrer Zielsetzung wird das Agrarrecht bestimmend beeinflußt. Die Agrarpolitik hat neben den wirtschaftlichen und sozialen Zweckausrichtungen in den einzelnen Staaten vielfach auch zwischenstaatliche Zielsetzungen zum Gegenstand. Wo im Raume von Wirtschaftsgemeinschaften eine koordinierte Agrarpolitik vorgesehen ist, unterscheidet sich diese dadurch von einer gemeinsamen Politik, daß die Agrarwirtschaften der Mitgliedstaaten ihre nationale wirtschaftliche Souveränität und Verantwortung behalten.

4. mit der Soziologie

Hier sind die Berührungspunkte besonders stark und fruchtbringend. Es hat sich ein besonderer Zweig der Agrarsoziologie herausgebildet[34].

E. Rückblick und Ausblick

1. Die zunehmende Differenzierung und Spezialisierung unseres gesamten Wirtschafts- und Rechtslebens im Zuge einer unaufhaltsamen Entwicklungstendenz hat die Herausbildung des Landwirtschaftsrechts als Sonderrecht begünstigt. Diese Entwicklung läßt sich als zweckmäßig, wenn nicht gar als notwendig kennzeichnen. Gefahrlos und fruchtbringend ist sie jedoch nur dann, wenn diese Sonderentwicklung nicht so weit geht, daß der Zusammenhang mit dem allgemeinen Recht und die

---

[34] Bernd van Deenen, Die ländliche Familie unter dem Einfluß von Industrienähe und Industrieferne, Sozialpol. Schriften, Heft 13, Berlin 1961; Pedersen, Cultural Differences in the Acceptance of Recommanded Practices in Rural Sociology, Vol. 16, S. 37–49.

Ausrichtung von übergeordneten höherwertigen generellen Normen verlorengehen. Die Sonderrechte dürfen nicht zu einer untragbaren Rechtszersplitterung führen.

2. Überkommenes Rechtsdenken der westlichen Welt und Rechtstheorien der marxistischen – kommunistischen Doktrin können im Interesse höherwertiger Ziele viel von der doktrinären Schärfe scheinbar kompromißloser Gegensätzlichkeiten verlieren, wenn ihre Ausrichtung von den natürlichen Sachordnungen her erfolgt, von der Ordnung der Wirtschaft und ihren naturgesetzlichen Gegebenheiten her. Der Gegensatz von individueller Freiheit und Sozialbindung des Eigentums, wie er bei Ordnung der Bodenverhältnisse vor allem in den Ländern der westlichen Welt in Erscheinung tritt, die völlige Negierung des privatrechtlichen Eigentumsgehalts und seine Umdeutung in einen schmalen Bereich persönlichen Eigentums kommunistischer Prägung kann seine Milderung durch den Gedanken einer weisen sachlichen Funktionsgebundenheit des Eigentums erfahren. Diese Bindungen brauchen aber nicht weiter als notwendig zu gehen.

3. Wesentlich sollte sein, daß das Bodenrecht seine Ausrichtung nicht nur von der (toten) Sachgüterwelt her erfahren darf, sondern auch vom Menschen und seiner Würde her, vom Menschen, der letzten Endes das Maß aller irdischen Dinge ist und der nach seinen Bedürfnissen die Wirtschaftseinheiten so zu formen und zu führen hat, daß das Ergebnis für ihn und damit gleichzeitig auch für die Gemeinschaft möglichst vorteilhaft ist. Hierbei darf aber das dem Einzelmenschen innewohnende Bedürfnis nach Glück, Sicherheit und Erfolg nicht übersehen werden. Wo es vertretbar ist, muß die Ordnung der Sachgüterwelt nach Gesetzen erfolgen, die die Wahrung dieser höchsten persönlichen Belange für eine möglichst große Anzahl von Menschen gewährleisten. Wegen seiner besonders engen und naturnahen Verflechtung des Landwirtschaftsrechts mit der Sachgüterwelt und den Menschen erscheint dieses besonders dazu berufen, zur Verwirklichung einer solch idealen Zielsetzung beizutragen.

Dritter Teil

HANDELSRECHT

URHEBERRECHT

ARBEITSRECHT

LUFTRECHT

HANDELSRECHT

DIE GRÜNDUNGSKONTROLLE BEI AKTIENGESELLSCHAFTEN [1]

von Dr. RUDOLF WIETHÖLTER

Dozent an der Universität Köln

Dieser Bericht will – als Grundlage des vergleichenden Generalreferates – über den gegenwärtigen Rechtszustand in Deutschland und seine Entwicklung sowie über die amtlichen Reformentwürfe [2] informieren. Nicht behandelt wird die Gesellschaft mit beschränkter Haftung, deren Reform seit Jahren im Gange ist, bisher aber noch nicht zu amtlichen Reformentwürfen geführt hat.

A. Das Problem und seine Entwicklung

I

Die Geschichte des deutschen Aktienrechts ist eine Geschichte seiner Teilreformen. Diese Geschichte selbst ist jung, noch nicht 150 Jahre alt. Bis zur ersten Hälfte des 19. Jahrhunderts hat es ein Aktienrecht im heutigen Sinne noch nicht gegeben, noch weniger ein Aktiengesetz. Der Code de Commerce (1807) leitet die neuzeitliche Entwicklung ein. Deutschland schafft sich ein erstes wirkliches Aktiengesetz mit dem Allgemeinen Deutschen Handelsgesetzbuch (ADHGB) von 1861. Seither haben Reformbewegungen nicht Ruhe gegeben. Sie haben gleichsam in Wellen das Gesetz überspült und dabei stets gleiche Grundfragen mit sich geführt, die an Wichtigkeit einander ablösten: Gründungssolidität, Verhältnis Verwaltung-Großaktionäre-Kleinaktionäre, Publizität und Rechnungslegung, Finanzierung, Kontrolle und Haftung der in der Gesellschaft „Mächtigen".

Die Gründungssolidität und ihre Sanktionen, früher (bis zur Novelle von

---

[1] Ausführliche Zusammenstellung des *Schrifttums* bei GEORGAKOPOULOS, Die Gründung der Aktiengesellschaft, 1959 (Hamburger Rechtsstudien, Heft 48), S. 181–192; älteres Schrifttum bei RUDOLF FISCHER in Ehrenbergs Handbuch des gesamten Handelsrechts, Bd. III, 1.Abt., 1916, S. 74[1], 94[1], 128[1], 141[1].

[2] Referentenentwurf eines Aktiengesetzes von Oktober 1958; Regierungsentwurf eines Aktiengesetzes von März 1960; Bundestagsdrucksache (4. Wahlperiode) 171 v. 3. 2. 1962; dort (Anlage 2) auch Stellungnahme des Bundesrates sowie in Anlage 3 Auffassung der Bundesregierung zu der Stellungnahme des Bundesrates.

1884 besonders deutlich) das Sorgenkind Nr. 1 des Gesetzgebers, haben an Aktualität verloren. Die großen Gründungsepochen sind verklungen, die sie begleitenden Schwindeltechniken hat der Gesetzgeber in den Griff bekommen. Die Aktiengesellschaft (AG) ist heute weniger Instrument der Gründungsspekulation als der wirtschaftlichen Betätigung in großem Stil. Wer sich dieser Rechtsform bedient, stellt das Recht nicht mehr im Gründungsstadium, sondern – wenn überhaupt – erst später auf die Probe. Konzerne und Kartelle lösen die isolierten Aktiengesellschaften ab und weisen ihnen ihren betrieblichen Rang und ihren Marktanteil an. Der erreichte Zustand der Hochindustrialisierung – ein engmaschiges Netz, das nicht mehr durch wirkliche Neugründungen enger geknüpft wird, sondern durch Aus- und Umgründungen oder Konzernverflechtungen – verlagert nahezu zwangsläufig die Zentralprobleme von der Gründung zur wirtschaftlichen Bewährung der AG. Kein Wunder, daß das Gründungsstadium in der AG in den amtlichen Reformentwürfen kaum mehr erwähnt wird, in der ausgedehnten öffentlichen und literarischen Diskussion die Gemüter nicht mehr erhitzt und in der Rechtsprechung ein Schattendasein führt. Es lohnt sich jedoch gerade angesichts einer solchen Veränderung, die Entwicklung der Gründungskontrolle bis zur heutigen Konsolidierung zu skizzieren.

II

Der Weg der AG-Gründung ist ein Weg ihrer „Privatisierung". Ursprünglich hoheitlicher Akt der Krone oder des Staates, gehört sie heute zum Kerngebiet privatrechtlicher Autonomie.

1. Die Verfassung der AG und die Entwicklung des Aktienwesens werden bis zum Ende des 18. Jahrhunderts vom *octroi* beherrscht. In den merkantilistischen Handelskompanien, den Vorläufern der modernen AG, begegnen wir im 17. und 18. Jahrhundert einer grandiosen Welthandelsbewegung, die den ungeahnten Aufschwung zunächst beherrscht, später aber aus der Kontrolle verliert. Einen Rechtszweig Aktienrecht gibt es nicht. Jede einzelne AG führt ihr Eigenleben, vom Staat stets sanktioniert, oft gefördert, oft aber auch eingeengt. Das 18. Jahrhundert bringt die klare Trennung zwischen der öffentlichrechtlichen Privilegierung einer Gesellschaft durch den Gesetzgeber (octroi) und der privatrechtlichen Organisationsentscheidung der Gesellschafter (Statut) [3]. Der octroi bewirkt durch staatlichen Akt (Spezialgesetz) die Inkorporierung der AG als juristischer Person, er enthält zugleich kraft öffentlichrechtlichen Privilegs die Genehmi-

[3] Vgl. Bösselmann, Die Entwicklung des Deutschen Aktienwesens im 19. Jahrhundert, 1939, S. 60–62; Karl Lehmann, Die geschichtliche Entwicklung des Aktienrechts bis zum Code de Commerce, 1895, S. 63 f.; Rénaud, Das Recht der Aktiengesellschaft, 2. Aufl. 1875, S. 41 f.; Schmoller, in Schmollers Jahrbuch 17, 1893, S. 959–1018 (1003–1007).

gung eines bestimmten Gewerbebetriebs, und er delegiert – so bei den großen Handelskompanien – die Ausübung ausgewählter Hoheitsrechte. Die Existenz der einzelnen AG beruht mithin nicht auf einem allgemeinen Gesetz, sondern auf den Wünschen von Kaufleuten und dem Willen des Souveräns. Ständige Staatskontrolle ersetzt das Aktienrecht. Das octroi-System endet in der Französischen Revolution.

2. Die Revolution proklamiert die Gewerbefreiheit (1791), deren Mißbräuche allerdings später zum völligen Verbot der AG führen. Mit der Aufhebung dieses Verbots (1796) beginnt die Zeit des *Konzessionssystems,* ein Kompromiß zwischen octroi und extremem Liberalismus, das zunächst „rechtspolizeilich" gedacht wird [4]. An die Stelle ständiger Staatskontrolle tritt die einmalige Prüfung der Gesellschaft durch staatliche Behörden im Gründungsstadium. Die autorisation du gouvernement, auf die (im Unterschied zum Normativbestimmungssystem) kein Rechtsanspruch besteht, erweist sich als brauchbares Mittel, Regeln für die Gesellschaftsstatute zu schaffen, deren Vereinheitlichung und Straffung der Aktienrechtsentwicklung zugute kommt.

Die französische Entwicklung wurde für Deutschland vorbildlich.

3. In Deutschland – insbesondere im führenden Staat Preußen – führt die erste Hälfte des 19. Jahrhunderts zu einer ersten, allerdings bescheidenen Blüte der AG. In Preußen werden von 1800 bis 1850 118 Aktiengesellschaften gegründet, davon 44 Verkehrsgesellschaften; die Eisenbahnen allein (26 Gesellschaften) halten 88 Millionen Taler Aktienkapital (von 135 Millionen Talern der Gesellschaften insgesamt). Gleichgerichtete Berufs- und Standesinteressen führen zu Gründungen und schaffen damit die auffallend starken ständischen Grundlagen der Gesellschaften [5]. Gesellschaftsgründungen werden allerdings durch einen „unheilvoll widerspruchsvollen Rechtszustand" erschwert [6]. Gründungsvorarbeiten und Errichtung einer AG sind an lange Verhandlungen mit der Regierung, umfangreiche Entwürfe, Denkschriften, Gutachten, Prüfungen und Auflagen geknüpft, über denen in der Regel mindestens ein Jahr vergeht („Kampf um die Konzession" [Mevissen]). Jedenfalls ist die Konzession – die landesherrliche Genehmigung der Statuten – der weitaus schwierigste Teil der Gründung [7]. Dabei gibt es ursprünglich in den nicht-rheinischen Gebietsteilen Preußens (in den rhei-

---

[4] Vgl. Fischer in Ehrenbergs Handbuch aaO, S. 23–25.

[5] Einzelheiten bei Bösselmann aaO, S. 76–118, 189–200.

[6] Schumacher, Die Entwicklung der inneren Organisation der Aktiengesellschaft im deutschen Recht bis zum Allgemeinen Deutschen Handels-Gesetzbuch, 1937, S. 9.

[7] Vgl. Bösselmann aaO, S. 71–75, 114–118; Bösselmann erwähnt – aaO, S. 73 – eine Circularverfügung vom 22. 4. 1845 über AG-Konzessionen, nach der es für die Genehmigung der AG darauf ankam, ob sie aus Gesichtspunkten des Gemeinnutzes der Förderung wert erschien und ihre Zwecke die Kapitalkraft des einzelnen überstiegen.

nischen: Genehmigungspflicht kraft des Code de Commerce!) nicht einmal eine rechtlich fixierte Genehmigungspflicht; indessen ist sie in der Praxis völlig üblich; die Regierung entscheidet sich in den 20er Jahren endgültig für die Konzessionspflicht. Die ersten „Aktiengesetze" sehen sie dann auch ausdrücklich vor. So das Preußische Gesetz über die Eisenbahnunternehmungen vom 3. 11. 1838 (Preuß. GS 1838, 505–516). Mit seinen 49 Paragraphen eher ein Spezial- und Rahmengesetz für den Eisenbahnbetrieb als ein richtiges Aktiengesetz ordnet es insbesondere das Genehmigungsverfahren und die Aufsicht durch eine staatliche Kommission. Das Preußische Gesetz über Aktiengesellschaften vom 9. 11. 1843 (Preuß. GS 1843, 341–347) behandelt ebenfalls nicht die innere Organisation der AG, die dem Einzelstatut überlassen bleibt, dessen Kontrolle wiederum die Konzessionspflicht gewährleistet [8].

Im ganzen weisen die Aktiengesellschaften der ersten Hälfte des 19. Jahrhunderts nahezu ideale Züge auf: die Gesellschaften dienen gemeinnützigen Zielen, werden von verantwortungsbewußten und weitblickenden Männern gegründet, pflegen nahe und gute Beziehungen zu den Aktionären und stehen unter scharfer Kontrolle, der häufig genug ein lebensfähiges Projekt zum Opfer fällt [9]. Zum Schaden der aktienrechtlichen Entwicklung, aber mit Rücksicht auf den Zeitgeist, die Ansprüche der Wirtschaft und den Druck der Projekte kaum vermeidbar, geht in der zweiten Hälfte des 19. Jahrhunderts die zweifache Grundlage der früheren guten Ordnung in der Gesellschaft verloren: die „ständische" AG wird zur „kapitalistischen" AG und legt den Raum für Spekulations- und Schwindelgründungen frei; außerdem wird die scharfe Kontrolle mehr und mehr gelockert, bis schließlich die Konzession dem Gründungssystem der Normativbestimmungen weicht, obwohl gerade diese Entwicklung doppelte Kontrolle verlangt hätte.

4. Das ADHGB (1861) leidet unter den seine Entstehungsgeschichte belastenden Unklarheiten und Mißverständnissen in der Konzessionsfrage, dem Verhältnis zwischen Kommanditgesellschaft auf Aktien und AG und der inneren Organisation beider Gesellschaftsformen [10]. Während der Nürnberger Beratungen (1857–1861) ist die Konzessionspflicht für Aktiengesellschaften nahezu unstreitig. Der preußische Entwurf (Art. 181), der Redaktionsentwurf nach der ersten und zweiten Lesung (Art. 186 bzw. 194), und das ADHGB selbst (Art. 208) sehen die Konzession einheitlich vor. Hamburg verliert seinen Vorstoß zugunsten eines Normativsystems mit

---

[8] Das Gesetz hält an dieser Konzessionspflicht fest (§§ 1 II, 2); SAVIGNYS Einfluß im Gesetzgebungsministerium ist es zu danken, daß sich die beschränkte Haftung der Aktionäre als Merkmal der juristischen Person durchsetzte (so das Gesetz von 1843!) und nicht mehr als Vorrecht aus landesherrlichem Privileg verstanden wurde.

[9] Vgl. BÖSSELMANN aaO, S. 115 f.

[10] Vgl. WIETHÖLTER, Interessen und Organisation der Aktiengesellschaft im amerikanischen und deutschen Recht, 1961, S. 73, 270 ff.

1:14 Stimmen. Immerhin konnten die Länder in ihren Ausführungsgesetzen auf die Konzession verzichten. Davon machten die drei Hansestädte, Oldenburg, Baden, Sachsen und Württemberg Gebrauch [11].

5. Das Konzessionssystem wird dann in der Reformnovelle des Norddeutschen Bundes von 1870 [12] abgelöst durch das *System der Normativbestimmungen:* die staatliche Genehmigung wird ersatzlos gestrichen, dafür wird der bisher fakultative Aufsichtsrat zum obligatorischen Organ. Diese Normativbestimmungen, deren Einhaltung nunmehr einen Rechtsanspruch auf Eintragung der AG und damit Inkorporierung als juristische Person schaffen und deren Sinn es war, den Gründungshergang zu ordnen, die Aktionsfähigkeit der Gesellschaft zu gewährleisten und Schutz gegen unlautere Manipulationen zu bieten, waren im wesentlichen schon vorher vorhanden. Der Gesetzgeber glaubte 1870 – und darin irrte er –, der jetzt obligatorische Aufsichtsrat werde die fehlende staatliche Aufsicht ersetzen und „unfehlbar“ in Zukunft die zugewiesene Überwachungsbedeutung erlangen, weil die Aktionäre durch Fortfall der staatlichen Aufsicht sich selbst überlassen seien [13]. Die Hoffnung des Gesetzgebers trog. Waren in Preußen vor 1871 insgesamt nur 203 Aktiengesellschaften gegründet worden, so allein 843 in der Zeit von 1871 bis 1873. Eine Flut schwindelhafter Gründungen schokkierte die Anleger und den Gesetzgeber.

6. Die Aktiennovelle von 1884 [14] sucht das Übel an der Wurzel zu packen: bessere Gründungsbestimmungen, straffere Funktionsteilungen zwischen den Organen, Stärkung des Aktionäreinflusses [15], im ganzen also der Versuch, die fehlende staatliche Aufsicht durch ein ausgefeiltes Gleichgewichtssystem in der inneren Verfassung der Gesellschaft zu ersetzen. In dieser Hoffnung ist auch der Gesetzgeber von 1884 durch die spätere Entwicklung enttäuscht worden. Dagegen haben sich die strafferen Gründungsbestimmungen bewährt und sind noch heute nahezu unverändert deutsches Recht; so insbesondere die 1884 geschaffene Pflicht, das Kapital im Hinblick auf die festgestellte Satzung [16] (und zeitlich nach ihr) aufzubringen; so die klare zeitliche Trennung von „Errichtung“ der Gesellschaft (Satzungsfeststellung,

---

[11] Vgl. Lehmann, Recht der Aktiengesellschaften, Bd. I, 1898, S. 79; Rudolf Fischer aaO, S. 27.

[12] Gesetz betreffend die Kommanditgesellschaften auf Aktien und die Aktiengesellschaften vom 11. 6. 1870, BGBl. 1870, 375–386.

[13] Sten. Ber. über die Verh. des Norddeutschen Bundes, Session 1870, 3. Bd., S. 655.

[14] Gesetz betreffend die Kommanditgesellschaften auf Aktien und die Aktiengesellschaften v. 18. 7. 1884, RGBl. 1884, 123–170.

[15] Vgl. die Entwurfsmotive in Sten. Ber. über die Verh. des Reichstages, 5. Leg. Periode – IV. Session, 1884, 3. Bd., Berlin 1884, 215–413 (237 ff.: „Vertrauen in die bestehende Aktiengesetzgebung tief erschüttert“).

[16] Seit 1884 müssen auch mindestens 5 Gründer die Satzung feststellen; vorher lag die Feststellung oft bei einer einzigen Person.

Kapitalaufbringung und Mitgliedschaftsübernahme) und „Entstehung" der Gesellschaft (Eintragung nach Organbestellung und Gründungsprüfung); so die straffe Kontrolle des Gründungshergangs durch Prüfer sowie ihre Sanktion durch entsprechende Haftung. Für die Gründungsnormativbestimmungen ist mithin die Novelle von 1884 der entscheidende Meilenstein geworden. In der Folgezeit finden sich nur Änderungen an Einzelheiten.

7. Das HGB (in Kraft seit 1900) ändert nur geringfügig die Gründungs*revision*. Die Denkschrift des Reichsjustizamtes rechtfertigt dies: die Mißstände der Gründerzeit in den 70er Jahren hätten nachgelassen; gegenwärtige Mißstände beträfen weniger das Aktienrecht als die Börsengesetzgebung; grundlegende Änderungen im Aktienrecht seien weder beabsichtigt noch auch nur gefordert [17].

8. In den 20er Jahren führt die Konzentration und Konzernierung dann zu den bekannten Schlagworten der „stillen Selbstsozialisierung der AG", der „Institutionalisierung der AG", des „Unternehmens an sich", der „Wandlung der AG". Die Probleme verlagern sich von der Gründung weg. Die Notverordnung vom 19. 9. 1931 [18] legt den Reformschwerpunkt auf die Publizität: Einführung der Pflichtprüfung. Das Aktiengesetz vom 30. 1. 1937 [19] beläßt es im wesentlichen beim bisherigen Gründungsrecht.

9. Kaum Änderungen enthalten auch die amtlichen Reformentwürfe heute (Referentenentwurf und Regierungsentwurf) [20] sowie die zahlreichen Stellungnahmen aus Wissenschaft, Wirtschaft und Verbänden. Letztere erwähnen das Gründungsstadium meist nicht einmal mehr. Die wesentlichste Änderung in den Reformentwürfen ist der Wegfall der *Stufengründung*, die – früher die Regel, heute sogar weniger als eine Ausnahme – praktisch nicht mehr benutzt wird, rechtlich aber an Kompliziertheit die Einheitsgründung übertrifft. Das Gründungsstadium ist heute für den Reformgesetzgeber kein heißes Eisen mehr. In diesem Stadium haben sich die Probleme verlagert. Hier steht nunmehr eindeutig im Vordergrund des wissenschaftlichen und praktischen Interesses die Rechtsnatur der AG in statu nascendi. Demgegenüber haben die Gründungstechnik, ihre Überwachung und ihre Sanktionen, mit den Grundlagen aus dem Jahre 1884 ein Höchstmaß möglicher Bewährungsvorsorge erreicht. Nach allgemeiner Meinung wird sie auch in Zukunft ihren Aufgaben gewachsen sein. Es mag sein, daß diese Bewährung zu einen guten Teil dem Umstand zu danken ist, daß seit dem Abklingen der großen Gründungsepochen und der erreichten Gesellschafts-Konsolidierung

---

[17] Vgl. Entwurf eines Handelsgesetzes mit Ausschluß des Seehandelsrechts nebst Denkschrift, aufgestellt im Reichsjustizamt, 1896, S. 315–317.

[18] RGBl. I 493. [19] RGBl. I 107.

[20] Das Wort „unverändert übernommen" findet sich in den amtlichen Reformentwürfen nirgendwo so häufig wie in den Erläuterungen zum Gründungsrecht; im Referentenentwurf finden sich unter 255 Seiten Begründungstext 9 Seiten für das Gründungsstadium, im Regierungsentwurf unter 171 insgesamt 8 Seiten.

heute kaum jemand mehr das Gründungsrecht auf die Probe stellt. Offenbart die Wirtschaftspraxis aber keine Lücken und Schwächen des Gründungsrechts, dann darf eben die Rechtsordnung in diesem Stadium befriedigt inaktiv bleiben und die geltende Ordnung zu Recht als „bewährt" ansehen. Deswegen erscheint es auch gerechtfertigt, in diesem Beitrag die Entwicklung der Gründungsproblematik nicht ganz flüchtig zu skizzieren und dafür den geltenden Rechtszustand geschlossener und knapper vorzutragen.

III

1. *Gründung* der AG bedeutet eine zusammenfassende Bezeichnung eher eines Ergebnisses als eines Vorganges. Technisch erweist sich diese Gründung als gestreckter Tatbestand. Zu unterscheiden sind namentlich drei Abschnitte:

1. *Gründung* eines Aktien*vereins* als des personellen Substrates der geplanten AG, zugleich „Individualisierung" (WÜRDINGER) dieser zu schaffenden Rechtsperson; rechtstechnischer Vollzug durch Vertrag (Satzungsfeststellung);
2. *Garantie* der Vermögensaufbringung durch Aktienübernahme (= kapitalistisches Substrat), die sich zugleich als verbindliche Übernahme der „Mitgliedschaft" im Aktienverein darstellt; das Gesetz (§ 22 AktG) nennt den Abschluß dieses Abschnittes – wenig treffend und willkürlich – *Errichtung* der AG;
3. *Eintragung* der AG, die als staatlicher und konstitutiver Akt die Inkorporierung der AG als juristische Person bewirkt; in der konstitutiven Wirkung liegt die schärfste Kontrollwaffe des Staates, sein Ausgleich für die gewährte Autonomie zur Körperschaftsbildung. Autonomie und Eintragungskontrolle in einem System von Normativbestimmungen für die Gründung, das bei Beachtung eben dieser Bestimmungen einen Rechtsanspruch auf Eintragung gewährt und sich gerade hierin vom Konzessionssystem unterscheidet, vereinen ein mögliches Höchstmaß an Verbandsfreiheit mit dem nötigen Mindestmaß an staatlicher Kontrolle. Im übrigen werden Kontrollmaßnahmen aufgeteilt auf Gründungspublizität, Gründungsprüfung sowie entsprechende Haftungssanktionen.

2. Diese Skizze enthält in nuce die Struktur der *Rechtskontrolle.* Daneben findet sich zuweilen eine spezifische *Gewerbekontrolle,* die aber mehr die Art als die Begründung der Tätigkeit betrifft (z. B. für Versicherungsgesellschaften, Kreditinstitute, Hypothekenbanken). In dieser Gewerbekontrolle, über die hier nicht berichtet wird, lebt noch eine Art Konzessionssystem fort.

3. Auch die Einstellung zu technischen Problemen der Gründung und der Gründungskontrolle hängt weitgehend davon ab, welche Stellung man zum *Wesen* der AG, der juristischen Person, der kapitalistischen Körperschaft

einnimmt. Die AG ist nach deutschem Recht *Verein,* nicht Gesellschaft, nicht Anstalt, nicht Stiftung. Kapitalistisches und personelles Substrat sind miteinander verquickt. De lege lata ist an dieser Konzeption trotz vieler Bedenken nicht zu rütteln. Dagegen sind auch und gerade de lege lata unterschiedliche Auffassungen zur Gründungstechnik und ihrer rechtlichen Beurteilung möglich, je nach Einstellung zum Wesen der AG als bloßer Fiktion, rechtlicher Zweckhülle oder gar realer Verbandsperson im Sinne eines lebendigen Organismus. Den „nüchternsten" Standpunkt kann beziehen, wer die Gründung der AG als reinen rechtlichen Tatbestand sieht, der zur Rechtsfolge „juristische Person" führt [21]. Je näher man der realen Verbandsperson steht, desto schwieriger wird die Abgrenzung im einzelnen zwischen Vereinsbildung, Eigenleben der AG in statu nascendi und Kapitalzusammenschluß. Die Problematik des Wesens der juristischen Person belastet mithin die Gründungsproblematik zwangsläufig.

4. Im folgenden wird zunächst (unter B) der Normaltyp heutiger Gründung vorgestellt: die sog. Einheitsgründung. Es schließen sich die Stufengründung (unter C) und spezielle Gründungstechniken (unter D) an. Die scharfe Trennung zwischen Einheits- und Stufengründung läßt sich rechtlich kaum rechtfertigen. Sie erscheint hier aber deswegen richtig, weil die Stufengründung praktisch nicht mehr vorkommt und im zukünftigen Recht wegfallen wird. Ihre komplizierteren Einzelheiten würden deshalb die Ausführungen über die Einheitsgründung nur belasten.

B. Die Einheitsgründung

Die Bezeichnung „Einheitsgründung" findet sich nicht im Gesetz, hat sich aber durchgesetzt und bedeutet dasselbe wie die früher geläufigere „Simultangründung". Freilich ist auch die Einheitsgründung kein Gründungsvorgang, kraft dessen die AG uno actu entsteht. Jede Gründung vollzieht sich in „Stufen" (i. S. eines gestreckten Tatbestandes), ohne technisch „Stufengründung" (früher meist Sukzessivgründung) zu sein. Der entscheidende Unterschied liegt darin, daß bei der *Einheitsgründung* gerade und nur die Aktionäre, welche die Satzung festgestellt haben, alle Aktien entweder bei Satzungsfeststellung (§ 16 [22]) oder später (§ 22 II) übernehmen müssen, und bei der *Stufengründung* die Aktionäre, welche die Satzung festgestellt haben, bei Satzungsfeststellung nicht alle Aktien, sondern nur die gesetzliche Mindestzahl (nach § 2 jeder Aktionär mindestens 1 Aktie) zu übernehmen brauchen, während der Rest später von beliebigen Personen übernommen werden kann (§ 30). Die Einheitsgründung umfaßt mithin technisch zwei Hauptstufen: die Satzungsfeststellung einschließlich voller Aktien-

[21] So neuestens Georgakopoulos aaO, passim.
[22] §§ ohne Zusatz beziehen sich auf das Aktiengesetz von 1937.

übernahme und die Eintragung der AG; die Stufengründung dagegen drei Hauptstufen: die Satzungsfeststellung einschließlich teilweiser Aktienübernahme, die spätere Restaktienübernahme und die Eintragung.

I

Grundlage der AG ist die Verbindung von persönlichem und sachlichem Substrat. Das persönliche Substrat wird geschaffen durch Gründung eines Vereins (Aktienvereins) in Form der Feststellung der AG-Satzung. Das sachliche Substrat wird geschaffen durch Übernahme der AG-Anteile. Beide Akte können faktisch zusammenfallen, rechtlich sind sie zu trennen.

1. *Feststellung der Satzung* ist sachlich Abschluß des Gesellschaftsvertrages. Das Aktiengesetz verwendet beide Bezeichnungen in § 2 nebeneinander und bevorzugt im übrigen den Begriff „Satzung", der besser zum Ausdruck bringt, daß es sich bei der AG juristisch nicht um eine Gesellschaft, sondern um einen Verein besonderer Art handelt.

a) Die Feststellung der Satzung ist eine rechtsgeschäftliche Vereinbarung, ein *Vertrag*. Die Vertragsbeteiligten – aber auch nur sie – sind die *Gründer* der AG (§ 21 Satz 1). Sie werden von den Rechten und den Pflichten getroffen, die das Gesetz an die Gründereigenschaft knüpft.

b) Das Gesetz fordert – abweichend vom sonstigen Gesellschafts- und Vereinsrecht – mindestens *fünf Gründer*. Gründer können jede natürliche und juristische Person sein, nach allgemeiner Meinung aber auch nichtrechtsfähige Handelsgesellschaften. Stellvertretung – auch verdeckte – ist zulässig. Wird die Zahl nicht erreicht, darf die AG nicht in das Handelsregister eingetragen werden (§ 31 I); wird sie trotzdem eingetragen, ist die AG allerdings nicht nichtig (§ 216 I 2). Sinkt die Zahl der Aktionäre *nach* Eintragung (nach einer Mindermeinung sogar: nach Aktienübernahme) unter fünf Personen, so bleibt dies nach deutschem Recht ohne Wirkung.

c) Der Vertrag, in dem sich die Gründer über den Inhalt der Satzung einigen und damit rechtsgeschäftlich die körperschaftliche Individualität der geplanten AG in dem weiten Rahmen des nicht zwingenden Gesetzesrechts regeln, verlangt als *Form* „gerichtliche oder notarische Beurkundung" (§ 16 I 1). Üblich ist die notarielle Beurkundung; kraft Vorbehaltes in Art. 141 des Einführungsgesetzes zum BGB sind in einigen Ländern sogar nur die Notare zuständig. Die *Urkunde* über die Satzungsfeststellung muß gem. § 16 II zwingend enthalten jedenfalls Nennbetrag und Ausgabebetrag[23] der von jedem Gründer übernommenen Aktien, wobei jeder Gründer mindestens eine Aktie zu übernehmen hat (§ 2). Beurkundungsmängel machen den Vertrag nach allgemeinem Recht (§ 125 BGB) nichtig. Der Registerrich-

[23] Unterpariemissionen sind nach deutschem Recht verboten (§ 9 I), Überpariemissionen ausdrücklich gestattet (§ 9 II).

ter darf die AG nicht eintragen. Trägt er sie gleichwohl ein, so wird der Mangel geheilt (arg. § 216 I).

d) *Die Rechtsnatur* des Vertrages (Satzung) ist umstritten, der Streit indessen unfruchtbar und ohne praktische Auswirkungen. Dieser Streit hatte sich insbesondere an der Frage entzündet, ob die Satzung rechtsgeschäftlicher Vertrag oder körperschaftlich-konstitutiver Gesamtakt sei. In Wahrheit enthält die Satzung von beiden etwas. Sie ist rechtsgeschäftlicher Zusammenschluß von Aktionären (deshalb Vertrag), und sie schafft weithin (allerdings nicht ausschließlich!) ergänzend zum Gesetz objektives Recht, nachdem die AG durch konstitutiven Eintragungsakt juristische Person geworden ist (deshalb Gesamtakt) [24]. Heute besteht im wesentlichen Einigkeit hinsichtlich des Satzungsinhalts und der Folgen mangelhafter Gesellschaftsverträge.

e) *Satzungsinhalt.* Zu unterscheiden sind der gesetzlich zwingende und der darüber hinaus zulässige Inhalt. Zulässig ist – auch jenseits des vom Gesetz ausdrücklich Erlaubten – jeder Inhalt, der nicht gegen zwingendes Aktienrecht verstößt. Der notwendige Mindestinhalt findet sich in §§ 16 III, 19, 20. Nach § 16 III muß die Satzung bestimmen:

aa) Firma und Sitz der Gesellschaft, deren Klarstellung im allgemeinen öffentlichen Interesse liegt;

bb) den Gegenstand des Unternehmens; die Praxis hat auch sehr weitgefaßte Benennungen zugelassen; dem Gesetz entsprechen aber nur einigermaßen klare und eindeutige Umschreibungen; die praktische Bedeutung ist in Deutschland nicht so groß, weil es keine ultra vires-Akte mit Außenwirkung gegenüber Dritten gibt; klare Überschreitung der selbstgesetzten Unternehmenszwecke kann aber die Unternehmensführung im Innenverhältnis zur AG verantwortlich und haftbar machen;

cc) Höhe des Grundkapitals (Mindestgrundkapital: 100 000 DM [§ 7]); wichtig wegen der Funktion als gebundenes Mindesthaftungskapital;

dd) Nennbeträge der einzelnen Aktien, u. U. auch verschiedene Gattungen von Aktien;

ee) Art der Zusammensetzung des Vorstands (Personenzahl, nicht Bestellungsart!);

ff) Formen der Bekanntmachungen der Gesellschaft.

Mängel hinsichtlich dieser Angaben, die durch Eintragung nicht heilbar sind, führen zur Nichtigkeit der AG (§§ 216 ff.). Nach §§ 19, 20 *muß* die Satzung außerdem Vereinbarungen über Sondervorteile, Gründungsaufwand, Sacheinlagen und Sachübernahmen enthalten:

aa) Sondervorteile sind zulässig als Belastung der Gesellschaft, soweit das

---

[24] Vgl. zum Streitstand z. B. GEORGAKOPOULOS aaO, S. 94 ff.; SCHMIDT/MEYER-LANDRUT in Großkommentar zum Aktiengesetz, 2. Aufl., 1957 ff., § 2 Anm. 2; WÜRDINGER, Aktienrecht, 1959, S. 103–105.

gebundene Gesellschaftsvermögen nicht angetastet wird; ohne genauen Vermerk in der Satzung ist die Vereinbarung unwirksam (§ 19);

bb) Gründungsaufwand ist die Summe der Kosten aus Anlaß der Gründung; er wird von den Gründern getragen, die ihn aber auf die Gesellschaft abwälzen können, wenn er korrekt in der Satzung aufgeführt wird (§ 19);

cc) *Sacheinlage* (§ 20) ist jede Erfüllung der Einlagepflicht, die nicht in Einzahlung des Aktienbetrages (Barleistung oder Gutschrift) besteht. Sacheinlage kann nach einer früher allgemein akzeptierten, heute aber mit Rücksicht auf moderne Bilanzauffassungen wieder umstrittenen Formel jeder übertragbare Wert sein, der bilanzierungsfähig ist[25]. Die entscheidende Gefahr der Sacheinlage – Verwässerung des Grundkapitals durch Fehlbewertungen – versucht das deutsche Recht durch genaue Festlegung der Sacheinlage in der Satzung mit entsprechenden Unwirksamkeitsfolgen (= Publizitätsschutz) sowie durch Gründungsprüfung (= Kontrollschutz) zu bannen;

dd) *Sachübernahme* ist „ein antizipiertes Umsatzgeschäft, das schon im Gründungsstadium namens der künftigen AG geschlossen wird und aus welchem die AG bei ihrer Entstehung zur Gegenleistung verpflichtet werden soll“ [26]. Auch hier verlangt das Gesetz genaue Angaben in der Satzung (§ 20). Mängel führen zur Unwirksamkeit der Vereinbarung.

Die Vorschriften über den Satzungsinhalt stellen mithin in ihrer Gesamtheit eine *mittelbare Gründungskontrolle* dar: Publizität und Effektivitätssanktionen (Nichtigkeit oder Unwirksamkeit) sichern den Einblick in die Individualität der AG, insbesondere an ihren potentiell schwächsten und gefährlichsten Bruchstellen (Sacheinlage und Sachübernahme).

f) Neben Mängeln im Satzungs*inhalt* (über Mängel der Satzungs*beurkundung* s. o. unter b) können Mängel im Satzungs*vertrag* auftreten (z. B. fehlende Geschäftsfähigkeit, ferner Irrtum, Täuschung, Drohung). Hier wirkt sich die allgemeine Lehre aus, daß in Vollzug gesetzte Dauerverhältnisse weitgehend immun sein müssen gegen Zerstörung aus Gründen individueller Willensmängel. Als gesicherter Meinungsstand läßt sich referieren:

aa) *vor Eintragung* der AG gilt das allgemeine Recht ohne Einschränkung;

bb) *nach Eintragung* ist die Berufung auf Nichtigkeit oder Anfechtbarkeit einzelner Gründererklärungen ausgeschlossen; ob Ausnahmen gelten in Fällen von fehlender Geschäftsfähigkeit, Fälschung oder Sittenwidrigkeit, ist im einzelnen umstritten, aber zu bejahen; soweit Ausnahmen anerkannt werden, wird der *Bestand der AG* allerdings in keinem Falle

---

[25] Über Einzelheiten vgl. die Kommentare zu § 20; über „know how“ als Einbringungsgegenstand vgl. neuestens Barz in Festschrift für W. Schmidt, 1959, 157–170.

[26] So treffend Würdinger aaO, S. 34.

von der Nichtigkeit einzelner Gründererklärungen berührt (insoweit unstreitig).

2. Rechtlich ist von der Satzungsfeststellung zu trennen die *Aktienübernahme*. Tatsächlich fallen beide regelmäßig zusammen und werden dann auch in einer Urkunde verlautbart. Notwendig ist das nicht, wie sich aus § 22 II ergibt. Die Gründer können auch noch nach Satzungsfeststellung Aktien übernehmen. Auch diese Übernahme bedarf dann wiederum gerichtlicher oder notarieller Beurkundung (§ 22 II). Die Übernahme selbst ist nach deutschem Recht ebenfalls ein Vertrag, der aber nur den übernehmenden Gründer verpflichtet. Für Vertrags- und Beurkundungsmängel gilt das zu 1. Gesagte.

II

Mit der Übernahme ist das persönliche und sachliche Substrat der AG geschaffen. Die AG ist *„errichtet“* (so § 22 I). Um zu „entstehen“ als juristische Person, bedarf sie der Eintragung in das Handelsregister. Zwischen Errichtung und Entstehung liegt eine Gründungsetappe von doppeltem Zweck: die AG muß – personell wie sachlich – funktionsfähig werden; ferner muß die Ordnungsmäßigkeit des Gründungsherganges gewährleistet werden.

1. Funktionsfähigkeit

a) Die Gründer bestellen – gerichtlich oder notariell beurkundet, bei oder nach Aktienübernahme – den ersten Aufsichtsrat, dieser ernennt den ersten Vorstand (§ 23).

b) Die Gründer leisten den vom Vorstand festzusetzenden Bareinlagebetrag, der mindesten 25 % des übernommenen Aktiennennbetrages, bei Überpariemission (Unterpariemissionen sind verboten [§ 9 I]) zusätzlich auch den Agiobetrag ausmacht; vor Erfüllung *dieser* Pflicht ist die Eintragung der AG ausgeschlossen (§ 28 II). *Sach*einlagepflichten können dagegen auch noch nach Eintragung erfüllt werden. Diese Konzession empfiehlt sich schon deswegen, weil es rechtlich einfacher ist, Sacheinlagegegenstände auf die rechtsfähige AG zu übertragen statt auf die AG in statu nascendi.

2. Gründungsprüfung

Diese Prüfung ist von unterschiedlicher Stärke.

a) Stets berichten die Gründer schriftlich über den Gründungsverlauf (sog. *Gründungsbericht*). Der Bericht muß genau und ausführlich informieren, insbesondere über Sacheinlagen, Übernahmeverpflichtungen, Sondervorteile der Gesellschaftsführung usw. Er dient als Grundlage für Drittprüfungen. Der Prüfungsbericht und die Gründung selbst werden dann von allen Mitgliedern des Aufsichtsrates und des Vorstandes geprüft (§§ 25 I, 26). Die Gründer – und nach ihnen auch die Mitglieder von Aufsichtsrat und

Vorstand – haften der Gesellschaft als Gesamtschuldner bei Pflichtverletzung (§§ 39, 41). Außerdem treffen sie alle strafrechtlichen Sanktionen (§ 295 1 I).

b) Die skizzierte interne Gründungsprüfung reicht in bestimmten Fällen (bei Interessenkonflikten [§ 25 II 1–3] sowie bei Sacheinlagen [27] oder Sachübernahmen [§ 25 II 4]) nicht aus. Das Gesetz ordnet hier externe Gründungsprüfung durch unabhängige Prüfer an (§ 25 II; nur sie werden im Gesetz technisch als „Gründungsprüfer" bezeichnet). Regelmäßig werden Wirtschaftsprüfer oder Wirtschaftsprüfergesellschaften betraut. Sie werden vom Registergericht am zukünftigen Gesellschaftssitz (§ 14 i.V. m. § 145 I FGG) auf Antrag der Gründer und nach Anhörung der zuständigen Industrie- und Handelskammer (IHK) bestellt (§ 25 III). Der schriftliche Bericht der Gründungsprüfer geht außer an den Vorstand der AG sowohl an die IHK als auch an das Gericht und ist dort von jedermann einzusehen (§ 26 II, III). Die Gründungsprüfer sind ebenfalls zivilrechtlich (§ 42) und strafrechtlich (§ 302) verantwortlich.

Im Gründungsprüfungsrecht zeigt sich deutlich, daß im deutschen Recht weniger durch staatliche Überwachung als durch gesellschaftsinterne Selbstkontrolle mit entsprechenden Haftungs- und Strafsanktionen Schutz gegen Gründungsschwindel erstrebt wird.

III

Die errichtete, funktionsfähige und geprüfte AG erlangt schließlich durch *Eintragung* (Handelsregister, Abt. B) ihre Rechtsfähigkeit.

1. Zur Eintragung *anzumelden* ist die AG beim Registergericht am Gesellschaftssitz durch sämtliche Gründer und Mitglieder von Aufsichtsrat und Vorstand (§ 28 I). Bei der Anmeldung ist nachzuweisen, daß der Gesellschaft das Mindesteinlagekapital zur Verfügung steht (§ 29 I). Der Anmeldung sind beizufügen z. B. (§ 29 II): Satzung und Satzungsurkunde, Verträge über Sacheinlagen und Sachübernahmen, Urkunden über die Bestellung der Gesellschaftsführung (Aufsichtsrat und Vorstand), alle Gründungsberichte, auch die eventuell erforderliche staatliche Genehmigung für den Gewerbebetrieb. Die Anmelder haften auch hier gem. §§ 39, 41 und machen sich u. U. strafbar (§ 295). Fehlen Anmeldeunterlagen, wird die AG nicht eingetragen. Bei irrtümlicher Eintragung fordert der Registerrichter noch nachträglich die Urkunden an.

2. Der *Registerrichter* prüft die Anmeldung. Vor 1937 war zweifelhaft, ob er jenseits der formellen Voraussetzungen auch materiell die Ordnungsmäßigkeit der AG-Errichtung prüfen durfte. § 31 entscheidet seither die Frage im Sinne beider Prüfungen. Der Richter hat alle – förmlichen wie

---

27 Hier bietet insbesondere das Verbot der Unterpariemission keinen Schutz, weil willkürliche Überbewertungen für „Parität" sorgen können.

sachlichen – Voraussetzungen einer ordnungsgemäßen Errichtung und Anmeldung zu prüfen (§ 31 I 1). Bei Mängeln hat er die Eintragung abzulehnen (§ 31 I 2). Selbstverständlich ist es nicht seine Aufgabe, die wirtschaftliche Vernünftigkeit der Gründung zu kontrollieren. Das ist unstreitig. Streitig ist dagegen die Rechtslage für den Zwischenbereich zwischen äußerlich ordnungsgemäßem Verlauf der Gründung einerseits und wirtschaftlichen Zweifeln am Gedeih der Gesellschaft andererseits. Aus § 31 II entnimmt die herrschende Ansicht das Recht und die Pflicht des Richters (trotz des Wortlautes [„kann"] also nicht sein bloßes Ermessen!), bei *Verdacht* von Gründungsunsolidität, Falschbewertungen, Prüfungsfehlern, verschleierten Sachgründungen, bloßen Mantelgründungen u.a., die Eintragung abzulehnen, jedenfalls den Nachweis zu verlangen, daß der Verdacht unbegründet sei [28]. Dieses richterliche Kontrollrecht ist die stärkste Waffe staatlicher Gründungsüberwachung. Es liegt allerdings auf der Hand, daß die Kontrolle des fähigsten Registerrichters gegenüber raffinierten Gründungsschwindeln machtlos bleibt. An solchen Fällen war das 19. Jahrhundert reich, ist die Gegenwart aber zum Glück arm.

3. Die *Eintragung* selbst (Einzelheiten des Inhalts in § 32) wird veröffentlicht (§ 33 [29]) und hat (auch ohne Veröffentlichung) die Wirkung, daß die „Aktiengesellschaft als solche" entsteht (§ 34 I), juristische Person des Privatrechts wird. Damit ist die Gründung der AG im Sinne eines gestreckten Tatbestandes abgeschlossen.

4. Der Gründungsakt fordert oft mehr Zeit, als die Gründer opfern wollen. Sie schließen Geschäfte à-conto AG. Das führt zu der Frage, ob und wie die schließlich entstandene AG aus Geschäften, die vor Eintragung ersichtlich mit Bezug auf sie geschlossen wurden, berechtigt und verpflichtet werden kann. Das Problem gehört im einzelnen nicht mehr zum Gegenstand dieses Berichts; zur Information deshalb nur wenige Worte. § 34 löst das Problem nicht ohne Rest; jedenfalls hat die Vorschrift den früher heftig geführten, heute als im wesentlichen unergiebig erkannten Streit um die *Rechtsnatur der werdenden AG* nicht beendet. Die AG ist in statu nascendi häufig faktisch völlig funktionsfähig, aber sie entbehrt der Rechtsfähigkeit. Was ist sie dann dogmatisch? Meist werden AG und Gründungsgesellschaft identifiziert und als bürgerlichrechtliche Gesellschaft oder nichtrechtsfähiger Verein oder „nasciturus-AG" angesehen [30]. Der Bundesgerichtshof hat die Frage bisher für die *AG* nicht entschieden. Die wohl zutreffendste Würdigung des Theorienstreits ist Würdinger zu danken [31].

---

[28] Vgl. ROBERT FISCHER in Großkomm AktG aaO, § 31 Anm. 2–9.

[29] Im Bundesanzeiger sowie in den für Registerbekanntmachungen vorgesehenen weiteren Blättern.

[30] Vgl. den Streitstand bei ROBERT FISCHER aaO, § 34 Anm. 3–6; WÜRDINGER aaO, S. 107–114.

[31] AaO, S. 107 ff.

IV

Die amtlichen Reformentwürfe belassen es – von unwesentlichen Einzelheiten abgesehen – bei dem bisherigen Recht der Einheitsgründung. In ihren Vorworten und Einleitungen findet sich unter den „Reformproblemen der Zeit" das Gründungsstadium nicht. Das Gründungsrecht hat sich bewährt, genauer: es wird nicht mehr auf die Probe gestellt. Nur eine Änderung des geltenden Rechts ist m. E. erwähnenswert, weil sich hier Referenten- und Regierungsentwurf voneinander unterscheiden, während der Regierungsentwurf sonst kleinere technische Verbesserungen meist wörtlich aus dem Referentenentwurf übernimmt. Der Referentenentwurf hatte es bei der – bisher umstrittenen, aber wohl herrschenden – Auffassung belassen, daß der erste Aufsichtsrat und erste Vorstand im Gründungsstadium ohne Mitbestimmungseinfluß bestellt werde (§ 27 Referentenentwurf). Der Regierungsentwurf entscheidet sich demgegenüber für Mitbestimmung im ersten Aufsichtsrat in Fällen von Unternehmenseinbringungen im Gründungsstadium (§ 28 Regierungsentwurf).

C. Stufengründung

Übernehmen die Aktionäre, welche die Satzung feststellen, nicht sämtliche Aktien (gem. §§ 16 oder 22 II), so handelt es sich – auch wenn nur eine einzige Aktie ohne Übernahme bleibt – um eine *Stufengründung* (§ 30 I). Für die nicht übernommenen Restaktien müssen Aktionäre gefunden werden. Da erst mit voller Aktienübernahme die AG „errichtet" ist, dritte Aktionäre aber nicht die „inside view" der Gründer besitzen, kompliziert allein der Schutz dieser dritten Aktionäre die Gründungstechnik erheblich. Diese Technik der Stufengründung enthält § 30 II–XII.

I

1. Grundlage der Gesellschaftsgründung ist auch hier die Satzungsfeststellung durch die Gründer. Diese Satzung kann bis zur vollen Aktienübernahme geändert werden (§ 30 X).

2. Im Anschluß an die Satzungsfeststellung werden die von den Gründern nicht übernommenen Aktien von Dritten *„gezeichnet"*. Zeichnung ist die unbedingte Verpflichtung zur Aktienübernahme. Sie geschieht durch schriftliche Erklärung (Zeichnungsschein) an die Gründer (§ 30 II 2) und ist rechtlich ein Vertrag, der inhaltlich allerdings im Unterschied zum gewöhnlichen schuldrechtlichen Vertrag einige körperschaftsrechtliche Besonderheiten aufweist. Der Zeichnungsschein *muß* enthalten:

a) „die Beteiligung des Zeichners nach der Zahl, dem Nennbetrag und, wenn mehrere Gattungen bestehen, der Gattung der Aktie" (§ 30 II 2, sog. *materieller* Teil); fehlen diese Angaben, ist die Zeichnung *unheilbar* nichtig;

b) bestimmte, dem Schutz des Zeichners dienende Angaben (gem. § 30 II 3); fehlen diese Angaben, ist die Zeichnung *heilbar* nichtig.

3. Funktionsfähig wird die AG auch bei der Stufengründung durch Bestellung von Aufsichtsrat und Vorstand einerseits und Leistung der eingeforderten Einlagen. Da die Gründer nicht das gesamte Kapital übernehmen, sollen sie auch nicht allein den Aufsichtsrat bestellen. Dieser wird vielmehr in einer ersten Gründungs-Hauptversammlung bestellt (§ 30 IV) und ernennt dann den ersten Vorstand. Gründungsbericht und Gründungsprüfung entsprechen dem Hergang bei der Einheitsgründung.

4. Da die Aktionäre, die nicht Gründer sind, weniger Einblick als die Gründeraktionäre gewinnen können, bedarf es zur Errichtung der AG im Unterschied zur Einheitsgründung noch einer zweiten Errichtungs-Hauptversammlung, die vom Registergericht – nach Anmeldung der AG zur Eintragung – berufen, vom Registerrichter geleitet und in der nach Berichterstattung über die Gründung die endgültige Errichtung der AG förmlich beschlossen wird (§ 30 VI–XII).

5. Dann folgt die *Eintragung* mit Voraussetzungen und Wirkungen wie bei der Einheitsgründung.

II

1. Die Stufengründung war früher üblich [32] und empfahl sich insbesondere dann, wenn die Gründer nicht in der Lage waren, das erforderliche Grundkapital zu übernehmen. In der Praxis wurden aber immer häufiger Banken als Mitgründer eingeschaltet. Damit trat die Einheitsgründung, die sich ihrer größeren Beweglichkeit und Schnelligkeit wegen empfahl, eindeutig in den Vordergrund. Außerdem spielten im Laufe der Zeit Bargründungen, die Anlaß zu Stufengründungen hätten geben können, kaum noch eine Rolle. Bei – heute seltener gewordenen – Neugründungen beherrschen Sachgründungen das Feld.

2. Die Reformentwürfe 1930 und 1931 hatten die Stufengründung gestrichen. Das Aktiengesetz 1937 behielt sie bei, wobei Pate standen z. T. die Befürchtung, wegen der Erhöhung des Grundkapitals auf 500 000 RM würden die Gründungssummen die Kapitalkraft der Gründer überfordern – diese Befürchtung hat sich als Irrtum erwiesen – und z. T. der Wunsch, die Gründung von Bankenhilfe zu befreien – dieser Wunsch besteht heute nicht mehr.

---

[32] Georgakopoulos hält sie für die ideale Gründungsform einer Publikums-AG, aaO, S. 123; das ist theoretisch richtig, allein, Publikumsgesellschaften entstehen heute nicht mehr durch Neugründung aus dem Nichts, sondern durch Umgründung oder jedenfalls Umbildung bestehender Unternehmen; das wurde deutlich bei der Privatisierung der PREUSSAG und der VW-Werke.

3. Der Referentenentwurf von 1958 beseitigte die Stufengründung mit dem Hinweis, daß sie ihrer notwendigen Umständlichkeit wegen praktischen Bedürfnissen nicht entspreche und deshalb ihre Bedeutung verloren habe. Der Regierungsentwurf wiederholt in seiner Begründung (S. 111) wörtlich diese Überlegung des Referentenentwurfes und fügt hinzu, daß in der Zeit von 1958 bis 1960 niemand Einwände gegen die Streichung der Stufengründung erhoben habe. Der Bundesrat hat die Streichung gebilligt. Es ist anzunehmen, daß sich der Vorschlag im Parlament durchsetzen wird.

D. Sonderformen

Das AktG erwähnt ausdrücklich die sog. *Nachgründung* (§ 45). Die Vorschrift will die Umgehung der Normativbestimmungen bei Gründungen mit Sacheinlagen und Sachübernahmen verhindern. Allerdings ist der Schutz gem. § 45 beschränkt: „Verträge der Gesellschaft, nach denen sie vorhandene oder herzustellende Anlagen oder sonstige Vermögensgegenstände für eine den *zehnten* Teil des Grundkapitals übersteigende Vergütung erwerben soll, bedürfen zu ihrer Wirksamkeit der Zustimmung der Hauptversammlung und der Eintragung in das Handelsregister, wenn sie in den ersten zwei Jahren seit der Eintragung der Gesellschaft in das Handelsregister geschlossen werden; ohne die Zustimmung der Hauptversammlung oder die Eintragung im Handelsregister sind auch die Rechtshandlungen zu ihrer Ausführung unwirksam" (so § 45 I).

Keine besondere Gründungsform ist die sog. *Umgründung.* Rechtlich ist sie Sacheinheitsgründung, meist Umwandlung von Personalhandelsgesellschaften in Aktiengesellschaften.

DIE VERSCHMELZUNG VON GESELLSCHAFTEN

von Dr. KARL H. NEUMAYER
Professor an der Universität Lausanne

I. Vorbemerkung

Die Aufgabe eines im Drucke räumlicher Begrenzung stehenden Landesreferats muß darin bestehen, den Juristen mit ausländischer Rechtsausbildung, der anhand der in seinem Lande bestehenden Ordnung Sachverstand im Verhandlungsgegenstand erworben hat, an das Verständnis der im Berichtslande getroffenen Regelung heranzuleiten, das daselbst bestehende System darzulegen und die normative Wertung der zugrunde liegenden Interessenkonflikte zu erklären. Der Referent muß sich daher auf das für den ausländischen Betrachter Wesentliche in Grundlinien beschränken; er muß sich versagen, tiefer in die Verästelung der – oft umstrittenen – Einzelfragen einzudringen. Insoweit muß auf das diesen Ausführungen nachfolgende Schrifttumsverzeichnis verwiesen werden.

Besondere Regelung hat das deutsche Recht nur für die Verschmelzung von Kapitalgesellschaften mit anderen Rechtsträgern entwickelt, wobei die liquidationslose Auflösung der übertragenden Gesellschaft und der Vermögensübergang im Wege der Universalsukzession mit allen Aktiven und Passiven im Vordergrund der Besonderheiten steht. Personalgesellschaften können nur unter Durchführung einer regelrechten Liquidation und mit Einzelübertragung ihrer Vermögenswerte auf einen anderen Rechtsträger überführt werden. Insoweit gelangen die allgemeinen Vorschriften des bürgerlichen Rechts und des Handelsrechts über die Auflösung von Gesellschaften und über die Vermögensübernahme, insbesondere §§ 419 BGB und 25 HGB zur Anwendung. Von einer Verschmelzung im Rechtssinne kann in solchen Fällen nicht die Rede sein, daher bleiben diese Vorgänge außerhalb der Betrachtung dieses Berichts.

II. Einleitung

In der Geschichte des deutschen Aktienwesens begegnet schon frühzeitig der Vorgang einer Verschmelzung zweier Kapitalgesellschaften und daher darf nicht wundernehmen, wenn sich schon die älteren Lehrbücher des Handels- und Gesellschaftsrechts mit dieser Einrichtung recht ausführlich befaßt haben [1]. In der ersten Hälfte des vergangenen Jahrhunderts waren es namentlich Eisenbahngesellschaften mit aneinandergrenzenden Betriebsgebieten, bei welchen das Vorkommen einer Verschmelzung zu verzeichnen ist und im Jahre 1845 bot die Errichtung der Versicherungsgesellschaft „Deutscher Phönix" ein Beispiel für die seltenere Verschmelzung durch Neubildung. In jener frühen Zeit gehört freilich noch nicht zum Begriffe der Verschmelzung, daß die Gesellschafter der übertragenden Gesellschaft notwendigerweise durch Anteile der aufnehmenden oder der neugebildeten Gesellschaft abzufinden sind, vielmehr begegnet auch die Abfindung aus dem Gesellschaftsverhältnis schlechthin ausscheidender Teilhaber durch Geldzahlung.

Das in Teilen noch heute in Österreich und im Fürstentum Liechtenstein – wenn auch nicht in den das Aktienrecht betreffenden Abschnitten – in Geltung stehende Allgemeine Deutsche Handelsgesetzbuch, welches von der Deutschen Bundesversammlung am 31. Mai 1861 den Deutschen Staaten zur Einführung empfohlen worden war und welches seit 1869 als Gesetz des Norddeutschen Bundes und seit 1871 im gesamten Deutschen Kaiserreich als Reichsgesetz in Kraft befindlich war, sah bereits die Gewährung von Aktien als Entgelt für die dahinfallenden Anteile der in Auflösung tretenden Gesellschaften als wesentlich an. (Art. 215 II AHGB.) Denn, wie noch näher darzustellen sein wird, würde die Abfindung der ausscheidenden Gesellschafter der übertragenden Gesellschaft in Geld das Gleichgewicht der im Verschmelzungsvorgang aufeinandertreffenden Interessen von Gesellschaftern und Gläubigern tangieren und die Erleichterungen in Frage stellen, welche die Deutsche Gesetzgebung für die Liquidation der übertragenden Gesellschaften, die Kapitalerhöhung der aufnehmenden und die Errichtung der neugebildeten Gesellschaft verschaffen wollte.

In der Tat steht die Sorge, das beschriebene Gleichgewicht der beteiligten Interessen zu bewahren, im Vordergrund jeder normativen Regelung des Verschmelzungsvorgangs:

a) Die Interessen der beteiligten Gesellschaften sind darauf gerichtet, daß die Vereinigung der Vermögensmassen möglichst ohne tiefer greifende Störung der gewerblichen Geschäftstätigkeit geschehe. Die Liquidation der verschwindenden Gesellschaften oder eine Singularübertragung

---

[1] Vgl. z. B. RENAUD, l.c. S. 805–815.

aller ihrer einzelnen Vermögenselemente auf die aufnehmende oder neugebildete Gesellschaft sollen daher vermieden werden.

b) Die Aktionäre der übertragenden Gesellschaft dürfen erwarten, von Willkürakten (z. B. Unterbewertung des Vermögens der übertragenden Gesellschaft) der beteiligten Verwaltungen geschützt zu werden. Ihnen muß eine Sicherung für die Ersetzung ihrer bisherigen Anteile durch effektive und gleichwertige neue Beteiligungen verschafft werden.

c) Die Aktionäre der aufnehmenden Gesellschaft laufen die jeder Sachgründung oder jeder Kapitalerhöhung mit Sacheinlagen eigentümlichen Gefahren, namentlich die Gefahr einer Überbewertung des Vermögens der aufgenommenen Gesellschaft.

d) Die Gläubiger schließlich können den Anspruch erheben, daß nicht in der Vermögenslage des ihrem Zugriff unterworfenen Haftungsobjekts eine ihnen nachteilige Veränderung eintrete.

III. Die Verschmelzung von Kapitalgesellschaften nach dem Aktiengesetz

Das deutsche Aktiengesetz vom 30. Januar 1937 hat die Verschmelzung unter Berücksichtigung aller im Spiele stehenden Interessengesichtspunkten ausführlich und erschöpfend zu regeln versucht. Für das bessere Verständnis ist zunächst freizulegen, was das Gesetz unter dem Begriff einer Verschmelzung verstanden wissen will und auf welche Vorgänge demzufolge die aktiengesetzliche Fusionsregelung Anwendung finden soll.

1. Definition

Unter Verschmelzung versteht das deutsche Recht die Vereinigung zweier oder mehrerer Kapitalgesellschaften unter Ausschluß der Liquidation und wobei die Teilhaber der übertragenden Gesellschaft durch Aktien der aufnehmenden Gesellschaft abgefunden werden. Das deutsche Aktiengesetz regelt die Fusion in §§ 233 ff.

Aus dieser Definition folgt:

a) Nur Kapitalgesellschaften können verschmolzen werden. Hierzu gehören nach deutschem Recht die Aktiengesellschaft, die Kommanditgesellschaft auf Aktien, die Gesellschaft mit beschränkter Haftung und die bergrechtliche Gewerkschaft.

b) Die Verschmelzung kann erfolgen durch Übertragung des Vermögens einer oder mehrerer Gesellschaften auf eine bereits bestehende Gesellschaft (Verschmelzung durch Aufnahme) oder durch Bildung einer neuen Gesellschaft, auf welche das Vermögen mehrerer sich vereinigender Gesellschaften übergeht (Verschmelzung durch Neubildung).

c) Da die Teilhaber der übertragenden Gesellschaft durch Aktien der aufnehmenden Gesellschaft entschädigt werden müssen, muß diese eine Aktiengesellschaft oder eine Kommanditgesellschaft auf Aktien sein. Gesellschaften mit beschränkter Haftung oder bergrechtliche Gewerkschaften können nur als übertragende Gesellschaften an einer Verschmelzung teilnehmen. Sie können ferner nur an einer Verschmelzung durch Aufnahme, nicht an einer Verschmelzung durch Neubildung teilnehmen (§§ 249–252 Akt.G.).

d) Die Verschmelzung erfolgt ohne Liquidation der übertragenden Gesellschaft. Deren Vermögen geht im Wege der Universalsukzession als Ganzes – uno actu – auf die aufnehmende Gesellschaft über.

Die erteilte Definition erlaubt ferner folgende Abgrenzung der Verschmelzung zu anderen Rechtseinrichtungen:

e) Die übertragende Gesellschaft muß durch die Verschmelzung erlöschen. Keine Verschmelzung liegt daher vor, wenn eine Gesellschaft ihr ganzes Vermögen auf eine andere Gesellschaft rechtsgeschäftlich überträgt und für die Hingabe ihres Vermögens Aktien der erwerbenden Gesellschaft erhält, welche sie alsdann im Wege der Liquidation unter ihre Teilhaber verteilt. Denn in diesem Falle erlischt die übertragende Gesellschaft nicht durch die Veräußerung ihres Vermögens, sie besteht vielmehr nach der Veräußerung des Vermögens zu dem Ziele ihrer Liquidation fort. Sie tauscht lediglich ihren bisherigen Vermögensbestand ein gegen die von der erwerbenden Gesellschaft bezogenen Aktien. In diesem Falle, der im deutschen Recht als „unechte Fusion“ – früher als „Fusion ohne sofortige Verschmelzung“ in § 305 des Deutschen Handelsgesetzbuchs von 1897 besonders geregelt – bezeichnet wird, geschieht die Veräußerung des Vermögens an die übernehmende Gesellschaft auch nicht im Wege einer Universalsukzession, sondern durch Einzelakte. Es handelt sich um einen gewöhnlichen Tauschvertrag unter Gesellschaften.

f) Die Teilhaber der übertragenden Gesellschaft müssen durch Aktien der übernehmenden Gesellschaft entschädigt werden. Daher liegt keine Fusion vor, wo die Entschädigung in Geld oder in anderen Sachwerten als Aktien erfolgt[2]. Auch in diesem Falle handelt es sich um ein gewöhnliches Kauf- oder Tauschgeschäft, auf welches die Vorschriften über die Verschmelzung keine Anwendung finden.

g) Alle Mitglieder der übertragenden Gesellschaft sind durch Aktien an der aufnehmenden Gesellschaft zu beteiligen. Daher liegt keine Verschmelzung vor, wenn eine Gesellschaft, deren Anteile sich zu mehr als

---

[2] Zum Ziele des Spitzenausgleichs zusätzlich zu der Leistung von Aktien von der aufnehmenden Gesellschaft gewährte Barzahlungen, welche den zehnten Teil des Gesamtbetrages der den Gesellschaftern der übertragenden Gesellschaft ausgegebenen Aktien nicht übersteigen, sind indessen mit dem Begriff der Verschmelzung noch vereinbar (§ 238 II).

$^3/_4$ in der Hand eines Gesellschafters oder einer Personalgesellschaft (offene Handelsgesellschaft oder Kommanditgesellschaft) befinden, ihr Vermögen auf den Mehrheitsgesellschafter oder die Personalgesellschaft überträgt, wobei die Minderheitsteilhaber ihre Gesellschaftsrechte verlieren und durch Zahlung abgefunden werden. Dieser Vorgang wird im deutschen Recht verschmelzende Umwandlung genannt und durch ein Sondergesetz geregelt, das Umwandlungsgesetz vom 12. November 1956[3]. Die Besonderheit dieses der Verschmelzung ähnlichen Vorgangs liegt darin, daß der aufnehmende Rechtsträger die Mehrheit der Anteile der übertragenden Kapitalgesellschaft gehalten haben muß, daß somit der Gesichtspunkt der Umwandlung unter überwiegender Bewahrung der Identität des Substrats im Vordergrund steht und der – rechtlich freilich gegebene – Gesichtspunkt einer Verschmelzung des Vermögens zweier selbständiger Rechtsträger zurücktritt.

h) An einer Verschmelzung müssen mindestens zwei substantiell verschiedene Rechtssubjekte beteiligt sein. Daher liegt keine Verschmelzung vor, wenn eine Gesellschaft unter Wahrung ihrer Identität nur die äußere Rechtsform, das gesellschaftliche Kleid ändert, indem sich z. B. eine offene Handelsgesellschaft in eine Kapitalgesellschaft oder eine Aktiengesellschaft in eine offene Handelsgesellschaft verwandelt (formwechselnde Umwandlung). Die Vorschriften für die formwechselnde Umwandlung finden sich in §§ 257 ff. des Aktiengesetzes und in §§ 40 des Umwandlungsgesetzes vom 12. November 1956.

2. Das Verfahren bei der Verschmelzung durch Aufnahme

Getragen von der Besorgnis, sich dem Schutz aller einander gegenübertretenden Interessen der Beteiligten, einschließlich der Interessen der gesellschaftlichen Unternehmen angelegen sein zu lassen, hat das deutsche Recht für den Verschmelzungsvorgang eine komplizierte Prozedur vorgesehen, deren einzelne Phasen in der folgenden Ordnung aufeinanderfolgen:

a) In aller Regel wird das Verschmelzungsverfahren mit dem Abschluß des Verschmelzungsvertrags durch die Verwaltungen der beteiligten Gesellschaften eingeleitet. Dieser Vertrag bedarf gerichtlicher oder notarieller Beurkundung. Es handelt sich nicht um einen schuldrechtlichen Austauschvertrag, nicht um ein Individualgeschäft zwischen den beteiligten Gesellschaften, sondern um einen körperschaftsrechtlichen Organisationsakt[4], was besonders bei der Verschmelzung durch Neu-

---

[3] BGBl. I S. 844, vogl. auch unten IV.

[4] Vgl. WIELAND, l. c. 360; WÜRDINGER, l. c. S. 279. Die „Protocolle der Commission zur Berathung des Allgemeinen Deutschen Handelsgesetzbuchs" haben den Verschmelzungsvorgang bereits als „combinirtes Verhältnis" gesehen (Würz-

bildung zum Ausdruck gelangt, da in diesem Falle der Verschmelzungsvertrag zugleich die Feststellung der Satzung der neu zu bildenden Gesellschaft enthalten muß (§ 247 Akt.Ges.). Der Vertrag enthält die Vereinbarung über die Vermögensübertragung unter Ausschluß der Abwicklung, die Verpflichtung, als Gegenleistung Aktien zu gewähren und die Angaben des Umtauschverhältnisses für diese Aktien sowie über einen allfälligen Spitzenausgleich durch Barzahlung. Er kann ferner Bestimmungen enthalten über die Person des Treuhänders (vgl. unten d), über die für die weiteren Phasen des Verschmelzungsvorganges von den Vertragsschließenden zu beobachtenden Fristen, über die Regelung der entstehenden Steuer- und Kostenlasten etc.[5]. Dem Vertrag werden die von den beteiligten Gesellschaften aufgestellten Bilanzen zugrunde gelegt. Für die übertragende Gesellschaft schreibt das Gesetz eine besondere Schlußbilanz vor, die höchstens sechs Monate vor der Durchführung der Verschmelzung zu errichten ist[6]. Deren Wertansätze gelten als Anschaffungskosten für die erste Jahresbilanz der aufnehmenden Gesellschaft nach Durchführung der Verschmelzung.

b) Der von den Verwaltungen beschlossene Verschmelzungsvertrag bedarf grundsätzlich seiner Genehmigung durch die Hauptversammlungen der beteiligten Gesellschaften. Die Genehmigung durch die übertragende Gesellschaft ist stets erforderlich, da der Vertrag ihre Auflösung zum Gegenstand hat. Freilich unterbleibt die Auseinandersetzung und die Verteilung des Liquidationsergebnisses in Geld unter die Gesellschafter. Vielmehr beschließt die übertragende Gesellschaft sich so aufzulösen, daß ihre Mitglieder Beteiligungen an einer anderen Gesellschaft erwerben. Daher hat das frühere Recht für einen solchen Sonderfall die Einstimmigkeit aller Gesellschafter oder ein Austritts- oder Abfindungsrecht widersprechender Gesellschafter vorgesehen[7]. Beide Bedingungen sind schon im Handelsgesetzbuch des Jahres 1897 fallengelassen worden. An deren Stelle verlangt das geltende Recht wegen der Bedeutung des Verschmelzungsbeschlusses für beide Gesellschaften die Beschlußfassung durch eine doppelte Mehrheit: Die Hauptversammlungen können nur gültig beschließen, wenn wenigstens die einfache Mehrheit der Stimmen und eine qualifizierte Mehrheit von mindestens 3/4 des bei der Beschlußfassung vertretenen Grundkapitals zugestimmt hat (§§ 113, 234 II Akt.Ges.). Diese Vorschriften sind zwingend[8].

---

burg 1858, S. 368), in welchem Akte der Auflösung, der Vermögensübertragung und der Schuldübernahme amagalmisiert werden.

[5] Vgl. hierzu Böttcher-Meilicke, l. c., Anm. 25 ff. zu § 235.

[6] Die Schlußbilanz ist Vermögensbilanz, vgl. Böttcher-Meilicke, l. c., Anm. 33 zu § 239. Indessen finden die Bewertungsvorschriften für die Jahresbilanzen sinngemäße Anordnung: § 239 III.

[7] Vgl. hierzu § 215 AHGB.

[8] Ist die übertragende Gesellschaft eine Gesellschaft mit beschränkter Haftung,

Die Genehmigung der Hauptversammlung der aufnehmenden Gesellschaft ist allerdings entbehrlich, wenn der Gesamtbetrag der den Teilhabern der übertragenden Gesellschaft zu gewährenden Aktien der aufnehmenden Gesellschaft den zehnten Teil ihres Grundkapitals nicht übersteigt (§ 234 I Akt.Ges.). In diesem Falle ist durch die Aufnahme der übertragenden Gesellschaft keine derart tiefgreifende Verschiebung der Mehrheitsverhältnisse bei der aufnehmenden Gesellschaft zu erwarten, daß das Gesetz die Mitwirkung ihrer Hauptversammlung zwingend anordnen müßte. Es versteht sich, daß die Satzung ein solches Erfordernis gleichwohl aufstellen kann.

c) Soweit die aufnehmende Gesellschaft die den Teilhabern der übertragenden Gesellschaft zu gewährenden Aktien nicht vorrätig hält, muß sie eine Kapitalerhöhung um den Betrag beschließen, um welchen die Aktiven der übertragenden Gesellschaft deren Passiven sowie allfällige Zuzahlungen in Geld übersteigen und für diesen Fall ist auch bei ihr die Veranstaltung einer Hauptversammlung unumgänglich. Für die Zahl der zu gewährenden eigenen Aktien und damit für die Frage einer notwendigen Kapitalerhöhung ist folgendes zu bedenken:

Neben etwa vorhandenen eigenen Aktien kann die aufnehmende Gesellschaft auch eventuelle Beteiligungen der übertragenden Gesellschaft an ihr selbst zur Abfindung der Teilhaber der übertragenden Gesellschaft verwenden. Denn solche Beteiligungen gehören zu den übernommenen Gesellschaftsaktiven, die aufnehmende Gesellschaft erwirbt mithin auf diesem Wege eigene Aktien, die sie sogleich zur Abfindung der Teilhaber der übertragenden Gesellschaft heranziehen kann[9].

Besitzt im umgekehrten Falle die aufnehmende Gesellschaft Anteile an der übertragenden Gesellschaft, so erlöschen diese mit der Verschmelzung durch Konfusion, weil die aufnehmende Gesellschaft die Substanz dieser Beteiligung durch die Verschmelzung erwirbt, aber durch die Verschmelzung nicht bei sich selbst beteiligt werden kann. Insofern vermindert sich die Zahl der Beteiligungen, für welche die aufnehmende Gesellschaft eigene Aktien zu gewähren hat (§ 238 I Akt.Ges.).

Schließlich kennt das deutsche Recht die Einrichtungen des genehmigten Kapitals und der bedingten Kapitalerhöhung zur Vorbereitung einer Verschmelzung, die einen Kapitalerhöhungsbeschluß der Hauptversammlung im Zeitpunkt des Verschmelzungsvorganges entbehrlich machen (§§ 159, 169 Akt.Ges.).

d) Der Vorstand der übertragenden Gesellschaft hat nunmehr den Verschmelzungsvertrag unter Beifügung der Schlußbilanz dem Handelsre-

---

so gilt § 249 III Akt.Ges., welcher insoweit eine Dreiviertelmehrheit der abgegebenen Stimmen genügen läßt.

[9] Vgl. WÜRDINGER, l. c., S. 276; BÖTTCHER-MEILICKE, l. c. Anm. 10, zu § 238; anderer Ansicht jedoch GODIN-WILHELMI, Anm. 4 zu § 238.

gister anzumelden (§ 239 I, III Akt.Ges.). Er hat ferner einen Treuhänder für den Empfang der ihren Teilhabern zu gewährenden Aktien zu bestellen (§ 240 II) [10]. Dieser wahrt als gesetzlicher Treuhänder die Interessen der zum Bezug der Aktien und allfälliger Zuzahlungen berechtigten Teilhaber der übertragenden Gesellschaft und nimmt alle hierfür erforderlichen Rechtshandlungen vor.

e) Der Vorstand der aufnehmenden Gesellschaft hat gleichfalls den Verschmelzungsvertrag dem Register anzumelden (§ 239 I Akt.Ges.). Gegebenenfalls ist der Beschluß über eine Kapitalerhöhung und die Anmeldung über den Vollzug dieser Kapitalerhöhung beizufügen (§ 240 I Akt.Ges.).

f) Die aufnehmende Gesellschaft händigt die den Teilhabern der übertragenden Gesellschaft zu gewährenden eigenen Aktien und allfälligen baren Zuzahlungen dem Treuhänder aus und dieser zeigt den Empfang dem Handelsregister an (§ 240 II Akt.Ges.).

g) Nunmehr darf die Verschmelzung im Handelsregister der aufnehmenden Gesellschaft und der übertragenden Gesellschaft eingetragen werden. Mit der Eintragung der Verschmelzung in das Handelsregister am Sitz der übertragenden Gesellschaft ist die Verschmelzung vollzogen. Das Vermögen der übertragenden Gesellschaft geht in diesem eindeutig feststehenden Zeitpunkt mit sämtlichen Aktiven und Passiven von selbst auf die aufnehmende Gesellschaft über (240 III Akt.Ges.), d. h., Grundstücke brauchen nicht aufgelassen und umgeschrieben zu werden, Forderungen nicht zediert, bewegliche Sachen nicht übergeben, Orderpapiere nicht indossiert und Schulden nicht übernommen zu werden. Mit dem Vollzug der Verschmelzung erlischt die übertragende Gesellschaft als Rechtsperson (§ 240 IV Akt.Ges.); es verlieren nun auch die Aktienurkunden der erloschenen Gesellschaft ihre Eigenschaft als Verkörperung von Anteilsrechten – diese sind gleichfalls erloschen –, sie verbriefen vielmehr jetzt die Umtauschberechtigung, den Anspruch auf Erwerb von Aktienurkunden der aufnehmenden Gesellschaft.

Die neuen Aktien bedürfen keiner Zeichnung und keiner Einzahlung; ihr Gegenwert ist der aufnehmenden Gesellschaft durch den Vermögensübergang bereits zugeflossen. Daher geschieht auch der Anfall der neuen Beteiligungsrechte an die Gesellschafter der aufgelösten Gesellschaft im Wege des Vonselbsterwerbs.

h) Schließlich tauscht der Treuhänder die Aktien der aufnehmenden Gesellschaft den Teilhabern der erloschenen Gesellschaft gegen ihre Be-

---

[10] Auf die Bestellung eines Treuhänders darf nur verzichtet werden, wenn die aufnehmende Gesellschaft bereits sämtliche Aktien der übertragenden Gesellschaft hält. Denn in diesem Falle bedarf es keines Schutzes von Teilhabern der übertragenden Gesellschaft, zu dessen Ziele der Treuhänder dient. Vgl. hierzu BÖTTCHER-MEILICKE, unter Hinweis auf die Fusion der Viktoria, Anm. 3 zu § 240.

teiligungen an dieser nach dem festgesetzten Verhältnis um (§ 240 VII Akt.Ges.)[11].

3. Schutz der Aktionäre der übertragenden Gesellschaft[12]

Die Interessen der bisherigen Teilhaber der übertragenden Gesellschaft sucht das Gesetz mit folgenden zwingend aufgestellten Vorschriften zu wahren:

a) Die Hauptversammlung der übertragenden Gesellschaft muß den Verschmelzungsvertrag genehmigt haben. Neben einfacher Stimmenmehrheit schreibt das Gesetz eine Mehrheit von $^3/_4$ des bei der Beschlußfassung beteiligten Grundkapitals vor (§ 234 Akt.Ges.).

b) Die Verschmelzung darf erst durch Eintragung ins Handelsregister vollzogen werden, wenn der zur Wahrung der Interessen der Teilhaber bestellte Treuhänder angezeigt hat, daß er die Aktien einschließlich allfälliger Barzahlungen zum Ziele des Spitzenausgleichs von der aufnehmenden Gesellschaft empfangen hat. Mit dem Vollzug der Verschmelzung fallen den Teilhabern der übertragenden Gesellschaft ipso iure und nach Maßgabe des durch den Verschmelzungsvertrag festgesetzten Umtauschverhältnisses die ihnen zukommenden Mitgliedschaftsrechte an der aufnehmenden Gesellschaft zu und sie erwerben damit zugleich das Recht gegen den Treuhänder auf Ausgabe der entsprechenden Aktienurkunde.

c) Die Mitglieder des Vorstandes und des Aufsichtsrats der übertragenden Gesellschaft haften solidarisch für alle Schäden, welche die Teilhaber der übertragenden Gesellschaft durch die Verschmelzung, etwa einen durch das Umtauschverhältnis bedingten Beteiligungswertverlust, erleiden können. Die Ersatzpflichtigen können sich nur durch den Nachweis befreien, daß sie die gebührende Sorgfalt beachtet haben (§ 243 I Akt.-Ges.). Solche Schäden können auch von der insoweit als fortbestehend fingierten übertragenden Gesellschaft noch geltend gemacht werden (§ 243 II Akt.Ges.). Zur Verfolgung der Ansprüche ist auf Antrag eines Gesellschafters oder eines Gläubigers der übertragenden Gesellschaft ein besonderer Vertreter vom Registergericht am Sitze der übertragenden Gesellschaft zu bestellen, welcher als Interessenwahrer sowohl für die erloschene, aber insoweit als fortbestehend fingierte Gesellschaft, als für ihre Gesellschafter und ihre Gläubiger eine dem Konkursverwalter funktional ähnliche Stellung als treuhänderischer Prozeßgeschäftsführer einnimmt[13].

---

[11] Entsprechende Vorschriften gelten für die Verschmelzung einer Gesellschaft mit beschränkter Haftung mit einer Aktiengesellschaft (§ 249 Akt.Ges.).

[12] Würdinger, l. c., S. 281; Böttcher-Meilicke, l. c. Anm. 38 zu § 240; Schlegelberger-Quassowski, l. c., Anm. 8 zu § 237; Gadow-Weipert, l. c., Anm. 13 zu § 240.

[13] Vgl. Baumbach-Lauterbach, l. c., Grundzüge 4*C* zu § 50.

4. *Schutz der Aktionäre der aufnehmenden Gesellschaft*

Für die Aktionäre der aufnehmenden Gesellschaft bildet die Verschmelzung keinen stärkeren Eingriff als eine Kapitalerhöhung mit Sacheinlagen.

a) Grundsätzlich bedarf der Verschmelzungsvertrag auch der Zustimmung der Hauptversammlung der aufnehmenden Gesellschaft mit der angegebenen Kapitalmehrheit. Nur wenn die Verschmelzung die Lage der Aktionäre der aufnehmenden Gesellschaft lediglich geringfügig berühren kann, wenn nämlich der gesamte Nennbetrag der zu gewährenden Aktien den zehnten Teil des Grundkapitals nicht übersteigt, kann auf die Mitwirkung der Hauptversammlung verzichtet werden (§ 234 Akt.Ges.). Wenn freilich gleichwohl eine Kapitalerhöhung bei der aufnehmenden Gesellschaft durchgeführt werden muß, so haben deren Aktionäre doch Gelegenheit, zu der Verschmelzung Stellung zu nehmen.

b) Die Verwaltungsträger der aufnehmenden Gesellschaft haften dieser für alle Schäden aus der Verschmelzung. Diese Haftung bestimmt sich nach den allgemeinen Vorschriften des Aktienrechts. Der Anspruch kann auch von den Aktionären der aufnehmenden Gesellschaft geltend gemacht werden (§§ 245, 84, 99 Akt.Ges.).

5. *Gläubigerschutz*

Den Gläubigern drohen Gefahren durch den Umstand, daß über die Universalsukzession die Vermögensmassen der fusionierten Gesellschaften uno actu verschmolzen werden, ohne daß den Gläubigern ein Widerspruchsrecht zustünde. Das frühere deutsche Recht hatte daher in Anlehnung an die Gläubigersicherung des Liquidationsverfahrens eine getrennte Verwaltung des Vermögens der übertragenden Gesellschaft durch die aufnehmende Gesellschaft für die Dauer eines Sperrjahres zwingend vorgeschrieben (§ 306 II – V HGB) [14]. Diese Vorschrift ist wegen der Kompliziertheit der getrennten Verwaltung und wegen der Ineffektivität des erwarteten Gläubigerschutzes aufgegeben worden. Nach geltendem Recht sind die Gläubiger beider Gesellschaften wie folgt geschützt:

a) Durch die Verschmelzung geht das gesamte Vermögen einschließlich aller Verbindlichkeiten der übertragenden Gesellschaft ipso iure auf die aufnehmende Gesellschaft über. Die Gläubiger der übertragenden Gesellschaft haben mithin nach der Verschmelzung das gesamte Vermögen der aufnehmenden Gesellschaft als Haftungsobjekt zur Sicherung; deren Haftung ist mithin nicht auf das übernommene Vermögen oder dessen Gegenwart begrenzt.

---

[14] Ähnliche Vorschriften gelten nach Schweiz. Obligationenrecht Art. 748 Ziff. 2–6.

b) Das Unterlassen der Liquidation und das Aufgehen ihres bisherigen Haftungsobjekts im Vermögen der aufnehmenden Gesellschaft gefährdet die Gläubiger der übertragenden Gesellschaft im allgemeinen deshalb nicht, da die Teilhaber dieser Gesellschaft in Aktien der aufnehmenden Gesellschaft und nicht in Geld abgefunden werden müssen. Sie würden daher in die Verschmelzung mit einer überschuldeten Gesellschaft wohl schwerlich einwilligen wollen.

c) Die Gläubiger der übertragenden Gesellschaft werden ferner durch die Bekanntmachung der Eintragung der Verschmelzung darauf hingewiesen, daß in der Person ihres Schuldners eine Änderung eingetreten ist. Sie können nun innerhalb von sechs Monaten ihre Forderungen bei der aufnehmenden Gesellschaft anmelden und für fällige Forderungen sofortige Befriedigung, für nicht fällige Forderungen Sicherheitsleistung, verlangen (§ 241 Akt.Ges.). Bei der Bekanntmachung sind die Gläubiger auf diese Rechte hinzuweisen. Das deutsche Recht läßt den Gläubigern der übertragenden Gesellschaft mit dieser Vorschrift den Schutz angedeihen, den sie im Falle einer Kapitalherabsetzung ihrer Schuldnerin haben würden (§ 178 I Akt.Ges.).

d) Den Gläubigern der übertragenden Gesellschaft wird also nicht nur die schuldnerische Vermögensmasse unangetastet erhalten, sondern sie bekommen noch das Vermögen der aufnehmenden Gesellschaft als Haftungsobjekt hinzu, welche zur Liquidation ihrer Ansprüche verpflichtet ist und dieser zusätzliche Schutz rechtfertigt, daß die sonst erforderliche Zustimmung der Gläubiger zum Schuldenübergang entbehrlich wird. Das deutsche Recht glaubt mithin, darauf verzichten zu können, den Gläubigern der übertragenden Gesellschaft ein Oppositionsrecht zu gewähren.

e) Für die Gläubiger der aufnehmenden Gesellschaft stellt sich die Verschmelzung als einen Fall der Kapitalerhöhung mit Sacheinlage dar. Sie genießen insoweit erhöhten Schutz, als strenge Bewertungsvorschriften verhindern, daß die eingebrachten Vermögensgegenstände der übertragenden Gesellschaft überbewertet werden und hierdurch ein Substanzverlust im Vermögen ihrer Schuldnerin bewirkt wird (§ 242 Akt.Ges.).

f) Ferner haften die Verwaltungsträger sowohl der übertragenden Gesellschaft als auch der aufnehmenden Gesellschaft den Gläubigern beider Gesellschaften für alle Schäden, die durch die Verschmelzung entstehen sollten und die nicht bei Anwendung der gebührenden Sorgfalt hätten vermieden werden können (§§ 243, 245 Akt.Ges.) Gläubiger der übertragenden Gesellschaft, die für ihre Forderungen bei der aufnehmenden Gesellschaft keine Befriedigung erlangen können, können gemäß § 244 Akt.Ges. die gerichtliche Bestellung eines besonderen Vertreters beantragen, der ihre aus § 243 begründeten Ansprüche gegen die insoweit als fortbestehend fingierte übertragende Gesellschaft oder deren Organe verfolgt.

6. Mängel des Verschmelzungsvorgangs

a) Förmliche Mängel des Verschmelzungsvertrages und der Verschmelzungsbeschlüsse der Hauptversammlungen werden durch die Eintragung der Verschmelzung ins Handelsregister am Sitz der übertragenden Gesellschaft geheilt (§§ 240 V, 196 I Akt.Ges.).

b) Inhaltsmängel: Ist der Verschmelzungsvertrag nichtig oder wird er nichtig durch Anfechtung, so bleibt die eingetragene Verschmelzung ohne Rechtswirkung. Dasselbe gilt, wenn einer der beiden Hauptversammlungsbeschlüsse über die Verschmelzung nichtig ist oder durch Anfechtung nichtig wird. Die relative Nichtigkeit (Anfechtbarkeit) eines Hauptversammlungsbeschlusses über eine Verschmelzung muß wie jeder andere mangelhafte Hauptversammlungsbeschluß in dem nach dem Aktiengesetz vorgesehenen Verfahren gerichtlich geltend gemacht werden (§ 199 Akt.-Ges.)[15]. Sobald die übertragende Gesellschaft durch Eintragung der Verschmelzung ins Handelsregister ihres Sitzes erloschen ist, ist die Klage in jedem Falle gegen die aufnehmende Gesellschaft zu richten (§ 246 Akt.-Ges.). Das gilt auch für eine Klage auf Feststellung der Nichtigkeit gemäß § 201 Akt.Ges.[16].

c) Die Nichtigkeit des Verschmelzungsvertrages oder das richterliche Urteil, welches die Nichtigkeit der Verschmelzungsbeschlüsse feststellt, wirkt ergo omnes trotz des durch die Eintragung bewirkten Rechtsscheines. Die aufnehmende Gesellschaft hat daher das bereits in ihren Besitz gelangte Vermögen der übertragenden Gesellschaft dieser zurückzugeben. Schwierigkeiten stellen sich ein, wenn die aufnehmende Gesellschaft ihr Kapital erhöht hat und die Teilhaber der übertragenden Gesellschaft bereits Aktien der aufnehmenden Gesellschaft erhalten haben. Am besten wird in solchem Falle durch eine Anwendung der Vorschriften über die Kapitalherabsetzung auf die Rückgängigmachung einer fehlerhaften Verschmelzung geholfen werden können.

7. Besonderheiten für die Verschmelzung durch Neubildung

Bei der nur unter Aktiengesellschaften und Kommanditgesellschaften auf Aktien zulässigen Verschmelzung durch Neubildung kommt es zur Gründung einer neuen Aktiengesellschaft oder Kommanditgesellschaft auf Aktien mit Sacheinlage. Daher finden im allgemeinen die Vorschriften über die Sachgründung Anwendung, indessen gewährt § 247 Akt.Ges. gewisse Erleichterungen, wenn jede der sich vereinigenden Gesellschaften mindestens zwei Jahre im Handelsregister eingetragen gewesen war. Der Verschmelzung durch Neubildung kommt in der deutschen Rechtswirk-

---

[15] § 199 Akt.Ges. findet auch für die G.m.b.H. sinngemäße Anwendung, vgl. HACHENBERG, l. c., Anm. 15 zu § 45.

[16] BAUMBACH-HUECK, Akt.Ges., l. c., Anm. 1 zu § 246.

lichkeit allerdings nur geringe Bedeutung zu, was darauf beruhen mag, daß die Verschmelzung durch Neubildung erheblich höhere steuerliche Belastungen und sonstige Kosten mit sich bringt, als die Verschmelzung durch Aufnahme. Es will daher scheinen, daß die gesetzliche Regelung, wie schon Wieland für das Recht Frankreichs und Italiens bemerkt hat, mehr dem Streben nach theoretischer Folgerichtigkeit[17] und Vollständigkeit als praktischen Bedürfnissen zu danken ist.

Die übertragenden Gesellschaften gelten als Gründer der neu zu bildenden Gesellschaft im Sinne des § 22 des Akt.Ges. Das Verfahren nimmt den folgenden Verlauf: Die Verwaltungen der übertragenden Gesellschaften schließen zunächst den Verschmelzungsvertrag, für welchen gemäß § 247 I in Verbindung mit § 235 I Akt.Ges. die urkundliche Form verlangt wird und welchem tunlich sogleich der Inhalt eines Gründungsvertrags erteilt wird unter Vereinbarung der Satzung der zu errichtenden neuen Gesellschaft. In dieser Satzung sind alle bei den sich vereinigenden Gesellschaften bestehenden satzungspflichtigen Abreden wiederzugeben (§ 247 IV Akt.Ges.). Im Verschmelzungsvertrag wird ferner die Übernahme der Aktien der zu gründenden Gesellschaft verabredet sowie die Bestellung ihres ersten Aufsichtsrats. Alle diese Abreden bedürfen der Zustimmung der Hauptversammlungen der sich vereinigenden Gesellschaften, welche mit einer Kapitalmehrheit von mindestens $^3/_4$ des bei der Beschlußfassung vertretenen Grundkapitals erfolgen müssen (§§ 247 I, 234 II Akt.Ges.). Die neue Gesellschaft ist jetzt errichtet und es folgen die Anmeldungen zum Handelsregister, die von den Vorständen aller sich vereinigenden Gesellschaften vorzunehmen sind. Mit der Eintragung der neu errichteten Gesellschaft im Register ist die Verschmelzung vollzogen (§ 247 V, VI Akt.Ges.): Das Vermögen der erlöschenden übertragenden Gesellschaften geht im Wege der Universalsukzession auf die neu gebildete Gesellschaft über. Die Eintragung der neuen Gesellschaft darf aber erst erfolgen, nachdem der von allen übertragenden Gesellschaften bestellte Treuhänder den Empfang der von der neu gebildeten Gesellschaft zur Entschädigung der Teilhaber der übertragenden Gesellschaften ausgegebenen Aktien angezeigt hat. Für den Erwerb der neuen Mitgliedschaften, den Schutz der Beteiligten und die Mängel des Verschmelzungsvorgangs gelten die Vorschriften über die Verschmelzung durch Aufnahme entsprechend.

---

[17] WIELAND, l. c., S. 361.

IV. Die übertragende Umwandlung von Kapitalgesellschaften nach dem Gesetz vom 12. 11. 1956

Im Zusammenhang dieses Referats ist auch der einer echten Verschmelzung ähnliche, durch das Umwandlungsgesetz vom 12. 11. 1956 geregelte Vorgang der sogenannten übertragenden Umwandlung kurz zu beleuchten. Hier wie dort begegnet der Übergang des gesamten Vermögens der übertragenden Gesellschaft unter Ausschluß der Liquidation im Wege der Universalsukzession auf ein anderes Rechtssubjekt, wobei jedoch im Unterschied zur echten Verschmelzung bei der übertragenden Umwandlung eine vollständige oder nach Kapitalanteilen überwiegende Identität der Teilhaber der sich vereinigenden Rechtssubjekte vorausgesetzt wird. Die übertragende Umwandlung ist im Gegensatz zur Verschmelzung auch auf Personengesellschaften ohne eigene Rechtspersönlichkeit und sogar auf natürliche und juristische Individualpersonen möglich. Die hier hauptsächlich interessierende Mehrheitsumwandlung hat zur Besonderheit, daß die Minderheitsteilhaber bei der Übertragung des Vermögens auf den von dem oder den Mehrheitsteilhabern gebildeten aufnehmenden Rechtsträger ihrer Anteile verlustig gehen und in Geld abzufinden sind.

Die übertragende Gesellschaft muß Kapitalgesellschaft mit eigener Rechtspersönlichkeit sein. Die Übertragung kann erfolgen auf eine bestehende Personengesellschaft (§§ 3 ff., §§ 20 ff. Umw.Ges.) oder auf eine bestehende juristische Person – also auch auf eine Kapitalgesellschaft – oder eine natürliche Person (§ 15 Umw.Ges.: verschmelzende Umwandlung) oder auf eine neu zu bildende Personengesellschaft (§§ 16 ff., §§ 20 ff. Umw.Ges.: errichtende Umwandlung).

1. Die verschmelzende Umwandlung einer Kapitalgesellschaft auf eine bestehende Personengesellschaft

Die Umwandlung ist nur zulässig, wenn sich bereits mehr als $^3/_4$ des Grundkapitals der Aktiengesellschaft oder des Stammkapitals der Gesellschaft mit beschränkter Haftung in der Hand der Personengesellschaft befinden. Der die Umwandlung bestimmende Hauptversammlungsbeschluß kann dann mit den Stimmen der die Umwandlung betreibenden und in der Form einer Personengesellschaft zusammengefaßten Hauptteilhaber mit einfacher Mehrheit (§ 113 Akt.Ges.) [18] und ohne Rücksicht auf einen allfälligen Widerspruch von Minderheitsteilhabern gefaßt werden (§ 9 I Umw.Ges.). Befinden sich nicht schon alle Anteile der Kapitalgesellschaft in der Hand der aufnehmenden Gesellschaft, so ist Vorausset-

[18] Böttcher-Meilicke, Bemerkung 21 zu § 20.

zung für einen wirksamen Beschluß, daß spätestens zwei Wochen vor dem Tag der Hauptversammlung der Gegenstand der Umwandlung ordnungsgemäß angekündigt worden ist und die der Umwandlung zugrunde liegende Bestandsbilanz sowie das an die ausscheidenden Minderheitsteilhaber gerichtete Abfindungsangebot oder die Erklärung mitgeteilt worden sind, daß die Feststellung der Abfindung durch die Spruchstelle getroffen werden soll (§ 11 Umw.Ges.). Spruchstelle ist das Oberlandesgericht (§ 30 Umw.Ges.).

Der Vorstand der übertragenden Gesellschaft hat den Umwandlungsbeschluß unter Vorlage der Umwandlungsbilanz zur Eintragung beim Handelsregister anzumelden (§§ 4 I, 9 II Umw.Ges.). Mit der Eintragung geht das Vermögen der übertragenden Gesellschaft mit sämtlichen Aktiven und Passiven auf die aufnehmende Personengesellschaft oder genauer auf deren im gesamthänderischen Verhältnis stehende Gesellschafter über. Die übertragende Gesellschaft ist damit aufgelöst (§ 5 Umw.-Ges.); indessen ist das übernommene Vermögen von der aufnehmenden Gesellschaft noch für einen Zeitraum von sechs Monaten getrennt zu verwalten (§ 8 Umw.Ges.), während dessen die Gläubiger der übertragenden Kapitalgesellschaft auf ihren Antrag für fällige Forderungen durch die aufnehmende Personengesellschaft zu befriedigen oder für nicht fällige Forderungen sicherzustellen sind (§ 7 Umw.Ges.); eventuell ist die getrennte Verwaltung bis zur Befriedigung und Sicherstellung aller angemeldeten Forderungen auf einen längeren Zeitraum zu erstrecken. Infolge der getrennten Verwaltung gilt im Verhältnis zu den Gläubigern der beteiligten Gesellschaften und den Privatgläubigern der Personengesellschaften das übernommene Vermögen noch als Vermögen der übertragenden Kapitalgesellschaft.

Im Gegensatz zum Verfahren bei der echten Verschmelzung ist hier an dem Erfordernis getrennter Verwaltung wohl im Hinblick darauf festgehalten worden, daß die ausscheidenden Gesellschafter sämtlich in Geld abzufinden sind und auch sonst nicht die gleiche Gewähr besteht, daß nicht das Vermögen der übertragenden Gesellschaft mit einer verschuldeten Personengesellschaft vereinigt werde.

Die ausscheidenden Aktionäre verlieren mit der Eintragung der Umwandlung alle Beteiligungsrechte an der erlöschenden Kapitalgesellschaft, ohne entsprechende Rechte an der aufnehmenden Personengesellschaft zu erwerben. Sie sind daher angemessen abzufinden (§ 12 Umw.Ges.). Der Abfindungsanspruch richtet sich gegen die aufnehmende Personengesellschaft, die ausscheidenden Teilhaber können Abfindung in Geld verlangen. Die Höhe des Abfindungsanspruchs wird nicht durch den Kurswert der Aktien der übertragenden Gesellschaft, sondern durch den wahren Wert der dahingefallenen Beteiligungen bestimmt unter Berücksichtigung der stillen Reserven und aller immateriellen Werte der aufgelösten Kapitalgesellschaft[19].

2. *Die verschmelzende Umwandlung einer Kapitalgesellschaft auf einen Mehrheitsgesellschafter*

Diese Form der Umwandlung ist gleichfalls nur zulässig, wenn der Mehrheitsgesellschafter mehr als $^3/_4$ des Grundkapitals oder Stammkapitals der übertragenden Gesellschaft hält (§ 15 Umw.Ges.). Der aufnehmende Mehrheitsgesellschafter kann auch eine juristische Person, mithin auch eine Kapitalgesellschaft sein. Der Vorgang der Übertragung des Vermögens einer Kapitalgesellschaft auf eine Aktiengesellschaft oder eine Kommanditgesellschaft auf Aktien, welche die in § 15 verlangte qualifizierte Mehrheit der Anteile der übertragenden Gesellschaft hält, kommt mithin dem Vorgang einer Verschmelzung nach §§ 233 ff. Akt.Ges. sehr nahe. Die Unterschiede bestehen im wesentlichen darin, daß bei der Umwandlung der Abschluß eines Verschmelzungsvertrags fehlt, was die Ersparung der diesbezüglich bedingten Kosten mit sich bringt, daß andererseits bei der Umwandlung eine getrennte Verwaltung des übernommenen Vermögens und das Ausscheiden der Minderheitsteilhaber gegen Gewährung einer angemessenen Abfindung in Geld in Betracht kommt. Die Wahl der einen oder anderen Übertragungsform wird in der Regel aus wirtschaftlichen und steuerlichen Gesichtspunkten getroffen werden[20]. Auf das Verfahren, den Vermögensübergang, die Notwendigkeit getrennter Verwaltung während der Sperrfrist und die Abfindung der Minderheitsteilhaber finden die im vorangegangenen Abschnitt erwähnten Vorschriften entsprechende Anwendung.

3. *Errichtende Umwandlung*

Auch diese Art der Umwandlung gilt wiederum nur für Kapitalgesellschaften, welche ihr Vermögen auf eine neu zu bildende und nur aus zustimmenden Teilhabern der übertragenden Gesellschaft bestehende Personengesellschaft übertragen wollen. Voraussetzung für die errichtende Umwandlung ist, daß die der Umwandlung zustimmenden Anteilseigner der Kapitalgesellschaft eine absolute Kapitalmehrheit von 90 % in Händen halten (§ 19 Umw.Ges.) und daß der Hauptversammlungsbeschluß bei der übertragenden Gesellschaft, welcher zugleich über die

---

[19] Derzeit wird in einem Verfahren vor dem Bundesverfassungsgericht die Verfassungswidrigkeit des Ausschlusses der Minderheitsteilhaber durch Mehrheitsbeschluß geltend gemacht. Der dadurch bewirkte Verlust der Anteilsrechte am Vermögen der übertragenden Kapitalgesellschaft soll der verfassungsrechtlich gewährten Eigentumsgarantie widerstreiten.

[20] Vgl. hierzu BÖTTCHER-MEILICKE, Anm. 17 zu § 15.

Gründung der neuen Personengesellschaft befinden muß, mit einfacher Stimmenmehrheit und einer Mehrheit von mindestens $^{3}/_{4}$ des bei der Beschlußfassung vertretenen Grundkapitals ergeht (§ 19 Umw.Ges.). Die errichtende Umwandlung vollzieht sich mithin praktisch unter dem Gesichtspunkt einer Identitätswahrung, weil die übertragende Kapitalgesellschaft ihr Vermögen nicht auf einen bereits bestehenden anderen Rechtsträger übertragen, sondern unter Ausscheiden eines Teils ihrer bisherigen Mitglieder von den übrigen in der Form einer Personengesellschaft fortgeführt werden soll. Sofern sich alle Teilhaber der Kapitalgesellschaft an der neuen Personengesellschaft beteiligen, handelt es sich richtiger Ansicht nach vollends um einen Fall bloßer Veränderung der Rechtsform (§ 18 Umw.Ges.).

Im Gegensatz zu den bisher beschriebenen Umwandlungsformen darf im Fall einer errichtenden Umwandlung die der Umwandlung widersprechende Minderheit höchstens 10 % des gesamten Grundkapitals oder Stammkapitals halten; beträgt der Anteil der widersprechenden Minderheit 15 %, so ließe sich der verschärfte Minderheitenschutz wohl allerdings dadurch umgehen, daß die Mehrheitsteilhaber zunächst die aufnehmende Personengesellschaft gründen und dieser dann bereits bestehenden Personengesellschaft das Vermögen der Kapitalgesellschaft im Wege der verschmelzenden Umwandlung übertragen, denn für diesen Fall genügt gemäß § 16 des Umw.Ges. eine Kapitalmehrheit von mehr als $^{3}/_{4}$ der die Umwandlung betreibenden Mehrheitsteilhaber.

V. Schlußbemerkung

Die deutschen Gesetze haben das Verfahren der Verschmelzung und der verschmelzenden Umwandlung ausführlich und erschöpfend geregelt. Die deutsche Regelung unterscheidet sich von den Regelungen zahlreicher Nachbarrechte insbesondere darin, daß das deutsche Recht auf eine Publizität des Fusionsprojektes verzichtet, daß eine besondere Prüfung durch Sachverständige für entbehrlich gehalten wurde, selbst wenn in der Verschmelzung eine Sachgründung (Verschmelzung durch Neubildung) enthalten ist; ferner fehlt das Recht der Gläubiger, die Ausführung des Fusionsprojektes durch ihren Widerspruch aufzuhalten und das Recht der Teilhaber der übertragenden Gesellschaft – jedenfalls für die eigentliche Verschmelzung –, gegen Abfindung aus dem Gesellschaftsverhältnis auszuscheiden. Eine Besonderheit gegenüber vielen fremden Rechten liegt auch im Ausschluß der Liquidation der übertragenden Gesellschaft und in dem automatischen Vermögensübergang auf die aufnehmende Gesellschaft im Wege der Universalsukzession.

Zum Schluß mag noch interessieren, daß der den gesetzgebenden

Körperschaften vorliegende Regierungsentwurf eines neuen deutschen Aktiengesetzes keine wesentlichen Änderungen des vorstehend beschriebenen geltenden deutschen Rechts vorgeschlagen hat. Dies mag zum Beweis dienen, daß sich das geltende Recht offenbar bewährt hat.

Literaturverzeichnis

BAUMBACH-HUECK, Aktiengesetz, 11. Aufl. 1961. – BAUMBACH-LAUTERBACH, Zivilprozeßordnung, 26. Aufl. 1961. – BÖTTCHER-MEILICKE, Umwandlung und Verschmelzung von Kapitalgesellschaften, 5. Aufl. 1958. – HACHENBURG-SCHILLING, GmbH-Gesetz, 6. Aufl. 1956. – GADOW-WEIPERT, Aktiengesetz 1939. – v. GODIN-WILHELMI, Aktiengesetz, 2. Aufl. 1950. – RENAUD, Das Recht der Aktiengesellschaften, 2. Aufl. 1875. – SCHLEGELBERGER-QUASSOWSKI, Aktiengesetz, 3. Aufl. 1939. – WIELAND, Handelsrecht, 2. Band, 1931. – WÜRDINGER, Aktienrecht, 1959.

DER SCHUTZ FÜR ERZEUGNISSE DER ANGEWANDTEN KUNST IN DER INDUSTRIE

von Dr. KURT BUSSMANN
Professor an der Universität Hamburg

I. Geschichtlicher Überblick

Die Werke der angewandten Kunst wie auch die Muster und Modelle haben in Deutschland erst verhältnismäßig sehr spät einen Schutz gefunden. Zuerst tauchte im Anschluß an außerdeutsche Vorgänge der Gedanke auf, den Mustern und Modellen einen Schutz zu gewähren, während ein echtes Urheberrecht für angewandte Kunst im ersten Kunstschutzgesetz von 1876 noch nicht einmal vorgesehen war [1]. Im allgemeinen dürfte sich das Bedürfnis für einen Musterschutz zuerst sehr stark in der Textilindustrie gezeigt haben. Aber auch diese Bestrebungen nach einem sogenannten Geschmacksmusterrecht haben sich im Deutschland des 19. Jahrhunderts erst langsam durchgesetzt. Im Gegensatz dazu war in den industriell ausgerichteten Ländern Westeuropas schon Ausgang des 18. Jahrhunderts der Musterschutz gesetzlich verankert. Für die Lyoner Seidenindustrie gab es sogar schon in der ersten Hälfte des 18. Jahrhunderts einen Musterschutz [2]. Die maßgeblichen französischen Gesetze stammen vom 19. Juli 1793 und 18. März 1806. Diese gesetzliche Regelung hat später starken Einfluß auf die deutsche Entwicklung des Geschmacksmusterschutzes gehabt. Dagegen hat das englische Musterrecht, das auf Gesetze von 1787 und 1839 zurückgeht, das deutsche Recht nicht beeinflußt [3].

Um die Mitte des 19. Jahrhunderts begannen in Deutschland ganz allgemein die Vorarbeiten für die Schaffung eines Urheberrechtsgesetzes, die sich sowohl mit den Werken der Literatur und Tonkunst, wie auch der bildenden Künste beschäftigten. In einzelnen Ländern waren bereits vor 1850 Gesetze dieser Art erlassen. Nach Gründung des Norddeutschen Bundes nahm sich dieser der Rechtsmaterie an und erließ am 11. 6. 1870 ein Urheber-

[1] Vgl. HENSSLER, Urheberschutz der angewandten Kunst, S. 13 ff.

[2] FURLER, Geschm. Ges., S. 7.

[3] SCHMIDT, Die Entwicklung des Geschmacksmusterrechtes in Deutschland 1896, S. 15 ff.; OSTERRIETH, Lehrbuch des gewerbl. Rechtsschutzes 1908, S. 209 ff.

rechtsgesetz, das 1871 zum Reichsgesetz wurde. Hier war jedoch das Kunsturheberrecht abgetrennt, weil es längere Vorarbeiten erforderte.

Es wurde 1876 erlassen. Gleichzeitig mit dem Kunstschutzgesetz von 1876 wurde dann ein Gesetz betr. das Urheberrecht an Mustern und Modellen erlassen. Beide Gesetze sollten der schöpferischen Leistung Schutz bringen. Die Gegenstände des Schutzes in den beiden Gesetzen sollten sich aber voneinander unterscheiden. Die Zuordnung zum einen oder anderen Gesetz ergab sich aus dem Gebrauchszweck. So waren in diesem ersten Kunstschutzgesetz von 1876 die Werke der angewandten Kunst und des Kunstgewerbes ganz allgemein noch ohne Schutz geblieben.

Während das Geschmacksmustergesetz von 1876 bis heute unverändert geblieben ist, wurde das Kunstschutzgesetz am 9. Juni 1907 neu erlassen. Die für unsere Betrachtung wesentliche Veränderung besteht darin, daß das Kunstschutzgesetz nunmehr auch die Bauwerke und die Gegenstände des Kunstgewerbes mit erfaßte.

Wiederum steht zur Zeit eine Reform des gesamten Urheberrechtes bevor. Das Ziel des die Reform federführend bearbeitenden Bundesjustizministeriums geht dahin, ein einheitliches Gesetz für alle Gebiete des Urheberrechtes zu erlassen, nämlich für die Werke der Literatur, Tonkunst, der bildenden Künste und der Fotografie. Der Regierungsentwurf spricht im § 1 von den Werken der Literatur, Wissenschaft und Kunst. Auch das Kunstgewerbe, dem durch das Kunstschutzgesetz von 1907 crstmalig Urheberrechtsschutz zuerkannt wurde, soll weiterhin dieses Schutzes teilhaftig bleiben. Um klarzustellen, daß die auch immer stärkere Bedeutung erlangende Industrieform dem Urheberschutz unterstellt ist und in Anpassung an die international gebräuchliche Terminologie (Oeuvres des arts appliqués), hat man in dem jetzt von der Regierung dem Bundestag zugeleiteten Gesetzentwurf anstelle der Erzeugnisse des Kunstgewerbes und deren Entwürfe die Werke der angewandten Kunst und deren Entwürfe als Schutzgegenstand aufgeführt. Da neue und eigentümliche Erzeugnisse, soweit es sich bei ihnen um gewerbliche Muster und Modelle handelt, auch des Geschmacksmusterschutzes teilhaftig werden können, bleibt die seit Erlaß des Gesetzes von 1907 bestehende Überschneidung zwischen den beiden Schutzarten bestehen, woraus sich sowohl für den Urheber wie auch für die die Entwürfe verarbeitende Industrie manche Unsicherheiten und Schwierigkeiten ergeben, wie im einzelnen unten darzulegen sein wird.

II. Die wirtschaftliche Bedeutung des Geschmacksmusters

Schon um die Wende des 19. Jahrhunderts wurde die Möglichkeit, für geschmacklich ästhetische Erzeugnisse durch Hinterlegung formellen Schutz zu erlangen, ziemlich stark ausgenutzt, zumal um jene Zeit das Kunstschutzgesetz noch nicht auf das Kunstgewerbe erstreckt war und die, wenn auch etwas verschwommene, Schutzmöglichkeit aus § 1 UWG wegen unlauterer Nachahmung noch nicht geschaffen war. FURLER[4] spricht von 171 461 Anmeldungen im Jahre 1903 und 245 218 Anmeldungen im Jahre 1904. Der Kunstschutz, der seit 1907 gegeben war, schränkte die Bedeutung des Geschmacksmusters ein, zumal er ohne Hinterlegungsformalitäten und ohne zusätzliche Gebühren erlangt werden konnte. Immerhin waren bis 1927 insgesamt 5 Mill. Muster hinterlegt. Die Durchschnittszahl zwischen 1927 und 1933 lag bei steigender Tendenz um 100 000 Hinterlegungen.

Nach dem zweiten Weltkrieg erhielt das Geschmacksmuster eine gewisse Bedeutung als Ausweichschutzmöglichkeit, solange es noch keine Möglichkeit gab, Warenzeichen eintragen zu lassen. Darüber hinaus wurden Textilmuster, Möbel, Verpackungen und ähnliche Muster sehr bald wieder als Geschmacksmuster hinterlegt. Dann gewann außerdem die Industrie, die sich bemühte, den Gebrauchsgegenständen, wie Beleuchtungskörpern, Küchen- und Bürogeräten, eine moderne gefällige Form zu geben, allmählich ein immer größeres Interesse an der Möglichkeit, durch Hinterlegung von Geschmacksmustern diesen Erzeugnissen Schutz zu verschaffen.

Die Arbeiten um den Entwurf eines Urheberrechtsgesetzes haben zwangsläufig auch die Augen auf eine Reform des Geschmacksmusterrechtes gelenkt, zumal die Überschneidung des Schutzes auf Grund beider Gesetze sich gelegentlich störend bemerkbar macht. Die Bestrebungen der Industrie gehen vor allem dahin, klare Verhältnisse zu schaffen. So ist denn bereits im Rahmen der Vorarbeiten für die Urheberrechtsreform der Gedanke aufgekommen, eine einheitliche Regelung zu schaffen. Die Einbringung des Urheberrechtsgesetzentwurfes zeigt, daß vorerst ein solcher Plan bei der Regierung nicht besteht. Dennoch gehen die Bemühungen um die Klarstellung des Geschmacksmusterrechtes weiter, zumal im Augenblick auch gerade auf dem Gebiete des Geschmacksmusterrechtes und des Schutzes für Erzeugnisse der angewandten Kunst auf internationaler Ebene intensiv gearbeitet wird.

Ehe nun die deutschen Probleme im einzelnen behandelt werden sollen, erscheint es daher zweckmäßig, den augenblicklichen Stand der Verhandlungen auf internationaler Ebene darzustellen.

III. Die Bestrebungen nach einer internationalen einheitlichen Regelung

Das immer stärkere Anwachsen des internationalen Waren- und Kulturgüteraustausches hat dazu geführt, daß man sich bemühte, auch dem geistigen Schaffen international einen möglichst lückenlosen Schutz zu gewäh-

---

[4] AaO, S. 11.

ren. Es zeigte sich sehr bald, daß der im Inland gewährte Schutz dem Urheber, Erfinder oder Gewerbetreibenden nicht genügte, daß vielmehr ein weltweiter Schutz für diese immateriellen Güter unbedingt erforderlich ist. Von diesen Gedanken ausgehend, wurden bereits noch im 19. Jahrhundert die Pariser Verbandsübereinkunft zum Schutze des gewerblichen Eigentums (ParÜb 20. 3. 1883) und die Berner Übereinkunft zum Schutze von Werken der Literatur und Kunst (BernÜb 9. 9. 1886) abgeschlossen. Durch diese beiden multilateralen Abkommen wurde ein internationaler Schutz für Erfinder und Urheber gewährleistet, und zwar für Erfindungen und Werke der Literatur und Kunst. In beiden Übereinkünften wurde das Rechtsgebiet der Muster und Modelle bzw. der angewandten Kunst je nach der Ausrichtung der beiden Übereinkünfte mit einbezogen. Die ParÜb erwähnte von Anbeginn an den Schutz der gewerblichen Muster und Modelle (art. 1 Abs. 2), sicherte für sie im art. 2 die Inländerbehandlung und gewährte für sie im art. 4 die Unionspriorität. Die BernÜb rechnet gemäß art. 2 zu den Werken der Literatur und der Kunst auch die Werke der angewandten Kunst.

Für die gewerblichen Muster und Modelle, die, wie oben angedeutet wurde, eine zwischen beiden Gebieten liegende Sonderstellung einnehmen, wurde dann außerdem später in Gestalt des Haager Abkommens über die internationale Hinterlegung gewerblicher Muster und Modelle vom 6. November 1925 eine internationale Konvention geschaffen. Diese hatte die Aufgabe, als Union restreinte innerhalb der ParÜb, ähnlich wie das Madrider Markenabkommen, nunmehr hinsichtlich der Muster und Modelle eine internationale Hinterlegung zu ermöglichen. Es fanden auch die anderen Sonderabkommen, nämlich die Madrider Abkommen betr. die internationale Registrierung von Fabrik- und Handelsmarken und betr. die Unterdrückung falscher Herkunftsangaben nur eine beschränkte Beteiligung. Dem Haager Musterabkommen gehören im ganzen nur 14 Staaten an, während die ParÜb über 49 Mitgliedsstaaten und die revidierte BernÜb über 44 Mitgliedsstaaten verfügt.

Die Schwierigkeiten, hier zu einer befriedigenden und umfassenden Regelung zu kommen, ergaben sich im wesentlichen daraus, daß es bislang immer noch nicht möglich war, zu einer einheitlichen Auffassung über den Schutz für die Erzeugnisse der angewandten Kunst oder der Muster und Modelle zu gelangen. Die Unterschiede in den Anschauungen liegen bereits in der Grundkonzeption. Die eine Gruppe sieht in den Mustern und Modellen vor allem gewerbliche Schutzrechte, die eine gewerbliche Verwertbarkeit voraussetzen, eine dem Patent entsprechende Sperrwirkung ausüben und den Schutz von der Erfüllung gewisser Formalitäten abhängig machen, während die anderen Länder eine weniger dem gewerblichen Rechtsschutz, sondern den urheberrechtlichen Erwägungen zugewandte Einstellung einnehmen. Dabei ist die Regelung der Muster und Modelle innerhalb der

ParÜb. oder des Haager Musterabkommens sowie die Bezeichnung als gesetzliche Schutzrechte nicht entscheidend für die mehr patentrechtliche oder urheberrechtliche Deutung der Rechtsnatur dieses Schutzes (vgl. ULMER, GRUR Ausl., 1959, S. 374).

Das Bedürfnis, namentlich für die industrielle Formgebung einen stärkeren Schutz, wenn möglich auch auf internationaler Ebene zu geben, hat dazu geführt, daß seit Ende der fünfziger Jahre sich verschiedene internationale Gremien verstärkt dieses Gebietes angenommen haben.

Der ständige Ausschuß der Berner Union sowie der Regierungsausschuß des Welturheberrechtsabkommens haben auf einer Tagung in Genf beschlossen, und zwar auf Grund eines amerikanischen Antrages, die Möglichkeiten der Verbesserung dieses internationalen Schutzes durch eine Studiengruppe untersuchen zu lassen [5]. Die Studiengruppe hat im April 1959 getagt. Über die Empfehlungen dieser Studiengruppe für den internationalen Schutz von Werken der angewandten Kunst und von Mustern und Modellen hat ULMER [6] ausführlich berichtet.

Vorher war bereits auf die Tagesordnung der Lissabonner Konferenz als Verhandlungspunkt das Recht der Muster und Modelle gesetzt. Man befaßte sich mit dem Problem, inwieweit das Haager Abkommen gegebenenfalls geändert oder überarbeitet werden sollte. Auf Vorschlag der deutschen Delegation kam es zu einer Entschließung, die erkennen ließ, daß umfangreichere Änderungen erforderlich seien, um den gegenwärtigen Stand der Mitgliedsstaaten zu erhalten und anderen Staaten den Beitritt zu ermöglichen. Man beschloß, die oben erwähnte umfangreiche Prüfung des gesamten Rechtsgebietes durch die Studienkommission abzuwarten und die Revision des Haager Abkommens bis zu einem Zeitpunkt, der spätestens im Jahre 1960 liegen sollte, zurückzustellen.

Entsprechend dem Beschluß der Lissabonner Konferenz wurde am 28. November 1960 in Den Haag eine Revision des Haager Abkommens über die internationale Hinterlegung gewerblicher Muster oder Modelle beschlossen. Durch diese Revision sollte den Mitgliedsländern der ParÜb, die bislang noch nicht dieser Union restreinte angehörten, ein gewisser Anreiz gegeben werden, dem Haager Musterabkommen beizutreten. Daher bemühte man sich, seine Bestimmungen weitgehend den Wünschen der Länder anzupassen, mit deren Beitritt man rechnete oder auf deren Beitritt man zumindest hoffte. In erster Linie mußte es sich darum handeln, die formellen Voraussetzungen für einen internationalen Schutz der Muster und Modelle dadurch zu schaffen, daß die Hinterlegung bei einem internationalen Büro in allen Mitgliedsstaaten die gleiche Wirkung hat. Es handelt sich also im Augenblick noch nicht um die Schaffung eines internationalen Ge-

---

[5] Vgl. hierüber die Berichte von ULMER in GRUR 1958, Ausl., S. 570; 1959, S. 1 ff.
[6] GRUR 1959, S. 373.

schmacksmusterrechtes, bei dem durch eine Hinterlegung ein einheitliches Geschmacksmusterrecht für alle Mitgliedsstaaten geschaffen wird, vielmehr wird zur Zeit durch eine internationale Hinterlegung die Hinterlegung in den einzelnen Mitgliedsstaaten herbeigeführt, während sich Ausgestaltung und Wirkungen des durch die Hinterlegung herbeigeführten Schutzes nach den Gesetzen der einzelnen Mitgliedsstaaten richten.

Zwar ist damit die Begründung des Schutzes in den einzelnen Ländern, nämlich den Mitgliedsländern, erleichtert. Eine einheitliche Behandlung nach einem einheitlichen Recht ist damit aber keineswegs sichergestellt. Das wird auch erst möglich sein, wenn die Grundlagen des Schutzes in den einzelnen Ländern einander angenähert sind und wenn man sich über die Begriffe des Rechtsgebietes im einzelnen verständigt hat. Infolgedessen gehen auch die Arbeiten in den einzelnen Gremien in der Richtung weiter, daß man das Rechtsgebiet studiert und sich bemüht, zu klaren Begriffen zu kommen und dadurch gegebenenfalls die Behandlung in den einzelnen Ländern anzugleichen.

Besonders stark hat sich dieses Problems die Association internationale pour propriété industrielle (AIPPI) angenommen, die den internationalen Schutz der angewandten Kunst, der Muster und Modelle auf die Tagesordnung ihres Kongresses in London im Jahre 1960 sowie der Tagung ihres Comité Exécutif im September 1961 gesetzt hat. Für Deutschland hat die die Beratungen vorbereitenden Berichte HEYDT [7] erstattet.

Die Gesellschaft für Rechtsvergleichung hatte den Schutz der industriellen Formgebung auf ihrer Tagung im September 1958 in Freiburg behandeln lassen. Die auf dieser Tagung gehaltenen Referate wurden von BOGSCH über den Urheberrechts- und Musterschutz in den Vereinigten Staaten, von PLAISANT über den Schutz von Werken der angewandten Kunst im französischen Recht und von HENSSLER über den Rechtsschutz der industriellen Formgebung in Deutschland erstattet [8].

Auch die Association Littéraire et Artistique Internationale (ALAI) hat sich auf ihrem Kongreß in Athen im September 1950 dieses Gebietes angenommen. Den Generalbericht erstattete PLAISANT.

Bevor wir auf die augenblickliche Rechtslage in Deutschland eingehen, soll an einigen Beispielen, wie sie auf der Freiburger Tagung der Gesellschaft für Rechtsvergleichung im Jahre 1958 besonders kraß in Erscheinung traten und von ULMER [9] in seinem einleitenden Referat auch betont wurden, die verschiedenartige Regelung dieses Gebietes aufgezeigt werden. Die Unterschiedlichkeit des Schutzes kann sich aus den Voraussetzungen, aus der Zweckbestimmung und auch aus der Art der Schutzauswirkungen ergeben. Deutschland hat die sich überschneidenden Schutzmöglichkeiten aus Ur-

[7] GRUR 1960, Ausl., S. 197 und GRUR 1961, Ausl., S. 344.

[8] Abgedruckt mit einleitenden Worten von ULMER in GRUR 1959, Ausl., S. 1 ff.

[9] GRUR 1959, Ausl., S. 1.

heberrecht und Geschmacksmusterrecht, bei denen die Unterstellung unter die eine oder die andere vom „ästhetischen Gehalt" abhängig ist. Es können zweidimensionale wie auch dreidimensionale Schöpfungen sein. In den USA gibt es zur Zeit zwei Schutzmöglichkeiten, und zwar sowohl nach dem Patentgesetz (design patent) wie nach dem Urheberrecht [10]. Der Schutz als patent design setzt neben Neuheit, Eigentümlichkeit und ästhetischer Wirkung auch eine erfinderische Leistung voraus. Das Urhebergesetz findet auf Werke der angewandten Kunst ohne besondere Erwähnung dieser Werkgattung Anwendung, wenn die allgemeinen urheberrechtlichen Schutzvoraussetzungen erfüllt sind. Daß der Gebrauchszweck nicht schadet und auch die Schutzfähigkeit als design patent den copyright-Schutz nicht ausschließt, steht seit MAZER v. STEIN [11] fest. Es liegen verschiedene Entwürfe zur Schaffung eines eigenständigen Geschmacksmustergesetzes vor, das mehr nach urheberrechtlichen als nach patentrechtlichen Prinzipien ausgestattet werden soll.

Frankreich kennt nach dem Bericht von PLAISANT [12] drei Schutzmöglichkeiten, das Urheberrecht, das Gesetz über Muster und Modelle und – als Sondergesetz – das Gesetz betr. Modeschöpfungen. Nach der in ständiger Rechtsprechung vertretenen Idee der „unité de l'art" kann für jedes musterschutzfähige Erzeugnis der wesentlich stärkere Urheberrechtsschutz in Anspruch genommen werden. Also nicht nur – wie in Deutschland – Überschneidung in einem gewissen Bereich, sondern völlige Kumulation der Schutzmöglichkeiten. Die Zweckbestimmung macht keinen Unterschied. Das italienische Recht kennt ebenfalls einen Musterschutz und einen Urheberrechtsschutz [13], wobei die Überschneidung eine gewisse Parallele mit dem deutschen Recht aufweist, da auch das italienische Urheberrecht die industriellen Kunstwerke schützt.

Das Hauptproblem sowohl für die internationale Regelung, namentlich des Musterrechtes, wie auch für das deutsche Recht, liegt in der Abgrenzung der Schutzmöglichkeiten gegeneinander oder einer Klarstellung der Voraussetzungen des Schutzes.

IV. Einzelprobleme betr. den Schutz der Werke der angewandten Kunst

1. Allgemeine Vorbemerkungen

Es ist bereits mehrfach darauf hingewiesen, daß die Überschneidung der Schutzmöglichkeit sich störend auf die Behandlung dieser Rechtsmaterie auswirkt. Diese Tatsache hat, wie dargestellt, in den internationalen Ver-

[10] BOGSCH, aaO, S. 3. [11] 347 US 201 (1954).
[12] GRUR 1959, Ausl., S. 9.
[13] BONASI-BENUCCI, GRUR 1959, Ausl., S. 18.

handlungen eine große Rolle gespielt. In gleicher Weise werden auch in Deutschland bei allen Verhandlungen in sachverständigen Gremien immer wieder sich daraus ergebende Bedenken in den Vordergrund geschoben. Vielfach namentlich von der Industrie wird der Wunsch geäußert, man möge eine reinliche Trennung durchführen und klarstellen, daß Muster und Modelle, zusammengefaßt also Geschmacksmuster nicht noch zugleich durch das Urheberrechtsgesetz geschützt werden. Auf jeden Fall wird erstrebt, bei der jetzt anstehenden Urheberrechtsreform dafür Sorge zu tragen, daß die Bestimmungen, die den Schutz der angewandten Kunst im Urheberrecht betreffen, die Bedürfnisse der an der angewandten Kunst interessierten Industrie berücksichtigen und auf diesem Sondergebiet einen angemessenen Ausgleich zwischen Urheber- und Industrieinteressen herbeiführen. Da das Urheberrecht in gleicher Weise die Werke geringeren künstlerischen Grades, die sogenannte „kleine Münze" schützen, so kommen allzu leicht für diese kleine Münze Gesetzesbestimmungen in Anwendung, die auf die Urheber der höherwertigen Werke zugeschnitten sind.

Eine solche Berücksichtigung ist vor allem auch daher erforderlich, weil der Urheberrechtsgesetzentwurf im Gegensatz zum geltenden Recht im Interesse eines besseren Schutzes der Urheber eine Reihe von Rechten der Urheber unverzichtbar oder unübertragbar ausgestaltet hat. Das würde es unmöglich machen, im Vorwege vertragliche Vereinbarungen zu treffen, durch die den praktischen Interessen der Industrie Rechnung getragen werden kann.

In diesem Zusammenhang ist vor allem der § 43 des Regierungsentwurfes zum Urhebergesetz zu erwähnen, in dem es heißt, daß die Vorschriften über die Nutzungsrechte anzuwenden sind, wenn das Werk in Erfüllung der Verpflichtungen aus einem Arbeits- oder Dienstverhältnis geschaffen ist, soweit sich aus dem Inhalt oder dem Wesen des Arbeits- oder Dienstverhältnisses nichts anderes ergibt.

Im folgenden soll bei der Behandlung der maßgeblichen Gesichtspunkte dargestellt werden, wie sich die Konkurrenz der beiden Schutzmöglichkeiten in Deutschland auswirkt und zu welchen Folgerungen sie führt. Dabei wird auch kurz auf die Bestimmungen hingewiesen, die in den internationalen Abmachungen hinsichtlich der einzelnen Fragen festgelegt worden sind.

2. *Der Schutzgegenstand*

Art. 2 der rev. BernÜb führt unter den zu schützenden Werken die Werke der angewandten Kunst auf. Eine *Begriffsbestimmung* enthält keine maßgebliche Bestimmung. In der ParÜb heißt es in art. 1, Abs. 2, daß der Schutz des gewerblichen Eigentums auch die gewerblichen Muster oder Modelle zum Gegenstand hat. In der Lissabonner Revisionskonferenz ist festgelegt worden, daß die gewerblichen Muster und Modelle in allen Verbandsländern geschützt werden. Das Haager Abkommen spricht von gewerblichen Mustern und Modellen. Eine Definition der Begriffe angewandte Kunst oder Muster und Modelle wird in den internationalen Abkommen nicht gegeben.

Nach dem deutschen Geschmacksmustergesetz sind Schutzgegenstand gemäß § 1 gewerbliche Muster und Modelle, die neu und eigentümlich sind. Schutzgegenstand nach § 2 KSchG. sind Erzeugnisse des Kunstgewerbes. Der Entwurf des BJM zum Urheberrechtsgesetz hat den Begriff des Kunstgewerbes durch angewandte Kunst ersetzt. Auch diese deutschen gesetzlichen Bestimmungen enthalten keine Begriffsbestimmung.

Nach der herrschenden Lehre sind Muster als zweidimensionale, Modelle als dreidimensionale Schöpfungen anzusehen [14]. Es handelt sich bei ihnen nur um Vorbilder, die dazu bestimmt sind, durch Nachbildungen verwertet zu werden. Beide Begriffe zusammen werden heute in Deutschland unter dem Begriff Geschmacksmuster zusammengefaßt, der sowohl die zweidimensionalen wie auch die dreidimensionalen Vorbilder umfaßt. Heydt [15] befaßt sich in seinem Bericht für Ottawa ebenfalls mit der Begriffsbestimmung, und zwar im Hinblick auf das Haager Abkommen. Er weist darauf hin, daß das Haager Musterabkommen den Begriff Muster und Modell in doppeltem Sinn gebraucht, und zwar einmal im primären Sinn von Muster und Modellen, die als Vorbilder bestimmt sind, in gewerblichen Gegenständen verkörpert zu werden, zum anderen auch im sekundären Sinn von Muster und Modellen, die in einem gewerblichen Gegenstand verkörpert sind. Er schlägt daher als umfassende Begriffsbestimmung vor: „Formgebung oder Oberflächengestaltung, die geeignet sind, in gewerblichen Gegenständen verkörpert zu werden.“ Es muß sich also um gewerbliche Verwertbarkeit handeln, d. h. derjenige, der das Muster hinterlegt, muß die Absicht haben, nach dessen Vorbild gewerbliche Erzeugnisse herzustellen, also das Muster gewerblich auszunützen.

Wenn das Kunstschutzgesetz von Erzeugnissen des Kunstgewerbes spricht, so meint es hiermit handwerklich oder industriell hervorgebrachte Erzeugnisse, die auf künstlerischem Schaffen beruhen. Diese sollen wie ein Kunstwerk geschützt werden, auch wenn sie für den Gebrauchszweck geschaffen worden sind. Die individuelle künstlerische Leistung muß jedoch von solchem Rang sein, daß man immer noch von Kunst sprechen kann. So hat der BGH noch in einem seiner letzten Urteile [16] zum Ausdruck gebracht, daß der ästhetische Gehalt des Werkes einen solchen Grad erreicht haben muß, daß nach der im Leben herrschenden Anschauung der mit Kunstanschauungen einigermaßen vertrauten Personen von einer „künstlerischen“ und nicht nur von einer geschmacklichen Leistung, wie sie der Schutz nach dem Ge-

---

[14] Vgl. Furler, aaO, § 1 Anm. 1; Henssler, GRUR 1959, Ausl., S. 13.
[15] GRUR 1961, Ausl., S. 345.
[16] BGHZ 29, S. 62; GRUR 1959, S. 290 – Rosenthal Vase –.

schmacksmustergesetz vorausgesetzt, gesprochen werden kann[17]. Um hier eine größere Klarheit zu bringen, spricht der Entwurf anstatt von den Werken des Kunstgewerbes nunmehr von Werken der angewandten Kunst, weil dadurch deutlicher wird, welch weiter Rahmen mit dieser Begriffsbestimmung geschaffen werden sollte.

Sowohl aus dem Gesetzeswortlaut wie aus der Begriffsbestimmung, wie sie der BGH für die Schutzgegenstände des KschG gibt, ergibt sich, daß eine klare Abgrenzung zwischen Geschmacksmuster einerseits und Werken des Kunstgewerbes oder der angewandten Kunst andererseits nicht einfach ist.

Das bereits zitierte Urteil des BGH weist ebenfalls auf das Geschmacksmusterrecht hin und läßt hier erkennen, daß das Geschm.Ges. eine geschmackliche Leistung voraussetzt. Außerdem werden Eigentümlichkeit und eine ästhetische Wirkung erfordert. Die Grenze liegt also nur im Grad der zum Ausdruck kommenden Gestaltungshöhe.

Es wird also eine Reihe von Schöpfungen geben, die nur für den Geschmacksmusterschutz ausreichen, während ein erheblicher Teil der in Betracht kommenden Entwürfe dem Geschmacksmusterschutz unterliegt, sofern sie angemeldet werden, und außerdem dem Kunstschutz allein durch die Tatsache ihrer Schöpfung unterstellt sind. Das ist insbesondere deshalb zu berücksichtigen, weil Kunstschutz auch Erzeugnisse umfaßt, die industriell vervielfältigt und verwertet werden können. Auch die für das Geschmacksmuster festgelegten Voraussetzungen, daß das Geschmacksmuster neu und eigentümlich sein muß, schafft keine klare Unterscheidung, da letztlich Neuheit und Eigentümlichkeit auch Voraussetzung einer eigenpersönlichen künstlerischen Schöpfung sind. Fest steht jedenfalls, daß die beiden Schutzarten sich nicht gegenseitig ausschließen. Wie erwähnt, will auch das neue, jetzt im Entwurf vorgelegte Urheberrechtsgesetz ein Nebeneinander dieser beiden Schutzmöglichkeiten zulassen. Der Unterschied wird immer nur durch den Grad der künstlerischen Leistungen bestimmt, und es kommt allein darauf an, wie hoch die Anforderungen an die Erlangung des Kunstschutzes gestellt werden.

3. Schutzvoraussetzungen

a) Das Geschmacksmusterrecht setzt, wie bereits erwähnt wurde, materiell voraus, daß die Muster und Modelle neu und eigentümlich sind. Während in Deutschland diese beiden Voraussetzungen gefordert werden, so ist in den außerdeutschen Ländern die Einstellung zu diesem Problem verschieden. Die Frage kompliziert sich noch dadurch, daß im Geschmacksmusterrecht zwischen absoluter und relativer Neuheit unterschieden wird. Dazu kommt in Deutschland noch der Begriff der subjektiven Neuheit, der durch das deutsche Schrifttum hineingetragen worden ist und der besagt,

---

[17] BGHZ 5, S. 1 Hummelfiguren; 28, 351 Candida Schrift.

daß das Muster nicht einem älteren Muster nachgebildet sein darf. Unter absoluter Neuheit wird verstanden, daß das Muster überhaupt vorher nicht bekannt war, während relative Neuheit nur die Neuheit im Schutzlande oder etwa in „unserem Kulturkreis" voraussetzt. Nach der von HEYDT [18] in seinem Bericht gegebenen Zusammenstellung verlangen 11 Länder absolute Neuheit, 10 Länder relative Neuheit, 6 Länder absolute Neuheit und Eigentümlichkeit, 7 Länder relative Neuheit und Eigentümlichkeit, 1 Land absolute Neuheit oder Eigentümlichkeit, 6 Länder relative Neuheit oder Eigentümlichkeit, 1 Land nur Eigentümlichkeit. Während die subjektive Neuheit für den Geschmacksmusterschutz ausreichen dürfte, erscheint es aber doch dann notwendig, neben dieser subjektiven Neuheit zumindest eine gewisse Eigentümlichkeit zu fordern, wie es auch die Rechtsprechung bislang stets getan hat.

Der Kunstwerkschutz hat solche Voraussetzungen nicht besonders nominiert. Hier genügt, daß eine, wie oben angegeben, originale, eigenpersönliche schöpferische Leistung vorliegt, durch die der Schutz zur Entstehung gelangt. Die Natur des urheberrechtsschutzwürdigen Werkes setzt ohnehin Originalität oder Eigentümlichkeit und damit im gewissen Sinne auch Neuheit voraus. Vollendung des Werkes ist nicht erforderlich, auch Entwürfe sind, sobald sie individuelle Gestaltung aufweisen, geschützt.

b) Neben diesen materiellen Voraussetzungen kommen beim Geschmacksmuster die formellen Voraussetzungen der Hinterlegung in Betracht. Es gibt sowohl die offene wie die geheime Hinterlegung, die beide nach deutschem Recht möglich sind. Das Kunstwerkrecht kennt keine Hinterlegung. Mit der Schöpfung, d. h. mit der Formgebung entsteht das Werk.

Die Art der Hinterlegung ist in den einzelnen Ländern verschieden. Während einzelne Länder für die geheime Hinterlegung eingestellt sind, wird in anderen die geheime oder versiegelte Hinterlegung abgelehnt. Hinsichtlich der Hinterlegung bestehen also in den einzelnen Ländern verschiedene Bräuche. Es erscheint nun nicht unbedingt notwendig, daß bei einer Ausbreitung des internationalen Schutzes insoweit eine allgemeine Angleichung erfolgt. Es ist möglich, daß die Handhabung in den einzelnen Ländern verschieden ist. Wenn jedoch durch eine einzige Handlung der Schutz in allen Verbandsstaaten herbeigeführt werden soll, so wird man allerdings darauf bestehen müssen, daß nun bei einem internationalen Büro alle diejenigen Personen, die in den dem Haager Abkommen angeschlossenen Ländern Schutz erwerben wollen, dann auch das Muster bei diesem internationalen Büro hinterlegen müssen. Zur Zeit ist die Frage der internationalen Hinterlegung für das Haager Abkommen in den art. 4 und 5 dieses Abkommens geregelt.

---

[18] GRUR 1960, Ausl., S. 199.

4. *Die Schutzdauer*

Die Dauer des Geschmacksmusterschutzes beträgt nach Wahl des Anmeldens 1 bis 15 Jahre, und zwar wird auf Grund des ersten Antrages ein Schutz von 1 bis 3 Jahren gewährt. Der Urheber hat aber dann das Recht, gegen Zahlung einer bestimmten Gebühr die Ausdehnung des Schutzes bis auf höchstens 15 Jahre zu verlangen. Der Schutz, der auf Grund des Kunstschutzgesetzes gewährt wird, endet erst 50 Jahre nach dem Tode des Urhebers. Es ergibt sich hiermit also eine sehr unterschiedliche Dauer, je nach dem, ob ein Muster, ein Modell oder ein Erzeugnis der angewandten Kunst nur dem Geschmacksmusterschutz unterliegt oder mit Rücksicht auf den Grad und den Wert der künstlerischen Gestaltung gleichzeitig auch Urheberrechtsschutz genießt. Der Musterschutz ist seiner Dauer nach in den einzelnen Ländern sehr unterschiedlich. Dasselbe gilt auch vom Urheberschutz, obwohl hier mit Rücksicht auf die BernÜb bereits eine größere Angleichung erfolgt ist. Das Haager Musterabkommen sieht eine Mindestdauer von 10 Jahren vor.

5. *Der Schutzrechtsinhaber*

a) Inhaber des Geschmacksmusterrechtes und somit auch Inhaber des Schutzes ist der Hinterleger, d. h. derjenige, der das fragliche Muster beim Amtsgericht hinterlegt hat. Das werden im Regelfall die Unternehmen sein, die sich entweder von Angestellten oder freien Mitarbeitern Muster oder Modelle haben entwerfen lassen und diese beim Amtsgericht hinterlegen. In den allerseltensten Fällen wird derjenige, der das Muster oder Modell selbst entworfen hat, als Schutzrechtsinhaber auftreten. Für Angestellte bestimmt das Geschmacksmustergestz im § 2 ausdrücklich, daß bei solchen Mustern und Modellen, welche von den in einer inländischen gewerblichen Anstalt beschäftigten Zeichnern, Malern, Bildhauern, im Auftrage oder für Rechnung des Eigentümers der gewerblichen Anstalt angefertigt worden sind, der Eigentümer der gewerblichen Anstalt, also der Unternehmer, als Urheber der Muster und Modelle gilt, wenn nichts anderes im Vertrag vereinbart worden ist. Hier ist sogar von Anbeginn an eine Vermutung zugunsten des Unternehmers aufgestellt, während rein formal betrachtet derjenige, der die Hinterlegung bewirkt hat, als der Inhaber anzusehen ist. Da im übrigen auch das Recht des Urhebers beschränkt oder unbeschränkt auf andere übertragen werden kann, so könnte auch der außerhalb eines Betriebes tätige freie Künstler durch Übertragung seines Rechtes auf den Unternehmer ohne Schwierigkeiten bewirken, daß der Unternehmer dann für die Dauer des Schutzes als unumstrittener vollberechtigter Inhaber anzusehen ist.

b) Anders liegt es, wenn es sich nicht um den Schutz nach dem Geschmacksmustergesetz, sondern nach dem Kunstschutzgesetz handelt. Hier entsteht der Schutz nicht durch Hinterlegung, sondern allein durch die Schöpfung. Das Recht steht auch unzweideutig immer dem echten Urheber zu, der, wenn er eine Verwertung des Musters oder Modells oder der angewandten Industrieform durch ein Unternehmen bewirken will, das Verwertungsrecht diesem Unternehmen übertragen kann. Nach § 10 KSchG. kann das Recht beschränkt oder unbeschränkt auf andere übertragen werden. Trotz der Übertragung verbleiben aber die sich aus dem Urheberpersönlichkeitsrecht ergebenden Berechtigungen bei dem Urheber. So hat z. B. gemäß § 12 KSchG. der Erwerber, soweit nichts anderes vereinbart ist, nicht das Recht, am Werk selber, an dessen Bezeichnung oder an der Bezeichnung des Urhebers Änderungen vorzunehmen. Eine Globalübertragung, wie sie das geltende Recht noch vorsieht, hat der Entwurf ausgeschlossen. Er kennt nur den Übergang des Urheberrechtes im Falle des Erbganges und der Erbauseinandersetzung. Sonst ist nur die Einräumung von einzelnen Nutzungsrechten vorgesehen.

c) Die Möglichkeit der Überschneidung des Schutzes kann sich gerade hier bei Einräumung von Rechten sehr störend auswirken und zu Komplikationen führen, die namentlich für die industriellen Unternehmen, aber auch für den Urheber zu Mißhelligkeiten führen können.

Wenn ein Muster oder Modell durch einen Angestellten oder beauftragten freien Künstler hergestellt und das Recht an diesem Erzeugnis, sei es auf Grund ausdrücklichen Vertrages oder sei es auf Grund der im § 2 des Geschmacksmustergesetzes aufgestellten Vermutung, auf das Unternehmen übergegangen ist und das Unternehmen nun gemäß § 7 des Geschmacksmustergesetzes dieses beim Musterregister angemeldet hat, so genießt das Unternehmen den Schutz für die Dauer der Hinterlegung. Nach Ablauf der Schutzfrist wird nach dem Geschmacksmustergesetz das Muster frei, auch für den Unternehmer im Verhältnis zum ursprünglichen Entwerfer.

Erlangt aber das fragliche Erzeugnis den Grad, der für den Schutz nach dem KSchG. erforderlich und auch ausreichend ist, so steht dem ursprünglichen Urheber außerdem noch das Recht nach dem KSchG. zu. Bei einer allgemeinen Übertragung des Urheberrechtes durch Vertrag, ausdrückliche oder stillschweigende Vereinbarung, wird man wohl davon ausgehen können, daß auch die materiellen Verwertungsrechte aus dem Urheberrecht auf den Unternehmer übergegangen sind. Handelt es sich aber lediglich bei dem Erwerb des Geschmacksmusterrechtes durch das Unternehmen um die Verwertung des § 2 Geschmacksmustergesetz, so kann man kaum davon sprechen, daß auch die Verwertungsrechte aus dem Urheberrecht mit übergegangen sind, es sei denn, daß ein solcher Übergang aus den allgemeinen vertraglichen Bestimmungen als vorgenommen gefolgert werden kann. Kommt man nicht zu einer Bejahung des Überganges des Urheberrechtes, so würde sich die eigenartige Folge ergeben, daß dann nach Beendigung des Geschmacksmusterschutzes der ursprüngliche Urheber noch immer im Besitze des Kunstschutzes ist, und zwar auch gegenüber dem Unternehmer, der dieses Muster herstellt. Vor allem aber sind, wenn keine ausdrücklichen dahingehenden Vereinbarungen getroffen worden sind, die dem Urheber aus seinem Urheberpersönlichkeitsrecht zustehenden Befugnisse beim Urheber verblieben, also z. B. die Ansprüche auf Benennung, auf Verbot der Änderungen und gegebenenfalls nach dem neuen Gesetzentwurf und auch schon aus der BernÜb die Ansprüche gegen Beeinträchtigung und Verschandelung des Werkes.

Nun wird aber die Frage, welcher Schutz besteht, im Regelfall immer erst in einem Prozeß endgültig geklärt werden können. Auch der Schutz des Geschmacksmusters wird nicht unbedingt durch die Hinterlegung erworben. Vielmehr kann trotz Hinterlegung in einem Prozeß bei Geltendmachung der Ansprüche das Gericht immer noch darauf hinweisen, daß die im Gesetz geforderte Eigentümlichkeit nicht gegeben sei. Ebenso wird auch das Gericht erst feststellen, ob bei einem Muster oder Modell oder einem Erzeugnis der angewandten Kunst der ästhetische Grad erreicht ist, der für die Gewährung des Kunstschutzes erforderlich ist. Daraus folgt nun, daß sowohl beim Geschmacksmuster wie beim Kunstschutz die Frage der Schutzwürdigkeit endgültig erst bei einer gerichtlichen Auseinandersetzung festgestellt wird, andererseits tritt dann aber auch erst die Tatsache des bestehenden doppelten Schutzes in Erscheinung.

6. Auswirkungen des Schutzes

Nach dem Geschmacksmustergesetz hat der Urheber das alleinige Recht, das Werk zu vervielfältigen. Er ist ferner gegen jede Nachbildung der ihm geschützten Muster oder Modelle geschützt. § 5 Geschmacksmustergesetz hebt bestimmte Tatbestände hervor, die als verbotene Nachbildung anzusehen sind. Im Gegensatz zum Patentrecht hat jedoch das Geschmacksmusterrecht keine Sperrwirkung gegen Dritte. Es besteht also durchaus die Möglichkeit, daß gleichzeitig von einem Dritten selbständig ein ähnliches oder gleiches Muster oder Modell entworfen wird. In subjektiver Hinsicht wird daher für die Nachbildung Kenntnis des nachgebildeten Musters vorausgesetzt. Es ist nicht notwendig, daß der Nachbildende das Muster unmittelbar gesehen hat, es kann ihm auch die Kenntnis durch Dritte vermittelt werden.

Nachbildung ist das Arbeiten nach dem geschützten Muster als Vorbild. Schon die teilweise Übernahme einer Nachbildung kann Rechtsverletzung sein. Dabei geht die Rechtsprechung in der Beweiswürdigung, daß eine Verletzungsform nach einem vorliegenden Muster geschaffen worden ist, verhältnismäßig weit. Es wird für genügend angesehen, daß der Nachbildner statt des Vorbildes selbst eine bildliche Wiedergabe des Musters gekannt hat oder daß ihm das Muster durch eine den Anblick ersetzende Darstellung beschrieben wird [19].

[19] BGH GRUR 1959, S. 97 – Gartensessel; 1961, S. 643 – Straßenleuchte.

V. Vorschläge für die weitere Behandlung dieses Gebietes

1. Die deutsche Entwicklung hat gezeigt, daß wir einen doppelten Schutz benötigen. Der Urheberschutz für die angewandte Kunst läßt sich schon systematisch gesehen nicht völlig ausschließen. Daneben ist aber für die einfacheren Muster und Modelle, für die der Urheberschutz nicht beansprucht werden kann, ein Musterschutz dringend notwendig. Ferner dürfte sich erwiesen haben, daß es nicht zweckmäßig und auch nicht möglich ist, die Überschneidung völlig aufzuheben. Bestrebungen, die in dieser Richtung während der Urheberrechtsreform gemacht worden sind, haben keinen Erfolg gehabt, sie haben auch keine allgemeine Zustimmung gefunden. Es wäre wohl für die Industrie in vielen Fällen zweckmäßig und wertvoll, im Vorwege zu wissen, ob ein ihr zur Verfügung gestelltes Muster oder Modell gleichzeitig Urheberrechtsschutz genießt. Das augenblicklich geltende Urheberrecht ebenso wie der vorliegende Entwurf geben aber der Industrie die Möglichkeit, für vertragliche Abmachungen genügende Klarheit und Sicherheiten zu schaffen, so daß eine unbedingte Trennung der beiden Gebiete nicht notwendig ist.

Nachdem in jahrelangen Bemühungen durchgesetzt worden ist, daß das Kunstgewerbe und die angewandte Kunst dem Urheberrecht unterstellt werden, würde es einen Rückschritt bedeuten, wenn man jetzt diese Gebiete aus dem Kunstschutzrecht wieder herausnähme. Es geht auch nicht an, ein mehrstufiges Urheberrecht zu schaffen, in dem die einzelnen Werke, je nach ihrem künstlerischen Gehalt oder nach der Art ihrer Verwendung, unterschiedlich behandelt werden. Bei den Beratungen über die Urheberrechtsreform ist das Problem der Abstufung des Urheberrechtsschutzes mehrfach erörtert worden. Dahingehende Pläne sind aber von allen Sachkundigen verworfen. Ein Unterschied im Schutz läßt sich nicht machen, es sei denn, es handelt sich um angrenzende Rechte, wie den Schutz für Tonträger oder Rundfunk oder Leistungsschutzrechte der ausübenden Künstler. In diese Kategorie gehört die angewandte Kunst aber nicht.

2. Ebensowenig wie es in Deutschland zu einer scharfen Trennung zwischen Mustern, Modellen einerseits und angewandter Kunst andererseits kommen kann, wird man auf internationaler Basis eine entsprechende Trennung schaffen können. Die oben erwähnte Studiengruppe für den internationalen Schutz von Werken der angewandten Kunst und der Muster und Modelle ist ebenfalls zu dem Ergebnis gekommen, daß die Zweigleisigkeit nicht beseitigt werden kann[20]. Man muß auch hier von den verschiedenen internationalen Vereinbarungen ausgehen. Die RBÜ hat die angewandte Kunst in den Katalog der geschützten Werke einbezogen, allerdings mit einer Einschränkung, die sich aus art. 2 Abs. 5 ergibt, wonach es den Gesetz-

[20] Vgl. ULMER, Berichte über die Arbeiten der Studiengruppe in GRUR 1959, Ausl., S. 373 und den Generalbericht von BOGSCH, aaO, S. 389.

gebungen der einzelnen Länder vorbehalten ist, die Voraussetzungen des Schutzes der Werke der angewandten Kunst und der Muster und Modelle festzulegen. Daneben bleibt die ParÜb, in deren Bereich es gehört, die Muster und Modelle zu schützen. In der Lissabonner Fassung ist der Schutz obligatorisch gemacht worden. Im Rahmen der ParÜb ist das Haager Musterabkommen mit seinen Sonderregelungen abgeschlossen, das eine Hinterlegung von Mustern und Modellen zum Erwerb des Schutzes in den Mitgliedsländern ermöglicht. Daraus ergibt sich für die Arbeiten der nächsten Zeit also folgendes:

a) Auf dem Gebiete des Urheberrechtes dürften im Augenblick besondere gesetzgeberische Maßnahmen wie auch neue ergänzende internationale Beschlüsse nicht erforderlich sein.

b) Für die Muster und Modelle ist den dringenden Erfordernissen durch eine Neufassung des Haager Musterabkommens Rechnung getragen. Hier sind zur Zeit aber nur die notwendigsten formellen Voraussetzungen erst einmal geschaffen, um den Beitritt zum Haager Musterabkommen für einzelne Staaten zu erleichtern.

Damit ist aber die auf diesem Gebiet zu leistende Arbeit nicht getan, vielmehr wird es notwendig sein, zu einer allmählichen Angleichung der nationalen Schutzrechtsgesetze zu kommen und namentlich hinsichtlich Begriffsbestimmung, Inhaberschaft, Schutzdauer und Schutzauswirkungen eine Regelung zu finden, die für möglichst viele Staaten annehmbar erscheint. Dabei werden die Voraussetzungen des Schutzes durch die Frage, ob die Muster offen oder versiegelt hinterlegt werden können und wenn versiegelt, für welche Zeit die Schutzdauer und die Schutzauswirkungen durch die versiegelte oder offene Hinterlegung beeinflußt werden.

Im Rahmen der AIPPI werden jetzt die Arbeiten über dieses Problem fortgesetzt. Das Comité Exécutif hat in Ottawa eine Reihe von Fragen festgelegt, die durch einen besonderen Ausschuß geklärt werden sollen. Dabei sind die von mir erwähnten Punkte besonders in den Vordergrund gestellt. Auch im Rahmen dieser Untersuchung soll noch einmal überprüft werden, ob Muster und Modelle durch ein besonderes System geschützt werden sollen. Ferner sollen die Voraussetzungen des Schutzes, die Schutzdauer und die Schutzauswirkungen zum Gegenstand der Untersuchung gemacht werden.

3. Bei allen Beratungen in den verschiedenen Gremien zeigt sich immer wieder, wie auch von Ulmer in seinem Bericht über die Arbeiten der Studienkommission prägnant und klar dargelegt worden ist, daß man den einzelnen Ländern die Entscheidung überlassen muß, wie sie zur urheberrechtlichen Betrachtung des Problems stehen, d. h. ob sie gewillt sind, der angewandten Kunst überhaupt urheberrechtlichen Schutz zu gewähren. Insoweit ist es schwer, in absehbarer Zeit eine völlige internationale Gleichmäßigkeit herzustellen.

Der Musterschutz beruht auf formalen und materiellen Voraussetzungen. Hier spielt die Hinterlegung vor oder nach der Benutzung, in offener oder versiegelter Form eine nicht unerhebliche Rolle. Von gleicher Bedeutung sind Begriffsbestimmung, Schutzdauer und Schutzauswirkungen. Hier ist ein internationales Abkommen mit internationaler Hinterlegung und entsprechendem Schutz nur dann von größerer Bedeutung, wenn möglichst viele Länder sich dem Abkommen anschließen. Das erfordert eine allmähliche Angleichung der Rechtssysteme in den Ländern und eine Festlegung von allgemein zu billigenden Grundsätzen. Das zu erarbeiten, wird die Aufgabe der nächsten Zeit sein.

Literatur

FURLER, Das Geschmacksmustergesetz, 2. Aufl. 1956, Die Neuheit im Geschmacksmusterrecht, GRUR 1956, S. 49. – HAERTEL, (E) Muster und Modelle (Berichte über die Lissabonner Konferenz), GRUR 1959, Ausl., S. 99–104. – HENSSLER, Urheberschutz in der angewandten Kunst und Architektur nach deutschem, schweizerischem, französischem, englischem und amerikanischem Recht, Stuttgart/Köln 1950. Rechtsschutz für den Entwerfer in der angewandten Kunst, GRUR 1948, S. 199; Geschmacksmuster und Urheberschutz für die industrielle Formgestaltung, GRUR 1957, S. 8; Rechtsschutz der industriellen Formgebung in Deutschland, GRUR 1959, Ausl., S. 13. – HEYDT, Internationaler Schutz der Werke der angewandten Kunst, der Muster und Modelle, GRUR 1960, Ausl., S. 197, 1961, Ausl., S. 345. – HUBMANN, Urheber- und Verlagsrecht, München und Berlin 1959. – KOHLER, Kunstwerkrecht, Stuttgart 1908. – PINZGER, Das Geschmacksmusterrecht, 1938. – TROLLER, Immaterialgüterrecht, Bd. I, Basel 1959. – ULMER, Urheber- und Verlagsrecht, 2. Aufl., Berlin/Göttingen/Heidelberg 1960; Der Schutz der industriellen Formgebung, GRUR 1959, Ausl., S. 1; Die Empfehlungen der Studiengruppe für den internationalen Schutz von Werken der angewandten Kunst und von Mustern und Modellen, GRUR 1959, Ausl., S. 373–378. – VOIGTLÄNDER-ELSTER-KLEINE, Urheberrecht, Kommentar 4. Aufl., Berlin 1952.

GRUR = Gewerblicher Rechtsschutz und Urheberrecht Verlag Chemie.

GRUR Ausl. = Auslands- und internationaler Teil von GRUR.

ARBEITSRECHT

DIE RECHTLICHE SICHERUNG DES ANSPRUCHS AUF BESCHÄFTIGUNG

von Dr. Dr. h. c. ERICH MOLITOR

Professor an der Universität Mainz
Senatspräsident i. R.

Arbeitslosigkeit enthält in einem Zeitalter abhängiger Massenarbeit sehr erhebliche Gefahren für den einzelnen, der von ihr betroffen wird, bei längerer Dauer nicht nur die Gefahr materieller Bedürftigkeit, sondern vor allem auch die innerer Unbefriedigtheit. Wenn die Arbeitslosigkeit größeren Umfang annimmt, so daß dadurch auch die allgemeine Moral und Politik betroffen wird, wird auch die Allgemeinheit unter diesem Schicksal ihrer Mitglieder leiden und zur Sicherstellung des materiellen Lebensunterhalts der Arbeitsfähigen und Arbeitswilligen ein Recht auf Arbeit als allgemeinen Rechtsgrundsatz aufstellen, dem der Staat durch eine entsprechende Beschäftigungspolitik und durch Arbeitslosenversicherung Rechnung trägt. Aber das allein wird zur Befriedigung auch der überwiegend immateriellen Interessen des Arbeitnehmers an einem Tätigwerden nicht ausreichen und es entsteht daher die Frage, ob auch innerhalb eines bestehenden Arbeitsverhältnisses ein Anspruch auf tatsächliche Beschäftigung besteht.

Ein solches *Recht auf Beschäftigung* in einem bestehenden Arbeitsverhältnis ist daher einerseits zu unterscheiden von dem öffentlichrechtlichen Anspruch auf Verschaffung eines Arbeitsplatzes oder, falls das nicht gelingt, einer Ersatzleistung, dem sogenannten *Recht auf Arbeit* und andererseits der *Sicherung der Arbeitsstelle,* sei es in dem Sinne, daß dem in einem Arbeitsverhältnis stehenden Arbeitnehmer sein ihm zustehender Arbeitsplatz erhalten bleibt (Schutz gegen Versetzung), sei es in dem Sinne, daß der Arbeitnehmer nicht durch Beendigung des Arbeitsverhältnisses von seinem Arbeitsplatz vertrieben wird (Schutz gegen Kündigung) [1].

Im folgenden soll nur von dem Recht auf tatsächliche Beschäftigung

---

[1] Vgl. darüber E. MOLITOR, Das Recht auf Arbeit. Seine Anerkennung, Sanktionierung und Begrenzung, in: Deutsche Landesreferate zum III. Internationalen Kongreß für Rechtsvergleichung in London, 1950, S. 729 ff.

im engeren Sinne die Rede sein, weil gerade hier in der neueren Zeit in der Bundesrepublik Deutschland bemerkenswerte Entwicklungen zu verzeichnen sind.

I. Die deutsche Rechtsentwicklung hinsichtlich des Beschäftigungsanspruchs

Dem Recht auf Beschäftigung in dem vorgenannten Sinne entspricht eine Abnahmepflicht des Arbeitgebers, die regelmäßig eine Nebenpflicht des Arbeitgebers aus dem Arbeitsverhältnis darstellt. Eine derartige Abnahmepflicht des Gläubigers kennt das deutsche Bürgerliche Gesetzbuch entsprechend der bei den einzelnen Schuldverhältnissen verschiedenen regelmäßigen Interessenlage nur beim Kaufvertrag und beim Werkvertrag in § 433 Abs. II und § 640. Beide Bestimmungen sind dispositiv. Dagegen wird bei anderen Schuldverhältnissen, wie beim Mietvertrage und beim Dienstvertrage eine Abnahmepflicht des Gläubigers nicht erwähnt, kann aber nach dem Grundsatz der Vertragsfreiheit vereinbart werden. Der Vertragsfreiheit unterliegt es auch, ob diese Verpflichtung als sogenannte Schuldnerpflicht oder, was naheliegt, nur als sogenannte Gläubigerpflicht begründet wird. Im letzteren Falle hat sie nur die Folge des im deutschen Recht etwas abweichend von den meisten ausländischen Rechten gestalteten Annahme- oder Gläubigerverzuges, der in §§ 293 ff. BGB im einzelnen überwiegend für Sachleistungen passend geregelt ist. Im ersteren Falle treten dagegen die gewöhnlichen Folgen des Schuldnerverzuges und der vom Schuldner zu vertretenden Unmöglichkeit (§§ 275 ff. BGB) ein.

Das Deutsche Bürgerliche Gesetzbuch regelt beim Dienstvertrage nur die Verpflichtung zur Weiterzahlung des Lohnes bei Annahmeverzug des Arbeitgebers (§ 615 BGB). Diese Ausnahme gegenüber § 322 und § 323 BGB ist äußerlich bedingt durch den Zeitcharakter der Arbeit, die regelmäßig nicht nachgeholt werden kann, wie es § 322 Abs. II BGB voraussetzt, findet aber ihre tiefere Begründung in dem sozialen Charakter des Dienstverhältnisses, der es nicht gestattet, daß der regelmäßig für seinen Lebensunterhalt auf den Lohn angewiesene Arbeitnehmer durch bloßen Annahmeverzug des Arbeitgebers des von ihm benötigten Lohnes verlustig geht. Schwierigkeit bereitet dabei beim Dienstvertrage die sehr problematische Abgrenzung des Annahmeverzuges von der Unmöglichkeit, insbesondere die viel erörterte Frage des sogenannten Betriebsrisikos [2]. Im ganzen läuft diese lediglich die materiellen Interessen des Arbeitnehmers berücksichtigende Regelung auf eine Abnahmepflicht des Arbeit-

---

[2] Vgl. HUECK-NIPPERDEY, Lehrbuch des Arbeitsrechts I^{6}, S. 298 ff. und S. 316 ff.; NIKISCH, Arbeitsrecht I^{3}, S. 598 ff.

gebers im Sinne einer Gläubigerpflicht hinaus, besagt aber nichts über eine Abnahmepflicht des Arbeitgebers im Sinne einer Schuldnerpflicht.

Auf Grund der Vertragsfreiheit kann aber auch nach dem Bürgerlichen Gesetzbuch eine schuldnerische Abnahmepflicht vereinbart werden und aus dem Lehrlingsverhältnis ergibt sich eine solche schon deshalb als selbstverständlich, weil ja der Lehrling durch die Beschäftigung ausgebildet werden soll und die Ausbildungspflicht eine wesentliche Schuldnerpflicht des Arbeitgebers ist. Es liegt also nahe, eine solche schuldnerische Beschäftigungspflicht auch dann nach dem Inhalt der dem Arbeitsverhältnis zugrunde liegenden Geschäftsgrundlage zu bejahen, wenn der Arbeitnehmer als Bühnenschauspieler oder -sänger oder als Journalist darauf angewiesen ist, durch seine Beschäftigung Fühlung mit dem Publikum zu halten, wenn der Arbeitnehmer als Hochschullehrer, Chemiker oder Ingenieur seine Arbeitsgelegenheit als Unterlage für seine Forschungstätigkeit braucht, wenn er als Schwerbeschädigter durch die Beschäftigung das Gefühl erhalten soll, ein produktives Mitglied der Gesellschaft zu sein oder wenn er als Betriebsratsmitglied durch seine Arbeit im Betriebe die Fühlung mit der Belegschaft halten muß. Nicht erörtert wurde dabei, soweit ersichtlich, bisher der Fall, daß ein Kranker oder Genesender sich zu seiner Arbeit mit dem ausgesprochenen Zwecke verpflichtet, durch Arbeit Heilung zu suchen. Die Beschäftigung könnte in einem derartigen, praktisch allerdings wohl seltenen Fall noch mehr als beim Lehrling nicht nur zu einer Neben-, sondern zur Hauptpflicht des Arbeitsverhältnisses gemacht werden.

Fälle der genannten Art haben dazu geführt, daß ein nach dem ersten Weltkrieg im Auftrag des Reichsarbeitsministeriums aufgestellter, nichtamtlicher Entwurf eines Allgemeinen Arbeitsvertragsgesetzes von 1923 in § 46 folgende Bestimmung vorschlug:

> Der Arbeitgeber ist auch ohne ausdrückliche Vereinbarung verpflichtet, den Arbeitnehmer angemessen zu beschäftigen, wenn dieser ein besonderes Interesse an der Beschäftigung hat. Das gilt namentlich, wenn die Nichtbeschäftigung geeignet ist, die Entwicklung der Leistungsfähigkeit des Arbeitnehmers in erheblichem Maße zu beeinträchtigen oder sein Fortkommen wesentlich zu erschweren.
>
> Die Verpflichtung entfällt, auch wenn sie vereinbart ist, soweit der Arbeitgeber einen wichtigen Grund hat, die Beschäftigung abzulehnen.
>
> Im Falle der Verurteilung zur Beschäftigung findet § 888 Abs. I der Zivilprozeßordnung keine Anwendung.
>
> Auf die Verpflichtung des Arbeitgebers zum Schadensersatz finden die §§ 842–847 des Bürgerlichen Gesetzbuches entsprechende Anwendung.

Der Vorschlag beruhte auf der in Deutschland weit verbreiteten Interessenjurisprudenz [3], berücksichtigte aber nicht, daß einseitige Interessen auch bei einer ergänzenden Auslegung des Parteiwillens nur dann Ver-

---

[3] Vgl. statt vieler HECK, Interessenjurisprudenz, 1933.

tragsbestandteil werden können, wenn das besondere Interesse des einen Teils dem anderen bekannt ist oder bekannt sein muß, derart, daß es so, wenn auch stillschweigend, zur Geschäftsgrundlage gemacht wird. Außerdem wollte die dehnbare Formulierung durch die Worte „in erheblichem Maße beeinträchtigen", „wesentlich erschweren" und „wichtiger Grund" mannigfache Ausweichmöglichkeiten gewähren. Der Entwurf ist nicht Gesetz geworden.

Die Rechtsprechung verhielt sich aber dem Beschäftigungsanspruch gegenüber sehr zurückhaltend und anerkannte ihn nur bei einigen besonders gelagerten Arbeitsverhältnissen [4]. Die höchstrichterliche Rechtsprechung verneinte grundsätzlich einen Beschäftigungsanspruch [5].

Das wurde erst anders, als unter der Herrschaft des Nationalsozialismus ein vom Arbeitsrechtsausschuß der Akademie für Deutsches Recht im Jahre 1938 aufgestellter Entwurf eines Gesetzes über das Arbeitsverhältnis in § 67 folgende Bestimmung vorschlug:

> Der Unternehmer hat den Gefolgsmann auf sein Verlangen seiner Stellung entsprechend zu beschäftigen, auch wenn die Beschäftigungspflicht nicht besonders vereinbart ist.
>
> Ist die Beschäftigung dem Unternehmer nicht zuzumuten, so kann er sie ablehnen, auch wenn sie vereinbart ist. Dies gilt besonders, wenn nach der pflichtmäßigen Entscheidung des Unternehmers die Beschäftigung unwirtschaftlich sein oder die Zusammenarbeit in der Betriebsgemeinschaft gefährden würde.
>
> Erfüllt der Unternehmer diese Verpflichtung nicht, so gilt außer den allgemeinen Vorschriften über Schadensersatz der § 842 BGB. Der Anspruch auf Schadensersatz kann nicht im voraus ausgeschlossen oder beschränkt werden.

Diese Bestimmung, die ebenfalls nicht Gesetz geworden ist, wurde meist mit einer Verstärkung der Fürsorgepflicht des Arbeitgebers begründet. Mitgespielt haben dabei aber, wie die Begründung deutlich erkennen läßt, auch planwirtschaftliche Gedanken, wonach eine Arbeitskraft nicht ohne Grund ungenutzt bleiben darf. Vor allem aber dürfte dabei, wenn auch vielleicht unbewußt, die Erinnerung des Leids der Arbeitslosigkeit mitgespielt haben, das große Teile des deutschen Volkes in den Jahren der Wirtschaftskrise am Ende der zwanziger Jahre und zu Beginn der dreißiger Jahre des Jahrhunderts durchmachen mußten und die gezeigt haben, daß dieses Leid sich keineswegs in materieller Notlage erschöpft.

Die Rechtsprechung der nach dem Ausgang des zweiten Weltkrieges neu gebildeten Arbeitsgerichte und Landesarbeitsgerichte anerkannte grund-

---

[4] Vgl. Kopacz, Die Rechtsprechung über den Beschäftigungsanspruch, Diss. Breslau 1928; E. Molitor, Deutsche Landesreferate zum III. Internationalen Kongreß für Rechtsvergleichung, S. 731 ff.; B. Molitor, Der Anspruch auf Beschäftigung im Rahmen des Arbeitsvertrages, Diss. München 1957, S. 20 ff.

[5] Reichsgericht v. 6. 2. 1923, RGZ 106 S. 272 ff.; Reichsarbeitsgericht v. 30. 11. 1927, 23. 7. 1928 und 26. 3. 1930, Entsch. RArbG 1 S. 42 ff., 2 S. 138 ff., 5 S. 187 ff.

sätzlich in viel weiterem Umfange als bisher einen Beschäftigungsanspruch des Arbeitnehmers [6] und das 1954 neugebildete Bundesarbeitsgericht nahm in einer grundsätzlichen Entscheidung vom 10. 11. 1955 [7] diese Rechtsprechung gleichfalls auf, indem es einer von einer Stadtgemeinde als Chefarzt einer Röntgenstation angestellten Ärztin für die Dauer ihres Anstellungsverhältnisses einen Anspruch auf Beschäftigung zusprach. Es begründete diesen Anspruch wie folgt:

> Das Arbeitsverhältnis ist ein personenrechtliches Gemeinschaftsverhältnis, das nicht nur wie beim Dienstvertrag der selbständig Tätigen oder sonstigen Schuldverhältnissen lediglich einzelne bestimmte Leistungen betrifft, sondern für seinen Geltungsbereich die ganze Person des Arbeitnehmers erfaßt, deshalb wesentlich sein Leben gestaltet und seine Persönlichkeit bestimmt. Die Achtung und Anerkennung des Arbeitnehmers als Mensch beruht auch nicht nur auf dem wirtschaftlichen Wert seiner Leistung (Höhe des Gehalts), sondern weitgehend darin, wie er die ihm obliegenden Aufgaben erfüllt. Gerade das gibt ihm im Bereiche des Arbeitslebens maßgeblich seine Würde als Mensch. Deshalb muß der Arbeitgeber nicht bloß auf Grund seiner Treuepflicht, sondern vor allem auch auf Grund der jedermann aus Art. 1 und 2 GG obliegenden Verpflichtungen (BGHZ 13, 388, Nipperdey bei Neumann-Nipperdey-Scheuner, Grundrechte II, 15, 37) alles unterlassen, was die Würde des Arbeitnehmers und die freie Entfaltung seiner Persönlichkeit beeinträchtigen kann. Eine solche Beeinträchtigung beider Grundrechtspositionen bedeutet es aber, wenn einem Arbeitnehmer zugemutet wird, nicht nur vorübergehend, sondern womöglich jahrelang sein Gehalt in Empfang zu nehmen, ohne sich in seinem bisherigen Beruf betätigen zu können. Das würde, wie das angefochtene Urteil mit Recht sagt, auf einen Zwang zum Nichtstun hinauslaufen und den betreffenden Arbeitnehmer nicht mehr als vollwertiges Glied der Berufsgemeinschaft und der Gesellschaft überhaupt erscheinen lassen. Nicht bloß die Allgemeinheit, sondern auch der größte Teil der ihrer Fähigkeiten und Leistungen bewußten Arbeitnehmer halten es für verächtlich, Lohn in Empfang zu nehmen, der nicht durch entsprechende Leistungen verdient ist. Im übrigen würde aber auch der Arbeitnehmer, der doch während des bestehenden Arbeitsverhältnisses seine Arbeitskraft nicht einem anderen anbieten darf, gehindert werden, sich weiter beruflich zu betätigen, sich seine beruflichen Fähigkeiten zu erhalten und fortzubilden, d. h. er würde gehindert sein, seine Persönlichkeit zu entfalten. Alles dies gilt insbesondere bei leitenden Angestellten oder anderen Arbeitnehmern mit besonders bedeutsamen Aufgaben, da gerade bei einer langen Befreiung von der Arbeitsleistung der Eindruck hervorgerufen wird, daß die bisherigen Leistungen so minderwertig sind, daß der Arbeitgeber lieber Geld aufwendet, als die Leistung in Empfang zu nehmen.

Diese Entscheidung stützt sich also, weit entfernt von planwirtschaftlichen Gedankengängen, ausschließlich auf den Schutz der Persönlichkeit

---

[6] Vgl. B. MOLITOR, Der Anspruch auf Beschäftigung im Rahmen des Arbeitsvertrages, Diss. München 1957, S. 31 ff.

[7] Bundesarbeitsgericht v. 10. 11. 1955, Entsch. BArbG 2 S. 221 ff. = AP Nr. 2 zu § 611 BGB Beschäftigungspflicht. Der Bundesgerichtshof hatte in einer Entscheidung v. 12. 11. 1952, BGHZ 8 S. 35 ff. zu der Frage des Beschäftigungsanspruchs nicht abschließend Stellung zu nehmen brauchen, die dafür sprechenden Gründe aber für „beachtlich" erklärt.

des Arbeitnehmers. Sie hat in dem umfangreichen Schrifttum zu der Entscheidung nur Zustimmung, aber keinerlei Kritik gefunden. Die maßgebenden deutschen Lehrbücher des Arbeitsrechts haben, soweit das nicht schon vorher geschehen ist, daraufhin ausnahmslos den Anspruch des Arbeitnehmers auf angemessene Beschäftigung anerkannt. Im Gegensatz zu den meisten ausländischen Rechten, die nicht so weit gehen [8], muß daher der Anspruch auf Beschäftigung für die Bundesrepublik Deutschland als geltendes Recht angesehen werden. Er beruht nach dem Gesagten nicht zuletzt auf den besonderen Schicksalen, die das deutsche Volk im letzten Menschenalter hat durchmachen müssen.

II. Beschränkungen des Beschäftigungsanspruchs

Im einzelnen müssen allerdings gegenüber der Anerkennung des Beschäftigungsanspruchs mancherlei Vorbehalte gemacht werden, die auch für die Durchsetzung des Anspruchs von nicht unerheblicher Bedeutung sind:

Zunächst ist zu berücksichtigen, daß die vorgenannte Entscheidung des Bundesarbeitsgerichts nur für einen bestimmten konkreten Fall ergangen ist, in dem der Arbeitnehmer zur Arbeit auf einer ganz bestimmten Arbeitsstelle verpflichtet worden war und daß sich die Begründung am Schluß besonders auf leitende Angestellte und solche mit besonders bedeutsamen Aufgaben bezieht. Ein Recht auf Beschäftigung kann aber immer nur im Rahmen des betreffenden Arbeitsvertrages bestehen. Hat sich der Arbeitnehmer, wie regelmäßig, nicht nur zur Wahrnehmung einer bestimmten Arbeitsstelle, sondern zu Arbeiten einer gewissen Art oder zu Arbeiten aller Art verpflichtet, die ihm der Arbeitgeber auf Grund seines sogenannten Weisungs- oder Direktionsrechts zuweist, so kann der Arbeitgeber im Rahmen der Abmachungen die Beschäftigung des Arbeitnehmers auch wechseln und den Arbeitnehmer auf eine andere Arbeitsstelle „versetzen". Es kommt also bei dem Beschäftigungsanspruch auf den zugrunde liegenden Arbeitsvertrag an und der Arbeitgeber darf nur nicht den Arbeitnehmer auf eine, im Sinne der Abmachungen untergeordnete Arbeitsstelle versetzen, die seine Ehre verletzt [9] oder ihn zu einer Arbeit heranziehen, die seine Fähigkeiten übersteigt.

Entscheidend ist also auch für den Beschäftigungsanspruch immer der Inhalt des Arbeitsvertrages, auch wenn dieser unmittelbar nichts über das Maß und den Umfang der zu leistenden Arbeiten sagt. Man wird daher auch annehmen müssen, daß der Arbeitnehmer in dem Arbeitsver-

---

[8] Vgl. B. MOLITOR, Der Anspruch auf Beschäftigung im Rahmen des Arbeitsvertrages, Diss. München 1957, S. 9 ff.

[9] So z. B. Landesarbeitsgericht Frankfurt v. 18. 10. 1950, AP 1951 Nr. 178.

trage auf das Recht auf Beschäftigung verzichten kann. In gewissem Maße ist das schon dann der Fall, wenn sogenannte Ruf- oder Dienstbereitschaft vereinbart wird, derart, daß der Arbeitnehmer nur dann zur Arbeit herangezogen wird, wenn sich solche als notwendig erweist, was nicht immer mit Sicherheit vorausgesehen werden kann. Man wird also nicht sagen können, daß der Arbeitnehmer, wie es § 67 Absatz III des Akademie-Entwurfs von 1938 vorsah, den Anspruch auf Schadensersatz nicht im voraus ausschließen oder beschränken kann. Zugestimmt werden kann dem Akademie-Entwurf dagegen insofern, als er den Beschäftigungsanspruch nur als sogenannten verhaltenen Anspruch gestalten wollte, der ein besonderes Verlangen des Arbeitnehmers nach Beschäftigung voraussetzt, was mit dem Verbot eines vorhergehenden Anspruchsverzichtes kaum vereinbar sein dürfte.

Man wird ferner auch einen Beschäftigungsanspruch dann nicht annehmen können, wenn die Beschäftigung nur vorübergehend aussetzt. Das vorstehend angeführte Urteil des Bundesarbeitsgerichts sieht selbst die Möglichkeit vor, daß der Arbeitnehmer nach erfolgter Kündigung während der Kündigungsfrist nicht mehr beschäftigt wird. Ein weiteres Urteil des Bundesarbeitsgerichts vom 8. 10. 1959 hat einen Beschäftigungsanspruch abgelehnt, wenn der Arbeitgeber im Einverständnis mit der Betriebsvertretung an einem örtlichen Feiertag (Fastnachtsmontag) die Arbeit in der betreffenden Betriebsabteilung ausfallen ließ [10].

Mit Recht macht aber *Nikisch* darauf aufmerksam [11], daß es dabei auf die Lage des Einzelfalles und besonders darauf ankommt, ob der Arbeitgeber verständige Gründe hat, die es im Rahmen des betreffenden Arbeitsverhältnisses rechtfertigen, den Arbeitnehmer nicht zu beschäftigen [12]. Auch die vorgenannten Fälle einer nur kürzeren Unterbrechung werden unter diesem Gesichtspunkt zu beurteilen sein.

Solche besonderen Gründe können und werden häufig auch unvorhergesehen im Laufe eines Arbeitsverhältnisses auftreten. Der Arbeitgeber ist dann nicht auf Vereinbarungen mit dem Arbeitnehmer über die Aussetzung der Beschäftigung angewiesen, sondern kann auch durch einseitigen Akt die Beschäftigung des Arbeitnehmers einstellen. Das heben, wenn auch in verschiedenen Worten, sowohl § 46 Abs. II des Entwurfs von 1923 wie auch § 67 Abs. II des Akademie-Entwurfs übereinstimmend hervor. Man spricht dann von einer Suspendierung oder gelegentlich auch,

[10] Bundesarbeitsgericht v. 8. 10. 1959, Entsch. BArbG 8 S. 143 ff. = AP Nr. 14 zu § 56 BetrVG; dazu GALPERIN, Betriebsberater 1960, S. 453 ff.

[11] So NIKISCH, Arbeitsrecht I^3, S. 514 im Anschluß an eine Entscheidung des Bundesgerichtshofes v. 11. 12. 1952.

[12] Vgl. z. B. Landesarbeitsgericht Berlin v. 4. 5. 1961, wonach die im Vertrage ausdrücklich vorgesehene Beschäftigungspflicht gegenüber einem Regisseur entfällt, wenn dem Arbeitgeber die Beschäftigung nach den besonderen Umständen des Falles nicht zugemutet werden kann.

weniger zutreffend, von einer Zwangsbeurlaubung des Arbeitnehmers [13]. Der deutschen Gesetzgebung ist dieses Rechtsinstitut bisher nicht bekannt. Es hat sich aber in der Rechtspraxis als das Mindere gegenüber der außerordentlichen fristlosen Kündigung entwickelt, wird aber noch nicht in allen geeigneten Fällen statt der außerordentlichen Kündigung verwendet. Die Suspendierung spielt insbesondere dann eine Rolle, wenn der Verdacht eines vertragswidrigen oder strafbaren Verhaltens des Arbeitnehmers entsteht, das die Fortsetzung des Arbeitsverhältnisses als nicht zumutbar erscheinen läßt. Es liegt dann nahe, daß bis zur Klärung, ob der Verdacht berechtigt ist, die Beschäftigung des Arbeitnehmers eingestellt wird. Doch läßt die deutsche Rechtspraxis in solchen Fällen auch die außerordentliche Kündigung zu, wenn schon der Verdacht die Fortsetzung des Arbeitsverhältnisses als nicht zumutbar erscheinen läßt [14].

Die Beschäftigungspflicht hindert auch nicht die Nichtbeschäftigung im Falle eines legitimen gewerkschaftlichen (sozialadäquaten) Arbeitskampfs, wie hier im einzelnen nicht weiter verfolgt werden kann. Das deutsche Recht steht hier nach der Rechtsprechung des Bundesarbeitsgerichts zwar in einem gewissen Gegensatz zu einer im Ausland verbreiteten Anschauung, daß der Arbeitskampf (Streik und Aussperrung) das Arbeitsverhältnis und damit auch die Verpflichtung zur Beschäftigung suspendiert [15]. Aber dadurch, daß es einen sozialadäquaten Arbeitskampf als berechtigt ansieht, kommt es dazu, daß es nach dem Grundsatz der Parität und nach der sogenannten Sphärentheorie sowohl die Nichtbeschäftigung von Arbeitnehmern zuläßt, die infolge eines Teilstreiks in dem betreffenden Betriebe oder eines Streikes in einem Nachbarbetriebe nicht beschäftigt werden können [16], wie es andererseits auch eine Aussperrung und damit eine Nichtbeschäftigung zuläßt [17].

Die Beschäftigungspflicht endet mit dem Ablauf des Arbeitsverhältnisses. Es liegt daher nahe, daß der Arbeitgeber, um den Folgen der Nichtbeschäftigung zu entgehen, das Arbeitsverhältnis kündigt. Insofern spielt

---

[13] Vgl. darüber Hueck-Nipperdey, Lehrbuch des Arbeitsrechts I, S. 352 ff.; Nikisch, Arbeitsrecht I³, S. 515 ff.; E. Molitor, Arbeitsrechtsblattei, Blatt „Arbeitsvertrag-Arbeitsverhältnis VII"; Isele, Festschr. für E. Molitor, 1962, S. 107 ff.; Reichsarbeitsgericht v. 25. 11. 1936, Entsch. RArbG 17 S. 346 ff.; Bundesgerichtshof v. 12. 11. 1952, BGHZ 8 S. 35 ff.

[14] Vgl. z. B. Bundesarbeitsgericht v. 12. 5. 1955, v. 5. 11. 1955, v. 17. 4. 1956, Entsch. BArbG 2 S. 1 ff.; S. 207 ff. und S. 333 ff.; Bundesgerichtshof v. 13. 7. 1956, Neue Juristische Wochenschrift 1956, S. 1513; Bundesarbeitsgericht v. 23. 2. 1961 AP N. 9 zu § 626 BGB Verdacht strafbarer Handlungen.

[15] Vgl. z. B. Bundesarbeitsgericht v. 28. 1. 1955 und 1960, Entsch. BArbG 1 S 291 ff. und AP Nr. 11 zu Art. 9 GG Arbeitskampf.

[16] Bundesarbeitsgericht v. 8. 2. 1957 und 24. 1. 1958, Entsch. BArbG 3 S. 396 ff. und AP Nr. 4 zu § 615 BGB Betriebsrisiko.

[17] Bundesarbeitsgericht v. 27. 9. 1957 und 14. 10. 1960, AP Nr. 6 und 10 zu Art. 9 GG Arbeitskampf.

der Schutz des Arbeitnehmers gegen eine ungerechtfertigte Kündigung [18] für seinen Beschäftigungsanspruch eine entscheidende Rolle. Es ist daher kein Zufall, daß in dem oben angeführten vom Bundesarbeitsgericht am 10. 11. 1955 entschiedenen Fall die Kündigung des Arbeitgebers vorher als ungerechtfertigt abgelehnt worden war, so daß der Arbeitgeber auf den Ausweg der Nichtbeschäftigung verfiel, der sonst schon wegen der Unproduktivität der Nichtbeschäftigung im allgemeinen vermieden wird. Denn soweit möglich wird ein verständiger Arbeitgeber den Beschäftigungsanspruch durch Beendigung des Arbeitsverhältnisses zu vermeiden trachten. Aber umgekehrt kann auch der Arbeitnehmer die Nichtbeschäftigung als Anlaß zur Kündigung des Arbeitsverhältnisses nehmen. Er wird bei Nichtbeschäftigung regelmäßig schon deshalb zur außerordentlichen fristlosen Kündigung berechtigt sein, weil die Fortsetzung des durch die Nichtbeschäftigung inhaltlos gewordenen Arbeitsverhältnisses für ihn nicht zumutbar erscheint. Er wird eine solche Kündigung nur dann vermeiden, wenn es ihm nicht möglich ist, eine andere entsprechende Arbeitsstelle zu finden. Diese Möglichkeit war aber in den letzten Jahren der Hochkonjunktur in der Deutschen Bundesrepublik regelmäßig gegeben. Das und die nach dem Gesagten im deutschen Recht anerkannte Möglichkeit des Arbeitgebers, ein Arbeitsverhältnis auch bei bloßem Verdacht einer vertragswidrigen oder strafbaren Handlung des Arbeitnehmers regelmäßig fristlos zu kündigen, erklärt zur Genüge, weshalb der Beschäftigungsanspruch im deutschen Recht zwar theoretisch und praktisch anerkannt ist, aber nur in verhältnismäßig seltenen Fällen geltend gemacht wird. Die Durchsetzung des Beschäftigungsanspruchs ist aus diesem Grunde auch in Deutschland nur verhältnismäßig wenig erörtert worden.

III. Die Durchsetzung des Beschäftigungsanspruchs

Die Beschäftigung des Arbeitnehmers bedarf regelmäßig nicht nur der Zuweisung und damit einer Tätigkeit auch des Arbeitgebers, sondern kann als Arbeit auch nur innerhalb eines Zeitraumes ausgeführt werden. Die Folge ist, daß die Beschäftigung, wenn sie einmal infolge der Nichtmitwirkung des Arbeitgebers nicht stattgefunden hat, regelmäßig nicht nachgeholt werden kann und damit für die Vergangenheit unmöglich wird. Möglich bleibt die Erfüllung der Beschäftigungspflicht nur für die Zukunft. Das Problem der Sicherung der Beschäftigungspflicht zerfällt damit, was bisher im einschlägigen Schrifttum nicht genügend beachtet worden ist, in zwei Fragen: Einmal den Ersatz für die Nichterfüllung in der Vergangenheit, die infolge der eingetretenen Unmöglichkeit der Erfüllung

---

[18] Vgl. darüber E. Molitor, Deutsche Landesreferate zum III. Internationalen Kongreß für Rechtsvergleichung, S. 733 ff.

nur in einer Ersatzleistung anderer Art bestehen kann, und andererseits der Erzwingung der Beschäftigung in der Zukunft, die noch möglich bleibt und nur dann durch eine andere Leistung ersetzt zu werden braucht, wenn und soweit sie nicht erfolgt.

Für die Vergangenheit hat der Arbeitgeber dem Arbeitnehmer gemäß § 275 ff. des Bürgerlichen Gesetzbuchs Schadensersatz wegen Nichterfüllung der Beschäftigungspflicht zu leisten, wenn er den Schaden zu vertreten hat, weil ihn oder seinen gesetzlichen Vertreter oder seinen Erfüllungsgehilfen, also diejenigen Personen, die in seinem Betrieb den betreffenden Arbeitnehmer zur Beschäftigung einzusetzen haben, ein Verschulden in Form von Vorsatz oder Fahrlässigkeit trifft. Diese Schadensersatzpflicht kann erheblich über die Weiterzahlung des Lohns gemäß § 615 des Bürgerlichen Gesetzbuchs hinausgehen, zu der der Arbeitgeber auch dann verpflichtet ist, wenn er die Nichtbeschäftigung nicht zu vertreten hat, sich aber in Annahmeverzug befindet. Da die Beschäftigung in Natur für die Vergangenheit nach dem Gesagten unmöglich geworden ist und daher nicht mehr bewirkt werden kann, ist zwar der Schadensersatz gemäß § 251 des Bürgerlichen Gesetzbuchs in Geld zu leisten. In Geld kann aber zunächst nur der Vermögensschaden ersetzt werden, wozu auch der mittelbare Vermögensschaden gehört, den der Arbeitnehmer durch Erschwerung des Fortkommens, Verhinderung eines beruflichen Aufstiegs, Entwöhnung von der Arbeit usw. erleidet. Nicht gedeckt wird dadurch aber der Nichtvermögensschaden, der dem Arbeitnehmer durch die erzwungene Tatenlosigkeit entsteht. Der Versuch des Entwurfs von 1923, den Arbeitgeber durch Verweis auf § 847 des Bürgerlichen Gesetzbuchs zu einer billigen Entschädigung in Geld auch für diesen Nichtvermögensschaden zu verpflichten, ist nicht Gesetz geworden. Infolge dieser Gesetzeslücke ist es zweifelhaft, ob das Gericht bei der noch zu besprechenden Festsetzung einer Entschädigung nach § 61 Abs. IV des Arbeitsgerichtsgesetzes auch den Nichtvermögensschaden in Betracht ziehen kann, den der Arbeitnehmer durch Nichtbeschäftigung in der Vergangenheit erlitten hat. Denn die Entschädigung ist nach dem Sinn der Bestimmung als Entschädigung dafür gedacht, daß der Arbeitgeber die durch Urteil ausgesprochene Verpflichtung zur Beschäftigung nicht erfüllt, die nur die zukünftige Beschäftigung betreffen kann. Andererseits ist aber die Entschädigung nach freiem Ermessen des Gerichts festzusetzen und kann daher mindestens auch den durch die Nichtbeschäftigung in der Zukunft dem Arbeitnehmer entstehenden immateriellen Schaden in Betracht ziehen, der kaum genau von dem ihm bisher schon entstandenen immateriellen Schaden getrennt werden kann [19].

---

[19] Das Schrifttum enthält nichts über den Fall. Vgl. DERSCH-VOLKMAR, Arbeitsgerichtsgesetz 6, Anm. 99 ff. zu § 61; DIETZ-NIKISCH, Arbeitsgerichtsgesetz, Anm. 28 ff. zu § 61.

Die Erfüllung der Beschäftigungspflicht für die Zukunft wird naturgemäß ebenfalls durch die Aussicht gesichert, daß der Arbeitgeber im Falle der Nichterfüllung Schadensersatz zu leisten haben wird. Wenn eine Beschäftigungspflicht in einem bestimmten Rahmen, die zunächst vielleicht nach dem oben zu II Ausgeführten unter den Beteiligten streitig sein kann, durch Richterspruch festgelegt ist, wird der Arbeitgeber daher schon deshalb regelmäßig den Arbeitnehmer auch dem Urteil entsprechend beschäftigen, weil das für ihn vorteilhafter ist, als ihn nicht zu beschäftigen und dafür noch einen vielleicht erheblich über den Lohn hinausgehenden Schadensersatz zu leisten. Immerhin sind aber Umstände denkbar, unter denen dem Arbeitgeber die Vorteile der Nichtbeschäftigung größer erscheinen als der Nachteil, dafür Schadensersatz leisten zu müssen, besonders wenn er durch die Nichtbeschäftigung unter Aufrechterhaltung des Arbeitsverhältnisses die Arbeitskraft des Arbeitnehmers einem Dritten vorenthalten will. Auch kann sich der Arbeitgeber über die Größe des Schadens und die sich daraus ergebende Höhe des Schadensersatzes täuschen, wenn nicht die Entschädigung gemäß § 61 Abs. IV des Arbeitsgerichtsgesetzes im Urteil festgelegt ist. Ein Beispiel dieser Art bildet der oben erwähnte vom Bundesarbeitsgericht am 10. 11. 1955 entschiedene Fall, in dem die Beteiligten nach dem die Entschädigungspflicht aussprechenden Urteil dem Vernehmen nach noch lange über die Höhe des Schadensersatzes gestritten haben[20].

Das deutsche Recht beschränkt sich aber grundsätzlich nicht darauf, eine Leistung nur mittelbar durch die Pflicht zum Schadensersatz wegen Nichtleistung zu erzwingen, sondern kennt auch eine Klage unmittelbar auf die Leistung, die allerdings als Klage auf künftige Leistung gemäß § 259 der Zivilprozeßordnung an die Voraussetzung eines Rechtsschutzbedürfnisses geknüpft ist. Es muß also die Besorgnis bestehen, daß der Arbeitgeber sich der Beschäftigungspflicht entziehen wird, indem er, sei es schon jetzt die Beschäftigung einstellt, sei es eine ungerechtfertigte Suspendierung des Arbeitnehmers ausspricht. Da die Beschäftigung ausschließlich von dem Willen des Arbeitgebers abhängt und nicht vertretbar ist, kann sie allerdings gemäß § 888 Abs. I der Zivilprozeßordnung – die Ausnahme des § 888 Abs. II der Verurteilung zur Leistung von Diensten aus einem Dienstvertrag dürfte nicht in Frage kommen – nur auf Antrag des Arbeitnehmers vom Prozeßgericht erster Instanz durch Geldstrafen oder Haft erzwungen werden. Bei Eilbedürftigkeit, die regelmäßig vorliegen dürfte, sind gemäß § 62 Abs. II des Arbeitsgerichtsgesetzes auch einstweilige Verfügungen nach §§ 934 ff. der Zivilprozeßordnung möglich. Über die Zweckmäßigkeit der zur Durchsetzung zu treffenden Maßnahmen entscheidet das Gericht, wenn nicht der Arbeitnehmer sich von vorn-

---

[20] Die einschlägigen Entscheidungen sind nicht veröffentlicht worden.

herein auf den Antrag auf Festsetzung einer Entschädigung für die Nichtbeschäftigung gemäß § 61 Abs. IV des Arbeitsgerichtsgesetzes beschränkt, der allerdings nach herrschender Ansicht die Möglichkeit der Durchsetzung durch Beugezwang ausschließt.

Der Anspruch auf Beschäftigung ist damit durch alle überhaupt denkbaren Mittel gesichert, die zur Durchsetzung von privatrechtlichen Ansprüchen zur Verfügung stehen. Es ist aber bisher nicht bekanntgeworden, daß sie jemals in der Bundesrepublik tatsächlich angewandt wurden. Auch in dem vom Bundesarbeitsgericht am 10. 11. 1955 entschiedenen, oben angeführten Fall ist nach Erledigung des Streits über die Höhe der Entschädigung die Arbeitnehmerin dem Vernehmen nach freiwillig wieder eingestellt worden. Offenbar genügt neben den oben zu II am Schluß bereits erwähnten Umständen, die zu einer verhältnismäßig seltenen Geltendmachung des Anspruchs auf Beschäftigung führen, bereits der Ausspruch des Gerichts, daß und in welchem Umfange ein Beschäftigungsanspruch besteht, um den Arbeitgeber zur Erfüllung zu veranlassen.

Vielleicht hat aber die verhältnismäßig geringe Anwendung der allgemein vom Gesetz zur Durchsetzung des Beschäftigungsanspruchs zur Verfügung gestellten zivilprozessualen Mittel seinen Grund auch darin, daß in einzelnen Fällen auch noch andere Mittel zur Durchsetzung zur Verfügung stehen:

Für größere Betriebe und Dienststellen, in denen Betriebsräte oder Personalvertretungen zu bilden sind, sehen § 63 des Betriebsverfassungsgesetzes und, wenn auch mit Einschränkungen, § 70 Abs. I Ziff. a 2 und b 6 sowie § 71 Abs. I Buchst. c des Bundes-Personalvertretungsgesetzes vor, daß bei Umgruppierungen und Versetzungen die Betriebs- oder Personalvertretungen zu beteiligen sind. Es dürfte auf eine übertriebene Wortinterpretation hinauslaufen, wenn man unter „Versetzung" nur die Zuweisung einer anderen Arbeitsstelle und nicht auch die bloße Verweisung von der bisherigen unter Nichtzuweisung einer anderen Arbeitsstelle verstehen würde. Im übrigen haben die Betriebs- oder Personalvertretungen nach §§ 51 und 54 Abs. I Buchst. b des Betriebsverfassungsgesetzes und nach §§ 56 und 57 Abs. I Buchst. b des Bundes-Personalvertretungsgesetzes darüber zu wachen, daß alle im Betriebe tätigen Personen nach den Grundsätzen von Recht und Billigkeit behandelt werden und daß die zugunsten der Arbeitnehmer geltenden Gesetze, Verordnungen, Tarifverträge und Betriebsvereinbarungen durchgeführt werden. Sie werden sich also auch unter diesen Gesichtspunkten um die Nichtbeschäftigung einzelner Arbeitnehmer zu kümmern haben. Bezüglich der Schwerbeschädigten ist es den Betriebs- und Personalvertretungen nach § 54 Abs. I Buchst. d des Betriebsverfassungsgesetzes und § 57 Abs. I Buchst. d des Bundes-Personalvertretungsgesetzes zur allgemeinen Aufgabe gemacht, ihre Eingliederung in den Betrieb oder die Dienststelle und damit auch ihre tatsächliche Beschäftigung zu fördern. Ob und inwieweit sich die Betriebs- und Personalvertretungen dieser im wesentlichen vermittelnden Aufgaben bezüglich der Durchsetzung der Beschäftigungspflicht unterziehen, ist naturgemäß der Öffentlichkeit nicht bekanntgeworden.

Bezüglich der Schwerbeschädigten, bei denen früher der Beschäftigungsanspruch sehr zweifelhaft war[21], wird nach der Neufassung in § 12 Abs. I des Schwerbeschädigtengesetzes vom 16. 6. 1953 und 14. 8. 1961 jetzt ziemlich allgemein angenommen, daß eine Pflicht des Arbeitgebers besteht, die Schwerbeschädigten angemessen zu beschäftigen und seinen Betrieb so einzurichten, daß eine solche tatsächliche Beschäftigung möglich ist[22]. Diese Verpflichtung ist allerdings öffentlichrechtlicher Art. Ein Arbeitgeber, der sich beharrlich der Pflicht zur Beschäftigung Schwerbeschädigter entzieht, kann wegen einer solchen Ordnungswidrigkeit nach § 39 Abs. I Buchst. b und Abs. II mit einer Geldbuße bis zum Höchstbetrag von 2000 DM, im Wiederholungsfalle 5000 DM bestraft werden. Einige untere Arbeitsgerichte haben aus dieser öffentlichrechtlichen Gestaltung des Beschäftigungsanspruchs der Schwerbeschädigten schließen wollen, daß ihnen infolgedessen kein vor den Arbeitsgerichten verfolgbarer privatrechtlicher Anspruch auf Beschäftigung zustehe. Aber ein öffentlichrechtlicher Anspruch schließt einen gleichgerichteten privatrechtlichen Anspruch nicht aus. Im Gegenteil ist nach den Ausführungen von NIPPERDEY[23] anzunehmen, daß sich aus einer öffentlichrechtlichen Arbeitsschutzvorschrift als Reflex auch privatrechtliche Verpflichtungen ergeben können. Für das Jugendarbeitsschutzrecht ist das durch § 6 des Jugendarbeitsschutzgesetzes neuerdings ausdrücklich festgelegt. Für das Schwerbeschädigtenrecht wird das um so mehr anzunehmen sein, als für Schwerbeschädigte wegen ihres öffentlichrechtlichen Schutzes nicht angenommen werden kann, daß der privatrechtliche Schutz der Durchführung des Beschäftigungsanspruchs deshalb geringer sein soll als bei anderen Arbeitnehmern. Im Gegenteil ergibt die besondere Fürsorge für die Schwerbeschädigten, daß der Beschäftigungsanspruch bei ihnen in noch höherem Maße und als zwingend anerkannt werden muß. Eine Durchsetzung des privatrechtlichen Beschäftigungsanspruchs wird durch die Möglichkeit einer öffentlichrechtlichen Durchsetzung um so weniger be-

---

[21] Vgl. dazu E. MOLITOR, Deutsche Landesreferate zum III. Internationalen Kongreß für Rechtsvergleichung, S. 732.

[22] Vgl. darüber u. a. HUECK-NIPPERDEY, Lehrbuch des Arbeitsrechts I, S. 210; NIKISCH, Arbeitsrecht I³, S. 709; BECKER, Schwerbeschädigtengesetz 2, Vorbem. 3 zu § 3 und Anm. 3 zu § 12; WILRODT-GOTZEN, Schwerbeschädigtengesetz, Anm. 7 ff. zu § 3 und Anm. 5 ff. zu § 12; abweichend noch ZIGAN, Kommentar zum Schwerbeschädigtengesetz, Anm. 16 ff. zu § 3 und Anm. 3 zu § 12.

[23] NIPPERDEY, Die Reichsgerichtspraxis im deutschen Rechtsleben (Reichsgerichtsfestgabe 1929), S. 215 ff.

einträchtigt, als diese auf beharrliche Verstöße gegen die Beschäftigungspflicht beschränkt ist.

Für Lehrlinge bestehen keine allgemeinen Sondervorschriften über den bei ihnen besonders selbstverständlichen Beschäftigungsanspruch, da das seit langem geplante Berufsausbildungsgesetz für die Bundesrepublik noch nicht erlassen worden ist. Aber nach § 22 der Handwerksordnung, die in §§ 17 ff. die Berechtigung zum Halten und Anleiten von Handwerkslehrlingen besonders regelt, ist der Lehrherr verpflichtet, für die berufliche Ausbildung des Lehrlings in dem zu erlernenden Handwerk nach den Vorschriften der Handwerkskammer über die Lehrlingsausbildung zu sorgen. Dazu gehört ihrer Natur nach auch die zur Ausbildung erforderliche Beschäftigung. Verletzt der Lehrherr vorsätzlich oder fahrlässig diese ihm gegen die ihm anvertrauten Lehrlinge obliegende gesetzliche Pflicht, so kann diese Ordnungswidrigkeit gemäß § 111 Abs. II der Handwerksordnung mit einer Geldbuße geahndet werden. Außerdem kann gemäß § 20 der Handwerksordnung bei wiederholter gröblicher Pflichtverletzung die höhere Verwaltungsbehörde nach Anhörung der Handwerkskammer dem Lehrherrn ganz oder auf Zeit die Befugnis entziehen, Lehrlinge zu halten oder anzuleiten. Für sonstige gewerbliche und kaufmännische Lehrlinge bestehen zwar keine besonderen Vorschriften über die Befugnis, Lehrlinge zu halten und auszubilden. Aber nach § 82 des Handelsgesetzbuchs und § 148 Abs. I Ziffer 9 der Gewerbeordnung kann auch ein solcher Lehrherr mit Geldstrafe bis zu 150.– DM bestraft werden, wenn er die gesetzlichen Pflichten gegen die ihm anvertrauten Lehrlinge verletzt. Bei gewerblichen Lehrlingen, die nicht Handwerkslehrlinge sind, nicht aber bei kaufmännischen Lehrlingen, kann auch dem Lehrherrn gemäß § 126 a der Gewerbeordnung bei wiederholter grober Pflichtverletzung die Befugnis zum Halten und zur Anleitung von Lehrlingen ganz oder auf Zeit entzogen werden. Zuständig ist hier die untere Verwaltungsbehörde.

Schrifttum

Hueck-Nipperdey, Lehrbuch des Arbeitsrechts I^6, S. 347 ff.; Nikisch, Arbeitsrecht I^3, S. 512 ff.; Kaskel-Dersch, Arbeitsrecht^5, S. 199 ff.; Schnorr v. Carolsfeld, Arbeitsrecht^2, S. 241 ff.; Maus, Arbeitsverhältnis, S. 233, und Maus, Handbuch des Arbeitsrechts unter V F IV; Grub, Arbeitsrechtsblattei, Blätter „Beschäftigungspflicht des Arbeitgebers"; Nipperdey-Mohnen-Neumann, Der Dienstvertrag, Anm. 265 f. zu § 611 BGB; Waechter, Die Beschäftigungspflicht des Arbeitgebers in: Betrieb 1955, S. 361 f.; Röhsler, Umfang und Grenzen der Beschäftigungspflicht des Arbeitgeber in: Betrieb 1958, S. 1462 ff.; B. Molitor, Der Anspruch auf Beschäftigung im Rahmen des Arbeitsvertrages, Diss. München 1957.

LUFTRECHT

BEZIEHUNGEN ZWISCHEN HAFTUNG UND VERSICHERUNG IM DEUTSCHEN LUFTRECHT

von Dr. HANS-HERBERT WIMMER, München

I. Haftungsgrundsätze

Wenn die Frage nach den Beziehungen zwischen Haftung und Versicherung im deutschen Luftrecht gestellt wird, so ist zunächst ein Überblick über die Haftungsgrundsätze zu geben. Wie im internationalen Luftrecht wird auch nach dem deutschen Luftverkehrsgesetz (LuftVG) i. d. F. vom 10. 1. 1959 unterschieden zwischen

a) der Haftung für Personen und Sachen, die nicht im Luftfahrzeug befördert werden, also für sogenannte Drittschäden, und
b) der Haftung aus dem Beförderungsvertrag.

1. Haftung für Personen und Sachen, die nicht im Luftfahrzeug befördert werden

Die Haftung für Drittschäden ist in den §§ 33–43 LuftVG geregelt. Wird beim Betrieb eines Luftfahrzeuges durch Unfall jemand getötet, sein Körper oder seine Gesundheit verletzt oder eine Sache beschädigt, so trifft gem. § 33 LuftVG den Halter die Schadensersatzpflicht, die in der Form der Erfolgshaftung ausgestaltet ist und somit neben der Haftung nach § 22, Abs. 1 des Gesetzes zur Ordnung des Wasserhaushalts (Wasserhaushaltsgesetz) vom 1. 3. 1960 und § 25 des Gesetzes über die friedliche Verwendung der Kernenergie und den Schutz gegen ihre Gefahren (Atomgesetz) vom 23. 12. 1959 die strengste Haftung nach dem deutschen Privatrecht darstellt. Der Halter eines Luftfahrzeuges haftet ohne Rücksicht auf die Rechtswidrigkeit der Schadenszufügung oder auch sein Verschulden und unter Einschluß von Schadensfällen infolge höherer Gewalt. Nach § 34 LuftVG kann er lediglich entsprechend § 254 BGB die Einrede des mitwirkenden Verschuldens des Verletzten erheben.

Außerdem bleibt der Halter von der Haftung frei, wenn jemand das Luftfahrzeug ohne sein Wissen und seinen Willen benutzt. Es trifft dann allein den Benutzer, d. h. den Schwarzflieger, die Haftung, es sei denn, der Halter habe durch sein Verschulden die Benutzung ermöglicht. In dem zuletzt erwähnten Fall haften dann der Halter und der Benutzer gesamtschuldnerisch nebeneinander. Ist jedoch der Benutzer vom Halter für den Betrieb des Luftfahrzeuges angestellt oder ihm das Luftfahrzeug vom Halter überlassen worden, so bleibt der Halter zum Schadensersatz verpflichtet.

Es ist noch hervorzuheben, daß die Erfolgshaftung des Halters auch für Ansprüche aus einem Zusammenstoß von Luftfahrzeugen zur Anwendung kommt, und zwar neben den Drittschäden am Boden auch hinsichtlich der Schäden, von denen z. B. Insassen, Ladungsbeteiligte und Eigentümer oder Besitzer des anderen Luftfahrzeuges betroffen werden. Insoweit ist die Überschrift des ersten Unterabschnittes vor § 33 LuftVG irreführend, wenn es dort heißt „Haftung für Personen und Sachen, die nicht im Luftfahrzeug befördert werden". Besser wäre es, wenn die Überschrift „Haftung für Personen und Sachen, die nicht in dem den Schaden verursachenden Luftfahrzeug befördert werden" lauten würde.

Als Ausgleich für die strenge Haftungsnorm sind die Ansprüche in § 37 LuftVG summenmäßig begrenzt, wobei als Grundlage das Fluggewicht des Luftfahrzeuges dient. Die Mindesthaftung für Luftfahrzeuge bis 1000 kg beträgt DM 100 000. Für Luftfahrzeuge mit einem Fluggewicht von mehr als 1000 kg und weniger als 2 500 kg ist die Haftungssumme mit DM 175 000 festgesetzt und steigert sich dann bei schwereren Luftfahrzeugen für jedes weitere kg Fluggewicht um jeweils DM 70, jedoch bis höchstens DM 550 000. Für den Ersatz von Personenschäden sind $^{2}/_{3}$ und für den Ersatz von Sachschäden $^{1}/_{3}$ der jeweiligen Haftungssumme vorgesehen. Soweit die Sachschaden-Haftungssumme nicht voll ausgeschöpft wird, ist festgelegt, daß der nicht in Anspruch genommene Betrag für Personenschäden zur Verfügung steht. Die Höchstsumme des Schadensersatzes ist aber für jede verletzte Person auf DM 55 000 begrenzt. Da bei einem größeren Schadensereignis die Entschädigungen, die mehreren Personen zustehen, die Höchstbeträge übersteigen können, ist in § 37 Abs. 4 LuftVG bestimmt, daß sich die einzelnen Entschädigungen in dem Verhältnis verringern, in dem ihr Gesamtbetrag zum Höchstbetrag steht.

Die angeführten Höchstbeträge gelten aber nur für den Halter des Luftfahrzeuges im Rahmen der Erfolgshaftung, denn nach § 42 LuftVG bleiben die bundesrechtlichen Vorschriften unberührt, nach denen für den beim Betrieb eines Luftfahrzeuges entstehenden Schaden der Halter oder Benutzer in weiterem Umfang oder der Führer oder ein anderer haftet. Wenn also der Ersatzberechtigte ein Verschulden – und sei es nur leichte Fahrlässigkeit – des Halters, des Flugzeugführers, eines Besatzungsmitgliedes oder einer anderen Person, z. B. eines Flugsicherungsangestellten, beweisen kann und auch Rechtswidrigkeit gegeben ist, kommt in der Regel die summenmäßig unbeschränkte Haftung nach §§ 823 ff. BGB aus unerlaubter Handlung zum Zuge.

Der Umfang des Schadensersatzes ist für Personenschäden in den §§ 35, 36 LuftVG geregelt. Diese Bestimmungen übernehmen nur z. T. die Vorschriften des BGB über die unerlaubten Handlungen. Bei Tötung sind die Kosten versuchter Heilung sowie der Vermögensnachteil zu ersetzen, den der Getötete dadurch erlitten hat, daß während der Krankheit seine Erwerbsfähigkeit aufgehoben oder gemindert oder sein Fortkommen erschwert oder seine Bedürfnisse vermehrt waren. Außerdem sind die Kosten der Bestattung dem zu ersetzen, der sie zu tragen verpflichtet ist. War der Getötete zur Zeit des Unfalles einem Dritten gegenüber kraft Gesetzes zum Unterhalt verpflichtet oder konnte er es werden, und ist dem Dritten infolge der Tötung das Recht auf Unterhalt entzogen, so hat der Ersatzpflichtige ihm so weit Schadensersatz zu leisten, wie der Getötete während der mußmaßlichen Dauer seines Lebens zur Gewährung des Unterhaltes verpflichtet gewesen sein würde. Diese Ersatzpflicht tritt auch dann ein, wenn der Dritte zur Zeit des Unfalles erzeugt, aber noch nicht geboren war.

Bei Verletzung des Körpers oder der Gesundheit umfaßt der Schadensersatz die Heilungskosten sowie den Vermögensnachteil, den der Verletzte dadurch erleidet, daß infolge der Verletzung zeitweise oder dauernd seine Erwerbsfähigkeit aufgehoben oder gemindert oder sein Fortkommen erschwert ist oder seine Bedürfnisse vermehrt sind.

Eine dem § 847 BGB entsprechende Vorschrift fehlt, so daß im Rahmen der Erfolgshaftung des LuftVG für Drittschäden ein Anspruch auf Schmerzensgeld nicht geltend gemacht werden kann. Auch ein Ersatzanspruch wegen entgangener Dienste, wie er in § 845 BGB festgelegt ist, besteht nach dem LuftVG innerhalb der Erfolgshaftung nicht.

Für den Umfang des Ersatzes von Sachschäden trifft das LuftVG keine Sonderregelung, so daß hierfür die Bestimmungen der §§ 249 ff. BGB heranzuziehen sind.

Der Vollständigkeit halber ist noch zu erwähnen, daß der Halter eines militärischen Luftfahrzeuges gem. § 53 LuftVG auch nach dem Grundsatz der Erfolgshaftung, aber summenmäßig unbegrenzt zum Schadensersatz verpflichtet ist. Auf diese Vorschrift ist aber in dieser Abhandlung nicht näher einzugehen, da der Fiskus als Halter militärischer Luftfahrzeuge keine Haftpflichtversicherung abschließt.

2. *Haftung aus dem Beförderungsvertrag*

Die Vorschriften über die Haftung aus dem Beförderungsvertrag sind in den §§ 44–52 LuftVG enthalten. Sie sind im wesentlichen dem Warschauer Abkommen (Abkommen zur Vereinheitlichung von Regeln über die Beförderung im internationalen Luftverkehr vom 12. 10. 1929) nachgebildet. Wird ein Fluggast an Bord eines Luftfahrzeuges oder beim Ein-

und Aussteigen getötet, körperlich verletzt oder sonst gesundheitlich geschädigt, so ist der Luftfrachtführer gem. § 44 LuftVG verpflichtet, den Schaden zu ersetzen. Das gleiche gilt für den Schaden, der am Obhutsgepäck entsteht, d. h. an den Sachen, die der Fluggast an sich trägt oder mit sich führt.

Außerdem haftet der Luftfrachtführer für den Schaden, der an Frachtgütern und aufgegebenem Reisegepäck während der Luftbeförderung entsteht, wobei unter Luftbeförderung der Zeitraum zu verstehen ist, in dem sich die Güter oder das Reisegepäck auf einem Flughafen, an Bord eines Luftfahrzeuges oder – bei Landung außerhalb eines Flughafens – sonst in der Obhut des Luftfrachtführers befinden.

Für die Haftung kommt der Grundsatz der vermuteten Verschuldenshaftung zur Anwendung. Die Ersatzpflicht des Luftfrachtführers tritt gem. § 45 LuftVG nicht ein, wenn ihm der Beweis gelingt, daß er und seine Leute alle erforderlichen Maßnahmen zur Verhütung des Schadens getroffen haben oder daß sie diese Maßnahmen nicht treffen konnten. Falls der Luftfrachtführer sich nicht exkulpieren kann, haftet er nach § 46 LuftVG bei Personenschäden für jede Person bis zu DM 35 000 und für Sachschäden an Luftfracht oder aufgegebenem Reisegepäck bis zu DM 70 je kg, es sei denn, der Abseder hat bei der Aufgabe des Stücks einen höheren Lieferwert angegeben und den vereinbarten Zuschlag entrichtet. Für das Obhutsgepäck ist die Haftung auf DM 1400 je Fluggast beschränkt.

Falls der Geschädigte beweisen kann, daß der Schaden vom Luftfrachtführer oder seinen Leuten in Ausführung ihrer Verrichtungen vorsätzlich oder grob fahrlässig herbeigeführt worden ist, so bleibt gem. § 48 LuftVG die Haftung nach den allgemeinen gesetzlichen Vorschriften unberührt.

Die Haftung der Besatzungsmitglieder oder sonstiger Personen ist im LuftVG nicht geregelt, sie richtet sich nach den allgemeinen gesetzlichen Vorschriften. In diesem Zusammenhang bleibt zu prüfen, ob nicht die Haftungsbeschränkung des Luftfrachtführers dadurch beeinträchtigt wird, daß schon bei leichter Fahrlässigkeit ein Geschädigter z. B. den Flugzeugführer summenmäßig unbeschränkt in Anspruch nehmen könnte, wenn die Voraussetzungen gem. §§ 823 ff. BGB über unerlaubte Handlungen gegeben sind. Würde nämlich ein Gesamtschuldverhältnis entstehen, so könnte der Geschädigte gem. § 421 BGB die Leistung nach seinem Belieben von jedem der Schuldner ganz oder zu einem Teile fordern. Ein Gesamtschuldverhältnis ist aber nur insoweit gegeben, als sowohl in der Person des Luftfrachtführers wie auch des Flugzeugführers ein Anspruch begründet ist. Kann sich z. B. der Luftfrachtführer gem. § 45 LuftVG entlasten oder ist ihm nicht zu beweisen, daß er oder seine Leute den Schaden vorsätzlich oder grobfahrlässig herbeiführten, so besteht mit dem leichtfahrlässig handelnden Flugzeugführer ein Gesamtschuldverhältnis nicht bzw. nur bis zu den in § 46 LuftVG angeführten Beträgen. Das gleiche würde gelten, wenn dem einen Haftpflichtigen gegenüber das mitwirkende Verschulden des Verletzten höher zu bewerten ist oder gegenüber dem einen Ersatzpflichtigen kein Anspruch auf Schmerzensgeld besteht. Das Gesamtschuldverhältnis erstreckt sich also nur auf den Betrag, bis zu welchem gemeinschaftlich gehaftet wird.

Daneben ist aber noch die Rechtsprechung des Bundesarbeitsgerichts (BAG) zu berücksichtigen, durch die der Grundsatz aufgestellt wurde, daß der Arbeitgeber den Arbeitnehmer im Falle schadensgeneigter Arbeit und nicht schwerer Schuld von der Ersatzpflicht freizustellen hat (Beschluß des Großen Senats des BAG vom 25. 7. 1957, abgedruckt in „Der Betrieb" 1958, S. 25 ff.). Es steht außer Zweifel, daß die Tätigkeit eines Flugzeugführers als schadensgeneigte Arbeit aufzufassen ist, denn das BAG sieht es als häufigsten Fall der schadensgeneigten Tätigkeit an, wenn ein als Kraftfahrer beschäftigter Arbeitnehmer bei der Führung des Kraftfahrzeuges einen Sach- oder Personenschaden verursacht. Mit dem Ausdruck „nicht schwere Schuld" wollte das BAG keinen neuen Verschuldensbegriff prägen, sondern der künftigen Rechtsprechung möglichst weiten Spielraum lassen. Nach Ansicht des BAG greift „in aller Regel bei leichter Fahrlässigkeit der Haftungsausschluß Platz und bei grober nicht", doch sei es nicht undenkbar, daß das aus der menschlichen Unzulänglichkeit erklärbare typische Abirren der Arbeitsleistung sich auch einmal als grobe Fahrlässigkeit darstellen könne und daß gleichwohl Ausschluß oder Minderung der Haftung des Arbeitnehmers geboten erscheine.

Durch diesen vom BAG entwickelten Grundsatz der Freistellungsverpflichtung des Arbeitgebers würde aber die gesetzlich festgelegte Haftungsbeschränkung des Luftfrachtführers umgangen, wollte man verlangen, daß der Luftfrachtführer den Flugzeugführer freistellt, wenn dieser z. B. von einem Fluggast für einen Personenschaden aus leichter Fahrlässigkeit über DM 35 000 hinaus in Anspruch genommen würde. Soweit ersichtlich, ist diese Frage bisher von der Rechtsprechung noch nicht behandelt worden. Die Rechtslage kann nur so sein, daß die Freistellungsverpflichtung des Arbeitgebers dort ihre Grenze hat, wo sie dazu führen würde, die gesetzlich normierte Haftungsbeschränkung des Luftfrachtführers aufzuheben.

In der Praxis der IATA-Luftverkehrsgesellschaften wird dieses Ergebnis übrigens auch dadurch herbeigeführt, daß in den Vertrags-Bedingungen, die in jedem Flugschein abgedruckt sind, gem. Ziff. 4 e, folgendes festgelegt ist:

„Jeder Haftungsausschluß und Begrenzung zugunsten des Luftfrachtführers nach diesen Bedingungen gilt auch für Agenten, Angestellte und Vertreter des

Luftfrachtführers bezüglich Handlungen im Rahmen ihres Beschäftigungsverhältnisses und für Personen, deren Flugzeuge vom Luftfrachtführer für Beförderungszwecke verwandt werden sowie für deren Agenten, Angestellte und Vertreter im Rahmen ihrer Beschäftigungsverhältnisse."

Es bleibt noch anzuführen, daß auch nach dem Warschauer Abkommen die Haftungsbeschränkungen nur für den Luftfrachtführer gelten und erst nach dem Inkrafttreten des Haager Protokolls vom 28. 9. 1955 die auch zur Übernahme in das deutsche Luftrecht zu empfehlende Vorschrift des Artikels 25 A zum Zuge kommen wird. Danach können sich die Leute des Luftfrachtführers auf die dem Luftfrachtführer zustehenden Haftungsbeschränkungen berufen, sofern sie beweisen, daß sie in Ausführung ihrer Verrichtungen gehandelt haben. Voraussetzung ist, daß vom Geschädigten nicht nachgewiesen werden kann, daß der Schaden durch eine Handlung oder Unterlassung der Leute des Luftfrachtführers verursacht worden ist, die entweder in der Absicht, Schaden herbeizuführen, oder leichtfertig und in dem Bewußtsein begangen wurde, daß ein Schaden mit Wahrscheinlichkeit eintreten werde. Der Gesamtbetrag, der in diesem Falle von dem Luftfrachtführer und seinen Leuten als Ersatz zu leisten ist, darf die für den Luftfrachtführer festgesetzten Haftungsgrenzen nicht übersteigen.

Zum Umfang des Schadensersatzes verweist § 47 LuftVG auf die Vorschriften des Unterabschnittes über Drittschäden. Es erübrigt sich deshalb, die Regelung an dieser Stelle nochmals zu wiederholen.

Die Vorschriften des LuftVG über die Haftung aus dem Beförderungsvertrag sind gem. § 49 unabdingbar und zwar nicht nur für Luftfahrtunternehmen, sondern auch für sonstige Luftfahrzeughalter, die jemand gegen Entgelt oder im Zusammenhang mit ihrem Beruf oder Gewerbe im Luftfahrzeug befördern. In diesem Zusammenhang ist anzuführen, daß das LuftVG im Gegensatz zum Warschauer Abkommen für den Abschluß des Beförderungsvertrages keine besonderen Formvorschriften aufstellt, also auch mündliche Form und sogar konkludente Handlung ausreicht, damit die Haftungsvorschriften einschließlich der Haftungsbeschränkungen anwendbar sind.

Für die Beförderung in einem militärischen Luftfahrzeug besteht die Sondervorschrift des § 54 LuftVG, nach der der Halter des Luftfahrzeuges zwar ohne Entlastungsmöglichkeit, aber sonst – wie der zivile Luftfrachtführer summenmäßig beschränkt haftet. Diese Bestimmung kann aber aus den bereits für Drittschäden von militärischen Luftfahrzeugen gemachten Ausführungen im Rahmen dieser Abhandlung außer Betracht bleiben.

II. Die versicherungsrechtlichen Vorschriften auf dem Gebiet der Luftfahrt

Die für das Gebiet der Luftfahrt anwendbaren versicherungsrechtlichen Vorschriften sind nicht einheitlich zusammengefaßt, sondern finden sich einmal im Luftrecht, und zwar sowohl im LuftVG wie auch in der Verordnung über Luftverkehr vom 21. 8. 1936 (LuftVO) und zum anderen im Gesetz über den Versicherungsvertrag vom 30. 5. 1908 (VVG).

1. Bestimmungen im Luftrecht

a) Dritthaftpflicht

Gem. § 43 LuftVG ist vorgeschrieben, daß der Halter des Luftfahrzeuges zur Sicherung der in Abschnitt I, 1 dieser Abhandlung dargestellten Dritthaftpflicht in einer durch Rechtsverordnung zu bestimmenden Höhe eine Haftpflicht-Versicherung abzuschließen oder durch Hinterlegung von Geld oder Wertpapieren Sicherheit zu leisten hat, soweit nicht der Bund Halter ist. Fast ausnahmslos wird in der Praxis von der Form der Haftpflichtversicherung Gebrauch gemacht.

Der Haftpflichtversicherungs-Vertrag des Luftfahrzeughalters ist gem. § 106 LuftVO mit einem in der Bundesrepublik Deutschland zugelassenen Versicherungsunternehmen zu schließen. Um jedoch eine Behinderung des internationalen Luftverkehrs zu vermeiden, ist in § 106, Abs. 2 festgelegt, daß der Abschlußzwang bei einem in der Bundesrepublik Deutschland zugelassenen Versicherungsunternehmen dann nicht gilt, wenn die Gegenseitigkeit mit dem Land, in dem das ausländische Luftfahrzeug eingetragen ist, verbürgt ist.

§ 107 LuftVO schreibt vor, daß der Haftpflichtversicherungsvertrag die aus dem Betrieb eines Luftfahrzeuges für den Halter sich ergebende Haftpflicht gegenüber Unbeteiligten, d. h. im Luftfahrzeug nichtbeförderten Personen decken muß. Der Vertrag ist so abzuschließen, daß bei einem Wechsel des Halters während der Versicherungsdauer auch die Haftpflicht des neuen Halters gedeckt ist.

Die Höhe der Versicherungssumme bestimmt sich bei Motor-Flächenflugzeugen, Hubschraubern und Luftschiffen nach den Summen der Erfolgshaftung, wie sie bereits auf S. 294 dieser Abhandlung erwähnt wurden. Bei allen anderen Luftfahrzeugen, also z. B. Frei- und Fesselballonen, Segelflugzeugen, muß eine Deckung von DM 75 000 für Personenschäden, jedoch pro Person maximal DM 25 000 und DM 5000 für Sachschäden nachgewiesen werden.

Nach § 108 LuftVO ist der Zulassungsbehörde als Beweis für den Abschluß des Haftpflichtversicherungsvertrages der Versicherungsschein vorzulegen. Der Antrag auf Zulassung von Luftfahrzeugen zum Luftverkehr muß nämlich u. a. den Nachweis enthalten, daß die Haftpflicht des Halters durch Versicherung oder Hinterlegung gedeckt ist. Der Beweis für die Fortdauer der Versicherung ist durch den Versicherungsnachweis zu erbringen, der neben dem Zulassungsschein beim Betrieb des Luftfahrzeuges mitgeführt werden muß.

Nach § 109 LuftVO haben der Versicherer und der versicherte Halter der Zulassungsbehörde jede vor Ablauf der Versicherungsdauer eintretende Beendigung des Versicherungsverhältnisses sowie jede Unterbrechung des Versicherungsschutzes unverzüglich anzuzeigen.

b) Unfallversicherung für Fluggäste

Nach § 50 LuftVG sind die Luftfahrtunternehmen verpflichtet, die Fluggäste gegen Unfälle zu versichern. Die Mindesthöhe der Versicherungssumme beträgt für den Fall des Todes oder der dauernden Erwerbsunfähigkeit DM 35 000. Soweit aus der Unfallversicherung geleistet wird, erlischt der Anspruch auf Schadensersatz.

Es würde den Rahmen dieser Abhandlung sprengen, im einzelnen auf die mit dieser im deutschen Luftrecht als obligatorische Passagier-Unfallversicherung (Opuv) bezeichneten Versicherungsart zusammenhängenden, vielschichtigen Probleme einzugehen. Es sei in diesem Zusammenhang auf den Aufsatz von M. BODENSCHATZ in der Zeitschrift für Luftrecht 1959, S. 230 ff. verwiesen. Es sind jedoch folgende Grundsätze hervorzuheben:

1. Der Gesetzgeber unterließ es, irgendwelche Bestimmungen über den Umfang des Versicherungsschutzes anzuführen. Er beschränkte sich darauf, den Deckungsschutz zeitlich abzugrenzen und die Mindesthöhe der Versicherungssummen vorzuschreiben. Die zeitliche Begrenzung erfolgte durch den in Klammern angeführten Hinweis auf § 44 LuftVG. Damit wurde zum Ausdruck gebracht, daß Unfälle an Bord des Luftfahrzeuges oder beim Ein- oder Aussteigen zu versichern sind. Die in Klammer angeführte Bezugnahme ist also keineswegs so aufzufassen, daß die Leistung aus der Unfallversicherung einen Haftpflichtanspruch voraussetzt. Eine nähere Umschreibung des Versicherungsschutzes war nicht erforderlich, denn wie bei der Haftpflichtversicherung konnte der Gesetzgeber auch bei der Unfallversicherung davon ausgehen, daß die Normen des VVG zur Anwendung kommen und Versicherungsbedingungen bestehen, auf die über das Bundesaufsichtsamt für das Versicherungs- und Bausparwesen eine Einwirkungsmöglichkeit gegeben ist.

2. Die Versicherungspflicht erstreckt sich zunächst nur auf deutsche Luftfahrt-Unternehmen, und zwar sowohl hinsichtlich der innerdeutschen wie auch der internationalen Flüge. Eine derartige Versicherungspflicht steht auch nicht im Widerspruch zum Warschauer Abkommen,

denn die Haftung bleibt durch die Verpflichtung zum Abschluß der Opuv unberührt.

3. Ausländische Luftfahrtunternehmen sind in der Regel nicht verpflichtet, eine Opuv abzuschließen. Eine Ausnahme ist durch die „Bekanntmachung über die Erlaubnis für Ein- und Ausflüge im Bereich der Bundesrepublik Deutschland" des Bundesverkehrsministers vom 24. 11. 1961 herbeigeführt worden. Gem. Ziff. A II, 4, Abs. 3 dieser Bekanntmachung sind im gewerblichen Gelegenheitsverkehr beim Einflug ausländischer Luftfahrzeuge in das Gebiet der Bundesrepublik Deutschland Unterlagen darüber mitzuführen, daß eine den deutschen Vorschriften entsprechende Unfallversicherung zugunsten der in der Bundesrepublik Deutschland neu aufzunehmenden Fluggäste abgeschlossen ist. Durch diese Bestimmung will die deutsche Luftfahrtverwaltung offensichtlich verhindern, daß Fluggäste im Rahmen von Charterverträgen mit ausländischen Luftfahrtunternehmen des Gelegenheitsverkehrs bei Katastrophenfällen evtl. ihre Ansprüche nicht durchsetzen können. Fernerhin wird neuerdings im Rahmen der bestehenden Kabotagerechte für Beförderungen zwischen Orten der Bundesrepublik auch ausländischen Linienluftverkehrsgesellschaften der Abschluß der Opuv zur Auflage gemacht.

4. Eine umfangreiche Diskussion hat sich in Literatur und Rechtsprechung zu der Frage entwickelt, ob der Anspruch auf die Versicherungsleistung aus der Opuv auf den Versicherungsträger der sozialen Unfallversicherung gem. § 1542 der Reichsversicherungsordnung (RVO) übergeht. Das gleiche Problem besteht auch in Österreich.

Dazu ist festzustellen, daß durch die Versicherungspflicht nach § 50 LuftVG für die Entschädigung des Fluggastes bzw. seiner Hinterbliebenen ein selbständiger Rechtsgrund eingeführt wird, der nicht mehr auf der Haftung des Luftfrachtführers beruht. Damit wollte der Gesetzgeber aber keineswegs eine zusätzliche Belastung des Luftfahrtunternehmens herbeiführen, sondern hat ausdrücklich festgelegt, daß der Anspruch auf Schadensersatz erlischt, soweit aus der Unfallversicherung geleistet wird. Die Haftpflicht des Luftfrachtführers ist also auf den Betrag begrenzt, der zwischen der Leistung aus der Unfallversicherung und der Summe des Gesamtanspruches besteht. Die Unfallversicherung tritt nicht an die Stelle der Haftpflicht, sondern ergänzt diese.

Der Oberste Gerichtshof der Republik Österreich hat mit Urteil vom 15. 12. 1961 diese Ansicht bestätigt, indem er feststellte, daß der von einem Sozialversicherungsträger geltend gemachte Forderungsübergang nicht eingetreten ist.

2. *Vorschriften im Versicherungsrecht*

a) Haftpflichtversicherung

Der Abschluß der Dritthaftpflichtversicherung ist für den Halter eines Luftfahrzeuges nach dem LuftVG zwingend vorgeschrieben und dementsprechend finden gem. § 158 b VVG die besonderen Vorschriften der §§ 158 c – 158 h für die Pflichtversicherung Anwendung. Mit diesen Bestimmungen hat der Gesetzgeber den Schutz der Verkehrsopfer, der der Einführung in der Pflichtversicherung sowohl auf dem Gebiet des Kraftfahrzeug- wie auch des Luftverkehrs zugrunde liegt, vervollkommnet.

So bleibt gem. § 158 c VVG der Versicherer dem Geschädigten gegenüber zur Leistung im Rahmen des Versicherungsvertrages verpflichtet, selbst wenn er dem Versicherungsnehmer gegenüber ganz oder teilweise von der Verpflichtung zur Leistung frei wäre. In diesem Zusammenhang muß der Unterschied zwischen „Obliegenheiten" und „Risikobeschränkungen" hervorgehoben werden. Gem. § 6 VVG ist unter Obliegenheiten ein Verhalten zu verstehen, das dem Versicherer gegenüber zu erfüllen ist und z. B. der Verminderung der Gefahr oder der Verhütung der Gefahrerhöhung dient. Der Gesetzgeber hat in § 158 c Abs. 3 ausdrücklich festgelegt, daß der Versicherer nur im Rahmen der amtlich festgesetzten Mindestversicherungssummen und der von ihm übernommenen Gefahr gegenüber dem Geschädigten verpflichtet bleibt. Diese Rechtsfolge tritt also nur bei der Verletzung von Obliegenheiten ein, nicht aber bei Risikoausschlüssen, durch die von vornherein bestimmte Gefahren gänzlich vom Deckungsschutz ausgenommen werden. So sind z. B. nach den von den deutschen Luftfahrtversicherern einheitlich angewandten „Besonderen Bedingungen für die Haftpflicht-Versicherung der Halter von Motorflugzeugen" gem. Ziff. 8, b von der Versicherung ausgeschlossen, Haftpflichtansprüche wegen Schäden, die mit Aufruhr, öffentlichen Unruhen, Kriegsereignissen, Verfügungen und Maßnahmen von hoher Hand und Erdbeben unmittelbar oder mittelbar zusammenhängen.

Es ist nicht zu befürchten, daß durch derartige Risikobeschränkungen die Interessen der Verkehrsopfer gefährdet werden. Die Haftpflichtversicherung unterliegt der Aufsicht des Bundesaufsichtsamtes für das Versicherungs- und Bausparwesen, das u. a. auch die Versicherungsbedingungen genehmigen muß. Hierdurch bleibt von staatlicher Seite her genügend Einflußmöglichkeit.

In § 158 c, Abs. 2 ist festgelegt, daß ein Umstand, der das Nichtbestehen oder die Beendigung der Versicherungsverhältnisse zur Folge hat, in Ansehung des Geschädigten erst mit dem Ablauf eines Monats wirkt, nachdem der Versicherer diesen Umstand der hierfür zuständigen Stelle, das ist die Behörde, die das Luftfahrzeug zum Verkehr zugelassen hat, angezeigt hat. Das gleiche gilt, wenn das Versicherungsverhältnis durch Zeitablauf endigt.

Gem. § 158 c, Abs. 4 kann sich jedoch der Versicherer auch dem Geschädigten gegenüber auf die Obliegenheitsverletzung bzw. das Nichtbestehen oder die Beendigung des Versicherungsverhältnisses berufen, wenn ein anderer Haftpflichtversicherer dem Versicherungsnehmer haftet.

In § 158 c, Abs. 5 wird klargestellt, daß ein Recht des Geschädigten, den Versicherer unmittelbar in Anspruch zu nehmen, durch diese Vorschrift nicht begründet wird. Die sogenannte „action directe“, wie sie vereinzelt im Ausland bekannt ist, wird im deutschen Haftpflichtversicherungsrecht aus grundsätzlichen Erwägungen heraus nicht zugestanden.

Soweit der Versicherer den Geschädigten nach § 158 c befriedigt, geht gem. § 158 f die Forderung des Geschädigten gegen den Versicherungsnehmer auf den Versicherer über. Dieser gesetzliche Forderungsübergang ist der Ausgleich dafür, daß der Versicherer ohne vertragliche Verpflichtung eine Schuld des Versicherungsnehmers bezahlt.

Neben diesen speziellen Vorschriften für die Pflichtversicherung kommen für die Haftpflichtversicherung der Halter von Luftfahrzeugen auch die Bestimmungen der §§ 149–158 a VVG über die Haftpflichtversicherung, die Vorschriften für sämtliche Versicherungszweige in den §§ 1–42 sowie für die gesamte Schadensversicherung – die Haftpflichtversicherung ist ein Zweig der Schadensversicherung – in den §§ 49–80 zur Anwendung. Diese gesetzlichen Normen sind z. T. unabdingbar gestaltet. Es würde jedoch zu weit führen, auf die erwähnten Bestimmungen näher einzugehen, zumal diese auch durch die Allgemeinen und Besonderen Versicherungs-Bedingungen noch weiter ergänzt worden sind. Es erscheint aber angebracht, auf folgende grundsätzliche Gesichtspunkte hinzuweisen:

1. Gemäß § 152 VVG haftet im Rahmen der Haftpflichtversicherung der Versicherer nicht, wenn der Versicherungsnehmer vorsätzlich den Eintritt der Tatsache, für die er dem Geschädigten verantwortlich ist, widerrechtlich herbeigeführt hat. Diese Bestimmung ist aber abdingbar und auch durch § 4, II, 1 der „Allgemeinen Versicherungs-Bedingungen für Haftpflichtversicherung“ dahingehend ergänzt worden, daß ausgeschlossen von der Versicherung bleiben

> „Versicherungsansprüche aller Personen, die den Schaden vorsätzlich herbeigeführt haben“.

Demnach treten die Versicherer für vorsätzliche Handlungen auch dann nicht ein, wenn sie nicht widerrechtlich sind.

Durch die Rechtsprechung ist der zum Gewohnheitsrecht gewordene Grundsatz der „Repräsentantenhaftung“ aufgestellt worden. Danach hat der Versicherungsnehmer für Handlungen seiner Repräsentanten wie für eigene einzutreten. Vorsatz der Repräsentanten schließt also auch für den Versicherungsnehmer den Versicherungsschutz aus. Als Repräsentant wird angesehen, „wer in dem Geschäftsbereich, zu dem das versicherte Risiko gehört, auf Grund eines Vertretungs- oder eines ähnlichen Verhältnisses an die Stelle des Versicherungsnehmers getreten ist". Man muß wohl davon ausgehen, daß in der Verkehrsluftfahrt der Kommandant eines Luftfahrzeuges als Repräsentant des Versicherungsnehmers, also des Luftfahrzeughalters, anzusehen ist. Darüber hinaus könnte auch der Standpunkt vertreten werden, daß grundsätzlich jedem Führer eines Luftfahrzeuges Repräsentanteneigenschaft zukommt, sind ihm doch nach § 64 LuftVO weitgehende Vollmachten eingeräumt, um Ordnung und Sicherheit während des Fluges aufrechtzuerhalten. Gerade während dieses Zeitraumes fällt aber der Hauptteil des Risikos an, das durch die Halter-Haftpflichtversicherung gedeckt ist.

2. Nach der Rechtsprechung des Reichsgerichtes hängt der Versicherungsschutz in der Haftpflichtversicherung begriffsmäßig davon ab, daß es sich bei dem eingetretenen Schadensereignis um ein ungewisses, nicht mit Sicherheit vorauszusehendes Ereignis handelt (RG 86, 1). Die Ungewißheit ist objektive Voraussetzung für den Anspruch auf Versicherungsschutz aus einer Haftpflichtversicherung. Die Ungewißheit ist aber nicht schon dann gegeben, wenn der Schadenseintritt bei einem bestimmten Verhalten des Versicherungsnehmers unausbleiblich ist. Es genügt also die Unausbleiblichkeit des Schadenseintrittes allein nicht, es müssen vielmehr Schadensereignis *und* Eintritt des Schadens unausbleiblich sein.

Dieser Sachverhalt dürfte bei Lärmschäden in der unmittelbaren Umgebung von Flughäfen verwirklicht sein, denn der Flugbetrieb ist zwangsläufig mit Lärmausstrahlungen verbunden, die sich zwar während des Streckenfluges durch Einhaltung einer bestimmten Flughöhe weitgehend ausschalten lassen, aber beim Start- und Landevorgang unvermeidbar sind. Für den Bereich der Flughäfen sind somit Schadensereignis *und* Eintritt des Lärmschadens als unausbleiblich anzusehen.

Selbst wenn man dieser Argumentation nicht folgen wollte, wäre der Deckungsschutz für Lärmschäden in der Umgebung von Flughäfen, die sich immer als Folge einer Reihe von Störungen darstellen und deshalb auch selten gegenüber einer von mehreren den gleichen Flughafen anliegenden Luftverkehrsgesellschaften allein geltend gemacht werden können, wegen Vorsatz ausgeschlossen, wenn nach Bekanntwerden derartiger Ansprüche der Flugbetrieb nicht eingestellt wird.

3. Nach § 74 VVG kann die Versicherung von demjenigen, welcher den Vertrag mit dem Versicherer schließt, im eigenen Namen für einen anderen genommen werden (Versicherung für fremde Rechnung). Das ist z. B. in den „Besonderen Bedingungen für die Haftpflichtversicherung der Hal-

ter von Motorflugzeugen“ in Ziff. 3 geschehen. Danach umfaßt der Versicherungsschutz auch die persönliche Haftpflicht

a) der Mitglieder der Flugzeugbesatzung,
b) der Fluglehrer, die im Besitz einer behördlichen Ausbildungsgenehmigung sind,
c) der Flugschüler, wenn sie entweder in Begleitung des verantwortlichen Fluglehrers oder auf dessen Anweisung allein fliegen.

Diese mitversicherten Personen können ihre Versicherungsansprüche selbständig geltend machen. Gemäß § 7 der „Allgemeinen Versicherungs-Bedingungen für Haftpflicht-Versicherung“ finden die im Versicherungsvertrag bezüglich des Versicherungsnehmers getroffenen Bestimmungen auch auf diese Personen sinngemäße Anwendung.

b) Unfallversicherung

Bei der gemäß § 50 LuftVG von dem Luftfahrtunternehmen abzuschließenden Unfallversicherung zugunsten der Fluggäste handelt es sich um eine sogenannte „Unfallversicherung für Rechnung eines anderen“, auf die nach § 179, Abs. 2 VVG die Vorschriften der §§ 75–79 VVG anzuwenden sind. Demnach würden dem versicherten Fluggast zwar die Rechte aus dem Versicherungsvertrag zustehen, er könnte sie aber gemäß § 75, Abs. 2 VVG ohne Zustimmung des Versicherungsnehmers nur ausüben, wenn er im Besitz des Versicherungsscheines wäre. Für die Opuv ist jedoch von vornherein eine Sonderregelung getroffen worden, die in Ziff. 3 der „Besonderen Bedingungen für die obligatorische Unfallversicherung von Fluggästen in Motorflugzeugen von Luftfahrtunternehmen (Opuv)“ erfolgte. Danach können die aus der Versicherung berechtigten Personen ihre Ansprüche selbständig geltend machen.

III. Wechselwirkungen zwischen Haftung und Versicherung

Wenn nach der Darstellung der Vorschriften des Luft- und Versicherungsrechts, die auf dem Gebiet der Luftfahrt Anwendung finden, noch darauf eingegangen werden soll, welche Wechselwirkungen zwischen Haftung und Versicherung bestehen, so ist zunächst festzuhalten, daß der Versicherer die gesetzlichen Haftungsnormen als gegeben voraussetzen und sich bei der Ausgestaltung seiner Versicherungsbedingungen darauf einstellen muß. Insofern wird durch die internationale Rechtsvereinheitlichung auf dem Gebiet des Luft-Haftpflichtrechts auch die Tätigkeit der Luftfahrtversicherung wesentlich erleichtert. Am Rande sei deshalb vermerkt, daß gewisse Bestrebungen der USA in jüngster Zeit, evtl. das Warschauer Abkommen zu kündigen, einen nicht wiedergutzumachenden Rückschritt darstellen und nicht nur der Luftfahrtversicherung, sondern der gesamten Luftfahrt zum Schaden gereichen würden.

Der Wunsch der Versicherungsnehmer geht selbstverständlich auf einen möglichst weitgehenden und lückenlosen Deckungsschutz. Der Versicherer muß dagegen die Interessen der gesamten Versichertengemeinschaft berücksichtigen. Es kann deshalb der gesetzliche Haftungsumfang nicht in Bausch und Bogen ohne Einschränkung übernommen werden. Es muß vielmehr durch Ausschlußbestimmungen sichergestellt werden, daß nicht einer verantwortungslosen Betätigung in der Luftfahrt Vorschub geleistet wird und auch nicht unternehmerische Risiken, die der einzelne Versicherte selber tragen muß, der Versichertengemeinschaft aufgebürdet werden. U. a. müssen auch die sogenannten unübersehbaren Risiken, die sich der Erfassung nach dem Gesetz der großen Zahl entziehen und deshalb nicht versicherbar sind, wie z. B. politische Risiken (Krieg, innere Unruhen, Streik usw.), ausgeschlossen werden.

Bei den hohen Haftpflichtansprüchen, die durch Unfälle in der Luftfahrt ausgelöst werden können, würde häufig die Leistungsfähigkeit des einzelnen Ersatzpflichtigen überschritten werden. Zum Schutz der Verkehrsopfer hat deshalb der deutsche Gesetzgeber in gewissem Umfang die Versicherungspflicht eingeführt. Ein großer Teil der der Luftfahrt innewohnenden Haftpflichtrisiken bleibt aber von der Versicherungspflicht ausgenommen, weil sich der Gesetzgeber nur insoweit zu einem Eingreifen berechtigt fühlte, als es sich bei den Geschädigten um Personen handelt, die völlig unbeteiligt diesen Gefahren ausgesetzt sind. Der einsichtige Unternehmer schützt sich aber auch dann durch Versicherung vor den Haftpflichtrisiken, wenn keine gesetzliche Verpflichtung besteht, so z. B. hinsichtlich der Haftung als Luftfrachtführer gegenüber Fluggästen und Ladungsbeteiligten.

Nur wenn die hohen Haftpflichtrisiken durch Versicherung wirtschaftlich auf eine Vielzahl von Versicherten aufgeteilt und damit „atomisiert" werden, ist es möglich, die Ansprüche zu befriedigen, die z. B. beim Zusammenstoß von Luftfahrzeugen über dicht besiedelten Gebieten ein enormes Ausmaß annehmen können. Vielfach reicht dazu die Kapazität der nationalen Luftfahrtversicherungsmärkte nicht allein aus, so daß durch Rückversicherung der internationale Markt beteiligt werden muß. Auch aus diesem Grund ist internationale Rechtsvereinheitlichung auf dem Gebiet des Luft-Haftpflichtrechts von großer Bedeutung, macht es doch die Risiken erst übersehbar.

Die Aufstellung von Haftungsvorschriften allein genügt nicht, ihnen muß durch Versicherung die Möglichkeit der Verwirklichung der Ansprüche an die Seite gestellt werden. Mit Recht wurden deshalb auch in der Vergangenheit von der Citeja und nach dem zweiten Weltkrieg von der ICAO bei der Ausarbeitung internationaler Haftungsabkommen die internationalen Luftfahrtversicherer gehört, deren Vorschläge durch die International Union of Aviation Insurers unterbreitet wurden. Diese Zusammenarbeit hat sich auf das beste bewährt.

VIERTER TEIL

STAATSRECHT

STRAFRECHT

VÖLKERRECHT

STAATSRECHT

GRUNDZÜGE DER VERFASSUNGSBILDUNG IN DEN NEU ENTSTEHENDEN STAATEN

von Dr. HERBERT KRÜGER
Professor an der Universität Hamburg

Man hat diejenigen Staaten, von denen hier die Rede sein soll, vornehmlich unter dem Blickwinkel von Entwicklungsländern betrachtet. Eine solche Betrachtungsweise wäre jedoch für das Thema dieses Versuchs in zweierlei Hinsicht unangemessen. Einmal sind nicht alle in Betracht kommenden Staaten Entwicklungsländer. Sofern sie es aber – zweitens – sind, ist mit dieser Feststellung über ihre Staats- und Verfassungsgestalt notwendig noch nichts ausgemacht, zumal wenn es sich um Staaten handelt, die Entwicklungshilfe von beiden Parteien des „Kalten Krieges" entgegennehmen. Geht man daher unabhängig von der Kategorie „Entwicklungsland" an den Gegenstand heran, so muß man als erstes feststellen, daß eine *vergleichende* Beschäftigung mit den Verfassungszuständen der in den letzten Dezennien neu entstandenen Staaten, soweit ersichtlich, noch nicht stattgefunden hat [1]. Schon wegen des Mangels an Vorarbeiten kann daher hier im Grunde genommen nicht mehr als ein Forschungsprogramm geboten werden, das an sich zunächst die methodischen Voraussetzungen einer solchen Verfassungsvergleichung zu klären hätte. Wir stehen vor ungemein umfassenden und vielfältigen Vorgängen von „Rezeption", wie die Weltgeschichte dergleichen

---

[1] Darstellungen einzelner Staaten finden sich in beträchtlicher Zahl und vielfach vorzüglicher Qualität, wie die nachfolgenden Literaturhinweise bestätigen werden.

Es gibt auch wertvolle Zusammenfassungen solcher Einzeldarstellungen nach regionalen oder anderen Gesichtspunkten; vgl. G. A. ALMOND und J. S. COLEMAN, The Politics of the Developing Areas, Princeton 1960; G. MCT KAHIN, Major Governments of Asia, Ithaca 1958 (dritter Abdruck 1961); G. MCT KAHIN, Governments and Politics of Southeast Asia, Ithaca 1959 (zweiter Abdruck 1961). Aber selbst wenn man seine Absicht selbst als „Vergleichung" bezeichnet wie das zuerst genannte Sammelwerk, so handelt es sich doch in der Sache lediglich um Juxtapositionen. Eine Ausnahme macht allenfalls F. DUMON, La communauté franco-afro-malgache, Brüssel 1960, S. 109 ff.

Eine genaue Orientierung über die Verfassunggebungen und Verfassungsänderungen aller dieser Länder mit weiterführenden Hinweisen gibt H. HECKER, Verfassungsregister – Teil IV: Afrika-Asien-Australien, Frankfurt/M. 1962.

bisher wohl schwerlich gesehen hat. Mit Recht hat R. EMERSON [2] bemerkt, daß zwar der Herrschaftsbereich des „Westens" vornehmlich durch den „Décolonisation" genannten [3] Prozeß sich unerhört verkleinert habe, daß aber der Westen niemals mehr als in diesem Augenblick gewesen ist „the model to which other countries look in their desire for development". Aber auch hier muß man vermuten, was bisher von jeder Rezeption festgestellt werden mußte –, daß nämlich Übernahme schon deswegen Veränderung sein muß, weil das übernommene Modell auf grundlegend andere Verhältnisse trifft. Nur unter der Voraussetzung, daß die rezipierte Form sich ihren Stoff gemäß ihrem Wesen vollständig und echt erschaffen hätte, könnte man etwa sagen, daß eines der neuen Gemeinwesen ein europäischer Verfassungsstaat sei [4]. Zwar läßt sich nicht verkennen, daß man vielfach bemüht ist, zu den europäischen Verfassungsformen auch die dazugehörigen europäischen Verfassungszustände, also etwa wirkliche politische Parteien oder gar eine echte Opposition zu schaffen. Aber eo ipso wird man der westlichen Form eine solche bildende Kraft nicht zusprechen können, und das gilt vor allem für die seelischen Voraussetzungen, mit denen europäische Verfassungsinstitute rechnen. Heute wird diese Problematik der Rezeption vielfach noch verdeckt durch die Anwesenheit einer europäisch gebildeten Schicht, die den Befreiungskampf zwar gegen die europäischen Herrscher, nicht aber gegen die europäischen Ideale geführt hat. Muß man aber unter diesen Umständen nicht damit rechnen, daß selbst eine den westlichen Verfassungsformen adäquate politische Wirklichkeit sich nicht als unbedingt dauerhaft und endgültig erweisen wird, daß vielmehr das Ursprüngliche, das Urwüchsige, das Elementare womöglich schon in der nächsten Generation wieder durchbrechen und den europäischen Formen einen durchaus uneuropäischen Gehalt verleihen wird?

Aber auch wenn man sich auf die Formen beschränkt, bietet der Stoff besondere Schwierigkeiten. G. A. ALMOND [5] hat mit Recht darauf hingewiesen, daß die politischen Systeme der betreffenden Staaten durchweg das Bild eines rapiden Veränderungsprozesses zeigen, und er selbst zieht hieraus den Schluß, daß man besser daran tue, sich statt mit den Formen mit den politischen Kräften zu befassen, da diese eine größere Stabilität zeigten. Was aber die Erforschung der politischen Kräfte an Aufgaben stellt, bedarf als offenkundig keiner Darlegung.

Man muß sich schließlich fragen, ob mit alledem, seien es die Formen, seien es die Kräfte, nicht Gegenstände miteinander verglichen werden sollen, die allzu verschieden sind, als daß man sie vernünftigerweise noch vergleichen könnte. Es wird also vor allem darauf ankommen, zu zeigen, daß alle

[2] From Empire to Nation, Cambridge Mass. 1960, S. VII.
[3] Vgl. P.-E. GONIDEC, Droit d'Outre Mer I, Paris 1959, S. 247 f.
[4] Indonesien, Verfassung 1950, Präambel und Art. 1.
[5] AaO, S. VIII.

diese Staaten sich in gewissen Hinsichten in einer vergleichbaren Lage befinden, und sei diese auch allein durch die Tatsache bestimmt, daß es sich um junge Gebilde mit gewaltigen Aufgaben handelt, ohne daß sie sich wegen der Kürze der Zeit hierfür recht hätten in Form und Verfassung bringen können.

Gewißheit über alle diese Zweifel kann, wenn überhaupt, nur die Probe aufs Exempel verheißen. In diesem Sinne will dieser Versuch gewertet sein.

I. Über die Staatlichkeit der neuen „Staaten"

1. Man pflegt ohne weiteres davon auszugehen, daß die neuen Bildungen als „Staaten" anzusprechen seien. Gerade dieser Punkt bedarf jedoch als erster und vor allem der Prüfung – jedenfalls wenn man dem Begriff Staat noch ein Mindestmaß an Prägnanz belassen will. Prägnant verstanden aber ist der Moderne Staat vor allem Institution. Diese Eigenschaft schließt jedes persönliche oder gar eigennützige Verständnis der Innehabung von öffentlicher Herrschaft aus. Naturgemäß wird es niemals ganz gelingen, die Person durch die Institution und durch das Amt zu verdrängen, aber dies zugegeben hat Europa sich selbst zu einem erstaunlichen Maß von *Unpersönlichkeit der öffentlichen Herrschaft* erzogen. Zwar findet sich in den neuen Gemeinwesen Asiens und Afrikas wohl nur in den seltensten Fällen Herrschaft zum persönlichen Nutzen des Herrschers und seiner Umgebung etwa im Stile der albanischen Herrscher Ägyptens[6]. Wohl aber ist die Herrschaft hier vielfach eine Herrschaft von Personen, deren Charisma sich im Befreiungskampf gebildet und diesen naturgemäß überdauert hat. Beispiele hierfür bieten sich in allen neuen Erdteilen so zahlreich und so ausgesprochen an – man denke nur an die individualisierenden Bezeichnungen wie Adipadi oder Osagyefo[7] –, daß auf eine Aufzählung verzichtet werden kann[8].

Eine Verfassung braucht einen solchen Sachverhalt nicht einmal in Andeutungen widerzuspiegeln, zumal sie als ein Gefüge abstrakt-allgemeiner Normen schon von Hause aus wenig geeignet ist, ihm förmlichen Ausdruck zu verleihen. Bemerkenswert ist es daher, daß in der Verfassung von Ghana 1960 eine namentlich bezeichnete Person zum ersten Präsidenten bestimmt wird[9], und daß durch Art. 55 dieser Persönlichkeit besondere Vollmachten erteilt werden.

---

[6] Vgl. hierzu NADAY SAFRAN, Egypt in Search of Political Community, Cambridge Mass. 1961, S. 108.

[7] Vgl. L. RUBIN und P. MURRAY, The Constitution and Government of Ghana, London 1961, S. 104.

[8] Eine besonders plastische Formulierung für diese Herrschaft der Person findet sich bei KHALID BEN SAYEED, Pakistan, the formative phase, Karachi 1960, S. 408: „To the people of Pakistan, Jinnah was Pakistan."

[9] Vgl. Art. 10: „KWAME NKRUMAH is hereby appointed first President of Ghana."

Die Unpersönlichkeit der Herrschaft hat sich insbesondere in der Vergebung und Innehabung von öffentlichen Ämtern durchzusetzen. Man braucht nur an Erscheinungen wie Nepotismus, Ämterpatronage und Spoils System zu erinnern, um zu erkennen, wie schwer in Europa selbst die Unpersönlichkeit des Amtes erkämpft werden mußte. Offenbar ist es den alten Kolonialherren vielfach gelungen, einen „civil service" von europäischer Amtsauffassung heranzuziehen, und die Instituierung von „Public Service Commissions" in vielen Verfassungen zeigt deutlich, daß man sich auf dem damit gewiesenen Weg entschieden weiterzubewegen gedenkt.

2. Eine nicht minder, und zwar vor allem für die Sicherheit und die Leistungsfähigkeit wichtige Errungenschaft des Modernen Staates ist *der Gehorsam der Staatsbürger*. Er wird offenbar auch in den neuen Gemeinwesen so sehr als selbstverständlich vorausgesetzt, daß man es nur in Einzelfällen für notwendig hält [10], ihn von Verfassungs wegen ausdrücklich als staatsbürgerliche Pflicht zu konstituieren. Aber wie schwer wird es sein, aus solchen Normen eine zuverlässige Wirklichkeit zu machen. Mit welchen Schwierigkeiten hier die sich ausbildende Staatlichkeit zu rechnen hat, zeigt anschaulich der Umstand, daß das Volk von Burma den König und seine Leute als einen der „fünf Feinde" betrachtet und zu den Göttern gebetet hat, sie möchten auch diesen Feind fern von ihm halten. Erschien er dennoch, so wurde er mit Bestechung bekämpft [11]. Der indische Autor K. M. PANNIKAR [12] hat darauf aufmerksam gemacht, wie schwer es an sich ist, zu den modernen Verhältnissen auch die unentbehrlichste Voraussetzung derselben, die Bereitschaft zum Gehorsam hervorzubringen. Dies gilt insbesondere dann, wenn man mit dem Gegenteil von Gehorsam, nämlich mit Widerstand gegen den fremden Herrscher, seine Existenz als Staat begonnen und entfaltet hat. Wenn sich in Europa immer noch Geister finden, die noch nicht wahrgenommen haben, daß es seit mindestens 150 Jahren keine absoluten Monarchen mehr gibt, und daß daher Staatsfeindschaft seither Feindschaft gegen den eigenen, freiheitlichen demokratischen Staat ist, dann ist es begreiflich, ja beinahe verzeihlich, wenn man in den früheren Kolonialländern nicht schnell genug „schaltet" und sich nicht von Widerstand auf Gehorsam umstellt [13]. Gerade hier zeigt es sich wohl am handgreiflichsten, daß es nicht genügt, westliche Einrichtungen und Verfahren in Staat, Wirtschaft und Gesellschaft zu übernehmen, sondern daß diese Gebilde auch mit europä-

---

[10] Vgl. Indonesien 1950 Art. 32: „Everyone in this territory of the State owes obedience to the law, including the unwritten law, and to the public authorities"; in Europa findet sich ähnliches nur in der Verfassung von Rheinland-Pfalz 1946 Art. 20.

[11] Vgl. MAUNG-MAUNG, Burma's Constitution, 2. Aufl. den Haag 1961, S. 7.

[12] The Afro-Asian States and their Problems, London 1959, passim.

[13] K. M. PANNIKAR, The State and the Citizen, London 1956 (zweite Ausgabe 1960), S. 2 f.

ischem Geist gehandhabt werden müssen, also im staatlichen Bereich vor allem uneigennützig und gehorsam.

3. Die neuen Staaten bedürfen offenbar eines Höchstmaßes an Staatlichkeit, wenn sie dem Sinn ihrer Entstehung und ihrer nationalen Existenz wollen gerecht werden können. Denn in wenigen Jahrzehnten, ja womöglich Jahren wollen diese Nationen eine Entwicklung nachholen, für die Europa Jahrhunderte, die Vereinigten Staaten immerhin ein Jahrhundert gebraucht haben. Bei der Wahl und der Gestaltung ihrer politischen, wirtschaftlichen und gesellschaftlichen Organisation werden sie daher in erster Linie auf die Effizienz des Modells abheben müssen. Da die Menschheit bisher eine Organisationsform von größerer Leistungsfähigkeit als den Modernen Staat noch nicht hervorgebracht hat, sind die neuen Staaten durch ihren Nachholbedarf nicht nur zur Staatlichkeit überhaupt, sondern gerade zu einer Forcierung der Staatlichkeit gezwungen, über die daher nur „beati possidentes" die Nase rümpfen können. Hieraus erklärt sich auch, daß die Armeen in vielen dieser Länder eine Rolle spielen, die über das normale Maß hinausgeht: Sind sie doch wiederum in Uneigennützigkeit der Herrschaft und Bedingungslosigkeit des Gehorsams die Staatlichkeit schlechthin [14].

Alle diese Erfordernisse können sich auf sehr verschiedenen Gebieten und auf mannigfaltige Weise in den Verfassungen niederschlagen. Hier liegt der erste Punkt, der die Vergleichung aller dieser Verfassungen zu orientieren vermag. Offensichtlich verspricht es kaum wesentlichen Ertrag, wenn man die Äußerlichkeit der Gestaltungen miteinander vergleicht. Man sollte vielmehr fragen, ob Notwendigkeit und Wille zur politischen, wirtschaftlichen und gesellschaftlichen Revolution gegeben sind –, einer Revolution, die nach dem Vorbild der europäischen Entwicklung eine Revolution „von oben", eine Revolution durch den Staat ist. Die Vergleichung hätte unter diesem Blickwinkel als erstes zu erforschen, ob man in der Tat den Staat als Demiurgen der revolutionären Veränderung instituiert hat, welche Ausstattung mit rechtlichen Vollmachten und tatsächlicher Kraft man ihm gegebenenfalls zu diesem Behufe hat zuteil werden lassen und wie man den Hergang der Veränderung jeweils prinzipiell konzipiert hat. Dazu sei hier lediglich bemerkt, daß z. B. die Verfassungen von Burma, Ceylon, Indien, Indonesien und Malaya konkrete wirtschaftsverfassungsrechtliche Bestimmungen aufweisen, von denen die „Directive Principles of State Policy" der Verfassungen von Burma und Indien das auch rechtswissenschaftliche interessanteste Phänomen darstellen [15].

---

[14] Im Irak hat die Armee mehrfach gefordert, zur Regierung zugelassen zu werden, weil sie allein über die Fähigkeit und den Willen zu Reformen verfüge; vgl. MAJID KHADDURI, Independent Iraq – A Study in Iraqui Politics from 1932 to 1958 – (2. Aufl. Oxford UP London 1960), S. 74, 106.

[15] Vgl. hierzu SIR IVOR JENNINGS, The Approach to Selfgovernment, Cambridge 1956, S. 19.

II. „Kommunalismus“ und Allgemeinheit des Staatsbürgertums

Gebiet und Bevölkerung der neuen Gebilde entsprechen in den wenigsten Fällen den natürlichen Gegebenheiten oder einer eigenwüchsigen Tradition. Man hätte daher annehmen können, daß sich nach dem Rückzug der Kolonialherrschaft solche Faktoren alsbald zur Geltung gebracht und eine Neugliederung und Neuformierung bewirkt hätten. Aber bisher hat sich so gut wie nichts hiervon bemerken lassen. Die neuen Gebilde setzen, was die sie umschließenden Grenzen und die von diesen eingeschlossenen Menschen angeht, durchweg die künstlichen, unter ganz anderen Gesichtspunkten geschaffenen Produkte des Kolonialzeitalters fort. Schreibt man das Ende der Europäischen Herrschaft wesentlich dem Nationalismus zu, dann hat es sich in vielen Fällen um einen Nationalismus ohne Nation gehandelt –, ein Indiz mehr dafür, daß dieser Nationalismus als eine von westlich gebildeten Intellektuellen importierte Ideologie anzusehen ist. Daß jedenfalls die Staatsnation erst zu bilden ist, läßt es überhaupt erklärlich und legitim erscheinen, daß keiner dieser Staaten sich mit einer Nation deckt, daß sie vielmehr teils mehr, teils aber auch weniger umfassen [16].

Nur in Indien hat das aktuelle Fehlen einer Nation die Bildung eines einzigen Staates verhindert [17]. Zwar war es gelungen, die unendlichen Verschiedenheiten der Bevölkerung auf zwei Gegensätze, der Hindus und der Muslims, zu reduzieren. Wenn der Kongreß das Recht für sich forderte, auch Muslims zu seinen Mitgliedern zu zählen und als Abgeordnete und für öffentliche Ämter präsentieren zu dürfen, dann verfocht er damit das moderne Prinzip der (materiellen) Allgemeinheit des Staatsbürgertums gegen den sogenannten „Kommunalismus“, d. h. die Maßgeblichkeit der Zugehörigkeit zu irgendeiner, durch Religion, Kaste u. dgl. besonderten Gruppe. Aber die League sah trotz dieses Bekenntnisses zur Allgemeinheit ihre Besonderheit wohl nicht genügend gesichert und erhob dieserhalb Pakistan zur unabdingbaren Forderung. Für europäisches Denken ist nicht leicht verständlich, daß dieser Gegensatz nicht etwa als religiöser, sondern als nationaler konstruiert wurde: immer wieder hat die League betont, die Muslime seien keine religiöse Minderheit unter „Indern“, sondern sie seien eine von den Hindus himmelweit verschiedene Nation („nationality based on religion“) [18].

In anderen Fällen ist es gelungen, die von den Kolonialherren geschaffene Einheit des Territoriums und seiner Bevölkerung zu erhalten. Aber von irgendeiner Einheit und Allgemeinheit des Staatsvolkes konnte und kann nicht eigentlich die Rede sein. Man kann sich von Zahl und Maß der Ver-

---

[16] Vgl. F. M. Bourret, Ghana – The Road to Independence, Stanford 1960, S. 10.

[17] Vgl. hierzu die Darstellung von V. P. Menon, The Transfer of Power in India, London 1957, vor allem S. 182 ff.

[18] Vgl. Menon aaO, S. 213, 235 und Sayeed aaO, S. 9, 115, 123, 133, 146.

schiedenheiten, die unter dem Dach *eines* Staates friedlich und ungekränkt miteinander hausen sollen, schwer eine Vorstellung machen. In Nigeria [19] z. B. gibt es etwa 50 Stämme in einer Größenordnung von 5000 bis zu 5 Millionen Angehörigen. Zu den nationalen kommen religiöse oder, wie in Indien, Kastenunterschiede [20] hinzu. Es liegt auf der Hand, daß der Nationalstaat, d. h. der Staat, den eine Nation bildet und der nur eine Nation umfaßt [21], nur um den Preis von Bevölkerungsumsetzungen oder gar Massakern unerhörten Ausmaßes zu erreichen gewesen wäre. Hierauf aber hat man es, abgesehen von Indien-Pakistan [22], nicht ankommen lassen wollen, man hat vielmehr von vornherein nach Einheit ohne Uniformität gestrebt [23]. Während Europa sich 1919 allenfalls zu einigem Minderheitenschutz verstanden hat [24], hat man zwar auch hier an den Schutz von Minderheiten vor der Mehrheit gedacht [25], ist aber über die Äußerlichkeit und vor allem die Gefährlichkeit dieser Antithese für die Minderheit [26] hinausgegangen.

1. In diesem Zusammenhang ist als erstes die große *Idee des Föderalismus* zu nennen. Zahlreiche und gerade die bedeutendsten der neuen Staaten sind als Bundesstaaten mit zum Teil sehr komplizierten und differenzierenden Strukturen verfaßt, um den Besonderheiten einen eigenen staatlichen Status zu geben und sie dennoch zu größeren, verteidigungs- und leistungsfähigen Ganzheiten zusammenzufassen. Gerade in dieser Hinsicht bieten die neuen Staaten der Verfassungsvergleichung reichhaltiges und ergiebiges Material bis in einzelne Probleme wie die Zulässigkeit der Delegation von Zuständigkeiten oder der „Fondswirtschaft" ohne Gesetzgebungszuständigkeit hinein. In der Praxis scheinen Schwierigkeiten mit dieser Lösung noch

---

[19] Hierzu KALU EZERA, Constitutional Developments in Nigeria, Cambridge 1960, S. 2.

[20] Ein überaus anschauliches Bild hiervon vermittelt K. M. PANNIKAR, Hindu Society at Cross Roads, London 1955 (dritte Ausgabe 1961).

[21] Diese Idee ist die schlechteste der Gaben, die Europa den neuen Staaten zu bieten hat. Wenn daher auch ein gewisses Maß von Nationalismus als Reaktion auf die Kolonialherrschaft unvermeidlich scheint, so sollte man sich doch hiervon so schnell wie möglich freimachen.

[22] Über dieses Ausmaß bei der Teilung Indiens vgl. die Angaben bei M. BRECHER, Nehru, Oxford UP London 1959, passim.

[23] Vgl. hierzu SIR REGINALD COUPLAND bei KALU EZERA aaO, S. 244.

[24] Vgl. hierzu die Kritik von HANS J. MORGENTHAU in Dilemmas of Politics, Chicago 1958, S. 170 ff.

[25] Abgelehnt wird auf jeden Fall eine auswärtige Garantie des Minderheitenschutzes; so NEHRU bei MENON aaO, S. 280. Wie sehr die Minderheiten sich schutzbedürftig fühlten, zeigt der Umstand, daß manche von ihnen das Weiterbestehen der Fremdherrschaft vorgezogen hätten, um nicht dem Terror der einheimischen Mehrheit zum Opfer zu fallen; vgl. W. HOWARD WRIGGINS, Ceylon, Dilemmas of a new Nation, Princeton 1960, S. 84.

[26] Vgl. hierzu HANS ROTHFELS, Bismarck und der Osten, in: Bismarck, der Osten und das Reich, Stuttgart 1960, S. 1 ff., S. 16, Anm. 37.

nicht aufgetreten zu sein. Trotzdem wird man sich jetzt schon über die Grenzen ihrer Wirksamkeit klarwerden müssen.

Diese Grenzen liegen im Prinzip darin, daß der Staat seine Herrschaft territorial umschreibt, während die Besonderheiten der Religion, der Nation, der Kaste u. dgl. personal bestimmt sind. Im Prinzip kann daher der Föderalismus Eigenarten nur dann staatlich verfassen und dennoch zu einem höheren staatlichen Ganzen zusammenfügen, wenn die in Frage stehenden Besonderheiten sich räumlich radizieren lassen. Diese Identität ist aber so gut wie niemals gegeben [27]. Strenggenommen müßte man sie daher durch Umsiedlungen herbeiführen und dann durch Verbot der Freizügigkeit und des Konnubiums erhalten. Derartige Eingriffe aber stehen außer Diskussion. Bei Lichte besehen mag daher der Föderalismus das Zusammenleben mehrerer Besonderheiten in einem Staate dadurch erleichtern, daß das Staatsgefüge ein lockreres und differenzierenderes ist als das des Einheitsstaates. Aber wo verschiedene Nationalitäten friedlich und freundschaftlich in einem Staate miteinander leben, da ist es nicht eigentlich die Bundesstaatlichkeit, der dieses Ergebnis letztlich zuzuschreiben ist [28]. Es beruht dieses erfreuliche Bild vielmehr vor allem darauf, daß sich die größeren Besonderheiten Mäßigung und Beschränkungen zugunsten der kleineren Besonderheiten auferlegen, so daß es diesen Besonderheiten in diesem Bundesstaat besser geht, als es ihnen in einem eigenen Staat oder in dem Nationalstaat ihrer Nation gehen würde. Hieraus ist sicher soviel zu entnehmen, daß das Problem „Mehrere Nationen in einem Staat" durch die Lösungen „Föderalismus" und „Bundesstaat" nicht erledigt ist [29].

2. Die Verfassungsvergleichung würde angesichts dieses Ergebnisses weiter danach zu forschen haben, ob man vielleicht irgendwo durch den Übergang vom Territorialitäts- zum Personalitätsprinzip derartiger Probleme Herr zu werden versucht hat. In der Tat findet sich für diese Position ein Beleg, der geradezu als Schulfall angesprochen werden kann: die Verfas-

---

[27] Selbst in Kanada mit der Konzentration der französisch sprechenden Bevölkerung in Quebec ist daher das Problem durch den Föderalismus nicht vollständig gelöst; vgl. hierzu CH. WAGLEY und M. HARRIS, Minorities in the New World, New York 1958, S. 169 ff.; The French Canadians; ferner: F. R. SCOTT, French-Canada and Canadian Federalism, in: Evolving Canadian Federalism, Durham North Carolina 1958, S. 54 ff.

[28] Vgl. hierzu TH. SCHIEDER, Idee und Gestalt des übernationalen Staates, in: Historische Zeitschrift 184, 1957, S. 336 ff., S. 342/343.

Ferner DERSELBE, Die Schweiz als Modell der Nationalitätenpolitik, in: Festgabe für Hans Herzfeld, Berlin 1958, S. 489 ff. Hier heißt es S. 489: „Es träfe nicht den Sachverhalt, wenn man sagen würde, die Schweiz habe das Nationalitätenproblem, d. h. das Problem des Zusammenlebens mehrerer Nationalitäten in einem Staate gelöst, sie hat es vielmehr gar nicht entstehen lassen."

[29] Vgl. hierzu F. G. CARNELL, Political Implications of Federalism in New States, in: U. K. HICKS u. a., Federalism and Economic Grow in Underveloped Countries, London 1961, S. 16 ff., S. 21 ff.

sung von Cypern [30]. Es ist keine Vereinfachung, wenn man feststellt, daß man hier *einen* Staat mit zwei Staatsvölkern vor sich hat, wenn nicht sogar von einer Realunion zwischen zwei „Personenverbandsstaaten" (TH. MAYER) die Rede sein muß. Aber auch abgesehen hiervon bedürfte dieser Typus näherer Untersuchung. Vor allem müßte eine Skala von Verwirklichungen der personalistischen Konzeption gebildet werden, in der insbesondere auch die Möglichkeit einen Platz zu finden hätte, personale Wahlkörper mit einer festen und unveränderlichen Zahl von Sitzen in Vertretungskörperschaften zu instituieren. Noch weiter am anderen Ende der Skala wäre der Lösung zu gedenken, die Anwendbarkeit des Mehrheitsprinzipes auf den Bereich der Homogenität zu beschränken, während in der Sphäre der Heterogenität eine itio in partes oder das Erfordernis der Zustimmung der Besonderheit vorzusehen wäre.

3. Aber auch die Ergänzung oder Ersetzung des territorialen durch das personale Prinzip in Verbindung mit einer Art von Personalisierung des föderalistischen Prinzips zu einem Personenverbandstaaten-Bundesstaat sichert den Besonderheiten nicht unbedingt Existenz und Leben. Letztlich gelöst werden die Probleme der religiösen, nationalen und gesellschaftlichen Besonderheit nur dadurch, daß man sie als für den Staat irrelevant, ja geradezu als nicht existent erklärt. Dies bedeutet und ist der Sinn der Beschränkung des Seins des Staates auf die (materielle) Allgemeinheit, d. h. auf diejenigen Eigenschaften und Anliegen seiner Bürger, über die der Bürger als Bürger verfügt und auf deren Bewältigung jeder Bürger als Bürger angewiesen ist. Diese Beschränkung von Sein und Wirksamkeit des Staates auf das Verallgemeinerungsfähige wird allerdings derjenige Verfechter einer Besonderheit als Lauheit verwerfen, der sein Besonderes absolut setzt und darüber hinaus dasselbe mit allen Mitteln, vor allem auch den Mitteln des Staates zu verfolgen gesonnen ist. Die durch das Stichwort „Allgemeinheit" bezeichnete Lösung des Problems des Miteinanderbestehens von Verschiedenheiten in einem Staat setzt somit die Bereitschaft voraus, auf die Verfolgung der eigenen Besonderheit durch Eroberung und mit den Mitteln des Staates unter der Voraussetzung zu verzichten, daß die anderen Besonderheiten gleichfalls auf eine solche Zielsetzung und Mittelwahl verzichten. Ein solches gegenseitiges Verzichten und die dazugehörige Gesinnung ergibt die Toleranz, die vielleicht den bemerkenswertesten Wesenszug des Modernen Staates ausmacht und die erst eigentlich das Zusammenleben von Verschiedenheiten in *einem* Staat möglich gemacht hat.

Will die Verfassungsvergleichung ermitteln, ob einer der neuen Staaten sich diesem Selbstverständnis verschrieben hat, dann hat sie ihr Augenmerk auf die Grundrechte im allgemeinen, auf die Gleichheitsverbürgung im besonderen zu richten. Denn indem die Grundrechte bestimmte Bereiche der

---

[30] Abgedruckt in: Jahrbuch des Öffentlichen Rechts Neue Folge IX, Tübingen 1960.

Freiheit und der Verantwortung des Bürgers übergeben, beschränken sie entsprechend das Sein des Staates und die Thematik seiner Tätigkeit. Der Gleichheitssatz insbesondere erklärt nicht, daß die Menschen gleich seien, er ordnet vielmehr an, daß sie trotz ihrer Verschiedenheit allesamt Staatsbürger, und zwar gleichermaßen und gleicherweise Staatsbürger sein sollen. Der schwerste Verstoß gegen alles dies ist die Sklaverei oder ähnliche Arten der Unfreiheit. Wenn daher in Verfassungen ausdrücklich die Sklaverei verworfen wird [31], dann ist dies ein eindeutiges Zeichen dafür, daß jeder Mensch Person und damit zur Staatsbürgerschaft qualifiziert sein soll. Die anderen Negationen, die dem Gleichheitssatz beigefügt sind – die geläufige Formulierung lautet: Alle ... ohne Unterschied von ... –, bezeugen nicht minder deutlich, daß man sich einem quantitativ und vor allem qualitativ allgemeinen Staatsbürgertum verschrieben hat, das dem Staat die Beschäftigung mit einer Besonderheit verwehrt und daher insbesondere auch jeder Besonderheit unmöglich macht, eine andere Besonderheit mit Hilfe des Staates zu unterdrücken.

III. Die Weltlichkeit der neuen Staaten

Die Verfassungen der neuen Staaten mögen die Allgemeinheit des Staatsbürgertums noch in manch anderer Weise sichern als lediglich durch Grundrechte. Zu solchen anderen Sicherungen mag man z. B. den von allen Staaten, die sich der französischen Kolonialherrschaft entwunden haben, stereotyp wiederholten Verfassungssatz rechnen: „La souveraineté appartient au Peuple ... Aucune section du peuple, ni aucun individu, ne peut s'en attribuer l'exercice.“ Aber das Entscheidende bleiben doch immer die Grundrechte, die in der Sache nichts anderes ausdrücken, als was echter Staatlichkeit ohnehin wesentlich ist. Um dies zu erhärten, bedarf die Verfassungsvergleichung eines Beweises, den sie nach den entsprechenden Erfahrungen der europäischen Geschichte zweckmäßig aus dem Verhältnis der neuen Staaten zur Religion zu führen suchen wird.

Hiermit wird zugleich ein anderes, nicht minder wichtiges Thema dieser Disziplin weitergeführt. Kommt es nämlich, wie angedeutet, für die neuen Staaten bei der Wahl und Ausgestaltung ihrer Verfassung vor allem auch auf deren Leistungsfähigkeit an, dann müssen sie in erster Linie das Sein und die Tätigkeit des von ihr verfaßten Staates auf den weltlichen Bereich und auf irdische Angelegenheiten beschränken.

1. Die grundsätzliche Frage scheint allenthalben entschieden zu sein. Zwar ist allgemein anerkannt, daß der Islam eine Lehre nicht nur für das Verhältnis des Menschen zu Gott ist, sondern daß er Maßgeblichkeit auch für die Regelung der Beziehungen der Menschen untereinander erheischt.

---

[31] Vgl. z. B. Indonesien Art. 10; Nigeria Art. 19 (1).

Aber hieraus wird durchweg nicht der Schluß gezogen, daß Verfassung, Gesetze und alle anderen Verhaltensnormen an den religiösen Normen zu orientieren seien [32]. Eine Ausnahme machen allenfalls Afghanistan [33], Brunei [34] und vor allem Pakistan nach der inzwischen außer Kraft gesetzten Verfassung von 1956. In deren Präambel heißt es, daß nach dem Willen des Gründers von Pakistan, Jinnah, Pakistan ein demokratischer Staat auf der Grundlage der islamischen Prinzipien sozialer Gerechtigkeit sein solle, und daß daher hier die Muslims befugt seien, ihr Leben nach den Lehren und Geboten des Islam zu ordnen. Man [35] hat darauf hingewiesen, daß eine derartige Bindung ein modernes Kreditsystem ausschließe, da der Islam wie das Christentum ein Zinsverbot kenne. Gerade diese Parallele zeigt aber, daß eine solche Festlegung nicht auf ein unübersteigbares Hindernis hinauszulaufen braucht.

Zugleich Bindung an und Herrschaft über die Religion bedeutet es, wenn der weltliche Herrscher zugleich zum Oberhaupt der Gemeinschaft erhoben wird, die die Staatsreligion bekennt. Etwas Derartiges [36] ist nur noch der Fall in Brunei und in den Einzelstaaten von Malaya.

2. Eine zweite Gruppe bilden diejenigen Staaten, die zwar eine Staatsreligion erklären, nichtsdestoweniger aber allen anderen Bekenntnissen volle Freiheit gewähren und insbesondere die Staatsreligion nicht zur Richtschnur für die weltliche Gesetzgebung erheben. Den Islam zur Staatsreligion erklären von geltenden Verfassungen Jordan (Transjordanien) [37], Irak [38], Malaya [39] und Mauretanien [40]. Eine Einschränkung der Freiheit anderer Religionen folgert hieraus allein Malaya, indem es die Einzelstaaten der Föderation durch Art. 11 (4) seiner Verfassung 1957 ermächtigt, die Propaganda anderer Religionen unter den Muslimen zu beaufsichtigen und zu beschränken. Eine gewisse Konkretisierung erfährt das Prinzip der Staatsreligion in denjenigen Staaten, in denen das Personenstandsrecht religiöses Recht ist und demgemäß entsprechende religiöse Gerichtshöfe vor-

---

[32] Für eine solche Maßgeblichkeit sehr entschieden M. ASAD, The Principles of State and Government in Islam, Berkeley and Los Angeles 1961.

[33] Verfassung 1931 Art. 1, 5. [34] Verfassung 1959 Art. 3 (1).

[35] Vgl. Sir I. JENNINGS, Problems of the Commonwealth, Durham N. C., 1958, S. 36.

[36] Vgl. Brunei Verfassung 1959 Art. 3 (2): „The Head of the Religion of the State shall be the Sultan."

Malaya Verfassung 1957 Art. 3 (2): „In every State other than Malacca and Penang the position of the Ruler as the head of the Muslim Religion of the State ... are unaffected and unimpaired ..."

[37] Verfassung 1952 Art. 2: „Islam shall be the religion of the State."

[38] Provisorische Verfassung 1958 Art. 4: „Der Islam ist die amtliche Religion des Staates."

[39] Verfassung 1957 Art. 3 (1): „Islam is the religion of the Federation ..."

[40] Verfassung 1959 Art. 2: „La religion du peuple mauritanien est la religion musulmane."

gesehen sind wie in Jordan (Art. 99) und in der alten Verfassung des Irak.

Da dem Modernen Staat ein Werturteil über die Religionen versagt ist und er daher eine Religion nicht zur Staatsreligion erheben darf, weil er sie für die richtige hält, sondern dies nur deswegen tun darf, weil die überwiegende Mehrheit seiner Bürger die betreffende Religion frei bekennt, verfährt in dieser Hinsicht adäquat die Verfassung von Burma, wenn sie in Art. 21 (1) bestimmt: „The State recognizes the special position of Buddhism as the faith professed by the great majority of the citizens of the Union." Daß eine dergestalt begründete Staatsreligion der Freiheit anderer Bekenntnisse erst recht keinen Abbruch tut, zeigt der folgende Absatz des gleichen Artikels, indem er Christentum, Hinduismus und Animismus als einige der in der Union existierenden Religionen anerkennt.

Indonesien nimmt eine Sonderstellung ein. In der Präambel seiner Verfassung bekennt sich dieser Staat zur Allmacht Gottes und erklärt dann in Art. 43: „The State is based on the belief in the Divine Omnipotence." Von einem solchen Standpunkt aus kann man naturgemäß nur zu einer jedermann begünstigenden Gewährleistung der Freiheit der Religion und des Gottesdienstes sowie zu gleichem Schutz für alle Religionsgemeinschaften gelangen, wie dies in den folgenden Absätzen dieses Artikels angeordnet ist.

3. Unter den Staaten, die ohne Staatsreligion Religionsfreiheit gewähren, hebt sich eine Gruppe heraus, die hierüber hinausgehend sich ausdrücklich für laizistisch erklärt. Es sind dies, mit Ausnahme von Madagaskar, diejenigen Staaten, die aus früheren französischen Besitzungen entstanden sind, und zwar unabhängig davon, ob sie in der Communauté verblieben sind oder nicht [41]. Hierzu ist weiter nichts zu bemerken, als daß gerade die Festlegung auf ein so spezifisch französisches Phänomen wie den Laizismus zeigt, wie sehr man den Unterschied zwischen Wortlaut und Wirklichkeit bei solchen rezipierten Verfassungen im Auge behalten muß. Eine Variante bietet allenfalls Zentralafrika, indem es in der Präambel seiner Verfassung 1959 die Religionsgemeinschaften anerkennt als „facteur d'éducation morale".

*

* *

Mit alledem sind in etwa die Grundlagen bezeichnet, die eine Verfassungsvergleichung der neuen Staaten genau erforschen müßte, ehe sie an konkretere Erscheinungen herangeht. Unerwähnt geblieben ist in diesem Zusammenhang allenfalls ein Problem, das sich aus der Rezeption des National-

---

[41] So heißt es auch in der Verfassung 1958 von Guinea Art. 1: „La Guinée est une République Démocratique, Laïque et Sociale."

Vgl. hierzu SÉKOU TOURÉ, Expérience Guinéenne et Unité Africaine, Paris o. J. - etwa 1961.

staatsgedankens ergibt: Die Gefahr [42], daß die Staatsbildung in Asien und vor allem in Afrika auf eine „Balkanisierung“ hinausläuft, wie sie Europa 1919 erlebt und erlitten hat. Große Aufmerksamkeit verdienen daher alle Bekenntnisse zu größeren, lebenskräftigen und leistungsfähigen Einheiten. Sie finden sich zahlreich für die afrikanische und die arabische Welt. Aber von Verwirklichung ist bisher nicht allzuviel bekannt geworden. Offenbar ist das Beispiel Europas zu wenig vor Augen, das 1919 zwar in seine Bestandteile aufgelöst wurde, aber erst dreißig Jahre später – vielleicht zu spät – an die Neuverbindung des Entbundenen herangegangen ist.

Entscheidende Themata für eine Verfassungsvergleichung ergeben sich aus dem großen und allgemeinen Problem, ob in den neuen Staaten die Kräfte und die Vorstellungen gegeben sind, die die europäischen Verfassungsmodelle voraussetzen. Als erstes wird in diesem Zusammenhange der Frage nachzugehen sein, ob es in einem solchen Staat eine führende Schicht gibt und ob sie in der Lage und gewillt ist, der rezipierten Verfassung zu echter Wirksamkeit zu verhelfen [43]. Ferner werden aufzudecken und zu vergleichen sein die politischen Kräfte und die entsprechenden Ideen [44].

Vergleicht man dieses Mindestprogramm mit dem, was bereits geleistet ist, dann kann kein Zweifel daran obwalten, daß in diesem neuen Sektor der Verfassungsvergleichung eigentlich noch alles zu tun ist.

---

[42] Auf sie weist CLARENCE STREIT, Freedom's Frontier – Atlantic Union Now –, New York 1940, 1961, S. 9 ff. hin.

[43] Zur Frage, ob und wie die Kolonialherren die Bildung einheimischer Eliten gefördert haben, vgl. R. F. BETTS, Assimilation and Association in French Colonial Theory 1890–1914, New York and London 1961.

[44] Ein Beispiel hierfür bietet S. ROSE, Socialism in Southern Asia, Oxford UP London 1959.

PRINZIPIEN DER VERWALTUNGSORGANISATION VON BALLUNGSGEBIETEN

von Dr. HANS HARDER
Präsident des Rechnungshofs, Hamburg

Man zählt in der Bundesrepublik neun große Ballungsgebiete:

Rhein-Ruhr, Stuttgart, Hannover, Bremen, Hamburg, München, Nürnberg, Rhein-Main (Frankfurt, Offenbach, Hanau) und Rhein-Neckar (Mannheim, Ludwigshafen, Heidelberg).

Dazu könnten acht weitere, die nicht dieses große Ausmaß haben, gerechnet werden:

Kiel, Braunschweig, Kassel, Karlsruhe, Lübeck, Bielefeld, Aachen, Augsburg.

Das Rhein-Ruhrgebiet ist als Sonderfall zu betrachten, weil es sich nicht nur um die Ballung um *eine* Großstadt herum handelt, sondern um eine Agglomeration von vielen Großstädten, zahlreichen Städten verschiedenster Größe, Dörfern und Landkreisen, überhaupt um eine ganze Landschaft im geographischen, wirtschaftlichen und politischen Sinn [1]. Weiter ist zu bedenken, daß sich die Ausstrahlungsgebiete von Hamburg, Rhein-Main, Rhein-Neckar und Bremen jeweils auf mehrere Länder der Bundesrepublik erstrecken [2].

Die Probleme der Organisation und Verwaltung von Ballungsgebieten sind in gewissem Umfang Probleme des Umlandes jeder wachsenden Stadt; nur werden sie leider meistens zu spät erkannt.

Einige immer wiederkehrende Probleme sind:

1. unwirtschaftliche Investitionen insbesondere für Verkehr, Industrie, Energieversorgung, aber auch für Schulen und Krankenhäuser,
2. zu große Dichte des Verkehrs, verbunden mit dem dadurch verstärkten Lärm,
3. zu weite Entfernung der Arbeitsstätten von den Wohnungen,

---

[1] Nur ein Teil dieses Gebietes bildet den Siedlungsverband Ruhrkohlenbezirk mit 18 Großstädten und 9 (davon 3 nur teilweise) Landkreisen (4500 qkm mit $5^1/_2$ Millionen Einwohnern).

[2] GERHARD ISENBERG, Die Ballungsgebiete in der Bundesrepublik, als Manuskript vervielfältigt im Institut für Raumforschung, Bad Godesberg 1957.

4. andererseits eine zu starke Durchsetzung der Wohngegenden mit Industrie und Gewerbe,
5. Häufung der Probleme der Müll- und Abwässerbeseitigung,
6. Verunreinigungen von Luft und Wasser,
7. Zersiedelung der Landschaft („Siedlungsbrei"), Entstehung häßlicher Stadtränder,
8. Zerstörung der nahen Erholungslandschaft,
9. Zerstörung bisher gesunder, sich selbstverwaltender Gemeinden.

In Deutschland ist die Diskussion über Ballungsgebiete bisher hauptsächlich von den Planern bestritten worden, insbesondere in den Organen des Instituts für Raumforschung – Bad Godesberg, der Akademie für Raumforschung und Landesplanung – Hannover und des Deutschen Verbandes für Wohnungswesen, Städtebau und Raumplanung – Köln [3]. Richtig ist, daß nur durch Planung die erste Voraussetzung für die Ordnung eines Ballungsgebietes erfüllt werden kann [4]. Selbst in dieser Beziehung stehen wir noch fast überall am Anfang: Es fehlen nicht nur die Planungsgremien und die von den Betroffenen anerkannten Pläne, sondern vor allem die Gremien zur Durchsetzung solcher Pläne. Das ist um so beklagenswerter, als die Sorgen und Nöte im Umland der großen Stadt längst über diese erste

---

[3] Die Literatur ist umfangreich. Es mögen erwähnt werden auch wegen ihrer weiteren reichen Literaturhinweise:

a) Zeitschrift für Raumforschung und Raumordnung, 14. Jahrgang 1956, Heft 2/3, mit einem einleitenden Aufsatz von Erich Dittrich, Seite 65 ff., und 14 weiteren Aufsätzen zum Umland-Thema sowie einer Bibliographie auf S. 179–189.
b) Halstenberg, Planungsraum und Planungsorganisation, in: Gemeinnütziges Wohnungswesen 1958, S. 267 ff., 303 ff., 337 ff. Halstenberg hat als Jurist und Generalsekretär des Deutschen Verbandes für Wohnungswesen, Städtebau und Raumplanung sich um die juristische Klärung der verschiedenen Möglichkeiten besonders bemüht.
c) von Borries, Regionale und interkommunale Planungsgemeinschaften in der Bundesrepublik Deutschland, in: Schriften des Deutschen Verbandes für Wohnungswesen, Städtebau und Raumplanung, Band 39, Köln 1959, im Manuskript vervielfältigt.
d) Mäding, Großstadt und Umland, in: Die Öffentliche Verwaltung 1957, S. 797 ff.
e) Bielenberg, Rechts- und Verwaltungsfragen der Raumordnung und Raumplanung unter besonderer Berücksichtigung der Landesplanung im Unterelberaum, Dissertation Hamburg 1960 (Manuskript).

[4] Allerdings sei auch auf folgende Ausführungen hingewiesen: Bericht über die Tagung der Akademie für Raumforschung und Landesplanung vom 13. 10. 1961 in Karlsruhe (Der Städtetag 1961, S. 262/63): „Alle Redner erfüllten Wasser-, Luft-, Abfall- und Lärmschäden in verdichteten Siedlungszonen, aber auch die von diesen Zonen ausgehenden ‚Erholungslawinen' mit Sorge. Bei den üblen Begleiterscheinungen der Technik war freilich noch viel landläufige Überschätzung ihrer Ballungsbedingtheit herauszuhören. Gerade auch die Raumforschung muß allmählich einsehen, daß es kein Mangel an Ländlichkeit ist, was jene Schäden überhandnehmen läßt, sondern Nichtanwendung der Gegentechnik. Würden unsere Gesetzgeber allen Störern nur relativ unwesentliche Verzichte und durchaus tragbare Mehraufwendungen abverlangen, so ließe es sich auch in den Großstädten wieder gesund leben!"

Ordnungsaufgabe hinausgewachsen sind. Das gesamte Ausstrahlungsgebiet bedarf einer gemeinsamen Verwaltung, mindestens in den allen Beteiligten gemeinsamen Sorgen. Die Versorgung des Ausstrahlungsgebiets mit Energie und Wasser, mit den Diensten des Verkehrs und der Stadtreinigung, aber auch mit Krankenhäusern, Schulen und anderen Kultureinrichtungen sind öffentliche Aufgaben, die über die Ausweisung von Baugebieten, Verkehrsadern, Fluchtlinien weit hinausgehen [5].

Um die Einheit der Verwaltung und damit die Planung und Vorsorge in Ausstrahlungsgebieten von Städten zu erhalten oder wiederzugewinnen, sind häufig Gemeinden, Landkreise oder Teile von ihnen, den Großstädten eingemeindet worden. Das geschah besonders in den Jahren 1926–1929 und 1937–1939 [6]. Die Eingemeindung war in vielen Fällen nur der Abschluß einer längeren Entwicklung, die z. B. im Falle Berlins mit einem Zweckverband im Jahre 1912 begann und zur Bildung der Einheitsgemeinde Berlin im Jahre 1920 führte. Weitere Eingemeindungen folgten noch 1925; der Zweckverband wurde endgültig aufgelöst. Auch im Falle der Freien und Hansestadt Hamburg geht dem Groß-Hamburg-Gesetz vom 26. 1. 1937 (RGBl. 1937 I S. 91), durch das 3 Städte und 27 Landgemeinden der Stadt eingegliedert wurden, eine lange Entwicklung vorauf. Durch den Staatsvertrag zwischen Hamburg und Preußen vom 5. 12. 1928 wurde schließlich ein hamburgisch-preußischer Landesplanungsausschuß gegründet und eine einheitliche Entwicklung des Wirtschaftsgebietes an der Unterelbe erstrebt. Die hierzu erforderlichen Maßnahmen sollten so getroffen werden, „als ob Landesgrenzen nicht vorhanden wären". Erster Erfolg dieser Absichten war ein Vertrag über die Hafengemeinschaft für die Häfen in diesem Wirtschaftsgebiet (GmbH) [7]. Vorher hatte Preußen die Hamburg benachbarten

---

[5] Erörterungen über „Entballung" will ich beantworten mit Ausführungen von Edgar Salin, Urbanität, Städtetag 1960, S. 323–331: „Entgegen dem heute so beliebten Schlagwort, daß eine ‚Entballung' der Städte notwendig ist, scheint mir die vordringliche Aufgabe darin zu bestehen, ihre ‚Aushöhlung' zu verhindern. Nicht die Auflösung der Stadt schafft eine neue Form, sondern nur die Stärkung des Kerns vermag bis in die äußersten Bezirke ein neues Leben auszustrahlen. Erst danach wird eine sinnvolle Entballung überhaupt möglich, und erst danach kann ernstlich die Gründung von ‚Trabantenstädten' erwogen werden, die mehr als ein bloßes Häuserkonglomerat sind."

Derselbe in: Die Städte zwischen Gestern und Morgen, Tübingen 1961, S. VII bis XIII.

Dazu auch Jan Eilers in: Neue Schriften des deutschen Städtetages, Bonn 1961, S. 13 ff.: „Nichts wäre gefährlicher als eine rückwärts gewandte Betrachtensweise, als eine restaurative Raumordnungspolitik, die meint, unsere Probleme ließen sich mit Schlagworten wie ‚Entballung' lösen. Was uns not tut, ist nicht eine Politik von den Städten weg, sondern von den Städten aus! Was wir brauchen, ist nicht ‚Entballung', sondern Ordnung in der Ballung."

[6] Gerd Willing, Verwaltungsprobleme des städtischen Großraums, Juristische Inaugural-Dissertation, Kiel 1953, im Manuskript vervielfältigt, S. 87–104.

[7] Gesetz betreffend den Vertrag der Freien und Hansestadt Hamburg und des

Städte Altona, Wandsbek und Harburg, je für sich, durch Eingemeindung von Landkreisteilen zu größeren Einheitsgemeinden gemacht [8]. Bis zum Groß-Hamburg-Gesetz von 1937 war Hamburg selbst keine Einheitsgemeinde, sondern umfaßte auf Grund seiner Städteordnung und seiner Landgemeindeordnung vom 2. 1. 1924 (HbgGVOBl. S. 21, S. 34) 3 Städte und 28 Landgemeinden, die nach Ausgliederung von 2 Städten und 11 Gemeinden dann mit den vorgenannten preußischen Städten und Landgemeinden zur Einheitsgemeinde Hansestadt Hamburg zusammengefaßt wurden [9].

Willing berechnet den Bevölkerungsgewinn der Städte aus Eingemeindungen in der Zeit von 1925–1933 auf 1 233 000 Personen, er wäre damit fast 18mal so groß wie der aus Geburten- und Wanderungsüberschuß zusammen. Die kommunalpolitische Neuordnung des Jahres 1929 im rheinisch-westfälischen Industriegebiet vergrößerte Gebiet und Bevölkerungszahl der Städte durch Beseitigung von 15 Landkreisen mit 51 Landgemeinden beträchtlich. Die Städte wuchsen von 2,456 Millionen auf 3,170 Millionen Einwohner.

Sicher hat sich durch solche Eingemeindungen im Interesse der Städte manches gebessert, aber man mußte immer wieder erkennen, daß an den neuen Grenzen in nicht ferner Zeit die alten Probleme wieder entstanden; jedenfalls, solange die Städte wachsen, und das tun sie trotz gelegentlicher Unterbrechungen und Verlangsamung bis auf den heutigen Tag. Dieses Wachstum wird neuerdings nicht mehr nur hervorgerufen durch eine zahlenmäßig zunehmende Bevölkerung [10], sondern durch den ständig wachsenden Flächenbedarf moderner Industrie- und Gewerbeunternehmen.

Die Ausstrahlungen der großen Ballungszentren reichen heute über so weite Gebiete, daß der Gedanke, sie alle einer einzigen Gemeinde einzugliedern, schon aus praktischen Gründen hinfällig ist. Denn in einer so großen Stadt taucht sofort die Frage nach einer Dezentralisierung und/oder Dekonzentrierung der Verwaltung auf. Welcher Sinn soll oder kann darin liegen, erst durch eine Reihe von Eingemeindungen die Großstadt als Einheit (endlich – meist zu spät) zu schaffen, um dann gleichzeitig oder etwas später aus den verschiedensten Gründen Bezirke oder andere Stadtteilverwaltungseinheiten zu bilden, damit der Bürgersinn und das Interesse

---

Freistaates Preußen über die Gründung einer Hafengemeinschaft vom 3. 6. 1929 (HbgGVOBl. S. 261), Bielenberg, S. 530 ff.

[8] Gesetz über die Neugliederungen der kommunalen Grenzen im preußischen Unterelbegebiet vom 8. 7. 1927 (PreußGS S. 129).

[9] Ipsen, Die Lösung der Groß-Hamburg-Frage und Die Durchführung des Groß-Hamburg-Gesetzes in Hamburgs Verfassung und Verwaltung, Hamburg 1956, S. 63–101.

[10] Die Bevölkerung der Städte wächst zur Zeit nicht mehr erheblich, nachdem die große Umschichtung durch die Kriegsverhältnisse und den Flüchtlingsstrom fast zum Stillstand gekommen ist.

des Bürgers an der Stadtpolitik und Stadtverwaltung wachgehalten wird [11].

Wenn auch alle Sachkenner sich trotz vieler Einwendungen darüber einig sind, daß Eingemeindungen auch heute noch in bestimmten Fällen aus Gründen des allgemeinen Wohls anderen Lösungen vorzuziehen sind, so gilt es als ebenso richtig, daß das nicht für alle Fälle und nicht für die großen und besonders besorgniserregenden Ballungen gilt. Es ist daher de lege ferenda vorgeschlagen worden, durch Verbindung der Kreisverwaltung mit der Stadtverwaltung größere, einheitlich verwaltete Gebiete zu schaffen, in denen die einzelnen Gemeinden dennoch ihre bisherige oder eine eingeschränkte Selbständigkeit behalten [12].

Es werden folgende Möglichkeiten erörtert:

1. Bildung eines erweiterten *Stadtkreises,* in dem die einzelnen Stadtumlandgemeinden ihre gemeindliche Selbständigkeit behalten und die Stadtverwaltung gleichzeitig Kreisverwaltung für alle Umlandgemeinden wird. Der Stadt- und Kreishaushalt wird ein gemeinsamer.
2. Bildung eines *Industriekreises* durch Zusammenfassung der kreisfreien Stadt mit allen Gemeinden des Landkreises unter Bildung eines neuen Industriekreises. Dabei soll die Verwaltung des neu gebildeten Kreises mit der der Stadt unter dem Oberstadtdirektor, der gleichzeitig Oberkreisdirektor sein soll, zusammengefaßt werden.
3. Bildung eines *Stadt – Land – Kreises* unter Zusammenfassung der Verwaltungsspitzen (Personalunion) der kreisfreien Stadt und des Landkreises. Im übrigen bleiben sowohl die Verwaltung der Stadt wie auch die des Kreises getrennt voneinander.
4. Bildung eines *Großkreises,* in dem die Kreisverwaltung an die Großstadtverwaltung im Sinne der Bildung einer einstufigen Gemeinde angeglichen wird. Es ist vorgesehen, daß dieser Großkreis Organe wie der Landkreis erhalten, aber nach der inneren Organisation wie eine kreisfreie Stadt organisiert werden soll, wobei die früheren Landgemeinden nur örtliche Verwaltungsaußenstellen erhalten sollen.

Zu diesen Vorschlägen sind folgende Bedenken anzumelden:
Städtische Verwaltungsgremien zu Kreisgremien umzugestalten, wirft die Frage der Eignung von städtischen Verwaltungsorganen für solche Aufgaben auf. Die Aufgaben der reinen Stadtverwaltung müßten doch wohl gesondert wahrgenommen werden. Daraus könnte sich dann leicht

---

[11] Willing, S. 132–150; Oskar Mulert, Die Neuordnung der kommunalen Verwaltung der Hansestadt Hamburg, Hamburg 1948.

[12] Willing, S. 105–132; Halstenberg, Rechtliche Gestaltungsmöglichkeiten gemeindenachbarlicher Planungskoordination, in: Neues Archiv für Niedersachsen, Bd. 9, 1957/58, S. 1–13, und in: Schriften des Deutschen Verbandes für Wohnungswesen, Städtebau und Raumplanung, Heft 37, 1958, Organisation und Verfahren der übergemeindlichen Planung.

ein Dualismus der Organe in der Stadt ergeben und damit neue Reibungspunkte.

Bei allen Vorschlägen ergibt sich die Schwierigkeit, daß der neu gebildete Kreis nicht die gesamten Umlandskreise erfaßt, sondern immer nur Teile von ihnen, so daß die Restkreise anderweitig angegliedert werden müssen, wenn sie nicht ausnahmsweise groß genug bleiben, um ihre eigene Kreisverwaltung fortzusetzen. Diese Fragen können insbesondere auch gerade dann nicht gelöst werden, wenn die Ausstrahlungsprobleme sich über die Grenzen eines einzelnen Bundeslandes hinaus erstrecken. Mit Rücksicht darauf, daß ein Ausführungsgesetz zu Art. 29 der Bundesverfassung immer noch nicht ergangen ist, kann in solchen Fällen ein neuer Stadt- oder Landkreis nicht gebildet werden. Der Großkreis kommt der Bildung einer Einheitsgemeinde sehr nahe.

Diese de lege ferenda Vorschläge sind denn auch bisher in keinem Fall verwirklicht worden. Im allgemeinen haben die Sorgen der Einzelgemeinden um den Verlust ihrer Selbständigkeit sich erfolgreich durchsetzen können. Sie waren nur geneigt, sich loseren Planungsverbänden anzuschließen [13].

Für die Zeit von 1920–1930 werden von VON BORRIES [14] für das damalige deutsche Reich 26 Planungsgemeinschaften aufgeführt. Die bis 1932 entstandenen über 20 Landesplanungsgemeinschaften hätten 29 % der Gesamtfläche mit 59 % der Bevölkerung des Reiches umfaßt. Bis zum Abschluß der Ermittlungen im Mai 1959 wurden 3 gesetzliche Planungsgemeinschaften, 13 feste (freiwillige) Planungsgemeinschaften, 11 lose Zusammenschlüsse (Arbeitsgemeinschaften) und 3 sonstige Vereinigungen mit Aufgaben auf dem Gebiet der Raumplanung festgestellt. In acht weiteren Fällen wurden Gründungsabsichten oder vorübergehende planerische Zusammenschlüsse bekannt. Es werden von VON BORRIES unterschieden:

1. gesetzliche Planungsgemeinschaften,
2. feste (freiwillige) Planungsgemeinschaften,
3. lose Zusammenschlüsse (Arbeitsgemeinschaften) und
4. sonstige interkommunale Vereinigungen.

1. Gesetzliche Planungsgemeinschaften

Älteste gesetzliche noch wirkende Planungsgemeinschaft ist der Siedlungsverband Ruhrkohlenbezirk. Er ist durch ein preußisches Gesetz vom

---

[13] Die Schwierigkeiten der Praxis werden sichtbar in LOSCHELDER, STORCK, MÄDING, Gutachten über Raumprobleme der Großstadt Kiel, o. J. (herausgegeben vom Magistrat der Stadt Kiel); Institut für Raumforschung, Leitgedanken zur Raumordnung im Siegerland, Bad Godesberg, 1959. Beide Gutachten enthalten ausführliche Darlegungen auch über grundsätzliche Fragen. Vgl. auch VOIGT, Abgrenzung des Stadtgebiets, Köln 1956 (Kommunale Gemeinschaftsstelle für Verwaltungsvereinfachung).

[14] AaO, S. 24.

5. Mai 1920 (PreußGS S. 286), das heute in der Fassung vom 3. Juni 1958 (GVNR.-Westf. S. 249) gilt, begründet worden. Er ist als Kommunalverband zur Verwaltung aller Angelegenheiten berufen, die der Förderung der Siedlungstätigkeit im Verbandsgebiet dienen. Er hat Fluchtlinienpläne für Straßen und Grünflächen von übergemeindlicher Bedeutung sowie für Verkehrsbänder und Flughäfen festzustellen, oder ist bei deren Feststellung zu beteiligen. Er hat den Ausbau von Verbandsstraßen zu fördern und Verbandsgrünflächen zu sichern; insbesondere im zwischengemeindlichen Verkehr das Kleinbahnwesen zu fördern. Als Auftragsangelegenheiten hat er die Ansiedlergenehmigungen zu erteilen und das Verordnungsrecht auf dem Gebiet der Bauaufsicht und des Wohnungswesens wahrzunehmen. Einzelheiten über die Tätigkeit des Verbandes sollen nicht weiter dargelegt werden; in 40jähriger Tätigkeit[15] ist er für das Ruhrgebiet von sehr segensreicher Wirkung geworden, hat aber infolge seiner nur beschränkten Aufgaben zu einer gemeinsamen Verwaltung des Verbandsgebietes über die Planung hinaus nicht viel beitragen können.

Da er auf sein Verbandsgebiet beschränkt ist, hat er auf das gesamte, so ungleich größere Ballungsgebiet von Rhein und Ruhr nicht einwirken können. Dann wäre das Planungsgebiet auch wahrscheinlich wieder zu groß und damit unübersehbar geworden. Auf Grund des Landesplanungsgesetzes des Landes Nordrhein-Westfalen vom 11. 3. 1950 wurden aber die Landesplanungsgemeinschaften Westfalen einerseits und Rheinland andererseits gebildet, die nun den Ruhrsiedlungsverband, der auch als Landesplanungsgemeinschaft im Sinne des Gesetzes gilt, umfassen. Damit ist das ganze Land einheitlich mit Landesplanungsgemeinschaften überzogen, die allerdings nicht so weitgehende Funktionen haben, wie sie dem Ruhrsiedlungsverband zustehen.

2. Die *festen (freiwilligen) Planungsgemeinschaften* haben sich insbesondere in Baden-Württemberg entwickelt. Genannt werden sollen nur die für den westlichen Bodensee mit dem Linzgau und Hegau (nicht rechtsfähiger Verein von Städten und Landkreisen), für den Breisgau (öffentlich-rechtliche Vereinbarung der drei Mitgliedskreise) und eine für den Hochrhein (nicht rechtsfähiger Verein von Städten, Gemeinden und Landkreisen). Besonders wichtig ist die kommunale Arbeitsgemeinschaft Rhein-Neckar, deren Mitglieder Gemeinden und Kreise der Länder Baden-Württemberg, Hessen und Rheinland-Pfalz sind. In der Rechtsform einer GmbH haben sich 5 Städte und 5 Landkreise vereinigt, von denen die wichtigsten die Städte Mannheim, Ludwigshafen, Heidelberg und Frankenthal und

[15] Siehe Tätigkeitsberichte des Verbandes für die Jahre 1958–1960, Essen 1961; UMLAUF, Regionale Planung als Grundlage interkommunaler Zusammenarbeit, in: Das Problem Stadt und Umland, 1959, im Manuskript vervielfältigt vom Niedersächsischen Minister des Innern.

die Landkreise Mannheim, Ludwigshafen und Heidelberg sind. Aufgaben der mit Sitz in Mannheim gegründeten GmbH sind:

1. gemeinsame Planung in allen die Gesellschafter gemeinschaftlich berührenden Angelegenheiten,
2. Vorbereitung gemeinschaftlicher Anlagen und Einrichtungen,
3. Planung und Vorbereitung öffentlich-rechtlicher Zweckverbände,
4. öffentliche Stellungnahme zu Fragen gemeinschaftlichen Interesses.

Die Arbeitsgemeinschaft hat sich außerdem mit Fragen der Luftverunreinigung befaßt und Absprachen über eine gemeinsame Feuerlöschhilfe und Sanitätshilfe in Katastrophenfällen getroffen. Sie hat auf kulturellem Gebiet eine Verwaltungs- und Wirtschaftsakademie gegründet und Kunstausstellungen sowie kommunalpolitische Abende veranstaltet.

Neben einer festen (freiwilligen) Planungsgemeinschaft Trierer Tal (Zweckverband) in Rheinland-Pfalz ist die Planungsgemeinschaft Äußerer Wirtschaftsraum München in Bayern, dem als Mitglieder die Stadt München, der Bezirk Oberbayern und 8 Landkreise mit insgesamt 77 Gemeinden nach dem Stand vom 31. 7. 1959 angehören, besonders zu erwähnen. Dieser Planungsverband ist ein Zweckverband gemäß Satzung vom 13. 1./ 28. 3. 1953 auf Grund des Zweckverbandsgesetzes vom 7. 6. 1939 (RGBl. 1939 S. 979). Seine Aufgaben sind:

1. Abstimmung der gemeindlichen Planungen unter einheitlichen Richtlinien,
2. Anpassung der Ortsplanungen an die von der Landesplanung erstellten Landesentwicklungs- und Raumordnungspläne,
3. Beratung der Mitglieder bei der Planaufstellung,
4. auf Antrag technische Planbearbeitung für die Mitglieder.

3. Von den 11 *losen Zusammenschlüssen (Arbeitsgemeinschaften)* sind besonders zu erwähnen, der Gemeinsame Landesplanungsrat Hamburg/ Schleswig-Holstein, die Arbeitsgemeinschaft Großraum Nürnberg, die Kommunale Arbeitsgemeinschaft für den Stuttgarter Raum und die Planungsgemeinschaft Engeres Untermaingebiet.

a) Im Falle der Freien und Hansestadt Hamburg zeigte sich nach dem zweiten Weltkrieg abermals in besonders deutlicher Weise, daß selbst die großen Eingemeindungen von 1937 nicht ausgereicht hatten, um die Probleme des weit über die Stadtgrenzen hinaus reichenden Ausstrahlungsgebietes zu lösen. Wie in früheren Zeiten die preußisch-hamburgische Landesplanungsgemeinschaft den Versuch machte, solche Sorgen zu beheben, so haben schon während des zweiten Weltkrieges wie insbesondere nach seinem Ende, Planer und andere Dienststellen versucht, zu gemeinsamen Lösungen für das Umland zu kommen. Diese Bestrebungen fanden ihren Abschluß in der Bildung des Gemeinsamen Landesplanungsrats Hamburg/ Schleswig-Holstein, der von den Regierungen beider Länder gebildet wurde. Er setzt sich aus zwei Abteilungen zusammen, von denen die zweite mit Planern, Juristen, Vertretern der Landkreise, der Handels- und Industriekammern und Gewerkschaften besetzt ist. Diese Abteilung erarbeitet Empfehlungen und legt sie der ersten, der Minister, Senatoren, Politiker und die Mitglieder der zweiten Abteilung angehören, zur Beschlußfassung vor. Die von ihm beschlossenen Empfehlungen für das Planungsgebiet Hamburg und für das an Hamburg angrenzende südholsteinische Gebiet bilden, wenn die beiderseitigen Regierungen sie angenommen haben, die Grundlage für alle weiteren rechtlichen und finanziellen Maßnahmen der zuständigen Behörden und Selbstverwaltungskörperschaften [16]. Neuerdings haben beide Länder durch die Errichtung eines gemeinsamen Fonds von zur Zeit jährlich 4 Mill. DM Maßnahmen gefördert, die zur Durchsetzung der Empfehlungen dienen sollen.

Mit dem Land Niedersachsen, das an das hamburgische Staatsgebiet angrenzt, haben die Verhandlungen nicht zur Bildung eines gemeinsamen Planungsrats geführt. Dennoch wird auf ähnlicher Basis auch hier gearbeitet und ebenfalls der Versuch gemacht, mit einem gemeinsamen Finanzfonds Planungsziele zu erreichen.

b) Die Arbeitsgemeinschaft Großraum Nürnberg umfaßt die Städte und Landkreise Nürnberg, Fürth, Erlangen und Schwabach und dient der Koordinierung der nachbarlichen Interessen und Beziehungen. Die Selbstverwaltung der beteiligten Städte und Landkreise bleibt vollkommen unberührt. Die Arbeitsgemeinschaft hat keine Satzung, keine Organe, erhebt keine Beiträge, die Federführung hat der Oberbürgermeister der Stadt Nürnberg.

c) Mit dem Stadtkreis Stuttgart bilden die Landkreise Ludwigsburg, Leonberg, Böblingen, Eßlingen und Waiblingen mit insgesamt 26 Gemeinden die kommunale Arbeitsgemeinschaft für den Stuttgarter Raum (Gesellschaft des bürgerlichen Rechts mit Vollversammlung, Fachausschüssen, Hauptausschuß und einer Planungsgruppe). Nach der Vereinbarung vom 25. 1. 1956 sind neben Planungsfragen auch die Errichtung und Planung gemeinsamer Einrichtungen und Anlagen und im Bedarfsfall die Gründung besonderer Rechtsträger zum Aufbau und Betrieb geplanter Unternehmungen Gesellschaftszweck.

d) Das Untermaingebiet mit den Städten Frankfurt/M., Offenbach und Hanau sowie den Landkreisen Main-Taunus, Friedberg, Hanau, Offenbach, Groß-Gerau und Obertaunus hat sich 1957 zu einer losen Arbeitsgemeinschaft zusammengeschlossen, die weder eine Satzung noch Organe besitzt.

---

[16] Gemeinsamer Landesplanungsrat, Leitgedanken und Empfehlungen, Hamburg-Kiel 1960; Keil, Raumordnung zwischen Hamburg und Schleswig-Holstein, in: Raumforschung und Raumordnung, 1959, S. 1 ff.

4. *Sonstige interkommunale Vereinigungen* sind nach von Borries: Die kommunale Arbeitsgemeinschaft Bergisch-Land (eingetragener Verein), die kommunale Arbeitsgemeinschaft Stadt Düsseldorf und Landkreis Düsseldorf-Mettmann (öffentlich-rechtliche Vereinbarung) und die kommunale Arbeitsgemeinschaft Bielefeld Stadt und Land (Sennestadt GmbH). Diese Arbeitsgemeinschaften haben nicht nur Planungsaufgaben, sondern dienen der Wahrung und Förderung gemeinsamer Interessen. Die Zuständigkeit ist sachlich unbegrenzt. Sie erstreckt sich auf die Vorbereitung gemeinschaftlicher Anlagen, Einrichtungen und Vorhaben, insbesondere auf die Vorbereitung der Gründung besonderer Rechtsträger zur Durchführung gemeinschaftlicher Aufgaben. Die Sennestadt GmbH soll insbesondere die Wohnungsnot im Zuständigkeitsgebiet lindern.

Nach sehr eingehenden Untersuchungen über die Aufgaben der von ihm aufgeführten Arbeitsgemeinschaften, über die Verbindlichkeit der Planungen, die Abgrenzung der Planungsgebiete, die Finanzierung der Planungsgemeinschaften und ihre Zusammenarbeit mit der Landesplanung kommt von Borries [17] zu folgenden Gesichtspunkten, die bei der Bildung von Planungsgemeinschaften Berücksichtigung finden sollten:

1. Die Planungsgemeinschaften sollten möglichst gleichgewichtige Partner (Gemeinden und/oder Gemeindeverbände) umfassen, um von vornherein ein Mißtrauen schwächerer gegenüber stärkeren Partnern auszuschließen; kleinere Gemeinden sollten zumindest durch die gleichzeitige Mitgliedschaft der gegebenenfalls ihre Interessen unterstützenden Landkreise einen Rückhalt finden.
2. Art und Anzahl der Mitglieder sowie Umfang des Planungsgebietes sollten nicht starr festgelegt sein, um sich ändernden Voraussetzungen und Interessenlagen ohne große Umstände gerecht werden zu können.
3. Die Stimmverteilung in den Organen der Planungsgemeinschaft muß die Möglichkeit einer Majorisierung durch eine – etwa infolge ihrer Größe gewichtigere – Minderheit oder durch eine – etwa durch bestimmte gemeinsame Interessen verbundene – Mehrheit einschränken; die Planungsgemeinschaft sollte ein Instrument zur Neutralisierung von Interessen, nicht zur Durchsetzung der Interessen einzelner Mitglieder oder Mitgliedsgruppen sein.
4. Eine Beschränkung auf wenige, alle Partner in gleicher Weise berührende Aufgaben und auf gleichgerichtete Ziele ist einer vorzeitigen Ausweitung des Aufgabenkreises vorzuziehen.
5. Divergierende allgemein-wirtschaftliche und finanzwirtschaftliche Interessen können durch Planungsgemeinschaften nicht oder nur unter besonderen Umständen ausgeglichen werden; wirtschaftliche Probleme und Fragen der Finanzwirtschaft sind daher in vielen Fällen zweckmäßiger auszuklammern oder besonderen Trägern zuzuweisen.
6. Das Planungsgebiet sollte, soweit es sich nicht an Kreisgrenzen hält, ein zusammenhängendes Gebiet (Fördergebiet, Einflußbereich einer Stadt) umfassen, um eine wirksame Planungskoordination und eine wirkliche Raumordnung, gegebenenfalls auch größeren Maßstabes und mit tiefergehender Wirkung, zu erlauben.

---

[17] AaO, S. 101.

7. Die Tätigkeit der Planungsstelle sollte möglichst bald zu gewissen konkreten, über die Raumerforschung hinausgehenden Ergebnissen führen, um die Mitarbeit und das Interesse der Gemeinden zu erhalten.
8. Anzustreben ist die Mitarbeit und möglichst Mitgliedschaft wirtschaftlicher und sonstiger Organisationen, um auf diese Weise einen umfassenden (räumlichen) Interessenausgleich zu erreichen.
9. Die vertrauensvolle Zusammenarbeit mit den Landesplanungsbehörden ist bedeutsam vor allem im Hinblick auf die Berücksichtigung großräumiger Gesichtspunkte bei der regionalen Planung einerseits, die Berücksichtigung regionaler Gesichtspunkte bei der großräumigen Planung (Landesplanung) andererseits.
10. Im Sinne einer großräumigen Planungskoordination ist auch eine enge Zusammenarbeit benachbarter Planungsgemeinschaften untereinander anzustreben.

Die vorangegangene Aufstellung von Planungsgemeinschaften hat gezeigt, daß verschiedene Rechtsformen verwendet wurden. Von der jegliche rechtliche Bindung vermeidenden Absprache über Vertragsformen des bürgerlichen Rechts (Gesellschaft, rechtsfähiger, nicht rechtsfähiger Verein), des Handelsrechts (Aktiengesellschaft, Gesellschaft mit beschränkter Haftung), lose Vereinbarungen des öffentlichen Rechts, öffentlich-rechtliche Verträge, Zweckverbände nach dem Gesetz vom 7. 6. 1939 bis zu gesetzlichen Planungsverbänden, wie sie in den Aufbaugesetzen mehrerer Länder vorgesehen sind, und Verbänden nach Sondergesetzen (Ruhrkohlenbezirk) reichen die rechtlichen Gestaltungsmöglichkeiten. Schon diese Fülle zeigt, daß es feste Prinzipien nicht gibt und daß es im Grunde an in allen Fällen anwendbaren Formen fehlt[18].

An allgemeinen gesetzlichen Vorschriften liegen uns vor:

1. Das *Zweckverbandsgesetz* vom 7. 6. 1939 (RGBl. 1939 S. 979) gilt als Landesrecht fort, soweit nicht Länder es aufgehoben oder geändert haben. Nach dem Gesetz können sich Gemeinden und Gemeindeverbände zur gemeinsamen Erfüllung bestimmter Aufgaben zu Zweckverbänden zusammenschließen (freie Verbände) oder zu solchen zusammengeschlossen werden (Pflichtverbände). Das Recht und die Pflicht der an einem Zweckverband beteiligten Gemeinde und Gemeindeverbände zur Erfüllung der Aufgabe, die dem Zweckverband gestellt wird, gehen auf den Zweckverband über. Die Zweckverbände sind öffentliche Körperschaften und verwalten sich selbst unter eigener Verantwortung.

Es ist ein Mangel dieses Gesetzes, daß ein Zweckverband nur für die Erfüllung einer bestimmten Aufgabe gebildet werden kann. Solche Zweckverbände können daher nicht vielfältige Aufgaben von Gemeinden und Gemeindeverbänden, die sich laufend ergeben, übernehmen. Die Übernahme gemeinsamer Planung wäre allerdings möglich.

---

[18] Siehe auch GALETTE, Methodik interkommunaler Zusammenarbeit, in: Das Problem Stadt und Umland (s. o. Anm. 15), S. 35 ff.

2. Das *Bundesbaugesetz* vom 23. 6. 1960 (BGBl. I S. 341) hat Bestimmungen über gemeinsame Pläne und Verbände getroffen. Wenn auch nach § 2, Abs. 1 die Bauleitpläne von den Gemeinden in eigener Verantwortung aufzustellen sind und die Gemeinden damit eine sehr weitgehende Planungsautonomie erhalten haben, so heißt es doch in Abs. 4, daß die Bauleitpläne benachbarter Gemeinden aufeinander abgestimmt werden sollen. Weitergehend bestimmt der § 3, daß für benachbarte Gemeinden gemeinsame Flächennutzungspläne aufgestellt werden sollen, wenn ihre städtebauliche Entwicklung wesentlich durch gemeinsame Voraussetzungen und Bedürfnisse bestimmt werden, oder gemeinsame Flächennutzungspläne einen gerechten Ausgleich der verschiedenen Belange ermöglichen. Sie sollen insbesondere gemeinsam aufgestellt werden, wenn Erschließungsanlagen einer Gemeinde auf das Gebiet einer benachbarten Gemeinde übergreifen. Die Planungsverbände werden im § 4 behandelt. Danach können sich Gemeinden und sonstige öffentliche Planungsträger zu einem Planungsverband zusammenschließen, um durch gemeinsame zusammengefaßte Bauleitpläne den Ausgleich der verschiedenen Belange zu erreichen. Auf Antrag eines Planungsträgers können die Beteiligten auch zu einem Planungsverband zusammengeschlossen werden, wenn dies zum Wohl der Allgemeinheit, insbesondere aus Gründen der Raumordnung, dringend geboten ist. Zuständig ist die Landesregierung. Der Planungsverband ist aufzulösen, wenn die Voraussetzungen für den Zusammenschluß weggefallen sind oder der Zweck der gemeinsamen Planung erreicht ist. Dann gelten die von ihm aufgestellten Pläne als Bauleitpläne der einzelnen Gemeinden.

Auch diese Verbände nach dem Bundesbaugesetz sind also nur Planungsverbände und nicht Verwaltungsverbände. Das Bundesbaugesetz betont aber in § 4 Abs. 8 ausdrücklich, daß seine Vorschriften Zusammenschlüsse nach dem Zweckverbandsrecht oder nach besonderen Landesgesetzen nicht ausschließen.

Das Bundesbaugesetz hat, wenn mehrere Länder oder der Bund an solchen Planungsverbänden zu beteiligen sind, auch nur auf „Vereinbarungen" zwischen den Beteiligten verweisen können. Wörtlich heißt es im § 4 Abs. 2: „Sind Planungsträger verschiedener Länder beteiligt, so erfolgt der Zusammenschluß nach Vereinbarung zwischen den beteiligten Landesregierungen. Sollten der Bund oder eine bundesunmittelbare Körperschaft oder Anstalt an dem Planungsverband beteiligt werden, so erfolgt der Zusammenschluß nach Vereinbarung zwischen der Bundesregierung und der Landesregierung, sofern die beteiligte Behörde des Bundes oder der bundesunmittelbaren Körperschaft oder Anstalt dem Zusammenschluß durch die Landesregierung widerspricht", und in Abs. 3: „Absatz 2 Satz 3 ist sinngemäß anzuwenden. Ist der Bund oder eine bundesunmittelbare Körperschaft oder Anstalt an dem Planungsverband beteiligt, so wird die Satzung oder der Plan nach Vereinbarung zwischen der Bundesregierung und der Landesregierung festgesetzt, sofern die beteiligte Behörde des Bundes oder der bundesunmittelbaren Körperschaft oder Anstalt der Festsetzung durch die Landesregierung widerspricht."

Der neueste Versuch, mit Hilfe eines *Gesetzes* die Probleme einer Ballung zu lösen oder mindestens zu mildern, ist mit einer Regierungsvorlage der Niedersächsischen Landesregierung an den Niedersächsischen Landtag über die Ordnung des *Großraumes Hannover* gemacht worden [19]. In der Begründung zu diesem Gesetz heißt es, daß es innerhalb des Großraumes Hannover eine Reihe von entwicklungsfähigen Orten gäbe, die bisher nicht entsprechend der Gesamtwirtschaftskraft des Raumes ausgebaut werden konnten. Die Umlandgemeinden müßten sich weitgehend auf die Bedürfnisse der Großstadt Hannover einrichten und entsprechende Investitionen vornehmen, ohne damit ihre eigene Entwicklung zu fördern. Eine organische Entwicklung des Großraumes Hannover sei nur gewährleistet, wenn jeder Teil des Raumes durch Zusammenwirken aller Kräfte gefördert werde. Es seien daher ordnende Maßnahmen erforderlich. Die Planung und die Versorgung mit kommunalen Einrichtungen sei eine einheitliche Aufgabe. Alle Aufgaben trügen kommunalen Charakter und es müsse daher ein neuer kommunaler Träger geschaffen werden. Es müsse den Gebietskörperschaften ein Instrument zur Verfügung gestellt werden, das sie in den Stand setzt, die ihnen durch die Entwicklung zugefallenen (und künftig zufallenden) Aufgaben zu lösen, auch soweit sie über die räumlichen Möglichkeiten der einzelnen Gebietskörperschaften hinausgehen. In der Begründung werden interessante Ausführungen darüber gemacht, warum ein Zweckverband nicht ausreicht. Auch ein reiner Planungsverband werde den Problemen nicht gerecht, weil die einheitliche Planung zwar notwendig, aber nicht Inhalt der Verbandsaufgabe, sondern vielmehr nur ein Mittel zur Lösung der entstandenen Aufgaben sei. Es wäre auch nicht angängig, eine oder einige bestehende Gebietskörperschaften mit den gemeinsamen Aufgaben zu beauftragen. Die Schaffung eines Großkreises würde die gewachsene Verwaltungsstruktur empfindlich stören und doch nicht zu einheitlichen Lösungen der ineinander verflochtenen Problematik von Stadt und Land führen. Die Folge wäre Polarisierung statt Koordinierung. Eine Eingemeindung großen Stils könne niemals den gesamten Raum umfassen und würde zum Ersticken rührigen, kommunalen Lebens führen. Aus allen diesen Gründen erscheine ein Kommunalverband, der von den vorhandenen Gebietskörperschaften getragen wird, die bestehen-

[19] Niedersächsischer Landtag, 4. Wahlperiode, Landtagsdrucksache Nr. 579, ausgegeben am 29. 6. 1961, Entwurf eines Gesetzes zur Ordnung des Großraums Hannover (GrRG). Dazu: Ordnung des Großraumes Hannover, gutachtliche Stellungnahme zum Entwurf des Gesetzes, Köln 1962 (Komm. Gemeinschaftsstelle für Verwaltungsvereinfachung).

den kommunalen Grenzen und Zuständigkeiten unberührt läßt und neben die Landkreise und die Stadt Hannover tritt, die richtige Lösung. Das gelte insbesondere dann, wenn bestimmte Aufgaben der staatlichen Mittelinstanz, die für die Wirksamkeit des Verbandes wesentlich sind, in seine Hand gelegt werden. Das bedeute zugleich eine Anreicherung der kommunalen Zuständigkeit und eine Verlagerung von Aufgaben nach unten. Die Selbstverwaltungsaufgaben der Gemeinden und Landkreise sollen durch das Gesetz nicht auf den Verband übertragen werden. Seine Aufgabe ist es vielmehr, Einzelbestrebungen zu koordinieren und gemeindliche Probleme durch Beratung unter einheitlichen Gesichtspunkten zu fördern.

Der Gesetzentwurf enthält eingehende Bestimmungen über die Organisation des Verbandes (Verbandsversammlung, ihre Zuständigkeit und ihre Gliederung, Verbandsvorstand, Verbandsdirektor, Verbandsbeirat), die Bediensteten des Verbandes und seinen Haushalt, sowie über die Aufsicht durch den Regierungspräsidenten in Hannover und den Minister des Innern als obere und oberste Aufsichtsbehörde.

Die Hauptaufgabe des Verbandes wird sein, zur Ordnung im Großraum Hannover und seiner sinnvollen Gestaltung beizutragen, die Entwicklung der Verbandsglieder durch einheitliche Planung zu fördern, sie bei der Durchführung ihrer Aufgaben zu unterstützen und zu entlasten und auf eine Abstimmung aller Interessen hinzuwirken (§ 6 Abs. 1 Entwurf). Der Verband hat als Grundlage für die Erfüllung seiner Aufgaben einen Verbandsplan aufzustellen, der sich in die übergeordnete Planung einfügen muß (§ 7 Abs. 1 Entwurf). Der Verband kann auf Antrag eines Verbandsgliedes dessen Aufgaben und Einrichtungen unter gewissen Voraussetzungen übernehmen. Ihm obliegen Befugnisse auf den Gebieten der Landschaftsverunstaltung und des Naturschutzes. Weitere staatliche Aufgaben können ihm zugewiesen werden (§ 9 Entwurf).

Ob dieser Entwurf Gesetz werden wird, steht dahin. Auch er ist ein Beweis dafür, daß es bisher allgemein anwendbare Prinzipien für die Verwaltungsorganisation von Ballungsgebieten nicht gibt [20].

---

[20] Angesichts dieser Situation kommt der Bericht der Sachverständigenkommission für die Vereinfachung der Verwaltung beim Bundesministerium des Innern, Bonn 1960, zu dem Ergebnis (S. 87): „Unter diesen Umständen drängt sich die Notwendigkeit auf, wenn eine umfassende und dauerhafte Regelung herbeigeführt werden soll, ein Sondergesetz zu erlassen, das den besonderen Bedürfnissen und Aufgaben des Ballungsraumes Rechnung trägt." Der Ruf nach dem Gesetzgeber ist in dieser Allgemeinheit nicht überzeugend. In jedem Einzelfall wird abzuwägen sein, welcher (unter Umständen auch beschwerliche) Weg für alle Beteiligten das bestmögliche Ergebnis verspricht.

STRAFRECHT

STRAFRECHT UND STRAFVERFAHREN IM STRASSENVERKEHR

von Dr. GÜNTER SPENDEL
Professor an der Universität Würzburg

Die stürmische Entwicklung der Motorisierung und die dadurch bedingte gewaltige Steigerung des Straßenverkehrs vor allem in den letzten Jahren hat zu einer beunruhigenden Häufung von Verkehrsunfällen geführt, die meist auf strafbarem oder strafwürdig erscheinendem Verhalten der Beteiligten beruhen [1]. Damit hat auch das Strafrecht für diesen Lebensbereich eine besondere Bedeutung gewonnen. Schon bei den allgemein gefaßten Tatbeständen der fahrlässigen Tötung und Körperverletzung, die am häufigsten im Straßenverkehr verwirklicht werden und hier ein ungeahntes Gewicht erlangt haben [2], erscheinen alte Probleme wie das der Kausalität und der Abgrenzung von Tun und Unterlassen [3] oder das der Rechtswidrigkeit und der Fahrlässigkeit [4] in neuer Sicht. Daneben hat der Straßenverkehr zur Ausbildung typischer Verkehrsdelikte, z. B. zu Tatbeständen wie der Verkehrsunfallflucht oder der Straßenverkehrsgefährdung geführt, die als kriminelles Unrecht im Strafgesetzbuch aufzunehmen waren. Aber das allgemeine Strafrecht ist nicht ausreichend, auch nur annähernd all die leichteren Fälle strafwürdigen Verhaltens zu erfassen. Deshalb kennt das deutsche Recht in Sondergesetzen und Verordnungen eine Unmenge von strafbaren Verkehrsverstößen, die zumeist ohne Rücksicht auf einen ein-

---

[1] Nach einer Meldung der „Frankfurter Allgemeinen Zeitung" vom 2. 3. 1962, Nr. 52, S. 5, sind laut einer Mitteilung des Statistischen Bundesamtes im Jahre 1961 bei Verkehrsunfällen 14 160 Menschen getötet und 429 536 Personen verletzt worden!

[2] Nach OEHLER, Die erlaubte Gefahrsetzung und die Fahrlässigkeit, in Eb.-Schmidt-Festschrift, 1961, S. 232, haben sich 1958 in Verbindung mit einem Verkehrsunfall ereignet: von 3517 abgeurteilten fahrlässigen Tötungen 2935 Fälle (über 83 %), von 86 213 abgeurteilten fahrlässigen Körperverletzungen sogar 81 042 Fälle (94 %).

[3] Vgl. dazu SPENDEL, Zur Unterscheidung von Tun und Unterlassen, in Eb.-Schmidt-Festschrift, 1961, S. 183.

[4] Vgl. z. B. ARTHUR KAUFMANN, Die Bedeutung hypothetischer Erfolgsursachen im Strafrecht, in Eb.-Schmidt-Festschr., S. 200; OEHLER, aaO; WELZEL, Fahrlässigkeit und Verkehrsdelikte, 1961; BAUMANN, Probleme der Fahrlässigkeit bei Straßenverkehrsunfällen, in Mitt. d. Krimbiol. Gesellsch., Bd. X, 1960, S. 100.

getretenen Personen- oder Sachschaden bereits als abstrakte Gefährdungstatbestände mit Strafe bedroht werden. Hinzu kommt, daß diese gesetzliche Spezialregelung nicht nur fortlaufend geändert, sondern auch mit einem Gespinst richterlicher Entscheidungen überzogen wird, die „unser geltendes Verkehrsstrafrecht unendlich kompliziert, verwickelt bis zur vollständigen Unübersehbarkeit", erscheinen lassen [5]. Das vorliegende Referat kann daher nur versuchen, einen Überblick über die wichtigsten Vorschriften zu geben.

A. Das Sonderstrafrecht des Straßenverkehrs

Das Straßenverkehrsrecht der Bundesrepublik Deutschland beruht vor allem auf dem Straßenverkehrsgesetz (StVG) vom 19. 12. 1952 i. d. F. vom 16. 7. 1957, das auf das frühere Gesetz über den Verkehr mit Kraftfahrzeugen (KFG) vom 3. 5. 1909 zurückgeht. Es gibt neben eigenen Strafvorschriften in seinem § 6 die Grundlage (gesetzliche Ermächtigung) für Ausführungsverordnungen, deren bei weitem bedeutsamste die inzwischen geänderte Straßenverkehrsordnung (StVO) vom 29. 3. 1956 und die Straßenverkehrs-Zulassungs-Ordnung (StVZO) vom 6. 12. 1960 sind. Diese enthalten wiederum zahlreiche unter Strafe gestellte (Übertretungs-)Tatbestände und stellen das Hauptkontingent der Verkehrsvorschriften dar [6]. Bereits hier hat sich, wie noch näher zu zeigen sein wird, jüngst eine schwerwiegende, man darf schon sagen: eine in der Praxis ein gewisses Aufsehen erregende Kontroverse entwickelt über die Frage, ob die beiden Strafvorschriften der zwei genannten Ausführungsverordnungen, § 71 StVZO und § 49 StVO, überhaupt mit der Verfassung in Einklang stehen und aus ihnen rechtsgültig eine Haftstrafe verhängt werden kann.

I. Das Straßenverkehrsgesetz (StVG)

Das StVG gliedert sich in vier Teile und bezieht sich, wie schon seine Entstehungsgeschichte nahelegt, besonders auf den heute weit dominierenden *Kraftfahrzeug*verkehr, dem der erste Gesetzesteil (§§ 1–6a) gewidmet ist. § 1 II (s. entspr. §§ 8 VII StVO, 4 I StVZO) definiert die Kraftfahrzeuge als durch Maschinenkraft bewegte, nicht an Bahngleise gebundene Landfahrzeuge, zu denen außer Automobilen auch Motorschlitten, Straßenwalzen, Raupenfahrzeuge und (vgl. § 27 I StVG) Kleinkrafträder wie auch Fahrräder mit Hilfsmotor gehören. Sie müssen zum Verkehr, d. h. zum Fahren

---

[5] BOCKELMANN, Zur Reform des Verkehrsstrafrechts, in DAR 1961, S. (181) 182.

[6] Nach § 45 I 2 StVO enthält diese RVO zusammen mit den Rechtsvorschriften zu ihrer Durchführung und der StVZO nebst einigen anderen VOen (wie z. B. der Straßenbahn-Bau- u. Betriebsordnung vom 13. 11. 1937 i. d. F. v. 14. 8. 1953) „die ausschließliche Regelung des Straßenverkehrs".

auf dem Erdboden[7], und zwar auf öffentlichen Wegen oder Plätzen[8], *zugelassen* sein (§ 1 I); wer sie führen will, bedarf einer Fahr*erlaubnis* (§ 2 I), die durch eine Bescheinigung („Führerschein") als Fahr*ausweis* nachzuweisen ist (§ 2 II) und wegen Ungeeignetheit durch die Verwaltungsbehörde (§ 4), (seit dem Gesetz zur Sicherung des Straßenverkehrs vom 19. 12. 1952) wegen bestimmter mit Strafe bedrohter Handlungen durch das Gericht (§§ 42 a Nr. 7, 42 m StGB) entzogen werden kann. Die Zulassung der Kraftfahrzeuge wie ihrer Führer zum Verkehr ist in der auf § 6 StVG beruhenden StVZO geregelt. Der durch Gesetz vom 16. 7. 1957 neu geschaffene § 6a StVG hat die *„Verkehrssünder-Kartei"* eingeführt, deren Aufgabe nachfolgend im Zusammenhang mit den zur Ausführung des § 6a erlassenen Vorschriften der StVZO angegeben werden wird. Der hier näher interessierende dritte Teil des StVG (§§ 21–26)[9] enthält, von dem Fall der „gebührenpflichtigen Verwarnung" (§ 22) abgesehen, Strafvorschriften, z. T. als Blankettstrafgesetz (§ 21), z. T. mit eigenen Straftatbeständen (§§ 23–26).

1. § 21 StVG bildet an sich die Grundlage für die *Bestrafung* aller vorsätzlichen und fahrlässigen *Zuwiderhandlungen* gegen die auf Grund von § 6 StVG erlassenen *Anordnungen,* die über den Straßenverkehr

zur Erhaltung der Ordnung und Sicherheit auf den öffentlichen Wegen oder Plätzen,
zur Verhütung einer über das verkehrsübliche Maß hinausgehenden Straßenabnutzung oder
zur Verhütung von Belästigungen

erlassen worden sind. Das bedeutet: § 21 StVG ist ein *Blankettstrafgesetz,* in dem nur die *Straf*drohung (als Übertretungsstrafe Geldstrafe von 3 bis zu 150 DM oder Haft von 1 Tag bis zu 6 Wochen) festgesetzt ist, während die zur Ausführung des StVG ergangenen *Rechtsverordnungen* die zahlreichen *Tatbestände* (Zuwiderhandlungen gegen die Verkehrsvorschriften) enthalten, die zu ahnden sind. Darauf weist der § 3 der (auf Grund des § 6 StVG erlassenen) VO über die Überwachung von gewerbsmäßig an Selbstfahrer zu vermietenden Personenkraftwagen und Krafträdern vom 4. 4. 1955 i. d. F. der VOen vom 14. 3. 1956 und 7. 7. 1960 ausdrücklich hin, indem er ausspricht, daß die Verstöße gegen § 1 dieser VO nach § 21 StVG

[7] „Verkehr" mit Kraftfahrzeugen bedeutet also, negativ formuliert, einerseits nicht die Fortbewegung zu Wasser und in der Luft, andererseits nicht den Handel und die Übereignung von Landfahrzeugen.

[8] Das Fahren mit einem Auto auf einem *Privat*grundstück (Fabrikhof, Parkanlage, Acker) setzt also weder eine Zulassung des Fahrzeugs noch eine (Fahr-) Erlaubnis für den Fahrer voraus.

[9] Der zweite Teil des StVG (§§ 7–20) regelt die Haftpflicht des Kraftfahrzeughalters; der vierte bringt in einem einzigen Paragraphen (§ 27) Sonderbestimmungen über Kleinkrafträder und Fahrräder mit Hilfsmotor.

bestraft werden. Demnach wären die Zuwiderhandlungen gegen die Vorschriften der StVZO und der StVO an sich auch nach der Blankettstrafnorm des StVG zu ahnden. Da aber die beiden wichtigsten Ausführungsverordnungen zu diesem Gesetz in § 71 StVZO und § 49 StVO eigene, dem § 21 StVG entsprechende Strafbestimmungen aufweisen, wurde bisher durchweg die Auffassung vertreten, daß die zwei Strafnormen als die spezielleren dem § 21 StVG vorgehen und daher die Strafe ihnen zu entnehmen sei [10].

Die herrschende Ansicht ist nun aus folgendem Grunde angegriffen worden: Eine Freiheitsbeschränkung und deshalb auch die Haftstrafe als Freiheitsentziehung sei nach Art. 104 I GG nur „auf Grund eines förmlichen Gesetzes" zulässig; die StVZO und die StVO seien aber lediglich Rechtsverordnungen, die nicht etwa vom Gesetzgeber inzwischen als förmliche Gesetze bestätigt worden seien. Daß die Entscheidung der Frage nicht nur von theoretischem Interesse, sondern auch nicht „praktisch bedeutungslos" sei, wird mit der nicht näher begründeten These zu stützen gesucht, § 71 StVZO gehe weiter als § 21 StVG [11]. – Der Einwand ist angesichts der seitherigen Gesetzgebungs- und Rechtsprechungspraxis so verblüffend, daß man ihn nicht recht widerlegen zu können scheint. Das Bundesverfassungsgericht hat jüngst auf die Verfassungsbeschwerde eines wegen Trunkenheit am Steuer nach den §§ 2, 71 StVZO zu Haft verurteilten Täters durch Beschluß vom 13. 2. 1962 die Strafvollstreckung bis zu seiner endgültigen Entscheidung ausgesetzt [12]. Eine ganze Reihe von Bundesländern hat daraufhin die nach der StVZO Inhaftierten vorzeitig aus der Strafhaft entlassen [13]. Die Verkehrsrichter urteilen jetzt die Verkehrsverstöße, insbesondere die verschuldete Fahrunsicherheit infolge Alkoholgenusses nach § 21 StVG i.V.m. § 2 StVZO ab [14]; ein Amtsrichter hat mit der Begründung, „gegenwärtig sei für ein Strafurteil keine klare Rechtsgrundlage gegeben", eine Strafsache bis zur endgültigen Entscheidung des BVerfG vertagt [15]. Nichts könnte die eingangs kritisch hervorgehobene Unübersichtlichkeit des geltenden Verkehrsstrafrechts mehr demonstrieren als diese „Rechtslage".

Die oberen Gerichte haben sich gegen die Nichtanwendbarkeit der Strafvorschriften der StVZO und der StVO mit verschiedenen, sich widerspre-

---

[10] Vgl. z. B. Floegel-Hartung, Staßenverkehrsrecht, 13. A. 1961, Anm. 1.a) zu § 49 StVO, 9.b) zu § 21 StVG; Müller, Straßenverkehrsr., 21. A. 1959, Anm. 1 zu § 71 StVZO, Anm. A I c zu § 21 StVG.

[11] Dürig in Urt.-Anm. in NJW 1961, S. 1831; AG Krefeld in MDR 1961, S. 707.

[12] BVerfG in NJW 1962, S. 443. – Vgl. nunmehr die Entsch. vom 3. 7. 1962, S. 378. Anm. 159 dies. Refer.!

[13] In Hessen z. B. ca. 100 Verurteilte, s. Meld. der „Frankf. Allg. Zeit." vom 17. 2. 1962, Nr. 41, S. 3 u. 49.

[14] Meld. der „Frankf. Allg. Zeit." vom 21. 2. 1962, Nr. 44, S. 4 und 22. 2. 1962, Nr. 45, S. 17.

[15] Meld. der „Frankf. Allg. Zeit." vom 3. 3. 1962, Nr. 53, S. 18.

chenden Begründungen gewehrt: der Bundesgesetzgeber habe durch seine Gesetze zum Straßenverkehrsrecht § 71 StVZO ausdrücklich bestätigt und ihm dadurch die Bedeutung eines formellen Gesetzes zuerkannt [16], oder: nach Art. 104 I GG müsse die Freiheitsstrafe zwar durch ein förmliches Gesetz „gedeckt", aber deswegen noch nicht stets „angedroht" sein, so daß die Haftstrafendrohung in der StVZO als Rechtsverordnung enthalten sein könne [17], oder: mit der in Art. 104 I GG genannten, nur auf Grund eines förmlichen Gesetzes zulässigen Freiheitsbeschränkung sei die Verhängung einer Freiheitsstrafe überhaupt nicht gemeint [18]. Man fühlt sich fast in die für überwunden gehaltenen Zeiten der Begriffsjurisprudenz zurückversetzt.

Zu der Kontroverse ist folgendes zu sagen: Wären die dem § 21 StVG entsprechenden Strafdrohungen in der StVZO (§ 71) und der StVO (§ 49) nicht wiederholt worden, müßte nach dem früher Ausgeführten die Bestrafung der Zuwiderhandlungen gegen die Vorschriften der beiden VOen nach § 21 StVG, also aus einem Blankettstrafgesetz erfolgen. Im Hinblick auf Art. 104 I GG diesen Weg aber auch einzuschlagen, wenn man die Haftstrafe schon unmittelbar aus den Ausführungsverordnungen selbst entnehmen kann, erscheint als ein Umweg und wenig sinnvoll. Bei Anwendung des Art. 104 I GG auch auf Freiheitsstrafen würde sich vielmehr nicht nur der eine Weg (Bestrafung aus § 71 StVZO bzw. § 49 StVO), sondern richtigerweise auch schon der andere (Haftstrafe aus § 21 StVG) verbieten. Denn wenn der Verfassunggeber für jede Freiheitsentziehung verlangt, daß sie nur *un*mittelbar „auf Grund eines förmlichen Gesetzes" zulässig sei, dann hätte das vernünftigerweise für die Rechts*voraussetzungen* nicht weniger als für die Rechts*folge* (Freiheitsentzug) zu gelten; auf die Freiheitsstrafen angewandt: was der *Straf*drohung (als Delikts*folge*) recht ist, müßte dem Delikts*tatbestand* (als Straf*voraussetzung)* billig sein. Wenn dagegen nur die erstere in einem förmlichen Gesetz aufgenommen zu sein brauchte, die letztere aber in einer Rechtsverordnung enthalten sein könnte, würde man dem hier einmal nach einer strengen Auslegung beigelegten Sinn des Art. 104 I GG nicht gerecht: den einzelnen in seiner Freiheit vor Übergriffen der Staatsgewalt dadurch zu schützen, daß die Freiheitsstrafe nur unmittelbar aus einem förmlichen Gesetz entnommen, also allein von der Legislative, nicht der Exekutive bestimmt werden dürfe; der nach dieser Interpretation der Verfassungsnorm erstrebte Schutz wäre dann ganz for-

---

[16] So OLG Düsseldorf in NJW 1961, S. 1831 (1832/1833).

[17] So OLG Frankfurt a/M in NJW 1962, S. 456 (457), wobei merkwürdigerweise als rechtliche „Deckung" für § 71 StVZO und die in ihm angedrohte Haftstrafe nicht § 6 StVG, sondern Art. 8 des Ges. zur Sicherung des Straßenverkehrs v. 19. 12. 1952 (auf Grund dessen der Bundesverkehrsminister zur Bekanntmachung des neuen Wortlauts des StVG ermächtigt worden war) oder „zwanglos" auch § 21 StVG aufgefaßt wird.

[18] So mit Recht BayObLG in NJW 1962, S. 453.

mal und völlig unzureichend [19]. Mit Recht hat daher auch BGHZ *15*, S. 61 (63/64) Art. 104 I GG dahin verstanden, daß in dem förmlichen Gesetz nicht allein die (verwaltungsrechtliche) Freiheitsbestimmung, sondern auch deren Voraussetzungen angegeben sein müssen. Für das Strafrecht kann dann, wie das BayObLG sehr überzeugend ausführt [20], nichts anderes gelten. Das aber hätte nach der zwingenden Überlegung dieses Gerichts die weitere Folge, daß es keine durch Rechtsverordnungen auszufüllende Blankett(freiheits)strafgesetze mehr geben dürfte [21]. Es wären somit wenigstens hinsichtlich der Freiheitsstrafen diejenigen Autoren [22] auf dem rechten Wege, die unter „gesetzlicher Bestimmtheit der Strafbarkeit" i. S. d. Art. 103 II GG, § 2 I StGB nicht nur wie die h. M. einen geschriebenen Rechtssatz (z. B. RVO), sondern sogar ein förmliches Gesetz verstehen [23]. Rechtspolitisch mögen die vorstehenden Konsequenzen unter rechtsstaatlichem Aspekt zu begrüßen sein, für unsere ganze bisherige Gesetzgebungspraxis wären sie erschreckend.

Soweit man mit dieser Folgerung, die Gesetzesbestimmtheit von Verbrechen und (Freiheits)Strafe als Festlegung durch Gesetz im förmlichen Sinne zu verstehen, nicht Ernst machen will [24], bleibt nur die andere weniger strenge Auslegung, die auch das BayObLG vertritt: Art. 104 I GG gilt gar nicht für die Freiheits*strafe*, sondern nur für freiheitsbeschränkende Maßnahmen verwaltungsrechtlicher Art, auch wenn die Entscheidung hierüber dem Richter vorbehalten ist. Die Frage der Verfassungsmäßigkeit von Strafvorschriften richtet sich nach Art. 103 II GG, der durch Art. 104 I GG hinsichtlich der Freiheitsstrafen nicht weiter eingeschränkt wird. Die §§ 71 StVZO, 49 StVO sind danach nicht verfassungswidrig; denn die beiden VOen sind in Übereinstimmung mit Art. 80 I GG auf Grund gesetzlicher

---

[19] „Denn" – wie das BayObLG in NJW 1962, S. 455 l. Sp. sehr treffend sagt – „ob der Gesetzgeber den Verordnungsgeber ermächtigt, Vorschriften bestimmter Art zu erlassen und eine Zuwiderhandlung gegen diese Vorschriften mit Strafe zu bedrohen, oder ob er die Ermächtigung auf den Erlaß von *Verhaltens*normen *beschränkt* und *selbst* anordnet, daß Zuwiderhandlungen in bestimmter Weise zu *bestrafen* sind, *läuft im Grunde auf dasselbe hinaus.*"

[20] Vgl. BayObLG in NJW 1962, S. 454/455 oben.

[21] BayObLG aaO. – Es wäre folglich auch keine Haftstrafe mehr für einen Verkehrsverstoß nach § 21 StVG i. V. m. z. B. § 2 StVZO (Trunkenheit am Steuer ohne Schadensverursachung) zulässig.

[22] Holtkotten in Bonner Komm. (seit 1954), Anm. II. 3. c) zu Art. 103 GG; Kohlrausch-Lange, Komm., 43. A. 1961, Anm. I zu § 2 StGB.

[23] Denn wenn Art. 104 I GG den dem Art. 103 II GG richtigerweise zu entnehmenden Grundsatz „nulla *poena* sine lege" wirklich für die *Freiheits*strafe so *abändern* sollte, daß lex = *förmliches* Gesetz hieße, müßte das auch für den unzweifelhaft in Art. 103 II GG enthaltenen Grundsatz „nullum *crimen* sine lege" gelten.

[24] So aber anscheinend Schmidt-Leichner, Die Krise der Verfassungsmäßigkeit verkehrsrechtlicher Strafvorschriften, in NJW 1962, S. (513) 516, der „ernste Bedenken auch gegen die Rechtsgültigkeit des § 21 StVG" hat.

Ermächtigung (§ 6 StVG) ergangen [25]; die „gesetzliche Bestimmtheit der Strafbarkeit" – und zwar bezüglich des Tatbestandes (crimen) als auch bezüglich der Geld- und Haftstrafe (poena) – kann man als gewahrt ansehen.

Begnügte man sich dagegen damit, daß zwar die Freiheitsstrafe in einem förmlichen Gesetz bestimmt sein müßte, der Deliktstatbestand aber in einer (auf gesetzlicher Delegation gemäß Art. 80 I GG beruhenden) Rechtsverordnung umrissen werden dürfte, so bliebe man auf halbem Wege stehen und huldigte einem leeren Formalismus. Diese dritte in Betracht kommende Interpretation des Art. 104 I GG ist abzulehnen, weil hier nur ein Entweder-Oder, nicht ein Teils-Teils Sinn hat.

2. Die *Straftatbestände* des StVG (§§ 23–26) sind folgende:

a) Nach § 23 I bildet das Führen eines von der zuständigen Behörde nicht zum Verkehr zugelassenen (aber zulassungspflichtigen) Kraftfahrzeugs auf öffentlichen Wegen oder Plätzen einen Vergehenstatbestand. Sowohl Kraftfahrzeuge, die selbst nicht dem Zulassungszwang unterliegen (z. B. Kleinkraftsräder, s. § 27 StVG), als auch Kraftfahrzeug-Anhänger, die zwar zulassungspflichtig, aber keine Kraftfahrzeuge sind, fallen nicht unter diese Strafvorschrift. „Führen" i. S. d. § 23 I ist das In-Bewegung-Setzen des Fahrzeugs, dagegen nach der Rechtsprechung (z. B. BGHSt. 7, S. 315/316, bes. 317) schon die – in der subjektiven *Absicht* des Wegfahrens erfolgte – Betätigung des Anlassers, obwohl doch der objektive *Zweck* dieser Handlung sehr wohl auch die Prüfung des Motors, ob er noch anspringe, sein kann. Im Zuge der allgemeinen Subjektivierung strafrechtlicher Begriffe und Rechtsfiguren ersetzt hier also die Judikatur fehlende objektive Merkmale durch subjektive Momente. In Wahrheit hat der Fahrer, der den Motor anläßt, um wegzufahren, erst einen Anfang zum Führen eines Kraftfahrzeugs gemacht, d. h. einen straflosen *Versuch* des § 23 I StVG begangen [26].

Ebenso wie nach § 23 I jeder Kraftfahrzeug*führer* handelt nach § 23 II der Kraftfahrzeug*halter*, der einem anderen den Gebrauch des nicht zugelassenen Fahrzeugs auf öffentlichen Wegen oder Plätzen gestattet hat, tatbestandsmäßig. Derjenige, dem es überlassen worden ist, muß es dann auch tatsächlich geführt haben.

Subjektiv wird bei beiden Begehungsformen Vorsatz oder Fahrlässigkeit vorausgesetzt, obwohl die zweite Schuldform nur in § 23 II ausdrücklich genannt wird [27]. Die Strafe ist wahlweise Geldstrafe von 5 bis zu 10 000 DM oder Gefängnis von 1 Tag bis zu 2 Monaten.

---

[25] So auch KAISER, Zur Gültigkeit von § 71 StVZO und § 49 StVO, in NJW 1962, S. 525; and. FRANZ, Sind die Strafvorschriften des Verkehrsrechts gültig?, in NJW 1962, S. 524.

[26] So auch SCHÖNKE-SCHRÖDER, Komm., 10. A. 1961, Anm. II. 2. c) zu § 315 a, Anm. II. 2. b) zu § 42 m StGB.

[27] FLOEGEL-HARTUNG, Straßenverkehrsr., 13. A. 1961, Anm. 4 zu § 23 StVG.

b) Einen mit der gleichen Strafe bedrohten weiteren Vergehenstatbestand, der seit dem KFG von 1909 sachlich unverändert geblieben ist, bildet die Führung eines Kraftfahrzeugs

trotz Nichtbesitzes eines Führerscheins (§ 24 I Nr. 1) oder

trotz Entzuges der Fahrerlaubnis (Nr. 2) oder

die Nichtablieferung des von der Behörde verlangten Führerscheins trotz Entzuges der Fahrerlaubnis (Nr. 3).

Unter Nicht„besitz“ des Führerscheins ist (vgl. auch § 24 II) das Nicht-ausweisen-Können zu verstehen (der Autobesitzer fährt, obwohl er seinen Führerschein verloren hat oder sich hat stehlen lassen), nicht aber schon das bloße Nicht-bei-sich-Haben (der Fahrer hat ihn nur versehentlich zu Hause gelassen [28]).

§ 24 II StVG erfaßt die Bestellung oder Ermächtigung einer keinen Führerschein besitzenden oder der Fahrerlaubnis für verlustig erklärten Person durch den Kraftfahrzeughalter. Zum subjektiven Tatbestand gehört – ebenso bei § 24 I, obwohl dort nicht ausdrücklich erwähnt – Vorsatz oder Fahrlässigkeit.

c) Der objektive Tatbestand des dritten Vergehens nach dem StVG (§ 25) kennt verschiedene Begehensformen:

die Anbringung von einem zur Vortäuschung amtlicher Kennzeichnung geeigneten Zeichen an Kraftfahrzeugen oder deren Anhänger, für die ein amtliches Kennzeichen nicht ausgegeben oder zugelassen worden ist (§ 25 I Nr. 1),

die Anbringung einer anderen (falschen) statt der bereits amtlich ausgegebenen oder zugelassenen (richtigen) Kennzeichnung an einem Kraftfahrzeug oder dessen Anhänger (Nr. 2) oder

die Beseitigung, Veränderung oder Verdeckung eines an solchen Fahrzeugen angebrachten amtlichen Kennzeichens oder die Beeinträchtigung seiner Erkennbarkeit (Nr. 3).

Zum subjektiven Tatbestand gehört einmal Vorsatz, sodann eine „rechtswidrige Absicht“; unter dieser nicht glücklichen Wortverbindung ist in Entsprechung zu der Auslegung des gleichen subjektiven Merkmals in § 267 a. F. StGB zu verstehen, daß der Täter mit der verbotenen Kennzeichnung im Rechtsleben zu täuschen und den Getäuschten zu einem rechtlich relevanten Verhalten zu bestimmen, d. h. die Feststellung des Kraftfahrzeugs zu erschweren sucht.

§ 25 II StVG erfaßt den Gebrauch, das ist das Führen eines der bezeichneten Fahrzeuge mit einer der in Abs. I angegebenen gefälschten, verfälschten oder unterdrückten Kennzeichnung auf öffentlichen Wegen oder Plätzen. Subjektiv ist nach dem Gesetzeswortlaut „Wissen“, d. h. hier auch Vorsatz,

---

[28] Dann liegt nur eine Übertretung nach §§ 4 II 2, 71 StVZO vor, vgl. RGSt. *69*, S. 350 (353); *72*, S. 158 (159).

notwendig. Ob darüber hinaus, wie in Abs. I, eine „rechtswidrige Absicht“ erforderlich ist[29], erscheint doch zweifelhaft, da das Gebrauchen eines Fahrzeugs mit falschen Kennzeichen nur die objektive Verwirklichung der nach Abs. I subjektiv erstrebten Erschwerung der Feststellbarkeit ist.

Die Strafdrohung lautet auf Geldstrafe von 5 bis 10 000 DM oder Gefängnis bis zu 3 Monaten, „sofern nicht nach den Vorschriften des StGB eine höhere Strafe verwirkt ist“, enthält also eine Subsidiaritätsklausel. Solche in Frage kommenden strengeren Bestimmungen sind etwa die §§ 267, 281 StGB über Urkundenfälschung[30].

d) Mit der gleichen Strafe wie in § 25 werden in § 26 StVG als dem vierten und letzten Vergehenstatbestand wegen ihrer Gefährlichkeit bestimmte Handlungen belegt, die an sich gegen die StVZO verstoßen, so das vorsätzliche oder fahrlässige rechtswidrige Mitführen oder Überladen von Anhängern oder gewerbsmäßiges Feilhalten unvorschriftsmäßiger Fahrzeugteile.

3. Einer gesonderten Betrachtung bedarf das in § 22 StVG geregelte Rechtsinstitut der *gebührenpflichtigen Verwarnung*. Danach *kann* ein hierzu ermächtigter und sich durch seine Dienstkleidung oder auf andere Weise ausweisender Polizeibeamter bei leichten Verkehrsübertretungen den auf frischer Tat betroffenen Täter mit dessen Einwilligung gegen Erhebung einer *„Gebühr“* von 1 bis zu 5 DM *verwarnen*. Diese von einem Polizisten, einem Vertreter der Exekutive zu erhebende Gebühr soll die sonst vom Richter, dem Repräsentanten der Rechtsprechung zu verhängende (kriminelle) Geldstrafe in Bagatellstrafsachen *ersetzen*, und zwar zur „Erziehung“, richtiger: Abschreckung des kleinen Verkehrssünders, dem für seinen Verkehrsverstoß sofort ein „Denkzettel“ erteilt, zugleich aber (ebenso wie der Justiz!) ein Strafverfahren erspart wird. Die Einrichtung des § 22 StVG dient also, ob man dies nun wahrhaben will oder nicht, auch der Entlastung der Strafgerichte. Sie hat, worüber ihre Charakterisierung als „Erziehungsmittel“ nicht hinwegtäuschen kann, Straffunktion, auch wenn der hier im Vordergrund stehende Präventionszweck der Geldzahlung und die Geringfügigkeit der Zuwiderhandlung gegen Verkehrsvorschriften für Verwaltungsunrecht und gegen eine kriminelle Strafe sprechen. Solange aber die Übertretungstatbestände des Straßenverkehrsstrafrechts noch nicht zu Ordnungswidrigkeiten umgestaltet sind, wird hier unter dem Etikett der „Gebühr“ eine geringe Geldstrafe verhängt, wofür spricht, daß der Täter schuldhaft gehandelt haben muß, daß sie daher nicht gegen ein 13jähriges Kind oder einen nicht nach § 3 JGG verantwortlichen Jugendlichen verhängt werden darf[31]. Damit wird die verfassungsrechtliche Fragwürdig-

---

[29] So FLOEGEL-HARTUNG, Straßenverkehrsr., Anm. 6.b) zu § 25 StVG.

[30] Vgl. hierzu noch BayObLG in VRS *11*, S. 284.

[31] Das ist auch aus § 22 II StVG zu schließen, auf Grund dessen die Zuwiderhandlung nach Zahlung der Gebühr nicht mehr als Übertretung – und das heißt

keit dieses Rechtsinstituts deutlich; denn die rechtsprechende und so auch die strafende Gewalt ist nach Art. 92 GG den Richtern und nur ihnen anvertraut[31a]. Wir sehen hier, wie sich die Rechtswirklichkeit aus Gründen der Verkehrspolitik und der Prozeßökonomie unbeschwert über Verfassungsrecht hinwegsetzt.

II. Die Straßenverkehrs-Zulassungs-Ordnung (StVZO)

Die auf die gleichnamige VO vom 13. 11. 1937 zurückgehende, unter dem 29. 3. 1956 neu bekanntgemachte und danach wieder mehrfach geänderte StVZO i. d. F. vom 6. 12. 1960 regelt die *Zulassung* von Personen und Fahrzeugen zum Verkehr, bei den letzteren zudem deren Bau wie deren Ausrüstung. Die Vorschriften bilden dadurch Übertretungs*tatbestände,* daß ihre vorsätzliche oder fahrlässige Verletzung auf Grund der Strafnorm des § 71 (bei dessen Wegfall: des § 21 StVG) mit der Übertretungsstrafe belegt wird.

1a) In den §§ 1–3 StVZO werden die wichtigen Bestimmungen über die Teilnahme von *Personen* am Verkehr *im allgemeinen* gegeben, und zwar die Grundregel der Zulassung: es herrscht *Verkehrsfreiheit* (§ 1 S. 1), die drei Einschränkungen kennt:

die nur *bedingte* Zulassung für die infolge körperlicher oder geistiger Mängel verkehrsunsicheren Personen (§ 2),

die *eingeschränkte* oder untersagte Zulassung für die zum Führen von (Nicht-Kraft-)Fahrzeugen und Tieren[32] ungeeigneten Personen (§ 3),

die erst zu *erteilende* Zulassung für bestimmte Verkehrsarten, d. h. für den *Kraft*fahrzeug- und *Straßenbahn*verkehr, die eine besondere Fahrerlaubnis erfordern (s. einerseits §§ 2 StVG, 4 f. StVZO, andererseits § 2 I Nr. 1 PersBefG vom 21. 3. 1961).

Der § 2 StVZO ist eine der praktisch wichtigsten Vorschriften, weil durch ihn die (abstrakte) Gefährdung des Straßenverkehrs infolge Alkoholeinflusses erfaßt wird, soweit nicht strengere Bestimmungen anwendbar sind. Denn neben körperlichen Gebrechen wie Blindheit, Taubheit oder Gehbehinderung oder neben geistigen Mängeln wie Schwachsinn oder Neigung zu epileptischen Krampfanfällen ist die Trunkenheit der heute wichtigste, weil häufigste Fall eines körperlichen oder geistigen Defekts, auf Grund dessen die sichere Bewegungsfähigkeit im Verkehr herabgesetzt wird. Das genügt bereits für eine Übertretung des (nur die *Zulassung* der Personen *zum* Straßenverkehr regelnden) § 2 StVZO. Er ist damit der am weitesten

---

nun: als *strafbare,* mithin auch schuldhafte Übertretung – verfolgt werden kann. Ob ein 15jähriger jugendlicher „Verkehrssünder" als verantwortlich anzusehen ist, wird allerdings ein Polizist gar nicht beurteilen können.

[31a] So inzwischen auch das OLG Frankfurt a. M. in seinem Vorlagebeschluß vom 30. 5. 1962 – 2 Ss 392/62 – an das BVerfG, der § 22 StVG für nicht vereinbar mit dem Grundgesetz erklärt.

[32] Für diese, z. B. für Fahrräder oder Pferdefuhrwerke, bedarf es keiner besonderen Fahrerlaubnis.

gefaßte Tatbestand für die „Trunkenheit am Steuer" und weiter als der das *Verhalten* der Beteiligten *im* Verkehr normierende § 1 StVO, da dieser den bereits abstrakt gefährlichen Sachverhalt nur erfaßt, wenn dadurch über die Fahrunsicherheit hinaus ein anderer Verkehrsteilnehmer konkret gefährdet wird [33].

Die §§ 4–15 c StVZO regeln detailliert die Zulassung von Personen zum öffentlichen *Kraft*fahrzeugverkehr, insbesondere die Erteilung und Einteilung sowie die Entziehung der Fahrerlaubnisse durch die Verwaltungsbehörde und den Nachweis durch amtliche Bescheinigung („Führerschein"), die §§ 15 d–15 l die Zulassung zur Fahrgastbeförderung mit Kraftfahrzeugen. Hervorzuheben sind in der erstgenannten Gruppe vor allem die die sogenannte *Verkehrssünder-Kartei* betreffenden §§ 13–13 e, welche der Ausführung des durch Gesetz vom 16. 7. 1957 neu geschaffenen § 6 a StVG dienen. Diese Zentralkartei erfaßt gemäß § 13 StVZO Entscheidungen sowohl der Verwaltungsbehörden als auch der Strafgerichte, in erster Linie Versagungen und Entziehungen der Fahrerlaubnis und Verurteilungen wegen Verkehrsstraftaten. Ihre Aufgabe ist, nicht nur der Justiz für die Strafverfolgung, sondern auch der Verwaltung z. B. für die Versagung einer Fahrerlaubnis oder für die Verkehrserziehung und der Gesetzgebung für etwaige weitere Verkehrsregelungen eine Grundlage zu schaffen (vgl. § 6 a V StVG). Es soll vor allem ermöglicht werden, die Unfallursachen besser zu erforschen, die Typen der „Unfäller" zu entdecken und von der Führung von Kraftfahrzeugen auszuschließen und die ärztliche Untersuchung der eventuell körperlich oder geistig ungeeigneten Kraftfahrer einleiten zu können [34]. Die §§ 6 a V StVG, 13 c StVZO bestimmen, wem und wozu Auskünfte über die nach den §§ 13 und 13 b StVZO mitzuteilenden Entscheidungen erteilt werden dürfen. Die Bedeutung der Einrichtung für die Rechtsprechung wird etwa dadurch erhellt, daß Verurteilungen zu Geldstrafen wegen Übertretung der Verkehrsstrafvorschriften nach § 2 StrafregVO vom 17. 2. 1934 nicht *straf*registerpflichtig, jetzt aber nach § 13 I Nr. 2 c StVZO in die beim Kraftfahrt-Bundesamt geführte Kartei einzutragen sind, wenn nicht gemäß §§ 6 a II StVG, 13 II StVZO vom Gericht die Nichteintragung angeordnet wird. Die Verurteilungen wegen der allgemeinen Straftatbestände der fahrlässigen Tötung und Körperverletzung (§§ 222 und 230 StGB), die zwar nicht eigentliche Verkehrsdelikte darstellen, im Straßenverkehrs-

---

[33] Die speziellste und strengste Strafvorschrift sind die §§ 315 a I Nr. 2, 316 II StGB, bei denen auf Grund der „Trunkenheit am Steuer" eine „*Gemein*gefahr" herbeigeführt sein muß.

[34] Vgl. die Begründung zum Entwurf des Gesetzes über Maßnahmen auf dem Gebiete des Verkehrsrechts und Verkehrshaftpflichtrechts (Drucksache des Bundestages Nr. 1265 vom 15. 3. 1955), abgedr. bei FLOEGEL-HARTUNG, Straßenverkehrsr., Anm. 1 zu § 6 a StVG.

strafrecht aber ein ungewöhnliches Gewicht erlangt haben, ebenso die rechtskräftigen Verurteilungen wegen vorsätzlicher oder fahrlässiger Transportgefährdung (§§ 315 und 316 I StGB) sind in der Kartei zu erfassen, wenn sie in Zusammenhang mit der Teilnahme am Straßenverkehr begangen worden sind (§ 13 I Nr. 2 d StVZO).

b) Die Zulassung der *Fahrzeuge* zum öffentlichen Straßenverkehr wird in den §§ 16–29 StVZO geregelt[35]. Es gilt hier ebenfalls der Grundsatz der Verkehrsfreiheit, allerdings unter der Voraussetzung, daß die Fahrzeuge *vorschriftsmäßig* sind, d. h. den Bestimmungen der StVZO (s. §§ 30 bis 67 b) und der StVO (s. z. B. § 19: Ladung; § 24: Beleuchtung; § 31: Anhänger an Fahrrädern) entsprechen und – soweit es *Kraft*fahrzeuge und deren Anhänger sind – nach den §§ 18–29 StVZO einem besonderen Zulassungsverfahren genügt haben[36].

Die §§ 30–67 b StVZO enthalten eine Fülle ins einzelne gehender[37] *Bau-* und *Betriebs*vorschriften z. B. über Abmessung von Fahrzeugen und Zügen, Motorleistungen, Bereifung und Laufflächen[37], Lenkvorrichtungen, Rückwärtsgang, Bremsen[37], Geräuschentwicklung, Scheinwerfer, Schluß- und Bremsleuchten und Rückstrahler, Fahrtrichtungsanzeiger, Rückspiegel, Fabrikschilder und -nummern der Fahrgestelle, amtliche Kennzeichen (§ 60 regelt die technische Ausgestaltung der in § 23 StVZO vorgeschriebenen amtlichen Kennzeichen für Kraftfahrzeuge). Interessant ist hierbei unter dem Gesichtspunkt der Verbrechens*prävention,* insbesondere der Verhütung von Kraftfahrzeugdiebstählen und dadurch wiederum mittelbar der Verhinderung von Verkehrsdelikten, die von solchen derart straffällig gewordenen Kraftfahrzeugführern häufig begangen werden[38], der durch die VO vom 7. 7. 1960 neu eingefügte § 38 a StVZO. Er bedeutet die technische Ausgestaltung der sich aus den §§ 20 und 35 StVO ergebenden Rechtslage und tritt für die erstmals in Verkehr kommenden Kraftfahrzeuge (Personen- und Kombinations-Kraftwagen und Krafträder) am 1. 7. 1961, für die bereits im Verkehr befindlichen Kraftfahrzeuge am 1. 7. 1962 in Kraft (§ 72 II StVZO). Er schreibt vor, daß sie „eine hinreichend wirkende Sicherungseinrichtung gegen unbefugte

---

[35] Fahrzeuge sind die zum Fahren benutzten Gegenstände wie Autos, Motorräder, Straßenbahnen, Pferdefuhrwerke, Fahrräder, Krankenfahrstühle, Pflüge, selbst Handkarren und Kinderwagen, dagegen nicht einerseits Motorboote, Sportflugzeuge, andererseits Aufzüge (Fahrstühle), Rolltreppen.

[36] Von dem als Kraftfahrzeuge (s. § 67 a IV StVZO) z. B. Fahrräder mit Hilfsmotor ausgenommen sind (§ 18 II Nr. 4 StVZO).

[37] Man lese etwa die Mammutparagraphen 36 (Bereifung) von ca. zwei Buchseiten Länge oder 41 (Bremsen), der 4½ Seiten lang ist! Der erste enthält auch eine technische Formel.

[38] 1958 wurden nach Mitteilung des Bundeskriminalamtes 84 969 Fälle von Diebstählen und Gebrauchsentwendungen an Kraftfahrzeugen gemeldet, von denen 24 937 Fälle, d. h. nur rund 30 % aufgeklärt werden konnten (s. FLÖGEL-HARTUNG, Straßenverkehrsr., Anm. 1 zu § 38 a StVZO).

Benutzung der Fahrzeuge haben müssen" (etwa das bekannte Lenkradschloß). Wie in § 38 a S. 2 StVZO ausdrücklich hervorgehoben wird, gelten das Abschließen der Türen und das Abziehen des Schalterschlüssels nicht als die vom Gesetz verlangte Sicherung.

2. Da die Zuwiderhandlung gegen eine der zur Erhaltung der Ordnung und Sicherheit des Straßenverkehrs usw. erlassenen (s. § 21 StVG) Vorschriften der StVZO oder der zu ihrer Ausführung erlassenen Anweisungen einen Straftatbestand darstellt, ist die *Rechtswidrigkeit* des Verhaltens mit dem Verkehrsverstoß gegeben. Das Unrecht wird auch hier nach den aus der allgemeinen Verbrechenssystematik bekannten Gründen ausgeschlossen. Wer sich angetrunken ans Steuer seines Autos setzt (ohne einen anderen Verkehrsteilnehmer zu gefährden), wer ohne seinen zu Hause gelassenen Führerschein fährt[39] oder wer einen Kraftwagen mit nicht einwandfrei funktionierenden Bremsen benutzt, verwirklicht rechtswidrig den Tatbestand des § 2 bzw. 4 II 2 bzw. 41 i. V. m. § 71 StVZO. Dagegen ist ein Autobesitzer, der in seinem Vorgarten arbeitet und dabei Zeuge eines Unfalls wird, durch übergesetzlichen Notstand gerechtfertigt und nicht nach den §§ 4 II 2, 71 StVZO strafbar, wenn er das verunglückte und schwer blutende Kind in seinen vor dem Hause stehenden Kraftwagen setzt und kurz entschlossen ins nächste Krankenhaus fährt, ohne seinen Führerschein bei sich zu haben.

3. Der *subjektive Tatbestand* einer Übertretung der StVZO setzt nach § 71 (s. entspr. § 21 StVG) Vorsatz oder Fahrlässigkeit voraus. Da der objektive Tatbestand aus der Zuwiderhandlung gegen eine der in der VO aufgestellten Verkehrsvorschriften gebildet wird, ist richtigerweise die Kenntnis des Ver- und Gebots neben dem Tatvorsatz zu verlangen, anders ausgedrückt: der Verbotsirrtum wirkt vorsatzausschließend und damit strafbefreiend, soweit nicht Fahrlässigkeit vorliegt, nach der Rechtsprechung dagegen nur dann, wenn er entschuldbar ist. Die Judikatur begnügt sich also mit einer Rechtsfahrlässigkeit neben dem Tatvorsatz. Die Konsequenzen der verschiedenen Behandlung des Unrechtsbewußtseins und des Verbotsirrtums sind bei den Verkehrsübertretungen nicht so weitreichend, weil vorsätzliche und fahrlässige Zuwiderhandlungen in § 71 StVZO (§ 21 StVG) mit der gleichen Strafe belegt werden, was allerdings eine fragwürdige Gesetzestechnik ist. Die Strafbarkeit z. B. nach den §§ 2, 71 StVZO ist mangels Tatvorsatzes oder Fahrlässigkeit nicht gegeben, wenn der Autofahrer, ohne von seiner Krankheit zu wissen oder wissen zu können, einen Herzanfall erleidet und infolgedessen seinen Wagen nicht mehr sicher führen kann und in den Straßengraben fährt. Ein den subjektiven Tatbestand ausschließender (entschuldbarer) Ver-

[39] Wer dagegen ohne Fahrerlaubnis und damit auch ohne Besitz eines Führerscheins fährt, begeht ein Vergehen nach § 24 I Nr. 1 StVG.

botsirrtum kann etwa für den Fall in Betracht kommen, daß ein körperbehinderter Kraftwagenführer nicht mehr ein bestimmtes Kraftfahrzeug führen zu müssen glaubt (s. §§ 2, 12 II, 71 StVZO, § 24 I Nr. 1 StVG), weil die Beschränkung seiner Fahrerlaubnis „infolge der technischen Entwicklung gegenstandslos geworden sei" und die Benutzung des Automobils bei früheren Kontrollen nicht beanstandet worden war[40].

4. Die *Schuld* kann trotz Vorliegens des Vorsatzes auf Grund strafrechtlichen Notstandes nicht gegeben sein. Ein Bauer fährt z. B., obwohl die Bremsen seines Kraftwagens nicht einwandfrei funktionieren, seinen Jungen, der sich einen Finger gebrochen hat, von seinem einsam gelegenen Gehöft zum Arzt, weil sonst das Schmerzen leidende Kind erst erhebliche Zeit später ärztliche Hilfe erhalten würde. Da gegenüber der schweren (abstrakten) Verkehrsgefährdung, die das Fahren mit nicht intakten Bremsen bedeutet, die Leibesgefahr für den verletzten Knaben nicht so schwer, vielmehr die geringere Rechtsgutsgefährdung sein dürfte, ist der nach den §§ 41, 71 StVZO tatbestandsmäßige Gebrauch eines nicht betriebssicheren Fahrzeuges nicht schon durch übergesetzlichen Notstand als gerechtfertigt, sondern nur nach § 54 StGB (durch strafrechtlichen Notstand) als entschuldigt anzusehen.

5. Die *Straf*drohung des § 71 StVZO (Geldstrafe von 3–150 DM oder Haft von 1 Tag bis zu 6 Wochen) enthält die Subsidiaritätsklausel, auf Grund deren eine Verurteilung wegen einer Übertretung nach der StVZO entfällt, wenn die Tat ein schwereres Strafgesetz, z. B. § 230 oder § 222 StGB (fahrlässige Körperverletzung oder Tötung), verletzt; der Täter ist somit nur nach dieser strengeren Vorschrift in der Urteilsformel schuldig zu sprechen und zu bestrafen[41]. Auch hier sind gegen die Rechtsgültigkeit der durch VO vom 24. 8. 1953 beigefügten Einschränkung der Strafdrohung des § 71 StVZO im Hinblick auf das Verfassungsrecht Bedenken erhoben worden, daß die nach Art. 80 I 2 GG geforderte ausdrückliche gesetzliche Ermächtigung zum Erlaß von Strafvorschriften und so auch zur Subsidiaritätsklausel fehle und nicht in § 6 StVG gefunden werden könne[42]. Die Rechtsprechung hat diesen Einwand, der sich mit der These von der mangelnden Rechtsgrundlage für den Erlaß von Strafbestimmungen in Rechtsverordnungen überhaupt, d. h. mit dem im vorhergehenden behandelten Angriff gegen die Verfassungsmäßigkeit der Strafnormen der §§ 71 StVZO, 49 StVO berührt, bisher ignoriert.

---

[40] OLG Celle in VRS *10,* S. 377.

[41] Floegel-Hartung, Straßenverkehrsr., Anm. 7 zu § 49 StVO mit weit. Nachw.; BGHSt. *6,* S. 25; and. Ans. BayObLG in NJW 1954, S. 587.

[42] Fritz Müller, in DAR 1954, S. (218) 223/224.

III. Die Straßenverkehrs-Ordnung (StVO)

Die auf die gleichnamige VO vom 13. 11. 1937 zurückgehende StVO vom 29. 3. 1956, die inzwischen wieder Änderungen erfahren hat, regelt das *Verhalten* der Beteiligten *im* Straßen*verkehr,* und zwar durch „allgemeine Vorschriften" (§§ 1–6), durch Bestimmungen über den „Fahrzeugverkehr im allgemeinen" (§§ 7–24) und „im besonderen" (§§ 25–36), über den „Fußgänger-" (§§ 37–38) und den „Reitverkehr" (§ 39), über das „Treiben und Führen von Tieren" (§ 40) und selbst durch Vorschriften über „Kinderspiele" (§ 43) und über den „Wintersport" (§ 44). Alle diese verschiedenen Vorschriften der StVO bilden ebenso wie die der StVZO dadurch Übertretungs*tatbestände,* daß auf ihre vorsätzliche oder fahrlässige Verletzung nach der Blankettstrafnorm des § 49 StVO (bei dessen Wegfall: § 21 StVG) Geldstrafe von 3–150 DM oder Haft von 1 Tag bis zu 6 Wochen angedroht ist.

1. Die wichtigsten Verkehrsgebote oder -verbote sind die Grundregel für das Verhalten im Straßenverkehr (§ 1), die Verkehrsregelung durch Polizeibeamte und Farbzeichen – die Verkehrsampeln – (§ 2), die Vorschriften für die Benutzung der Fahrbahn wie z. B. das Einbiegen, insbesondere der Grundsatz des *Rechts*verkehrs (§ 8), die Bestimmungen über die Fahrgeschwindigkeit, vor allem die Höchstgeschwindigkeit (§ 9), über Ausweichen und Überholen (§ 10), über die Vorfahrt (§ 13) – für die Regelung *ohne* Verkehrszeichen gilt der Satz: *„rechts vor links"* –[43], über Halten und Parken (§§ 15 und 16), über die Fahrzeugbeleuchtung (§ 23), über Hinter- und Nebeneinanderfahren von Radfahrern (§ 28) oder über die Benutzung der Gehwege und die Überquerung von Straßen durch Fußgänger (§ 37). Damit wird das Strafrecht mit einer kaum übersehbaren Fülle von Fragen der Verkehrsregelung befaßt. Es ist nicht übertrieben, wenn Bockelmann im Hinblick auf die Vorfahrtregel des § 13 StVO gesagt hat, „daß die zu ihr ergangene Judikatur für sich allein eine starke Broschüre füllt" [44]. Ein Beispiel für viele mag den geschilderten Zustand veranschaulichen: Einerseits ist dem Fußgänger, zuweilen fast als störender Faktor für den fließenden Autoverkehr angesehen, *freigestellt,* wo er eine Fahrbahn überschreiten will; andererseits ist er nach § 37 II 2 StVO *gehalten,* an Straßenkreuzungen und -einmündungen die in Großstädten an den frequentierteren Stellen meist bezeichneten Übergänge zu benutzen. Darf er nun in 10 m[45] oder erst in 20 und mehr Meter Entfernung[46] von einem solchen Übergang die viel befahrene Großstadtstraße

---

[43] Die §§ 13, 49 StVO gelten nur noch für die leichten Fälle der Verletzung der Vorfahrtregelung, für die schweren dagegen die §§ 315 a I Nr. 4, 316 II StGB.

[44] Bockelmann, Zur Reform des Verkehrsstrafrechts, in DAR 1961, S. 184.

[45] So KG in VerkMitt. 1958, S. 57.

[46] Das jedenfalls nicht zu beanstanden nach OLG Saarbrücken in VerkMitt. 1960, S. 12.

überqueren, ohne sich nach den §§ 37 II 2, 49 StVO strafbar zu machen? Oder muß er, um von einer Straßenseite schnell auf die gegenüberliegende Seite in ein Geschäft zu gelangen, erst zur Kreuzung und dann auf der anderen Straßenseite wieder zurückgehen? Aber selbst wenn man die Anwendbarkeit der §§ 37 II 2, 49 StVO verneint, droht dem geplagten Passanten womöglich eine Bestrafung, falls er sich nach der „Grundregel" des § 1 StVO als „Teilnehmer am öffentlichen Straßenverkehr nicht so verhalten hat, daß kein anderer" (d. h. hier: kein Autofahrer) „mehr als nach den Umständen unvermeidbar behindert" worden ist.

Diese Generalklausel des § 1 StVO bedingt in Verbindung mit der Blankettstrafvorschrift des § 49 StVO – trotz des Hanges des deutschen Gesetzgebers zur möglichst weitgehenden Reglementierung des Straßenverkehrs – Unbestimmtheit der Strafbarkeitsvoraussetzungen und damit Ausdehnung der Strafbarkeitsgrenze, die zur Unsicherheit in der Rechtsanwendung führt. Das wird z. B. an folgender praktisch nicht unwichtigen Frage deutlich: Da in Deutschland die Kraftwagen links gesteuert werden, darf der Fahrer beim deutschen Rechtsverkehr aus dem haltenden Fahrzeug nach der Straßenseite zu aus- oder einsteigen, wodurch er notwendig die überholenden oder (bei engen Straßen) entgegenkommenden Verkehrsteilnehmer mehr oder minder in ihrer Bewegungsfreiheit einschränken wird. Es müssen also beide, Aussteigender wie Vorbeikommender, Vorsicht üben: der eine darf die Tür auf einer belebten Straße nicht zu weit öffnen, ehe er gefahrlos aussteigen kann; der andere darf an einem haltenden Auto nicht zu nahe vorbeifahren, weil er mit einer geringen Öffnung der Tür durch den Fahrzeuginsassen, der sich über die Aussteigemöglichkeit vergewissern will, rechnen muß. Aber wie weit ist der Haltende die Tür nach links aufzumachen berechtigt, um vorsichtig Aus- und Umschau zu halten? 5 cm (über die Außenkante des Wagens, 25 cm insgesamt) [47] oder 30 cm [48]? Und wie dicht darf der Überholende an dem haltenden Fahrzeug vorbeifahren, 30 [49] oder 50 cm? Oder ist doch im belebten Großstadtverkehr jedes Öffnen der Wagentür nach der Fahrbahnseite hin verkehrswidrig i. S. des § 1 und strafbar nach § 49 StVO? [50] Man braucht nur einen Blick auf die Kommentierung [51] zu dieser Frage zu werfen, um das Hin und Her der Meinungen und die Unsicherheit darüber, was strafbar ist oder nicht, festzustellen.

2. Das hinsichtlich der StVZO für die *Rechtswidrigkeit* der Verkehrs-

---

[47] Das soll zulässig sein, OLG Schleswig in Goltd. Arch. 1955, S. 381.

[48] Das soll „schuldhaft" sein, OLG Stuttgart in VerkBl. 1955, S. 420.

[49] Vorbeifahrt an haltendem Fahrzeug in 34 cm Abstand im 50-km-Tempo sei verkehrswidrig, BGHZ in VRS *11,* S. 249 = VerkMitt. 1956, S. 49; and. Ans. KG in VRS *16,* S. 361.

[50] Frage bejaht von KG in VRS *4,* S. 386.

[51] Vgl. etwa FLOEGEL-HARTUNG, Straßenverkehrsr., Anm. 11. c) *α* zu § 1 StVO.

übertretungen Gesagte gilt auch hier. Einerseits wird der objektive Tatbestand aus dem Verstoß gegen bestimmte Verkehrsvorschriften gebildet, andrerseits ist das Unrecht des Verhaltens mit dieser *Zuwider*handlung, mit der Nichtbefolgung der Verkehrsregeln gegeben. Da solche Verhaltensweisen meist, z. B. das verkehrswidrige Parken, nicht schon wie etwa die Tötung oder Beraubung eines Menschen ihren Unwert in sich tragen und nicht als kriminelle Taten erscheinen, wird es Aufgabe des Gesetzgebers sein, diejenigen Verkehrsübertretungen, die keine vergeltende Strafe, sondern nur einen „Denkzettel" verdienen, in Verwaltungs- und nicht kriminelles Unrecht darstellende „Ordnungswidrigkeiten" umzuwandeln [52]. Die Rechtswidrigkeit eines Verstoßes gegen die StVO kann auf Grund der allgemeinen Rechtfertigungsgründe ausgeschlossen sein, so durch übergesetzlichen Notstand bei Überschreitung der Geschwindigkeitsbegrenzung (§§ 1, 9, 49) zur Beschleunigung eines dringenden Krankentransportes [53] oder durch zivilrechtlichen Notstand nach § 904 BGB, wenn der Lenker seinen Lastwagen, dessen Bremsen auf einer Gefällstrecke versagen, zur Vermeidung noch größerer Schäden auf ein haltendes Fahrzeug auffahren läßt (§§ 1, 7 I, 49) und dadurch einen Sachschaden verursacht [54].

3. Der *subjektive Tatbestand* einer Übertretung der StVO setzt ebenfalls Vorsatz oder Fahrlässigkeit voraus. Gerade hier im Neben- oder Sonderstrafrecht wird deutlich, daß der Täter nicht nur die *tatsächliche* Zuwider-*handlung,* sondern auch die dem *rechtlichen Gebot* oder Verbot nicht entsprechende *Zuwider*handlung kennen muß oder hätte erkennen können müssen, um strafbar zu sein. Ein die Strafbarkeit ausschließender Verbotsirrtum kommt z. B. in Betracht, wenn der Verkehrsteilnehmer sich über die Tragweite einer Vorschrift, über die auch im Schrifttum Meinungsverschiedenheit besteht, geirrt und daher sein Verhalten für erlaubt gehalten hat [55].

4. Die *Schuld* kann auch bei einer vorsätzlichen, rechtswidrigen Übertretung der StVO auf Grund eines Notstandes i. S. der §§ 52, 54 StGB entfallen. Der Taxichauffeur, der von seinem Fahrgast, einem flüchtenden Verbrecher, durch die in seinen Rücken gedrückte Pistole gezwungen wird, unter Verletzung der Verkehrsvorschriften (Vorfahrt, Geschwindigkeitsbegrenzung usw.) schnell zu einem Ziel zu fahren, ist gemäß § 52 StGB entschuldigt.

5. Hinsichtlich der Strafdrohung und der Subsidiaritätsklauseln in § 49 StVO gilt das bereits zu § 71 StVZO Ausgeführte entsprechend.

---

[52] Vgl. dazu z. B. WIMMER, Fahrlässige Verletzung und Gefährdung im Straßenverkehr als Straftat und Ordnungswidrigkeit im kommenden Recht, 1958.

[53] OLG Frankfurt a/M. in VerkMitt. 1959, S. 66 (im konkreten Falle wurde die Rechtfertigung verneint).

[54] So OLG Hamm in VRS *16,* S. 142.

[55] Vgl. OLG Köln in VRS *8,* S. 460.

IV. Andere Ausführungsverordnungen zum StVG

Neben der StVZO und der StVO sind weiter

die *Kraftfahrsachverständigen-Verordnung* vom 10. 11. 1956 i. d. F. vom 7. 7. 1960,

die *Fahrlehrer-Verordnung* vom 23. 7. 1957 i. d. F. vom 7. 7. 1960 und

die VO über die *Überwachung von gewerbsmäßig an Selbstfahrer zu vermietenden Personenkraftwagen und Krafträdern* vom 4. 4. 1955 i. d. F. vom 14. 3. 1956 und 7. 7. 1960

Ausführungsverordnungen, die auf Grund des § 6 StVG erlassen worden sind. Soweit diese Verordnungen Anordnungen i. S. des § 21 StVG enthalten, wird, wie noch einmal wiederholt werden darf (s. früher S. 339 dies. Arb.), deren Verletzung nach der Blankettstrafvorschrift des § 21 StVG mit der Übertretungsstrafe geahndet.

Die auf § 6 KFG von 1909 beruhende *VO über internationalen Kraftfahrzeugverkehr* vom 12. 11. 1934 mit späteren Änderungen hat in § 14 eine eigene Strafvorschrift (Übertretungsstrafe).

B. Das allgemeine Strafrecht des Straßenverkehrs

Eine Reihe von Delikten, die mit dem Straßenverkehr im Zusammenhang stehen, wird nach dem *Strafgesetzbuch* (StGB) vom 15. 5. 1871 i. d. F. der Bek. vom 25. 8. 1953 (danach wieder geändert) geahndet. Es sind schwerere Formen kriminellen Unrechts, die entweder schon seit langem bekannt waren oder sich erst mit der Entwicklung des Verkehrs herausgebildet haben. Eine Systematisierung läßt sich unter folgenden Gesichtspunkten versuchen:

Die Sicherheit des Straßenverkehrs kann auf verschiedene Weise beeinträchtigt werden:

(I) einmal unmittelbar durch schwere Verkehrsverstöße, die ein typisch verkehrswidriges Verhalten wie Trunkenheit am Steuer, grobe Nichtbeachtung elementarer Verkehrsregeln (z. B. Vorfahrtregelung) darstellen und durch ihre konkrete Verkehrsgefährdung besonders strafwürdig erscheinen;

(II) sodann allgemein durch kriminelle Handlungen wie Raub auf der Straße, die unmittelbar individuelle Rechtsgüter wie Eigentum und Freiheit eines anderen Verkehrsteilnehmers verletzen, mittelbar aber auch mehr oder minder Allgemeininteressen bedrohen und oft gemeingefährlich sind;

(III) ferner mittelbar durch Verhaltensweisen, die durch einen Verkehrsunfall typischerweise bedingt werden wie Fahrerflucht;

(IV) schließlich praktisch (erfahrungsgemäß, kriminologisch oder statistisch gesehen) durch Taten, die sich am häufigsten in einem Verkehrsunfall verwirklichen und ihn bedingen, deren deliktischer Erfolg also in der

Rechtswirklichkeit meistens in einem andere Verkehrsteilnehmer schädigenden Unfall besteht, wie die fahrlässige Tötung.

(V) Dem Schutze des Straßenverkehrs dient nicht nur die *Bestrafung* der vorstehend skizzierten Deliktsformen, die z. T. ausgesprochene Verkehrsstraftaten sind, sondern auch die wegen solcher Handlungen verhängten und zugleich präventiv wirkenden Nebenstrafen (Einziehung) und vor allem die wegen der Täterpersönlichkeit („Verkehrssünder") zwecks Verhütung künftiger ähnlicher Taten eingeführte spezielle *Sicherungsmaßregel* (Entzug der Fahrerlaubnis).

I. Die konkrete Straßenverkehrsgefährdung durch verkehrswidriges Verhalten (§§ 315 a, 316 II StGB)

Dieses durch das Verkehrssicherungsgesetz vom 19. 12. 1952 eingefügte Vergehen, ein konkretes Gefährdungsdelikt, erfaßt die Beeinträchtigung der Straßenverkehrssicherheit durch bestimmte verkehrswidrige Verhaltensweisen und die dadurch bedingte Herbeiführung einer Gemeingefahr. Eine solche Beeinträchtigung wird also unterstellt, wenn einer der in den Nrn. 1–4 des § 315 a genannten Verkehrsverstöße begangen worden ist[56]. Folgende Handlungen setzt der *objektive Tatbestand* im einzelnen voraus:

1. § 315 a I Nr. 1: die Beschädigung, Zerstörung oder Beseitigung von Anlagen (z. B. Verkehrszeichen oder -ampeln) oder von Beförderungsmitteln (z. B. Straßenbahnen, Omnibusse) oder die Bereitung von Hindernissen (z. B. der böse „Scherz" übermütiger Burschen, das parkende Kleinauto eines Nachbarn mitten auf die Fahrbahn zu tragen; das Spannen eines Drahtseils über die Straße; die Verursachung einer Ölspur[57]). Strittig ist, wieweit ein falscher Verkehrsvorgang (z. B. Linksfahren auf der Straße) als ein „Hindernisbereiten" angesehen werden kann. Der BGH hat dies für das falsche Überholen[58] und die Nichtbeachtung der Vorfahrt[59] mit Recht verneint, für das Wenden auf der Autobahn dagegen bejaht[60]. Den in § 315 a I Nr. 1 genannten Handlungsweisen wird allgemein die Vornahme ähnlicher Eingriffe gleichgestellt.

2. § 315 a I Nr. 2 betrifft den praktisch wichtigsten Fall der Beeinträchtigung der Straßenverkehrssicherheit durch *„Trunkenheit am Steuer"*; als Handlung setzt er die Führung eines Fahrzeugs (und zwar nicht nur eines Kraftfahrzeugs, sondern auch z. B. eines Pferdefuhrwerks oder eines Fahrrades) voraus, d. h. die Fortbewegung im Verkehr[61] trotz der infolge des

---

[56] Schönke-Schröder, Komm., 10. A. 1961, Anm. II; Floegel-Hartung, Straßenverkehrsr., 13. A. 1961, Anm. 2 a) zu § 315 a StGB.

[57] Vgl. OLG Stuttgart in NJW 1959, S. 254; OLG Hamm in DAR 1960, S. 77.

[58] BGHSt. *5*, S. 297/298.

[59] BGHSt. *5*, S. 392; *6*, S. 219/220.

[60] BGHSt. *15*, S. 28 = NJW 1960, S. 2011; s. auch OLG Neustadt in VRS *9*, S. 360; OLG Karlsruhe in VRS *16*, S. 197.

[61] Das bloße In-Betrieb-Setzen wie Einschalten der Zündung, Anlassen des

Genusses geistiger Getränke oder anderer berauschender Mittel bedingten Unfähigkeit zum sicheren Fahren. Eine solche absolute Fahruntüchtigkeit, die nicht durch einen Gegenbeweis im konkreten Falle ausgeschlossen werden kann, wird von der Rechtsprechung generell angenommen für Autofahrer bei 1,5 ‰ [62], für Motorradfahrer sogar schon bei 1,3 ‰ Blutalkoholgehalt [63]. Das bedeutet prozessual, daß die Judikatur eine (natur)wissenschaftliche Erkenntnis als richterliche Beweisregel aufgestellt hat. Bei der Beurteilung der Frage der Fahruntüchtigkeit infolge Alkoholgenusses zeigt sich, was auch bei anderen Beweisproblemen wie etwa beim Ausschluß der Vaterschaft auf Grund bestimmter Blutmerkmale oder in der Daktyloskopie deutlich wird: Im Verfahrensrecht hat das Fehlen einer so oft geringschätzig abgetanen gesetzlichen Beweisregelung („Beweistheorie"), die zugunsten der so viel gepriesenen freien richterlichen Beweiswürdigung abgelehnt wird, unmerklich zur Ausbildung einer wissenschaftlichen und richterlichen Beweislehre genötigt, deren wichtigste und gesichertste Ergebnisse im Gesetz Niederschlag finden sollten. Interessanterweise wird in dem Falle der richterlichen Ermittlung der Fahrunfähigkeit infolge Alkoholgenusses eine gesetzliche Regelung, nach welcher der Grenzwert schon bei 1,00 ‰ [64], nach manchen sogar bei 0,8 ‰ Blutalkoholgehalt liegen müsse, gefordert. Gerade hier erscheinen aber die medizinischen Erkenntnisse und Ergebnisse noch nicht ganz zweifelsfrei, gibt es doch Ausnahmen, daß sich ein Kraftfahrer, obwohl er angetrunken ist, umsichtig und geistesgegenwärtig zeigt [65]. Bei einem Blutalkoholgehalt unter 1,5 ‰ kommt nach der Rechtsprechung [66] eine relative Fahruntüchtigkeit in Betracht, die sich in Verbindung mit anderen Tatsachen, z. B. übergroßer Ermüdung, schwacher Körperkonstitution, ergeben kann und aus weiteren Umständen erwiesen werden muß. Ein nicht trinkfester Fahrer, der schon vor dem Genuß geistiger Getränke erschöpft war, kann etwa bei 0,8 ‰ fahrunfähig sein [67].

3. Nach § 315 a I Nr. 3 wird die Straßenverkehrssicherheit – außer dem speziellen Fall der Trunkenheit – allgemein beeinträchtigt durch Führung eines Fahrzeugs, obwohl der Täter infolge geistiger oder körperlicher Mängel sich nicht sicher im Verkehr bewegen kann und keine Vorsorge gegen Gefährdung anderer getroffen ist. Solche Mängel sind z. B. Epilepsie,

---

Motors, Lösen der Handbremse reicht hierzu nicht aus und ist nur ein Versuch des Führens, and. BGHSt. 7, S. 315/316, s. oben S. 343 d. A.

[62] BGHSt. *5,* S. 168; *10,* S. 265; *13,* S. 83.

[63] BGHSt. *13,* S. 83 (89), 278.

[64] Vgl. zu dieser Frage schon BGHSt. *13,* S. 84, 87, andererseits S. 89.

[65] Vgl. dazu AG Hagen in DAR 1951, S. 162; OLG Celle in VRS *4,* S. 396.

[66] BGH in VRS *14,* S. 281 (284/285); *19,* S. 296.

[67] Bei einem Blutalkoholgehalt über 2 ‰ ist die Zurechnungsfähigkeit vermindert, ab 3 ‰ ausgeschlossen. Bei Begehung einer mit Strafe bedrohten Handlung, d. i. auch eine Straßenverkehrsgefährdung, im Zustand der Volltrunkenheit kommt das Vergehen des § 330 a StGB in Betracht.

aber auch starke Kurzsichtigkeit, Schwerhörigkeit, Beinamputationen, selbst hohes Alter oder Ermüdung, die etwa durch Spezialbrillen, Hörgeräte, Prothesen oder Mitnahme eines zuverlässigen Beifahrers ausgeglichen werden müssen.

4. § 315 a Nr. 4 erfaßt als vierte Form der Beeinträchtigung der Straßenverkehrssicherheit bestimmte äußerst verkehrswidrige Fahrweisen, und zwar die Mißachtung der Vorfahrt, das falsche Überholen oder das zu schnelle Fahren an unübersichtlichen Stellen, an Straßenkreuzungen oder -einmündungen in grob verkehrswidriger und rücksichtsloser Weise; denn dies sind Fälle, die erfahrungsgemäß häufig zu Unfällen führen und deshalb gefährlich für den Straßenverkehr sind.

Bei all diesen verschiedenen Arten einer Beeinträchtigung der Verkehrssicherheit nach dem § 315 a I Nr. 1–4 muß im einzelnen Falle tatsächlich eine *Gemeingefahr* i. S. des § 315 III herbeigeführt worden sein, d. h. eine konkrete Gefahr für Leib oder Leben von Menschen oder für bedeutende Sachwerte, die im fremden Eigentum stehen oder deren Vernichtung gegen das Gemeinwohl verstößt. *Gefahr* bedeutet eine naheliegende (oder vielleicht besser: nicht fern liegende) Möglichkeit, das ist eine gewisse Wahrscheinlichkeit einer Verletzung [68]; *Gemein*gefahr ist nicht nur die Gefahr für eine unbestimmte Mehrheit von Personen, sondern – im Widerspruch zu dem Wort auf Grund der Legaldefinition des § 315 III – auch die Gefahr für den Leib oder das Leben nur eines einzelnen Menschen, der dann aber als „Repräsentant der Allgemeinheit" bedroht sein muß und an dessen Stelle ebensogut irgendein anderer hätte treten können [69]. Wer allein den Mitfahrer, also eine individuell bestimmte Einzelperson, oder das von ihm gestohlene und gesteuerte Auto gefährdet, führt demnach nur eine Individual-, keine Gemeingefahr herbei [70]. Entsprechendes soll gelten, wenn der betrunkene Kraftfahrer auf den ihm Halt gebietenden Polizeibeamten losfährt [71]. Wie fragwürdig diese Unterscheidung jedoch ist, zeigt die jedenfalls zutreffende Auffassung, daß die Gefährdung des Insassen eines Kraftfahrzeugs dann unter § 315 a I fallen muß, wenn es sich z. B. um den Benutzer eines Taxis oder eines öffentlichen Omnibusses, einer vom Täter nicht nach persönlichen Gesichtspunkten ausgewählten Person, handelt [72].

Zum *subjektiven Tatbestand* gehört entweder Vorsatz (§ 315 a I) oder Fahrlässigkeit (§ 316 II). Der erstere erfordert das Bewußtsein des Täters, durch den von ihm gewollten Verkehrsverstoß (z. B. die Nichtbeachtung

---

[68] RGSt. *10,* S. 175; *30,* S. 179; *61,* S. 364; BGHSt. *8,* S. 31.

[69] SCHÖNKE-SCHRÖDER, Komm., Vorb. II. 1 vor § 306, Anm. II. 5. a) zu § 315 a StGB.

[70] BGHSt. *11,* S. 199 u. 148; s. dagegen noch BGHSt. *6,* S. 100, 232.

[71] BGHSt. *14,* S. 395 (399) = NJW 1960, S. 1822; *15,* S. 138 (145); and. OLG Karlsruhe in NJW 1959, S. 2322.

[72] SCHÖNKE-SCHRÖDER, Komm., Anm. II. 5. e) zu § 315 a StGB.

der Vorfahrt) andere Personen oder fremde wertvolle Sachgüter zu gefährden; die letztere kommt insbesondere dann in Betracht, wenn der Autofahrer, obwohl er sich seines Alkoholgenusses bewußt ist, pflichtwidrig darauf vertraut, er sei noch fahrtüchtig und gefährde nicht andere Verkehrsteilnehmer.

Die *Straf*drohung lautet für die vorsätzliche Straßenverkehrsgefährdung, deren Versuch in den Fällen des Abs. I Nr. 1–3 strafbar ist, auf Gefängnis von 1 Tag bis zu 5 Jahren und in einem besonders schweren Fall des Abs. I Nr. 1 sogar auf Zuchthaus von 1 bis zu 10 Jahren, für die fahrlässige Straßenverkehrsgefährdung auf Gefängnis von 1 Tag bis zu 2 Jahren oder Geldstrafe von 5 bis zu 10 000 DM.

5. Die vorsätzliche und fahrlässige *Transportgefährdung* (§§ 315, 316 I) dient *nicht* dem Schutze des *Straßen*verkehrs; dieses konkrete Gefährdungsdelikt betrifft vielmehr die Verkehrsgefährdung bei Transportunternehmungen außerhalb der öffentlichen Straßen, und zwar bei Schienenbahnen auf besonderem Bahnkörper und bei Schwebebahnen, *nicht* dagegen bei *Straßen*bahnen, die regelmäßig unter § 315 a fallen. Daraus resultieren hinsichtlich dieser Verkehrsmittel Abgrenzungsschwierigkeiten zwischen den §§ 315 und 315 a und unbefriedigende Ergebnisse, falls eine solche Bahn teils auf eigenem Bahnkörper, teils auf öffentlicher Straße verkehrt. Nach der Rechtsprechung ist § 315 anzuwenden, sofern die Betriebssicherheit auf dem eigenen Gleisbereich gefährdet wurde, so daß der Eintritt eines Schadens auf dieser Strecke wahrscheinlicher als sein Ausbleiben war, auch wenn sich ein Unfall nach der Gefahrbegründung auf den in die Straße und allgemeine Fahrbahn eingefügten Gleisen ereignet hat [73]. Deliktsbestimmung und Strafdrohung – § 315 hat mit einem Regelstrafrahmen von 1 bis zu 10 Jahren Zuchthaus, der in besonders schweren Fällen sogar auf Zuchthaus nicht unter 5 Jahren oder lebenslängliches erhöht und nur in minder schweren Fällen auf Gefängnis nicht unter 3 Monaten ermäßigt wird, Verbrechenscharakter – hängen damit von richterlicher Kasuistik ab.

6. Verschiedene leichte Formen der Straßenverkehrsgefährdung werden im StGB noch durch die *Übertretungs*tatbestände des § 366 Nr. 2 (übermäßig schnelles Fahren), Nr. 3 (Verhinderung des Vorbeifahrens auf öffentlichen Wegen), Nr. 4 (z. B. Fahren ohne Schelle), Nr. 5 (Stehenlassen von Tieren ohne Sicherheitsvorkehrungen), Nr. 9 (Hindernisbereiten für den freien Verkehr) und Nr. 10 (Übertretung der zur Sicherheit oder auch Reinlichkeit auf öffentlichen Straßen usw. erlassenen Polizeiverordnungen) erfaßt. Diese Vorschriften werden gegenüber den spezielleren Bestimmungen des Sonderstrafrechts im Straßenverkehr (so die Nr. 2–5 gegenüber den §§ 1, 49 StVO, Nr. 9 gegenüber §§ 41 I, 49 StVO, Nr. 10 gegenüber dem

---

[73] Vgl. BGHSt. *11*, S. 162/163; *13*, S. 68.

StVG und seinen AusführungsVOen) weitgehend als gegenstandslos angesehen. § 366 Nr. 9 hat z. B. noch für die Hinderung des Verkehrs auf *Wasser*straßen, Nr. 10 für die Erhaltung der *Reinlichkeit* (nicht: der Ordnung und Sicherheit, für die die StVO und StVZO gelten) auf öffentlichen Straßen Bedeutung [74].

II. Die allgemeine Straßenverkehrsgefährdung durch selbständige Straftaten

Die Sicherheit des Straßenverkehrs kann nicht nur durch typisch verkehrswidriges Verhalten wie Trunkenheit am Steuer unmittelbar und konkret gefährdet werden, sondern auch mittelbar oder allgemein durch kriminelle Taten, die für sich allein schon strafbar oder im Hinblick auf den Schutz des Verkehrs noch strafwürdiger sind.

1. Der Gebrauchsdiebstahl an Kraftfahrzeugen und Fahrrädern (§ 248 b)

Ein bezeichnendes Beispiel bildet der Fall des Gebrauchsdiebstahls (furtum usus), der als solcher in der Regel straflos ist, der aber hinsichtlich der genannten Fahrzeuge zunächst in der NotVO vom 20. 10. 1932, nunmehr seit dem 3. StrÄndGes. vom 4. 8. 1953 im § 248 b für strafbar erklärt worden ist, was nicht nur dem Schutze der Fahrzeugeigentümer, sondern auch dem der anderen Verkehrsteilnehmer vor nicht zugelassenen oder gar kriminellen „Schwarzfahrern" dient, die besonders häufig Verkehrsunfälle verursachen [75].

Der *objektive Tatbestand* dieses Antragsdelikts (s. § 248 b III) erfordert das In-Gebrauch-Nehmen eines Kraftfahrzeugs (das ist nach der Legaldefinition des § 248 b V: eines durch Maschinenkraft bewegten, nicht an Bahngleise gebundenen Fahrzeugs wie Autos und Motorräder, aber auch Motorboote oder Sportflugzeuge [76]) oder eines Fahrrades, an denen der Handelnde kein Gebrauchsrecht (z. B. Eigentum, Miete, Leihe) hat. Unter der Handlung ist nicht schon jede beliebige Verwendung des Fahrzeugs (z. B. Nächtigen in einem fremden parkenden Wagen; Sich-mitziehen-Lassen des Radfahrers, der sich an dem einen Berg langsam hinauffahrenden Lastauto festhält), sondern nur die Benutzung zur Fortbewegung zu verstehen [77].

---

[74] Wieweit diese Auffassung angesichts der früher erörterten Ansicht, daß die Strafvorschriften der StVO und StVZO nicht rechtsgültig seien, einer Überprüfung bedarf, kann in diesem Überblick nicht weiter verfolgt werden.

[75] Zum Zweck und zur Entstehungsgeschichte der Vorschrift s. BGHSt. *11,* S. 47 (49, 51).

[76] SCHWARZ-DREHER, Komm., 23. A. 1961, Anm. 1) zu § 248 b StGB; SCHÖNKE-SCHRÖDER, Komm., Anm. II. 1. zu § 248 b StGB. – Die Definition des Kraftfahrzeugs ist folglich anders als in § 1 II StVG!

[77] BGHSt. *11,* S. 50; SCHÖNKE-SCHRÖDER, Anm. II. 2 zu § 248 b StGB.

Die *Rechtswidrigkeit* des Verhaltens wird durch die Einwilligung des Gebrauchsberechtigten (der Eigentümer benutzt z. B. seinen von ihm vermieteten Wagen mit Willen des Mieters) oder durch Notstand z. B. nach § 904 BGB (der Täter setzt sich in das Auto des Nachbarn, um sein verunglücktes Kind schnell ins Krankenhaus zu fahren) ausgeschlossen.

Zum *subjektiven Tatbestand* gehört der auf die Gebrauchsanmaßung gerichtete Vorsatz. Liegt darüber hinaus Zueignungsabsicht vor, so ist regelmäßig Diebstahl (§ 242), eventuell Unterschlagung (§ 246) gegeben, da das In-Gebrauch-Nehmen keine einen Gewahrsamsbruch voraussetzende Weg-nahme erfordert. Wer mit einem fremden Kraftwagen losfährt, um ihn nach Beendigung seiner Tour irgendwo stehenzulassen und dem Zugriff Dritter preiszugeben, handelt in Zueignungsabsicht und begeht eine Entwendung nach § 242. Der Tankstellenwart, der das zur Wäsche abgegebene Auto zur Vergnügungsfahrt benutzt, macht sich nach § 248 b, im Falle der vorstehend bezeichneten Absicht nach § 246 strafbar.

Die mit der Subsidiaritätsklausel versehene *Straf*drohung für das Vergehen des § 248 b, das auch im Versuch strafbar (Abs. II), bei Begehung gegen einen Verwandten absteigender Linie oder gegen einen Ehegatten straflos ist (Abs. IV), lautet auf Gefängnis von 1 Tag bis zu 3 Jahren.

2. *Der Transport- oder Beförderungsdiebstahl (§§ 242, 243 I Nr. 4)*

Dieser gesetzliche Straferhöhungsgrund beim Diebstahl will dem Reisegepäck oder anderen Gegenständen der Beförderung, denen auf öffentlichen Wegen oder auf Straßen oder in öffentlichen Verkehrsanstalten mehr als anderen Sachen die Gefahr der Entwendung droht, und damit auch dem Verkehr erhöhten Schutz zukommen lassen [78]. Daß die Strafvorschrift nicht nur der Sicherheit des Eigentums, sondern mittelbar auch der des Straßenverkehrs dient, wird deutlich beim Diebstahl der Zubehörstücke eines Beförderungsmittels, welche die Erhaltung des betriebsfähigen Zustandes und die Sicherung der Beförderung gewährleisten sollen wie z. B. die Ersatzräder eines Kraftwagens. Die Rechtsprechung hat sie mit Recht auch zu den „Gegenständen der Beförderung“ gerechnet [79], um die Auslegung dieses Begriffs „den heutigen Bedürfnissen nach erhöhtem *Schutz* des Verkehrs, insbesondere des *Kraftverkehrs* gegen Diebstahl anzupassen“ [80]. Wie dabei nicht zu übersehen ist, ist der gegenwärtige Rechtszustand höchst unbefriedigend und beruht auf einer den tatsächlichen Gegebenheiten nicht mehr entsprechenden gesetzlichen Kasuistik; denn die Entwendung z. B. der auf der Achse befindlichen Räder des Kraftwagens (Bestandteile des Transportmittels) oder dieses Beförderungsmittels selbst ist nur einfacher Diebstahl, „der heutige Umfang des Kraftfahrzeugverkehrs und das Über-

[78] So schon RGSt. *6*, S. 395; *43*, S. 317; s. ferner *54*, S. 194.
[79] RGSt. *54*, S. 194; BGHSt. *3*, S. 312 (314); 314 (316).
[80] BGHSt. *3*, S. 312 (314).

handnehmen" von Autodiebstählen fordert aber eine Verstärkung des strafrechtlichen Schutzes [81]. Die Auffassung, daß das „Stehlen eines Transport*mittels* schon an und für sich meistens eine schwierige Sache ist und durch die gewöhnlichste Achtsamkeit des Transportleiters verhindert werden kann" [82], wirkt heute nur noch kurios und ist wirklich antiquiert.

Die *Straf*drohung für den Gepäck- oder Beförderungsdiebstahl der §§ 242, 243 I Nr. 4, der außer den schon genannten Diebstahls*objekten* weiter noch hinsichtlich Tat*ort* und *Begehungsart* spezialisiert ist, lautet auf Zuchthaus von 1 bis zu 10 Jahren, bei mildernden Umständen auf Gefängnis von 3 Monaten bis zu 5 Jahren.

3. Der Straßenraub (§§ 249, 250 I Nr. 3)

Die Sicherheit des Straßenverkehrs wird nicht nur durch den Angriff auf das Beförderungsgut oder die Beförderungsmittel, d. h. auf die Fahrzeuge und Sachen, sondern mehr noch durch den Angriff auf die Personen gefährdet. Wenn Passanten auf einsamen oder nächtlichen Wegen, ja auch am hellichten Tag auf der Straße ausgeplündert werden, so wird nicht allein der einzelne und dessen Eigentum verletzt, auch die anderen Verkehrsteilnehmer sind dann ihrer Habe und ihres Lebens nicht mehr sicher. Ähnlich wie die Sachen ist auch die Person „auf einem öffentlichen Wege, einer Straße, einer Eisenbahn, einem öffentlichen Platze, auf offener See oder einer Wasserstraße" der besonderen Gefahr einer Beraubung ausgesetzt. Das StGB hat deshalb von jeher die Wegnahme einer fremden beweglichen Sache mit Gewalt gegen eine Person oder unter Drohung mit gegenwärtiger Leibes- oder Lebensgefahr auf den vorgenannten Tatorten in der Absicht rechtswidriger Zueignung als schweren Raub (Straßenraub) gemäß §§ 249, 250 I Nr. 3 mit Zuchthaus von 5 bis zu 15 Jahren, bei mildernden Umständen mit Gefängnis nicht unter 1 Jahr, bestraft. Diese Vorschrift ist aber heute keineswegs mehr ausreichend. Auch hier hat die strafrechtliche Entwicklung über den Bestand an bekannten Straftatbeständen hinausgedrängt und der Straßen-, insbesondere der Kraftfahrzeugverkehr mit seinen typischen Gefährdungen zur Ausbildung eines neuen Delikts geführt.

4. Der Autofallenraub (§ 316 a)

Noch mehr als durch den Überfall auf nicht motorisierte Verkehrsteilnehmer wird die Sicherheit des Straßenverkehrs durch den räuberischen Angriff auf Kraftfahrer beeinträchtigt, weil damit meist noch für weitere Kraftfahrzeugführer Gefahren heraufbeschworen werden. Wer ein Drahtseil über eine Chaussee spannt, um einen Autofahrer anzuhalten oder zum Verunglücken zu bringen und so ausrauben zu können, gefährdet auch nachfolgende andere Wagen und dadurch den gesamten Verkehr auf der Straße. Der durch das Verkehrssicherungs-Gesetz vom 19. 12. 1952 einge-

[81] So mit Recht BGHSt. *3*, S. 314 (316). [82] RGSt. *6*, S. 394.

fügte § 316 a, dessen Vorläufer das allgemein gehaltene und ab 1. 1. 1936 rückwirkende, durch Kontrollrats-Gesetz Nr. 55 aufgehobene Gesetz gegen Straßenraub mittels Autofallen vom 22. 6. 1938 ist[83], schützt also nicht nur wie beim Raub bzw. bei der räuberischen Erpressung individuelle Rechtsgüter wie Eigentum und Gewahrsam bzw. Vermögen und Freiheit des einzelnen, sondern auch besonders die Sicherheit des Straßenverkehrs[84]. Das Verbrechen erfaßt daher nicht nur besonders gefährliche Fälle der Vorbereitung oder des Versuchs eines Raubes oder einer räuberischen Erpressung, sondern ist auch ein Verkehrs-, und zwar ein abstraktes Verkehrsgefährdungsdelikt[85], das keine konkrete Gemeingefahr voraussetzt, und ist vom Gesetzgeber unter die gemeingefährlichen Straftaten eingereiht[86].

Der *objektive Tatbestand* des § 316 a erfordert zunächst einen (versuchten oder vollendeten) Angriff auf Leib, Leben oder Entschlußfreiheit des Führers eines Kraftfahrzeugs oder eines Mitfahrers. Angriff ist jede drohende oder tatsächliche Verletzung der in § 316 a genannten Rechtsgüter, also etwa (versuchte) Körperverletzungen, Tötungshandlungen, Freiheitsberaubungen, aber auch Täuschungshandlungen[87]. Sodann muß die Handlung unter Ausnutzung der besonderen Verhältnisse des Straßenverkehrs begangen worden sein. Das bedeutet, daß der Angriff auf Grund der typischen Möglichkeiten und Gefahren des Kraftfahrzeugverkehrs (Inanspruchnahme und Ablenkung durch die Steuerung, durch Verkehrszeichen, hohe Reisegeschwindigkeit, Blendung des Fahrers durch Sonne oder Scheinwerferlicht) und des Kraftfahrzeugs (Bremsweg, eingeschränkte Bewegungsfreiheit des Fahrers im Wageninnern) unternommen worden ist. Der Tatbestand ist keineswegs so bestimmt, wie man behauptet; das zeigen folgende Fragen: Sind die besonderen Verhältnisse des Straßenverkehrs ausgenutzt, wenn der Überfall auf einen Autofahrer im parkenden Wagen

---

[83] Die alte Fassung lautete: „Wer in räuberischer Absicht eine Autofalle stellt, wird mit dem Tode bestraft."

[84] So für das Autofallengesetz Rich. Lange im Kohlrausch-Komm., 37. A. 1941, S. 743; RGSt. *73,* S. 71 (72), für § 316 a BGHSt. *6,* S. 83.

[85] So für das Autofallengesetz Rich. Lange, aaO (Anm. II), s. aber dens. für § 316 a bei Kohlrausch-Lange, 43. A. 1961, Anm. I („nicht notwendig gemeingefährliches Delikt"). So auch für § 316 a BGHSt. *6,* S. 83 (Schutz des Straßenverkehrs „gegen die in hohem Maße gemeingefährlichen Überfälle auf Kraftfahrzeuge"). – And. Maurach, Deutsch. Strafr., Besond. Teil, 3. A. 1959, S. 230; Schönke-Schröder, Anm. I zu § 316 a StGB, die darin einen speziellen Fall des besonders schweren Raubes sehen.

[86] Auch in der Strafrechtsreform wird das Verbrechen vorwiegend als ein „Verkehrsdelikt" angesehen, dessen Strafschärfung mit der von dieser Straftat ausgehenden „Unsicherheit" für den Kraftfahrzeugverkehr begründet wird, s. die Begründung zu § 348 d. Entw. eines StGB 1960, S. 496 l. Sp.

[87] Der Täter greift dadurch die Entschlußfreiheit des Autofahrers an, daß er falsche Halt-Schilder aufstellt oder eine polizeiliche Kontrolle vortäuscht.

verübt wird? [88] – wenn der Fahrzeugführer mit seinem Wagen an eine einsame Stelle gelockt, zum Aussteigen veranlaßt und hundert Meter vom Auto entfernt niedergestochen wird? [89] – wenn der Fahrer noch weiter zum Betreten eines Gehöftes verleitet und dort erst überfallen wird? [90]

Der *subjektive Tatbestand* des § 316 a erfordert neben Vorsatz hinsichtlich der Angriffshandlung die Absicht, einen Raub oder eine räuberische Erpressung zu begehen. Hat der Täter die Gewalt gegen eine Person oder die Drohung mit gegenwärtiger Leibes- oder Lebensgefahr *nicht* schon *bei* dem *Angriff* auf den Kraftfahrer *angewandt* [91], sondern diesen z. B. durch Vortäuschung einer polizeilichen Kontrolle auf der Landstraße zum Anhalten bestimmt, dann muß die *Anwendung* der Raubmittel *nach* diesem *Angriff* auf die Entschlußfreiheit *beabsichtigt* sein [92].

Als *Strafe* sind 5 bis 15 Jahre, in besonders schweren Fällen lebenslanges Zuchthaus angedroht.

Nach § 316 a II 1 ist *„tätige Reue"* beachtlich. Das Gericht kann die Strafe mildern, auf Gefängnis erkennen oder überhaupt von einer Bestrafung absehen, wenn der Täter aus freien Stücken seine Tätigkeit aufgibt und den Erfolg (das ist der vollendete Angriff [93], nicht erst die Ausführung des beabsichtigten Raubes bzw. der erstrebten räuberischen Erpressung [94]) abwendet. Beim untauglichen Unternehmen eines Angriffs soll nach der verfehlten subjektivistischen Grundkonzeption bereits das ernstliche Bemühen um Erfolgsabwendung genügen (§ 316 a II 2) [95].

III. Die mittelbare Straßenverkehrsgefährdung auf Grund der durch einen Verkehrsunfall bedingten Taten

Ein die Verkehrssicherheit beeinträchtigendes Delikt, das typischerweise gerade durch einen Verkehrsunfall ausgelöst wird, ist die Verkehrsunfallflucht. Wie man auch das in § 142 geschützte Rechtsgut formulieren mag, sicher ist, daß die Vorschrift mittelbar auch dem Schutze des Straßenverkehrs dient [96]. Der § 142 StGB geht auf den ursprünglich nur für Kraftfahrer geltenden § 22 KFG von 1909 zurück.

[88] Bejahend SCHÖNKE-SCHRÖDER, Anm. II. 4 zu § 316 a, verneinend BGHSt. *6*, S. 83.

[89] Bejaht von BGHSt. *5*, S. 280 (282).

[90] Dann verneint vom BGH, aaO: der Fahrer dürfe sich nicht so weit vom Auto entfernen, daß der räumliche Zusammenhang mit dem Fahrzeug verlorengehe.

[91] Beispiel: Der Fahrgast schlägt dem Taxichauffeur im Wagen von hinten einen Knüppel über den Kopf, um ihm so die Geldtasche wegnehmen zu können.

[92] Beispiel: Der als Polizist verkleidete Täter, der den Autofahrer angehalten hat, beabsichtigt, ihn niederzuschlagen und dann auszurauben.

[93] So BGHSt. *10*, S. 320 (322); KOHLRAUSCH-LANGE, Komm., Anm. V zu § 316 a StGB.

[94] So SCHÖNKE-SCHRÖDER, Komm., Anm. VI zu § 316 a StGB.

[95] In Wahrheit liegt hier schon gar kein strafbarer Versuch eines Angriffs vor.

[96] Vgl. SCHÖNKE-SCHRÖDER, Komm., Anm. I zu § 142 StGB.

1. Die Verkehrsunfallflucht (§ 142)

Der *objektive Tatbestand* setzt voraus, daß sich jemand nach einem Verkehrsunfall der Feststellung seiner Person, seines Fahrzeugs oder der Art seiner Beteiligung durch Flucht entzieht, obwohl nach den Umständen sein Verhalten als Beitrag zur Unfallverursachung in Frage kommt. Verkehrsunfall ist ein im öffentlichen Straßenverkehr [97] verursachter nicht ganz unerheblicher [98] Personen- oder Sachschaden [98], z. B. der Zusammenstoß zweier Kraftfahrzeuge, das Überfahren eines Fußgängers, aber auch der Zusammenprall zweier Passanten, bei welchem dem einen die Brille zerstört wird. Wenn ein Autofahrer vorsätzlich mit seinem Wagen einen Polizisten, der ihn aufschreiben will, an eine Mauerwand drückt und verletzt, wird das nicht als Unfall i. S. d. § 142 angesehen.

Daß sich jemand bestimmten Feststellungen über seine Unfallbeteiligung durch Flucht entzieht, bedeutet Verhinderung oder Erschwerung dieser Ermittlungen durch Entfernung vom Unfallort. Kein Entzug durch Flucht ist daher die Vereitlung der Sachverhaltsklärung durch Täuschung der Polizei, Veränderungen am Fahrzeug oder der Tatspuren [99], wohl aber das Sich-Entfernen trotz Zurücklassung der Visitenkarte am Scheibenwischer des angefahrenen und schwerer beschädigten parkenden Kraftwagens, wenn die Art der Beteiligung noch ungeklärt ist. Der einen Verkehrsunfall verursachende Täter hat also in der Regel eine *Warte*pflicht, auch wenn niemand am Tatort anwesend ist [100]. Wie lange auf einen Feststellungsinteressenten – d. i. derjenige, dessen Rechtsbelange durch den Unfall verletzt sind und der daher an der Aufklärung interessiert ist – zu warten ist, läßt sich nicht sagen, bei geringem Schaden jedenfalls bedeutend kürzere Zeit als bei größerem [101]; bei nächtlichem Unfall auf einer kaum befahrenen Straße ist eine halbe Stunde als ausreichend angesehen worden [102]. Polizeiliche Feststellungen sind genügend, aber nicht immer erforderlich, falls sie der Feststellungsinteressent nicht verlangt [103].

Eine Pflicht zum Warten und zur Duldung von Ermittlungen entfällt, wenn kein fremdes Aufklärungsinteresse gegeben ist (der Fahrer hat sich z. B. bei dem Verkehrsunfall nur selbst verletzt [104]) oder wenn alle Be-

---

[97] Nach BGHSt. *14,* S. 116 rechnen *nicht* hierher Unfälle im *Luft-* oder *Wasser*straßenverkehr (ein unachtsamer Motorbootlenker verschuldet beim Wasserskifahren den Zusammenstoß mit einem Segler oder Paddelbootfahrer).

[98] Nach OLG Neustadt in NJW 1960, S. 1483 soll ein Sachschaden von 14,75 DM, nach OLG Hamm in VRS *18,* S. 113 ein solcher von mindestens 25 DM, nach OLG Karlsruhe in DAR 1955, S. 253 ein solcher von etwa 30 DM nicht ganz irrelevant sein.

[99] BGHSt. *5,* S. 130.

[100] BGHSt. *4,* S. 144; *5,* S. 124; 7, S. 112 (116).

[101] BayObLG in NJW 1960, S. 832 = VRS *18,* S. 196.

[102] OLG Hamm in VRS *18,* S. 199.

[103] OLG Neustadt in DAR 1958, S. 271.

[104] BGHSt. *8,* S. 263.

teiligten auf Erhebungen verzichten[105]. Sie wird auch *nicht* etwa zur *Melde*pflicht für den Fall, daß der Unfallbeteiligte am Unfallort vergeblich auf das Eintreffen der Polizei gewartet hat[106] oder eine Rückkehr an den Tatort nach vorheriger erlaubter Entfernung wegen entfallener Aufklärungsmöglichkeit zwecklos ist[107].

Die *Rechtswidrigkeit* der Handlung, d. h. des Verlassens der Unfallstelle, kann ausgeschlossen sein durch die aus § 330 c sich ergebende Hilfspflicht (der Kraftfahrer bringt schnell den von ihm angefahrenen Fußgänger in die Klinik), die ein Recht zur (vorübergehenden) Entfernung begründet[108], oder durch übergesetzlichen Notstand (der Arzt, der einen Zusammenstoß mit geringem Sachschaden verursacht hat, fährt alsbald zu einer Gebärenden weiter, bevor die Polizei eingetroffen ist). Der zur Duldung der Aufklärung Verpflichtete muß sobald als möglich (nach Wegfall des Entfernungsgrundes) zum Tatort zurückkehren, sofern dort noch Feststellungen getroffen werden können; mit andern Worten: die Wartepflicht wird hier zwar nicht zur Melde-, wohl aber zur *Rückkehr*pflicht[109].

Der *subjektive Tatbestand* des § 142 erfordert Vorsatz. Dieser fehlt, wenn der Kraftfahrer den leichten Unfall gar nicht bemerkt hat, oder ist infolge Tatbestandsirrtums ausgeschlossen, wenn der Täter den von ihm verursachten Sachschaden für ganz unerheblich gehalten und daher keinen „Verkehrsunfall" als gegeben angenommen hat. Wer meint, wegfahren zu dürfen, weil er den Zusammenstoß nicht verschuldet hat, und deshalb glaubt, er brauche nicht zu warten, handelt im (eventuell entschuldbaren) Verbotsirrtum.

Die *Schuld ist* (trotz Vorliegen des Vorsatzes) bei einer Tat nach § 142 auf Grund des § 54 StGB ausgeschlossen, falls der Täter nach einem schweren Autounfall weggefahren ist, um sich vor anderen Verkehrsteilnehmern, die ihm Tätlichkeiten androhen, in Sicherheit zu bringen[110]. Seine Entfernung vom Unfallort ist aber nur soweit entschuldigt, als die Fahrerflucht zur Rettung vor der wütenden und zu Ausschreitungen gegen den Fahrer bereiten Menschenmenge nötig war.

Die Verkehrsunfallflucht, deren Versuch auch strafbar ist (§ 142 II), wird mit Gefängnis bis zu 2 Jahren oder mit Haft von 1 Tag bis zu 6 Wochen und mit Geldstrafe oder mit einer dieser Strafen, in besonders schweren Fällen mit Gefängnis von 6 Monaten bis zu 5 Jahren oder Zuchthaus von 1 Jahr bis zu 15 Jahren *bestraft*.

---

[105] KG in VRS *15*, S. 345. [106] Vgl. BayObLG in NJW 1955, S. 73.

[107] BGHSt. 7, S. 112 (117); and. BGHSt. *5*, S. 124 (129).

[108] BGHSt. *5*, S. 124/125 (128/129).

[109] BGHSt. *4*, S. 149; *5*, S. 128/129; 7, S. 116.

[110] So mit Recht RGSt. *63*, S. 18; BGHSt. 7, S. 112 (116); BayObLG in DAR 1956, S. 15; SCHÖNKE-SCHRÖDER, Komm., Anm. II. 2. d), VI a. E. zu § 142 StGB.

2. *Die unterlassene Hilfeleistung (§ 330 c)*

Ein Delikt von allgemeiner Bedeutung, durch das in der Rechtswirklichkeit mittelbar auch die Sicherheit des Straßenverkehrs beeinträchtigt wird[111], ist das echte Unterlassungsvergehen des § 330 c. Es ist klar, daß im heutigen Straßen- und Kraftfahrverkehr mit seinen zahlreichen Unfällen die Beachtung der Pflicht zum Samariterdienst ein wichtiger Schutz gerade dieses Lebensbereiches ist.

Der *objektive Tatbestand* setzt nach der systematisch verunglückten, weil verwirrenden Gesetzesformulierung[112] die Nicht-Hilfeleistung bei Unglücksfällen oder gemeiner Gefahr oder Not voraus, obwohl dies erforderlich und dem Täter möglich ist. Teleologische Begriffsbildung bei der Gesetzesauslegung nötigt dazu, den „Unglücksfall" i. S. d. § 330 c etwas anders als den „Verkehrsunfall" i. S. d. § 142 zu bestimmen. Jenes Tatbestandsmerkmal ist einerseits nicht nur als ein (eingetretener) Schaden, sondern auch als eine (drohende) Gefahr für Personen oder Sachen, andrerseits hinsichtlich der Sachen nur als eine Gefahr für ganz erhebliche Sachwerte zu definieren. Die Beschädigung oder selbst der Verlust, die der Ladung eines gegen einen Baum gefahrenen und umgestürzten Lastkraftwagens durch einen nahenden Regen drohen (Sachgefahr), sind nicht schon als ein (zur Hilfeleistung verpflichtender) „Unglücksfall" i. S. d. § 330 c anzusehen[113], obwohl hier ein „Verkehrsunfall" vorliegt. Meist werden aber Verkehrsunfälle nach § 142 auch Unglücksfälle nach § 330 c darstellen und oft beide Tatbestände tateinheitlich (§ 73 StGB) verwirklicht sein, so z. B. dann, wenn der A den B überfährt und danach flüchtet, ohne sich um den Schwerverletzten zu kümmern[114]. Hier war die unterlassene Hilfeleistung (Abtransport des Überfahrenen zum nächsten Arzt oder Herbeirufen ärztlicher Hilfe) erforderlich, wie keiner weiteren Ausführung bedarf, und auch dem Autofahrer möglich, da der Überfahrene noch nicht seinen Verletzungen erlegen war.

Ob der Täter zu der von ihm nicht vorgenommenen Beistandshandlung *rechtlich verpflichtet,* anders ausgedrückt: ob seine Unterlassung

---

[111] Man denke nur an die immer wieder vorkommenden Fälle, daß auf einer viel befahrenen Reiseroute die Touristenwagen nicht anhalten, einen Schwerverletzten aufzunehmen und ins Krankenhaus zu bringen, weil man seine Urlaubsfahrt nicht unterbrechen und die Autopolster durch den Blutenden nicht beschmutzen lassen will.

[112] Sie bringt Rechtfertigungsfälle unter den nur die Schuld ausschließenden Begriff der Nichtzumutbarkeit! (So treffend auch MAURACH, Dtsch. Strafr., Bes. T., 3. A. 1959, S. 418.)

[113] So mit Recht SCHÖNKE-SCHRÖDER, Komm., Anm. II. 1 zu § 330 c StGB, der für Sachen eine Gemeingefahr verlangt.

[114] Fall in BGHSt. *11,* S. 135.

auch *rechtswidrig* war, diese Frage ist zu bejahen, wenn er nicht, wie es in § 330 c heißt, sich „erheblichen eigenen Gefahren" aussetzen oder „andere wichtige Pflichten" – die *höher* als die Hilfeleistungspflicht sind! – verletzen müßte. Eine solche Bestimmung der Rechtswidrigkeit ist nur eine Anwendung des Prinzips der Güter- und Pflichtenabwägung. Wer sein sonst verblutendes Kind (bedrohtes Rechtsgut: Leben) eiligst mit dem Auto ins Krankenhaus fährt, braucht nicht etwa anzuhalten, um einen Radfahrer, der sich bei einem Verkehrsunfall ein Bein gebrochen hat (weiterhin bedrohtes geringerwertiges Rechtsgut: Gesundheit), mitzunehmen; die Unterlassung der Mitnahme ist gerechtfertigt.

Problematisch erscheint, ob man sich durch die Hilfeleistung eventuell der Gefahr einer Strafverfolgung aussetzen muß, wenn man den Verkehrsunfall selbst verschuldet hat. In dem oben (s. S. 366 Anm. 114 dies. Arb.) angeführten Falle ist diese Frage mit der Rechtsprechung zu bejahen[115]. Auch die Unfallflucht ist, obwohl sie einen typischen Fall der Selbstbegünstigung darstellt, rechtswidrig und strafbar. Bei § 330 c kann die Hilfspflicht nicht wegen der Gefahr der Strafverfolgung entfallen, sondern muß sich wegen des vom Täter verursachten Unglücksfalles gerade „verstärken"[116], ja, sie wird sogar auf Grund des vorausgegangenen, Gefahr begründenden Tuns zur Pflicht der *Abwendung* des *Erfolges,* der aus der von dem Verkehrssünder herbeigeführten Notsituation droht, z. B. des Todes, der infolge der Verletzungen des Überfahrenen eintreten kann. § 330 c ist daher in solchen Sachlagen nur anwendbar, wenn z. B. mangels des Nachweises der Kausalität keine Bestrafung wegen fahrlässiger Tötung in Betracht kommt[117].

Zum *subjektiven Tatbestand* des § 330 c gehört Vorsatz. Der Irrtum über die Erforderlichkeit der Hilfeleistung (der Kraftfahrer meint z. B. irrig, der von ihm überfahrene Fußgänger sei schon tot) ist *Tatbestands-,* der Irrtum über die Verpflichtung zum Helfen (der später hinzugekommene Verkehrsteilnehmer nimmt an, die vor ihm an der Unfallstelle eingetroffenen Umstehenden und nicht auch er seien zum Eingreifen verpflichtet) ist dagegen Verbots-, hier richtiger: *Gebots*irrtum[118].

Die *Schuld* ist nur gegeben, falls dem Unterlassenden eine Hilfeleistung, wie § 330 c sagt, „den Umständen nach *zuzumuten*" ist; wenn das Gesetz fortfährt: „insbesondere ohne erhebliche eigene Gefahr und ohne Verletzung anderer wichtiger Pflichten möglich ist", kann dieser Zusatz, soweit er sich mit dem Wort „insbesondere" auf die Zumutbarkeit be-

---

[115] BGH in Goltd. Arch. 1956, S. 120; BGHSt. *11,* S. 135 (137); 353 (354, 356/357).

[116] So mit Recht BGHSt. *11,* S. 353 (357).

[117] Vgl. BGHSt. *11,* S. 356; SCHÖNKE-SCHRÖDER, Komm., Anm. III. 2. c) γ) und Anm. VII zu § 330 c StGB.

[118] BayObLG in NJW 1957, S. 354; MAURACH, Dtsch. Strafr., Bes. T., S. 419; a. M. SCHÖNKE-SCHRÖDER, Komm., Anm. IV zu § 330 c StGB.

zieht, systematisch nur dann sinnvoll sein, sofern er *geringere* Gefahren für den Unterlassungstäter, als sie dem Verunglückten drohen, und *niedrigere* Pflichten, als die Hilfeleistungspflicht ist, meint[119]. Denn bei umgekehrtem Verhältnis der Gefahren- und Pflichtenlage (s. das früher zur Rechtswidrigkeitsfrage gebrachte Beispiel) ist schon, wie im vorhergehenden ausgeführt wurde, die Unterlassung nicht rechtswidrig. Wenn der Inhaber eines einsam gelegenen Gehöftes, bei dem in einer Scheune ein Brand ausgebrochen ist (drohender erheblicher Vermögensschaden), ins benachbarte Dorf fährt, um die Feuerwehr zu alarmieren, so mag man wohl seine Pflicht bejahen, einen auf der Landstraße liegenden schwerverletzten Motorradfahrer (Lebensgefahr als größere Rechtsgutsgefährdung) im Auto mitzunehmen. Dem Bauern ist aber angesichts der Gefahr für sein Eigentum der Abtransport des Verunglückten nicht mehr „zuzumuten“ [120]; daß er hier zunächst an sich und nicht an den Nächsten dachte, ist verzeihlich und ihm nicht vorzuwerfen; er ist daher entschuldigt[121]. Dagegen wäre die Beschmutzung der teuren Polster eines eleganten Wagens, mit dem ein Reisender vorbeikommt, keine Unzumutbarkeit.

Die *Straf*drohung lautet auf Gefängnis von 1 Tag bis zu 1 Jahr oder Geldstrafe von 5 – 10 000 DM.

IV. Die tatsächliche Straßenverkehrsgefährdung durch die meist einen Verkehrsunfall bedingenden Taten

Wie schon einleitend hervorgehoben wurde, sind kriminologisch und statistisch gesehen die Vergehen der (mit Geldstrafe von 5 – 10 000 DM oder mit Gefängnis von 1 Tag bis zu 3 Jahren bedrohten) *fahrlässigen Körperverletzung* (§ 230) und der (mit Gefängnis von 1 Tag bis zu 5 Jahren zu bestrafenden) *fahrlässigen Tötung* (§ 222) die wichtigsten Verkehrsdelikte, weil sie einmal sich am häufigsten in einem Verkehrsunfall realisieren[122], weil sie zum andern im Vergleich mit anderen Straftaten sehr häufig begangen werden (die fahrlässige Körperverletzung erreichte 1957 mit 102 000 Verurteilungen, davon 95 700 anläßlich eines Verkehrsunfalls, die *höchste* Verurteilungsziffer von allen Delikten nach dem StGB und machte ein *Viertel* sämtlicher Bestrafungen wegen Ver-

---

[119] So auch MAURACH, aaO, S. 418; and. z. B. GALLAS, Unterlassene Hilfeleistung nach dtsch. Strafr., Dt. Landesrefer. zum IV. Int. Kongr. f. Rechtsvergl. (1954), 1955, S. (344) 350, der bei Unzumutbarkeit schon eine Hilfeleistungspflicht und damit die Rechtswidrigkeit der echten Unterlassung verneint.

[120] Es ist nur zumutbar, im Dorfe außer der Feuerwehr für sich auch die Gendarmerie oder einen Arzt oder Dritte für den Verletzten zu alarmieren.

[121] Daß er sogar gerechtfertigt sein soll, erscheint nicht überzeugend.

[122] Vgl. schon die Zahlenangaben für 1958 im vorhergehenden (S. 337 Anm. 2) dieser Arbeit!

brechen und Vergehen aus!)[123]. Deshalb darf in einer Darstellung des materiellen Strafrechts des Straßenverkehrs diese Deliktsgruppe nicht unberücksichtigt bleiben. Dabei sollen nachfolgend allgemeine Fragen der Verbrechenslehre, die im Verkehrsstrafrecht besonders akut werden, an der fahrlässigen Tötung erörtert werden.

Beim *objektiven Tatbestand,* der Verursachung des Todes eines anderen Menschen, wird zunächst ein Problem sichtbar, das bisher in der Dogmatik noch nicht klar erkannt worden ist: die Unterscheidung von Tun und Unterlassen[124]. Gerade im Straßenverkehr erscheint das den Tod des anderen Verkehrsteilnehmers herbeiführende Verhalten des Täters oft „zwei-deutig" und „doppel-seitig": Überholen in zu knappem (verkehrswidrigem) Abstand (Nichteinhalten des üblichen, verkehrsgemäßen Abstandes)[125], zu schnelles Fahren (Nichtbeachtung der vorgeschriebenen Geschwindigkeit)[126], Nichtberücksichtigung der Vorfahrt (Überqueren der Straßenkreuzung trotz Herannahen des Vorfahrtberechtigten). Daß diese Unterscheidung keineswegs „gleich-gültig" und etwa nur eine gedankliche Spielerei ist, wird dann deutlich, wenn – wie in den angeführten Fällen aus der Praxis – zwar beim *Hinweg*denken der *getätigten* verkehrs*widrigen* Handlung der tödliche Unfall *nicht* eingetreten, beim *Hinzu*denken der *unterlassenen* verkehrs*gemäßen* Handlung dagegen der Tod doch (wahrscheinlich oder wenigstens möglicherweise) *eingetreten* wäre. Im ersten Falle müßte der Ursachenzusammenhang zwischen dem Verhalten und dem Erfolg *bejaht* (Verursachung durch Tun), im zweiten jedoch mangels einer sicheren Feststellbarkeit der Kausalität zugunsten des Täters *verneint* werden (keine Verursachung durch unechtes Unterlassen)[127]. Die Lösung des Problems ist darin zu suchen: Der näherliegende Anknüpfungspunkt ist das Tun, nicht das Unterlassen. Denn vor allem durch sozialschädliche Handlungen, nicht durch sozialschädliche Unterlassungen wird die Rechtsordnung gestört. Die Rechtsnormen sind daher vorwiegend *Ver*bote, etwas *Un*rechtes zu tun (Sätze, die das Unterlassen sozialschädlicher Handlungen fordern), nicht

---

[123] Nach Welzel, Fahrlässigkeit und Verkehrsdelikte, 1961, S. 5.

[124] Vgl. zum folgenden Spendel in Eb.-Schmidt-Festschrift, 1961, S. 183 f.

[125] BGHSt. *11,* S. 1 und OLG Hamm in VRS *13,* S. 39: ein Lastkraftwagenfahrer überholt in zu knappem Abstand von 75 cm auf einer geraden, 6 m breiten Straße einen betrunkenen und absolut fahruntüchtigen Radfahrer, der irritiert, zu Fall gebracht und überfahren wird; auch bei der Einhaltung des üblichen und größeren Abstandes von 1 m und mehr wäre infolge der Trunkenheit des Überholten der tödliche Verkehrsunfall „mit hoher Wahrscheinlichkeit" eingetreten.

[126] BGH in VRS *3,* S. 423.

[127] Und zwar aus prozessualen (beweisrechtlichen), nicht logischen Gründen. Vgl. dazu näher Spendel, Die Kausalitätsformel der Bedingungstheorie für die Handlungsdelikte, 1948, S. 39 f., dens., in Eb.-Schmidt-Festschr., S. 185; s. ferner zu BGHSt. *11,* S. 1 Mezger in Anm. in JZ 1958, S. 281.

Gebote, etwas *Rechtes* zu tun (Sätze, welche die Vornahme sozialnützlicher Handlungen erheischen). Auch gedanklich knüpft man vernünftigerweise an die Position (hier: aktives Tun), nicht an die Negation (hier: passives Unterlassen, Nicht-Tun) an [128]. Es kann deshalb als eine Art heuristisches Prinzip die Regel aufgestellt werden, bei der Einordnung eines Verhaltens unter die Kategorien: Handlungs- oder Unterlassungsdelikt ist zuerst nach dem aktiven Tun zu fragen [129].

Die Nichtbeachtung dieser Ausgangsbasis ist in den vorstehend angeführten Fällen der Anlaß für eine Reihe verfehlter Konstruktionen. Angesichts der Eigenart der Fallgestaltung, daß auch *ohne* das verkehrs*widrige* Handeln (z. B. Überholen in zu knappem Abstand), und zwar *bei* verkehrs*gemäßem* Verhalten [130] (Einhaltung einer größeren, normalerweise ausreichenden und angemessenen Entfernung) der *Erfolg* (tödlicher Verkehrsunfall) – wahrscheinlich oder möglicherweise – *eingetreten* wäre, wähnt man immer wieder, unter den verschiedensten Gesichtspunkten die Strafbarkeit verneinen zu müssen. Aber die Kausalität oder auch die Tatbestandsmäßigkeit kann hier nicht mit der unzutreffenden Überlegung geleugnet werden [131], die „in dem Verhalten steckende Verkehrswidrigkeit, das zu knappe Überholen" sei für den Tod des Radfahrers nicht ursächlich geworden [132], oder: der Erfolg „beruhe" zwar auf dem „Verhalten als solchem", aber nicht auf der „Pflichtwidrigkeit" des Täters [133], oder: die „Sorgfaltswidrigkeit (Unsachgemäßheit) der Handlung" habe sich nicht „im Erfolg realisiert" [134].

Ebensowenig darf aus den vorstehend angeführten Gesichtspunkten die *Rechtswidrigkeit* des zum tödlichen Verkehrsunfall führenden Verhaltens geleugnet werden, da durch die *stets* verkehrs*widrige* und ohne Anlaß die normale Überholgefahr im Straßenverkehr erhöhende Handlungsweise eine Rechtsgutsverletzung bewirkt worden ist. Unter dem Blickwinkel der „Nichtvermeidbarkeit des Erfolges" kann hier die Ausnahmesituation *nicht* die Recht*mäßigkeit* der stets unzulässigen und verkehrswidrigen

---

[128] Deshalb wird man sich auch für die Annahme eines Handlungsdelikts entscheiden, wenn bei der Ermittlung der Kausalität *beide* Denkoperationen zu dem gleichen Ergebnis (Ursachenzusammenhang zwischen Tun oder Unterlassen und dem Erfolg) führen und auch unter den übrigen Deliktskategorien der Rechtswidrigkeit und der Schuld die Strafbarkeit zu bejahen ist.

[129] So auch Arthur Kaufmann in Eb.-Schmidt-Festschr., S. 212.

[130] Ob dieses sonst verkehrsübliche Verhalten wirklich noch verkehrs*richtig* ist, ist allerdings die Frage.

[131] Die Kausalität bejaht auch Arthur Kaufmann in Eb.-Schmidt-Festschr., S. 207/208, der allerdings mangels eines „Erfolgsunwerts" der Handlung und damit mangels Rechtswidrigkeit freisprechen will (s. aaO, S. 229).

[132] BGHSt. *11,* S. 7; ferner Oehler in Eb.-Schmidt-Festschr., S. 237/238. Mit solchen Sätzen wird das in der Kausalerkenntnis Erreichte wieder aufgegeben.

[133] Schönke-Schröder, Komm., Anm. X. 6.a) zu § 59 StGB.

[134] Welzel, Fahrlässigkeit und Verkehrsdelikte, S. 21.

Fahrweise[135], sondern *umgekehrt* nur die Rechts*widrigkeit* auch des normalerweise verkehrsüblichen und – richtigen Handelns begründen. Wenn beim Überholen im üblichen Abstand von 1 oder 1,20 m, bei Einhaltung der vorgeschriebenen Geschwindigkeit oder bei Beachtung der Vorfahrt der Unfall mit an Gewißheit grenzender Wahrscheinlichkeit auch eingetreten wäre, dann bedeutet dieses sonst verkehrsgemäße Verhalten eine ganz gesteigerte Rechtsgutsgefährdung, die *ausnahmsweise* eben *nicht* mehr verkehrs*richtig*, sondern ebenfalls falsch und verkehrs*widrig* ist und sich deshalb verbietet[136]. Das Ergebnis ist keineswegs so paradox, wie es vielleicht auf den ersten Blick scheinen möchte; denn der Täter hatte objektiv noch weitere Möglichkeiten des Anders-Handelns, z. B. konnte (und durfte er notfalls nach § 1 StVO!) einen noch größeren Abstand als den sonst üblichen und angemessenen einhalten (wenn dadurch keine entgegenkommenden Fahrzeuge behindert wurden) oder sich durch Hupen bemerkbar machen und warnen, eventuell selbst vom Überholen absehen[137]. Es ist also der in der viel diskutierten BGH-Entscheidung (BGHZ *24*, S. 21) gezogene Schluß von der (normalerweise, d. h. für den *Regel*fall, aber *nicht* für die *Ausnahme*situation zu bejahenden) Verkehrs*richtigkeit* eines Verhaltens auf die Recht*mäßigkeit* der dadurch herbeigeführten Rechtsgutsverletzung[138] in dieser Allgemeinheit nicht zutreffend.

Die *Fahrlässigkeit* ist auch bei der sich als ein „Verkehrsdelikt" darstellenden Tötung gemäß § 222 nach den bekannten Merkmalen zu prüfen[139]. In den Fällen, von denen im vorigen ausgegangen wurde, ist sie ebenso wie die Rechtswidrigkeit gegeben. In dem Fall der BGHSt. *11*, S. 1, ist bei dem stets verkehrswidrigen und gefährlichen Verhalten (Überholen in zu knappem Abstand) der dadurch verursachte Erfolg (tödlicher Verkehrsunfall) voraussehbar, ob der zu überholende Verkehrsteilnehmer nun betrunken war oder nicht. Diese mangelnde Voraussicht ist dem Kraftfahrer auch zum Vorwurf zu machen, weil der Unfall bei Einhaltung des üblichen Abstandes möglicherweise und bei Einhaltung eines besonders großen sogar sicherlich nicht ausgelöst worden wäre. Die

---

135 And. früher WELZEL, D. dtsch. Strafr., 6. A. 1958, S. 117.

136 Näher hierzu SPENDEL in Eb.-Schmidt-Festschr., S. 195 f. – Der Täter ist dann nur mangels Fahrlässigkeit (Voraussehbarkeit des Erfolges) straflos.

137 Daß der Fahrer nicht in dem üblichen (normalerweise ausreichenden und daher verkehrsrichtigen, hier aber gefährlichen und deshalb ausnahmsweise auch verkehrswidrigen) Abstand überholen durfte, falls er die Trunkenheit des Radfahrers und die erhöhte Gefahr *erkannte* (vgl. § 1 StVO), ist unzweifelhaft!

138 BGHZ *24*, S. 21 (26): „Es ist daher der Satz aufzustellen, daß *bei* verkehrs*richtigem* (ordnungsgemäßem) Verhalten eines Teilnehmers am Straßen- oder Eisenbahnverkehr eine rechts*widrige* Schädigung *nicht* vorliegt."

139 Zu WELZELS Fahrlässigkeitslehre in der vorstehend angeführten Schrift kann hier nicht näher Stellung genommen werden.

Pflichtwidrigkeit der Willensbetätigung kann nicht etwa mit dem hier wiederum in der Literatur verschiedentlich herangezogenen Gedanken, daß auch ohne das verkehrswidrige Verhalten, und zwar bei verkehrsüblichem (verkehrs„richtigem") Handeln, der Erfolg wahrscheinlich eingetreten wäre, ausgeschlossen werden [140].

Für die Bestimmung der Fahrlässigkeit im Straßenverkehr ist besonders wichtig der heute allgemein anerkannte *Vertrauensgrundsatz,* nach dem jeder auf ein verkehrs*richtiges* Verhalten des anderen Verkehrsteilnehmers vertrauen darf und sich nur dort nicht mehr darauf berufen kann, wo ein verkehrs*widriges* Verhalten des andern erkennbar ist oder damit (so z. B. bei Kindern oder Betrunkenen) gerechnet werden muß [141]. Der Lastzuglenker handelt daher pflichtwidrig und (bewußt) fahrlässig, wenn er trotz Kenntnis, daß der vor ihm befindliche Radfahrer betrunken ist und auch beim Überholen in dem sonst verkehrs*üblichen* Abstand unter das Fahrzeug kommen kann, in diesem für den Regelfall richtigen, für die Ausnahmesituation aber gefährlichen und falschen Abstand überholt und einen tödlichen Verkehrsunfall herbeiführt.

V. Der Schutz des Straßenverkehrs durch besondere Rechtsfolgen

Dem Schutze des Straßenverkehrs dient nicht nur die repressive *Bestrafung* der vorstehend dargestellten Taten, sondern auch eine Verkehrsdelikten vorbeugende Nebenstrafe wie die Einziehung z. B. des zu einem solchen Delikt benutzten Kraftfahrzeugs und vor allem eine wegen der Täterpersönlichkeit (des „Verkehrssünders") zwecks Verhütung künftiger ähnlicher Straftaten eingeführte präventive *Sicherungsmaßregel* wie der Entzug der Fahrerlaubnis.

1. Die Einziehung (§ 40)

Eine für das Verkehrsstrafrecht nicht unwichtige Rechtsfolge des allgemeinen Strafrechts, deren Rechtsnatur als (Neben)-Strafe oder Sicherungsmaßregel nicht unstrittig ist, ist die neben den Hauptstrafen des Freiheitsentzuges oder der Geldstrafe ausgesprochene Einziehung der „producta et instrumenta sceleris". Als „Gegenstände, welche ... zur Begehung eines vorsätzlichen Verbrechens oder Vergehens gebraucht oder bestimmt sind", werden auch die Kraftfahrzeuge angesehen, mit denen z. B. Verkehrsunfallflucht (§ 142) [142] oder ein räuberischer Angriff auf

---

[140] Vgl. dazu SPENDEL in Eb.-Schmidt-Festschr., S. 196 f.

[141] Vgl. BGHSt. *3*, S. 49 (51); *10*, S. 3/4 und SCHÖNKE-SCHRÖDER, Komm., Anm. X. 10 zu § 59 StGB.

[142] So BGHSt. *10*, S. 337. – Nach FRITZ MÜLLER, Straßenverkehrsr., 21. A. 1959, S. 455 unterliegen die zur Fahrerflucht benutzten Kraftwagen nach ständiger Rechtsprechung der Berliner Gerichte der Einziehung ohne Rücksicht auf die wirtschaftliche Bedeutung dieser Rechtsfolge.

den Mitfahrer des Führers eines Kraftfahrzeugs (§ 316 a) [143] begangen worden ist. Dagegen kann z. B. das Auto, das trotz Entzuges der Fahrerlaubnis gefahren worden ist, nicht wegen eines Vergehens nach § 24 I Nr. 2 StVG (s. oben S. 344 dies. Ref.) eingezogen werden, weil nach § 40 das „instrumentum sceleris" über den bloßen Gebrauch des Mittels hinaus zur Begehung einer Straftat dienen muß, hier aber nur ein Gegenstand ist, „auf den sich die strafbare Handlung bezieht" [144].

Sofern das zur Ausführung eines Delikts gebrauchte oder bestimmte Kraftfahrzeug dem Täter oder einem Teilnehmer gehört, *kann* es eingezogen werden; die Verhängung der Nebenstrafe liegt somit im Ermessen des Gerichts. Sie soll zur Vergeltung der begangenen Tat als „zusätzliches Übel" auferlegt werden, wobei sie zur Verhütung neuer Taten durch Entzug der Sache, die „in der Hand des Täters auch in Zukunft für die Allgemeinheit besonders gefährlich" wäre, dienen mag [145]. Daß eine solche Maßnahme wie die Einziehung des Kraftfahrzeugs den Delinquenten oft härter und wirksamer treffen wird als selbst eine nicht so kurze Freiheitsstrafe, ist nicht zu verkennen.

2. Die Entziehung der Fahrerlaubnis (§ 42 a Nr. 7, 42 m)

Eine ganz auf das Verkehrsstrafrecht zugeschnittene und typisch präventive Sicherungsmaßregel ist dieses durch das VerkSichGes. vom 19. 12. 1952 neu in das StGB eingefügte Rechtsinstitut, das unter gewissen Voraussetzungen den Entzug der Erlaubnis zum Führen von *Kraft*fahrzeugen durch den *Richter* zuläßt [146]. Es soll hierdurch der rücksichtslose und verantwortungslose Kraftfahrer, ein besonders gefährlicher Typ des „Verkehrssünders", aus dem Straßenverkehr ausgeschlossen werden.

Zunächst setzt § 42 m voraus die Begehung einer „mit Strafe bedrohten Handlung bei oder in Zusammenhang mit der Führung eines Kraftfahrzeugs oder unter Verletzung der dem Kraftfahrzeugführer obliegenden Pflichten" und die deswegen ausgesprochene Verurteilung zu einer Strafe oder den lediglich wegen Zurechnungsunfähigkeit erfolgten Freispruch des Täters. Daraus ergibt sich, daß das den Anlaß zum Entzug der Fahrerlaubnis gebende Delikt – ein Verbrechen, Vergehen oder auch eine (Verkehrs-) Übertretung! – hinsichtlich der Verbrechenskategorien objektiver Tatbestand, Unrecht und subjektiver Tatbestand gegeben sein muß und allein die Schuldfähigkeit fehlen darf. Ist z. B. der Vorsatz

---

[143] Da Täter des § 316 a auch der Autofahrer gegenüber seinem Mitfahrer sein kann, s. BGHSt. *13*, S. 27; *15*, S. 322.

[144] BGHSt. *10*, S. 28 (29/30).

[145] BGHSt. *10*, S. 28 (33).

[146] Die Entziehung durch die *Verwaltungs*behörde hat ihre Rechtsgrundlage in § 4 StVG, § 15 b StVZO. Zu den fragwürdigen (Verwaltungs-) „Richtlinien für die Behandlung von (im VerkZentrReg. eingetragenen) Mehrfachtätern" vom 23. 11. 1961 (bekanntgemacht im Amtsbl. d. BVerkMin. 1961, S. 707) s. jetzt das Rechtsgutachten von Bettermann in DAR 1962, S. 100.

wegen Irrtums oder eine Fahrlässigkeit ausgeschlossen, so ist § 42 m nicht anwendbar. Die mit Strafe bedrohte Handlung braucht kein eigentliches Verkehrsdelikt zu sein; „bei der Führung eines Kraftfahrzeugs" ist z. B. auch ein Mordversuch begangen worden, wenn der Täter mit seinem Auto seine vor ihm auf dem Rad fahrende schwangere Ehefrau in Abtreibungs- und Tötungsabsicht anfährt und schwer verletzt[147]. Eine Tat ist ausgeführt „in Zusammenhang mit der Führung eines Kraftfahrzeugs": bei Abtransport der Diebesbeute, bei Notzucht im Kraftwagen während einer Fahrtunterbrechung[148], „unter Verletzung der dem Kraftfahrzeugführer obliegenden Pflichten": bei Überlassung des Steuers an einen Fahruntüchtigen[149], bei Widerstand gegen die Staatsgewalt anläßlich einer Blutentnahme[150].

Weitere Voraussetzung des § 42 m ist, daß sich der Täter *durch* seine *Tat* (und natürlich auch durch seine ganze Persönlichkeit selbst) „als ungeeignet zum Führen von Kraftfahrzeugen erwiesen hat". Das Delikt wird also als *Symptom* oder *Indiz* für mangelnde körperliche, geistige oder charakterliche Fahreignung und damit für die Gefährlichkeit des Täters in seiner Eigenschaft als Kraftfahrer genommen. Ungeeignet und für die Allgemeinheit gefährlich (vgl. § 42 m IV) ist dieser dann, wenn künftig neue Verletzungen der Kraftfahrerpflichten möglich sind[151]. Entscheidend für die Beurteilung ist dabei der Zeitpunkt des Urteils, nicht der der Tat.

Der (Real)*Grund* der Maßregel des § 42 m ist die für den Straßenverkehr *gefährliche Täter*persönlichkeit, ihr *Zweck* die Verhütung neuer Verletzungen der Kraftfahrerpflichten und damit der *Schutz* der *Allgemeinheit* vor Gefährdung, wie sich außer aus § 111 a I StPO auch aus § 42 m IV ergibt, nach dem bei Wegfall dieses Zweckerfordernisses nachträglich das Gericht durch Beschluß die Erteilung einer neuen Fahrerlaubnis gestatten kann[152]. Liegen die Voraussetzungen, d. h. Grund und Zweck des § 42 m vor, dann *muß* (im Gegensatz zur Einziehung nach § 40) – für die Dauer von mindestens 6 Monaten und höchstens 5 Jahren oder auch für immer (§ 42 m III 3 und 5) – die Fahrerlaubnis entzogen (§ 42 m I 1) und der inländische Führerschein eingezogen werden

---

[147] Vgl. den unglaublichen Fall in BGHSt. *11,* S. 15, in dem neben der Zuchthausstrafe die Fahrerlaubnis entzogen und die Erteilung einer neuen für immer untersagt wurde.

[148] Vgl. auch BGHSt. *5,* S. 179 (181); *7,* S. 165 (167).

[149] OLG Hamm in VRS *12,* S. 272.

[150] OLG Hamm in VRS *8,* S. 46.

[151] Vgl. SCHÖNKE-SCHRÖDER, Komm., Anm. II. 3 zu § 42 m StGB. Zur Rechtsprechung s. BGHSt. *5,* S. 168 (173); BGHSt. *7,* S. 165 (168).

[152] So auch SCHÖNKE-SCHRÖDER, Anm. II, 3 zu § 42 m StGB.

(§ 42 m II 1)[153]. Die Sicherungsmaßregel ist oft für den Täter ein viel schwereres Übel als selbst eine längere Freiheitsstrafe[154].

C. Das Strafverfahrensrecht des Straßenverkehrs

Die Eigenart des Verkehrsstrafrechts wirkt sich auch im Strafverfahren aus. Es hat einmal die Einführung von Spezialbestimmungen in die *Strafprozeßordnung* (StPO) vom 1. 2. 1877 i. d. F. der Bek. vom 12. 9. 1950 (mit spät. Änd.) notwendig gemacht, zum anderen allgemeinen Prozeßvorschriften besondere Bedeutung verliehen.

I. Der vorläufige Fahrerlaubnisentzug (§ 111 a)

Dem endgültigen Entzug der Fahrerlaubnis im Hauptverfahren durch Urteil nach § 42 m StGB entspricht die vorläufige Entziehung meist schon im Vorverfahren durch Beschluß nach § 111 a StPO. Voraussetzung für diese ist, daß jene sehr wahrscheinlich ist: es müssen „dringende Gründe" für das Vorliegen der Merkmale des § 42 m StGB und für die spätere (endgültige) Verhängung der Sicherungsmaßregel sprechen. Soweit § 111 a noch weiter die Zulässigkeit der vorläufigen Entziehung ausdrücklich von dem Erfordernis, „die Allgemeinheit vor weiterer Gefährdung zu schützen", also von der Notwendigkeit der Erfüllung eines bestimmten Präventionszwecks abhängig macht, verlangt er lediglich, was vernünftigerweise auch schon aus § 42 m I StGB (s. besonders Abs. IV) zu entnehmen ist, nur daß bei § 111 a StPO der Schutz der Rechtsgemeinschaft bereits vor dem Urteil erforderlich sein muß.

Sind die Voraussetzungen des § 111 a gegeben, dann *kann* die Fahrerlaubnis durch Beschluß des Gerichts, der nach den §§ 304, 305 StPO anfechtbar ist, vorläufig entzogen werden. Ausgeführt wird diese Prozeßmaßnahme durch Beschlagnahme des (*in*ländischen) Führerscheins[155] gemäß § 94 StPO. Da dieser auf Grund des § 42 m II 1 StGB ein der möglichen Einziehung unterliegender Gegenstand i. S. d. § 94 I ist, der beschlagnahmt werden kann, fragt sich, ob eine solche Beschlagnahme des Fahr*ausweises* auch ohne einen Beschluß über die vorläufige Entzie-

---

[153] Der Entzug der Fahrerlaubnis bei dem Inhaber eines ausländischen Fahrausweises ist nur bei einem Verstoß gegen Verkehrsvorschriften zulässig (§ 42 m I 2) und lediglich im Führerschein zu vermerken (§ 42 m II 2).

[154] Nach einer Meld. der „Frankf. Allgem. Zeit." vom 17. 3. 1962, Nr. 65, S. 17, sind 1961 von den Strafgerichten und Verwaltungsbehörden zusammen etwa 78 000 Führerscheine eingezogen worden, davon mehr als 62 000 wegen Trunkenheit am Steuer.

[155] Bei einer *aus*ländischen Fahrerlaubnis durch Vermerk (Eintragung) der vorläufigen Entziehung in dem ausländischen Fahrausweis (§ 111 a III 1).

hung der Fahr*erlaubnis* gemäß § 111 a zulässig ist[156] oder ob § 111 a insoweit als Sondervorschrift gegenüber § 94 gilt und dies verbietet[157]. Die Frage ist umstritten, dürfte aber im Hinblick auf § 111 a II, nach dem die Befugnis zur Beschlagnahme eines inländischen Führerscheins unberührt bleibt (sc. von § 111 a I), i. S. d. ersten Alternative zu entscheiden sein. Die praktische Konsequenz ist, daß der Führerschein nicht allein auf Grund eines richterlichen Beschlusses gemäß § 111 a, sondern bei Gefahr im Verzuge auch durch den Staatsanwalt oder seine Hilfsbeamten, d. h. durch die zuständigen Polizeibeamten, gemäß den §§ 94, 98 StPO dem Kraftfahrer abgenommen werden kann.

II. Prozeßvorschriften zum endgültigen Fahrerlaubnisentzug

Bei einigen Verfahrensnormen des Strafprozesses gelten für die nach § 42 m StGB zu verhängende Entziehung der Fahrerlaubnis Besonderheiten:

1. Im *beschleunigten* Strafverfahren nach § 212 f., das auf schriftlichen oder mündlichen Antrag der Staatsanwaltschaft bei einfachem und die sofortige Aburteilung ermöglichendem Sachverhalt vor dem Amtsgericht oder Schöffengericht mit dessen Einverständnis stattfindet, darf gemäß § 213 b I 1–3 nur eine Strafe bis zu einem Jahr Gefängnis und von den sonst ausdrücklich ausgeschlossenen Maßregeln der Sicherung und Besserung nur die Entziehung der Fahrerlaubnis ausgesprochen werden. Denn es liegt im Interesse einer wirksamen Verfolgung und Ahndung der Verkehrsdelikte wie jeder Verbrechensbekämpfung überhaupt, daß sie möglichst schnell abgeurteilt werden und nicht nur die Strafe, sondern auch der Fahrerlaubnisentzug der Tat auf dem Fuße folgt. Es ist daher unlängst mit Recht gefordert worden, von den Möglichkeiten des beschleunigten Verfahrens in Verkehrsstrafsachen mehr Gebrauch zu machen[158].

2. Ähnliche Besonderheiten gelten für die Aburteilung eines Abwesenden, genauer: eines zur Hauptverhandlung *nicht erschienenen* (§ 232) oder von der Verpflichtung zum Erscheinen *entbundenen* Angeklagten (§ 233). Dieses Verfahren ist (außer bei Geldstrafe oder Einziehung) im ersten Falle bei keiner höheren Strafe als Haft, im zweiten bei keiner höheren als 6 Monate Freiheitsstrafe zulässig. Auch hier darf neben der Strafe von den Maßregeln der Sicherung und Besserung allein die Entziehung der Fahrerlaubnis verhängt werden, nach § 232 I 3 nur dann, wenn der Angeklagte in der Ladung auf diese Möglichkeit hingewiesen

---

[156] So die h. M., s. z. B. LG Braunschweig in NJW 1953, S. 1238; Bruns, Die Entziehung der Fahrerlaubnis, in Goltd. Arch. 1954, S. 161 (191); Schwarz, Komm., 22. A. 1960, Anm. 1 a) A zu § 111 a StPO.

[157] So z. B. Schönke-Schröder, Komm., Anm. III. 4 zu § 42 m StGB.

[158] Bockelmann, Zur Reform des Verkehrsstrafrechts, in DAR 1961, S. (181) 189.

worden ist; bei § 233 II genügt ein Hinweis in dieser Form nicht, sondern ist bei der Vernehmung über die Anklage durch den beauftragten oder ersuchten Richter zu geben.

3. Eine auf Grund des § 42 m IV StGB notwendig werdende richterliche Entschließung darüber, ob der Entzug der (alten) Fahrerlaubnis nicht mehr erforderlich erscheint und daher die Erteilung einer neuen durch die Verwaltungsbehörde zu gestatten ist, ergeht in dem nach § 462 StPO geregelten Beschlußverfahren (§ 463 a III). Diese *nach* dem Urteil zu treffende (mit der sofortigen Beschwerde anfechtbare) Entscheidung ist von dem Gericht des ersten Rechtszuges ohne mündliche Verhandlung nach Anhörung der Staatsanwaltschaft und des Verurteilten zu erlassen.

III. Die körperliche Untersuchung (§§ 81 a, 81 c)

Eine allgemeine prozessuale Zwangsmaßnahme ist für das Strafrecht des Straßenverkehrs besonders bedeutsam geworden: die Blutprobenentnahme als wichtigste Form eines körperlichen Eingriffs zur Feststellung der Verkehrs- und Fahruntüchtigkeit. Persönliche Beweismittel wie Beschuldigter und Zeugen kommen gerade in Verkehrsstrafsachen auch als sachliche, d. h. als Augenscheinsobjekte in Betracht (z. B. die Wunden des Unfallverletzten, der Blutalkoholgehalt des Kraftfahrers oder auch des Überfahrenen). Die Untersuchung des Körpers einer Person umfaßt körperliche Eingriffe, vor allem die Entnahme von Blutproben. Sie ist Augenscheinseinnahme und geht beim Beschuldigten weiter als bei Zeugen, d. h. „anderen Personen, die als Zeugen in Betracht kommen" (§ 81 c I 1): der erstere muß die körperliche Untersuchung zur Feststellung der für das Verfahren bedeutsamen Tatsachen dulden (§ 81 a I 1); die letzteren dürfen ohne ihre Einwilligung nur zur Feststellung der an ihrem Körper befindlichen Spuren oder Folgen einer strafbaren Handlung untersucht werden (§ 81 c I 1). Allein die Entnahme von Blutproben (ebenso wie die Untersuchung zur Feststellung der Abstammung) ist bei beiden Personengruppen zwangsweise zulässig, und zwar durch einen Arzt nach den Regeln der ärztlichen Kunst, wenn kein Nachteil für die Gesundheit des zu Untersuchenden zu befürchten ist (§§ 81 a I 2, 81 c II). Die Anordnung der prozessualen Zwangsmaßnahme steht dem Richter, bei Gefahr im Verzuge dem Staatsanwalt oder seinen Hilfsbeamten zu (§§ 81a II, 81 c III). Das bedeutet, daß auch der sachkundige Polizist die Blutprobe bei dem angetrunkenen Kraftfahrer nicht selbst entnehmen, sondern nur deren Entnahme anordnen darf; der Autofahrer, der einen Verkehrsunfall verschuldet hat und nach Alkohol riecht, kann z. B. sofort zum gerichtsmedizinischen Institut gebracht werden. –

Der vorstehende Überblick über das geltende Verkehrsstrafrecht und sein Verfahren dürfte gezeigt haben, wie verzweigt und verwickelt, wie umfangreich und unübersichtlich diese Rechtsmaterie geworden ist. Noch bei Abschluß des vorliegenden Referats ist die Frage der Rechtsgültigkeit der Strafvorschriften für die Masse der kleinen Verkehrsverstöße (Übertretungen der StVO und der StVZO), wie wir sahen, umstritten und unsicher[159]. Der Erlaß eines zweiten Gesetzes zur Sicherung des Straßenverkehrs war schon vor Ablauf der vergangenen Legislaturperiode im Herbst 1961 geplant[160]. Die Neuregelung des Verkehrsstrafrechts soll jedenfalls als Teilausschnitt aus der großen Strafrechtsreform, an der in der Bundesrepublik Deutschland gearbeitet wird, in einem besonderen Gesetz vorweggenommen werden.

[159] Während des Umbruchs hat das BVerfG in dem im vorhergehenden (S. 340 u. Anm. 12) genannten Verfahren am 3. 7. 1962 entschieden, daß § 71 StVZO verfassungswidrig und daher nichtig sei, die Frage der Verfassungsmäßigkeit des § 21 StVG aber offengelassen (s. Meld. d. „Frankfurter Allgem. Zeitung" vom 4. 7. 1962, Nr. 152, S. 6). Damit wird leider ein wenig sinnvoller Unterschied in der gesetzlichen Bestimmtheit von (durch RVO spezifizierbarem) Tatbestand (Strafvoraussetzung) und (durch förmliches Gesetz festgelegter) Strafdrohung (Deliktsfolge) gemacht (s. oben S. 341–343).

[160] Dieses Gesetz ist inzwischen vom Bundeskabinett am 13. 6. 1962 verabschiedet worden; danach wird das Höchstmaß der Geldstrafe für Verkehrsübertretungen von 150 auf 500 DM heraufgesetzt, das „kurzfristige Fahrverbot" von 1 bis zu 3 Monaten als Nebenstrafe eingeführt und die Entziehung des Führerscheins bei bestimmten schweren Verkehrsverstößen erleichtert.

DIE ABGRENZUNG DER BEHÖRDLICHEN BEAUFSICHTIGUNG VON DER VERHÄNGUNG VON STRAFEN AUF DEM GEBIETE DER PROSTITUTION UND KUPPELEI

von Dr. THOMAS WÜRTENBERGER

Professor an der Universität Freiburg i. Br.

Einleitung

Prostitution, die wahllose geschlechtliche Hingabe weiblicher oder männlicher Personen gegen Entgelt, ist eine soziale Erscheinung, die ihre tiefere Ursache in der biologischen Eigenart des menschlichen Geschlechtslebens hat [1]. Auf Grund dessen wird es das soziale Phänomen der Prostitution immer geben und es wäre verfehlt, diese nur als vorübergehende Zeiterscheinung anzusehen. Trotz aller Versuche einer energischen Bekämpfung ist es zu keiner Zeit gelungen, die Prostitution gänzlich zum Verschwinden zu bringen. Wenn der „Moralismus", der für eine völlige Unterdrückung der Prostitution mit staatlichen Mitteln eintritt, die Prostitution zu bekämpfen suchte, bestand sie in der Form der heimlichen Prostitution fort. Somit ist die gewerbsmäßige Unzucht als eine „negative" soziale Gegebenheit zu betrachten, bei der es nicht darum gehen kann, ob und wie sie völlig beseitigt, sondern lediglich, wie sie in übersehbare und sozial erträgliche Bahnen gelenkt werden kann.

Bedeutet der Satz von der „Unausrottbarkeit" der Prostitution, daß sich die menschliche Neigung zur Unsittlichkeit nicht durch staatliche Gesetze und Maßnahmen unterdrücken läßt, der Staat sich also mit ihrem Vorhandensein abfinden muß [2], so ergibt sich ein fast unlösbares Dilemma, wird das Phänomen der Prostitution in ihrem Verhältnis zu unserer Gesellschaftsordnung betrachtet. Die Prostitution verstößt ihrem Wesen nach gegen die allgemeinen sittlichen Grundlagen unserer Sozialordnung. Sie stellt die Grundsätze der öffentlichen Moral ebenso wie unsere Anschauungen über Ehe, Familie und Jugenderziehung in Frage. Sie bedroht daher jene Werte, deren Wahrung und Schutz die besondere Aufgabe des Staates sein muß.

---

[1] ROESNER (s. Literaturverzeichnis), S. 394.

[2] BOHNE, S. 445.

Stellt der Gesetzgeber die Prostitution grundsätzlich unter Strafe, versucht er also, sie mit dem Ziel ihrer Ausrottung wirksam zu bekämpfen, so entgleitet ihm zugleich ihre Überwachung, und die gewerbsmäßige Unzucht setzt sich zwangsläufig in ihren gefährlichsten Formen als heimliche, d. h. unkontrollierte und unkontrollierbare Prostitution fort. Das beweist der geschichtliche Verlauf der Bekämpfung der Prostitution deutlich. Läßt andererseits der Gesetzgeber der gewerbsmäßigen Unzucht grundsätzlich freien Lauf in der Erkenntnis, daß er letztlich doch nie mit echtem Erfolg gegen sie angehen kann, so setzt er sich dem Vorwurf einer „doppelten Moral" und eines „Paktierens mit dem Laster" [3] aus, indem er von Amts wegen das duldet, was die geltende Sittenordnung mißbilligt. Aus der langen geschichtlichen Erfahrung, daß die Verfolgung der Prostitution mit Strafen allein kein wirksames Mittel ihrer Bekämpfung darstellt, bietet sich als eine Art Kompromißlösung nur die Möglichkeit an, bestimmte, besonders gefährliche Formen und Auswüchse der Prostitution unter Strafe zu stellen, im übrigen aber zur „Verhinderung größerer zivilisatorischer, kultureller und ethischer Verwirrung, Unordnung und Ungerechtigkeit einen geringeren Teil dieser Übel in Kauf zu nehmen" [4]. Aus einer solchen Duldung der Prostitution erwächst aber die Aufgabe, durch entsprechende staatliche bzw. kommunale Maßnahmen *nicht*strafrechtlicher Art die allzugroße Ausbreitung der gewerbsmäßigen Unzucht zu verhindern und ihre negativen Auswirkungen so gering wie möglich zu halten. Dabei kommt es darauf an, die strafrechtlichen Sanktionen auf die sonstigen Mittel zur Überwachung der Prostitution abzustimmen, um durch ein System strafrechtlicher *und* verwaltungsmäßiger Maßnahmen die Prostitution in erträglichen Grenzen zu halten.

Die Frage, auf welche Weise dieses Ziel erreicht werden kann, führt zu dem Problem, welche Aufgaben im Rahmen der Regelung der Prostitutionsfrage den Maßnahmen strafrechtlicher Art und welche Aufgaben den Maßnahmen der behördlichen Beaufsichtigung zuzuweisen sind, oder mit anderen Worten, wie zwischen der strafrechtlichen Behandlung der Prostitution und der Tätigkeit der Verwaltung auf diesem Gebiete eine sinnvolle Abgrenzung zum Zwecke einer rechtlichen Gesamtregelung des Prostitutionswesens gefunden werden kann. Dieses Abgrenzungsproblem zwischen strafrechtlichen und verwaltungsmäßigen Maßnahmen stellt sich jedoch nach der heute in Deutschland bestehenden gesetzlichen Regelung nur im Hinblick auf die *weibliche* Prostitution, da die männliche Prostitution gemäß § 175 a Ziff. 4 StGB als eine „Brutstätte des Verbrechertums und des Verbrechens" und als „die Quelle schwersten Ärgernisses und eine besondere Gefahr für die öffentliche Sittlichkeit und Sicherheit" – so die Begründung zum Entwurf von 1927 S. 148 [5] – aus-

---

[3] W. Bauer, S. 172. [4] Roesner, S. 394.
[5] Zitiert bei Schönke-Schröder, Anm. V zu § 175 a Ziff. 4 StGB.

schließlich mit strafrechtlichen Sanktionen bekämpft wird. Aus der verschiedenen Behandlung der männlichen und der weiblichen Prostitution nach deutschem Recht ergibt sich im Hinblick auf das gestellte Thema eine Beschränkung des Referates auf die Erörterung des Problems der weiblichen Prostitution.

Welche Wege zur Lösung dieses schwierigen Problems bisher beschritten wurden, ist Gegenstand der folgenden Ausführungen. Im ersten Hauptteil wird festgestellt, welche wichtigsten Grundrichtungen sich in der Frage der Bewältigung der Prostitution mit staatlichen Mitteln gegenüberstehen und wo sie hinsichtlich ihrer praktischen Durchführung zeitlich einzuordnen sind. Im anschließenden zweiten Hauptteil folgt die Darstellung der heute in Deutschland bestehenden rechtlichen Regelung der Prostitution. Im dritten Hauptteil soll die heutige gesetzliche Regelung des Prostitutionswesens kritisch beleuchtet und ein Überblick über die derzeitigen Reformbestrebungen gegeben werden. Innerhalb der einzelnen Abschnitte wird insbesondere auch auf das Verhältnis der Prostitution zur Kuppelei und deren strafrechtliche Behandlung einzugehen sein, da beide Phänomene in engem Zusammenhang zueinander stehen: Denn Kuppelei bedeutet das Vorschubleisten zur Unzucht durch eigene Vermittlung oder Gewährung von Gelegenheit dazu. Das Delikt der Kuppelei ist im Rahmen dieses Gutachtens vor allem insofern von Interesse, als sie häufig in der Form der Gewährung der Möglichkeit, die gewerbsmäßige Unzucht auszuüben, in Erscheinung tritt. Am Delikt der Kuppelei in seinem Verhältnis zur Prostitution wird sich zeigen, daß die rechtliche Regelung der Prostitution ebenso wie die strafrechtliche Behandlung der Kuppelei im wesentlichen von praktischen Gesichtspunkten abhängig ist, gleichgültig welcher Weg zur Bewältigung dieser Fragenkomplexe eingeschlagen wird.

I. Theorien zur Abgrenzung der behördlichen Beaufsichtigung von der strafrechtlichen Behandlung der Prostitution und Kuppelei

Gilt als Ausgangspunkt einer Diskussion der Prostitutionsfrage der Satz von ihrer Unausrottbarkeit, so muß der „Moralismus“, die Lehre, die eine völlige Beseitigung der Prostitution anstrebt, aus der weiteren Betrachtung ausscheiden. Unsere Darstellung beschränkt sich infolgedessen auf die Erörterung der beiden Hauptrichtungen, die sich mit der Frage der praktischen Bewältigung der Prostitution auseinandersetzen. Das sind der *„Reglementarismus“* sowie der *„Abolitionismus“*. Es sei vorweggenommen, daß die gegenwärtige rechtliche Behandlung der Prostitution in der Bundesrepublik im wesentlichen dem Prinzip des Abolitionismus entspricht. Eine eingehende Erörterung des Reglementarismus erscheint jedoch als unerläßlich, da einerseits die Auffassung des Abolitionismus nur im Zusammenhang mit der Entwicklung des Reglementarismus zu verstehen ist und andererseits das reglementaristische System keineswegs als überholte, historische Erscheinung zu betrachten ist, vielmehr in der heutigen Diskussion der Prostitutionsfrage wachsende Bedeutung erlangt.

1. Der Reglementarismus

Der Reglementarismus betrachtet die Prostitution als ein an sich strafwürdiges Übel[6]. Da die Prostitution jedoch mit Strafen nicht wirksam bekämpft werden kann, beschränkt er sich darauf, gewisse gefährliche Erscheinungsformen möglichst einzudämmen. Vor allem ist der Reglementarismus bestrebt, der Prostitution dadurch Herr zu werden, daß er sie unter behördliche Aufsicht stellt. Er läßt sich dabei von der Vorstellung leiten, daß der Staat der Prostitution, wenn er sie unter seine Kontrolle nimmt, den giftigsten Stachel nehmen und ihr soziales Erscheinungsbild beeinflussen kann. Daher fordert er z. B. die listenmäßige Erfassung der Dirnen, das Verbot der freien, insbesondere der freien Straßenprostitution und statt dessen die Zusammenfassung und Beschränkung auf bestimmte Gebiete, in denen die Dirnen ihr Gewerbe ausüben können, sowie ihre regelmäßige ärztliche Untersuchung. Als Ausführungsorgan dieser Reglementierung des Dirnenwesens kommt folgerichtig nur die Polizei in Betracht. Die Regelung und Überwachung der Prostitution im einzelnen und an den verschiedenen Orten bleibt somit polizeilichen Vorschriften und Verordnungen vorbehalten.

Besonders auffällig zeigt sich im System des Reglementarismus die Wechselbeziehung zwischen Strafe und behördlichen Maßnahmen: Die gewerbsmäßige Unzucht erklärt der Reglementarismus für straffrei, soweit sie in den von den polizeilichen Verordnungen und Maßnahmen vorgegebenen Grenzen ausgeübt wird. Hier ergibt sich eine deutliche Überschneidung der behördlichen Beaufsichtigung mit dem Gebiet der strafrechtlichen Behandlung der Prostitution. Als Musterbeispiel einer Strafnorm, die durch die Theorie des Reglementarismus geprägt wurde, kann § 361 Ziff. 6 a. F. StGB bezeichnet werden. Danach machte sich die Dirne nur strafbar, „welche wegen gewerbsmäßiger Unzucht einer polizeilichen Aufsicht unterstellt ist, wenn sie den in dieser Hinsicht zur Sicherung der Gesundheit, der öffentlichen Ordnung und des öffentlichen Anstandes erlassenen polizeilichen Vorschriften zuwiderhandelt, oder welche, ohne einer solchen Aufsicht unterstellt zu sein, gewerbsmäßige Unzucht treibt." Wenn also eine Prostituierte als solche registriert war und sich an die polizeilichen Vorschriften hielt, wurde sie nicht mit Strafe bedroht[7]. Bei

[6] Vgl. hierzu Borelli-Starck, S. 23 ff. u. Schmölder, S. 15.

[7] Bohne, S. 445.

einer solchen Regelung trugen die Polizeiorgane die Hauptlast der Regelung des Prostitutionswesens, und sie bestimmten durch ihre Verordnungen die Voraussetzungen der Strafbarkeit gewerbsmäßiger Unzucht im einzelnen. So enthielten die polizeilichen Reglementierungsvorschriften Bestimmungen, nach denen – jeweils auf die örtlichen Verhältnisse zugeschnitten – es den Dirnen verboten war, bestimmte Straßen und Plätze aufzusuchen, Theater, Museen, Badeanstalten und Kasernen zu betreten, sich in bestimmten Gasthäusern oder in der Nähe von Kirchen und Schulen aufzuhalten. Entsprechend dem Hauptziel des Reglementarismus, die freie Prostitution zu beseitigen und von der Straße zu verbannen, kam der Kasernierung der Dirnen neben dem allgemeinen Reglement größte Bedeutung zu. Die Dirnen wurden an manchen Orten gezwungen, in bestimmten Straßenzügen und Häusern zu wohnen und dort ihr Gewerbe auszuüben. Durch diese örtliche Beschränkung der Prostitution wurde zugleich ihre Überwachung und Beaufsichtigung erleichtert. Das Wohnungsreglement wurde hauptsächlich in der Form des „Bordellsystems“ durchgeführt[8].

An diesem Prinzip des Reglementarismus war die rechtliche Regelung der Prostitution nach der Fassung des deutschen Strafgesetzbuches (StGB) von 1871 für Jahrzehnte ausgerichtet.

Der Grundgedanke des Reglementarismus, die Prostitution durch eine strenge und umfassende Beaufsichtigung, insbesondere in der Form der Kasernierung in enge Grenzen zu weisen, um das Straßenbild rein zu halten, erscheint, von dem beabsichtigten Ergebnis aus gesehen, zunächst verlockend. Die Entwicklung des Prostitutionswesens unter dem Einfluß des reglementaristischen Systems hat jedoch gezeigt, daß die Prostitution nicht mit den vom Reglementarismus angewandten Mitteln bekämpft werden kann. Der Reglementarismus hat insofern versagt, als er glaubt, durch die öffentliche, d. h. die unter behördliche Aufsicht gestellte Prostitution die heimlich betriebene, unkontrollierbare Gewerbsunzucht beseitigen zu können[9]. Schon in der grundsätzlichen Auffassung des theoretischen Reglementarismus findet sich an diesem Punkt ein gewisser Widerspruch: Ansatzpunkt des Reglementarismus ist, wie oben ausgeführt wurde, die durch den geschichtlichen Verlauf des Prostitutionswesens gewonnene Erkenntnis, daß sich die gewerbsmäßige Unzucht nicht ausrotten läßt, daß sie insbesondere mit Strafen nicht wirksam bekämpft werden kann. Der Satz von der Unausrottbarkeit der Prostitution hat jedoch seine Gültigkeit auch dann, wenn der Gesetzgeber die heimliche Prostitution, die sich der behördlichen Beaufsichtigung und Reglementierung zu entziehen versucht, unter Strafe stellt und auszurotten bestrebt ist. Es ist zu beachten, daß auch die polizeiliche Registrierung

---

[8] Vgl. im einzelnen Groth, S. 8.

[9] Hesse, S. 930; Münsterberg, S. 5 u. 15 ff.

und Kasernierung Zwangsmaßnahmen sind, denen die Mehrzahl der Dirnen – nicht zuletzt wegen der diffamierenden Wirkung dieser Maßnahmen – durch die Flucht in die „Winkelprostitution" entgehen will. Schließlich wird eine Reglementierung, gleichgültig wie sie im einzelnen ausgestaltet ist, von den Prostituierten aus naheliegenden Gründen in ähnlicher Weise wie die Bestrafung als lästige obrigkeitliche Maßnahme empfunden. Diese Unfähigkeit des Reglementarismus, die heimliche Prostitution wirksam zu verhindern, ist daher das Hauptargument seiner Gegner. Betrachtet man die Erfolglosigkeit des Systems in der Erreichung seiner Ziele, so wiegen die negativen Begleiterscheinungen besonders schwer: die staatliche Duldung öffentlicher Häuser und Bordelle erweckt bei oberflächlicher Beurteilung den Eindruck, als billige die Obrigkeit die gewerbsmäßige Unzucht durch eine Art „Konzessionierung" dieser Einrichtungen. Die scheinbare Billigung der Prostitution kann vielfach unter der Bevölkerung eine wachsende Enthemmung herbeiführen und eine Anregung zur Unzucht und zum Besuch öffentlicher Häuser geben, wie auch das natürliche Schamgefühl durch die Vorstellung vom Bordell als einer gewissermaßen „legalen" Einrichtung beeinträchtigt wird.

Von den schädlichen Einflüssen der Duldung von Bordellen auf die allgemeinen sittlichen Anschauungen abgesehen, ist nicht zuletzt auch auf die Lage der in den öffentlichen Häusern untergebrachten Dirnen hinzuweisen. Der Aufenthalt in öffentlichen Häusern und Bordellen zieht für die Prostituierten in gesundheitlicher und moralischer Beziehung schädliche Folgen nach sich[10]. Er erschwert vor allem, wenn eine Prostituierte erst einmal als solche behördlich registriert und als Dirne abgestempelt ist, ihre Rückführung in ein normales und geordnetes Leben. Durch die Kasernierung lieferte der Staat häufig die Dirnen ausbeuterischen Bordellwirten und Vermietern aus. Da deren Verhalten von den Polizeiorganen im Zuge der Reglementierung geduldet wurde, hatten sie den Dirnen gegenüber in gewissem Sinne eine „Monopolstellung" inne.

Die Duldung von Bordellen erschien besonders widerspruchsvoll im Verhältnis zur strafrechtlichen Behandlung der *Kuppelei.* Nach der bis 1927 gültigen Fassung des § 180 StGB, die in der jetzigen Fassung des § 180 Abs. 1 bestehengeblieben ist, stellte der Gesetzgeber jede Art von eigennütziger und gewohnheitsmäßiger Wohnungsgewährung zur Ausübung der gewerbsmäßigen Unzucht unter Strafe. Durch die Kasernierungsmaßnahmen der Polizeiorgane, die sich hierbei auf § 361 Ziff. 6 a. F. StGB stützten, wurden die Dirnen jedoch dazu angehalten, ihrem Gewerbe nur noch in den dafür bestimmten Häusern nachzugehen und sich somit in die Abhängigkeit eines Bordellwirtes oder

---

[10] Bohne, S. 445.

Vermieters eines entsprechenden Appartements zu begeben. Da aber die Haltung eines Bordells offensichtlich eine besonders auffällige Form der Wohnungsgewährung zur Ausübung der Unzucht darstellte, tauchte nach früherem Recht die umstrittene Frage auf, ob im Halten eines Bordells auch im Falle der polizeilichen Genehmigung eine strafbare Kuppelei zu sehen sei. Hier ging es um das bemerkenswerte Problem, daß die polizeiliche Regelung des Prostitutionswesens in Widerspruch zu der Strafrechtsordnung stand. In diesem Punkt war die „Einheit der Rechtsordnung“ offensichtlich gestört. Diese Diskrepanz zwischen dem praktischen behördlichen Vorgehen bei der polizeilichen Reglementierung der Prostitution einerseits und der weitgefaßten Strafdrohung gegen die Kuppelei andererseits zeigt deutlich, daß die strafrechtliche Behandlung der Kuppelei seit jeher in einem inneren Zusammenhang zur Regelung der Prostitutionsfrage steht und gleich wie diese weitgehend von Erwägungen des praktischen Lebens abhängig ist. Die Strafdrohung des § 180 a. F. StGB gegen die Kuppelei sollte damals nach dem Willen des Gesetzgebers in erster Linie der Bekämpfung der heimlichen Prostitution dienen und damit letztlich die Bestrebungen des Reglementarismus unterstützen, die Dirnen von der Ausübung ihres Gewerbes an jedem beliebigen Ort abzuhalten. Als mittelbares Bekämpfungsmittel der Prostitution wurde der strafrechtliche Tatbestand der Kuppelei sonach in das reglementarische System der Behandlung der Prostitutionsfrage einbezogen und von der gerichtlichen Praxis auch in diesem Sinne verstanden. Nur von dieser Ebene aus ist der offensichtliche Widerspruch zwischen der tatbestandsmäßigen Fassung des früheren Kuppeleitatbestandes und der behördlichen Duldung von Bordellen und öffentlichen Häusern zu erklären.

2. *Der Abolitionismus*

Während der Reglementarismus die Prostitution grundsätzlich für strafbar erklärt und sie lediglich duldet, soweit sie unter behördlicher Überwachung steht, also „reglementiert“ ist, nimmt die Richtung des *Abolitionismus* in der Prostitutionsfrage eine in jeder Hinsicht gegensätzliche Haltung ein. Auch der Abolitionismus sieht die gewerbsmäßige Unzucht als eine unerfreuliche soziale Erscheinung an, er geht aber von ihrer Unabwendbarkeit aus, die auf bestimmten sozialen Gegebenheiten beruht[12]. Daher wendet er sich einerseits grundsätzlich gegen eine Bestrafung der Prostitution, andererseits fordert er eine völlige Freistellung der Dirnen von jeder Reglementierung. Finden wir also beim Reglementarismus das Prinzip der öffentlichen, aber behördlich reglementierten Prostitution, so begegnet uns im Abolitionismus das Prinzip der „freien“

[11] Vgl. dazu Bohne, S. 445.

[12] Groth, S. 88.

Prostitution. Das bedeutet freilich nicht, daß der Abolitionismus der gewerbsmäßigen Unzucht völlig freie Bahn ließe und aus Resignation über die Unmöglichkeit ihrer Beseitigung auf jede Auseinandersetzung mit diesem sozialen Phänomen verzichtete; er beschreitet lediglich einen anderen Weg zu dessen Bekämpfung. Die verschiedene Betrachtungsweise des Abolitionismus und des Reglementarismus erklärt sich vor allem aus der geschichtlichen Entwicklung des Abolitionismus als einer Reaktion auf den Reglementarismus. Die Begründung des Abolitionismus nimmt ihren Ausgang vom tatsächlichen Erscheinungsbild der Prostitution, wie es unter dem Einfluß des reglementaristischen Systems in der Zeit nach 1870 nicht nur in Deutschland, sondern auch in anderen Ländern bestanden hat. Es waren zunächst in erster Linie die Frauenvereine – zuerst in England (Josefine Butler) –, die sich gegen die Reglementierung der Prostitution wandten mit dem Argument, die polizeilichen Maßnahmen gegen einzelne, als Dirnen registrierte Frauen beeinträchtigten deren persönliche Würde und Menschenrechte in unzulässiger Weise und führten zur öffentlichen Diskriminierung, während auf der anderen Seite das heimliche Dirnentum unkontrolliert und unkontrollierbar nach wie vor fortbestehe [13].

Die Grundsätze, auf denen der Abolitionismus aufbauen will, haben daher ihren wesentlichen Ansatzpunkt in der Kritik am Reglementarismus. Von diesem Boden aus versuchte der Abolitionismus einen eigenen Weg zu positiven Maßnahmen gegen die Prostitution zu finden. Er ist bestrebt, unter Verzicht auf polizeiliche und sonstige Zwangsmittel die Prostitutionsfrage in erster Linie nach fürsorgerischen und erzieherischen Gesichtspunkten zu lösen, um das Übel gewissermaßen an seiner Wurzel zu packen. Daher stehen beim Abolitionismus die Hebung des sexuellen Verantwortungsgefühls, die allgemeine Aufklärung über die Gefahren der Prostitution, die vorbeugenden Maßnahmen gegenüber sittlich Gefährdeten sowie die ärztliche Überwachung und Behandlung möglichst vieler Geschlechtskranker und in dieser Hinsicht Gefährdeter im Vordergrund [14]. So soll z. B. die ärztliche Überwachung sich nicht nur auf die Dirnen, sondern auch auf ihre männlichen Partner erstrecken. Wenn jetzt noch eine behördliche Registrierung der Dirnen verlangt wird, so geschieht es nur noch im Rahmen der Bekämpfung der Geschlechtskrankheiten. Von ihr wird aber auch jeder andere, der geschlechtskrank ist, in gleicher Weise betroffen.

Ist nach dem Gesagten eine deutliche Abkehr des Abolitionismus vom System des Reglementarismus bezüglich der behördlichen Beaufsichtigung der gewerbsmäßigen Unzucht zu erkennen, so zeigt sich die Gegensätzlichkeit beider Richtungen, wie oben schon angedeutet, auch in der

---

[13] Borelli-Starck, S. 28. [14] Dannemann, S. 91.

Frage der Strafbarkeit der Prostitution. Bei aller Abneigung gegen eine schroffe Bekämpfung der Prostitution zeigt sich doch, daß auch der Abolitionismus nicht völlig auf das Mittel der Strafe verzichten kann. Die Freistellung der Prostitution von jeglicher Reglementierung bringt die Gefahr der zügellosen und ärgerniserregenden Ausbreitung der Gewerbsunzucht mit sich. Zur Sicherung vor dieser Gefahr und zur Wahrung der Mindestgrenzen sittlichen Anstandes sind auch nach dem System des Abolitionismus Strafandrohungen gegen bestimmte Erscheinungsformen der Prostitution erforderlich, und zwar gegen die Formen, die sich als besonders schädlich und gefährlich erweisen und die allgemeinen Anschauungen über die Sittlichkeit erheblich verletzen. So muß das Unzuchtsgewerbe nach Möglichkeit von Orten ferngehalten werden, wo es eine sittliche Gefahr für die Jugend bedeutet oder wo es wegen der Würde des Ortes, wie z. B. in der Nähe von Kirchen und Friedhöfen, ein besonderes Ärgernis darstellt. Unter diesen Voraussetzungen, aber nur unter diesen, tritt auch der Abolitionismus für die Strafbarkeit der gewerbsmäßigen Unzucht ein. Er begrenzt daher den Kreis strafrechtlicher Sanktionen und scheidet sie im Gegensatz zum Reglementarismus von den sonstigen behördlichen Maßnahmen zur Regelung der Prostitutionsfrage.

Obwohl die tatsächliche Entwicklung des Prostitutionswesens schon früh erwiesen hatte, daß die Reglementierung der Dirnen die gewerbsmäßige Unzucht nicht einzudämmen vermochte, sondern jene in Wirklichkeit in geheime Schlupfwinkel abdrängte und die Verbreitung der Geschlechtskrankheiten eher förderte als einschränkte, setzten sich die Bestrebungen des Abolitionismus in Deutschland gegen das bestehende reglementaristische System nur schwer und erst allmählich durch. Von unbedeutenden Veränderungen abgesehen, bestand der Reglementarismus, wie er in § 361 Ziff. 6 a. F. StGB seine rechtliche Grundlage hatte, bis zum Jahre 1927 fort. Erst das Gesetz zur Bekämpfung der Geschlechtskrankheiten (GBG) vom 18. 2. 1927 brachte den entscheidenden Bruch mit dem reglementaristischen System und verhalf dem Abolitionismus zum Sieg. Dieses Gesetz formte das äußere Erscheinungsbild der Prostitution mit, wie wir es heute in Deutschland vorfinden. Zwar ist an seine Stelle später das Gesetz zur Bekämpfung der Geschlechtskrankheiten vom 23. 7. 1953 getreten. Es enthält jedoch keine grundsätzlichen Änderungen gegenüber dem Gesetz von 1927, sondern setzt es sinngemäß wieder in Kraft, nachdem das Gesetz zur Bekämpfung der Geschlechtskrankheiten von 1927 in der Zeit zwischen 1933 und 1945 zum Teil durch Ministererlasse aufgehoben und in den ersten Nachkriegsjahren durch Kontrollratsdirektiven in verschiedener Hinsicht abgeändert worden war [15]. Aus

[15] Vgl. Borelli-Starck, S. 30.

diesem Grunde soll die Erörterung des Gesetzes zur Bekämpfung der Geschlechtskrankheiten von 1927 bzw. von 1953 im Zusammenhang mit der Darstellung der Regelung der Prostitution nach dem *heute* geltenden Recht erfolgen.

II. Die Regelung der Prostitutionsfrage nach geltendem deutschem Recht

1. Die strafrechtliche Behandlung der Prostitution

a) Die Strafbarkeit nach § 361 Ziff. 6–6 c StGB

Die Überwindung des Reglementarismus und die Durchsetzung des Abolitionismus durch das GBG von 1927 spiegeln sich am deutlichsten in der Aufhebung der Vorschrift des § 361 Ziff. 6 a. F. StGB wider, in der der Reglementarismus seine rechtliche Grundlage besessen hatte. Wie erwähnt, war gemäß § 361 Ziff. 6 a. F. die gewerbsmäßige Unzucht strafbar, es sei denn, daß die Dirne polizeilicher Aufsicht unterstand und den für sie erlassenen Vorschriften nachkam. Im Gefolge der abolitionistischen Bestrebungen wurde 1927 auf Grund des GBG nunmehr die Prostitution als solche für straffrei erklärt. Gleichzeitig führte man jedoch durch Neufassung der Ziff. 6 des § 361 und durch die neue Ziff. 6 a zum Schutze des Publikums und der Jugend jene auch für das abolitionistische System unerläßlichen Sicherungen ein, die die schädlichsten Auswüchse der Prostitution verhindern sollten. Durch abermalige Neufassung der Ziff. 6–6 c im Jahre 1933 wurde jener Schutz noch verstärkt. Schließlich wurde auf Grund des Strafrechtsänderungsgesetzes von 1960 Ziff. 6 c des § 361 neu gefaßt.

Danach wird nach heute geltendem Strafrecht mit Haft bestraft:

§ 361 Ziff. 6: „Wer öffentlich in auffälliger Weise oder in einer Weise, die geeignet ist, einzelne oder die Allgemeinheit zu belästigen, zur Unzucht auffordert oder sich dazu anbietet;

Ziff. 6 a: Wer gewohnheitsmäßig zum Erwerbe Unzucht treibt und diesem Erwerbe in der Nähe von Kirchen oder in einer Wohnung nachgeht, in der Kinder oder jugendliche Personen zwischen 3 und 18 Jahren wohnen;

Ziff. 6 b: Wer gewohnheitsmäßig zum Erwerbe Unzucht treibt und diesem Erwerbe in der Nähe von Schulen oder anderen zum Besuch durch Kinder oder Jugendliche bestimmten Örtlichkeiten oder in einem Hause, in dem Kinder oder jugendliche Personen zwischen 3 und 18 Jahren wohnen, in einer diese Minderjährigen sittlich gefährdenden Weise nachgeht;

Ziff. 6 c: Wer gewohnheitsmäßig zum Erwerbe Unzucht treibt und diesem Erwerbe in einer Gemeinde oder in einem Bezirk einer Gemeinde nachgeht, in denen die Ausübung der Gewerbsunzucht durch Rechtsverordnung verboten ist."

Während § 361 Ziff. 6 StGB der Bekämpfung der auffälligen und anstößigen Erscheinungsformen zur Wahrung der öffentlichen Sittlichkeit und des öffentlichen Anstandes dient, behandeln die Ziffern 6 a bis 6 c des § 361 StGB das Verbot der Prostitution an bestimmten Orten, an denen ihre Zulassung sich als besonders störend und schädlich auswirken würde. Der Schutz der Jugend vor den sittlichen Gefahren, die durch die Begegnung mit der Prostitution ausgelöst werden, steht dabei nach dem Willen des Gesetzgebers im Vordergrund.

Besondere Beachtung verdient im Rahmen der einzelnen Bestimmungen die Ziff. 6 c des § 361 StGB, die durch das Strafrechtsänderungsgesetz vom 24. 6. 1960 neu gefaßt wurde. Bis zu diesem Zeitpunkt konnte gemäß Ziff. 6 c das Unzuchtsgewerbe lediglich in Städten mit weniger als 20 000 Einwohnern durch Anordnung der obersten Landesbehörden verboten werden, soweit es der Schutz der Jugend oder der öffentliche Anstand erforderte. Es spielte hier die Erwägung eine Rolle, daß das Eindringen der Prostitution in kleinere Gemeinden, die erfahrungsgemäß viel weniger mit der gewerbsmäßigen Unzucht in Berührung kommen als Großstädte, nach Möglichkeit verhindert werden soll. Dagegen fehlte in den Großstädten jegliche rechtliche Handhabe, den Personen, die der gewerbsmäßigen Unzucht nachgehen, den Aufenthalt in bestimmten öffentlichen Straßen und auf öffentlichen Plätzen, die nicht durch § 361 Ziff. 6 a und 6 b geschützt werden, wie etwa an Bahnhöfen oder in den Hauptstraßen des Stadtzentrums, zu verbieten. Gerade in den Hauptverkehrs- und Geschäftsstraßen der Großstädte sowie an den Großstadtbahnhöfen stellte das Dirnenwesen eine auffällige Störung für die Allgemeinheit und eine Gefahr für Jugendliche dar. In einigen Städten wurde daher der Versuch unternommen, das Unzuchtsgewerbe durch Verordnungen der Polizeibehörden einzuschränken, und zwar auf Grund der Generalklausel des § 14 des Preuß. Polizeiverwaltungsgesetzes (PrPVG) bzw. der entsprechenden, in den einzelnen Bundesländern geltenden Polizeigesetze, oder sogar auf Grund der Straßenverkehrsgesetze mit der Begründung, der öffentliche Verkehr werde durch das Dirnenwesen beeinträchtigt.

Der Bundesgerichtshof (BGH) hat in seiner Rechtsprechung zu dieser Frage die Grenzen behördlicher Maßnahmen gegen die Prostitution eindeutig gezogen, indem er feststellt, daß § 361 Ziff. 6 c StGB eine abschließende Regelung in der Frage der behördlichen Ordnung der Prostitution bedeute. Der BGH weist darauf hin, daß gemäß § 14 PrPVG die Polizeibehörden nur im Rahmen der *geltenden Gesetze* die nach pflichtmäßigem Ermessen notwendigen Maßnahmen treffen können. Des weiteren bestimme § 30 PrPVG, daß Polizeiverordnungen keine Maßnahmen anordnen dürfen, die mit den Gesetzen nicht im Einklang stehen. Aus diesen Gründen verbiete es sich, da eine ergänzende polizeiliche Regelung zu treffen, wo der Gesetzgeber eine bestimmte Frage, wie hier die behördliche Beaufsichtigung der Prostitution, erschöpfend geregelt habe (vgl. BGHSt Bd. 11, 13).

Der Bundesgerichtshof bestätigte mit dieser Auffassung unmißverständlich, daß die Polizeiorgane durch die Neuregelung der Prostitutionsfrage auf Grund des GBG von 1927 in ihren behördlichen Maßnahmen stark beschränkt werden. Mit der Neufassung des § 361 Ziff. 6 c durch das Strafrechtsänderungsgesetz von 1960 hat der Gesetzgeber nunmehr die Möglichkeit eröffnet, auch in den Großstädten, d. h. in Städten über 50 000 Einwohnern die Ausübung der gewerbsmäßigen Unzucht durch Anordnung der Landesregierungen für einzelne Stadtbezirke zum Schutze der Jugend und des öffentlichen Anstandes zu verbieten. Der maßgebende Art. 2 des Strafrechtsänderungsgesetzes lautet:

> Abs. 1: „Die Landesregierung kann die Ausübung der Gewerbsunzucht
> 1. in Gemeinden unter 20 000 Einwohnern für das ganze Gebiet der Gemeinde;
> 2. in Gemeinden von 20 000 bis zu 50 000 Einwohnern für das ganze Gebiet der Gemeinde oder für einzelne Bezirke und
> 3. in Gemeinden über 50 000 Einwohnern für einzelne Bezirke durch Rechtsverordnung zum Schutze der Jugend oder des öffentlichen Anstandes verbieten (§ 361 Nr. 6 c des StGB).
>
> Sie kann diese Ermächtigung durch Rechtsverordnung auf die höhere Verwaltungsbehörde übertragen.
>
> Abs. 2: Wohnungsbeschränkungen auf bestimmte Straßen oder Häuserblöcke zum Zwecke der Ausübung der gewerbsmäßigen Unzucht (Kasernierungen) sind verboten."

Mit dieser Regelung wurde eine dringende Forderung der Verwaltungs-, Polizei- und Fürsorgebehörden nach einem *umfassenderen Schutz* vor den Auswüchsen des Dirnenwesens erfüllt. § 361 Ziff. 6 c bietet aber nicht, wie man vielleicht nach seiner Formulierung im StGB vermuten möchte, eine rechtliche Grundlage für eine allgemeine Reglementierung des Prostitutionswesens dar. Er bedeutet demgemäß auch keine Hinwendung zu reglementaristischen Ideen, wie denn auch Abs. 2 des Art. 2 des Strafrechtsänderungsgesetzes von 1960 Wohnungsbeschränkungen auf bestimmte Straßen und Häuserblöcke ausdrücklich untersagt. Infolgedessen sind heute verwaltungsmäßige Verbote der Prostitution nur unter den rechtlichen Voraussetzungen des § 361 Ziff. 6 c n. F. StGB zulässig, und damit ist diese Materie abschließend geregelt. Über diesen nunmehr festgelegten Rahmen hinaus können behördliche Reglementierungsvorschriften weder auf die Bestimmung des § 361 Ziff. 6 c StGB selbst noch auf andere Rechtsnormen, insbesondere Polizeigesetze, gestützt werden.

b) Maßnahmen als Folge der Bestrafung nach § 361 Ziff. 6–6 c StGB

Neben den eigentlichen Strafnormen gegen die Prostitution gemäß § 361 Ziff. 6 bis 6 c StGB ist die Vorschrift des § 42 d StGB zu erwähnen, nach welcher als Folge einer Haftstrafe gem. § 361 Ziff. 6 StGB die gerichtliche *Einweisung in ein Arbeitshaus* erfolgen kann, wenn sie erforderlich ist, um die verurteilte Dirne zur Arbeit anzuhalten und an ein gesetzmäßiges und geordnetes Leben zu gewöhnen. Die Unterbringung in einem Arbeitshaus im Anschluß an eine Verurteilung gem. § 361 Ziff. 6–6 c ist keine Strafe im eigentlichen Sinne, da bei ihr der Gedanke der Sühne für begangenes Unrecht ausscheidet. Sie soll vielmehr als „Maßnahme" zur Besserung der Dirne in die Zukunft wirken. Demgemäß wäre sie ihrer Aufgabe nach den allgemeinen nichtstrafrechtlichen Maßnahmen zuzuordnen, über die in einem weiteren Abschnitt zu sprechen sein wird. Daß die Einweisung in ein Arbeitshaus an dieser Stelle erörtert wird, rechtfertigt sich daraus, daß sie nur als Folge einer Bestrafung gemäß § 361 Ziff. 6–6 c StGB verhängt werden kann und wegen ihres repressiven Charakters in der praktischen Durchführung der strafrechtlichen Behandlung der Prostitution nähersteht. Die Unterbringung in einem Arbeitshaus hat als Maßnahme zur Regelung der Prostitution allerdings nur geringe praktische Bedeutung. Sie kann als Besserungsmaßnahme nur über straffällig gewordene Dirnen verhängt werden und fällt daher als allgemein anwendbare Maßnahme aus. Davon abgesehen ist sie wegen ihres Zwangscharakters schwerlich das geeignete Mittel, die Dirnen an ein geordnetes Leben zu gewöhnen und sie nach ihrer Entlassung in geordnete Lebensverhältnisse zurückzuführen. So ist es zu erklären, daß die Einweisung in ein Arbeitshaus als Besserungsmaßregel in der Gerichtspraxis nur selten Anwendung findet [16].

2. Die Strafbarkeit der Kuppelei im Hinblick auf die neue Regelung des Prostitutionswesens

An der Neufassung des Kuppeleitatbestandes durch das GBG von 1927 erweist sich wiederum – worauf schon hingewiesen wurde – daß die Prostitutionsfrage eng mit dem Begriff der strafbaren Kuppelei zusammenhängt und ihre jeweilige Regelung stets bestimmte Wirkungen für die strafrechtliche Behandlung der Kuppelei nach sich zieht.

Während § 180 a. F. StGB – er ist im Abs. 1 des § 180 in der heute gültigen Fassung erhalten geblieben – entsprechend dem Ziel des Reglementarismus mittelbar der Bekämpfung der freien Prostitution diente, indem er jede einfache Wohnungsgewährung für strafbar erklärte, die gewohnheitsmäßig oder aus Eigennutz erfolgte und die Unzucht irgendwie förderte, mußte der Gesetzgeber mit der Freigabe der Prostitution auch hinsichtlich des Kuppeleitatbestandes dieser neuen Situation Rechnung tragen. Wenn das Gesetz die Prostitution grundsätzlich für straffrei erklärt und sie von jeder Reglementierung freistellt, so kann es auf der anderen Seite nicht das bloße Vermieten einer Wohnung an eine Dirne zu

---

[16] W. Bauer, S. 167.

einem angemessenen, nicht überhöhten Mietpreis unter Strafe stellen, sondern muß der Dirne auch einen Platz zugestehen, an dem sie wohnen und ihr Gewerbe ausüben kann[17]. Dies geschah durch Einfügung des heute geltenden Abs. 3 des § 180 StGB gemäß dem GBG von 1927. Danach ist die einfache Wohnungsgewährung an eine Dirne auch bei Vorliegen aller Voraussetzungen des Abs. 1 nur noch dann als Kuppelei strafbar, wenn der Wohnungsnehmer unter 18 Jahren alt ist, oder wenn an eine über 18 Jahre alte Wohnungsnehmerin vermietet wird und die Wohnungsgewährung mit besonderen, erschwerenden Umständen verbunden ist, wie mit Ausbeuten des Mieters oder seinem Anwerben oder Anhalten zur Unzucht.

Daneben unterstreicht der Gesetzgeber des GBG von 1927 seine bewußte Absage an den Reglementarismus noch einmal ausdrücklich durch die Einfügung des Abs. 2 des § 180 StGB, wonach die Unterhaltung eines Bordells oder bordellartigen Betriebes verboten und als Kuppelei bestraft wird.

Der Gesetzgeber folgte sonach bei Neugestaltung des Kuppeleitatbestandes mit der Einfügung der Abs. 2 und 3 des § 180 StGB denselben Grundgedanken, die für ihn auch bei der Durchführung der abolitionistischen Ideen in der Neufassung des § 361 Ziff. 6 StGB bestimmend waren.

3. *Die behördliche Beaufsichtigung der Prostitution*

a) Maßnahmen zum Schutze der Allgemeinheit vor Geschlechtskrankheiten

Im Hinblick auf das GBG von 1927 mußte das Einschreiten gegen die Prostitution hinter der allgemeinen Bekämpfung der Geschlechtskrankheiten zurücktreten. Behördlich erfaßt werden auf Grund des GBG von 1927 (1953) nicht mehr nur die Dirnen, sondern alle Personen gleich welchen Geschlechts, die geschlechtskrank sind und Geschlechtskrankheiten verbreiten können. Es ist allerdings zu berücksichtigen, daß zu dem genannten Personenkreis vorwiegend die weiblichen Prostituierten zu zählen sind, weil sie auf Grund ihres Gewerbes der Gefahr der Ansteckung mit Geschlechtskrankheiten besonders stark ausgesetzt sind und andererseits, wenn sie sich eine Geschlechtskrankheit zugezogen haben, diese auf eine unbegrenzte Zahl von Personen übertragen können. Dennoch unterläßt es das GBG von 1927 bzw. das für uns heute maßgebende GBG von 1953 bewußt, die Prostitution in irgendeiner Weise direkt zu erwähnen. An keiner Stelle ist von Maßnahmen gegen „Prostituierte“ oder „Puellae Publicae“, wie die amtliche Bezeichnung der Dirnen vor 1927 lautete, die Rede[18]. Statt dessen unterscheidet das GBG lediglich zwischen geschlechts-

---

[17] Stenglein, Anm. 2 zu § 16 GBG von 1927; Lehmann-Schäfer, Anm. LIV der Einl.; Dannemann, S. 104; Bohne, S. 487.

[18] Borelli-Starck, S. 30.

kranken Personen und solchen, die Geschlechtsverkehr mit häufig wechselnden Partnern pflegen und deshalb in gesundheitlicher Beziehung als gefährdet erscheinen. Durch diese Umschreibung soll schon der äußeren Form nach der Eindruck vermieden werden, als wende sich der Gesetzgeber bei der Bekämpfung der Geschlechtskrankheiten einseitig gegen die Prostituierten. Auch der Begriff der Person mit „häufig wechselndem Geschlechtsverkehrs" („hwG") darf nicht mit der Bezeichnung „Prostituierte" gleichgesetzt werden, denn zu jener Gruppe der Personen mit „hwG" zählen auch solche Frauen, die mehr oder weniger häufig Geschlechtsverkehr mit verschiedenen Männern ausüben, der Unzucht aber nicht unbedingt regelmäßig nachgehen, sondern nach außen oft einen bürgerlichen Beruf ausüben und Wert darauf legen, nicht als Dirne betrachtet zu werden. Es zählen also auch Frauen hierher, die nicht als Prostituierte im herkömmlichen Sinne gelten können. Tatsächlich haben die Behörden der Gesundheitsfürsorge (staatliche Gesundheitsämter) jedoch zur Kontrollierung von Geschlechtskranken und in dieser Hinsicht Gefährdeten eine Reihe von besonderen Machtbefugnissen erhalten, die in ihrer Tendenz und praktischen Auswirkung als vornehmlich gegen die Prostituierten gerichtet gelten müssen.

Es handelt sich um folgende Wege des behördlichen Einschreitens: Die Bekämpfung der Geschlechtskrankheiten umfaßt nach § 2 GBG von 1953 Maßnahmen zur Verhütung, Feststellung, Erkennung und Heilung von Geschlechtskrankheiten sowie die vorbeugende und nachgehende Gesundheitsfürsorge. Insoweit werden die Grundrechte auf körperliche Unversehrtheit (Art. 2 Abs. 2 Satz 1 des Grundgesetzes [GG]) und auf Freiheit der Person (Art. 2 Abs. 2 Satz 2 GG) eingeschränkt.

So sind die Gesundheitsämter befugt, von Personen, die dringend verdächtig sind, geschlechtskrank zu sein und Geschlechtskrankheiten zu verbreiten, die – gegebenenfalls wiederholte – Vorlage eines Gesundheitszeugnisses zu verlangen (§ 4 Abs. 1 GBG) und im Weigerungsfalle die betreffenden Personen polizeilich vorführen zu lassen (§ 18 Abs. 1 Ziff. 2 GBG). Bei positivem Befund der Untersuchung kann das Gesundheitsamt dem Geschlechtskranken die Auflage erteilen, sich zur weiteren Behandlung in ein Krankenhaus zu begeben. Im Weigerungsfalle erfolgt auf Antrag des Gesundheitsamtes die zwangsweise gerichtliche Einweisung in ein entsprechendes Krankenhaus (§ 18 Abs. 2 GBG). Darüber hinaus wird durch § 3 GBG jedermann die Pflicht auferlegt, sich in ärztliche Behandlung zu begeben, wenn er weiß oder den Umständen nach annehmen muß, daß er geschlechtskrank ist. Der behandelnde Arzt ist gehalten, durch Befragung des Patienten die Ansteckungsquelle und die Personen zu ermitteln, auf die die Geschlechtskrankheit möglicherweise übertragen wurde. Er hat dabei darauf hinzuwirken, daß sich die betreffenden Personen einer ärztlichen Beobachtung und Behandlung unterziehen. Ein

Arzt hat insbesondere jede Person dem Gesundheitsamt zu melden, die als Ansteckungsquelle in Frage kommen kann, und von der bekannt ist, daß sie Geschlechtsverkehr mit häufig wechselnden Partnern pflegt (§ 13 Abs. 2 GBG). Diese Personen werden durch die Gesundheitsämter karteimäßig registriert und überwacht.

Während die wichtigsten, hier aufgeführten Bestimmungen vorwiegend die zwangsweise Bekämpfung der Geschlechtskrankheiten im Auge haben, ist den Gesundheitsämtern in § 14 GBG die Aufgabe zugewiesen, gefährdete Personen zur freiwilligen Untersuchung zu veranlassen. Diesem Zweck dienen die von den Gesundheitsämtern eingerichteten Beratungsstellen für Geschlechtskranke, in denen sich Kranke und Gefährdete einer freiwilligen Untersuchung und Behandlung unterziehen können. Im Sinne der abolitionistischen Prinzipien soll die Regelung der Prostitution, auch soweit sie mittelbar durch die Bekämpfung der Geschlechtskrankheiten erfolgt, in erster Linie nicht mit Zwang, sondern durch geeignete behördliche Maßnahmen *beratender* und *fürsorgerischer* Art versucht werden. Nur wo diese versagen, soll der Kampf gegen die Geschlechtskrankheiten mit Zwangsmaßnahmen betrieben werden.

Die freiwillige Aufsuchung von Beratungsstellen kommt naturgemäß vor allem für die Dirnen in Betracht. Insofern haben im internen Sprachgebrauch der Gesundheitsämter die Begriffe „Prostituierte" und „PP" („Puellae Publicae") auch noch ihre Bedeutung. Unter diesen Bezeichnungen faßt man heute in der Praxis die Frauen zusammen, die aus ihrem Gewerbe keinen Hehl machen und sich einer regelmäßigen ärztlichen Kontrolle unterziehen. Die jeweilige Untersuchung wird auf einer Kontrollkarte vermerkt, die der Dirne ausgehändigt wird [19]. Mit ihr kann die Prostituierte nachweisen – bei etwaigen Kontrollen –, daß sie nicht geschlechtskrank ist. Diese Kategorie der Dirnen entspricht den früher eingeschriebenen Dirnen, die sich der Reglementierung unterwarfen. Auf diese Weise ist auch heute für die Behörden ein gewisser Überblick über die Prostituierten gewährleistet.

b) Weitere Maßnahmen erzieherischer und fürsorgerischer Art

Neben dem eigentlichen Schutz der Allgemeinheit vor den Gefahren der Prostitution für die Gesundheit stellt sich das GBG die Aufgabe, *individuelle Hilfe* für die Personen, die abzugleiten drohen oder schon mit der Prostitution in Berührung gekommen sind, durch fürsorgerische und erzieherische Maßnahmen zu leisten. In diesem Sinne arbeiten die Gesundheitsämter bei der Bekämpfung der Geschlechtskrankheiten eng mit den Fürsorgeverbänden, Jugendämtern, Versicherungsträgern und der Freien Wohlfahrtspflege zusammen, um auf diese Weise auf eine vorbeugende Fürsorge hinzuwirken. So sollen die Fürsorgeverbände und Jugendämter die

[19] Borelli-Starck, S. 30.

von den Gesundheitsämtern im Rahmen der Bekämpfung der Geschlechtskrankheiten festgestellten Personen, die verwahrlost sind oder zu verwahrlosen drohen, in ihre Obhut nehmen und betreuen, um nach Möglichkeit eine Grundlage für eine Resozialisierung der betreffenden Personen zu schaffen (§ 14 Abs. 2 GBG). Des weiteren obliegt es den Gesundheitsämtern, Maßnahmen zur Aufklärung und Belehrung der Bevölkerung, insbesondere der heranwachsenden Jugend in Schulen, Betrieben und Vereinigungen, über das Geschlechtsleben des Menschen sowie über das Wesen und die Gefahren der Geschlechtskrankheiten zu ergreifen (§ 15 Abs. 3 GBG).

III. Kritik an der heutigen gesetzlichen Regelung des Prostitutionswesens und Überblick über die Reformbestrebungen

Eine Kritik an der heutigen Regelung des Prostitutionswesens und des Kuppeleistrafrechts muß vom gegenwärtigen Erscheinungsbild der Prostitution und Kuppelei ausgehen: Die tatsächliche Entwicklung der Prostitution seit 1945 in den deutschen Großstädten zeigt, daß dem Abolitionismus der praktische Erfolg in ähnlicher Weise wie ehedem auch dem Reglementarismus weitgehend versagt geblieben ist. Auch dem abolitionistischen System ist es nicht gelungen, das Prostitutionswesen in eine für die Öffentlichkeit voll erträgliche Ordnung zu bringen. Die Konzentrierung auf die Bekämpfung der Geschlechtskrankheiten hat zwar eine wirksame Eindämmung der Geschlechtskrankheiten unter den Dirnen gebracht. Nach vorsichtiger Schätzung kann man heute mit einer Krankheitsquote von nur 1 bis 1,5 % bei den Prostituierten rechnen [20]. Auf der anderen Seite dürfen aber wesentliche Mängel der derzeitigen Regelung des Prostitutionswesens nicht übersehen werden: Die Freigabe der Prostitution und die Ausschaltung der Polizeiorgane, soweit sie nicht ausnahmsweise auf Grund der Strafvorschriften des § 361 Ziff. 6 StGB zum Einschreiten gegen einzelne strafbare Handlungen befugt sind, haben vor allem bewirkt, daß die Prostitution heute in allen größeren Städten des Bundesgebietes ein ungehemmtes und ungestörtes Dasein fristet, gegen das nach geltendem Recht nur sehr selten und dann jeweils nur im begrenzten Rahmen des § 361 Ziff. 6–6c StGB eingeschritten werden kann. Das Dirnenwesen zeigt sich daher in den mannigfaltigsten Erscheinungsformen: Finden wir in München z. B. die reine Straßenprostitution, so konzentriert sich das Unzuchtsgewerbe in Stuttgart im wesentlichen auf verschiedene Häuserblocks, während in Hamburg – neben einer kaum übersehbaren Straßenprostitution – die Dirnen zum Teil in bestimmten Straßenzügen zusammenwohnen, in denen sie sich zu den entsprechenden

---

[20] HERDER-Staatslexikon Bd. 6 (1961) Art. „Prostitution".

Zeiten ihrer Kundschaft in den sogenannten „Koberfenstern“ anbieten. Die Verhältnisse des Prostitutionswesens in manchen Städten rechtfertigten die Feststellung, daß die Dirnen in den Abendstunden das Straßenbild mancher Großstädte vielfach geradezu beherrschen. Außerdem fällt besonders auf, daß trotz des kategorisch ausgesprochenen Bordellverbotes des § 180 Abs. 2 StGB die Prostituierten häufig dennoch in Hausgemeinschaften zusammenwohnen, die sich vom Typ des Bordells und bordellartigen Betriebes, wie er unter dem reglementaristischen System verbreitet war, wohl häufig nur dadurch unterscheiden, daß die Dirnen sich in den betreffenden Häusern freiwillig und nicht infolge polizeilicher Kasernierungsmaßnahmen aufhalten.

Obwohl Umfang und Gesamtbild des Dirnenwesens heute einen unerfreulichen Anblick bieten, ist der Vorwurf gegen die jetzige Regelung wohl nicht gerechtfertigt, daß sie der Gewerbsunzucht Vorschub leiste und sie durch eine zu großzügige Einstellung gegenüber dieser sozialen Erscheinung fördere. Es ist zu berücksichtigen, daß an der gegenwärtigen zunehmenden Ausbreitung des Dirnenwesens besondere Umstände mitgewirkt haben, denen in diesem Zusammenhang allerdings nicht im einzelnen nachgegangen werden kann. Es sei nur etwa auf die Erscheinung der „Besatzungsprostitution“ hingewiesen oder auf den raschen wirtschaftlichen Aufschwung Westdeutschlands, der die starke Entwicklung des Unzuchtsgewerbes sicher begünstigt hat [21]. Jedenfalls kann festgestellt werden, daß die jetzige rechtliche Behandlung des Prostitutionswesens nicht zu einer befriedigenden Lösung der durch die Zeitverhältnisse bedingten Probleme geführt hat und im gegenwärtigen Zeitpunkt keine wirksamen Handhaben für eine durchgreifende Einschränkung der Prostitution bietet. Aus diesem Grunde mehren sich vor allem in der behördlichen Praxis die Stimmen, die für schärfere staatliche Maßnahmen, teilweise sogar für eine gewisse Reglementierung der Prostitution eintreten.

Es wird einerseits auf den unzureichenden Schutz hingewiesen, den die heutigen Strafnormen gegen die Prostitution gewähren. Das gilt vor allem im Hinblick auf die geringe Höhe der Strafdrohung des § 361 Ziff. 6–6 c StGB, der die Ausübung der gewerbsmäßigen Unzucht unter den genannten erschwerenden Voraussetzungen lediglich als Übertretung und demzufolge nur mit Haft bzw. mit Geldstrafe ahndet. Ferner ergeben sich in der Gerichtspraxis Schwierigkeiten in der Anwendung des § 361 Ziff. 6, so etwa bei Auslegung des Begriffes des „auffälligen und belästigenden Sichanbietens“ in Ziff. 6, oder des Tatbestandsmerkmals der „Gewohnheitsmäßigkeit“ in Ziff. 6a–6c. Letzteres fordert den Nachweis, daß sich bei der angeklagten Dirne ein Hang zur Gewerbsunzucht entwickelt hat, was gerade bei jugendlichen Dirnen oft schwer zu beweisen ist.

Angesichts solcher Mängel der gegenwärtigen gesetzlichen Regelung

---

[21] Vgl. dazu z. B. TH. WÜRTENBERGER, S. 34 ff.

versucht der *Entwurf des neuen Strafgesetzbuches von 1960* in § 223 der Strafdrohung des jetzigen § 361 Ziff. 6–6 c StGB dadurch mehr Gewicht zu verleihen, daß er die gewerbsmäßige Unzucht, zwar im wesentlichen unter den bisherigen tatbestandlichen Voraussetzungen, künftig jedoch als *Vergehen* mit Gefängnis bis zu 9 Monaten oder in leichteren Fällen mit Strafhaft bis zu 4 Wochen bestraft. Im übrigen bedarf es nach dem Entwurf des Nachweises der Gewohnheitsmäßigkeit nicht mehr.

Aber auch auf dem Gebiete der *behördlichen Beaufsichtigung* des Prostitutionswesens ist heute die Tendenz spürbar, die Prostitution durch Verwaltungsmaßnahmen der Polizei- und Fürsorgebehörden weiter einzuschränken. Auf den – allerdings unzulässigen – Versuch mancher Städte, durch Polizeiverordnungen auf Grund von § 14 PrPVG oder den entsprechenden Polizeigesetzen der zügellosen Ausbreitung der Prostitution entgegenzuwirken, wurde oben hingewiesen. In dieser Hinsicht hat – wie ausgeführt – das Strafrechtsänderungsgesetz vom 24. 6. 1960 insofern Abhilfe geschaffen, als es nunmehr die Aussperrung der Dirnen aus gewissen Stadtbezirken der Großstädte zuläßt (Art. 2 des Strafrechtsänderungsgesetzes).

Eine beachtliche künftige Neuerung im Bereich der fürsorgerischen und erzieherischen Betreuung der Dirnen hat das *Bundessozialhilfegesetz vom 30. 6. 1961* gebracht, das am 6. 6. 1962 in Kraft tritt. Der Gedanke des Abolitionismus, wie er im GBG von 1953 zum Ausdruck kommt, die Dirnen in größerem Ausmaß durch fürsorgerische und erzieherische Maßnahmen auf freiwilliger Grundlage von ihrem Gewerbe abzubringen und in ein geordnetes Leben zurückzuführen, erscheint vielleicht als allzu idealistische Betrachtungsweise. Denn eine Dirne wird auf Resozialisierungsversuche selten freiwillig eingehen, da ihr meist auf Grund ihrer inneren Einstellung und Persönlichkeitsartung die sittlichen Voraussetzungen dazu fehlen werden. Aus diesen Erwägungen hat der Gesetzgeber des Bundessozialhilfegesetzes von 1961 die rechtliche Grundlage für eine Erweiterung der Maßnahmen auf dem Gebiet der fürsorgerischen und erzieherischen Betreuung solcher Personen begründet, die aus Mangel an innerer Festigkeit kein geordnetes Leben innerhalb der Gemeinschaft führen können. Die maßgebenden Vorschriften lauten:

§ 72 Abs. 1: „Personen, die das zwanzigste Lebensjahr vollendet haben und die dadurch gefährdet sind, daß sie aus Mangel an innerer Festigkeit ein geordnetes Leben in der Gemeinschaft nicht führen können, soll Hilfe gewährt werden.

Abs. 2: Aufgabe der Hilfe ist es, den Gefährdeten zu einem geordneten Leben hinzuführen. Hierbei kommt vor allem die Gewöhnung des Gefährdeten an regelmäßige Arbeit in Betracht. Bei einem nichtseßhaften Gefährdeten ist anzustreben, daß er auf die Dauer seßhaft wird.

Abs. 3: Die Hilfe wird ohne Rücksicht auf vorhandenes Einkommen oder Vermögen gewährt."

§ 73 Abs. 1: „Dem Gefährdeten soll geraten werden, sich in die Obhut einer Anstalt, eines Heimes oder einer gleichartigen Einrichtung zu begeben, wenn andere Arten der Hilfe nicht ausreichen.

Abs. 2: Lehnt ein Gefährdeter die nach Abs. 1 angebotene Hilfe ab, kann das Gericht ihn anweisen, sich in einer geeigneten Anstalt, in einem geeigneten Heim oder in einer geeigneten gleichartigen Einrichtung aufzuhalten, wenn

1. der Gefährdete besonders willensschwach oder in seinem Triebleben besonders hemmungslos ist und
2. der Gefährdete verwahrlost oder der Gefahr der Verwahrlosung ausgesetzt ist und
3. die Hilfe nur in einer Anstalt, in einem Heim oder einer gleichartigen Einrichtung wirksam gewährt werden kann.

Das Grundrecht der Freiheit der Person nach Art. 2 Abs. 2 Satz 2 des Grundgesetzes wird insoweit eingeschränkt. Die Eignung der Anstalt, des Heimes oder der gleichartigen Einrichtung muß von der zuständigen Landesbehörde anerkannt sein.

Abs. 3 regelt das einzuschlagende Verfahren im einzelnen."

Im Hinblick auf die in § 73 Abs. 1 und 2 vorgesehenen Zwangsmaßnahmen gegen gefährdete Personen handelt es sich bei dem neuen Gesetz um für den Betroffenen sehr schwerwiegende Eingriffe in das persönliche Leben. Welche Bedeutung diesen weitreichenden Bestimmungen für die zukünftige Regelung der Prostitution zukommt, wird im wesentlichen davon abhängen, welche Ausgestaltung im einzelnen das vom Bundessozialhilfegesetz umrissene Programm in der Praxis erhalten wird. Jedenfalls zeichnet sich auf Grund dieser neuen Regelung die Tendenz des Gesetzgebers ab, die Prostitution in stärkerem Maße als bisher geschehen tatkräftig zu bekämpfen. Bemerkenswert ist, daß im Rahmen der künftigen Bekämpfung des Prostitutionswesens dem Einschreiten der Verwaltung in Gestalt der Fürsorgebehörden größeres Gewicht beigemessen wird als einer Verfolgung seitens des Strafrichters.

Zusammenfassend kann folgendes festgestellt werden: Die rechtliche Regelung der Prostitution hat, wie wir gesehen haben, seit ihrer bewußten Hinwendung zum Abolitionismus im GBG von 1927 unter dem Zwang der tatsächlichen Verhältnisse allmählich wieder zu einer gewissen gesetzlichen Einschränkung der ehemaligen Freigabe der Prostitution geführt. Konnte zunächst nur in Städten unter 20 000 Einwohnern die Prostitution durch Rechtsverordnungen der obersten Landesbehörden untersagt werden, so brachte die Neufassung des § 361 Ziffer 6c durch das Strafrechtsänderungsgesetz von 1960 die Möglichkeit eines Prostitutionsverbotes für bestimmte Stadtbezirke in den Großstädten. Ein weiterer Schritt in der Richtung einer stärkeren Reglementierung sind die Bestimmungen der §§ 73, 74 des Bundessozialhilfegesetzes von 1961 sowie die Verschärfung der Strafbestimmungen gegen die Prostitution in § 223 des Entwurfs von 1960 zum Strafgesetzbuch. Aus dieser Entwicklung der deutschen Gesetzgebung seit Erlaß des StGB von 1871 erkennen wir, daß in der Geschichte der Bekämpfung der Prostitution ein bestimmter *„Kreislauf“* stattzufinden scheint, der sich in groben Zügen so vollziehen dürfte: Bei starker Ausbreitung der Prostitution greift der Staat zur Abwehr mit behördlichen Reglementierungsmaßnahmen sowie mit Strafen ein, wenn die Verwaltungsvorschriften nicht befolgt werden. Die staatliche Intervention bewirkt jedoch nur eine scheinbare Eindämmung der Prostitution, in Wirklichkeit aber eine Verdrängung der Dirnen in geheime Schlupfwinkel. Aus diesem Grunde läßt die Intensität obrigkeitlicher Bekämpfung der Prostitution allmählich nach. An die Stelle strenger Reglementierung tritt weitgehende Freigabe der Prostitution, verbunden mit dem Versuch sozialer und fürsorgerischer Reformen, deren mangelnder Erfolg sich aber jeweils bald herausstellt. Das führt in der nächsten Phase der Entwicklung zu vermehrter staatlicher Reglementierung der Prostitution – und der ganze Kreislauf beginnt von neuem [22].

Es liegt nahe, die gegenwärtige rechtliche Regelung der Prostitution in der Bundesrepublik als eine „Übergangsstufe“ zwischen dem Abolitionismus einerseits und einer zunehmenden Reglementierung der Prostitution andererseits innerhalb jenes Kreislaufes zu betrachten. Ob die Reformbestrebungen, vor allem im Bereich der Fürsorge auf Grund des Bundessozialhilfegesetzes von 1961, diesen Kreislauf aufzuhalten vermögen und zu einer befriedigenderen Dauerlösung der Prostitutionsfrage führen werden, muß unter Berücksichtigung der Erfahrungen früherer Generationen wahrscheinlich skeptisch beurteilt werden. Dennoch werden Theorie und Praxis immer wieder versuchen müssen, neuartige, mit dem Rechtsstaatsgedanken vereinbare Mittel und Wege gegen eine allzu ungehemmte Ausbreitung des Prostitutionswesens zu finden.

Literaturverzeichnis

G. Aschaffenburg, Das Verbrechen und seine Bekämpfung, Heidelberg 1903. – Fritz Bauer, Das Verbrechen und die Gesellschaft, München/Basel 1957. – Willi Bauer, Geschichte und Wesen der Prostitution, Stuttgart 1956. – Gotthold Bohne, Kuppelei, Festgabe für Reinhard v. Frank, Bd. II, Tübingen 1930. – Siegfried Borelli und Willy Starck, Die Prostitution als psychologisches Problem, Berlin-Göttingen-Heidelberg 1957. – H. P. G. Dannemann, Die Bekämpfung der Geschlechtskrankheiten nach dem geltenden Reichsstrafrecht unter besonderer Berücksichtigung des Gesetzes v. 28. 2. 1927, Mannheim-Berlin-Leipzig 1928. – Erbs-Kohlhaas, Strafrechtliche Nebengesetze, Bd. I, München u. Berlin 1960. – Walter Groth, Die Wandlung des Unzuchtsbegriffes und ihre Rückwirkungen auf die Tatbestände der Kuppelei, Diss. Freiburg 1949. – Wilhelm Hagen u. Fritz Bernhardt, Gesetz zur Bekämpfung der Geschlechtskrankheiten, Komm. Berlin u. Frankfurt 1954. – Herder-Staatslexikon, hg. v. Verlag Herder, Freiburg i. Br., Bd. 6 (1961) Art. Prostitution. – Peter Hesse, in Mensch – Geschlecht – Gesell-

[22] Vgl. Roesner, S. 396; Hesse, S. 930.

schaft, hg. v. H. Giese u. A. Willy, Frankfurt 1954. – KOHLRAUSCH-LANGE, Kommentar zum StGB, 43. Aufl., Berlin 1961. – OTTO MÜNSTERBERG, Prostitution und Staat, Flugschriften der Deutschen Gesellschaft zur Bekämpfung der Geschlechtskrankheiten, Leipzig 1908. – A. PAPPRITZ, Einführung in das Studium der Prostitutionsfrage, Leipzig 1919. – ROESNER in Handwörterbuch der Kriminologie, Bd. II, hg. v. ALEXANDER ELSTER und HEINRICH LINGEMANN, Berlin und Leipzig 1936. – SCHÄFER/LEHMANN, Gesetz zur Bekämpfung der Geschlechtskrankheiten, Komm., Berlin-Mannheim-Leipzig 1928. – M. STENGLEIN, Komm. zu den strafrechtlichen Nebengesetzen, Bd. I, 5. Aufl. 1928. – TH. WÜRTENBERGER, Zur Kriminologie der Kuppelei, in: Kriminalbiologische Gegenwartsfragen, Bd. VII, Stuttgart 1953.

VÖLKERRECHT

DIE GELTUNG INTERNATIONALER VERTRÄGE IM INNERSTAATLICHEN RECHT

von Dr. EBERHARD MENZEL

Professor an der Universität Kiel
Direktor des Instituts für Internationales Recht

Wir leben in einer Welt der internationalen Zusammenarbeit. Die Errichtung der unzähligen internationalen Organisationen beweist dies ebenso wie das zahlenmäßige Anwachsen der zwischenstaatlichen Verträge und die ständige Ausweitung ihres Regelungsinhaltes. Da außerdem die internationale Ordnung kein den Staaten übergeordnetes Gesetzgebungsorgan kennt, sondern für die Geltung ihrer Rechtsetzung der Zustimmung der Staaten bedarf, ist der völkerrechtliche Vertrag zur zentralen Rechtsfigur der zwischenstaatlichen Beziehungen geworden.

Dementsprechend hat das Völkerrecht zahlreiche Grundsätze für den Abschluß, die Geltungsdauer, die Auslegung usw. der Verträge entwickelt. Es regelt auch den Umfang und die Formen der Haftung des Staates bei der Nichterfüllung dieser zwischenstaatlichen Vereinbarungen.

Dagegen bestimmen die Staaten durch eigene Rechtsetzung, in welcher Weise sie den auf Grund der völkerrechtlichen Verträge übernommenen Verpflichtungen gerecht werden, insbesondere welche Einwendungen gegen den Inhalt des Vertrages unter dem Gesichtspunkt des innerstaatlichen Rechts erhoben werden können und wie der Konfliktsfall zwischen Vertragsbestimmung und Vorschriften des staatlichen Rechts zu lösen ist. Das nationale Recht schreibt vor allem vor, ob ein solcher Vertrag von den Staatsorganen überhaupt geschlossen werden darf. Ungeachtet der bei Nichterfüllung entstehenden Entschädigungspflichten kann es die innerstaatliche Wirksamkeit den Verträgen versagen, die unter Verletzung von Verfassungs- oder anderen Vorschriften geschlossen wurden.

Diese Kompetenzverteilung zwischen der völkerrechtlichen und der innerstaatlichen Ordnung bei der Regelung des Vertragsrechts ist die notwendige Folgerung aus der Tatsache, daß es noch keine über-einzelstaatliche Ordnungsgewalt in dem Sinn gibt, wie sie etwa im Verhältnis eines föderativen Gesamtstaates zu seinen Gliedstaaten besteht. Trotz der Intensivierung der zwischenstaatlichen Beziehungen gilt nach wie vor der Grundsatz der staatlichen Souveräniät, wenn auch in einer gegenüber dem 19. und den ersten Jahrzehnten unseres Jahrhunderts modifizierten Form.

Diese Grundsituation beherrscht auch die Frage der Geltungskraft der internationalen Verträge im staatlichen Recht. Hierbei sind zwei Probleme zu unterscheiden: Einmal handelt es sich um das Verhältnis allgemein des Völkerrechts zum Landesrecht – also gewissermaßen um die en bloc-Entscheidung –, und zweitens um die Geltung einzelner Vertragsnormen gegenüber einzelnen Normen des staatlichen Rechts.

1. Der Grundsatz der Transformation

Manche Staaten treffen die en bloc-Entscheidung in dem Sinn, daß das Völkerrecht als solches – und zwar sowohl das Vertragsrecht als auch das Gewohnheitsrecht – zum Bestandteil des staatlichen Rechts erklärt werden. Ausdruck dieser Einstellung ist z. B. der für Großbritannien geltende Satz „International law is part of the law of the land".

In den kontinental-europäischen Staaten hat das Souveränitätsdenken stets eine größere Rolle gespielt und eine solche en bloc-Übernahme verhindert. Hier pflegt die verfassungsrechtliche Regelung getrennt nach Vertrags- und Gewohnheitsrecht vorgenommen zu werden. Einige Länder haben dem *Vertragsrecht* eine dominierende Stellung auch gegenüber dem staatlichen Recht eingeräumt. Dies ist der Fall z. B. bei Frankreich, dessen Verfassung von 1946 eine entsprechende Formel in Art. 26 enthielt, die allerdings in der Verfassung von 1958 nicht mehr enthalten ist.

Der deutschen Verfassungstradition entspricht dagegen, daß zwar gewisse Einzelheiten des Vertragsschlußrechts in den Verfassungen festgelegt werden, niemals aber das grundsätzliche Verhältnis zwischen völkerrechtlichem Vertragsrecht und Landesrecht erörtert wird.

Dagegen enthalten die deutschen Verfassungen von 1919 und 1949 Bestimmungen über die en bloc-Übernahme der *„allgemeinen Regeln des Völkerrechts"* (Art. 4 der Verfassung von 1919, Art. 25 des Bonner Grundgesetzes). Die Weimarer Regelung stellte dabei auf die „allgemein anerkannten Regeln" ab, was die Staatsrechtslehre und die Praxis veranlaßte, die ausdrückliche Zustimmung des deutschen Staates für erforderlich zu halten und auch eine einseitige Lösung von diesen Normen durch Gesetze, selbst durch einfache Erklärungen der Exekutive, für zulässig zu erachten. Hier wirkte die Klausel als „genereller Transformator". Die Regelung des Grundgesetzes weicht davon insofern ab, als die Zustimmung des deutschen Staates nicht mehr für erforderlich gehalten und den allgemeinen Regeln des Völkerrechts unabhängig von der staatlichen Zustimmung ein Rang zum mindesten vor dem einfachen Bundesrecht, möglicherweise sogar vor den Verfassungsnormen eingeräumt wird. Hierbei handelt es sich also um die grundsätzliche *Inkorporation* jener Regeln in das staatliche Recht.

Damit sind vom deutschen Recht aus für die Behandlung der beiden entscheidenden Formen des Völkerrechts – „allgemeine Regeln" als wesentlicher Teil des Gewohnheitsrechts einerseits, Völkervertragsrecht andererseits – unterschiedliche Grundsätze eingeführt: Im ersten Fall gilt kraft ausdrücklicher Verfassungsvorschrift (Art. 25) das Prinzip der *Inkorporation,* für das Vertragsrecht wegen des Fehlens einer solchen Bestimmung notwendigerweise dasjenige der *Transformation.*

Dieses Erfordernis der Transformation bedeutet zunächst, daß für den Bereich des staatlichen Rechts eine Umwandlung des Vertragsinhalts in deutsches Recht stattfinden muß. Dies trifft vor allem die Verträge, deren Zweck nur durch einen zusätzlichen Gesetzgebungsakt erfüllt werden kann. Nach dem Grundsatz der Gesetzesstaatlichkeit lassen sich Berechtigungen und Verpflichtungen des Staatsbürgers nur auf diesem Wege begründen. Das Transformationsprinzip hat aber auch zur Folge, daß Einwendungen gegen die Gültigkeit des Vertrages aus dem innerstaatlichen Recht, insbesondere auf Grund entgegenstehender Verfassungsnormen, erhoben werden können. Deshalb hat von jeher die Frage, ob es sich um einen sog. „self-executing treaty" handelt – d. h. einen solchen, dessen Zweck ohne weiteren Durchführungsakt durch entsprechendes Handeln der vertragschließenden Exekutive erfüllt werden kann –, oder um eine Vereinbarung, die einen Akt der Gesetzgebung erforderlich macht, in Deutschland kaum eine Rolle gespielt. Unabhängig von der Frage der völkerrechtlichen Haftung wegen Nichterfüllung hat das deutsche Staatsrecht immer für sich in Anspruch genommen, auch die Rechtsgültigkeit der sog. „self-executing treaties" unter Anlegung innerstaatlicher Maßstäbe zu prüfen.

Für die Mehrzahl aller Verträge, vor allem für die politisch bedeutsamen Verträge – wobei es gleichgültig ist, ob es sich im Sinne der amerikanischen Lehre um self-executing treaties handelt oder nicht – ergibt sich die Transformation auf Grund des in Art. 59 GG vorgeschriebenen Verfahrens der parlamentarischen Zustimmung.

2. Die parlamentarische Zustimmung nach Art. 59

Art. 59 Abs. 2 GG lautet:

> „Verträge, welche die politischen Beziehungen des Bundes regeln oder sich auf Gegenstände der Bundesgesetzgebung beziehen, bedürfen der Zustimmung oder der Mitwirkung der jeweils für die Bundesgesetzgebung zuständigen Körperschaften in der Form eines Bundesgesetzes. Für Verwaltungsabkommen gelten die Vorschriften über die Bundesverwaltung entsprechend."

Diese Bestimmung besagt also ein Doppeltes: Einmal sollen alle politisch bedeutsamen Verträge nur abgeschlossen werden, wenn der Bundestag zustimmt. Dies kann auch für Verträge gelten, deren Durchführung wegen ihrer Auswirkung auf den Staatsbürger zusätzlich einen Gesetzgebungsakt erforderlich macht. Bei den politischen Verträgen – ungeachtet der Tatsache, ob sie „self-executing" sind oder nicht – trifft das Parlament also eine *politische Entscheidung.* Hier ist es Mitinhaber der Auswärtigen Gewalt und handelt als Repräsentant der Nation in Ausführung des in Art. 20 niedergelegten Grundsatzes, daß die Staatsgewalt beim Volk liegt. Insofern ist die auswärtige Gewalt in der Form der Vertragsgewalt eine „kombinierte Gewalt", d. h. sie liegt zwar vorwiegend, aber keineswegs ausschließlich bei der Exekutive.

Die zweite Alternative des Art. 59 betrifft dagegen das *Parlament als Gesetzgeber.* Wenn ein Vertrag über eine Materie abgeschlossen werden soll, die, wenn es sich um eine rein innerstaatliche Rechtsetzung handeln würde, nur in der Form eines Gesetzes geregelt werden könnte, muß die parlamentarische Zustimmung vorliegen. Ob die Zustimmung des Bundestags genügt oder die Mitwirkung des Bundesrats erforderlich ist, richtet sich nach den für das Gesetzgebungsverfahren geltenden Grundsätzen.

Da es nun wenig sinnvoll erscheint, zunächst den Vertrag in völkerrechtlich gültiger Form abzuschließen und dann erst über das Ja oder Nein seiner innerstaatlichen Geltung zu beschließen, ist das Zustimmungserfordernis bereits in das Vertragsabschlußverfahren eingebaut worden. Praktisch bedeutet dies, daß ein Vertrag der beiden in Art. 59 Abs. 2 genannten Arten nicht ratifiziert werden darf, wenn diese Zustimmung nicht vorliegt. Bei Verträgen, die nicht ratifiziert zu werden brauchen – eine Entscheidung, die bekanntlich der Vereinbarung zwischen den Parteien vorbehalten ist –, kann die Unterzeichnung entweder nur unter diesem Vorbehalt erfolgen oder löst jedenfalls keine Wirkung aus, bevor nicht dem Erfordernis des Art. 59 Genüge getan ist.

Da im deutschen Staatsrecht das Verhältnis zwischen Exekutive und Legislative noch keineswegs in allen Einzelheiten geklärt ist, besteht noch keine Einigkeit über den Rechtscharakter einer solchen Zustimmung nach Art. 59 Abs. 2. Insbesondere ist strittig, ob eine solche Zustimmung nur ein „Nihil obstat" darstellt, womit es der Exekutive überlassen bleiben würde, ob sie einen vom Parlament genehmigten Vertrag zur Ausführung bringt. Nach anderer Auffassung handelt es sich um einen Befehl der Legislative an die Exekutive, der diese zur Durchführung verpflichtet. Wahrscheinlich wird man aber nach der Art des Vertrages und den konkreten Umständen differenzieren müssen. So steht wohl ein vom Parlament beschlossener Friedensvertrag nicht zur Disposition der Exekutive, während dies bei einem nebensächlichen Durchführungsvertrag der Fall sein kann. Die Auseinandersetzungen hierüber haben aber bisher ebensowenig zu einer Übereinstimmung geführt, wie bei der Frage der Geltungskraft außenpolitischer Entschließungen und Beschlüsse des Parlaments in ihrer Auswirkung auf die Exekutive.

Ist schon nach den bisherigen Ausführungen die innerstaatliche Geltungskraft der völkerrechtlichen Verträge in der Bundesrepublik von der Erfüllung unterschiedlicher Voraussetzungen abhängig, so wird das Bild noch komplizierter, wenn es sich um die im Grundgesetz für bestimmte Vertragstypen enthaltenen Sonderregelungen handelt.

3. Die Sonderegelungen gemäß Art. 24 und 79 Abs. 1 S. 2

Das Bonner Grundgesetz enthält zunächst eine Sonderbestimmung für diejenigen Verträge, durch die staatliche Hoheitsrechte auf internationale Organisationen übertragen werden. Ferner wurde im Zusammenhang mit der Errichtung der deutschen Streitkräfte, der Ablösung des Besatzungsregimes sowie dem zu erwartenden Friedensvertrag durch Gesetz vom 26. 3. 1954 (BGBl. I S. 45) der Versuch gemacht, einen möglichen Konflikt zwischen Verfassungsvorschriften und Vertragsbestimmungen auszuschalten.

a) Für die *Integrationsverträge und den Beitritt zu bestimmten Gruppen von internationalen Einrichtungen* bestimmt Art. 24:

„(1) Der Bund kann durch Gesetze Hoheitsrechte auf zwischenstaatliche Einrichtungen übertragen.
(2) Der Bund kann sich zur Wahrung des Friedens einem System gegenseitiger kollektiver Sicherheit einordnen; er wird hierbei in die Beschränkungen seiner Hoheitsrechte einwilligen, die eine friedliche und dauerhafte Ordnung in Europa und zwischen den Völkern der Welt herbeiführen und sichern.
(3) Zur Regelung zwischenstaatlicher Streitigkeiten wird der Bund Vereinbarungen über eine allgemeine, umfassende, obligatorische internationale Schiedsgerichtsbarkeit beitreten."

Diese verfassungsrechtliche Ermächtigung erlaubt also dem Bund, Hoheitsrechte auf zwischenstaatliche Einrichtungen ohne Durchführung einer formalen Verfassungsänderung nach Art. 79 Abs. 1 zu übertragen. Da hierfür ein einfaches Gesetz genügt, kann der Bundestag die Entscheidung mit einfacher Mehrheit treffen. Außerdem gestattet Art. 24, daß der Bund über Länderrechte disponiert, mithin an die Schranken der Gesetzgebungskompetenz der Art. 70 ff. nicht gebunden ist. Damit sind Einwendungen aus dem Grundgesetz wegen des Verzichts auf die Ausübung von Hoheitsrechten ausgeschlossen. Sie können aber wegen des sonstigen Vertragsinhalts erhoben werden.

Von dieser Möglichkeit der Übertragung von Hoheitsrechten ist bei der Errichtung der Europäischen Gemeinschaft für Kohle und Stahl (Montanunion), der Europäischen Wirtschaftsgemeinschaft (EWG), der Europäischen Atom-Gemeinschaft und anderen europäischen Integrationsverträgen (Beitritt zum Europarat) Gebrauch gemacht worden. Dagegen gehört die Bundesrepublik dem Internationalen Gerichtshof nicht an, obwohl in einigen Verträgen die Zuständigkeit dieses Gerichtshofs für die Entscheidung von Streitigkeiten vereinbart wurde. Die Tatsache, daß die Bundesrepublik den Beitritt zum Internationalen Gerichtshof noch nicht vollzogen hat – der im übrigen auch für Nichtmitgliedstaaten der Vereinten Nationen möglich wäre –, ist auf zu erwartende politische Komplikationen zurückzuführen: Zunächst befürchtete man ein sowjetisches Veto im Sicherheitsrat, während jetzt die Überlegung im Vordergrund steht, daß sich die Bundesrepublik möglicherweise mit dem gleichzeitigen Beitritt der sog. DDR einverstanden erklären müsse, was zu schwierigen Anerkennungsproblemen führen und der bisher eingenommenen politischen Haltung widersprechen würde.

b) Eine wesentlich andere Sachlage ergibt sich für die *Geltung internationaler Verträge der in Art. 79 Abs. 1 Satz 2 genannten Gruppen:*

> „Bei völkerrechtlichen Verträgen, die eine Friedensregelung, die Vorbereitung einer Friedensregelung oder den Abbau einer besatzungsrechtlichen Ordnung zum Gegenstand haben oder der Verteidigung der Bundesrepublik zu dienen bestimmt sind, genügt zur Klarstellung, daß die Bestimmungen des Grundgesetzes dem Abschluß und dem Inkrafttreten der Verträge nicht entgegenstehen, eine Ergänzung des Wortlauts des Grundgesetzes, die sich auf diese Klarstellung bezieht."

Diese reichlich verklausulierte Bestimmung wird nur bei Kenntnis des historischen Hintergrundes verständlich: Bei den Erörterungen über die Errichtung der Europäischen Verteidigungsgemeinschaft (EVG) und über die in diesem Zusammenhang zu schließenden Verträge mit den drei Westmächten (Deutschlandvertrag, Truppenstationierungsvertrag, Finanzprotokoll usw.) kam es zu lebhaften Auseinandersetzungen über die Verfassungsmäßigkeit einzelner Bestimmungen. Da die Opposition bereits im sog. „Wehrbeitragsstreit" das Bundesverfassungsgericht bemüht hatte und es nicht ausgeschlossen erschien, daß ihr zum mindesten in einigen Punkten recht gegeben würde, suchte man nach einer Lösung, die ohne Verzicht auf den ursprünglich von der Bundesregierung eingenommenen Standpunkt den Vorrang der Vertragsbestimmungen auch vor einzelnen Vorschriften des Grundgesetzes sichern sollte. Zwar war man nicht bereit, das Problem eines möglichen Konfliktes zwischen Vertrags- und Verfassungsnorm in voller Breite aufzurollen und eine etwa der niederländischen Verfassungsänderung von 1953 ähnliche Lösung herbeizuführen, doch sollte der Primat des Vertragsrechts wenigstens für bestimmte Gruppen von Verträgen festgelegt werden. So kam es zu der von Prestige-Rücksichten nicht unbeeinflußten Verfassungsergänzung durch das Gesetz vom 26. 3. 1954 (BGBl. I S. 45) mit ihrer problematischen „Klarstellungsklausel".

Von der dadurch eröffneten Möglichkeit ist bisher nur in einem einzigen Fall Gebrauch gemacht worden. Aber auch hier hatte der Gesetzgeber keine glückliche Hand. Durch das Gesetz vom 26. 3. 1954 wurde nämlich mit der erforderlichen Zweidrittel-Mehrheit folgender Art. 142 a eingefügt:

> „Die Bestimmungen dieses Grundgesetzes stehen dem Abschluß und dem Inkrafttreten der am 26. und 27. Mai 1952 in Bonn und Paris unterzeichneten Verträge (Vertrag über die Beziehungen zwischen der Bundesrepublik Deutschland und den drei Mächten und Vertrag über die Gründung der Europäischen Verteidigungsgemeinschaft) mit ihren Zusatz- und Nebenabkommen, insbesondere dem Protokoll vom 26. Juli 1952, nicht entgegen."

Diese Verträge von 1952 sind jedoch nicht in Kraft getreten, weil die französische Nationalversammlung der Errichtung der EVG nicht zugestimmt hat (August 1954). Die Verfassungsergänzung erwies sich damit als zu voreilig.

Im Oktober 1954 – also nach der Verfassungsergänzung – wurden neue Verträge geschlossen, die u. a. zur Errichtung der Westeuropäischen Union (WEU) führten. Dieses Vertragswerk enthält zwar auch den sog. Deutschland-Vertrag, den Truppenstationierungsvertrag sowie zahlreiche 1952 bereits unterzeichnete Protokolle. Der Inhalt dieser neuen Abmachungen ist teils identisch, teils nicht identisch mit den Vereinbarungen von 1952. Die neuen Verträge wurden auch im Bundesgesetzblatt veröffentlicht, wobei die Divergenz zu den früheren Abkommen bereits in der Bezeichnung der Verträge zum Ausdruck kommt. So erhielt der Deutschlandvertrag nunmehr die Überschrift „Vertrag über die Beziehungen zwischen der Bundesrepublik Deutschland und den drei Mächten vom 26. 5. 1952 in der gemäß Liste I zu dem am 23. 10. 1954 in Paris unterzeichneten Protokoll über die Beendigung des Besatzungsregimes in der Bundesrepublik Deutschland geänderten Fassung“ (BGBl. 1955 II, S. 305).

Damit ergibt sich eine völlig unbefriedigende Rechtslage: Die Klausel über den Vorrang der Verträge (Art. 79 Abs. 1 S. 2) gilt nur für die nicht in Kraft getretenen Verträge vom 26./27. 5. 1952. Da andererseits Art. 142 a nicht geändert, insbesondere nicht durch eine Vorschrift zugunsten der neuen Verträge ergänzt wurde, ist eine Privilegierung der im Oktober 1954 unterzeichneten Verträge nicht eingetreten.

Den deutschen Gerichten ist auf diese Weise eine schwere Aufgabe gestellt: Von einem materiellrechtlichen Standpunkt aus läßt sich die Auffassung vertreten, daß die nach 1954 weitergeltenden Vertragsbestimmungen der Abkommen von 1952 an der Privilegierung des Art. 79 Abs. 1 S. 2 teilnehmen; der Richter hätte dann durch einen Vergleich der beiden komplizierten Vertragskomplexe festzustellen, was unverändert weitergilt. Eine mehr formale Betrachtungsweise wird aber unter Berücksichtigung des in Art. 79 Abs. 1 S. 1 ausgesprochenen Grundsatzes der Verfassungsklarheit dem Art. 142 a jede Wirksamkeit absprechen, weil eine solche verfassungsrechtliche Vorzugsstellung nicht den Verträgen zugesprochen werden kann, die erst nach der Einfügung der „Klarstellungs“-Klausel abgeschlossen wurden. Es besteht wohl auch ein Anspruch darauf, daß die zu privilegierenden Verträge tatsächlich genannt werden. Zu allem Überfluß wird außerdem von bekannten Autoren der Standpunkt vertreten, daß die Ausnahmevorschrift des Art. 79 Abs. 1 S. 2 einen Verstoß gegen das in Abs. 1 S. 1 ausgesprochene Verbot der sog. Verfassungsdurchbrechung darstellt, womit der Geltung sowohl des Art. 79 Abs. 1 S. 2 als auch des Art. 142 a der Boden entzogen wäre.

Abschließend läßt sich zu diesen Problemen nur feststellen, daß die getroffene Regelung keineswegs überzeugt. Die den Sachverhalt verhüllende Kennzeichnung einer bloßen „Klarstellung“ und die bei Erlaß des Gesetzes im Vordergrund stehenden politisch-taktischen Erwägungen haben eine Situation der verfassungsrechtlichen Unsicherheit entstehen lassen, die baldiger Abhilfe bedarf. Die Säumnis des Gesetzgebers seit 1954 ist gerade angesichts der Bedeutung dieser Frage schwer verständlich. Dabei ist die Lösung denkbar einfach: Anstelle der Verträge von 1952 müßten diejenigen von 1954 genannt werden.

4. Die Auswirkung des föderativen Staatsaufbaus auf die Geltung der internationalen Verträge

Der bundesstaatliche Charakter der Bundesrepublik (Art. 20, 79 Abs. 3), d. h. die Aufteilung der Ausübung der Staatsgewalt zwischen Bund und Ländern, läßt unter dem Gesichtspunkt der Geltungskraft internationaler Verträge zwei entscheidende Fragen entstehen:

a) Haben die Länder das Recht, mit auswärtigen Staaten Verträge zu schließen und in welchem Umfang?

b) Richtet sich das Vertragsschlußrecht des Bundes nach der Aufteilung der Rechtsetzungszuständigkeit zwischen Bund und Ländern oder kann der Bund in internationalen Verträgen auch über Rechte der Länder verfügen?

a) Die erste Frage hat unter dem Abschnitt „Bund und Länder“ im Grundgesetz eine positive Regelung erfahren, deren Auslegung freilich umstritten ist. Art. 32 lautet:

„(1) Die Pflege der Beziehungen zu auswärtigen Staaten ist Sache des Bundes.
(2) Vor dem Abschluß eines Vertrages, der die besonderen Verhältnisse eines Landes berührt, ist das Land rechtzeitig zu hören.
(3) Soweit die Länder für die Gesetzgebung zuständig sind, können sie mit Zustimmung der Bundesregierung mit auswärtigen Staaten Verträge schließen.“

Unbestritten ist auf Grund dieser Regelung, daß die Ausübung der auswärtigen Gewalt und damit auch des Vertragsschlußrechts grundsätzlich dem Bund zusteht. Dieser Vorrang des Bundes ergibt sich auch aus Ziffer 2: Bei Bundesverträgen ist das Land, „dessen besondere Verhältnisse berührt werden“, zwar zu „hören“, jedoch ist seine Zustimmung nicht erforderlich, während umgekehrt bei Verträgen der Länder die Zustimmung der Bundesregierung vorliegen muß.

b) Schwierigkeiten bereitet aber die weitere Auslegung des Absatzes 3. Unklar ist nämlich, ob damit gesagt sein soll, daß das Vertragsschlußrecht sich nach der Gesetzgebungskompetenz zu richten habe. Träfe dies zu, so könnten nur die Länder über Gesetzgebungsmaterien der Länder Verträge schließen, während dies dem Bund verwehrt wäre. Die andere Auffassung erblickt in Absatz 1 die grundsätzliche Regelung und legt Abs. 3 dahingehend aus, daß als Ausnahme gegenüber den Bundesverträgen die Länder zwar auch Verträge abschließen dürfen, aber hierbei gegenständlich auf Fragen der ihnen vorbehaltenen Gesetzgebungsmaterien beschränkt sind. Der Hinweis auf das Gesetzgebungsrecht wäre demnach als Beschränkung des Ländervertragsrechts zu verstehen und würde keineswegs ausschließen, daß der Bund im Wege der internationalen Verträge über derartige Länderrechte verfügt, da er nicht unter einer solchen Einschränkung steht.

Diese Problematik hat zu Schwierigkeiten z. B. beim Abschluß von Kulturabkommen geführt, weil die Errichtung von Lehrstühlen, die Gründung von Instituten, die Regelung des Professoren- und Studentenaustausches usw. der landesrechtlichen Hochschulgesetzgebung unterliegen. Ähnliche Fragen haben sich beim Abschluß von Schiffahrts- und Niederlassungsverträgen ergeben, weil z. B. die Zusage von Meistbegünstigungsrechten bei Hafengebühren, bestimmten polizeirechtlichen Regelungen u. dgl. zur Zuständigkeit der Ländergesetzgebung gehören.

Hier wird eine Struktureigenart aller föderativen Staaten offenbar, jedenfalls aller Bundesstaaten, die den Gliedstaaten ein Vertragsschlußrecht zubilligen: Wird die Teilung der Gesetzgebungszuständigkeit zugrunde gelegt, so gerät der Gesamtstaat gegenüber den nicht-föderativen Staaten erheblich ins Hintertreffen, weil er in wichtigen Materien das Vertragsschlußrecht an seine Länder abgeben muß und daher über dieses Mittel der politischen Gestaltung nicht mehr verfügt. In krassen Fällen kann dies zu einer weitgehenden Lähmung seiner Rechtsetzungsgewalt auf dem Gebiet der auswärtigen Politik führen. Außerdem ist es vom Gesichtspunkt der staatlichen Integration nicht unbedenklich, wenn die fremden Staaten nicht mit ihm, sondern mit den Gliedstaaten z. B. Kulturabkommen schließen. Selbst bei Friedensverträgen könnte sich eine landesrechtliche Ausschlußkompetenz für bestimmte Fragen ergeben. Andererseits: Wird dem Gesamtstaat die Möglichkeit gegeben, die Vertragsschlußgewalt unabhängig von der innerstaatlichen Aufteilung der Gesetzgebungskompetenz auszuüben, besteht theoretisch die Gefahr, daß der föderative Aufbau auf dem Umweg über die gesamtstaatliche Vertragsgewalt ausgehöhlt wird. Es fragt sich also, welche Gefahr man als die schwerwiegendere betrachtet.

Die Erfahrung in anderen föderativen Staaten – z. B. den Vereinigten Staaten – zeigt, daß trotz dieser Gefahr für den Föderalismus der letztgenannte Weg gewählt wird. Gerade die Auseinandersetzungen der letzten Jahre um das Bricker-Amendment haben dies deutlich werden lassen. In der Bundesrepublik weist die Einschaltung des Art. 79 Abs. 1 Satz 2 in die gleiche Richtung. Auch Art. 24 gibt den Bundesinteressen den Vorrang. Für die Auslegung des Art. 32 Abs. 3 würde dies bedeuten, daß der Hinweis auf die Ländergesetzgebung als Beschränkung des Ländervertragsrechts, nicht aber als Schranke für die Ausübung der Bundesvertragsgewalt zu gelten hat.

Die staatliche Praxis der Bundesrepublik hat sich allerdings weder für den einen noch für den anderen Standpunkt eindeutig entschieden. In den Auseinandersetzungen zwischen Bund und Ländern ist es in der sog. *Lindauer Vereinbarung vom 14. 11. 1957* zu einer Art Stillhalteabrede gekommen, die unter Wahrung der unterschiedlichen Rechtsstandpunkte jedenfalls einen erträglichen modus vivendi geschaffen hat:

„1. Der Bund und die Länder halten an ihren bekannten Rechtsauffassungen über die Abschluß- und Transformationskompetenz bei völkerrechtlichen Verträgen, die ausschließliche Kompetenzen der Länder berühren, fest.

2. Die Länder halten ein Entgegenkommen bei der Anwendung der Art. 73 Ziff. 1 und 5 und Ziff. 4 des Grundgesetzes für möglich:
Eine Zuständigkeit des Bundes könnte danach z. B. für
A. Konsularverträge,
B. Handels- und Schiffahrtsverträge, Niederlassungsverträge sowie Verträge über den Waren- und Zahlungsverkehr,
C. Verträge über den Beitritt zu oder die Gründung von internationalen Organisationen
auch insoweit anerkannt werden, als diese Verträge Bestimmungen enthalten, bei denen es zweifelhaft sein könnte, ob sie im Rahmen eines internationalen Vertrages unter die ausschließliche Landesgesetzgebung fallen, wenn diese Bestimmungen
a) für solche Verträge typisch und in diesen Verträgen üblicherweise enthalten sind oder
b) einen untergeordneten Bestandteil des Vertrages bilden, dessen Schwerpunkt im übrigen zweifelsfrei im Bereich der Zuständigkeit des Bundes liegt.
Hierzu gehören Bestimmungen über Privilegien bei auswärtigen Staaten und internationalen Einrichtungen hinsichtlich des Steuer-, Polizei- und Enteignungsrechts (Immunitäten) sowie über die nähere Ausgestaltung der Rechte von Ausländern in Handels-, Schiffahrts- und Niederlassungsverträgen.

3. Bei Abschluß von Staatsverträgen, die nach Auffassung der Länder deren ausschließliche Kompetenzen berühren und nicht nach Ziff. 2 durch die Bundeskompetenz gedeckt sind, insbesondere also bei Kulturabkommen, wird wie folgt verfahren:
Soweit völkerrechtliche Verträge auf Gebiete der ausschließlichen Zuständigkeit der Länder eine Verpflichtung des Bundes oder der Länder begründen sollen, soll das Einverständnis der Länder herbeigeführt werden. Dieses Einverständnis soll vorliegen, bevor die Verpflichtung völkerrechtlich verbindlich wird. Falls die Bundesregierung einen solchen Vertrag dem Bundesrat gemäß Art. 59 Abs. 2 GG zuleitet, wird sie die Länder spätestens zum gleichen Zeitpunkt um die Erteilung des Einverständnisses bitten.
Bei den in Abs. 1 Satz 2 genannten Verträgen sollen die Länder an den Vorbereitungen für den Abschluß möglichst frühzeitig, in jedem Fall rechtzeitig vor der endgültigen Festlegung des Vertragstextes beteiligt werden.

4. Es wird weiter vereinbart, daß bei Verträgen, welche wesentliche Interessen der Länder berühren, gleichgültig, ob sie die ausschließliche Kompetenz der Länder betreffen oder nicht
a) die Länder möglichst frühzeitig über den beabsichtigten Abschluß derartiger Verträge unterrichtet werden, damit sie rechtzeitig ihre Wünsche geltend machen können,
b) ein ständiges Gremium aus Vertretern der Länder gebildet wird, das als

Gesprächspartner für das Auswärtige Amt oder die sonst zuständigen Fachressorts des Bundes im Zeitpunkt der Aushandlung internationaler Verträge zur Verfügung steht,

c) durch die Information dieses Gremiums und die von ihm abgegebenen Erklärungen die Vereinbarung nach Ziff. 3 nicht berührt wird.

5. Der Sonderfall des Art. 32 Abs. 2 GG wird durch Ziff. 4 nicht erfaßt."

5. *Die Behandlung der Konfliktsfälle*

Zunächst sei bemerkt, daß die Bestimmungen des Grundgesetzes über die Behandlung internationaler Verträge keinen Hinweis dafür enthalten, daß der *monistischen Auffassung* zu folgen sei. Nach dieser Theorie sind alle Rechtsgebiete im Sinne einer Pyramide miteinander verbunden („Einheit des rechtlichen Weltbildes"), was zur Folge haben soll, daß die Norm eines „übergeordneten" Rechtsgebietes als die höherwertige gilt und ein eigentlicher Konfliktsfall gar nicht möglich ist. Eher läßt sich aus Art. 24 und 59 die Geltung der *dualistischen Konzeption* ableiten, d. h. der Anschauung, daß Völkerrecht und staatliches Recht unterschiedliche Rechtskreise sind, zwischen denen echte Konfliktssituationen entstehen können. Jedenfalls spricht auch die staatliche Praxis dafür, denn nur auf dieser Grundlage sind die mannigfachen Klagen vor dem Bundesverfassungsgericht über die Verfassungswidrigkeit einiger vom Bund abgeschlossener internationaler Verträge verständlich.

Die Rechtsprechung hat für derartige Konfliktsfälle den richtigen Grundsatz ausgeprägt, daß eine *Vermutung gegen die Annahme eines solchen Konflikts* besteht. Nach Möglichkeit sind die Normen der Verträge und des staatlichen Rechts so auszulegen, als habe nicht die Absicht zur Setzung völkerrechtswidrigen staatlichen Rechts bestanden.

Läßt sich aber trotz einer solchen Vermutung die Tatsache eines Normenkonflikts nicht leugnen, so haben die Gerichte über entsprechende Einwendungen – Nichtgeltung von Vertragsbestimmungen wegen Verstoßes gegen Grundgesetzbestimmungen usw. – selbständig zu entscheiden. Die für die „allgemeinen Regeln des Völkerrechts" geltende Vorschrift des Art. 100 Abs. 2 mit der Verpflichtung für das Gericht, die Entscheidung des Bundesverfassungsgerichts einzuholen, ist auf Streitigkeiten aus Verträgen nicht anwendbar. Hier findet also eine solche Monopolisierung der rechtlichen Beurteilung nicht statt.

Für die Entscheidung der Gerichte – und entsprechend für diejenige der Verwaltungsbehörden usw. – ist im Konfliktsfall maßgebend, welcher Rang den internationalen Verträgen nach ihrer Transformation in das staatliche Rechtssystem zukommt. Hierbei sind folgende Abstufungen zu unterscheiden:

a) Die *Verträge nach Art. 79 Abs. 1 Satz 2* haben mindestens Verfassungsrang, wenn zu ihren Gunsten eine entsprechende Klausel in das Grundgesetz aufgenommen wird (bisher einziges Beispiel: Art. 142 a). Das bedeutet, daß früheres Verfassungsrecht und sowohl früheres als auch späteres Bundesrecht dem Inhalt der Verträge nicht entgegenstehen. Lediglich späteres Verfassungsrecht könnte zur Unwirksamkeit damit kollidierender Vertragsbestimmungen führen.

b) Die *Verträge nach Art. 24* sind insofern privilegiert, als Einwendungen gegen die Übertragung von Hoheitsrechten nicht geltend gemacht werden können. Dagegen ergreift diese Immunität nicht die anderen Vertragsbestimmungen. Letztere können daher mit Einwendungen aus früherem und späterem Verfassungsrecht sowie späterem gewöhnlichem Bundesrecht angegriffen werden.

c) Alle *anderen Verträge* haben nach herrschender Auffassung dem staatlichen Recht gegenüber den Rang einfachen Bundesrechts. Sie unterliegen damit den Einwendungen aus dem Grundgesetz und späterem Bundesrecht.

d) Alle *Verträge des Bundes* haben den Vorrang vor Landesrecht, und zwar sowohl gegenüber dem Landesverfassungs-, als auch gegenüber dem einfachen Landesrecht.

Abschließend sei bemerkt: Diese Grundsätze über die Ranghöhe völkerrechtlicher Verträge und dementsprechend über ihre Geltungskraft im staatlichen Recht sind noch Gegenstand lebhafter Erörterungen. Gerade in den letzten Jahren ist die Frage der Auswärtigen Gewalt unter den verschiedensten Gesichtspunkten in Rechtsprechung und Lehre behandelt worden. Dabei hat sich ergeben, daß noch keine völlige Übereinstimmung gerade in den Grundfragen besteht. So sind über das Verhältnis von Legislative zur Exekutive in diesem Zusammenhang noch starke Meinungsverschiedenheiten vorhanden: Bedeutet die Zustimmung zu Verträgen nach Art. 59 Abs. 2 ein bloßes „Nihil obstat" mit einem weiteren Verfügungsrecht der Exekutive über den genehmigten Vertrag, oder handelt es sich um einen Ausführungsbefehl der Legislative an die Exekutive? Diese Frage hängt wiederum damit zusammen, daß noch keine Klarheit darüber gewonnen ist, ob die Auswärtige Gewalt nur eine Angelegenheit der Exekutive oder auch der Legislative ist und – im letzteren Fall – eine Art „kombinierter Gewalt" darstellt. Auch im Bund-Länder-Verhältnis kann noch nicht als geklärt gelten, ob die föderative Staatsstruktur gewissermaßen nur innerhalb der Staatsgrenzen gilt oder ob sie auch im Bereich der zwischenstaatlichen Beziehungen jenseits der im Grundgesetz ausdrücklich geregelten Fälle Beachtung zu finden hat. Schließlich ist auch fraglich geworden, ob die Ranghöhe der internationalen Verträge sich lediglich nach dem Rang des Transformationsaktes (Zustimmungsgesetz) zu richten hat oder ob die Entscheidung nach dem Vertragsinhalt insofern auszurichten ist, als z. B. Gewährungen von Grundrechten den Rang von verfassungsmäßigen Grundrechten zu erhalten haben, da sie sonst durch spätere Maßnahmen des einfachen Gesetzgebers wieder aufgehoben werden können und damit ihres Garantiecharakters verlustig gehen würden. Zu dieser Problematik hat z. B. die Ratifizierung der Europäischen Konvention zum Schutze der Menschenrechte und Grundfreiheiten Anlaß gegeben. Schließlich spielt in den Erörterungen noch eine Rolle, ob auch bei privilegierten Verträgen (nach Art. 24 und 79 Abs. 1 S. 2) das sog. „änderungsfeste Verfassungsminimum" des Art. 79 Abs. 3 eine letzte Schranke darstellt, ein Problem, das im Zusammenhang mit bestimmten Integrationsverträgen Beachtung gefunden hat.

Aus alledem ergibt sich, daß die Geltungskraft der internationalen Verträge in der Bundesrepublik durch Verfassungsvorschriften zwar in den Grundzügen, keineswegs jedoch in allen Einzelheiten geklärt ist. Lehre und Rechtsprechung sind bemüht, diese Lücken zu schließen. Gerade dieses Bestreben hat das Überdenken der entscheidenden Grundfragen notwendig gemacht und damit zu einer Vertiefung der Erörterungen geführt, die noch keineswegs als abgeschlossen betrachtet werden können.

DAS INDIVIDUUM VOR DER INTERNATIONALEN GERICHTSBARKEIT

(Gegenwärtige Praxis)

von Dr. FRITZ MÜNCH

Professor an der Universität Bonn

I

1. Das *Thema* dieses Berichtes ist im Kern, mit anderen Worten bezeichnet, der Zugang des einzelnen zu der seit 1794 von den Staaten zuerst als Schiedsgerichtsbarkeit, dann im Ständigen Internationalen Gerichtshof und im Internationalen Gerichtshof sowie in zahlreichen Spezialinstitutionen geringerer Bedeutung entwickelten völkerrechtlichen Rechtspflege. Es ist also wesentlich enger als dasjenige, welches ERNST WOLFF unter dem Titel „Die internationalen Gerichte und die privaten Interessen“ [1] für den III. Internationalen Kongreß für Rechtsvergleichung in London bearbeitet hatte. Denn WOLFF hatte in erster Linie die überlieferte Praxis zu behandeln, nach der an der völkerrechtlichen Rechtspflege nur Staaten beteiligt sind und vor ihr infolgedessen private Interessen und Rechte nur insoweit beurteilt werden, als ein Staat sie aufnimmt und als eigenes Recht geltend macht. Auf die Ausnahmefälle, in denen die Privatpartei selbst einen locus standi vor internationalen Gerichten hat, konnte er nur verhältnismäßig kurz eingehen [2]; sie sind der Gegenstand des gegenwärtigen Berichts.

2. Über die *Erwünschtheit* und Dringlichkeit dieses Zugangs gibt es verschiedene Meinungen. Dem bisherigen System wirft man vor, daß es richterlichen Schutz gegen einen Staat nur vor dessen Gerichten gewährt, daß der internationale Schutz der Rechte des einzelnen von der politischen Entscheidung seines Heimatstaates abhängt, seine Sache zu vertreten [3], und

[1] In: Deutsche Landesreferate zum III. Internationalen Kongreß für Rechtsvergleichung in London 1950, S. 974–995.

[2] AaO, S. 989 ff.

[3] Ein subjektives Recht des einzelnen auf diplomatischen Schutz ist höchst problematisch. Darüber DOEHRING, Die Pflicht des Staates zur Gewährung diplomatischen Schutzes, besonders S. 88, 126.

daß die Voraussetzungen des diplomatischen Schutzes nach der noch überwiegenden, wenn auch mehr und mehr getadelten Praxis den Staatenlosen und den seine Staatsangehörigkeit Wechselnden schutzlos lassen [4].

Die Staaten selbst sind aber offensichtlich wenig geneigt, vom hergebrachten System abzugehen [5]; die folgende Aufstellung wird zeigen, daß viele der den Individuen zugänglichen internationalen Instanzen befristet sind und der Abwicklung von Kriegsereignissen und besonderen Schwierigkeiten dienen. Kein „claim" gegen einen Staat gehört zu den Zuständigkeiten der für die Dauer vorgesehenen Instanzen. Bei der Menschenrechtskonvention vom 4. November 1950 hat man Sorge getragen, daß formell ein Mitgliedstaat nie einem Individuum im gerichtlichen Verfahren gegenübersteht.

Eine neue Gelegenheit, den Gedanken an den Zugang des einzelnen zur völkerrechtlichen Rechtspflege zu propagieren, bietet die Frage nach dem Schutz ausländischer Investitionen. Man sieht aber bisher noch nicht, daß Staatenverträge den investierenden Unternehmen Rechtsbehelfe gegen den Empfangsstaat gegeben hätten. Entweder kann nach dem klassischen System der Heimatstaat des Investierenden den Empfangsstaat vor eine internationale Gerichtsbarkeit ziehen [6], oder er erwirbt durch Entschädigung seines Angehörigen dessen Anspruch und hat dann die Möglichkeit, ihn auf völkerrechtlichen Wegen zu verfolgen [7].

3. Die Dogmatik, die mit dem Thema zusammenhängt, interessiert gerade in Deutschland. Nach Art. 25 des Grundgesetzes für die Bundesrepublik Deutschland erzeugen die allgemeinen Regeln des Völkerrechts Rechte und Pflichten unmittelbar für die Bewohner des Bundesgebiets. Dadurch wird das Individuum nicht allgemein zum Völkerrechtssubjekt, aber der nächste Schritt in der hier eingeschlagenen Richtung wäre der, für das Individuum auch einen Rechtsweg vor internationalen Gerichten zu postulieren. Viele Stimmen in der deutschen und verwandten Literatur sehen in dem Zugang zu einem internationalen Gericht das Kriterium der Völkerrechtssubjektivität; diese sei noch nicht gegeben, wenn das Völkerrecht materielle Befugnisse und Pflichten für Individuen schaffe, aber deren Wahrnehmung und Gewährleistung den Staaten allein belasse [8].

---

[4] Z. B. Dahm, Völkerrecht, Bd. III, S. 252 ff.; Carabiber, Les juridictions internationales de droit privé, S. 81, 129 und passim.

[5] Das hatte Hudson, International Tribunals, 1944, S. 202, schon vorausgesagt.

[6] Deutsch-pakistanischer Vertrag vom 25. 11. 1959, BGBl. 1961 II, S. 793.

[7] System der USA nach dem Mutual Security Act und den danach geschlossenen Verträgen. Diese enthalten nicht notwendig eine Schiedsklausel.

[8] Schon Fleischmann in v. Liszt, Das Völkerrecht, 12. Aufl. 1925, S. 86; Partsch, Arch. d. öffentl. Rechts 74, 1948, S. 171; Dahm, Völkerrecht Bd. I, S. 413; Verdross, Völkerrecht, 4. Aufl., S. 76. Andeutungsweise W. Sauer, System des Völkerrechts, S. 104 Ziff. 3, S. 112 Anm. 15. In ähnlichem Sinn Kelsen, The Law of the United Nations, S. 41: „No right in a legal sense of the term exists if there is no possibility

Sodann ist die Bundesrepublik Deutschland Vertragsteil vieler neuer Abkommen, die internationale gerichtliche Institutionen den Individuen zugänglich machen.

Auch gibt es zum Thema zwei deutsche Neuerscheinungen: eine Spezialarbeit [9] und eine vom selben Verfasser bearbeitete Textsammlung, die sich zum größeren Teil mit internationalen Verfahren für Individuen befaßt [10].

Der Zugang des Individuums zur internationalen Gerichtsbarkeit läßt sich aber nicht nach der Dogmatik bestimmen. Es gehört zu den Konstanten des Problems, daß das allgemeine Völkerrecht keine Gerichtsbarkeit kennt und daß völkerrechtliche Rechtspflege auf besonderer Institution durch die beteiligten Staaten beruht. Sie hat dennoch sehr häufig Rechte der einzelnen zum Gegenstand gehabt [11]; man könnte eindrucksvoll genug daran erinnern, daß der Jay-Vertrag vom 19. November 1794, der die moderne völkerrechtliche Rechtspflege einleitete, ihr gleich drei Arten von Streitigkeiten überwies:

a) eine reine Staatenstreitigkeit, nämlich die Grenzziehung am St. Croix-Fluß,
b) reine Privatansprüche britischer Untertanen gegen Amerikaner, nur daß die USA eine Garantie leisteten,
c) Ansprüche Privater gegen den fremden Staat aus Prisennahmen und anderen Kriegshandlungen.

Da Vertragsfreiheit für die Ausgestaltung der internationalen Gerichtsbarkeit besteht, ist es möglich, dem Individuum unmittelbar Zugang zu ihr zu verschaffen, ebenso wie materielle Rechte für Individuen durch völkerrechtlichen Vertrag begründet werden können. Und so ist auch früher dem Individuum der Zugang zur völkerrechtlichen Rechtsprechung nicht grundsätzlich versagt worden; es gibt Beispiele dafür, in wie verschiedener Weise vor international eingesetzten Schiedsgerichten Privatparteien aufgetreten sind [12].

Allerdings schließt die bedeutendste Instanz der internationalen Gerichtsbarkeit, der Internationale Gerichtshof, ebenso wie sein Vorgänger, der Ständige Internationale Gerichtshof, nach Art. 34 seines Status unzwei-

---

for the subject of the so-called right to put into motion the coercive machinery . . ., if the subject has no access to a . . . court."

[9] H. J. Hallier, Völkerrechtliche Schiedsinstanzen für Einzelpersonen und ihr Verhältnis zur innerstaatlichen Gerichtsbarkeit. Eine Untersuchung der Praxis seit 1945. Beiträge zum ausländischen öffentlichen Recht und Völkerrecht 35, 1962.

[10] Internationale Gerichte und Schiedsgerichte. Verträge, Satzungen, Verfahrensordnungen, Materialien für Forschung und Praxis des ausländischen öffentlichen Rechts und Völkerrechts 1, 1961. Zitiert als „Materialien 1".

Eine andere Sammlung von Darstellungen und Texten ist herausgegeben von der Union Internationale des Avocats: Les Juridictions Internationales, 1958. Zitiert als „UIA Juridictions".

[11] De la Barra und Mercier in ihrem Bericht an das Institut de Droit International, Annuaire 33, II, S. 607, 618–626.

[12] AaO, S. 625; Carabiber, Les juridictions internationales de droit privé, 110 ff., und L'arbitrage international de droit privé, S. 12 f.

deutig Individuen als Prozeßparteien aus. Indessen bleibt aus anderen Gerichtsbarkeiten ein Bestand aufzunehmen.

II

4. Zur Abgrenzung der *internationalen* Gerichtsbarkeit von der einzelstaatlichen verwendet man meistens ein äußerliches Merkmal, wenn es auch wissenschaftlich nicht recht befriedigt und man sich eine Korrektur vorbehalten muß. „International" bestimmt sich nicht von der Funktion oder vom angewandten Recht, sondern von der Art der Bestellung. Es bedeutet, daß die Instanzen nicht von einem Staat allein, sondern durch einen völkerrechtlichen Akt, meist einen Vertrag, geschaffen sind und daß sie durch das Zusammenwirken mehrer Staaten oder durch internationale Organisationen besetzt werden. Es wird daher nach dem Vorgang von HALLIER [13] auch der Internationale Gerichtshof im Saarland einbezogen, der auf einem Beschluß des Rates der Westeuropäischen Union beruht, seine Zuständigkeit aber praktisch nur vermöge eines saarländischen Gesetzes ausüben konnte.

a) Ausgeschlossen bleiben nach diesem Begriff die innerstaatlichen Instanzen, die etwa nach Globalentschädigungsabkommen über die Ansprüche der Bürger zu befinden haben [14]. Zwar entscheiden sie sachlich über dieselben Fragen wie die gemischten oder internationalen Claims Commissions [15], aber sie sind eben nicht international in ihrer Zusammensetzung. Daran ändert sich nichts, wenn die Regierung des anderen Staates sich am Verfahren als amicus curiae beteiligen kann wie bei der USA-Kommission für Enteignungen in Jugoslawien [16].

Um so weniger sind isolierte Schiedsverfahren über Entschädigungsansprüche, die der Heimatstaat der Verletzten zu befriedigen übernommen hat, zwischen jenem und diesen berücksichtigt, obwohl einzelne solcher Schiedssprüche in die Sammlung der Vereinten Nationen übernommen worden sind [17].

[13] In Materialien 1, S. 467 ff. Die Zweifel erörtert er in Völkerrechtliche Schiedsinstanzen pp. S. 15 Anm. 73.

[14] Über diese „national" oder „domestic claims commissions" BINDSCHEDLER, Verstaatlichungsmaßnahmen und Entschädigungspflicht nach Völkerrecht, S. 80 f., 87 ff., 122, 123; WHITEMAN, Damages in International Law. Bd. III, Anhang B II; R. R. WILSON, Some aspects of the Jurisprudence of National Claims Commissions, AJIL 36, 1942, S. 56; speziell über die Kommission für Ansprüche gegen Jugoslawien (s. Anm. 16) COERPER, The Foreign Claims Settlement Commission and Judicial Review, AJIL 50, 1956, S. 868, und HENRY J. CLAY, Aspects of settling claims under the Yougoslav claims agreement of 1948, Georgetown Law Journal 43, 1954–55, S. 582.

[15] Zitate in diesem Sinn bei R. R. WILSON, aaO, S. 59 f.

[16] Vgl. Art. 9 a.E. des amerikanisch-jugoslawischen Abkommens über die Ansprüche der USA und ihrer Angehörigen vom 19. 7. 1948, UNTS 89, S. 43.

[17] „Edna" (Sudden & Christenson Inc. v. USA), „Lisman" (Ryan v. USA) und

b) Ausgeschlossen sind weiter die privaten internationalen Schiedsgerichte [18], denn sie sind nicht staatlich begründet. Sie werden auch meist im Schrifttum anders bezeichnet als die völkerrechtlichen Schiedsgerichte.

c) Zu einem Grenzgebiet gehören die Schiedsgerichte zwischen einem Staat und einem ihm nicht angehörigen Unternehmen. Sie sind insofern international, als sie nicht vom Staat ausschließlich eingesetzt sind wie seine nationale Gerichtsbarkeit, und als der Vertrag, zu dem sie gehören, oder der Vorgang, der Anlaß zum Streit gibt, nicht dem Recht des Staates unterstehen soll. Eben das Bedürfnis, von der klassischen Ordnung abzuweichen, die solche Streitigkeiten immer einem nationalen Recht unterstellt und, sofern es überhaupt eine Zuständigkeit gibt, an ein nationales Gericht verweist, scheint diese Form der Gerichtsbarkeit in den Kreis unseres Themas zu stellen. Auch hat der gegenwärtige Generalsekretär des Ständigen Internationalen Schiedshofes, François, angeregt [19], für solche Streitigkeiten die Einrichtungen dieser Institution zu benutzen, wie es bereits 1935 in der Sache Radio Corporation of America v. China geschehen war [20]. Die Artt. 37 und 47 des Haager Abkommens zur friedlichen Erledigung internationaler Streitfälle von 1907 werden hier großzügig ausgelegt und sind in der Tat nicht so bestimmt wie Art. 34 des Statuts des Internationalen Gerichtshofs [21].

Dennoch sind die Fälle isolierter (nachträglicher) und institutioneller (vorher vereinbarter) Schiedsgerichtsbarkeit dieser Art zu selten [22], als

---

„Seguranca" (Estate of E. N. Breitung v. USA), UNRIAA III, S. 1592, 1767, 1861 auf Grund des britisch-amerikanischen Notenwechsels v. 19. 5. 1927, das. S. 1585.

[18] Vgl. u. a. 2 Valladao, Jurisdictions internationales pour les litiges de droit privé. Festschrift Laun 1953, S. 707; Schottelius, Die internationale Schiedsgerichtsbarkeit, 1957 (Beispiel eines mißverständlichen Titels!); Eismann, Mezger, Schottelius, Internationale Schiedsgerichtsbarkeit in Handelssachen, 1958; *Union Internationale des Avocats:* Arbitrage International Commercial, 2 Bde., 1957 und 1960; Carabiber, L'arbitrage international de droit privé, 1960.

[19] In einer Note vom 3. 3. 1960, abgedruckt in Materialien 1, S. 22 f.; vgl. auch in seiner Haager Vorlesung: La Cour permanente d'Arbitrage, son origine, sa jurisprudence, son avenir, Rec. Cours 87, 1955, auf S. 541 ff.

[20] Vgl. hierzu François, aaO, Schneid, Die Entscheidungen des Haager Ständigen Schiedsgerichtshofes seit 1919, Diss. Bonn 1960, S. 189 ff. Der Schiedsspruch ist abgedruckt AJIL 30, 1936, S. 535.

[21] Der Art. 37: „Die internationale Schiedssprechung hat zum Gegenstand die Erledigung von Streitigkeiten zwischen den Staaten ..." braucht als Definition oder Programm nicht eine Erweiterung durch die Praxis zwingend auszuschließen, und Art. 47: „Das Bureau ist ermächtigt, sein Geschäftslokal und seine Geschäftseinrichtung den Vertragsmächten für die Tätigkeit eines jeden besonderen Schiedsgerichts zur Verfügung zu stellen ..." sagt nicht, daß beide Parteien des Verfahrens Staaten sein müssen.

[22] Man hätte in neuerer Zeit die bisher anscheinend nicht veröffentlichten Schiedssprüche zwischen Saudi-Arabien und Aramco vom 23. 8. 1958, über den Ray (s. Anm. 23) einiges berichtet, und zwischen Jugoslawien und der Société d'Etudes et Entreprises; die Artt. 31 A 3, 44 C und 45 des Vertrags vom 19./20. 9. 1954

daß man aus ihrer Betrachtung viel Gewinn ziehen könnte. Wahrscheinlich muß man Petr. Development (Trucial Coast) Ltd. v. The Sheikh of Abu Dhabi und Ruler of Qatar v. International Marine Oil Cy. Ltd. ausschließen, weil die staatliche Seite aus Protektoraten bestand, und die Schiedssprechung zwischen russischen Staatshandelsstellen und ausländischen Firmen in Moskau ist nach den gemachten Erfahrungen eine Art innerstaatlichen Verwaltungsrekurses. Diese Schiedsgerichtsbarkeit hängt zum Zustandekommen allzusehr vom guten Willen des Staates ab. Wünschenswert ist sie aber, und sie wirft interessante, noch nicht geklärte Fragen auf [23], insbesondere diejenigen nach dem anwendbaren Recht. Es könnte sich durchaus ergeben, daß man in diesem Bereich ein Jus Gentium im alten Sinne wiederentdeckt.

Soweit es aber zu Verfahren kommt, scheint die private Partei ihrem staatlichen Gegner gleichgestellt zu sein; Schwierigkeiten können bei der Vollstreckung auftreten, weil die eigentlich völkerrechtlichen Zwangsmaßnahmen den Privaten nicht zur Verfügung stehen und alle nationalen Vollstreckungsverfahren nur mit Beschränkungen gegen den Staat (Fiskus) durchgeführt werden können.

d) Zum Grenzgebiet zwischen internationaler und privater Schiedsgerichtsbarkeit möchte man auch diejenigen Fälle rechnen, die sich zwar in völkerrechtlichen Verträgen finden, in Wirklichkeit aber Abmachungen von Privatleuten oder Körperschaften des öffentlichen Rechts im fiskalischen Bereich darstellen. Beispiele sind aus dem Londoner Schuldenabkommen:

das Schiedsgericht nach Art. 29 und Anlage I Ziff. 7 Abs. 1 g, das zu entscheiden hat, ob eine Schuld einer deutschen Körperschaft des öffentlichen Rechts, die nicht Staat ist, konvertiert worden war;

der Schieds- und Vermittlungsausschuß nach Art. 30 und Anlage II Art. IX, der bei mittel- und langfristigen Kapitalschulden Vertragshilfe leistet;

---

zwischen dem Iran und seiner nationalen Ölgesellschaft einerseits, dem Internationalen Konsortium andererseits – Wortlaut bei Hurewitz, Diplomacy in the Near East, Bd. II, S. 348 –, einen Vertrag zwischen Iran und der AGIP – s. Carabiber, L'arbitrage pp. S. 52 –, einen Vertrag zwischen Syrien und der Maritime Refineries Ltd. von 1949, s. Verdross wie in Anm. 23, S. 359.

[23] Hierzu Verdross, Protection of private property under quasi-international agreements, in Varia Juris Gentium, Nederl. Tijdschrift Sonderband 1959, S. 355 ff.; Fatouros in Friedmann und Pugh, Legal aspects of foreign investment, 1959, S. 717 f.; Haight in The Arbitration Journal 14, 1959, S. 79 f.; Ray, Law governing contracts between States and foreign Nationals, Institute on Private Investments Abroad, Bd. 2, 1960, S. 5–79; Carabiber, L'arbitrage pp., S. 44 ff., 51 ff.; *American Society of International Law,* Proceedings 1961, S. 69–78; Jiménez de Arechaga, L'arbitrage entre les Etats et les sociétés privées étrangères in Mélanges Gidel, 1961, S. 367–382.

Verdross nimmt ein Recht zwischen dem staatlichen und dem Völkerrecht an, wo er auch das „interne Staatengemeinschaftsrecht" ansiedelt, wie übrigens schon v. Liszt, Das Völkerrecht, 10. Aufl., S. 47 Anm. 2, 12. Aufl., S. 85 Anm. 2.

der Schiedsausschuß [24] nach Anlage III (Fassung des Protokolls von 1954) Ziff. 12 für Streitigkeiten aus der Anlage;
das Schiedsgericht nach Anlage IV Art. 11 und 17, das bei Waren-, Dienstleistungs- und verschiedenen anderen Schulden in zweiter Instanz zur Vertragshilfe vom Gläubiger angerufen werden kann.

aus dem Saarvertrag vom 27. 10. 1956:

das Schiedsgericht nach Anlage 24 (der Vereinbarung der deutschen mit den französischen Versicherungsunternehmen);
die Schiedskommission nach Anlage 25 Art. 19, die über Streitigkeiten aus der Bergwerkspacht in Warndt entscheidet;
das Schiedsgericht nach Anlage 29 Art. 6, das Streitigkeiten aus dem Statut der Aktiengesellschaft „Union Charbonnière Rhénane" entscheidet.

Diese Fälle unterscheiden sich auch insofern von der sonst üblichen internationalen Gerichtsbarkeit, als die entscheidenden Instanzen nicht von den vertragschließenden Staaten besetzt werden. Die Aufnahme ins Vertragssystem scheint – abgesehen von dem Beitrag, den diese privaten Vereinbarungen zur Lösung und Abwicklung politischer Schwierigkeiten leisten – nur zu bedeuten, daß die Zuständigkeit der Instanzen eine gesetzliche Sanktion erhält und die ordentliche Gerichtsbarkeit ausschließt, soweit die Abmachungen sie nicht selbst fakultativ machen [25].

5. *Gerichtsbarkeit* soll hier in weitem Sinne verstanden werden. Der Sprachgebrauch ist verschieden. Weil die völkerrechtliche Rechtsprechung nicht auf übergeordneter Autorität, sondern letzten Endes auf dem Willen der streitenden Staaten beruht, wird oft das ganze Institut noch als Schiedsgerichtsbarkeit bezeichnet. Internationale Gerichtsbarkeit bedeutet dann den Ausschnitt aus jener, die von ständigen, institutionalisierten Instanzen verwaltet wird [26]. Wenn man indes auf die Funktion sieht, Streit durch bindenden Spruch nach Recht zu entscheiden, kann man Gerichtsbarkeit als Oberbegriff nehmen und Schiedsgerichtsbarkeit als den Ausschnitt bezeichnen, der von Instanzen freier Wahl der Parteien verwaltet wird; hierbei kann sich die Wahl auf einen oder mehrere der folgenden Punkte richten: Zusammensetzung, Zuständigkeit, anzuwendendes sachliches Recht, Verfahren [27]. Der Unterschied spielt im Zusam-

[24] Nicht mehr vorhanden seit dem 2. 12. 1958 lt. Viertem Verlängerungsprotokoll von 1954.

[25] Der Eingriff wird besonders spürbar beim Schiedsgericht nach Art. 11 der Anlage IV des LSchA, das vom Gläubiger wahlweise in zweiter Instanz gegen eine Entscheidung eines deutschen Gerichts angerufen werden kann. Vgl. im übrigen Ausführungsgesetz vom 24. 8. 1953 zum LSchA §§ 2–6. Im übrigen zu den Instanzen der Anlagen zum LSchA Hallier, aaO, S. 20 ff.

[26] Vgl. etwa I. L. C. Report 1953, Doc. A/2456, in Yearbook I. L. C. 1953 II, S. 200 ff., Ziff. 16 und 48; Hallier, aaO, S. 10 f., der die Materialsammlung (vgl. oben Anm. 10) dann aber doch betitelt „Internationale Gerichte und Schiedsgerichte".

[27] I. L. C. Report aaO, Ziff. 16. So kommt es, daß Art. 42 EGKS, 181 EWG,

menhang dieses Berichtes weiter keine Rolle; aus dem Thema des Berichts fallen danach aber folgende Institute:

a) Die internationale Petition [28] richtet sich an Stellen, die zunächst nur Vorstellungen bei einem Staat erheben oder sie zum Material für einen Bericht nehmen. Im Minderheitenschutz des Völkerbundes, im Mandats- und Treuhandwesen haben die angegebenen Stellen zwar immer die tatsächliche und rechtliche Grundlage solcher Eingaben wenigstens vorläufig prüfen müssen; indessen fehlt im Vergleich zur Gerichtsbarkeit die Abhilfe durch bindenden Ausspruch. Ein solcher folgt allenfalls im weiteren Verlauf, wenn nämlich ein Staat die Sache aufgreift und sie vor eine internationale Gerichtsbarkeit gegen den beschuldigten Staat bringen kann. Eine andere, praktisch gleichwertige Fortsetzung findet die Petition, wenn das internationale Organ (Völkerbundsrat, Generalversammlung der Vereinten Nationen) ein Gutachten über den Fall einholt. Aber es ist immer Vorsorge getroffen, daß dann das betroffene Individuum ganz im Hintergrund bleibt und am gerichtlichen Verfahren in keiner Weise als Partei oder Intervenient teilnimmt. Es ist auch wohl kein Fall bekannt, daß es als Zeuge aufgetreten wäre.

b) Zuweilen geben Verwaltungsverfahren vor einer nationalen Behörde Anlaß zu einer Art internationalen Vergleichsverfahrens, an dem aber nur die Behörden beteiligt sind; so in Angelegenheiten der Doppelbesteuerung nach Art. 38 der Anlage 4 des Saarvertrages.

Offenbar ein Schiedsverfahren findet statt nach Art. 30 der Anlage 6 Teil A des Saarvertrages, und vor der dort vorgesehenen gemischten Kommission für soziale Sicherheit enden unter Umständen auch die Angelegenheiten der Grenzgänger im Saarland, die zuerst vor der technischen Kommission geschwebt haben (vgl. Art. 17 des Teils E aaO). Es ist zwar nicht ausdrücklich gesagt, daß Einzelbeschwerden dazu führen; in Wirklichkeit wird es aber oft so sein. Dasselbe darf man annehmen von den allgemeinen Erörterungen im Gemischten Ausschuß, der nach Art. 50 und 68 des Saarvertrages die Durchführung der wirtschaftlichen Bestimmungen überwachen soll [29].

c) Nicht ganz klar ist, ob der einzelne unmittelbaren Zugang zu den Gemischten Kommissionen [30] hatte, die über die Entschädigungen für

---

153 Euratom von einer Schiedsklausel zugunsten des Gerichtshofs der Europäischen Gemeinschaften sprechen, weil seine Zuständigkeit in diesen Fällen nicht statutarisch feststeht, sondern von einem Übereinkommen der Streitteile abhängt.

[28] Darüber bei Grassi, Die Rechtsstellung des Individuums im Völkerrecht, S. 251–268; F. Durante, Ricorsi individuali ad organi internazionali, S. 107 ff.

[29] Über seine Tätigkeit nach Art. 70 aaO, s. unten zu d).

[30] Vgl. Bindschedler, aaO, S. 75 ff.; White, Nationalisation of foreign property, S. 194 ff.; Foighel, Nationalization, S. 92 u. 95; als Beispiele: Britisch-polnischer Notenwechsel vom 24. 1. 1948 nebst Aufzeichnung vom 31. 10. 1947, Ziff. 25 mit beiliegenden „Terms of Reference“ – UNTS 87, 3 und 12; dänisch-polnisches Pro-

verstaatlichtes Eigentum in Oststaaten zwar nicht zu entscheiden, aber eine Verständigung über die Einzelfälle zu versuchen hatten. Die Entscheidung dem Grunde nach über die Gewährung der Entschädigung stand offenbar den polnischen Behörden allein zu; wegen der Höhe konnte nach den Texten [31] ein Schiedsausschuß nur von den Staaten angerufen werden.

d) Verwaltungsmaßnahmen, die allerdings manchmal endgültig binden, jedoch nicht richterliche Entscheidungen treffen folgende, dem einzelnen zugängliche internationale Stellen:

der Gemischte Ausschuß, der nach Art. 6 des Überleitungsvertrages Teil I Gnadenempfehlungen für Kriegsverbrecher ausspricht;

der Gemischte Beratende Gnadenausschuß, der nach Art. 7 Abs. 5 aaO dieselbe Funktion hinsichtlich der Besatzungsverurteilten ausübt;

der Gemischte Ausschuß, der nach Art. 10 aaO Veräußerungsfristen in der Industrieentflechtung verlängert;

die Zentrale Verwaltungsstelle für die Soziale Sicherheit der Rheinschiffer [32];

der Sonderausschuß nach Art. 48 Abs. 5 des Saarvertrages, der Einfuhren von Investitionsgütern während der Übergangszeit genehmigte;

der Gemischte Ausschuß nach Art. 50 und 68 des Saarvertrages, der nach dessen Art. 70 Genehmigungen zur Ausübung eines Berufes erteilt;

der Paritätische Währungsausschuß nach Art. 57 des Saarvertrages und seiner Anlage 18, der nach deren Art. 5 über Beschwerden auf seinem Fachgebiet entschied. Es gab von ihm wahlweise Berufung an ein Schiedsgericht (vgl. unten S. 429).

e) Es gibt endlich Fälle, in denen die dem einzelnen zugängliche internationale Instanz nicht bindend entscheidet, sondern eine Vermittlung oder einen Vergleich versucht.

Ein eigenartiges Beispiel ist die Vergleichskommission nach Art. 5 bis 7 der Anlage 11 zum Saarvertrag, die einer Art Unterwerfungsverfahren bei Zoll- und Devisenvergehen diente [33].

Der Schlichtungsausschuß nach Art. 99 ff. des deutsch-österreichischen Vermögensvertrages [34] hat vor einem Rechtsstreit zwischen den Parteien eines Rechtsverhältnisses, das durch den Vertrag betroffen ist, in einem Güteverfahren den Versuch einer Einigung zu machen.

---

tokoll vom 12. 5. 1949, Art. 10 – UNTS 87, 179. Über Schweiz–Rumänien s. in Schweizerisches Jahrbuch für internationales Recht, Bd. 9, S. 139 ff.

[31] Ziff. 26, aaO und Art. 11, aaO.

[32] Vgl. Art. 24 des Abkommens über die soziale Sicherheit der Rheinschiffer vom 27. 7. 1950, BGBl. 1951 II, S. 243; sie ist der Zentralkommission für die Rheinschiffahrt angegliedert.

[33] Das zuständige Gericht konnte den Vergleichsvorschlag als Strafausspruch übernehmen, vgl. Art. 7 Abs. 2 aaO.

[34] Vertrag zur Regelung vermögensrechtlicher Beziehungen vom 15. 6. 1957, BGBl. 1958 II, S. 142.

Die Einordnung der Vergleichskommissionen in den Friedensverträgen mit Italien und den Achsensatelliten [35] bereitet aus zwei Gründen Schwierigkeiten. Sie tragen, soweit sie überhaupt bestellt worden sind und funktioniert haben, ihren Namen zu unrecht [36]; denn sie erledigen die vor sie gebrachten Fragen, wenn auch oft ex aequo et bono, selbst endgültig [37]. Wie weit der betroffene Interessent, der Restitution oder Rechtsschutz gegen Italien begehrt, auf den Gang des Verfahrens Einfluß hat, ist Sache der Praxis der Kommission; jedenfalls kann sie schon im ersten Verfahrensstadium, in dem sie paritätisch besetzt ist, transigieren. Die Literatur hebt denn auch den Unterschied zu den Tribunaux Arbitraux Mixtes der ersten Nachkriegszeit hervor und sieht in den Vergleichskommissionen – vom Standpunkt des Individual-Rechtsschutzes – einen Rückschritt; vom Standpunkt der politischen Bereinigung hat dies mehr intergouvernementale Verfahren seine Vorzüge. Zur Gerichtsbarkeit soll aber hier die Vertragshilfe für schwache Schuldner und bei Zwangslizenzen gerechnet werden; denn die hierher gehörigen Verfahren enden mit verbindlichen Festsetzungen.

f) Das sogenannte internationale Strafrecht im völkerrechtlichen Sinne, also die Strafverfolgung wegen Vergehen gegen den Frieden und gegen die Kriegsregeln, wird nicht erörtert; es hat seine ganz besonderen Aspekte und eine umfangreiche Spezialliteratur. In Betracht kommen aber Strafverfahren in den Europäischen Gemeinschaften sowie Zwangsverfügungen dort und bei der Atom- und der Rüstungskontrolle (s. unten Ziff. 9).

III

6. Bevor nun die internationalen Gerichtsbarkeiten aufgeführt werden, die in der neuesten Zeit dem einzelnen zugänglich gemacht worden sind, ist nach einem Einteilungsprinzip zu suchen. Natürlich kommen nur die Fälle in Betracht, in denen der einzelne als Partei, als Inhaber eines Rechts oder geschützten Interesses auftritt; seine Funktionen als Zeuge, Sachverständiger oder amicus curiae [38] interessieren hier nicht. Unter Individuum sind auch die Vereinigungen und juristischen Personen des Privat- und Handelsrechts zu verstehen; sogar politischen Gruppen ist der Internationale Gerichtshof im Saarland eröffnet gewesen. Unter Um-

---

35 Vertrag mit Italien Art. 83, mit Rumänien Art. 32, Bulgarien Art. 31, Ungarn Art. 35, Finnland Art. 31.

36 Vgl. BOLLA, in Symbolae Verzijl, S. 76; SEIDL-HOHENVELDERN, Archiv des Völkerrechts, Bd. 9, S. 280 f.; EICKHOFF und LOT in UIA Juridictions, S. 450.

37 Aus dem völkerrechtlichen Bereich ist als Beispiel eines verbindlichen Ausgleichs Art. 5 des Paktes der Arabischen Liga zu erwähnen; aber das Verfahren ist nicht obligatorisch, sondern bedarf der Zustimmung beider Streitteile.

38 Etwa in der Verfahrensordnung des Dritten Senats des Obersten Rückerstattungsgerichts, Art. 23 (Materialien 1, S. 344).

ständen können juristische Personen des öffentlichen Rechts in Betracht kommen, wenn sie einen privatrechtlichen Anspruch außerhalb des üblichen völkerrechtlichen Weges verfolgen [39].

SYMPHER [40] hat bei der Besprechung der internationalen Gerichte, an denen die Bundesrepublik Deutschland beteiligt ist, vier Kategorien gebildet: Gerichte, die

> Staatenstreitigkeiten herkömmlicher Art entscheiden; Akte von Organen zwischenstaatlicher Einrichtungen überprüfen; die einheitliche Anwendung gemeinsamen Rechts gewährleisten; über Ansprüche Privater entscheiden, die von völkerrechtlichen Abmachungen beeinflußt sind.

In diesem Bericht hätte die erste Kategorie von vornherein auszuscheiden; im übrigen lassen sich aber noch mehr Funktionen und Motivationen für die Einrichtung internationaler Gerichte aufzählen.

Vielleicht ergibt sich am einfachsten ein Bild, wenn man von einem Vergleich mit der Funktion der innerstaatlichen Gerichte ausgeht, d. h. wenn man zuerst diejenigen internationalen Instanzen betrachtet, welche eine normalerweise vorhandene nationale Gerichtszuständigkeit verdrängt haben. Man muß sich dann allerdings zuerst mit dem Einwand auseinandersetzen, daß derartige „Gerichte internationaler Zusammensetzung", die aber eine innerstaatliche Gerichtsfunktion wahrnehmen, nicht zur internationalen Gerichtsbarkeit gehören [41]. Man wird indessen unterscheiden müssen zwischen Fällen, in denen das international zusammengesetzte Gericht aus Grundsätzen der Verfassung des Gebiets (Kapitulationsregime und dessen Reste, international verwaltetes Gebiet) zu seiner Gerichtsorganisation gehört [42], und Fällen, in denen ein sehr spezifischer, meist vorübergehender Zweck internationalen Interesses verfolgt worden ist. Dies läßt sich von den hier zu behandelnden internationalen Instanzen sagen.

7. a) Am geringsten ist also die Abweichung vom normalen Rechtsschutz, wenn das internationale Gericht in den Rechtszug als höchste Instanz eingebaut ist, und wenn es wahlweise von der unterlegenen Partei angerufen werden kann. Das klassische Beispiel hierfür ist alt, nämlich die wahlweise Anrufung der

---

[39] Etwa wenn die Verbindlichkeiten der deutschen Körperschaften des öffentlichen Rechts aus Auslandsanleihen (Anlage I des LSchA) oder das Bergwerkspachtverhältnis nach Anlage 25 des Saarvertrages (unterstellt, daß die beiderseitigen Parteien juristische Personen des öffentlichen Rechts wären) einer staatlich instituierten internationalen Gerichts- oder Schiedsgerichtsbarkeit unterworfen worden wären, anstatt einer von den Streitteilen selbst zu bildenden Schiedsinstanz (vgl. oben S. 419 f.). S. auch HALLIER, aaO, S. 12 Anm. 62.

[40] Deutsche Richterzeitung 1958, S. 268.

[41] S. HALLIER, aaO, S. 15 ff. u. Anm. 73, 77.

[42] Über Tanger vgl. RICCI in UIA Juridictions S. 486 ff.

> Zentralkommission für die Rheinschiffahrt nach Art. 37 der Revidierten Rheinschiffahrtsakte vom 17. Oktober 1868 (Materialien 1 S. 413).

Nach demselben Muster ist eine wahlweise Berufung an den

> Berufungsausschuß der Moselkommission nach Art. 34 Abs. 4 des Vertrags über die Schiffbarmachung der Mosel vom 27. Oktober 1956 (Materialien 1 S. 423)

geplant. Das Motiv ist offenbar, dem ausländischen Beteiligten an einem Verfahren vor einem nationalen Rhein- oder Moselschiffahrtsgericht die Möglichkeit anzubieten, an eine neutrale, weil internationale Instanz zu gehen – allerdings ist die Anrufung nicht nur dem Ausländer, sondern auch dem Inländer möglich.

Auch in Strafsachen kann der Angeklagte Berufung an die internationale Instanz einlegen.

Die Tätigkeit der Zentralkommission als Berufungsgericht wird gelobt; dennoch werden bei uns verfassungsrechtliche Bedenken geltend gemacht, weil die Mitglieder der Kommission Staatendelegierte sind. Darum ist für die Mosel der Berufungsausschuß vorgesehen, der den üblichen Voraussetzungen eines richterlichen Status genügt, und es schweben, wie man hört, Besprechungen, bei der Zentralkommission die richterliche Tätigkeit einem ähnlichen besonderen Gremium zuzuweisen.

Sodann ist hier die

> Schiedskommission für Güter, Rechte und Interessen in Deutschland nach Teil V Art. 7 und Teil X Art. 12 des Überleitungsvertrages vom 26. Mai 1952/23. Oktober 1954 (Materialien 1, S. 273)

in einer Alternative ihrer Zuständigkeiten zu nennen.

Gegenstand ihrer Rechtsprechung sind die äußeren Restitutionen und der Schutz ausländischen Vermögens gegen Kriegsfolgen und Diskriminierungen. Die Regeln dieser Sondermaterien gehören teils zum allgemeinen Völkerrecht, teils zum Vertragsrecht. Sie wären ohne weiteres vor den deutschen Behörden und Gerichten anwendbar; dennoch hat man den Beteiligten die Möglichkeit geben wollen, die Gewährleistung von einer internationalen Instanz zu erlangen.

Die Schiedskommission erscheint als Rechtsmittelinstanz über deutschen Gerichten in den Fällen der Art. 7 mit Art. 3 und 4 des Teils V. Art. 12 Abs. 1 b–e des Teils X steht sie neben den Rechtsmittelinstanzen des deutschen Rechtes zur Wahl, steht offenbar auch dann zur Verfügung, wenn das deutsche Recht kein Rechtsmittel mehr bietet, aber in der letzten Instanz ein Beschwerdegrund entstanden ist (Art. 12 Abs. 2 Satz 2).

Sachlich richtet sich die Überprüfung auf die richtige Anwendung des Sonderrechts der Teile V und X des Überleitungsvertrages.

Abweichungen von dem reinen Typ des wahlweisen Instanzgerichts finden sich in folgenden Punkten:

Die Schiedskommission kann auch angerufen werden, wenn sich das Verfahren vor den deutschen Gerichten verzögert; sie fällt entweder ihre – dann unanfechtbare – Entscheidung selbst oder gibt die Sache mit bindenden Weisungen zurück.

Die Herrschaft des Individuums über das Verfahren ist eingeschränkt. Schon bei der Einleitung kann an die Stelle des Individuums ein Staat treten (Satzung der Schiedskommission Art. 6 Abs. 4). Sodann kann ein Vertragsstaat die Zuständigkeit der Schiedskommission bestreiten und die Frage an das Schiedsgericht des Deutschlandvertrages ziehen (Satzung des Schiedsgerichts Art. 9 Abs. 2, Materialien 1, S. 261). Dort würde das Individuum, soviel man aus den Texten sieht, nicht am Verfahren beteiligt sein; dies auch dann nicht, wenn Staaten oder die Schiedskommission selbst vom Schiedsgericht ein Gutachten über ihre Zuständigkeit erbitten (Art. 25). Endlich kann der Heimatstaat eines Individuums am Verfahren mit selbständigem Antragsrecht teilnehmen (Satzung der Schiedskommission Art. 11 Abs. 3).

Diese Beeinträchtigungen der Stellung des Individuums stammen offenbar noch aus der älteren Auffassung von der Herrschaft des Staates über das „claim"; der völkerrechtliche Einschlag der Materie wirkt sich also auch im Verfahren noch aus.

Insgesamt ist zu diesen Fällen zu bemerken, daß die besondere Garantie der internationalen Instanz nicht aufgedrungen, sondern angeboten wird. Indes hängt die Befassung von der Wahl eines Streitteils ab; der andere muß folgen, ob er will oder nicht [43].

b) Absolut eingesetzt, wenn auch von der Ergreifung eines Rechtsmittels abhängig, sind internationale Gerichte in folgenden Beispielen:

> Das Oberste Rückerstattungsgericht nach Teil III Art. 6 des Überleitungsvertrages (Materialien 1, S. 317)

ist in Angelegenheiten der inneren Rückerstattung den deutschen Land- und Oberlandesgerichten übergeordnet. Die Materie ist eigentlich innerstaatliches, bei uns aber von der Besatzungsmacht gegebenes Recht. Eine Intervention interessierter Staaten in das Verfahren findet nicht statt.

> Der deutsch-französische Gemischte Gerichtshof nach Art. 42 ff. des Saarvertrages (Materialien 1, S. 446),

der während der Übergangszeit zwischen der politischen und der wirtschaftlichen Eingliederung des Saarlandes in die Bundesrepublik tätig

---

[43] Eine eigenartige Parallele, die aber im innerstaatlichen Bereich verbleibt, findet sich im Saarvertrag, Anlage 1, Art. 10: wer wegen seiner politischen Haltung diskriminiert ist, kann in zweiter Instanz an das zuständige obere Bundesgericht (also von Haus aus die Revisionsinstanz) gehen. Die Garantie wird hier darin gesehen, daß das Bundesgericht dem lokalen Milieu fernsteht.

war, hatte nach Art. 43 Abs. 1 b eine Berufungszuständigkeit über Straftaten französischer Zollbediensteter im Saarland.

c) Eine besondere Rolle spielen im hier behandelten Bereich *Inzidentverfahren*. Einzelfragen in Verfahren vor ordentlichen Gerichten oder Parteischiedsgerichten werden vor internationale Instanzen gezogen und dort mit bindender Wirkung für das weitere Verfahren entschieden. Es kommt darauf an, ob ein Individuum, ein Staat oder das befaßte Gericht oder Schiedsgericht die Vorlage an eine solche internationale Instanz herbeiführen kann, und welche Rolle das Individuum dort spielt.

Das Schiedsgericht nach dem deutsch-österreichischen Vertrag zur Regelung vermögensrechtlicher Beziehungen vom 15. Juni 1957 (Materialien 1, S. 405)

muß auf Antrag einer Partei von der mit dem Streit befaßten Behörde oder dem Gericht angerufen werden, wenn eine zu seiner Zuständigkeit gehörende Frage zu entscheiden ist (Art. 110 Abs. 1 und 3 des Vertrags). Der Beschluß der befaßten nationalen Stelle ist sogar besonders im nationalen Rechtszug anfechtbar, wobei das Schiedsgericht ein bindendes Gutachten über seine Zuständigkeit liefert.

Das Schiedsgericht befindet über die Anwendung und Auslegung des Vertrags und über vertragshilfeartige Regelungen; staatliche Einwirkungen finden auf das Verfahren nicht statt. Eigenartig ist die Benennung der Entscheidung als bindendes Gutachten; sie wird zu erklären sein aus dem inzidentellen und partiellen Charakter; die Sachentscheidung wird hernach von der ursprünglich befaßten Behörde oder dem Gericht gefällt.

Von Amts wegen kann dieses Schiedsgericht angerufen werden nach Art. 110 Abs. 1 des Vertrags; auch da gilt das eben Gesagte.

Inzidentverfahren finden auch statt nach dem Recht der Europäischen Gemeinschaften. Nach den Artikeln

41 EGKS-Vertrag,
177 EWG-Vertrag,
150 Euratom-Vertrag,

werden Fragen der Gültigkeit von Organ-Beschlüssen (EGKS) und außerdem der Auslegung des Gemeinschaftsrechts und der Organbeschlüsse (EWG und Euratom) vom Gerichtshof der Europäischen Gemeinschaften ausschließlich entschieden. Die Vorlegung geht von den Gerichten aus; die Parteien des ursprünglichen Verfahrens sind auch hier Partei, – jedoch können die Mitgliedstaaten und die Organe Stellung nehmen (Verfahrensordnung 1959 Art. 103 – Materialien 1, S. 253). Man darf annehmen, daß die Parteien einen Anspruch darauf haben, die Vorabentscheidung des Gerichtshofs einzuholen, und daß sie ihn im Bereich des EGKS-Vertrages mit Rechtsmitteln im nationalen Rechtszug verfolgen können. Die Vorschriften in den beiden anderen Gemeinschaftsverträgen verpflichten nur die letzten Instanzen zur Vorlage; und es gäbe keinen Behelf des Individuums, wenn die Gerichte der Pflicht nicht nachkämen.

Während der Übergangszeit im Saarland galt auf einer Reihe von Sachgebieten französisches Recht weiter. Der

Deutsch-Französische Gemischte Gerichtshof (s. oben S. 426)

hatte über die Einheitlichkeit der saarländischen Rechtsprechung mit der französischen zu wachen und war daher mit einer Anzahl von Zuständigkeiten versehen worden. Eine der Verfahrensmöglichkeiten bestand darin, daß nach Art. 42 Abs. 3 des Saarvertrages die obersten saarländischen Gerichte in einem bei ihnen anhängigen Verfahren eine Grundsatzentscheidung des Gemischten Gerichtshofs herbeiführten. Über die Stellung der Prozeßparteien sagen die Texte nichts; nach Art. 11 der Verfahrensordnung (Materialien 1, S. 463) können die beiden Staaten Schriftsätze einreichen.

Ein Vorlagerecht an die

Gemischte Kommission nach Art. 31 und Anlage IV Art. 16 des Londoner Schuldenabkommens (Materialien 1, S. 350, 359)

haben die Schiedsgerichte jener Anlage in Fällen grundsätzlicher Bedeutung (Art. 31 Abs. 2 b); die Texte sagen nichts Näheres über die vor der Gemischten Kommission verhandelnden Parteien. Jeder Vertragsstaat kann gegen die Entscheidung den Schiedsgerichtshof des LSchA (Materialien 1, S. 348, 353, 365) anrufen; man muß annehmen, daß die Parteien des Ausgangsverfahrens hier keine Parteirolle spielen (Art. 31 Abs. 7 LSchA).

Staaten endlich können Inzidentverfahren einleiten:

im eben erwähnten Verfahren vor einem Schiedsgericht nach Anlage IV des LSchA (Art. 31 Abs. 2 b LSchA), wobei das eben Gesagte gilt; nach Art. 42 Abs. 4 des Saarvertrages [44], entsprechend dem Vorlageverfahren der saarländischen obersten Gerichte (s. oben S. 23).

8. a) Internationale Instanzen des ersten und meist auch letzten Rechtszuges können zur Wahl neben einem nationalen Rechtsweg stehen. Obwohl die Schiedsgerichte der internationalen Abkommen vom 25. Oktober 1952 über den

Eisenbahnfrachtverkehr und den Eisenbahn-Personen- und Gepäckverkehr (BGBl. 1956 II, S. 35 und 277; UIA Juridictions, S. 348, 646)

als private Schiedsgerichte erscheinen können, wenn sie in Streitigkeiten zwischen Benutzern und Eisenbahnunternehmen oder zwischen mehreren Benutzern gebildet werden, so seien sie deswegen hier erwähnt, weil dieselbe Schiedsordnung auch bei Staatenstreitigkeiten [45] und Streitigkeiten

[44] Art. 42 Abs. 2 und 7 gehören nicht hierher; im ersten ist ein rein zwischenstaatliches Verfahren mit Wirkung auf die zukünftige Auslegung geregelt, im zweiten ein rein innerstaatliches.

[45] Anders bei der Schiedsgerichtsbarkeit der IATA, von der Morel-Fatio in Juridictions, S. 440 ff. spricht.

zwischen Eisenbahnunternehmen (heute ja meist staatlichen) gilt. Zu ihrer Befassung ist ein Schiedsvertrag zwischen den Streitteilen erforderlich (Schiedsgerichtsordnung Anl. X bzw. IV).

Beide Streitteile müssen auch zusammenwirken, wenn sie, Gläubiger und Schuldner nach dem LSchA, eine Meinungsverschiedenheit über die Auslegung der Anlage IV der

Gemischten Kommission des LSchA auf Grund des Art. 31 Abs. 2 a

vorlegen wollen. Die einseitige Anrufung ist dann möglich, wenn dem Individuum sein Heimatstaat mit der Erklärung hilft, daß die Streitfrage von allgemeiner Bedeutung für die Auslegung der Anlage IV sei.

Gemeinsamer Antrag von Eigentümer und Gläubiger von Schweizerfranken-Grundschulden ist erforderlich, wenn die

Vertrauensstelle für Goldhypotheken nach dem deutsch-schweizerischen Abkommen vom 25. März 1923 (Materialien 1, S. 389)

vertragshilfeähnliche Funktionen übernimmt und andere Streitigkeiten entscheidet, die sonst von Gerichten mit beurteilt werden müßten und könnten (Art. 12 Abs. 2 und 3 der Vereinbarung über die Regelung der Schweizerfranken-Grundschulden vom 23. Februar 1953).

Einseitige Wahl zwischen einem Gericht und einem

Schiedsgericht nach Art. 5 der Anlage 18 des Saarvertrages

stand dem Individuum zu, das gegen eine Beschwerdeentscheidung des Paritätischen Währungsausschusses rekurrieren wollte. Hier wäre ein Beispiel für das, was man internationale Verwaltungsgerichtsbarkeit nennen könnte.

Nicht unähnlich der einseitigen Wahl ist die Evokation, die bei Verzögerung einer äußeren Restitution oder eines Schutzverfahrens vor deutschen Behörden oder Gerichten an die

Schiedskommission für Güter, Rechte und Interessen (vgl. oben S. 425)

nach Art. 7 Abs. 3 Satz 2 des Teils V und Art. 12 Abs. 3 des Teils X des Überleitungsvertrages geht[46].

b) Obligatorisch und für den Rechtssuchenden unvermeidlich ist die internationale Gerichtsbarkeit des

Gemischten Gerichtshofes des Saarvertrages (s. oben S. 420)

gewesen, wenn es sich um Verfahren gegen den französischen Staat und französische Dienststellen gemäß Art. 43 Abs. 1 a des Saarvertrages handelte. Einen Teil dieser Zuständigkeiten kann man als verwaltungsgerichtliche bezeichnen, insbesondere diejenige nach Art. 10 Abs. 7.

Ein Verfahren, das von dem übrigen System der Europäischen Gemeinschaften absticht und daher hier an besonderer Stelle erwähnt werden

---

[46] Hierüber vgl. die Bemerkungen oben S. 425.

soll, findet vor dem Schiedsausschuß nach Art. 18 des Euratomvertrages statt. Er entscheidet über Zwangslizenzen; die Nachprüfung seiner Entscheidungen durch den Gerichtshof der Europäischen Gemeinschaften beschränkt sich auf rechtliche Gesichtspunkte.

Ein vertragshilfeähnliches Verfahren wickelt die

Vertrauensstelle für Goldhypotheken (s. oben S. 429)

auf einseitiges Betreiben des Gläubigers oder des Eigentümers nach Art. 12 Abs. 1 der Vereinbarung über die Regelung der Schweizerfranken-Grundschulden vom 23. Februar 1953 ab.

Den verwaltungsgerichtlichen Verfahren kann man zurechnen diejenigen vor der

Schiedskommission für Güter, Rechte und Interessen (s. oben S. 425),

wenn sie gegen Bescheide deutscher Behörden angerufen wird (vgl. Art. 7 Abs. 2 Teil V, Art. 12 Abs. 1 a und f Teil X des Überleitungsvertrages); des

Prüfungsausschusses nach Art. 12 des Teils I des Überleitungsvertrages,

der die Abfindungen anläßlich der Entflechtung der deutschen Industrie überprüft [47]; und der

Schiedsstelle für die Liquidation des früheren deutsch-schweizerischen Verrechnungsverkehrs (Materialien 1, S. 395).

9. a) An die verschiedenen Verfahren, die die Europäischen Gemeinschaften zum Schutze des einzelnen entwickelt haben, der ihrer öffentlichen Gewalt untersteht, braucht hier nur erinnert zu werden. Wenn irgendwo, so ist auf diesem Gebiet der Unterschied zwischen den Gemeinschaften und dem herkömmlichen Völkerrecht frappant. Es kann auf eine umfangreiche Literatur verwiesen werden; nur ein Punkt verdient nach den vorangegangenen Beispielen der Erwähnung: die Europäischen Gemeinschaften haben sich nicht zum Ziele gesetzt, Streitigkeiten zwischen Individuen aus ihrem Recht vor ihr Gericht zu bringen, und die rein fiskalischen Geschäfte bleiben unter der Gerichtsbarkeit nationaler Gerichte (Art. 40 Abs. 3 EGKS, 183 EWG, 155 Euratom), sofern nicht Schiedsklauseln zugunsten des Gerichtshofes vereinbart sind (Art. 42 EGKS, 181 EWG, 153 Euratom). Die EGKS hat in den Personalverträgen Schiedsklauseln vereinbart, die jüngeren Gemeinschaften haben hierfür Zuständigkeit des Gerichtshofs nach dem Vertrag (Art. 179 EWG, 152 EWG).

Einer besonderen Instanz für Zwangslizenzen an Rechten Privater im

---

[47] Als Rechtsmittel gilt die Anrufung des Prüfungsausschusses schon in seiner früheren Zusammensetzung bei THIESING im Handbuch des Besatzungsrechts, § 44, S. 36. Der Prüfungsausschuß erscheint auch in Art. 9 Abs. 2 a der Satzung des Schiedsgerichts des Deutschlandvertrages als Instanz, deren Zuständigkeit das Schiedsgericht prüft.

Euratomsystem ist oben schon gedacht; wünscht ein Privater Lizenzen an Rechten, die der Euratom zustehen, so setzt der Gerichtshof angemessene Bedingungen fest (Art. 12 Abs. 4 Euratom).

Eine Auswirkung auf das Verhältnis eines Individuums zu einem Mitgliedstaat der Europäischen Gemeinschaft für Kohle und Stahl hat der Umfang der Untätigkeitsklage des Art. 35 EGKS gehabt. Es ist vom Gerichtshof für zulässig gehalten worden, gegen die Hohe Behörde vorzugehen, weil sie gegen eine Vertragsverletzung eines Mitgliedstaates nicht eingeschritten ist. Auf diesem Umwege ergibt sich ein Rechtsschutz des Individuums gegen einen Staat, sogar seinen eigenen [48]. Die Fassung des Artikels über die Untätigkeitsklage in den neueren Gemeinschaften (Art. 175 Abs. 3 EWG, 148 Abs. 3 Euratom) soll diese unerwartete Konsequenz offenbar ausschließen.

Man ist versucht, die Formel zu verwenden, es gebe hier eine besondere Rechtspflege für das interne Staatengemeinschaftsrecht, und das Individuum mache von ihr Gebrauch, soweit es diesem Recht unterstehe. Jedoch gibt es auch Stimmen gegen eine solche Betrachtungsweise [49], und der verwaltungsrechtliche Einschlag (dem jedenfalls jetzt noch wegen der Handhabung des materiellen Strafrechts durch die Exekutive auch dieses Rechtsgebiet zugehört) überwiegt bei weitem.

b) Zu einer internationalen Verwaltungsgerichtsbarkeit wird man weiter rechnen das

> Gericht nach dem Übereinkommen zur Errichtung einer Sicherheitskontrolle auf dem Gebiet der Kernenergie vom 20. Dezember 1957 (Materialien 1, S. 426; UIA Juridictions, S. 310, 666).

Die damalige OEEC errichtete eine Kernenergie-Agentur und eine Kontrolle darüber, daß die von der Agentur vermittelten Stoffe nicht für militärische Zwecke verwendet werden. Kontrollmaßnahmen können von den Vertragsstaaten, aber auch von den betroffenen Unternehmungen beim Gericht angefochten werden (Art. 13 Abs. a); Schadensersatz wird zugesprochen (Art. 13 Abs. c u. d); und umgekehrt kann das Kontrollbüro eine Anordnung gegen ein Unternehmen erlangen, das sich gegen eine Inspektion sträubt (Art. 11 Abs. e).

Noch mehr eingeschränkt im Verhältnis zur Gerichtsbarkeit der Europäischen Gemeinschaft ist diejenige des

> Gerichts nach dem Übereinkommen über Rüstungskontrollmaßnahmen der Westeuropäischen Union vom 14. Dezember 1957 (Materialien 1, S. 435).

---

[48] Sachen 17/57 und 30/59, Sammlung der Rechtsprechung des Gerichtshofs Bd. 5, S. 9 und Bd. 7, S. 1; 24/58 und 34/58, aaO, Bd. 6, S. 591; 7/54 und 9/54, aaO, Bd. 2, S. 84 – s. dort auch S. 112, 126 Ausführungen des Generalanwalts.

[49] MIGLIAZZA, La Corte di Giustizia delle Comunità Europee, bes. S. 32 f., 346, 406 f.

Es entscheidet über Rückgabe- und Schadensersatzverpflichtungen aus Anlaß von Kontrollmaßnahmen (Art. 4), aber nicht über Rekurse gegen die Maßnahmen selbst. Auch dies Gericht wird im Fall eines wirklichen oder drohenden Widerstands gegen eine Inspektion um eine Verfügung gegen das Unternehmen angegangen (Art. 7).

c) Als Verwaltungsgerichte bezeichnen sich endlich selbst die Instanzen, die innerhalb großer internationaler Organisationen zur Entscheidung von Streitigkeiten mit dem Personal eingerichtet worden sind. Bereits der Völkerbund besaß eine solche, die jetzt das

Verwaltungsgericht des Internationalen Arbeitsamtes (UIA Juridictions, S. 240, 636)

ist; ihm haben sich mehrere Organisationen[50] angeschlossen, u. a. Unesco und die Weltgesundheitsorganisation.

Die Vereinten Nationen besitzen eine entsprechende Einrichtung im

Verwaltungsgericht der Vereinten Nationen (UN-Publ. 1956 X 1)[51].

Beide Verwaltungsgerichte hat der Internationale Gerichtshof als Gerichte anerkannt, deren Entscheidungen die Organisationen verpflichten (Gutachten vom 13. Juli 1954, CIJ Recueil 1954, S. 47, bes. S. 51 ff. und Gutachten vom 23. Oktober 1956, aaO 1956, S. 77).

Die Verfahren vor ihnen weisen einige Eigentümlichkeiten auf. Zunächst gibt es vor anderen Gremien (einer Art Personalrat) ein Vorverfahren je nach dem Personalstatut der betreffenden Organisation, das an sich eine gütliche Einigung herbeiführen soll, aber gelegentlich Einzelfragen endgültig entscheidet. Der Joint Appeals Board der Vereinten Nationen z. B. schließt die Klage aus, wenn er sie einstimmig für „frivolous" hält[52]. Die Klagen richten sich gegen die Maßnahme des Exekutiv-Organs der Organisation und zielen auf Rücknahme, verwandeln sich aber häufig in Entschädigungsansprüche; dennoch kann man sie in beiden Fällen als Verwaltungsklagen klassifizieren. Endlich gibt Art. XII der Satzung des Verwaltungsgerichts der Internationalen Arbeitsorganisation dieser (und entsprechend jeder angeschlossenen Organisation) die Möglichkeit, wegen Zuständigkeitsüberschreitungen und groben Verfahrensfehlern die Verbindlichkeit der Entscheidung zu bestreiten und ein Gutachten des IGH einzuholen, welches vermöge des Art. XII Abs. 2 verbindlich sein soll. Der IGH hat im erwähnten Gutachten vom 23. Oktober 1956 Bedenken gegen diese Regelungen zerstreut und sich über den Bestand von vier Entscheidungen des Verwaltungsgerichts geäußert. Er hat dabei – und das ist für unser Thema interessant – auch im Gutachten-

---

[50] Vgl. BÉNAR, UIA Juridictions, S. 250 f.

[51] Eine Sammlung von Entscheidungen ist erschienen mit der Sales-No. 58. X. 1.

[52] Personalstatut vom 8. 11. 1955 Art. 7. Das entsprechende Organ der Unesco ist behandelt in UIA Juridictions, S. 306 und 662.

verfahren die Individuen nicht als Interessierte zugelassen. Um aber die Ungleichheit zu beheben, die in der Anwesenheit nur einer Partei am Ausgangsverfahren liegen würde, hat er eine mündliche Verhandlung überhaupt nicht abgehalten[53].

Streitigkeiten zwischen der früheren OEEC, jetzigen OCDE und ihrem Personal werden in ganz ähnlicher Weise entschieden von der

Commission de Recours (UIA Juridictions, S. 306 und 656).

Diese ist trotz ihres Namens nicht gleich mit den vorhin erwähnten Vorinstanzen; und die geschilderten Besonderheiten des Verfahrens gelten nicht für sie. Es gibt statt aller Rechtsmittel gegen ihre Entscheidungen nur ein Berichtigungsverfahren, wenn ein sachlicher Irrtum die Entscheidung beeinflußt hat (Art. 72 Abs. a Satz 3 des Personal-Statuts, Art. 5 Abs. d der Verfahrensordnung).

Alle diese und ähnliche Einrichtungen finden hier ihren Platz, weil sie nach dem äußerlichen Einteilungsprinzip (s. oben S. 417) von internationalen Organisationen eingerichtet sind. Ihre Satzungen beruhen auf Völkerrecht oder – wenn man will – auf internem Staatengemeinschaftsrecht; der einzelne unterwirft sich ihnen durch den Abschluß des Anstellungsvertrages. Insofern nähert sich diese Kategorie wieder den Schiedsverträgen zwischen Staat und Individuum, deren Zuordnung unsicher ist (s. oben S. 8). Man muß indessen bedenken, daß die Tätigkeit innerhalb einer internationalen Organisation heute schon erheblich öffentlich-rechtliche Züge angenommen hat. Bezeichnend scheint zu sein, daß die EGKS noch die Dienstverträge vermöge der Abrede der Gerichtsbarkeit ihres Gerichtshofes unterstellte, während die beiden jüngeren Gemeinschaften dies vermöge ihrer Verfassung – des Gründungsvertrages – tun (s. oben S. 430).

10. Weil eben viele internationale Organisationen auch Streitigkeiten aus Geschäften des Privatrechts an derartige interne gerichtsähnliche Gremien verweisen, werden diese Fälle hier erwähnt, obwohl sie noch mehr als die Dienstverhältnisse auf einem Vertrag zwischen Gleichgestellten beruhen. Die Europäischen Gemeinschaften allerdings bleiben darauf angewiesen, daß ihr Vertragspartner eine Schiedsklausel zugunsten des Gerichtshofs unterzeichnet; im übrigen stehen sie unter der Gerichtsbarkeit des örtlich zuständigen Staates (s. oben S. 430). Aber die großen internationalen Organisationen im übrigen pflegen sich eine vollständige Gerichtsimmunität auszubedingen – eigenartigerweise gerade jetzt, wo die Lehre von der nur begrenzten Immunität zu herrschen beginnt und die acta merae gestionis des ausländischen Staates vor Gericht gezogen werden. Wie dem auch sei, die Organisationen können praktisch nicht umhin, eine Gerichtsbarkeit anzubieten, und diese kann als Schiedsgericht

[53] CIJ Recueil 1956, S. 86.

für das einzelne Rechtsgeschäft oder als eingerichtete Instanz vorgesehen werden, sofern die Organisation nicht auf die Immunität verzichtet.

a) Diejenigen Organisationen, die sich dem Verwaltungsgericht des Internationalen Arbeitsamtes angeschlossen haben (s. oben S. 432), können in ihren Verträgen dessen Zuständigkeit vereinbaren (Art. II Abs. 4 der Satzung vom 9. Oktober 1946 / 29. Juni 1949). Über die Praxis weiß man zu wenig[54].

b) Die Vereinten Nationen haben im Abkommen vom 13. Februar 1946 über ihre Vorrechte und Befreiungen[55] zugesagt, Vorsorge für die Erledigung von Streitigkeiten privatrechtlicher Art mit ihnen selbst und von Streitigkeiten mit exemten Personen zu treffen (sect. 29).

c) Der Europarat hat im entsprechenden Abkommen vom 2. September 1949 (BGBl. 1954 II S. 494) in Aussicht gestellt, daß Verträge mit Privaten über Lieferungen, Leistungen und Liegenschaftskäufe einem Verwaltungsschiedsverfahren unterbreitet werden (Art. 21).

d) Das Übereinkommen vom 20. September 1951 über den Status der Nato (BGBl. 1958 II S. 118) enthält dieselbe Klausel wie dasjenige über die Vereinten Nationen, überläßt also die Art und Weise, wie Streitigkeiten Privater mit ihr erledigt werden, ihrer späteren Regelung.

Diese Bemerkungen sind nicht vollständig, man kann verweisen auf das in Anm. 54 zitierte Werk von Jenks S. 43 f.

11. Auf ein Gebiet des öffentlichen Rechts führt schließlich wieder die internationale Gerichtsbarkeit zum Schutz der *Menschenrechte*. Das Verfahren vor der

Menschenrechtskommission nach der Konvention vom 4. November 1950

hier zu erwähnen rechtfertigt sich trotz der Nichtöffentlichkeit des Verfahrens, des Abschlusses mit einem Bericht und – sofern nicht der Gerichtshof angegangen wird – der Erledigung durch das politische Gremium des Ministerausschusses, weil es justizmäßige Züge zeigt.

Zwar sind bisher die allermeisten Eingaben an die Kommission unzulässig gewesen; aber gerade bei dieser Prüfung, die der Kommission allein zusteht, erscheint in der Praxis der rechtsverfahrensmäßige Charakter besonders deutlich. Die Erschöpfung des nationalen Rechtsweges (Art. 26), der Grundsatz des res judicata (Art. 27 Abs. 1 b), das Erforder-

---

[54] Jenks, International Immunities, 1961, S. 44 berichtet, daß viele Verträge mit solchen Zuständigkeitsvereinbarungen geschlossen worden sind, ein Verfahren dieser Kategorie bis 1960 aber noch nicht stattgefunden hat.

[55] In: Legislative Texts and Treaty Provisions concerning the legal status, privileges and immunities of international Organizations, UN Legisl. Series B/10 (60 V. 2) S. 184. Ebenso im entsprechenden Abkommen vom 21. 11. 1947 über die Vorrechte und Befreiungen der Sonderorganisationen der VN (BGBl. 1954 II, S. 639) Art. IX § 31.

nis der Schlüssigkeit (Art. 27 Abs. 2) deuten schon in diesem Stadium darauf hin. Im übrigen sprechen dafür die Unabhängigkeit der Kommissions-Mitglieder (Art. 23), die Rechtsfrage als Gegenstand der Eingabe und der Untersuchung (Art. 31 Abs. 1 u. 32 Abs. 1), das kontradiktorische Verfahren (Art. 28 Buchst. a) und die bindende Wirkung der abschließenden Entscheidung (Art. 32 Abs. 4). Man weist auch darauf hin, daß im Abschnitt über den Gerichtshof, zu dem nach dem Wortlaut der Konvention der einzelne keinen Zugang hat, der Art. 50 ihn als „verletzte Partei" bezeichnet, die eine Entschädigung erhalten soll.

Das Verfahren vor dem

Europäischen Gerichtshof für Menschenrechte

kann nach Art. 48 nur von der Kommission oder von einem Staat anhängig gemacht werden, und die Verfahrensordnung[56] sagt nichts über eine Beteiligung des betroffenen Individuums. Dennoch ergibt schon die bisherige spärliche Praxis eine günstigere Stellung des einzelnen vor diesem Gerichtshof als vor dem IGH im Gutachtenverfahren zur Revision einer Entscheidung des Verwaltungsgerichts der ILO (s. oben S. 432 f.). Zunächst kann die Kommission auch dann wegen grundsätzlicher Bedeutung eine Sache vor den Gerichtshof bringen, wenn sie selbst keine Verletzung der Menschenrechtskonvention feststellt[57]. Sodann hat sie im Falle Lawless vom Gerichtshof bestätigt erhalten, daß sie den Standpunkt des betroffenen Individuums zu Gehör bringen kann; dieser selbst könnte auch eine persönliche Vernehmung anordnen. In der Entscheidung finden sich wiederholt Stellen, die das sachliche Interesse des Individuums am Verfahren anerkennen[58].

Zum zeitweiligen Schutz gegen Diskriminierung wegen politischer Haltung war der

Internationale Gerichtshof im Saarland (Materialien 1, S. 467)

auf Betreiben der Westeuropäischen Union eingerichtet worden. Der von ihm gebotene Rechtsbehelf ähnelt einer Verfassungsbeschwerde; er kann – was sonst im Völkerrecht verpönt ist – auch gerichtliche Entscheidungen aufheben (Art. 20 der Geschäfts- und Verfahrensordnung). Materielle Entscheidungsgrundlage ist nur ein in Art. 1 seines Statuts impliziertes Diskriminierungsverbot; damit hängt wohl zusammen, daß er nach Recht und Billigkeit entscheidet und hinsichtlich der von ihm angeordneten Abhilfe ganz frei ist (Art. 1 Abs. 3 u. 4 des Statuts). Eine Besonderheit ist

---

[56] Materialien 1, S. 127. Die Begriffsbestimmung in Art. 1 Buchst. g) nennt als „Parteien" ausschließlich die Vertragsparteien.

[57] So im Fall Lawless, vgl. im Verfahrensurteil vom 14. 11. 1960 die Schilderung des Prozeßverlaufs, ZaöRV Bd. 21, S. 304.

[58] AaO, S. 310 f. Zwischenbeschluß vom 7. 4. 1961, aaO, S. 729.

noch, daß ihm kein Deutscher und kein Franzose angehören durften (Art. 3 Abs. 1 Satz 2 des Statuts) [59].

Die hier behandelte Gerichtsbarkeit richtet sich – und damit wird ihr sachlich internationaler Charakter fragwürdig – meist gegen den eigenen Staat, allerdings nicht notwendigerweise [60]. Ein anderer Fall, in dem dies implizite vorkommt, ist die Untätigkeitsklage gegen die Hohe Behörde der EGKS, die eine Vertragsverletzung durch einen Mitgliedsstaat nicht verfolgt [61]. Dann ist vor dem Gerichtshof der Europäischen Gemeinschaften einmal Recht gesprochen zwischen einem Beamten der EGKS und seinem Heimatstaat, der das Steuerprivileg des Beamten verletzt hatte [62].

IV

12. Der Berichterstatter hat nicht den Raum, das gesammelte Material eingehend zu analysieren. Die Stellung des Individuums im Verfahren, also prozeßrechtlich, ist von Hallier untersucht worden; die verfassungsrechtlichen Probleme in der Bundesrepublik, den möglichen Konflikt zwischen einem Vertrag zur internationalen Rechtsprechung und dem Erfordernis des gesetzlichen Richters, das nicht nur ein formales ist, hat Sympher [63] erörtert. Einer ausführlicheren Studie bedürfte wahrscheinlich noch die Frage, von welcher Art denn nun ein Anspruch ist, der vor einem internationalen Gericht verfolgt wird, und ob er aus nationalem oder Völkerrecht oder einer dazwischenliegenden Kategorie entspringt.

a) Die *Würdigung* im ganzen zeigt, daß nicht viele internationale Gerichte mit Zugang fürs Individuum auf die Dauer angelegt sind; die meisten befassen sich mit vorübergehenden Angelegenheiten, mit Liquidationen außergewöhnlicher Verhältnisse. Was bleibt, sind im wesentlichen:

Rhein- und Moselschiffahrtsberufungen wahlweise neben nationalen Instanzen (Ziff. 7 a)
Gerichtsbarkeit der Gemeinschaften (Ziff. 9 a)
Gerichtsbarkeit anderer internationaler Organisationen in ihren internen Geschäften (Ziff. 9 c, 10)
Menschenrechtskommission und -Gerichtshof (Ziff. 11).

Mit Ausnahme der letztgenannten Einrichtungen, die aber wieder darüber hinausgehen und auf anderen Gedankengängen beruhen, behandelt

---

[59] Eine Abneigung gegen den nationalen Richter in der internationalen Streiterledigung zeigt neuerdings auch Art. 9 Abs. 3 des Genfer Abkommens vom 29. 4. 1958 über die Fischerei und den Schutz der biologischen Meeresschätze. Die Angehörigen der Streitteile können an der Beratung der Spezialkommission teilnehmen, haben aber kein Stimmrecht.

[60] Marinus, De Internationale Rechtsbank in Saarland 1956–1959, S. 211 nennt Fälle, in denen sich die Beschwerde nicht gegen den Heimatstaat richtete.

[61] Sammlung d. Rspr. Gerichtshof E. G. Bd. 2, S. 84 – s. oben Anm. 48.

[62] Sache 6/60 aaO, Bd. 6, S. 1163.

[63] Deutsche Richterzeitung 1958, S. 268 f.

keine der genannten Instanzen das klassische claim gegen einen fremden Staat, also das Gebiet, aus dem eigentlich die Anregung gekommen ist, dem Individuum Zugang zu internationalen Gerichten zu verschaffen. Soweit vorübergehende Einrichtungen auf dem genannten Gebiet gearbeitet haben, ist eine recht starke Beteiligung und Einmischung der Staaten zu beobachten gewesen; und man muß auf der Verlustliste überhaupt folgende Komplexe buchen:

Entschädigung für Verstaatlichung,
Freigabe von kriegsblockiertem Vermögen unter Alliierten,
Rückgabe deutschen Eigentums in den neutralen Staaten.

Teilweise liegt das an der Abneigung einer Gruppe von Staaten gegen internationale Gerichtsbarkeit überhaupt; dort ist es allenfalls zu Verhandlungskommissionen gekommen (s. oben S. 421 f.). Manchmal hat es auch am Vertrauen gelegen, das die Partner einander entgegenbrachten, und an dem Wunsch, gierige Private nicht durch übersetzte oder betrügerische Ansprüche das gute Verhältnis stören zu lassen; hier wirkt die Prüfung durch den eigenen Staat schon oft als Sieb. Andererseits würde aber gerade die Verweisung solcher Ansprüche an ein internationales Gericht ohne Beteiligung des Heimatstaates des Klägers politische Belastungen vermeiden.

b) Klassifiziert nach dem Motiv haben sich vorgefunden:

Sorge vor Parteilichkeit gegenüber einem ausländischen Individuum, aber auch
Sorge vor Parteilichkeit gegenüber der internationalen Organisation oder dem fremden Staat (Frankreich im Saarland),
Spezialität der Materie,
Wunsch der beteiligten Staaten, einen Einfluß zu nehmen, den sie bei Verfahren vor nationalen Gerichten, insbesondere vor fremden nationalen Gerichten, nicht hätten.

Eine prinzipielle Betrachtung hätte von den Erfordernissen der bestmöglichen Rechtsprechung auszugehen, wobei auch der Verdacht von Voreingenommenheit vermieden werden muß, andererseits aber auch das Prestige der nationalen Rechtsprechung nicht angetastet werden sollte. Daher wäre deren Zuständigkeit nach Möglichkeit aufrechtzuerhalten; es kommt dabei aber auf den Stand des materiellen Rechts im betreffenden Lande an. Handelt es sich um einfache Privatrechtsansprüche zwischen Individuen, so käme die Einschaltung internationaler Instanzen nur in Betracht, wo das Privatrecht durch völkerrechtlichen Vertrag vereinheitlicht ist. Auf diesen Aspekt ist im vorliegenden Bericht nicht eingegangen; die Gerichtsbarkeit aus der Rechtsvereinheitlichung ist ein Problem für sich[64]. Ansprüche aus allgemeinem Völkerrecht, etwa aus der Ver-

---

[64] Hierüber Riese auf der Trierer Tagung der Dt. Ges. f. Rechtsvergleichung

letzung von Fremden- oder Kriegsrecht, gehören von Haus aus vor nationale Gerichte, weil die durchschnittliche Rechtskultur das allgemeine Völkerrecht zum anwendbaren Gewohnheitsrecht im inneren Rechtsbereich zählt. Schadensvergütung für nicht völkerrechtswidrige Vorgänge, z. B. rechtsmäßige Kriegshandlungen, unverschuldete Tumulte, wird Fremden nur vermöge besonderer Gesetzgebung oder besonderer Verträge zu gewähren sein. Auch hier müßten die nationalen Gerichte zuständig sein, sofern Verträge in innerstaatliches Recht transformiert bzw. innerstaatlich ausgeführt werden. Dasselbe gilt von Ansprüchen aus verletzten völkerrechtlichen Verträgen, etwa Niederlassungsverträgen.

Der Rechtsschutz durch nationale Gerichte könnte fehlen, wenn Gegenseitigkeit vorausgesetzt ist, z. B. bei Amtshaftungsklagen, oder wenn ein ausländischer Staat belangt werden soll, der Immunität geltend machen kann. Fälle der ersten Art wären durch allgemeine Zulassung zu beseitigen; in Fällen der zweiten Art müßte es den Rechtsweg vor den Gerichten des ausländischen Staates geben.

Wie man es also auch ansieht, müßte in einem Kreise normal entwikkelter Staaten jedes claim einen nationalen Richter finden [65]. Das wäre dann ein Grund, zunächst diesen zu befassen.

c) Die *Technik* einer internationalen Gerichtsbarkeit könnte dann aus den Vorgängen entlehnt werden, in denen die internationale Instanz erst im zweiten oder späteren Rechtszuge eintritt, wie oben Ziff. 7 a und b. Es wäre an sie wahlweise eine Revision zuzulassen bei Verletzung einer einschlagenden völkerrechtlichen oder vereinheitlichten Norm, bei Rechtsverweigerung und bei schweren Verfahrensfehlern mit dem Verdacht der Diskriminierung. Man würde die Tatsacheninstanzen im nationalen Bereich lassen können, was die internationale Instanz entlastet. Ob man nur dem Ausländer die Wahl gibt oder auch (bei vereinheitlichtem Recht) dem Inländer, wäre eine weitere Frage.

Der Internationale Gerichtshof wäre wohl nicht zu betrauen, weil seine Tradition und der zu erwartende Arbeitsanfall das nicht zulassen. Aber eine regionale Organisation, etwa der Europarat, könnte sich das Verdienst erwerben, eine internationale Gerichtsbarkeit für Individuen in dieser Art zu schaffen [66].

1961, Revue internationale de droit comparé 1961, S. 717; demnächst auch in RabelsZ.

[65] Weshalb ja auch die Erschöpfung des internen Rechtsweges die Regel ist.

[66] So kommt der Berichterstatter auch auf diesem Gebiet zum Vorschlag, den Riese (s. Anm. 64) gemacht hat.

PAUL HEINRICH NEUHAUS

Die Grundbegriffe des Internationalen Privatrechts

(Beiträge zum ausländischen und internationalen Privatrecht 30)

ca. 300 Seiten. Brosch. ca. DM 28.–, Lw. ca. DM 32.–

Das Buch behandelt die Grundfragen des internationalen Privatrechts, die in allen Rechtsordnungen in gleicher Weise auftreten. Einzelheiten der von Land zu Land verschiedenen positiven Regelungen – auch aus dem besonderen Teil des IPR – werden vielfach als Beispiele herangezogen.

Die Arbeit geht davon aus, daß der Student und auch der praktische Jurist, der nur gelegentlich mit dem IPR zu tun hat, in dieser wenig anschaulichen Materie nicht einfach auf ihr „Rechtsgefühl" verwiesen werden dürfen, sondern zunächst einmal klare Begriffe brauchen. Von dort aus führt der Weg zur spezifischen Gerechtigkeit des Kollisionsrechts. Die Arbeit verfolgt somit eine Mittellinie zwischen Formalismus und unmittelbarer Interessenbewertung.

Auf Grund zwanzigjähriger Arbeit im Max-Planck-Institut für ausländisches und internationales Privatrecht hat der Verfasser auch dem Kenner der Materie Neues zu sagen.

WALTER DE GRUYTER & CO.
BERLIN

J. C. B. MOHR (PAUL SIEBECK)
TÜBINGEN

FSC
www.fsc.org
MIX
Papier | Fördert gute Waldnutzung
FSC® C083411

Kolibri 360 GmbH
Ferdinand-Jühlke-Straße 7
99095 Erfurt, Deutschland
produktsicherheit@kolibri360.de